天工讲堂小程序

微信扫码直接进入小程序 »

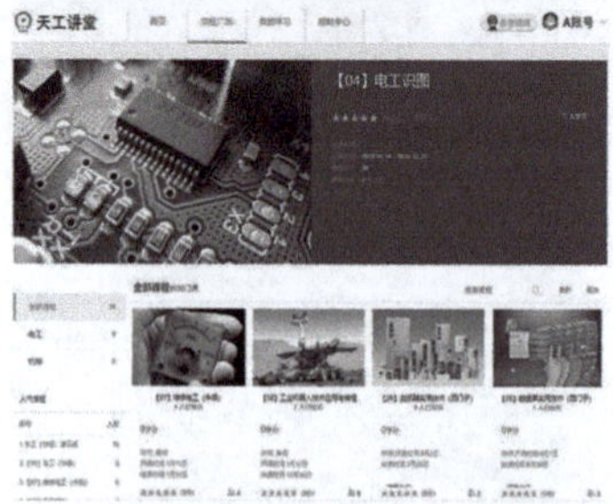

平台介绍：

"天工讲堂"是机械工业出版社打造的官方知识学习平台，以数字产品为核心，以技能学习为特色，以提升学生专业知识水平和技能专长为目标；以云服务的方式构建的专属在线教学云平台；可用于开展线上线下混合教学。

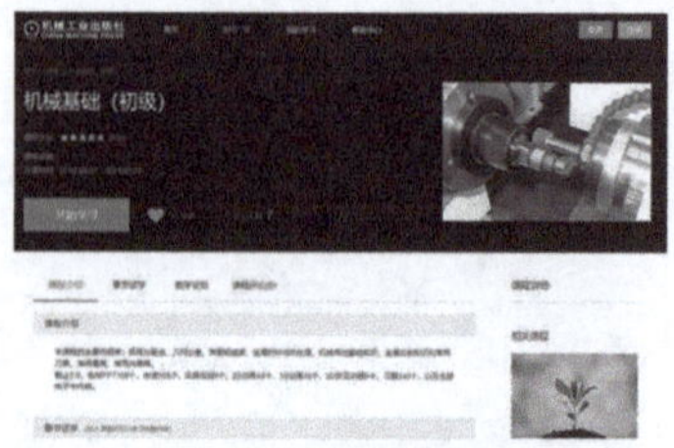

荣誉与认证：

国家新闻出版署2019年度数字出版精品遴选推荐计划
中国出版协会2020年出版融合创新优秀案例暨出版智库推优
教育部移动教育APP备案
软件著作权登记证书
信息网络安全二级认证

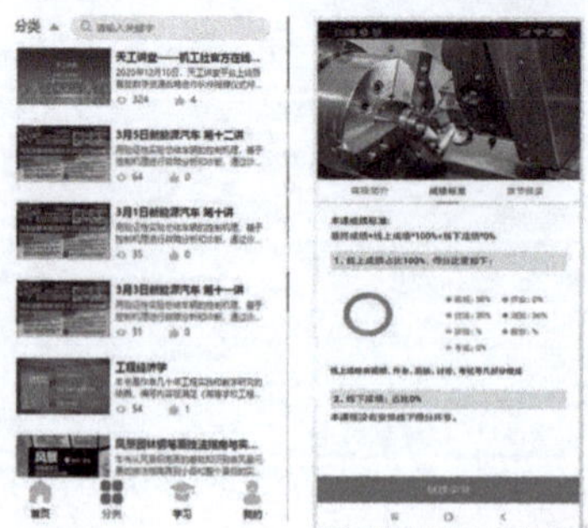

平台功能特点：

微信小程序端可搜索并直接打开"天工讲堂”，方便用户浏览、搜索、学习。一书一空间的设计理念，涵盖了图书所有数字化资源，方便教师或学生检索或获取。学生可在微信小程序中随时随地利用碎片化时间学习。

“十三五”移动学习型教材
教育部物理基础课程教学指导分委员会
教改项目资助教材

大学物理基础教程
（全一册）

第 2 版

尹国盛　刘学忠　主　编

机　械　工　业　出　版　社

全书内容包括力学、热学、电磁学、振动和波、光学、量子物理学和相对论力学等基础知识．书中有帮助学生复习掌握基础知识的内容提要、例题和课外练习（按照考试题目类型设计，分填空题、选择题、简答题、计算题，书末附有参考答案，扫描二维码可获得习题详细解答）．为了扩大学生的视野，丰富学生的知识，每章的章末都有物理学家简介，分别介绍历史上比较有影响的一些物理学家．

本书的基本内容是按 60 学时安排的（不含带“*”的），多于或少于此学时的专业可根据实际情况进行适当增减．

本书可作为高等学校（包括各类独立学院、职业技术院校、函授与自考等成人教育）理工科类非物理学专业的少学时教材，也可供各类物理教师和有关人员参考．

图书在版编目（CIP）数据

大学物理基础教程：全一册/尹国盛，刘学忠主编．—2 版．—北京：机械工业出版社，2016.1（2021.6 重印）

“十三五”移动学习型教材

ISBN 978-7-111-52284-3

Ⅰ.①大…　Ⅱ.①尹…②刘…　Ⅲ.①物理学—高等学校—教材　Ⅳ.①O4

中国版本图书馆 CIP 数据核字（2015）第 283320 号

机械工业出版社（北京市百万庄大街 22 号　邮政编码 100037）

策划编辑：张金奎　责任编辑：张金奎

版式设计：霍永明　责任校对：刘怡丹

封面设计：张　静　责任印制：常天培

北京捷迅佳彩印刷有限公司印刷

2021 年 6 月第 2 版第 7 次印刷

184mm×260mm・21 印张・485 千字

标准书号：ISBN 978-7-111-52284-3

定价：39.80 元

电话服务　　　　　　　　网络服务

客服电话：010-88361066　　机　工　官　网：www.cmpbook.com

010-88379833　　机　工　官　博：weibo.com/cmp1952

010-68326294　　金　书　网：www.golden-book.com

封底无防伪标均为盗版　　机工教育服务网：www.cmpedu.com

物理量及其单位的名称和符号

力学的量和单位

量		单　位	
名　称	符　号	名　称	符　号
时间	t	秒	s
位矢	$\boldsymbol{r}$	米	m
位移	$\Delta\boldsymbol{r}$	米	m
速度	$\boldsymbol{v}$	米每秒	m/s
加速度	$\boldsymbol{a}$	米每二次方秒	m/s^2
质量	m	千克	kg
力	$\boldsymbol{F}$	牛[顿]	N
功	A	焦[耳]	J
功率	P	瓦[特]	W
能量	E	焦[耳]	J
动能	E_k	焦[耳]	J
势能	E_p	焦[耳]	J
冲量	$\boldsymbol{I}$	牛[顿]秒	N·s
动量	$\boldsymbol{p}$	千克米每秒	kg·m/s
力矩	$\boldsymbol{M}$	牛[顿]米	N·m
角动量	$\boldsymbol{L}$	千克二次方米每秒	$kg\cdot m^2/s$
角度	$\alpha,\beta,\gamma,\theta,\varphi$	弧度	rad
角速度	ω	弧度每秒	rad/s
角加速度	α	弧度每二次方秒	rad/s^2
转动惯量	I	千克二次方米	$kg\cdot m^2$
长度	l,L	米	m
面积	$A,(S)$	平方米	m^2
体积	V	立方米	m^3
密度	ρ	千克每立方米	kg/m^3
线密度	ρ_l,λ	千克每米	kg/m
面密度	ρ_S,σ	千克每二次方米	kg/m^2
摩擦因数	μ		

热学的量和单位

量		单位	
名称	符号	名称	符号
热力学温度	T	开[尔文]	K
摄氏温度	t	摄氏度	℃
压强	p	帕[斯卡]	Pa
分子质量	m	千克	kg
摩尔质量	M	千克每摩尔	kg/mol
热量	Q	焦[耳]	J
内能	E	焦[耳]	J
热容	C	焦[耳]每开[尔文]	J/K
比热容	c	焦[耳]每千克开[尔文]	J/(kg·K)
摩尔定容热容	$C_{V,\mathrm{m}}$	焦[耳]每摩尔开[尔文]	J/(mol·K)
摩尔定压热容	$C_{p,\mathrm{m}}$	焦[耳]每摩尔开[尔文]	J/(mol·K)
比热容比	γ		
热机效率	η		
制冷系数	ε		
熵	S	焦每开	J/K

电磁学的量和单位

量		单位	
名称	符号	名称	符号
电荷[量]	Q,q	库[仑]	C
电荷体密度	ρ	库[仑]每立方米	$\mathrm{C/m^3}$
电荷面密度	σ	库[仑]每二次方米	$\mathrm{C/m^2}$
电荷线密度	λ	库[仑]每米	C/m
电场强度	$\boldsymbol{E}$	伏[特]每米	V/m
电场强度通量	Φ_e	伏[特]米	V·m
电势能	W	焦[耳]	J
电势	V	伏[特]	V
电势差	U	伏[特]	V
电容率	ε	法[拉]每米	F/m
真空电容率	ε_0	法[拉]每米	F/m
相对电容率	ε_r		

（续）

量		单位	
名称	符号	名称	符号
电极化率	χ_e		
电极化强度	$\boldsymbol{P}$	库[仑]每二次方米	C/m^2
电位移	$\boldsymbol{D}$	库[仑]每二次方米	C/m^2
电位移通量	Ψ	库[仑]	C
电偶极矩	$\boldsymbol{p}$	库[仑]米	C·m
电容	C	法[拉]	F
电流	I	安[培]	A
电流密度	$\boldsymbol{J}$	安[培]每二次方米	A/m^2
电阻	R	欧[姆]	Ω
电阻率	ρ	欧[姆]米	Ω·m
电导率	γ	西[门子]每米	S/m
电动势	$\mathscr{E}$	伏[特]	V
磁感应强度	$\boldsymbol{B}$	特[斯拉]	T
磁导率	μ	亨[利]每米	H/m
真空磁导率	μ_0	亨[利]每米	H/m
相对磁导率	μ_r		
磁通量	Φ_m	韦[伯]	Wb
磁化率	χ_m		
磁化强度	$\boldsymbol{M}$	安[培]每米	A/m
磁矩	$\boldsymbol{m}$	安[培]二次方米	$A \cdot m^2$
磁场强度	$\boldsymbol{H}$	安[培]每米	A/m
自感	L	亨[利]	H
互感	M	亨[利]	H
电场能量	W_e	焦[耳]	J
磁场能量	W_m	焦[耳]	J
电磁能密度	w	焦[耳]每立方米	J/m^3
坡印廷矢量	$\boldsymbol{S}$	瓦[特]每二次方米	W/m^2

振动和波的量和单位

量		单位	
名称	符号	名称	符号
振幅	A	米	m
周期	T	秒	s
频率	ν	赫[兹]	Hz
角频率	ω	弧度每秒	rad/s
相位	φ		
波长	λ	米	m
波速	v，u	米每秒	m/s
角波数	k	弧度每米	rad/m
波的强度	I	瓦[特]每二次方米	W/m^2

光学的量和单位

量		单位	
名称	符号	名称	符号
折射率	n		
光程	Δ	米	m
光程差	δ	米	m
相位差	$\Delta\varphi$	弧度	rad
光栅常量	d	米	m
物距	p	米	m
像距	p'	米	m
物方焦距	f	米	m
像方焦距	f'	米	m

量子物理学的量和单位

量		单位	
名称	符号	名称	符号
辐出度	M	瓦[特]每二次方米	W/m^2
单色幅出度	M_ν	瓦[特]每二次方米赫[兹]	$W/(m^2 \cdot Hz)$
单色吸收比	a_ν		
辐射能	W	焦[耳]	J
辐射能密度	w	焦[耳]每立方米	J/m^3
逸出功	A	焦[耳]	J

序

物理学是研究物质的基本结构、基本运动形式、相互作用以及转化规律的自然科学. 它的基本理论渗透在自然科学的各个领域，应用于生产技术的许多部门，是其他自然科学和工程技术的重要基础. 在人类追求真理、探索未知世界的过程中，物理学展现了一系列科学的世界观和方法论，深刻影响着人类对物质世界的基本认识、人类的思维方式和社会生活，是人类文明发展的基石，在人才的科学素质培养中具有十分重要的地位.

以物理学基础为主要内容的基础物理课程，是本科生教育的重要通识性基础课程之一. 调查统计表明，全国高校中每年学习基础物理课程的本科生达到60%以上，从事物理课程教学的教师达到数万人，新生一踏进大学校门，接触培养学生批判性思维的课程就是基础物理课程，充分体现了基础物理教学在人才培养中的必要性和重要性.

尹国盛教授为河南省光学精品课程负责人，在河南大学从事大学物理教学工作近40年，具有丰富的教学实践经验以及教材编写经验，出版大学物理相关著作10余部. 其主编的《大学物理基础教程》第1版出版5年多来，因其章节安排精心铺陈，体系合理，详略适当，知识内容的表述简洁明了、由浅入深、循序渐进，物理概念阐述准确严密，物理问题分析深入透彻，一直得到广大高校师生的认可与好评.

本次修订工作是对之前版本的进一步充实和完善，同时在排版、印刷、装帧等方面做了精心设计和安排. 更为难能可贵的是，教材通过二维码的形式融入了更多数字化资源. 比如，学生通过扫描二维码可以看到解题提示、习题解答等，达到帮助他们更好地理解知识点，拓展知识面的目的. 总之，通过现代化的手段打造的新形态教材，能使学生学得更容易，教师教得更轻松，形式非常新颖.

相信这部教材的出版一定会在提高高校基础物理教学质量及教学水平方面发挥重要作用!

郝东山

2015年12月31日

前 言

本书第1版自2011年1月出版以来，得到了许多同行和专家的认可与好评，使用效果很好，到2015年7月，已经连续印刷5次. 2014年5月，该书经河南省高等学校教材建设委员会推荐，参加了“十二五”普通高等教育本科国家级规划教材的评选. 本次修订，又得到了“郑州工业应用技术学院教改项目”(JG-150029)、“河南省教育厅教师教育教改项目”(2014-JSJYYB-008)和“河南省科技厅基础与前沿技术研究项目”(132300410142)的资助.

本版保留了第1版的基本结构和特色，同时进行了充实和完善. 根据教育部大学物理课程教学指导委员会主任顾牡教授2013年7月在太原会议上“精讲经典，注重现代，强调思想方法，理论联系实际”的讲话精神，结合现在学生的实际水平及使用过本书的教师的建议，本次修订更换了部分例题，同时将原来的思考题和习题统一改成了课外练习. 课外练习按照考试题目类型设计，包括填空题、选择题、简答题和计算题，书末附有参考答案，扫描二维码可获得习题详细解答，同时增强了应用性. 本版的基本内容仍是按60学时安排的（不含带“*”的），多于或少于此学时的专业可根据实际情况进行适当增减.

本书由尹国盛、刘学忠担任主编，郭富强、张琨、徐鹏、唐亚楠担任副主编，参加编写的还有于涛、路莹、宋太平、张忠锁、向兵、孙健、张光华、钟家富. 黄东教授、魏山城教授担任本书主审. 刘学忠副教授负责数学基础等附录部分的编写及应用性内容的审查把关工作. 全书由尹国盛教授统稿并定稿.

借本书出版之际，首先感谢郝东山教授在百忙中为本书作序，同时向河南大学的杨毅教授，河南省医药学校的骆慧敏高级讲师，郑州工业应用技术学院的侯宏涛硕士、陈亚杰硕士、邵亚云硕士以及使用过本书的各位老师表示衷心的感谢，并恳请读者、同行在使用本书的过程中对其中的不足之处予以批评指正.

编 者

目　录

绪　　论

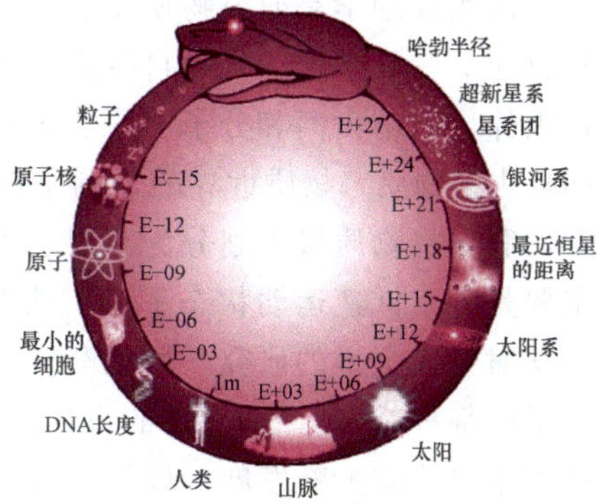

1. 什么是物理学？

在西方，从古希腊时代起，人们开始将对大自然的认识与理解笼统地归纳进一门学科里，那就是自然哲学．“物理学”一词最先出自希腊文“Φνσικα”（英文写作“physics”），其本意是指自然．在我国，“物理”一词起源于“格物致理”，即考察实物的形态和变化，总结研究它们的规律．晋代(265—420)时，也已有“物理”一词，只不过当时它的含义还是泛指事物之理．时至今日，物理学则被定义为研究物质基本结构、基本运动形式、相互作用及其转化规律的自然科学．

从古希腊的自然哲学算起，物理学的发展已有2600多年的历史．早期的物理学(即自然哲学)含义很广，它包括人类在直觉经验基础上探寻一切自然现象的哲理．到了16世纪，哥白尼创建了日心说，该学说经过伽利略、布鲁诺和开普勒等人的继承与发展，最终引起了一场科学革命，使自然科学从神学中解放出来，并开始大踏步前进．同时，这一时期出现的通过实验来检验理论真伪、将实验与理论相结合的研究方法对后世影响深远．17世纪时，牛顿发表了《自然哲学的数学原理》一书，他所提出的三大运动定律为经典力学奠定了理论基础，同时也标志着经典物理学的诞生，物理学从此真正成为一门精密的科学．18～19世纪，物理学取得了突飞猛进的发展，以牛顿三大运动定律为基础的经典力学以及随后发展起来的热力学、统计物理学、光学和电磁学等，使物理学形成一个完整的理论体系．至此，经典物理学的大厦已经建立了起来．

19世纪末，正当人们欢庆辉煌的经典物理学大厦落成的时候，在物理学晴朗的天空中却漂浮着两朵“乌云”——一朵是热辐射中所谓的“紫外灾难”，另一朵则是指迈克耳孙-莫雷实验否定了“以太”的存在．这些新的问题表明，经典物理学在微观世界领域和面对高速运动现象时遇到了困难，由此开展的研究引发了物理学史上一场伟大的革命——新的时空观和量子理论得以建立，相对论和量子力学诞生了，在此基础上近代物理学也开始建立和发展起来．相对论和量子力学的创立表明人类认识世界的活动已进入一个新的阶段，人类探索物质结构及其运动规律的能力达到了前所未有的高度．以相对论和量子力学作为两大支柱，物理学又逐渐发展出一系列分支学科，如粒子物理、凝聚态物理和激光物理等，物理学迅速向更为广阔的领域扩展开来，它已经、并将继续改变着我们的生产和生活方式．

2. 物理学的研究对象

因为物理学是研究物质结构及其运动规律的自然科学，所以其研究对象的主体自然是物质．一般来说，凡是自然界客观存在的都是物质．也就是说，我们周围的实物(如宇宙天体、高山大河和分子、原子等)是物质，而我们周围的另一种特殊的存在形式——场，同样也是物质．物质世界的范围是广泛的，因此，物理学研究对象的范围也十分广泛．通常，我们将物质世界划分为宇观、宏观和微观三个层次．在经典物理学体系下，研究对象主要是处于低速运动状态下的宏观物体，而伴随着相对论和量子力学的建立与发展，物理学对物质世界的研究开始逐渐转向了另外两个方向：其一是小的方向，即微观世界(如原子内部等)；其二则是大的方向，即宇观世界(包括各种天体、宇宙等)．不过，随着近些年来科技的不断发展，以及电子器件微型化与集成化程度的不断提高，又出现了一个在一定条件下具有量子效应的准宏观世界，我们称之为介观世界．由此可见，物理学的研究对象实际上已经涵盖了物质世界的多个层次．除此以外，我们不妨再看一看以下这些具体的数据：若以空间尺度来衡量，目前物理学研究对象的最小尺度(如质子、中子等基本粒子的半径，在10^{-15} m以下)与现在能观测到的最大距离(哈勃半径，约10^{26} m)相差约41个数量级(值得一提的是，在这两个极端尺度上各自开展研究的不同学科——宇宙学和粒子物理间，却表现出一种密不可分、相互衔接的关系，如图1所示)；若以时间尺度来衡量，物理学研究对象的最短时间(最不稳定粒子的寿命，约10^{-24} s)与最长时间(宇宙年龄，约150亿年，即约10^{18} s)之间则跨越了42个数量级——物理学研究对象的广泛程度由此可见一斑．

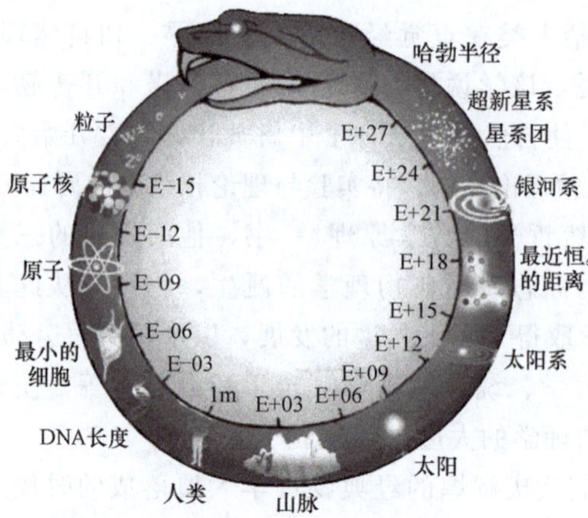

图 1

3. 物理学在科学技术领域中的地位

物理学不仅因其研究对象的范围广泛而具有普遍性，同时也是自然科学中最基础的学科之一．正是由于物理学所具有的普遍性和基础性，使其与许多学科关系密切，具有极强的渗透性．物理学与天文学之间的关系密不可分，二者之间的“血缘关系”从物理学的创建之日起就已存在．物理学中的许多理论成果都来源于天文学的观测，而天文学的发展同样得益于物理学基础理论和实验手段的进步．物理学对化学的发展影响深远．早期化学对分子、原子的研究，以及化学元素周期表等均为物理学相关理论(如气体动理论等)的研究和论证提供了有力支持，而物理学理论的发展，尤其是量子力学的建立，使许多化学现象和理论从本质上得到了解释，并直接导致了物理化学和量子化学等重要分支的产生．另外，物理学与生物学之间同样关系密切．物理学上能量守恒定律的发现曾得益于生物学，物理学则不断为生物学研究提供着有力的实验工具．物理学与生物学之间相互渗透，已取得了包括 DNA 双螺旋结构的确定、耗散结构理论的建立等在内的一系列重大成就，同时还产生了生物物理这一前途无量的交叉学科．除此以外，数学、地质学、哲学、心理学等众多学科的研究和发展也与物理学有着千丝万缕的联系，作为自然科学中最基础的学科之一，物理学在自然科学中有着极其特殊的地位．

物理学与技术发展之间的关系，则显得更为密切．随着社会生产力的不断发展，相应的技术手段也需要不断提高，在此过程中，技术的发展常常会向物理学提出新的问题和要求，从而促使物理学在理论上获得发展，其结果也使技术得到新的提高．例如，17～18 世纪蒸汽机等热机的发明为热力学的建立与发展提供了契机，而热力学的发展进一步推动了热机技术的进步．在牛顿力学和热力学发展的基础之上，人类实现了历史上的第一次工业革命．历史表明，每当物理学在理论方面取得重大突破之后，必然会引起应用技术方面的伟大创新与变革，而这些技术上的发展同样会为物理学带来更为有力的研究手段和条件．19 世纪法拉第电磁感应定律的发现与麦克斯韦电磁理论的建立，直接推动了电气化技术的迅速发展，从而实现了第二次工业革命．现代的技术发展往往来源或者依赖于物理学的发展，技术领域的重大突破常常要经历一段较长时间的物理学探索．在现今的众多高科技、高技术领域，如核能技术、超导技术、信息技术、激光技术、微电子技术和光电子技术中，物理学的基础理论都发挥着关键作用，可以说，物理学是现代应用技术最重要的基础．

4. 物理学的研究方法

物理学是一门理论和实验紧密结合、具有很高精确性的精密学科．物理学中的理论与规律主要都是从长期的科学实验和生产实践中总结出来的．作为一门实验性很强的自然学科，物理学的研究方法也很特别，它通常是通过对物理现象的观察、分析、实验和抽象，逐渐形成物理学的理论，继而又在不断的实践中去检验和完善这些理论．当然，在具体的研究过程中，往往针对不同的物理过程，需要采取的研究方法也会有所差异——有时要依靠精确的推理、演算，有时主要通过合理地定性与半定量分析，有时需要大胆地假设与猜想，有时甚至得益于直觉或顿悟；演绎法、归纳法、类比法等经常作为物理学研究中的有效方法发挥着重要作用，而逻辑分析、由物理现象建立理想化模型往往也是物理学研究过程中不可缺少的……物理学的研究方法包含了许多方面，在此不再一一列举，但有一点需要特别指出，即无论采用什么样的研究方法，研究者都应当秉持追求真理、实事求是的科学态度．

5. 怎样才能学好物理学

学习物理学，不仅可以掌握物理学中的基本概念和原理，了解物质世界最基本、最普遍的运动规律，而且物理学的思想和方法对观察能力、逻辑判断能力、抽象思维能力、分析问题和解决问题的能力以及创新思维能力的培养，都将产生有益的帮助，从而使个人素质得到提高．

既然物理学如此重要，研究方法又多种多样，那么，我们怎样才能学好物理学呢？

首先，在学习过程中要勤于思考和联系实际．学习物理学时，除了要了解主要原理、定理、定律和公式的基本内容、逻辑思路与推导方法外，还应注意理论与实践的结合，将物理学的基本理论与教学实验、日常生活实践等联系起来，以深化对理论知识的理解并提高分析问题的能力．

其次，应从整体上对所学的物理学知识进行全面的了解，而不能仅仅掌握一些定律和公式，或者将所学知识内容孤立开来而无视各部分之间的联系．学习物理学，只注意它的结论是不够的，同时更应注意物理学规律的发现和完善的过程，往往正是这些过程才更能体现物理学的研究方法，对于提高学习者的素质也更有价值．因此，应该在学习过程中注意理解和掌握物理学的概念、图像及其发展历史、现状和前沿等．

其三，对于大学物理课程的学习，还应注意其与中学物理的联系和差异，并进行相应调整．中学物理的内容有限，所涉及的数学知识基本以初等数学和几何学为主，学习时往往在课内就能基本掌握教授的内容，课下的习题训练量较大；而大学物理涉及面较广，知识点比较分散，且数学知识多是以高等数学和矢量运算为主，课堂教学内容多、速度快，很多内容并不能在课内完全掌握，而是需要在课下进一步理解、消化．至于做题，大学物理的要求是不在于多、而在于精，关键是真正掌握相关的知识要点．

最后，我们以理查德·费曼在其著作《费曼物理学讲义》中的一段话作为本篇的结束语，“我讲授的主要目的，不是帮助你们应付考试——甚至不是帮助你们服务于工业或国防．我最想做的是给出对于这个奇妙世界的一些欣赏，以及物理学家看待这个世界的方式，我相信这是当今时代真正文化的主要部分．也许你们将不仅欣赏到这种文化，甚至也可能会加入到人类智慧已经开始的这场伟大的探险中去．”

第1章 质点力学

概述

我们抬头观察周围物体时，可以发现组成宇宙的所有物体都在不停地运动．不同物体具有不同的运动形式，其中机械运动是最基本、最简单的运动形式．物体间或者物体各部分间相对位置的变动，称为机械运动．力学就是研究机械运动的规律及其应用的一门学科．质点力学大致分为运动学和动力学两部分，其中质点的位置随时间的变化规律是运动学的范畴；而质点运动状态的改变由质点所受的合力决定，这属于动力学的范畴，牛顿运动定律就是宏观物体低速运动时所满足的基本规律．牛顿运动定律表明了力对物体的瞬时作用效果，但在很多实际问题中，力对物体的作用总要持续一段距离或持续一段时间，并且力的变化复杂，难于细究，而我们又往往只关心在这段时间内力的总效果．这时，我们要考虑的是力对空间的累积作用或力(力矩)对时间的累积作用，须将牛顿运动定律对空间或时间积分来确定物体间的相互作用和运动状态变化之间的关系，即应用动能定理或动量(角动量)定理分析、解决问题．当研究对象是由多个质点组成的质点系时，可以先分析单个质点所遵从的规律，然后对各个质点求和，得出质点系这一整体所遵循的规律．本章首先介绍质点运动的描述和牛顿运动定律，然后介绍动能定理、动量定理和角动量定理，进而介绍机械能守恒定律、动量守恒定律和角动量守恒定律．

1.1 质点和参考系

1.1.1 质点和刚体

研究物体的运动，关键是找出其中最本质的内容，并建立理想模型，通过对理想模型的分析，揭示内在的规律．质点和刚体正是两个基本的理想模型．

1. 质点 真实的物体具有不同的形状和外貌，研究物体运动时可以不考虑其表面形貌和内部结构，而只考虑其占据的空间位置及质量．具有质量而没有形状和大小的理想物体，即具有质量的点，称为质点．质点是一种理想模型，能否将一个物体看作质点，应该考虑被研究对象所处的环境是否与物体的大小无关．看起来很小的物体不一定能当成质点，而很大的物体有时也可以作为质点处理．通常情况下，如果研究的运动不涉及物体的转动和物体各部分的相对运动，可将其视为质点．如研究原子物理时，即使像原子这样小的微观物体，也必须考虑其结构．而在研究行星的公转时，大如地球的物体也可以视为质点．某个物体在一个问题中可以看作质点，在另一个问题中却未必能作为质点来处理．如研究马路上行驶的汽车，当仅研究它运动的快慢和路程时，可以将其看作质点，而略去内部各部分的运动．当研究汽车的平衡时则必须考虑汽车的结构，便不能将其看作质点了．

2. 质点系 由两个或两个以上的质点组成的系统，称为质点系．将质点的运动规律应用于质点系，就可以解决复杂的物理问题．

3. 刚体 刚体是一种特殊的质点系，其运动形式与物体的形状和大小有关，但是它在运动过程中或与其他物体相互作用过程中，不会发生任何形变．即不论在何种运动过程中，刚体上任意两点之间的距离始终不变．真实的物体在运动中，都会发生形变．当形变很小，对整体运动影响可以略去不计时，可以采用刚体模型进行讨论，以简化问题．如研究电动机转子的转动、炮弹的自旋、车轮的滚动以及起重机或桥梁的平衡等问题时，用刚体的概念就能很好地解决问题．

1.1.2 参考系和坐标系

任何物理过程的发生和进行都与时间和空间相联系．为了定量地描述物体的运动，需要选定参考系和坐标系．

1. 参考系 宇宙中所有的物体都无时无刻不在运动，从这一点上来说，运动是绝对的．但是人们在生活中，通常描述某个物体是运动或静止，这是相对于某一参考系而言的．为了描述物体运动的规律，确定物体的位置和位移，被选作参考的物体或物体群，称为参考系．如果物体相对于参考系的位置在变化，表明物体相对于该参考系在运动，我们就说这个物体在运动；如果物体相对于参考系的位置保持不变，表明物体相对于该参考系是静止的．离开具体的参考系描述运动和静止是没有意义的．从这一点上说，物体是运动还是静止是相对而言的，同一物体相对于不同的参考系，可能具有不同的运动状态．静止是相对的，是相对于所选的参考系而言，没有绝对意义上的静止．例如，坐在行驶的列车上的人，看到邻座的乘客是静止的，乘务员在来回走动．但从地面上的人看来，乘客和乘务员都在以很高的速度前进．

要研究和描述物体的运动，只有在选定参考系后才能进行，选取参考系是研究问题的关键之一．参考系的选取是任意的，任何一个物体都可以作为参考系．但选择合适的参考系可以使问题变得简单．为了研究物体在地面上的运动，通常选地球为参考系．实验室常固定在地球上，故又称为实验室参考系．

2. 坐标系 为了定量描述运动，说明质点的位置、运动的快慢和方向，需要建立坐标系．在选定参考系后，为确定空间一个点的位置，按照规定方法选取的有次序的一组数据，就是坐标．坐标系的种类很多，如直角坐标系、自然坐标系等．选择适当的坐标系可以使所研究的问题容易解决．

1.1.3 时间和空间

人们在对宇宙的长期观测中逐渐形成了时间和空间的概念．宇宙中的物体在不停地运动和变化着，使用时间和空间的概念描述运动，人们对物体运动的认识可以达到定量清晰、可分析的境界．

时间描述事件的先后顺序．将时间的流逝过程看作时间轴，时刻是时间流逝中的“一瞬”，对应于时间轴上的一点，任何质点在某个位置与一个时刻联系在一起，事件开始于某个时刻，事件的结束与另一时刻相对应．时间是时间间隔的简称，指从某一初始时刻到终止时刻所经历的时间间隔．每一个事件的进行过程都是与一个时间相联系的．可见，时间和时刻都是与运动相联系的，离开了运动，也就谈不上时间和时刻．例如，我们说上午8：00开始上课，12：00下课，上午上了4个小时的课，这里，8：00和12：00就是两个时刻，而4个小时则是时间．在国际单位制（SI）中，时间和时刻的单位都是秒，用符号s表示．

空间描述物体的位置和形态，表示物体分布的秩序．物理空间是以长度的单位为基础进行描述的．在国际单位制（SI）中，长度的单位是米，符号为m.

1.2　质点运动的描述

一个质点的运动，可以用位矢、位移、速度和加速度四个物理量来描述．

1.2.1　位矢

要讨论质点位置随时间的变化，首先要确切描述质点在空间中的位置．为了说明质点的位置，可以在参考系中任选一点为参考点．由参考点引向质点所在位置的矢量，称为质点的位置矢量，简称位矢或矢径，通常用符号 $\boldsymbol{r}$ 表示，如图1-1所示．

参考点和质点之间的距离是描述质点位置的重要因素，同时还要指出质点相对参考点的方位．建立直角坐标系，令坐标原点与参考点重合，则有

$$\boldsymbol{r}=x\boldsymbol{i}+y\boldsymbol{j}+z\boldsymbol{k} \tag{1-1}$$

其中 $\boldsymbol{i}$、$\boldsymbol{j}$、$\boldsymbol{k}$ 分别是沿 x、y、z 轴的单位矢量；x、y 和 z 称为质点的位置坐标，也可以用来描述质点的位置．位置矢量的大小为

$$r=\sqrt{x^2+y^2+z^2}$$

位置矢量的方向余弦为

$$\cos\alpha=\frac{x}{r},\quad \cos\beta=\frac{y}{r},\quad \cos\gamma=\frac{z}{r}$$

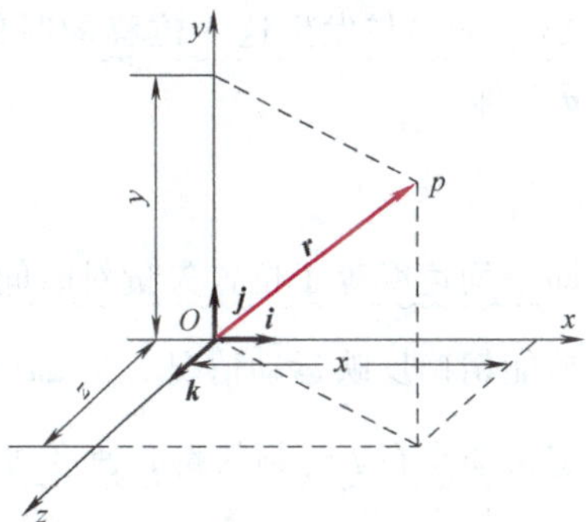

图1-1　位置矢量

质点运动的每一时刻，均有一位置矢量与之对应，即位置矢量 $\boldsymbol{r}$ 是时间 t 的函数：

$$\boldsymbol{r}=\boldsymbol{r}(t) \tag{1-2}$$

这种表示质点位置随时间变化规律的数学表达式称为质点的运动学方程，其正交分解式为

$$\boldsymbol{r}=\boldsymbol{r}(t)=x(t)\boldsymbol{i}+y(t)\boldsymbol{j}+z(t)\boldsymbol{k} \tag{1-3}$$

其中

$$x=x(t),\quad y=y(t),\quad z=z(t) \tag{1-4}$$

称为质点运动学方程的标量形式，从中消去参数 t 便可得到质点运动的轨迹方程．

1.2.2 位移

位移用来描写质点位置变动的大小和方向．如图 1-2 所示，质点在 t 至 $t+\Delta t$ 时间内自 P 运动到 Q. 自质点初位置引向 Δt 时间后末位置的矢量，称为质点在这段时间内的位移，记作 $\Delta \boldsymbol{r}$，显然，

$$\Delta \boldsymbol{r}=\boldsymbol{r}(t+\Delta t)-\boldsymbol{r}(t) \tag{1-5}$$

位移在直角坐标系中可以表示为

$$\Delta \boldsymbol{r}=\Delta x\boldsymbol{i}+\Delta y\boldsymbol{j}+\Delta z\boldsymbol{k}$$

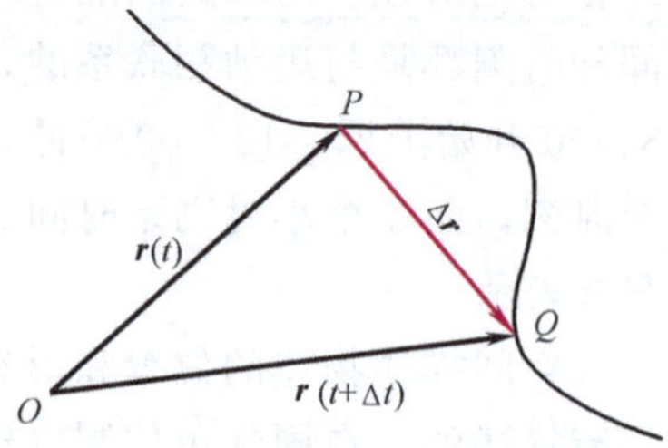

图 1-2 位移

位矢、位移和路程是有区别的．位矢与一确定的时刻相对应，是瞬时量；位移表示质点在一段时间内位置变动的总效果，是过程量；在一段时间内，质点在其轨迹上经过的路径的总长度称为路程．路程和位移不同，路程是标量；而位移是矢量，是在一定时间内质点位置变化的总效果．一般情况下，有限位移的数值并不代表质点运动的路程．只有在 $\Delta t\to 0$ 时的位移，其数值才与质点运动路程相同，即 $|\mathrm{d}\boldsymbol{r}|=\mathrm{d}s$，对于有限的位移来说，只有质点作同一方向的直线运动时，位移的大小才等于路程．例如，一个人在跑道上跑了一圈，路程为跑道的周长，其位移为零．

1.2.3 速度

描述物体运动的快慢要将质点的位移和时间联系在一起．定义质点位移 $\Delta \boldsymbol{r}=\boldsymbol{r}(t+\Delta t)-\boldsymbol{r}(t)$ 与发生这一位移的时间间隔 Δt 之比，为质点在这段时间内的平均速度，记作 $\overline{\boldsymbol{v}}$，即

$$\overline{\boldsymbol{v}}=\frac{\Delta \boldsymbol{r}}{\Delta t}=\frac{\boldsymbol{r}(t+\Delta t)-\boldsymbol{r}(t)}{\Delta t}$$

即平均速度等于位置矢量对时间的平均变化率，如图 1-3 所示．观测时间越短，平均速度越能精确反映运动情况．当 $\Delta t\to 0$ 时，有 $\Delta \boldsymbol{r}\to 0$，比值 $\dfrac{|\Delta \boldsymbol{r}|}{\Delta t}$ 无限接近于一个确定的数值．定义质点在 t 时刻的瞬时速度等于 t 至 $t+\Delta t$ 时间内平均速度 $\Delta \boldsymbol{r}/\Delta t$ 当 $\Delta t\to 0$ 时的极限，用 $\boldsymbol{v}$ 表示，即

$$\boldsymbol{v}=\lim_{\Delta t\to 0}\overline{\boldsymbol{v}}=\lim_{\Delta t\to 0}\frac{\Delta \boldsymbol{r}}{\Delta t}=\frac{\mathrm{d}\boldsymbol{r}}{\mathrm{d}t} \tag{1-6}$$

瞬时速度通常简称为速度，它等于位矢对时间的变化率或一阶导数．其方向沿轨迹（或位置矢量矢端曲线）在质点所在处的切线方向并指向质点前进的一方，其大小

$$v=\lim_{\Delta t\to 0}\frac{|\Delta \boldsymbol{r}|}{\Delta t}=\left|\frac{\mathrm{d}\boldsymbol{r}}{\mathrm{d}t}\right| \tag{1-7}$$

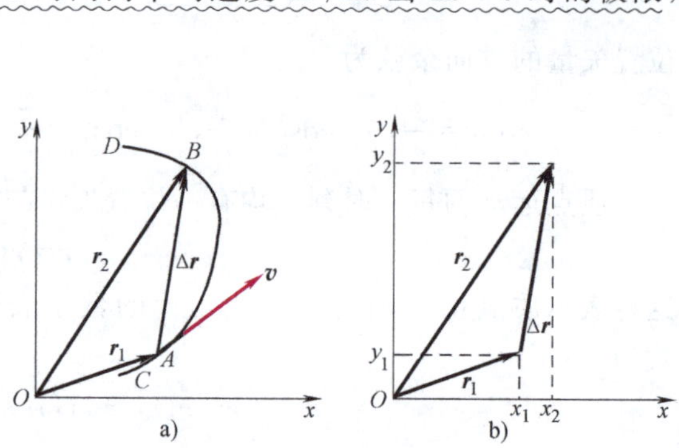

图 1-3 速度

表示质点在该瞬时运动的快慢，称为瞬时速率，简称速率．

在直角坐标系里，速度可以表示为

$$\boldsymbol{v}=v_x\boldsymbol{i}+v_y\boldsymbol{j}+v_z\boldsymbol{k}=\frac{\mathrm{d}x}{\mathrm{d}t}\boldsymbol{i}+\frac{\mathrm{d}y}{\mathrm{d}t}\boldsymbol{j}+\frac{\mathrm{d}z}{\mathrm{d}t}\boldsymbol{k}$$

速度的大小和方向余弦可以表示为

$$v=\sqrt{v_x^2+v_y^2+v_z^2}$$

$$\cos\alpha_v=\frac{v_x}{v},\quad \cos\beta_v=\frac{v_y}{v},\quad \cos\gamma_v=\frac{v_z}{v}$$

1.2.4 加速度

质点运动时，速度的大小和方向都可能变化，加速度是反映其变化快慢和方向的物理量．

设质点在 t 时刻的速度为 $\boldsymbol{v}(t)$，经 Δt 后变为 $\boldsymbol{v}(t+\Delta t)$，速度增量 $\Delta\boldsymbol{v}=\boldsymbol{v}(t+\Delta t)-\boldsymbol{v}(t)$ 与发生这一增量所用的时间 Δt 之比，称为这段时间内的平均加速度，记作 $\overline{\boldsymbol{a}}$，即

$$\overline{\boldsymbol{a}}=\frac{\Delta\boldsymbol{v}}{\Delta t}$$

平均加速度的大小反映 Δt 时间内速度变化的平均快慢，其方向沿速度增量的方向．在 t 至 $t+\Delta t$ 时间内平均加速度 $\Delta\boldsymbol{v}/\Delta t$ 当 $\Delta t\to 0$ 时的极限叫作 t 时刻的瞬时加速度，简称加速度，记作 $\boldsymbol{a}$，即

$$\boldsymbol{a}=\lim_{\Delta t\to 0}\frac{\Delta\boldsymbol{v}}{\Delta t}=\frac{\mathrm{d}\boldsymbol{v}}{\mathrm{d}t}=\frac{\mathrm{d}^2\boldsymbol{r}}{\mathrm{d}t^2}\tag{1-8}$$

即加速度等于速度对时间的变化率或一阶导数，又等于位矢对时间的二阶导数．

在直角坐标系中，加速度可以表示为

$$\boldsymbol{a}=a_x\boldsymbol{i}+a_y\boldsymbol{j}+a_z\boldsymbol{k}=\frac{\mathrm{d}v_x}{\mathrm{d}t}\boldsymbol{i}+\frac{\mathrm{d}v_y}{\mathrm{d}t}\boldsymbol{j}+\frac{\mathrm{d}v_z}{\mathrm{d}t}\boldsymbol{k}=\frac{\mathrm{d}^2x}{\mathrm{d}t^2}\boldsymbol{i}+\frac{\mathrm{d}^2y}{\mathrm{d}t^2}\boldsymbol{j}+\frac{\mathrm{d}^2z}{\mathrm{d}t^2}\boldsymbol{k}$$

加速度的大小和方向余弦可以表示为

$$a=\sqrt{a_x^2+a_y^2+a_z^2}$$

$$\cos\alpha_a=\frac{a_x}{a},\quad \cos\beta_a=\frac{a_y}{a},\quad \cos\gamma_a=\frac{a_z}{a}$$

位矢、位移、速度和加速度都是矢量，都遵守叠加原理，都依赖于坐标系的选取，除位移与 Δt 有关外，其余三个量都具有瞬时性，并且位矢还与参考点的选取有关，而其他三个量则不具备这一点．

质点运动学问题的求解可分为两种类型：一是已知质点的运动学方程，利用微分的方法可以求出质点在任意时刻的位置、速度、加速度以及某时间间隔内的位移；二是已知质点运动的速度(或加速度)与时间的函数关系以及初始条件，用积分的方法可以求出质点的运动方程(或速度)等．

例题 1-1 质点的运动学方程为 $\boldsymbol{r}=-5\boldsymbol{i}+2t\boldsymbol{j}+12t^2\boldsymbol{k}$(SI)，求

(1) 自 $t=0$ 至 $t=1\mathrm{s}$ 时质点的位移；

（2） $t=0$、1s 时质点的速度和加速度．

解：（1）由题意可得

$$\boldsymbol{r}_0=-5\boldsymbol{i},\quad \boldsymbol{r}_1=-5\boldsymbol{i}+2\boldsymbol{j}+12\boldsymbol{k}$$

所以有

$$\Delta\boldsymbol{r}=\boldsymbol{r}_1-\boldsymbol{r}_0=2\boldsymbol{j}+12\boldsymbol{k}$$

（2）由题意得

$$\boldsymbol{v}=\frac{\mathrm{d}x}{\mathrm{d}t}\boldsymbol{i}+\frac{\mathrm{d}y}{\mathrm{d}t}\boldsymbol{j}+\frac{\mathrm{d}z}{\mathrm{d}t}\boldsymbol{k}=2\boldsymbol{j}+24t\boldsymbol{k}$$

$$\boldsymbol{a}=24\boldsymbol{k}$$

$t=0$、1s 时质点的速度分别为

$$\boldsymbol{v}_0=2\boldsymbol{j},\quad \boldsymbol{v}_1=2\boldsymbol{j}+24\boldsymbol{k}$$

$t=0$、1s 时质点的加速度均为

$$\boldsymbol{a}=24\boldsymbol{k}$$

例题 1-2 已知质点的加速度为 $a=4-24t$(SI)．当 $t=0$ 时，质点的速度和位移分别为 $v_0=5\mathrm{m/s}$ 和 $x_0=0$，求质点的速度和运动学方程．

解：由加速度的定义 $a=\frac{\mathrm{d}v}{\mathrm{d}t}$ 有

$$\mathrm{d}v=a\mathrm{d}t=(4-24t)\mathrm{d}t$$

对上式两边积分，再根据已知初始条件，有

$$\int_5^v \mathrm{d}v=\int_0^t(4-24t)\mathrm{d}t$$

即得质点的速度为

$$v=5+4t-12t^2$$

由质点速度的定义 $v=\frac{\mathrm{d}x}{\mathrm{d}t}$ 有

$$\mathrm{d}x=v\mathrm{d}t=(5+4t-12t^2)\mathrm{d}t$$

对上式两边积分并由已知初始条件可得

$$\int_0^x \mathrm{d}x=\int_0^t(5+4t-12t^2)\mathrm{d}t$$

即得质点的运动学方程为

$$x=5t+2t^2-4t^3$$

1.3 牛顿运动定律

1.3.1 牛顿运动定律的表述

质点运动状态的变化取决于作用在质点上的力．牛顿在其经典名著《自然哲学的数学原理》中提出了著名的牛顿运动三定律，在经典领域研究了力对物体的作用．

1. 牛顿第一定律 任何物体都保持静止或匀速直线运动的状态，直到其他物体所作用的力迫使它改变这种状态为止．

牛顿第一定律的重要意义主要体现在以下三个方面：

（1）它定性地说明了力和运动的关系．物体的运动并不需要力去维持，只有在物体的运动状态发生改变时，才需要力的作用．因此，从起源上看，由它可得到力的定性定义：

力是物体对物体的作用．从效果上看，物体受到力的作用，其运动状态就要发生变化，即力是改变物体运动状态的原因．

（2）它指明了任何物体都具有惯性．所谓惯性，就是物体所具有的保持其原有运动状态不变的特性．因此，牛顿第一定律又称为惯性定律．由于物体具有惯性，要改变其运动状态，必须有力的作用．但是在自然界中，完全不受力的物体是不存在的．因此，第一定律不能简单地用实验验证，它是在实验的基础上加以合理推证得到的．

（3）由它提出了惯性参考系的概念．在牛顿第一定律中涉及物体的运动状态，而描述物体的运动是相对于某个参考系而言的．观察者可以从任意一个参考系对物体的运动进行物理观测，然而惯性定律并非对所有的参考系都成立．惯性定律在其中成立的参考系称为惯性参考系，简称惯性系，否则为非惯性系．

如果一个参考系相对于惯性系做匀速运动，这个参考系也是惯性系；如果某个参考系相对于惯性系作加速运动，这个参考系就是非惯性系．研究地球表面物体的运动时，经常以地球为参考系．地球有自转和公转，严格说来，地球不是理想的惯性系，但是其公转和自转的加速度较小，因此可以将地球近似看作惯性系．

2. 牛顿第二定律 物体受到外力作用时，它所获得的加速度的大小与合外力的大小成正比，而与物体的质量成反比；加速度的方向与合外力的方向相同．其数学表达式为

$$\boldsymbol{F}=m\boldsymbol{a} \tag{1-9a}$$

牛顿第二定律的重要意义主要体现在以下三个方面：

（1）它定量地说明了力的效果．它在牛顿第一定律的基础上对物体机械运动的规律作了定量的描述，确定了力、质量和加速度之间的瞬时矢量关系．因此，式(1-9a)称为质点运动的动力学方程．

（2）它定量地量度了惯性的大小．物体的质量就是其惯性大小的量度．

（3）它概括了力的叠加原理．当几个外力同时作用在一个物体上时所产生的加速度，应该等于每个外力单独作用时所产生的加速度的叠加，这说明了力是矢量．

这里应该注意，牛顿第二定律的原始表达式为

$$\boldsymbol{F}=\frac{\mathrm{d}\boldsymbol{p}}{\mathrm{d}t} \tag{1-9b}$$

式中，$\boldsymbol{p}=m\boldsymbol{v}$ 是物体的动量．在相对论力学中，式(1-9a)不再成立，而式(1-9b)仍然成立．

3. 牛顿第三定律 当物体A以力 $\boldsymbol{F}$ 作用于物体B时，物体B也必定同时以力 $\boldsymbol{F}'$ 作用于物体A，$\boldsymbol{F}$ 和 $\boldsymbol{F}'$ 在同一直线上，大小相等而方向相反，即

$$\boldsymbol{F}=-\boldsymbol{F}' \tag{1-10}$$

牛顿第三定律的重要意义在于肯定了物体间的作用是相互的这一本质．两个物体相互作用时，受力的物体也是施力的物体，施力者也是受力者．如果把其中一个力称为作用力，另一个则为反作用力．因此，牛顿第三定律又称为作用力与反作用力定律——作用力与反作用力在同一直线上，大小相等，方向相反．

牛顿的三个运动定律是一个完整的整体，它们各自有一定的物理意义，又有一定的内在联系．第一定律指明了任何物体都具有惯性，同时确定了力的含义，说明力是使物体改变运动状态即获得加速度的一种作用；第二定律则在第一定律的基础上对物体机械运动的规律进行了定量描述，确定了力、质量和加速度之间的瞬时矢量关系；第三定律则

肯定了物体间的作用力具有相互作用这一本质，因此，我们可以得出力的定义：力是物体间的相互作用．

1.3.2 牛顿运动定律的应用举例

例题 1-3 如图 1-4a 所示，水平桌面上叠放着两块木块，质量分别为 m_1 和 m_2，两木块之间的静摩擦因数为 μ_1，木块与桌面之间的静摩擦因数为 μ_2，问沿水平方向至少用多大的力才能将下面的木块抽出来？

解： 以桌面为参考系，将 m_1 和 m_2 视为质点且作为研究对象，隔离出来后分别进行受力分析，并建立坐标系，如图 1-4b 所示．

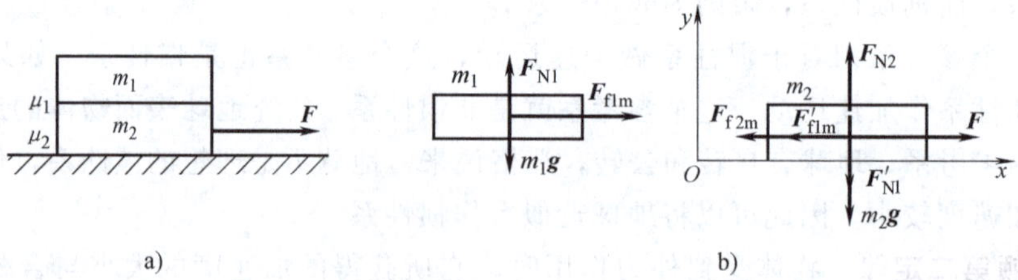

图 1-4 例题 1-3 用图

由题意可知，欲将木块 m_2 从 m_1 和桌面间抽出来，必须同时满足两个条件：一是要克服 m_1 和桌面作用于 m_2 的最大静摩擦力；二是 m_2 的加速度必须大于 m_1 可能具有的最大加速度．

根据图 1-4b 所示受力分析和牛顿运动定律可知，对木块 m_1 有

$$F_{f1m}=\mu_1 F_{N1}=m_1 a_1$$

$$F_{N1}-m_1 g=0$$

对木块 m_2 有

$$F-F'_{f1m}-F_{f2m}=F-\mu_1 F_{N1}-\mu_2 F_{N2}=m_2 a_2$$

$$F_{N2}-F'_{N1}-m_2 g=F_{N2}-F_{N1}-m_2 g=0$$

拉力 F 刚好能抽出木块 m_2 时应有

$$a_1=a_2$$

将以上五式联立可解得

$$F=(\mu_1+\mu_2)(m_1+m_2)g$$

即当拉力 $F\geqslant(\mu_1+\mu_2)(m_1+m_2)g$ 时，可将木块 m_2 从 m_1 和桌面间抽出来．

例题 1-4 如图 1-5 所示，一轻绳跨过一轴承光滑的定滑轮，绳的两端分别悬挂有质量为 m_1 和 m_2 的物体，且 $m_2>m_1$．假设绳与滑轮之间无相对滑动，滑轮的质量及滑轮与轴之间的摩擦力均略去不计，绳轻且不可伸长．试求物体的加速度和绳的张力．

解： 分别取 m_1 和 m_2 为研究对象．依题意，设物体 m_1 这边绳的张力为 F_{T1}，物体 m_2 这边绳的张力为 F_{T2}．因 $m_2>m_1$，物体 m_1 将向上运动，物体 m_2 将向下运动．分别取物体的运动方向为其参考正方向，按牛顿第二定律有（隔离受力分析图请读者自行画出）

$$F_{T1}-m_1 g=m_1 a$$

$$m_2 g-F_{T2}=m_2 a$$

式中，a 是物体的加速度．因为绳轻且不可伸长，则由牛顿第三定律有

$$F_{T1}=F_{T2}$$

图 1-5 例题 1-4 用图

将以上各式联立求解，得

$$a=\frac{m_2-m_1}{m_1+m_2}g$$

$$F_{T1}=m_1(g+a)=\frac{2m_1m_2}{m_1+m_2}g=F_{T2}$$

或者

$$F_{T2}=m_2(g-a)=\frac{2m_2m_1}{m_1+m_2}g=F_{T1}$$

通过以上两个例题的讨论可以知道，求解力学问题的一般步骤为：

(1) 选取对象：根据题意，选取研究对象．在实际问题中，一般涉及多个相互作用着的物体，要把每个物体从总体中分离出来分别作为研究对象，这有利于问题的解决．这种方法，叫隔离体法，是解决力学问题的有效方法．

(2) 分析情况：分析研究对象的受力情况和运动情况，并作示力简图，要注意防止"漏力"或者"虚构力"．这种方法叫力的图示法．

(3) 列出方程：在选定的参考系上建立合适的坐标系（依问题的需要和计算的方便与否而定），根据有关的定律或定理，列出相应的方程．一般来说，有几个未知量就应列出几个方程，如果所列出的方程数目少于未知量的数目，则可由运动学和几何学的知识及题目中所含的关系、条件列出补充方程．

(4) 求得答案：对所列方程进行联立求解，必要时对结果进行分析、检验、讨论，得出符合题意的答案．在实际中，一般先进行字母运算，然后再代入具体数据；作数值运算时，还应先统一各物理量的单位．

1.4 功和能 机械能守恒定律

1.4.1 功和功率

牛顿第二定律反映了力的瞬时作用规律，事实上，力作用于物体上往往有一个过程，力的作用在空间上的累积表现为力所做的功．

1. 恒力沿直线路径做的功 如图 1-6 所示，一个质点 M 在恒力 $\boldsymbol{F}$ 的作用下，沿直线从 a 点运动到 b 点，位移为 $\Delta\boldsymbol{r}$，力 $\boldsymbol{F}$ 与位移 $\Delta\boldsymbol{r}$ 之间的夹角为 θ. 则在这个过程中，力所做的功等于力沿受力点位移方向上的分量和受力点位移大小的乘积，即

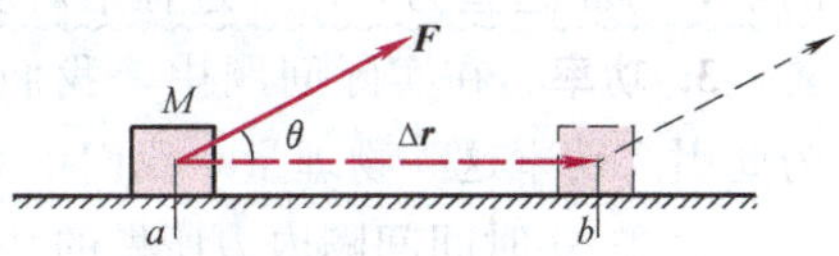

图 1-6 恒力沿直线路径做的功

$$A=F\cos\theta|\Delta\boldsymbol{r}|$$

根据两矢量的标积的定义，力的功又可表示成

$$A=\boldsymbol{F}\cdot\Delta\boldsymbol{r} \tag{1-11}$$

功是一个标量，做功只需用大小和正负表示．它的正负决定于作用力 $\boldsymbol{F}$ 与质点位移

$\Delta\boldsymbol{r}$ 间的夹角．当 $0\leqslant\theta<\dfrac{\pi}{2}$ 时，$A>0$，即力 $\boldsymbol{F}$ 做正功；当 $\dfrac{\pi}{2}<\theta\leqslant\pi$ 时，$A<0$，即力 $\boldsymbol{F}$ 做负功，也就是物体克服该力做了功；当 $\theta=\dfrac{\pi}{2}$ 时，$A=0$，即力 $\boldsymbol{F}$ 与位移 $\Delta\boldsymbol{r}$ 垂直时，力 $\boldsymbol{F}$ 不做功．

在国际单位制中，功的单位是焦耳，简称焦，符号为 J.

2. 变力沿曲线路径做的功　如果质点在外力作用下沿一曲线运动，由 a 点移动到 b 点，如图 1-7 所示．在此过程中，作用于质点上的力 $\boldsymbol{F}$ 的大小和方向随时间都在变化，因而不能直接利用式（1-11）计算 $\boldsymbol{F}$ 做的功．为求此过程中变力 $\boldsymbol{F}$ 所做的功，我们把路径分成很多小段，只要每一小段都足够小，那么，质点在这足够小的一段中的运动就可看成是恒力作用下的直线运动．这样，对每一段足够小的位移，都可以用式（1-11）计算力的功．在足够小的位移上力所做的功称为元功，元功可近似表示为

$$\mathrm{d}A=\boldsymbol{F}\cdot\mathrm{d}\boldsymbol{r} \tag{1-12}$$

于是，质点从点 a 移到点 b 的过程中，变力 $\boldsymbol{F}$ 所做的功应等于力在每小段位移上所做元功的代数和，即

$$A=\int_a^b\mathrm{d}A=\int_a^b\boldsymbol{F}\cdot\mathrm{d}\boldsymbol{r}=\int_a^b F\cos\theta\,|\mathrm{d}\boldsymbol{r}| \tag{1-13}$$

在直角坐标系中，$\boldsymbol{F}$ 和 $\mathrm{d}\boldsymbol{r}$ 可以分别写为

$$\boldsymbol{F}=F_x\boldsymbol{i}+F_y\boldsymbol{j}+F_z\boldsymbol{k}\text{，}\quad \mathrm{d}\boldsymbol{r}=\mathrm{d}x\boldsymbol{i}+\mathrm{d}y\boldsymbol{j}+\mathrm{d}z\boldsymbol{k}$$

所以有　$$\mathrm{d}A=F_x\mathrm{d}x+F_y\mathrm{d}y+F_z\mathrm{d}z$$

则　$$A=\int_a^b\boldsymbol{F}\cdot\mathrm{d}\boldsymbol{r}=\int_a^b(F_x\mathrm{d}x+F_y\mathrm{d}y+F_z\mathrm{d}z)$$

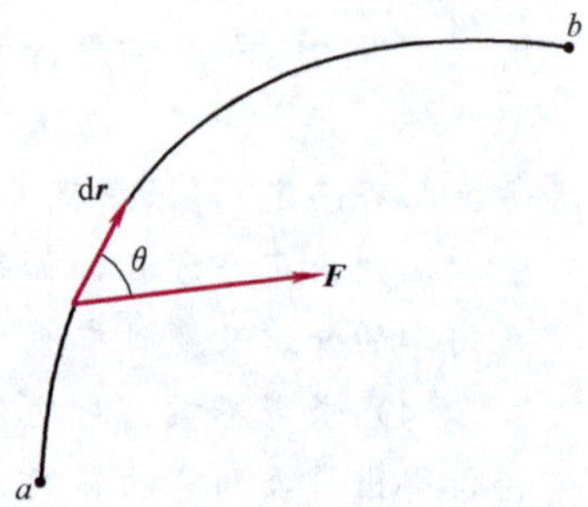

图 1-7　变力沿曲线路径做的功

若质点同时受多个力 $\boldsymbol{F}_1$、$\boldsymbol{F}_2$、…、$\boldsymbol{F}_i$、…、$\boldsymbol{F}_n$ 作用，质点在这些力作用下由 a 点沿任意曲线运动到 b 点，则

$$\begin{aligned}A&=\int_a^b\boldsymbol{F}\cdot\mathrm{d}\boldsymbol{r}=\int_a^b(\boldsymbol{F}_1+\boldsymbol{F}_2+\cdots+\boldsymbol{F}_n)\cdot\mathrm{d}\boldsymbol{r}\\&=\int_a^b\boldsymbol{F}_1\cdot\mathrm{d}\boldsymbol{r}+\int_a^b\boldsymbol{F}_2\cdot\mathrm{d}\boldsymbol{r}+\cdots+\int_a^b\boldsymbol{F}_n\cdot\mathrm{d}\boldsymbol{r}\\&=A_1+A_2+\cdots+A_n=\sum_{i=1}^n A_i\end{aligned}$$

上式表明，当多个力同时作用在一个质点上时，这些力的合力在某一过程中对质点所做的功，等于这些力在同一过程中对质点所做功的总和．

3. 功率　在实际问题中，我们不仅关心力做功的多少，而且还关心力做功的快慢，为此引入功率这一物理量．我们把力在单位时间内所做的功称为功率．

设在 Δt 时间间隔内力所做的功为 ΔA，则力在 Δt 时间内的平均功率为

$$\overline{P}=\frac{\Delta A}{\Delta t}$$

当 $\Delta t\to0$ 时，力的平均功率的极限值称为 t 时刻的瞬时功率 P，即

$$P=\lim_{\Delta t\to0}\frac{\Delta A}{\Delta t}=\frac{\mathrm{d}A}{\mathrm{d}t}$$

将式（1-12）代入上式，得

$$P=\frac{\mathrm{d}A}{\mathrm{d}t}=\frac{\boldsymbol{F}\cdot\mathrm{d}\boldsymbol{r}}{\mathrm{d}t}=\boldsymbol{F}\cdot\boldsymbol{v}$$

这就是说，瞬时功率等于力与速度的标积．当力的方向与速度方向一致时，有 $P=Fv$. 由此可知，当功率保持恒定时，力大则速度小，力小则速度大．比如当发动机功率一定时，汽车在上坡时需要降低速度以加大牵引力．

在国际单位制中，功率的单位是瓦特，简称瓦，符号为 W. 另外，还有千瓦，符号为 kW. 且有 $1\mathrm{kW}=10^3\mathrm{W}$.

1.4.2 动能和势能

1. 质点的动能和动能定理 质点的动能就是由于质点运动而具有的能量，它的大小等于质点的质量与其运动速度平方乘积的二分之一，以 E_k表示，即

$$E_\mathrm{k}=\frac{1}{2}mv^2 \tag{1-14}$$

可见，质点的动能与其质量和速度大小有关，速度越大，质量越大，质点所具有的动能就越多；动能是一种标量，只有大小而没有方向，且不可能小于零．由于速度的大小取决于参考系的选取，因此，动能同样也是一个相对量，其大小与参考系的选取有关．

质点的动能定理可由牛顿第二定律导出．由牛顿第二定律和加速度的定义有

$$\boldsymbol{F}=m\boldsymbol{a}=m\frac{\mathrm{d}\boldsymbol{v}}{\mathrm{d}t}$$

由功的定义可知，$\boldsymbol{F}$ 对质点所做元功为

$$\mathrm{d}A=\boldsymbol{F}\cdot\mathrm{d}\boldsymbol{r}=m\frac{\mathrm{d}\boldsymbol{v}}{\mathrm{d}t}\cdot\mathrm{d}\boldsymbol{r}=m\frac{\mathrm{d}\boldsymbol{r}}{\mathrm{d}t}\cdot\mathrm{d}\boldsymbol{v}$$

$$=m\boldsymbol{v}\cdot\mathrm{d}\boldsymbol{v}=mv\mathrm{d}v=\mathrm{d}\left(\frac{1}{2}mv^2\right)$$

即得动能定理的微分形式

$$\mathrm{d}A=\mathrm{d}E_\mathrm{k}=\mathrm{d}\left(\frac{1}{2}mv^2\right) \tag{1-15}$$

将上式积分可得 $\boldsymbol{F}$ 对质点所做功为

$$A=E_\mathrm{k}-E_{\mathrm{k}0}=\frac{1}{2}mv^2-\frac{1}{2}mv_0^2 \tag{1-16}$$

式中，v_0和 v 分别为质点始、末状态速度的大小；$E_{\mathrm{k}0}$和 E_k分别为质点始、末状态的动能．式（1-16）表明，合力对质点所做的功等于质点动能的增量，这就是质点的动能定理．

2. 质点系的动能和动能定理 与单个质点不同的是，质点系内的各个质点除了受到外界物体的作用力（称为外力）外，还可能受到质点系内其他质点的作用力（称为内力）．同参考系和坐标系的选取原则类似，质点系的选取也是根据便于解决问题的需要任意选取的，而内力和外力的区分正是取决于质点系的选取．

质点系的动能即为其内部各个质点的动能之和，即

$$\sum_i E_{\mathrm{k}i}=\sum_i\frac{1}{2}m_iv_i^2$$

而对于质点系内第 i 个质点，根据质点动能定理有

$$A_i = E_{ki} - E_{ki0} = \frac{1}{2}m_i v_i^2 - \frac{1}{2}m_i v_{i0}{}^2$$

式中，A_i 为第 i 个质点所受合外力对质点所做的功．这里的合外力包括质点系外部作用力及内部其他质点对其作用力，它们对质点所做的功分别以 $A_{i外}$ 和 $A_{i内}$ 表示，则上式可写为

$$A_{i外} + A_{i内} = E_{ki} - E_{ki0} = \frac{1}{2}m_i v_i^2 - \frac{1}{2}m_i v_{i0}^2$$

则对于整个质点系有

$$\sum_i A_{i外} + \sum_i A_{i内} = \sum_i E_{ki} - \sum_i E_{ki0} = \sum_i \frac{1}{2}m_i v_i^2 - \sum_i \frac{1}{2}m_i v_{i0}^2 \tag{1-17}$$

上式表明，作用于质点系内各质点的所有外力和所有内力在运动过程中对质点所做功的总和等于质点系动能的增量，此即质点系的动能定理．

3. 质点系的势能 设质量为 m 的质点 M 在地球附近重力场中从起始点 A 沿曲线运动至 B 点．以地球为参考系，地面为坐标原点，在质点运动轨迹所在平面内建立平面直角坐标系 Oxy，其中 x 轴沿水平方向，y 轴沿竖直方向，如图 1-8 所示．则质点所受重力可表示为

$$\boldsymbol{F}_g = -mg\boldsymbol{j}$$

则质点由 A 点沿曲线运动至 B 点时，重力对质点 M 所做功为

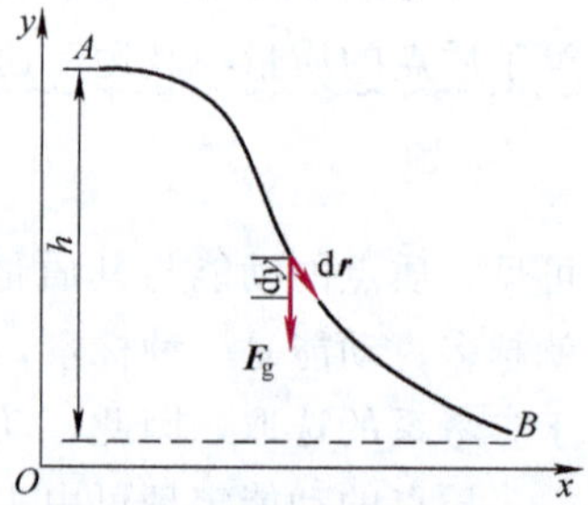

图 1-8 重力做功

$$\begin{aligned} A &= \int_A^B \boldsymbol{F}_g \cdot d\boldsymbol{r} = \int_A^B (-mg\boldsymbol{j}) \cdot (dx\boldsymbol{i} + dy\boldsymbol{j}) \\ &= \int_{y_A}^{y_B} (-mg)dy = -(mgy_B - mgy_A) \end{aligned} \tag{1-18}$$

可见，重力对质点所做的功只与质点运动的始、末位置有关，与运动过程的具体路径无关，这种做功多少与路径无关的力通常被称为保守力；反之，做功多少与路径有关的力通常被称为非保守力．由式(1-18)可知，质点从 A 点运动至 B 点时，重力对质点 M 做正功，根据动能定理，质点的动能增大．似乎在质点中储存着一种能量，这种能量为位置的函数，当质点位置由 A 点变为 B 点时，能量会释放出来并转换为质点的动能，表现为质点动能的增大，这种与质点相对位置有关的能量称为势能，用 E_p 表示．显然，势能是和保守力相对应的，每一种保守力都可以引入一种与其相应的势能．

势能的大小是相对的，与所选择的势能零点有关，零点选取不同，势能的大小会有所不同．对于重力势能，通常选取地面为势能零点．这样，重力势能的大小可表述为

$$E_p = mgh$$

式中，h 表示质点离地面的高度．因此，上述质点 M 在 A 点和 B 点所具有的重力势能分别为 mgy_A 和 mgy_B，式(1-18)可表述为重力势能的增量等于重力对质点所做功的负值．这一结论可应用至所有保守力，即势能的增量等于保守力所做功的负值，可表述为

$$\Delta E_p = E_p - E_{p0} = -A_保 \tag{1-19}$$

式中，E_{p0} 和 E_p 分别为质点始、末位置所具有的势能；$A_保$ 为保守力所做的功．

由以上讨论可知，保守力做功只与质点的始、末位置有关，与所经路径无关，而功是能量改变的量度．显然，质点在始、末两个不同的位置上具有不同的势能．重力、弹簧

的弹性力和万有引力均为保守力，都可以引入相应的势能．三种势能分别为

重力势能 $$E_p = mgh \tag{1-20a}$$

弹性势能 $$E_p = \frac{1}{2}kx^2 \tag{1-20b}$$

引力势能 $$E_p = -G\frac{m'm}{r} \tag{1-20c}$$

在国际单位制中，势能的单位也是焦耳，简称焦，符号为J.

1.4.3 机械能守恒定律

1. 质点系的机械能定理 如前所述，质点系受力可分为内力和外力，而质点系的内力又可分为保守力和非保守力，因此，质点系的动能定理还可写为

$$\sum_i A_{i外} + \sum_i A_{i内保} + \sum_i A_{i内非} = \sum_i E_{ki} - \sum_i E_{ki0}$$

又由 $E_p - E_{p0} = -A_保$，上式可写为

$$\sum_i A_{i外} - \sum_i (E_{pi} - E_{pi0}) + \sum_i A_{i内非} = \sum_i E_{ki} - \sum_i E_{ki0}$$

即

$$\begin{aligned}\sum_i A_{i外} + \sum_i A_{i内非} &= \sum_i E_{ki} - \sum_i E_{ki0} + \sum_i (E_{pi} - E_{pi0}) \\ &= \sum_i (E_{ki} + E_{pi}) - \sum_i (E_{ki0} + E_{pi0})\end{aligned} \tag{1-21}$$

质点系的动能与势能之和称为机械能，即上式中等号右边的两项分别为末、初状态质点系所具有的机械能，该式表明，质点系机械能的增量等于一切外力和一切非保守内力所做功的代数和，这就是质点系的机械能定理．

2. 质点系的机械能守恒定律 由式（1-21）可知，当 $\sum_i A_{i外} = 0$ 且 $\sum_i A_{i内非} = 0$ 时，有

$$\sum_i (E_{ki} + E_{pi}) - \sum_i (E_{ki0} + E_{pi0}) = 0$$

即

$$\sum_i (E_{ki} + E_{pi}) = 恒量 \tag{1-22}$$

式（1-22）表明，当所有作用于系统的外力对系统所做功为零且非保守内力所做功也为零时，系统的机械能恒定不变，这就是质点系的机械能守恒定律．

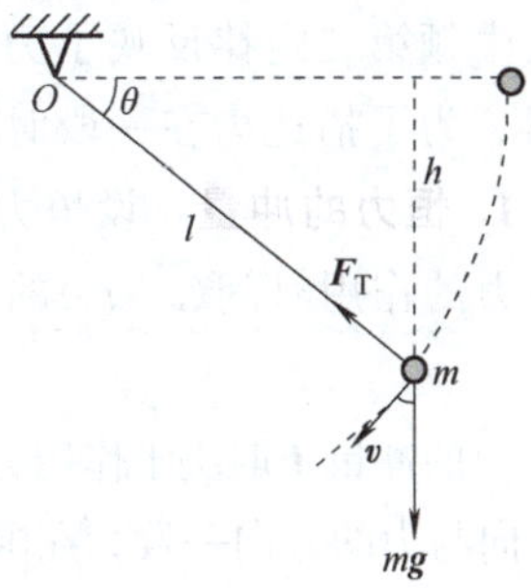

图1-9 例题1-5用图

例题1-5 如图1-9所示，一个质量为 m 的小球系在一根长为 l 的轻绳的一端，轻绳的另一端固定在 O 点．先拉动小球使轻绳保持水平静止，然后松手使小球自然下落．求轻绳摆下 θ 角时，小球的速率 v.

解： 取小球和地球为研究系统．以轻绳的悬挂点 O 所在的水平面为重力势能零点．在小球下落的过程中，轻绳的张力 $\boldsymbol{F}_T$ 为外力，它与小球的运动速度 $\boldsymbol{v}$ 始终垂直，所以不做功；而小球所受的

重力 mg 为系统的保守内力，所以系统的机械能守恒．即有

$$\frac{1}{2}mv^2-mgh=0$$

因为 $h=l\sin\theta$，所以有

$$\frac{1}{2}mv^2-mgl\sin\theta=0$$

于是得小球的速率为

$$v=\sqrt{2gl\sin\theta}$$

例题 1-6 如图 1-10 所示，一轻弹簧与质量分别为 m_1、m_2 的两块水平上下放置的薄木板相连接，求至少用多大的力 $\boldsymbol{F}$ 向下压，才能使当此力突然撤去后 m_2 刚好被提起？

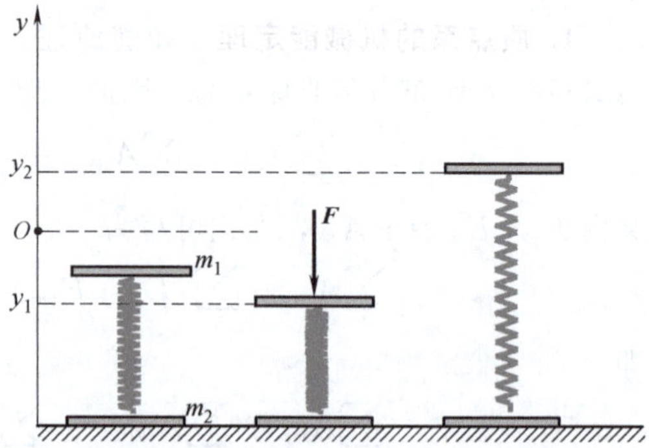

图 1-10 例题 1-6 用图

解： 如图 1-10 所示，取弹簧自由伸长时上端所在高度为坐标原点 O，向上为 Oy 轴的正方向．设加力 $\boldsymbol{F}$ 后，弹簧的压缩量为 y_1 时，撤去力 $\boldsymbol{F}$ 可使 m_1 反弹并能提起 m_2．此时，m_1 被压缩至 y_1 处，并且 m_1 所受力满足

$$F+m_1g=ky_1 \quad ①$$

其中，k 为弹簧的劲度系数．

设 y_2 表示 m_2 刚好被提起时 m_1 的高度．此时应有

$$ky_2=m_2g \quad ②$$

取弹簧、m_1、m_2 和地球为一系统，自撤去外力 $\boldsymbol{F}$ 至 m_1 被弹至 y_2 的过程仅有保守力做功，系统的机械能守恒．选取坐标原点 O 处为重力势能和弹性势能零点，则有

$$\frac{1}{2}ky_1^2-m_1gy_1=\frac{1}{2}ky_2^2+m_1gy_2 \quad ③$$

将式①、式②和式③联立求解，得

$$F=(m_1+m_2)g$$

1.5 冲量和动量 动量守恒定律

1.5.1 力的冲量

牛顿第二定律反映了力的瞬时作用规律，事实上，力作用于物体上往往有一段持续时间．为了描述力在一段时间间隔内的累积作用，我们引入冲量的概念．

1. 恒力的冲量 设恒力 $\boldsymbol{F}$ 作用在质点上的持续时间从 t_0 时刻到 t 时刻，我们把恒力 $\boldsymbol{F}$ 与力的作用时间 $(t-t_0)$ 的乘积称为恒力 $\boldsymbol{F}$ 的冲量，用符号 $\boldsymbol{I}$ 表示，即

$$\boldsymbol{I}=\boldsymbol{F}(t-t_0) \tag{1-23}$$

力的冲量 $\boldsymbol{I}$ 取决于作用力和持续作用时间两个因素，是个过程量．冲量是矢量，恒力的冲量方向与力的方向一致．在国际单位制中，冲量的单位是牛顿秒，简称牛秒，符号为 N·s．

2. 变力的冲量 作用于物体上的力的大小和方向通常是变化的，如有变力 $\boldsymbol{F}$ 持续作用在质点上，作用时间从 t_0 时刻到 t 时刻，则不能用式(1-23)直接计算此段时间内力的

冲量．但在极短时间内，仍可以认为力的大小和方向都不变．于是，可以把$(t-t_0)$时间段划分成很多小的时间间隔Δt_1、Δt_2、…、Δt_i、…、Δt_n，在各时间间隔内的作用力$\boldsymbol{F}_1$、$\boldsymbol{F}_2$、…、$\boldsymbol{F}_i$、…、$\boldsymbol{F}_n$可视为恒力．这样就可以先用式(1-23)计算每一小段时间间隔内的元冲量$\Delta\boldsymbol{I}_i=\boldsymbol{F}_i\Delta t_i$，然后将各元冲量求矢量和并取极限，便得到变力$\boldsymbol{F}$在$(t-t_0)$时间间隔的冲量$\boldsymbol{I}$，即

$$\boldsymbol{I}=\lim_{\Delta t_i\to 0}\sum\boldsymbol{F}_i\Delta t_i=\int_{t_0}^{t}\boldsymbol{F}\mathrm{d}t \tag{1-24}$$

式(1-24)表明，变力$\boldsymbol{F}$在一段时间间隔内的冲量$\boldsymbol{I}$等于力$\boldsymbol{F}$在该时间间隔内对时间变量的积分．

冲量是矢量，元冲量的方向总是与力的方向相同；但在一段较长时间内，变力的冲量$\boldsymbol{I}$的方向与元冲量的矢量和的方向一致，一般与某一瞬时力$\boldsymbol{F}$的方向是不同的．

3. 合力的冲量　如果质点受到多个力$\boldsymbol{F}_1$、$\boldsymbol{F}_2$、…、$\boldsymbol{F}_i$、…、$\boldsymbol{F}_n$的作用，合力$\boldsymbol{F}=\sum_{i=1}^{n}\boldsymbol{F}_i$，则合力的冲量为

$$\boldsymbol{I}=\int_{t_0}^{t}\boldsymbol{F}\mathrm{d}t=\int_{t_0}^{t}\left(\sum_{i=1}^{n}\boldsymbol{F}_i\right)\mathrm{d}t=\sum_{i=1}^{n}\int_{t_0}^{t}\boldsymbol{F}_i\mathrm{d}t=\sum_{i=1}^{n}\boldsymbol{I}_i$$

即合力在一段作用时间内的冲量等于各分力在同一作用时间内冲量的矢量和，其方向和各分力在同一作用时间内冲量的矢量和的方向相同．

1.5.2　动量　动量定理

1. 质点的动量和动量定理　质点的质量m与速度$\boldsymbol{v}$的乘积称为质点的动量，用$\boldsymbol{p}$表示，即

$$\boldsymbol{p}=m\boldsymbol{v}$$

动量是一种矢量，是描述质点机械运动状态的物理量，是反映质点对其他质点所产生的冲击作用本领的物理量，是状态量．

质点的动量定理也可由牛顿第二定律导出．根据牛顿第二定律式(1-9b)

$$\boldsymbol{F}=\frac{\mathrm{d}\boldsymbol{p}}{\mathrm{d}t}$$

即得质点动量定理的微分形式

$$\mathrm{d}\boldsymbol{p}=\boldsymbol{F}\mathrm{d}t \tag{1-25}$$

这说明，作用在质点上的合力$\boldsymbol{F}$在$\mathrm{d}t$时间内的元冲量等于质点动量的增量．将上式积分即得

$$\boldsymbol{I}=\int_{t_0}^{t}\boldsymbol{F}\mathrm{d}t=\int_{\boldsymbol{p}_0}^{\boldsymbol{p}}\mathrm{d}\boldsymbol{p}=\boldsymbol{p}-\boldsymbol{p}_0 \tag{1-26}$$

即作用在质点上的合力在一段时间内的冲量等于质点动量的改变量，这就是质点动量定理的积分形式．

2. 质点系的动量和动量定理　质点系内各质点动量的矢量和即为质点系的动量，即

$$\sum_i\boldsymbol{p}_i=\sum_i m_i\boldsymbol{v}_i$$

由质点的动量定理可推得

$$\left(\sum_i \boldsymbol{F}_i\right)\mathrm{d}t = \mathrm{d}\left(\sum_i \boldsymbol{p}_i\right)$$

式中，$\boldsymbol{F}_i$ 为质点系内第 i 个质点所受合力，它包括质点系外的作用力及质点系内其他质点的作用力，可分别用 $\boldsymbol{F}_{i外}$ 和 $\boldsymbol{F}_{i内}$ 表示，则上式可写为

$$\left(\sum_i \boldsymbol{F}_{i外}\right)\mathrm{d}t + \left(\sum_i \boldsymbol{F}_{i内}\right)\mathrm{d}t = \mathrm{d}\left(\sum_i \boldsymbol{p}_i\right)$$

正如我们之前所讨论，质点系内力总是成对出现，且属于一对作用力与反作用力，大小相等，方向相反，且作用在一条直线上，质点系内力的矢量和为零．因此，上式可写为

$$\left(\sum_i \boldsymbol{F}_{i外}\right)\mathrm{d}t = \mathrm{d}\left(\sum_i \boldsymbol{p}_i\right) \tag{1-27}$$

式（1-27）说明，作用于质点系的一切外力的矢量和在 dt 时间内的元冲量等于质点系动量的增量．上式两边积分可得

$$\int_{t_0}^{t}\left(\sum_i \boldsymbol{F}_{i外}\right)\mathrm{d}t = \sum_i \boldsymbol{p}_i - \sum_i \boldsymbol{p}_{i0} \tag{1-28}$$

即作用于质点系的外力的矢量和在一段时间内的冲量等于在这段时间内质点系动量的改变量．

1.5.3 动量守恒定律

由式（1-26）可知，当质点所受合力 $\boldsymbol{F}$ 为零时，有

$$\int_{t_0}^{t}\boldsymbol{F}\mathrm{d}t = \boldsymbol{p} - \boldsymbol{p}_0 = 0$$

即

$$\boldsymbol{p} = m\boldsymbol{v} = 恒矢量 \tag{1-29}$$

也就是说，在一段时间内作用于质点的合力始终为零时，质点的动量为恒矢量，这就是质点的动量守恒定律．在这里，由于质点的质量 m 为一恒量，如果质点动量守恒，则质点的速度必然保持不变．可见，单个质点的动量守恒实际上对应的正是质点做匀速直线运动的情形．

由式（1-28）可知，在一段时间内，如果质点系所受合外力为零，即 $\sum\limits_i \boldsymbol{F}_{i外} = 0$，则有

$$\int_{t_0}^{t}\left(\sum_i \boldsymbol{F}_{i外}\right)\mathrm{d}t = \sum_i \boldsymbol{p}_i - \sum_i \boldsymbol{p}_{i0} = 0$$

即

$$\sum_i \boldsymbol{p}_i = \sum_i m_i \boldsymbol{v}_i = 恒矢量 \tag{1-30}$$

式(1-30)说明，在某一时间段内，如果质点系所受合外力为零，则质点系的动量为恒矢量，此即质点系的动量守恒定律．动量守恒定律只适用于惯性系，各个质点的动量必须相对于同一惯性参考系．动量守恒定律是自然界中最普遍、最基本的定律之一．

例题 1-7 力 $\boldsymbol{F}=6t\boldsymbol{i}$(SI)作用在 $m=3$kg 的质点上，质点沿 x 轴运动，$t=0$ 时，$v_0=0$. 求前 2s 内力 $\boldsymbol{F}$ 对 m 所做的功．

解： 由质点的动量定理和动能定理可得

$$I = \int_0^t F\mathrm{d}t = \int_0^2 6t\mathrm{d}t = 3t^2\Big|_0^2 = 12\mathrm{N\cdot s}$$

而
$$I=mv-mv_0=mv$$
所以
$$v=\frac{I}{m}=\frac{12}{3}\text{m/s}=4\text{m/s}$$
于是有
$$A=E_k-E_{k0}=\frac{1}{2}mv^2-\frac{1}{2}mv_0^2=\frac{1}{2}mv^2=\left(\frac{1}{2}\times3\times4^2\right)\text{J}=24\text{J}$$

例题 1-8　如图 1-11 所示，一辆炮车以仰角 $\alpha=30°$发射一颗炮弹．设炮车的质量 $m_1=2000\text{kg}$，炮弹的质量 $m_2=10\text{kg}$，炮弹相对于地面的发射速度为 $v=800\text{m/s}$. 求发射炮弹时炮车的反冲速度 V.

解：取炮车和炮弹为研究系统．系统所受的外力有：炮车和炮弹的重力、地面的支持力以及发射炮弹时地面对炮车的摩擦力；系统的内力是炮弹发射时炮车和炮弹之间的相互作用力，它们不改变系统的总动量．在发射前，重力和支持力相互平衡；在发射过程中，重力和支持力不再平衡．而且，发射炮弹时，炮车还受到地面摩擦力的作用，因而系统的总动量不守恒．然而，由于重力和支持力都沿竖直方向，它们沿水平方向的分量等于零，炮车和炮弹之间相互作用的内力沿水平方向的分力远大于炮车受到的摩擦力，所以，可利用系统在水平方向的动量守恒求其近似解．

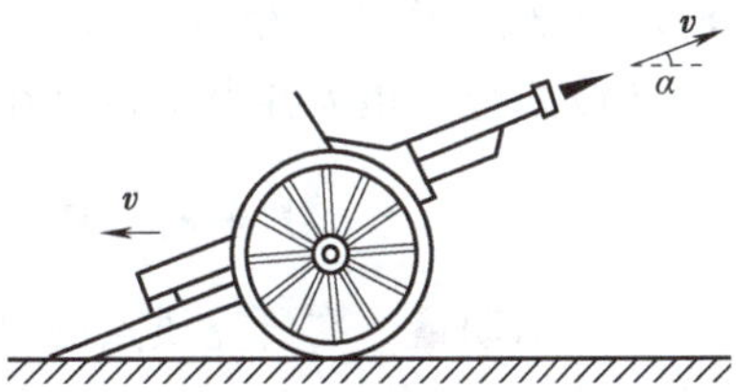

图 1-11　例题 1-8 用图

设水平向右为 x 轴的正方向，则炮弹出口速度 $\boldsymbol{v}$ 沿 x 轴的分量是 $v\cos\alpha$，炮车的反冲速度为 V. 于是有
$$m_2v\cos\alpha+m_1V=0$$
所以
$$V=-\frac{m_2}{m_1}v\cos\alpha=-\frac{10}{2000}\times800\cos30°\text{m/s}$$
$$\approx-3.5\text{m/s}$$

V 值为负，说明炮车运动速度与 x 轴的正方向相反，即炮车向左运动（后退）．

1.6　力矩和角动量　角动量守恒定律

1.6.1　力矩　角动量

1. 力矩　如图 1-12 所示，O 是空间一参考点(常作为坐标系的原点)，$\boldsymbol{F}$ 是作用力，A 表示受力质点，我们把受力质点相对于参考点 O 的位置矢量 $\boldsymbol{r}$ 与力 $\boldsymbol{F}$ 的矢积 $\boldsymbol{M}$ 叫作力 $\boldsymbol{F}$ 对参考点 O 的力矩，其数学表达式为
$$\boldsymbol{M}=\boldsymbol{r}\times\boldsymbol{F}\tag{1-31}$$

按照矢积的运算法则，力矩的大小为
$$M=rF\sin\theta$$
式中，θ 是 $\boldsymbol{r}$ 与 $\boldsymbol{F}$ 的夹角．力矩 $\boldsymbol{M}$ 的方向与 $\boldsymbol{r}$ 和 $\boldsymbol{F}$ 所确定的平面垂直，其指向用右手螺旋法则确定，即用右手四指从 $\boldsymbol{r}$ 经小于 180°角转向 $\boldsymbol{F}$，则拇指的指向为 $\boldsymbol{M}$ 的方向．

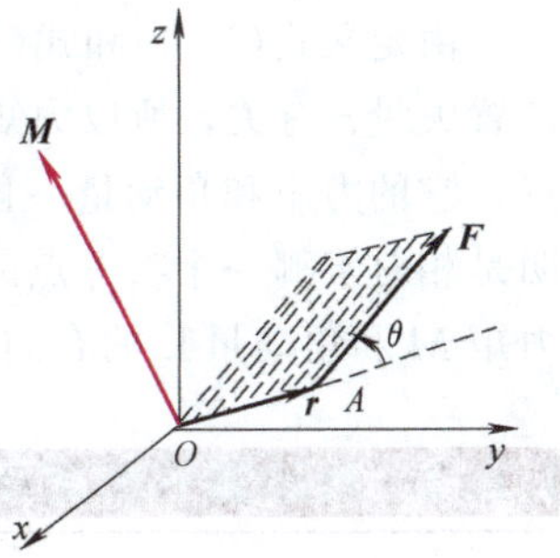

图 1-12　力对参考点的力矩

在国际单位制中，力矩的单位是牛米，符号为 N·m.

如果质点受到 n 个力 $\boldsymbol{F}_1$、$\boldsymbol{F}_2$、…、$\boldsymbol{F}_i$、…、$\boldsymbol{F}_n$ 的作用，其合力 $\boldsymbol{F}=\sum_{i=1}^{n}\boldsymbol{F}_i$，则质点所受各力对参考点的力矩的矢量和等于合力对参考点的力矩，即

$$\boldsymbol{M}=\boldsymbol{r}\times\boldsymbol{F}_1+\boldsymbol{r}\times\boldsymbol{F}_2+\cdots+\boldsymbol{r}\times\boldsymbol{F}_n=\boldsymbol{r}\times\sum_{i=1}^{n}\boldsymbol{F}_i=\boldsymbol{r}\times\boldsymbol{F}$$

若对于一个由 n 个质点组成的质点系，作用在各质点上的力分别为 $\boldsymbol{F}_1$、$\boldsymbol{F}_2$、…、$\boldsymbol{F}_i$、…、$\boldsymbol{F}_n$，作用点相对于参考点 O 的位矢分别为 $\boldsymbol{r}_1$、$\boldsymbol{r}_2$、…、$\boldsymbol{r}_i$、…、$\boldsymbol{r}_n$，则它们对参考点 O 的合力矩为各力单独存在时对该参考点力矩的矢量和，即

$$\boldsymbol{M}=\boldsymbol{r}_1\times\boldsymbol{F}_1+\boldsymbol{r}_2\times\boldsymbol{F}_2+\cdots+\boldsymbol{r}_n\times\boldsymbol{F}_n=\sum_{i=1}^{n}(\boldsymbol{r}_i\times\boldsymbol{F}_i)$$

2. 角动量 在研究质点的机械运动时，人们常遇到质点或质点系绕一定点运动的情况. 例如行星绕太阳公转、人造卫星绕地球的运转、电子绕原子核的运动等. 在这类问题中，质点的动量不断变化，动量不再守恒. 为了方便描述其运动状态，我们需要引入一个新的重要概念——角动量.

设质量为 m 的质点相对于参考系中某一参考点 O(常作为坐标系的原点)的位置矢量为 $\boldsymbol{r}$，其速度为 $\boldsymbol{v}$，如图 1-13 所示，则质点对 O 点的位置矢量与其动量的矢积称为质点对 O 点的角动量 $\boldsymbol{L}$. 即

$$\boldsymbol{L}=\boldsymbol{r}\times m\boldsymbol{v}=\boldsymbol{r}\times\boldsymbol{p} \tag{1-32a}$$

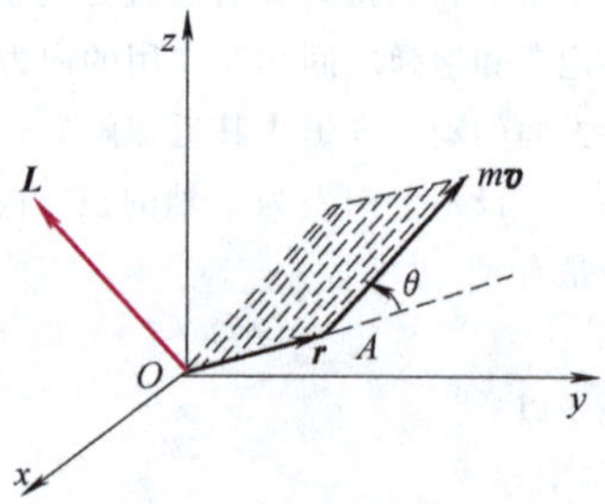

图 1-13 力对参考点的角动量

角动量的大小为

$$L=rmv\sin\theta$$

式中，θ 是 $\boldsymbol{r}$ 与 $\boldsymbol{p}$ 的夹角. 角动量 $\boldsymbol{L}$ 的方向与 $\boldsymbol{r}$ 和 $\boldsymbol{p}$ 所确定的平面垂直，其指向用右手螺旋法则确定，即用右手四指从 $\boldsymbol{r}$ 经小于 180°角转向 $\boldsymbol{p}$，则拇指的指向为 $\boldsymbol{L}$ 的方向.

在国际单位制中，角动量的单位是千克二次方米每秒，符号为 kg·m²/s.

对于一个由 n 个质点组成的质点系，各质点对于参考点 O 的位矢分别为 $\boldsymbol{r}_1$、$\boldsymbol{r}_2$、…、$\boldsymbol{r}_i$、…、$\boldsymbol{r}_n$，动量分别为 $\boldsymbol{p}_1$、$\boldsymbol{p}_2$、…、$\boldsymbol{p}_i$、…、$\boldsymbol{p}_n$，则该质点系对参考点 O 的总角动量等于系统中各质点对 O 点的角动量的矢量和，即

$$\boldsymbol{L}=\sum_{i=1}^{n}\boldsymbol{L}_i=\sum_{i=1}^{n}(\boldsymbol{r}_i\times\boldsymbol{p}_i) \tag{1-32b}$$

由定义式(1-31)和式(1-32)可以看出，力矩 $\boldsymbol{M}$ 和角动量 $\boldsymbol{L}$ 与质点相对于参考点 O 的位置矢量 $\boldsymbol{r}$ 有关，所以力矩和角动量与参考点的位置有关. 同一质点，相对于不同的参考点，它的力矩和角动量一般是不同的，因此，在说明一个质点的力矩和角动量时必须指明是相对于哪一个参考点的. 为了说明力矩和角动量与参考点的关系，作图时一般将表示力矩 $\boldsymbol{M}$ 和角动量 $\boldsymbol{L}$ 的有向线段的起点置于参考点上.

1.6.2 角动量守恒定律

1. 质点的角动量定理 质点的角动量对时间的变化率为

$$\frac{\mathrm{d}\boldsymbol{L}}{\mathrm{d}t}=\frac{\mathrm{d}(\boldsymbol{r}\times\boldsymbol{p})}{\mathrm{d}t}=\frac{\mathrm{d}(\boldsymbol{r}\times m\boldsymbol{v})}{\mathrm{d}t}=\boldsymbol{r}\times\frac{\mathrm{d}(m\boldsymbol{v})}{\mathrm{d}t}+\frac{\mathrm{d}\boldsymbol{r}}{\mathrm{d}t}\times m\boldsymbol{v} \tag{1-33}$$

由于 $\frac{d\boldsymbol{r}}{dt}\times m\boldsymbol{v}=\boldsymbol{v}\times(m\boldsymbol{v})=0,\quad \boldsymbol{r}\times\frac{d(m\boldsymbol{v})}{dt}=\boldsymbol{r}\times\boldsymbol{F}$

所以有

$$\frac{d\boldsymbol{L}}{dt}=\boldsymbol{r}\times\boldsymbol{F}$$

根据式(1-31),则式(1-33)可以表示为

$$\boldsymbol{M}=\frac{d\boldsymbol{L}}{dt} \tag{1-34}$$

式(1-34)表明，作用于质点的合力对参考点的力矩等于质点对该点的角动量随时间的变化率，称为质点的角动量定理.

2. 质点系的角动量定理 我们由式(1-32b)可求得质点系的角动量对时间的变化率为

$$\frac{d\boldsymbol{L}}{dt}=\frac{d}{dt}\sum_{i=1}^{n}\boldsymbol{L}_i=\frac{d}{dt}\left(\sum_{i=1}^{n}\boldsymbol{r}_i\times\boldsymbol{p}_i\right)=\sum_{i=1}^{n}\left(\frac{d\boldsymbol{r}_i}{dt}\times\boldsymbol{p}_i\right)+\sum_{i=1}^{n}\left(\boldsymbol{r}_i\times\frac{d\boldsymbol{p}_i}{dt_i}\right) \tag{1-35}$$

式中右端第一项为

$$\sum_{i=1}^{n}\left(\frac{d\boldsymbol{r}_i}{dt}\times\boldsymbol{p}_i\right)=\sum_{i=1}^{n}(\boldsymbol{v}_i\times\boldsymbol{p}_i)=0$$

式中右端第二项为

$$\sum_{i=1}^{n}\left(\boldsymbol{r}_i\times\frac{d\boldsymbol{p}_i}{dt_i}\right)=\sum_{i=1}^{n}(\boldsymbol{r}_i\times\boldsymbol{F}_{i外})+\sum_{i=1}^{n}(\boldsymbol{r}_i\times\boldsymbol{F}_{i内})$$

式中，$\boldsymbol{F}_{i外}$ 和 $\boldsymbol{F}_{i内}$ 分别为作用在第 i 个质点上的外力和内力. 根据牛顿第三定律，内力总是成对出现的，并且大小相等，方向相反，在一条直线上，所以与之相应的内力矩也成对出现，并且可以证明系统所有内力对同一参考点的力矩的矢量和必为零，即

$$\sum_{i=1}^{n}(\boldsymbol{r}_i\times\boldsymbol{F}_{i内})=0$$

令 $\boldsymbol{M}=\sum_{i=1}^{n}(\boldsymbol{r}_i\times\boldsymbol{F}_{i外})$，表示系统内各质点所受外力对同一参考点的力矩的矢量和，称为合外力矩，于是式(1-35)可写为

$$\boldsymbol{M}=\frac{d\boldsymbol{L}}{dt} \tag{1-36}$$

上式表明，质点系所受外力对某参考点的合外力矩，等于该质点系对同一参考点的角动量随时间的变化率，称为质点系的角动量定理. 它和质点的角动量定理具有相同的形式，但这里力矩 $\boldsymbol{M}$ 只包括外力的力矩，内力矩只影响某个质点的角动量，而对质点系的总角动量无影响.

将式(1-34)或式(1-36)两边乘以 dt，并对时间积分有

$$\int_{t_0}^{t}\boldsymbol{M}dt=\boldsymbol{L}-\boldsymbol{L}_0 \tag{1-37}$$

式中，$\boldsymbol{L}_0$ 和 $\boldsymbol{L}$ 分别是质点或质点系在 t_0、t 时刻的角动量；$\int_{t_0}^{t}\boldsymbol{M}dt$ 称为在时间间隔 $(t-t_0)$ 内作用于质点或质点系的冲量矩，它是外力矩对时间的累积量. 式(1-37)表明，对同一参考点，作用于质点或质点系的冲量矩等于质点或质点系对该点的角动量的增量. 习惯上称式(1-37)为质点或质点系的角动量定理的积分形式，式(1-34)和式(1-36)分别为质点

和质点系的角动量定理的微分形式．

3. 角动量守恒定律 在式(1-34)中，如果合力矩 $\boldsymbol{M}=0$，则$\frac{\mathrm{d}\boldsymbol{L}}{\mathrm{d}t}=0$，因此有

$$\boldsymbol{L}=\text{恒矢量}$$

这表明，当质点所受的力对某参考点的合力矩为零时，质点对该点的角动量矢量保持不变，这一结论称为质点的角动量守恒定律．

在式(1-36)中，如果质点系所受合外力矩 $\boldsymbol{M}=0$，则$\frac{\mathrm{d}\boldsymbol{L}}{\mathrm{d}t}=0$，因而有

$$\boldsymbol{L}=\text{恒矢量}$$

这表明，当质点系相对于某一给定参考点的合外力矩为零时，该质点系相对于该给定参考点的角动量矢量保持不变．这一结论称为质点系的角动量守恒定律．

若质点或质点系对某参考点的合外力矩不为零，但此合外力矩在某一方向上的分量为零，则尽管质点或质点系对此参考点的角动量不守恒，但质点或质点系的角动量在该方向上的分量却是守恒的．

例题 1-9 如图 1-14 所示，水平放置的光滑桌面中间有一光滑的小孔，轻绳一端伸入孔中，另一端系一质量为 10g 的小球，小球沿半径为 40cm 的圆周作匀速圆周运动，这时从小孔下拉绳的力为 10^{-3}N. 如果继续向下拉绳，并使小球沿半径为 10cm 的圆周做匀速圆周运动，这时小球的速率为多少？拉力所做的功是多少？

解： 以小球为研究对象．根据题意，由于轻绳作用在小球上的力始终通过小孔即圆周运动的中心，为有心力，故小球受轻绳的拉力对小孔的力矩始终为零．因此，在小球整个运动过程中角动量守恒．设小球质量为 m，圆周运动半径为 $r_0=40\text{cm}$ 时其运动速率为 v_0，轻绳拉力大小为 F；圆周运动半径为 $r=10\text{cm}$ 时其运动速率为 v. 则由角动量守恒定律可得

$$mv_0r_0=mvr$$

又由于轻绳对小球的拉力等于小球圆周运动的向心力，故有

$$F=\frac{mv_0^2}{r_0}$$

由以上两式即得

$$v_0=\sqrt{\frac{Fr_0}{m}}=\sqrt{\frac{10^{-3}\times40\times10^{-2}}{10\times10^{-3}}}\text{m/s}=0.2\text{m/s}$$

$$v=\frac{r_0}{r}v_0=\frac{40}{10}\times0.2\text{m/s}=0.8\text{m/s}$$

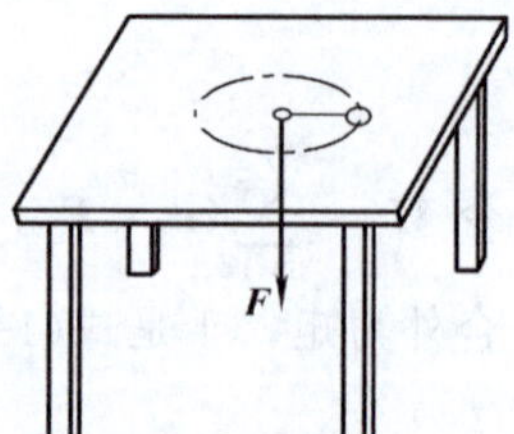

图 1-14 例题 1-9 用图

再由质点动能定理可得轻绳拉力所做的功为

$$A=\frac{1}{2}mv^2-\frac{1}{2}mv_0^2=\frac{1}{2}m(v^2-v_0^2)=\left[\frac{1}{2}\times10\times10^{-3}\times(0.8^2-0.2^2)\right]\text{J}=3.0\times10^{-3}\text{J}$$

例题 1-10 地球绕太阳的运动可以近似地看作匀速圆周运动．已知地球的质量为 5.98×10^{24}kg，地球到太阳的距离为 1.49×10^{11}m，地球绕太阳公转的周期为 365.25 天，求地球绕太阳公转的角动量．

解： 因为地球绕太阳公转的速率为 $v=\frac{2\pi r}{T}$，所以地球绕太阳公转的角动量为

$$L=mvr=\frac{2\pi mr^2}{T}=\frac{2\pi\times5.98\times10^{24}\times(1.49\times10^{11})^2}{365.25\times24\times60\times60}\text{kg}\cdot\text{m}^2/\text{s}$$

$$\approx2.64\times10^{40}\text{kg}\cdot\text{m}^2/\text{s}$$

内容提要

1. 质点运动的描述

一个质点的运动，可以用位矢、位移、速度和加速度四个物理量进行描述．

① **位矢** 描写质点在空间中的位置

$$\boldsymbol{r}=\boldsymbol{r}(t)$$

② **位移** 描写质点位置变动的大小和方向

$$\Delta\boldsymbol{r}=\boldsymbol{r}(t+\Delta t)-\boldsymbol{r}(t)$$

③ **速度** 描写质点位置变动的快慢和方向

$$\boldsymbol{v}=\lim_{\Delta t\to 0}\overline{\boldsymbol{v}}=\lim_{\Delta t\to 0}\frac{\Delta\boldsymbol{r}}{\Delta t}=\frac{\mathrm{d}\boldsymbol{r}}{\mathrm{d}t}$$

④ **加速度** 描写质点运动速度变化的快慢

$$\boldsymbol{a}=\lim_{\Delta t\to 0}\frac{\Delta\boldsymbol{v}}{\Delta t}=\frac{\mathrm{d}\boldsymbol{v}}{\mathrm{d}t}=\frac{\mathrm{d}^2\boldsymbol{r}}{\mathrm{d}t^2}$$

这四个物理量都是矢量，都满足相对性和叠加性，除位移外都具有瞬时性；另外，位矢与参考点 O 的选取有关，而位移与时间间隔 Δt 有关．

2. 牛顿运动定律

① 牛顿运动定律的表述

牛顿第一定律：任何物体都保持静止或匀速直线运动的状态，直到其他物体所作用的力迫使它改变这种状态为止．

牛顿第二定律：物体受到外力作用时，它所获得的加速度的大小与合外力的大小成正比，而与物体的质量成反比；加速度的方向与合外力的方向相同．其数学表达式为

$$\boldsymbol{F}=m\boldsymbol{a}$$

牛顿第三定律：当物体 A 以力 $\boldsymbol{F}$ 作用于物体 B 时，物体 B 也必定同时以力 $\boldsymbol{F}'$ 作用于物体 A，$\boldsymbol{F}$ 和 $\boldsymbol{F}'$ 在同一直线上，大小相等而方向相反，即

$$\boldsymbol{F}=-\boldsymbol{F}'$$

② 牛顿运动定律的重要意义

牛顿第一定律的重要意义在于它定性地说明了力和运动的关系；指明了任何物体都具有惯性；提出了惯性参考系的概念．

牛顿第二定律的重要意义在于它定量地说明了力的效果；定量地量度了惯性的大小；概括了力的叠加原理．

牛顿第三定律的重要意义在于它肯定了物体之间的作用是相互的这一本质．

牛顿的三个运动定律是一个完整的整体，它们各自有一定的物理意义，又有一定的内在联系．第一定律指明了任何物体都具有惯性，同时确定了力的含义，说明力是使物体改变运动状态即获得加速度的一种原因；第二定律则在第一定律的基础上对物体机械运动的规律进行了定量描述，确定了力、质量和加速度之间的瞬时矢量关系；第三定律则肯定了物体间的作用力具有相互作用的本质，因此，我们可以得出力的定义：力是物体间的相互作用．

3. 功和能 机械能守恒定律

① **功** 力对物体所做的功等于力和受力点位移的标积，即

$$\mathrm{d}A=\boldsymbol{F}\cdot\mathrm{d}\boldsymbol{r}$$

质点从点 a 移到点 b 的过程中，变力 $\boldsymbol{F}$ 所做的功为

$$A=\int\mathrm{d}A=\int_a^b\boldsymbol{F}\cdot\mathrm{d}\boldsymbol{r}$$

功是力的作用在空间上的累积．它是标量，但有大小和正负之分．

② **功率** 力在单位时间内所做的功称为功率，即

$$P=\frac{\mathrm{d}A}{\mathrm{d}t}=\boldsymbol{F}\cdot\boldsymbol{v}$$

功率是描述力做功快慢程度的物理量．

③ **动能**

质点的动能：若质点的质量为 m、速度大小为 v，则其动能 E_k 定义为

$$E_k=\frac{1}{2}mv^2$$

质点系的动能：质点系的动能 E_k 等于系统内各质点动能之和，即

$$E_k=\sum_{i=1}^{n}E_{ki}=\sum_{i=1}^{n}\frac{1}{2}m_i v_i^2$$

④ **保守力与非保守力**

保守力：力所做的功仅由受力质点的始末位置决定而与受力质点所经历的路径无关．

非保守力：力所做的功不仅取决于受力质点的始末位置，而且和受力质点所经过的路径有关．

⑤ **势能** 在保守力场中，与物体位置有关的能量称为物体的势能，用 E_p 表示．并规定保守力对质点做的功等于质点势能增量的负值，即

$$A=-(E_{p2}-E_{p1})=-\Delta E_p$$

势能是属于系统的，它具有相对性，但势能之差却具有绝对性．三种势能分别为：

重力势能 $$E_p=mgh$$

弹性势能 $$E_p=\frac{1}{2}kx^2$$

引力势能 $$E_p=-G\frac{m'm}{r}$$

⑥ **机械能** 系统的动能与势能之和称为系统的机械能，即

$$E=E_k+E_p$$

⑦ **动能定理**

质点的动能定理 合力对质点所做的功等于质点动能的增量，即

$$A=E_k-E_{k0}=\frac{1}{2}mv^2-\frac{1}{2}mv_0^2$$

质点系的动能定理 作用于质点系内各质点的所有外力和所有内力在运动过程中对质点所做功的总和等于质点系动能的增量，即

$$\sum_i A_{i外}+\sum_i A_{i内}=\sum_i E_{ki}-\sum_i E_{ki0}=\sum_i\frac{1}{2}m_i v_i^2-\sum_i\frac{1}{2}m_i v_{i0}^2$$

⑧ **机械能定理** 质点系机械能的增量等于一切外力和一切非保守内力所做功的代数和，即

$$\sum_i A_{i外}+\sum_i A_{i内非}=\sum_i(E_{ki}+E_{pi})-\sum_i(E_{ki0}+E_{pi0})$$

⑨ **机械能守恒定律** 当所有作用于系统的外力对系统所做功为零且非保守内力所做功也为零时，系统的机械能恒定不变，即

$$\sum_i(E_{ki}+E_{pi})=\text{恒量}$$

4. 冲量和动量 动量守恒定律

① **冲量** 描述力的时间累积效应的物理量，是过程量．它的作用效果是改变质点的运动状态．定义力 $\boldsymbol{F}$ 在 $t-t_0$ 时间间隔的冲量 $\boldsymbol{I}$ 等于力 $\boldsymbol{F}$ 在该时间间隔内对时间变量的积分，即

$$\boldsymbol{I}=\int_{t_0}^{t}\boldsymbol{F}\mathrm{d}t$$

冲量是矢量，元冲量的方向总是与力的方向相同；变力的冲量 $\boldsymbol{I}$ 的方向与元冲量的矢量和的方向一致，一般与某一瞬时力 $\boldsymbol{F}$ 的方向是不同的．

② **动量** 描述质点运动状态的物理量．质点质量 m 与其运动速度 $\boldsymbol{v}$ 的乘积称为质点的动量，即

$$\boldsymbol{p}=m\boldsymbol{v}$$

动量是矢量，其方向与质点的速度方向一致．

③ **动量定理** 作用在质点(或质点系)上的合力的元冲量等于其动量的微分，即

$$\boldsymbol{F}\mathrm{d}t=\mathrm{d}\boldsymbol{p}$$

在给定时间间隔内，合外力 $\boldsymbol{F}$ 作用在质点(或质点系)的冲量，等于其在此时间内动量的增量，即

$$\boldsymbol{I}=\boldsymbol{p}-\boldsymbol{p}_0$$

④ **动量守恒定律** 质点系(或质点)所受合外力为零时，其总动量保持不变，即

$$\boldsymbol{F}=\sum_{i=1}^{n}\boldsymbol{F}_i=0,\quad \boldsymbol{p}=\sum_{i=1}^{n}m_i\boldsymbol{v}_i=\text{恒矢量}$$

若质点系(或质点)所受合外力在某一方向上的分力为零，则质点系(或质点)在此方向上的动量是守恒的．动量守恒定律只适用于惯性系，各个质点的动量必须相对于同一惯性系．动量守恒定律是自然界中最普遍、最基本的定律之一．

5. 力矩和角动量　角动量守恒定律

① **力矩** 力的作用点相对于参考点 O 的位置矢量 $\boldsymbol{r}$ 与力 $\boldsymbol{F}$ 的矢积 $\boldsymbol{M}$ 称为力 $\boldsymbol{F}$ 相对点 O 的力矩，即

$$\boldsymbol{M}=\boldsymbol{r}\times\boldsymbol{F}$$

力矩 $\boldsymbol{M}$ 是矢量，其方向垂直于 $\boldsymbol{r}$ 和 $\boldsymbol{F}$ 所确定的平面，其指向用右手螺旋法则确定，即用右手四指从 $\boldsymbol{r}$ 经小于180°角转向 $\boldsymbol{F}$，则拇指的指向为 $\boldsymbol{M}$ 的方向．

② **角动量** 质点对 O 点的位置矢量与其动量的矢积称为质点对点 O 的角动量 $\boldsymbol{L}$，即

$$\boldsymbol{L}=\boldsymbol{r}\times m\boldsymbol{v}=\boldsymbol{r}\times\boldsymbol{p}$$

角动量 $\boldsymbol{L}$ 是矢量，其方向垂直于 $\boldsymbol{r}$ 和 $\boldsymbol{p}$ 所确定的平面，其指向用右手螺旋法则确定，即用右手四指从 $\boldsymbol{r}$ 经小于180°角转向 $\boldsymbol{p}$，则拇指的指向为 $\boldsymbol{L}$ 的方向．

③ **角动量定理** 对某一个参考点，质点(或质点系)所受合外力矩等于质点(或质点系)对该点的角动量随时间的变化率，即

$$\boldsymbol{M}=\frac{\mathrm{d}\boldsymbol{L}}{\mathrm{d}t}$$

式中的力矩 $\boldsymbol{M}$ 和角动量 $\boldsymbol{L}$ 因为与质点相对于参考点 O 的位置矢量 $\boldsymbol{r}$ 有关，所以它们必须是同时相对于同一参考点的．

④ **角动量守恒定律** 对某参考点，质点(或质点系)的合外力矩为零时，则它相对于该给定参考点的角动量保持不变，即

$$\boldsymbol{M}=0,\quad \boldsymbol{L}=\text{恒矢量}$$

若质点(或质点系)所受的合外力对某参考点的合外力矩在某一方向上的分量为零，则尽管质点(或质点系)对此参考点的角动量不守恒，而角动量在该方向上的分量却是守恒的．角动量守恒定律是自然界的一条普遍规律，它有着广泛的应用．

课外练习1

一、填空题

1-1　描述质点运动的物理量有______、______、______和______．

1-2　一质点沿 x 轴做直线运动，运动方程为 $x=6+3t-2t^2$ (SI)，则该质点3s初的速度为______，第2s末的加速度为______．

1-3 功是描述力对______累积效应的物理量．

1-4 冲量是描述力对______累积效应的物理量．

1-5 系统不受外力作用时，该系统的______守恒．

二、选择题

1-1 一质点在平面上运动，已知质点的运动方程为 $\boldsymbol{r}=a\cos\omega t\boldsymbol{i}+b\sin\omega t\boldsymbol{j}$（其中 a、b、ω 皆为常数），则该质点做的是 （ ）．

A. 匀速直线运动　B. 一般曲线运动　C. 抛物线运动　D. 椭圆运动

1-2 质点系动量守恒的条件是 （ ）．

A. $A=\oint_l \boldsymbol{F}\cdot \mathrm{d}\boldsymbol{r}=0$　B. $\boldsymbol{F}=\sum_{i=1}^{n}\boldsymbol{F}_i=0$

C. $\boldsymbol{M}=0$　D. $\sum_i A_{i外}+\sum_i A_{i内非}=0$

1-3 质量为 $m=0.3\mathrm{t}$ 的重锤，从高 $h=1.5\mathrm{m}$ 处自由落到受锻压的工件上使之变形，如果作用的时间是 0.1s，则锤对工件的平均冲力的大小约是 （ ）．

A. $1.9\times10^4\mathrm{N}$　B. $1.9\times10^5\mathrm{N}$　C. $1.7\times10^5\mathrm{N}$　D. $1.7\times10^6\mathrm{N}$

1-4 力 $\boldsymbol{F}=(10+2t)\boldsymbol{i}\mathrm{N}$ 作用在质量为 10kg 的物体上，式中 t 的单位为 s. 若物体原来静止，则 4s 内该力对物体的冲量为 （ ）．

A. $56\,\boldsymbol{i}\,\mathrm{N\cdot s}$　B. $5.6\,\boldsymbol{i}\,\mathrm{N\cdot s}$　C. 56m/s　D. 5.6m/s

1-5 如果作用在质点上的力对某给定点 O 的合力矩为零，则质点对 O 点的守恒量是 （ ）．

A. 能量　B. 动量　C. 角动量　D. 机械能

三、简答题

1-1 某质点沿半径为 R 的圆周运动一周，它的位移和路程分别为多少？

1-2 牛顿第一定律又称为什么定律？

1-3 在什么条件下质点系的总机械能守恒？

1-4 篮球运动员接急球时往往持球缩手，这是为什么？

1-5 在匀速圆周运动中，质点的动量是否守恒？角动量呢？

四、计算题

1-1 已知质点的运动学方程沿 x、y、z 三轴的分量形式分别为 $x=R\cos\omega t$、$y=R\sin\omega t$、$z=\frac{h\omega}{2\pi}t$，其中 R、h 和 ω 均为大于零的常数（SI）．

（1）以时间 t 为变量，写出质点位矢的表达式；

（2）求任意时刻质点的速度和加速度．

1-2 已知质点的运动方程为 $\boldsymbol{r}=t^2\,\boldsymbol{i}+(t-1)^2\boldsymbol{j}$，式中 r 和 t 分别以 m 和 s 为单位．试求：

（1）质点的运动轨迹［仅考虑 $(t-1)>0$ 的情况］；

（2）从 $t=1\mathrm{s}$ 至 $t=2\mathrm{s}$ 质点的位移；

（3）$t=2\mathrm{s}$ 时，质点的速度和加速度．

1-3 一质点做直线运动，其瞬时加速度的变化规律为 $a=-A\omega^2\cos\omega t$. 已知 $t=0$ 时，质点的速度和位移大小分别为 $v_0=0$ 和 $x_0=A$，其中 A 和 ω 均为大于零的常数．求此质点的运动学方程．

1-4 如图 1-15 所示，水平光滑桌面上有一光滑的小孔，质量为 m_1 和 m_2 的两物体以不可伸长的轻线相连，小孔的直径与 m_1 的线度及桌面上的线长相比可略去不计．m_2 保持静止，m_1 沿半径为 r 的圆周匀速运动．求 m_1 的线速度的大小．

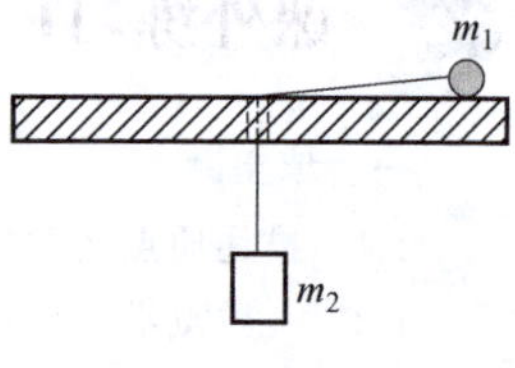

图 1-15 计算题 1-4 用图

1-5 一质量为 6kg 的物体，在水平力 $F=3+4x$（N）的作用下，沿 x 方向无摩擦地运动．设 $t=0$ 时，物体位于坐标原点且速度为零．试求当物体运动了 3m 时，该力所做的功及该物体的动能、速度和加速度的大小．

1-6　一质量为 3.0kg 的质点受沿 x 轴正方向的力的作用而做直线运动，已知质点的运动方程为 $x=3t-4t^2+t^3$(SI)，求力在最初 4s 内所做的功．

1-7　用铁锤将一铁钉击入木板，设木板对铁钉的阻力与铁钉进入木板内的深度成正比．在铁锤击第一次时，能将铁钉击入木板内 1cm，问击第二次时能击入多深？假设每次铁锤击铁钉前的速度相等，且锤与钉的碰撞为完全非弹性碰撞．

1-8　如图 1-16 所示，一劲度系数为 k 的轻弹簧，一端固定在墙壁上，另一端与质量为 m_2 的物体相连，m_2 静止于光滑的水平面上．质量为 m_1 的小车自高为 h 处沿光滑轨道下滑并与 m_2 相撞，若 m_1 和 m_2 相撞后黏合在一起运动，求弹簧所受的最大压力．

1-9　一质量为 10kg 的物体，在水平力 $F=3+4t$(N)的作用下，沿 x 方向无摩擦地运动．设 $t=0$ 时，物体位于坐标原点且速度为零．试求当物体运动了 3s 时，该力的冲量及该物体的动量、速度和加速度的大小．

1-10　地球处于远日点时距太阳 1.52×10^{11} m，轨道速度为 2.93×10^4 m/s. 半年后，地球处于近日点，此时距太阳 1.47×10^{11} m. 求地球处于近日点时的轨道速度．

1-11　一质量为 m 的质点在 xOy 平面上运动，其位置矢量为 $\boldsymbol{r}=a\cos\omega t\,\boldsymbol{i}+b\sin\omega t\,\boldsymbol{j}$(SI)，其中 a、b、ω 均为常数，求：

(1) 质点在任一时刻的速度、加速度；

(2) 质点所受的对原点 O 的力矩；

(3) 质点对原点 O 的角动量，该角动量守恒吗？

1-12*　如图 1-17 所示，在光滑的水平面上有一轻质弹簧（其劲度系数为 k），它的一端固定，另一端系一质量为 m_1 的滑块．最初滑块静止时，弹簧呈自然长度 l_0．今有一质量为 m_2 的子弹以速度 $\boldsymbol{v}_0$ 沿水平方向并垂直于弹簧轴线射向滑块且留在其中，滑块在水平面内滑动，当弹簧被拉伸至长度 l 时，求滑块速度的大小和方向．

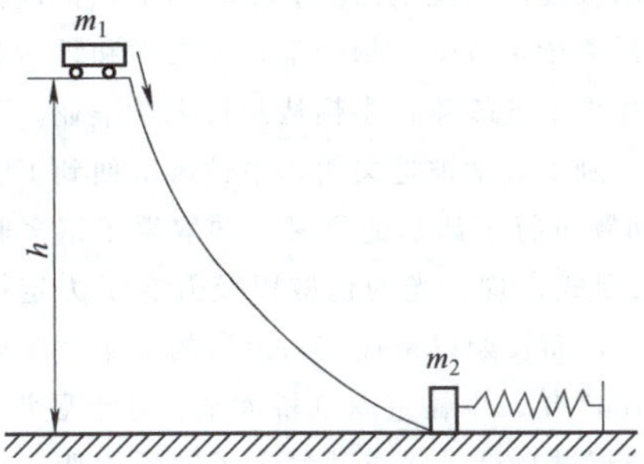

图 1-16　计算题 1-8 用图

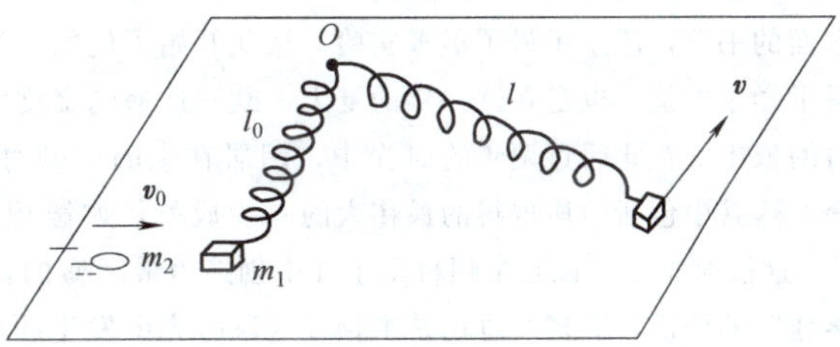

图 1-17　计算题 1-12 用图

物理学家简介

牛顿(Isaac Newton，1642—1727)

伊萨克·牛顿在伽利略逝世的那一年（即 1642 年）的 12 月 25 日出生于英格兰东部林肯郡沃尔索普小镇的一个农民家庭里．由于出生时尚不足月，因此牛顿显得非常瘦弱，以至于他母亲形容“甚至可以放进一夸脱(约 0.946 升)的水壶里”．然而让他的家人意想不到的是，这个一度被他们担心会不久于人世的孩子，长大后身体非常健康，一直活到了 85 岁的高龄，而且成为了人类历史上最伟大的科学家之一．

牛顿的父亲是一位普通的农民，家境比较清贫，而且在牛顿出生前三个月，他的父亲就死于一场急性肺炎，这使得他的家庭更是贫困交加．在牛顿还不满两岁时，他的母亲哈娜就改嫁给邻村的一位牧师，并搬到了威瑟姆附近居住，从此牛顿只好跟随着外祖母一起生活．由于从来没有接受过父亲的教诲，又长年失去了母亲的关爱，幼时的牛顿显得胆小、腼腆而又极为孤僻，而且长大后牛顿的性格仍然内向而敏感，难于与人相处．在小学读书时，牛顿的成绩并不突出，不过他常常表现出对新鲜事物的好奇，还喜欢独自思考问题，而且他还根据自己的观察心得，亲手做出了一些灵巧实用的小装置．在牛顿12岁那年，他开始进入离家不远的格兰瑟姆中学就读，这时的他还显得资质平平，成绩一般，不过他仍继续动手制作一些小玩意儿．有一次，当牛顿将自己制作的小风车拿给同学们看时，遭到了一位优等生的侮辱和挑衅，这使得牛顿极为愤怒，并和那位优等生厮打起来，最终，牛顿将那个优等生打得落花流水．从此，牛顿开始发愤图强，用功读书，而他的学习成绩也很快就得到了提高，并成为了班上名列前茅的学生．在努力学习的过程中，年少的牛顿也逐渐开始对科学产生了浓厚的兴趣．然而就在此时，牛顿的继父也去世了，他的母亲只好带着与后夫所生的一子二女回到了外祖母家．由于生活困难，迫于生计的母亲让牛顿辍学务农，于是牛顿只好离开学校回到家中，开始农作生活．不过牛顿对农作毫无兴趣，而是利用空闲时间继续自学．不久之后，由于舅父的劝说，再加上格兰瑟姆中学校长斯托克斯先生愿意在经济上给予帮助，使得牛顿得以重新回到格兰瑟姆中学继续学业．回到学校的牛顿非常高兴，他更加刻苦地学习，获得了优异的成绩，成为了一名高材生．在此期间，牛顿恰好寄宿在母亲的一位药剂师朋友的家中，这样的环境使他有机会接触到了化学实验，从而培养了他对科学实验的兴趣，并为他今后的研究工作打下了良好基础．

1661年6月，19岁的牛顿以减费生的身份考入英国最古老和最有名望的大学之一——剑桥大学的三一学院，在这所学院里，有一位被誉为“欧洲最优秀学者”的教授，他就是巴罗．年轻的牛顿很快就得到了巴罗教授的赏识，并受到他的悉心指导与培养．牛顿广泛阅读了数学、物理学、天文学和哲学等方面的书籍，还亲手做了很多实验，从此开始了他的科学研究生涯．1665年，牛顿从剑桥大学毕业，获得了学士学位．也是在这一年的夏天，欧洲遭遇到瘟疫大流行，剑桥大学被迫关闭，牛顿再次回到了农村的家中．在此后近两年的时光中，闲居在家的牛顿对很多问题进行了认真的思考，并取得了诸多收获，这其中包括他所取得的最伟大的一些成就，如微积分和二项式定理、光的色散以及万有引力定律等．这段时光可以说是牛顿科学生涯中创造力最旺盛的黄金岁月，而长期以来被广为流传的那个“苹果落地”的传说，描述的也正是牛顿在这段时光中发生的故事．1667年，牛顿重返剑桥大学，并于翌年3月获得硕士学位．1669年，巴罗教授公开宣称牛顿的学识已经超过自己，并主动辞去了教授之职，这样，年仅27岁的牛顿开始担任剑桥大学的卢卡西安数学教授．在此后30年的时间里，牛顿一直在剑桥大学担任这一职务．

在牛顿的科学探索生涯中，他对诸多研究领域进行了仔细的研究，并取得了丰硕的研究成果．在数学方面，牛顿首先建立了二项式定理．其后，他在继承前人们(其中包括他的老师巴罗教授)研究成果的基础上，提出了“流数法”，也就是今天的微分学．在1669年至1676年间，牛顿完成了三篇论文，在这些论文中，他提出了关于微积分的基本概念和方法，创立了微积分学．然而牛顿关于微积分学的论著没有及时发表，德国数学家莱布尼茨其后也发表了自己在微积分学方面的研究成果，以至于由此在数学界引发了一场关于谁才是微积分学创立者的大争论，这一争论延续了多年，直至莱布尼茨去世方才逐渐停息．时至今日，微积分学普遍被认为是牛顿与莱布尼茨二人同时创建的，这一重大发现应同时归功于两人．而创建微积分学，可以视为牛顿在数学领域所取得的最卓越的成就．

牛顿在力学方面进行了相当深入的研究，并取得了伟大的成就．他吸收了伽利略、笛卡儿的研究成果，并对其进行了系统的总结分析，指出质量是描述物体惯性大小的量，从而提出了牛顿第一定律，即惯性定律．牛顿给出了力、质量和动量的明确定义，并将这些概念与伽利略所提出的加速度的概念联系起来，建立了动量变化与作用力之间的关系，由此提出了牛顿第二定律．牛顿第二定律是对亚里士多德理论中有关力引起速度观点的彻底否定，它也是动力学中最基本、最重要的定律．牛顿进一步通过对碰撞问题的研究，分析了作用力与反作用力的关系，从而提出了牛顿第三定律．牛顿三大定律的提出，既有牛顿对当时已有的研究成果的总结提炼，也有其本人的研究成果和创造性贡献，尤其是牛顿第二定律．牛顿三大定律构成了整个经典力学体系的基础，直至三大定律的提出，经典力学体系才最终得以完成．随着经典力学体系的创立，人类对自然的认识实现了一次飞跃．在此后二百多年的时光中，牛顿三大定律一直发挥着无可替代的作用，无论是对物理学的发展，还是对人类的进步都产生了极为深远的影响．

牛顿在力学领域取得的另一伟大成就是他对万有引力定律的发现．在牛顿以前，许多科学家都对行星的运动规律问题进行了研究，并取得了一定的成就，如哥白尼建立了日心学说，开普勒提出了行星运动的三大定律，伽利略、笛卡儿和布里阿德等人也均发表了相关著作．与牛顿同时代的惠更斯在1673年提出了离心力公式，受此启发，胡克和哈雷等人在开普勒第三定律的基础上导出了行星运动所需遵循的平方反比定律．然而，胡克和哈雷等人没能对平方反比定律进行严格的数学论证．早在1665年时，闲居家中的牛顿就对引力问题进行过深入思考．其后，他进一步吸取了前人的研究成果与经验，同时结合自己创建的微积分法与牛顿三大定律，从动力学的角度对行星的运动规律进行了仔细研究．1684年，应哈雷的请求，牛顿通过一篇论文(通常称这篇论文为《论运动》)明确论述了向心力定律，同时证明了受平方反比引力作用的物体应是按椭圆轨道运动．之后不久，牛顿又完成了《论物体在均匀介质中的运动》一文，在这篇论文中，牛顿证明了开普勒运动定律的正确性，并以向心力替代离心力，解释了运动物体偏离轨道的原因；同时，他最早提出了均匀实心球体对球外物体的引力与质量集中于球心处质点的引力相等的证明方法，由此将太阳、行星和地球等简化为质点，从而大大提高了计算的精度，也明确了引力的普遍性．牛顿还成功地将原来用于分析地球上物体运动的三大定律推广到行星运动规律的研究上，其结果得到了实验的验证，这就证明了天上地下的物体都遵循同一规律的事实，天体力学和地面上的力学实现了统一，使人类首次实现了自然科学知识的大综合．

牛顿将自己在力学方面的研究成果进行了总结，在1686年完成了划时代的科学巨著——《自然哲学的数学原理》(简称《原理》)一书，该书于1687年出版，立即在科学界和社会上产生了巨大的影响．在这本著作中，牛顿定义了力学中的很多基础概念，如质量、动量、力和向心力等，还对牛顿三大定律进行了系统的阐述．在《原理》一书中，牛顿运用自己发明的微积分法，从数学上论证了万有引力定律．牛顿在书中还讨论了物体在有阻力的介质中的运动规律问题，以及抛体运动、岁差和潮汐现象等．此外，牛顿在这本著作中提出了所谓绝对时间和绝对空间的概念，但他的这种绝对时空观后来被很多人怀疑，并最终被爱因斯坦的相对时空观代替．《原理》一书的公开出版，标志着经典力学开始确立为一个完整而严密的体系，并深刻影响了此后二百多年中物理学各个领域的发展．《原理》是近代物理学史上最优秀的一部经典著作，同时也是人类科学史上最伟大的著作之一．为了纪念牛顿在力学方面所取得的伟大成就，人们以他的名字来命名力的国际制单位．然而牛顿对自己取得的成就有着清醒的认识，他曾谦虚地表示，“如果说我比其他人看得更远一点，那是因为站在巨人肩膀上的缘故”．

除了在力学上所取得的伟大成就外，牛顿在光学方面也做出了许多重要贡献，其中最主要的贡献是他对色散现象的发现和对颜色理论的研究．1664年，牛顿就开始了对光的研究，在研究过程中他发现光通过三棱镜时会产生色散现象，白光实际是由各种颜色的光所组成的，而不同颜色的光具有不同的折射本领，应用这种发现他成功解释了彩虹的成因．利用对色散的认识，牛顿亲自设计并制作了一种反射式望远镜，他因该项发明被提名为伦敦皇家学会的候补会员，并随即于1672年成为正式会员，而反射望远镜的设计，直至今天仍被用于大型光学天文望远镜的研制．1675年，牛顿观察到一种干涉图样，该种图样此后被命名为“牛顿环”．牛顿还对光的本性进行了研究，并提出了光的“微粒说”，即认为光是由许多微粒所组成的，并以此解释了光的直线传播和反射、折射等现象，这在一定程度上揭示了光的本性．此外，牛顿还制作了多种光学仪器，如牛顿色盘等．1704年，牛顿的重要著作《光学》一书出版，这本书中记载了他在光学方面所取得的一系列研究成果，并对光学的一些基本问题进行了广泛讨论，同时还提出了31个相关问题．这本书出版后获得了巨大的成功，爱因斯坦对该书也做出了高度评价．

随着他在科学领域的声誉不断提高，牛顿的社会地位也随之提升．1689年，他以剑桥大学代表的身份当选为英国国会议员．1696年，牛顿接受推荐担任皇家造币厂督办，其后又于1699年被任命为造币厂厂长，并在同年当选为巴黎科学院院士．此后，牛顿在铸造货币方面投入了大量的精力，已无法继续承担剑桥大学的教授职务，因此他于1701年辞去剑桥大学的教授职务，退出了三一学院．1703年，牛顿被选为伦敦皇家学会会长，直至他逝世前，都一直担任该职．1705年，牛顿被英国女皇授予了爵士封号．在他一生的后三十年中，牛顿在科学研究上没有取得什么成果，反而致力于对神学的研究，他认为一切行星都是在某种外来的第一推动力作用下，由静止开始运动的，而这种第一推动力则来自于上帝．晚年的牛顿虔诚地信仰上帝，编写了大量神学方面的著作，他对神学的钻研近乎狂热．

牛顿终生未婚，晚年的他一直是由侄女照顾．在他病重期间，他曾说过这样一段话，“我不知道世人如何看我，但在我自己看来，我不过像是一个在海边玩耍的小孩，不时为发现比寻常更加光滑的一块卵石或更加漂亮的一片贝壳而沾沾自喜，而对于展现在我面前的浩瀚的真理的海洋，却全然没有发现”．1727年3月20日，伟大的物理学家牛顿在伦敦附近的肯辛顿病逝，享年85岁．他逝世后，以对国家有功的伟人身份被安葬于威斯敏斯特大教堂的国家公墓内，在他的墓碑上刻有“让人类欢呼曾经存在过这样一位伟大的人类之光”．

第 2 章 刚体的定轴转动

概述

上一章讨论了质点和质点系的运动规律，本章将以刚体这种理想模型为研究对象，首先介绍刚体定轴转动的运动学描述，然后重点阐述刚体定轴转动的转动定律和转动惯量，进而介绍刚体定轴转动的动能定理、机械能守恒定律、角动量定理和角动量守恒定律．

2.1 刚体定轴转动的运动学描述

2.1.1 刚体的运动形式

刚体的运动形式从简到繁可分为平动、定轴转动、平面平行运动、定点转动和一般运动．平动和定轴转动是刚体的最基本的运动形式．

如图 2-1a 所示，在刚体的运动过程中，如果其中任意两质元（可看作质点）A 和 B 之间的连线在各个时刻都保持平行，这种运动形式称为刚体的平动．日常生活中，如电梯的升降、活塞的往返运动等都属于平动．

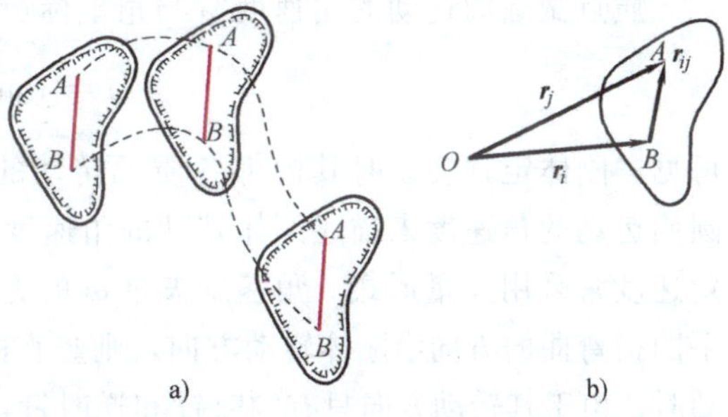

图 2-1 刚体的平动

如图 2-1b 所示，设该平动刚体中的两质元 B 和 A 的位置矢量分别用 $\boldsymbol{r}_i$ 和 $\boldsymbol{r}_j$ 表示，$\boldsymbol{r}_{ij}$ 为由质元 B 指向质元 A 的矢量，则由矢量几何关系可知

$$\boldsymbol{r}_j=\boldsymbol{r}_i+\boldsymbol{r}_{ij}$$

又由于两质元 A 和 B 之间的连线在各个时刻都保持平行，即刚体运动过程中 $\boldsymbol{r}_{ij}$ 始终为恒矢量，则将上式对时间 t 分别求一阶和二阶导数可得

$$\frac{\mathrm{d}\boldsymbol{r}_j}{\mathrm{d}t}=\frac{\mathrm{d}\boldsymbol{r}_i}{\mathrm{d}t},\quad \frac{\mathrm{d}^2\boldsymbol{r}_j}{\mathrm{d}t^2}=\frac{\mathrm{d}^2\boldsymbol{r}_i}{\mathrm{d}t^2}$$

即

$$\boldsymbol{v}_j=\boldsymbol{v}_i,\ \boldsymbol{a}_j=\boldsymbol{a}_i$$

由此可知，虽然刚体中任意两质元在运动过程中的位置矢量并不相同，但它们之差为一恒矢量，各质元任意时刻的速度和加速度完全相同．因此，当刚体平动时，可由刚体中任一质元的运动来代表整个刚体的运动，上一章中介绍的质点的运动规律均可用来对刚体的平动进行描述．

2.1.2 刚体定轴转动的运动学描述

若刚体在运动过程中，其内部所有质元均绕同一直线做圆周运动，这种运动形式称为刚体的定轴转动，该直线称为转轴．日常生活中，如旋转门的转动、钟表指针的转动及车床工件的转动等均属于定轴转动．刚体做定轴转动时，其内部各质元做半径不同的圆周运动，可见，其位移和速度均不相同，但它们在相同时间内转过的角度完全相同，故可利用一些角量来描述刚体的定轴转动．

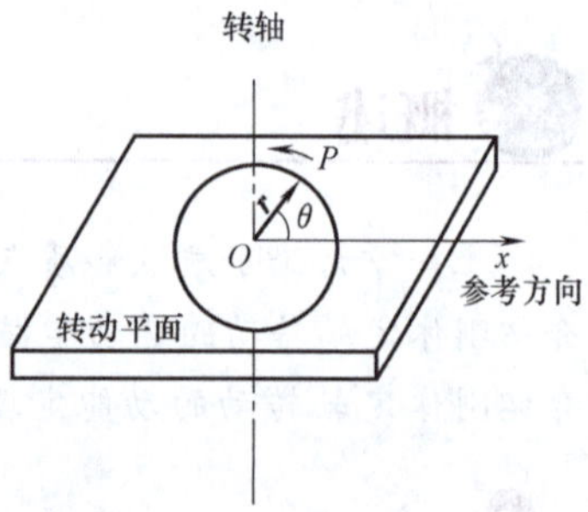

图 2-2　刚体的定轴转动

如图 2-2 所示，取刚体中垂直于转轴的任意平面作为转动平面，Ox 轴为参考方向．取该平面上任一质元 P 为研究对象，则 P 点在该平面内绕转轴与平面的交点 O 做圆周运动，P 点的矢径 $\boldsymbol{r}$ 与 Ox 间的夹角 θ 即为刚体的角坐标（角位置）．这样，可由角坐标 θ 随时间 t 的变化来描述刚体位置的变化，即

$$\theta=\theta(t) \tag{2-1}$$

此即刚体定轴转动的运动学方程．这里需要注意的是，一般规定自坐标轴 Ox 逆时针方向转动时，角坐标 θ 为正值，反之为负．刚体转动的角位移可由 $\Delta\theta$ 表示，当 $\Delta\theta>0$ 时，刚体逆时针转动；当 $\Delta\theta<0$ 时，刚体顺时针转动．

质点做圆周运动的角速度 ω 与角坐标 θ 之间的关系为

$$\omega=\lim_{\Delta t\to 0}\frac{\Delta\theta}{\Delta t}=\frac{\mathrm{d}\theta}{\mathrm{d}t} \tag{2-2}$$

可见，刚体定轴转动时其内部各质元转动的角速度在任意时刻亦完全相同，故可由质元圆周运动的角速度来描述刚体转动的角速度．为了更为全面地描述任意形式的刚体转动，角速度常采用矢量形式．角速度矢量 $\boldsymbol{\omega}$ 的方向可由右手螺旋法则判定：如图 2-3 所示，右手四指弯曲的方向沿刚体转动方向，则竖直的拇指所指方向即为 $\boldsymbol{\omega}$ 的方向．当刚体定轴转动时，由于其转动方向只有顺时针和逆时针，故其 $\boldsymbol{\omega}$ 的方向亦只有沿着转轴向上和向下两种方向，所以可由 ω 的正负来表示刚体转动角速度的两个方向．一般规定，当 $\omega>0$ 时，刚体逆时针转动；当 $\omega<0$ 时，刚体顺时针转动．这与前面角位移和转动方向之间的关系完全相同．在描述刚体非定轴转动时，角速度 $\boldsymbol{\omega}$ 既可描述刚体转动的快慢又能确定同一时刻转轴的方位，此时更能显示采用矢量形式来描述刚体转动速度的科学性与便捷性．

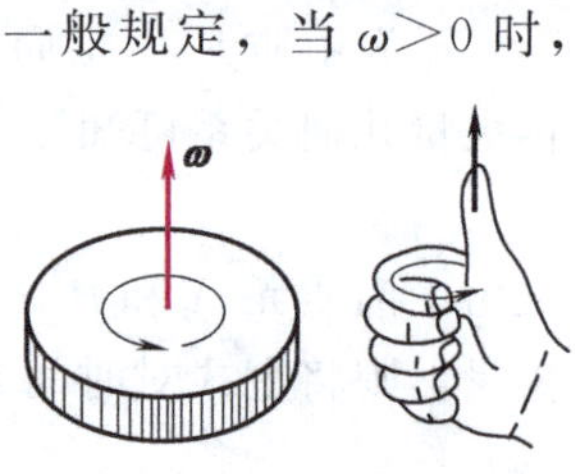

图 2-3　角速度的方向

质点做圆周运动时的线速度、角速度的大小及圆周半径之

间存在如下关系：

$$v=r\omega \tag{2-3}$$

类似地，刚体转动时其内部某质元 P 在某时刻的角速度 $\boldsymbol{\omega}$、线速度 $\boldsymbol{v}$ 及矢径 $\boldsymbol{r}$ 之间亦存在如下矢量关系：

$$\boldsymbol{v}=\boldsymbol{\omega}\times\boldsymbol{r} \tag{2-4}$$

刚体绕定轴转动时，如果角速度发生了变化，则其就具有了角加速度．设在时刻 t_1，角速度为 ω_1；在时刻 t_2，角速度为 ω_2．则在时间间隔 $\Delta t=t_2-t_1$ 内，此刚体角速度的增量为 $\Delta\omega=\omega_2-\omega_1$．当 Δt 趋近于零时，$\Delta\omega/\Delta t$ 趋近于某一极限值，称为瞬时角加速度，简称角加速度，用 α 表示，即

$$\alpha=\lim_{\Delta t\to 0}\frac{\Delta\omega}{\Delta t}=\frac{\mathrm{d}\omega}{\mathrm{d}t}=\frac{\mathrm{d}^2\theta}{\mathrm{d}t^2} \tag{2-5}$$

当角加速度 α 与角速度 ω 的符号相同时，刚体做加速运动；当角加速度 α 与角速度 ω 的符号相反时，刚体做减速运动．

当刚体做匀变速定轴转动时，角加速度为常量，角速度、角位移的相应公式为

$$\begin{aligned}\omega&=\omega_0+\alpha t\\ \theta&=\theta_0+\omega_0 t+\frac{1}{2}\alpha t^2\\ \omega^2&=\omega_0^2+2\alpha(\theta-\theta_0)\end{aligned} \tag{2-6}$$

式中，ω_0 和 θ_0 是 $t=0$ 时刚体的角速度和角位移．这组公式同质点力学中的质点做匀变速直线运动的公式相似．虽然刚体中不同质元运动的线速度、线加速度各不相同，但是各个质元的角位移 θ、角速度 ω 和角加速度 α 都相同，因此在描述刚体定轴转动的运动状态时，用角量描述比用线量描述更方便．

质点做圆周运动的加速度可以用切向加速度和法向加速度（或向心加速度）表示．前者反映速率的改变率，后者反映速度方向的改变率，即

$$\boldsymbol{a}=a_\tau\boldsymbol{e}_\tau+a_n\boldsymbol{e}_n=\frac{\mathrm{d}v_\tau}{\mathrm{d}t}\boldsymbol{e}_\tau+\frac{v^2}{r}\boldsymbol{e}_n \tag{2-7}$$

式中，$\boldsymbol{e}_\tau$ 和 $\boldsymbol{e}_n$ 分别表示切向和法向的单位矢量，它们都随时间变化．切向加速度和法向加速度的量值分别为

$$a_\tau=\frac{\mathrm{d}v_\tau}{\mathrm{d}t} \tag{2-8}$$

$$a_n=\frac{v^2}{r} \tag{2-9}$$

总加速度的大小为

$$a=\sqrt{a_n^2+a_\tau^2}$$

总加速度与切向加速度的夹角的正切为

$$\tan\theta=\frac{a_n}{a_\tau}$$

刚体上任意一点 P 的切向加速度 a_τ 与刚体的角加速度 α 间符合下式：

$$a_\tau=\frac{\mathrm{d}v_\tau}{\mathrm{d}t}=r\frac{\mathrm{d}\omega}{\mathrm{d}t}=r\alpha \tag{2-10}$$

质元 P 的法向加速度 a_n 符合下式：

$$a_n=\frac{v^2}{r}=\omega^2 r \tag{2-11}$$

例题 2-1 一飞轮的半径为 0.5m，以转速 $n=150\text{r/min}$ 转动，因受到制动而均匀减速，经 $t=20\text{s}$ 后静止．试求：

(1) 角加速度和飞轮从制动到静止所转的圈数；

(2) 制动开始后 $t=8\text{s}$ 时飞轮的角速度；

(3) $t=8\text{s}$ 时飞轮边缘上一点 P 的线速度、切向加速度和法向加速度．

解：(1) 由题意知飞轮的初角速度的大小 $\omega_0=\frac{2\pi\times150}{60}\text{rad/s}=5\pi\text{rad/s}$；$t=20\text{s}$ 时，$\omega=0$．设 $t=0$ 时，$\theta_0=0$．对匀减速运动，应用角量表示的运动方程，代入方程 $\omega=\omega_0+\alpha t$，得

$$\alpha=\frac{\omega-\omega_0}{t}=\frac{0-5\pi}{20}\text{rad/s}^2=-\frac{\pi}{4}\text{rad/s}^2$$

式中，"－"号表示 α 的方向与 ω_0 的方向相反．飞轮在 20s 内的角位移为

$$\Delta\theta=\theta-\theta_0=\omega_0 t+\frac{1}{2}\alpha t^2=\left(5\pi\times20-\frac{1}{2}\times\frac{\pi}{4}\times20^2\right)\text{rad}=50\pi\text{rad}$$

于是，飞轮共转的圈数为

$$N=\frac{\Delta\theta}{2\pi}=25$$

(2) 制动开始后 $t=8\text{s}$ 时飞轮的角速度为

$$\omega=\omega_0+\alpha t=\left(5\pi-\frac{\pi}{4}\times8\right)\text{rad/s}=3\pi\text{rad/s}$$

(3) $t=8\text{s}$ 时飞轮边缘上一点 P 的线速度的大小为

$$v=r\omega=(0.5\times3\pi)\text{m/s}=4.71\text{m/s}$$

该点的切向加速度和法向加速度大小分别为

$$a_\tau=r\alpha=\left[0.5\times\left(-\frac{\pi}{4}\right)\right]\text{m/s}^2\approx-0.393\text{m/s}^2$$

$$a_n=r\omega^2=[0.5\times(3\pi)^2]\text{m/s}^2\approx44.4\text{m/s}^2$$

角速度、切向加速度和法向加速度的方向如图 2-4 所示．

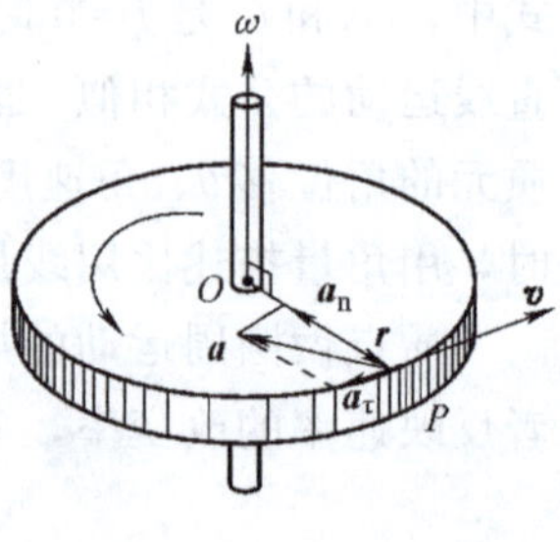

图 2-4 例题 2-1 用图

2.2 转动定律

2.2.1 力矩

质点在外力作用下会发生运动状态的变化，外力的作用是改变质点运动状态的原因并唯一地决定着质点运动状态变化的规律．对于刚体的转动，改变刚体转动状态的根本原因依然是外力的作用，但刚体转动状态变化的规律并不是由外力作用唯一地确定．例如，当我们用力推一扇门的时候，门的转动状态变化情况不仅与我们所用力的大小有关，而且还与推力的作用点位置以及推力的方向有关．如果用垂直于转轴的推力去推门，作用点位置离转轴较远时，很容易将门推开；作用点位置离转轴较近时，却显得比较吃力；作用点位于转轴上时，用力再大亦无法将门推开．当我们采用不同角度的推力去推门时，推开门的难易程度同样存在差异．由此可见，决定刚体转动状态变化规律的因素除了外力的

大小之外，还包括外力的作用点位置和外力作用的方向（作用力线），这正是影响刚体转动状态的三个因素．我们可用力矩来描述此三要素对于刚体转动状态的影响，也就是说力矩是改变刚体转动状态的原因．

在 1.6.1 中，我们已经讨论了质点所受的力 $\boldsymbol{F}$ 对参考点 O 的力矩为

$$\boldsymbol{M}=\boldsymbol{r}\times\boldsymbol{F}$$

但在刚体做定轴转动时，力矩则表现出了对轴的性质．设刚体中某质元在外力 $\boldsymbol{F}$ 作用下做定轴转动，如图 2-5 所示，$\boldsymbol{F}$ 沿转动平面并与矢径 $\boldsymbol{r}$ 的夹角为 θ，则有

$$M=rF\sin\theta=Fd \tag{2-12}$$

这就是刚体做定轴转动时的力矩，它决定着刚体转动的方向．

这里需要注意的是，并不是任何情况下刚体受力方向均为沿着转动方向（平行于转动平面），主要还包括以下几种情况：

（1）当 $\boldsymbol{F}$ 经过转轴时，由于矢径 $\boldsymbol{r}$ 为零，故此时的力矩 $\boldsymbol{M}$ 亦为零；

（2）当 $\boldsymbol{F}$ 平行于转轴时，由于 $\boldsymbol{F}$ 所产生力矩方向与刚体定轴转动的力矩方向（方向沿着转轴）相互垂直，因而不会改变刚体定轴转动的力矩，即对刚体定轴转动状态没有贡献；

（3）当 $\boldsymbol{F}$ 不平行于转动平面也不平行于转轴时（见图 2-6），此时的 $\boldsymbol{F}$ 可分解为两个分力，即沿转动平面并垂直于转轴的分力 $\boldsymbol{F}_{\perp}$ 和平行于转轴的分力 $\boldsymbol{F}_{/\!/}$，其中只有 $\boldsymbol{F}_{\perp}$ 对刚体定轴转动的力矩有贡献．

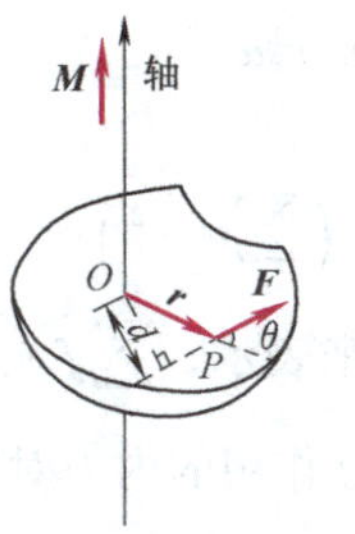

图 2-5 刚体定轴转动时的力矩

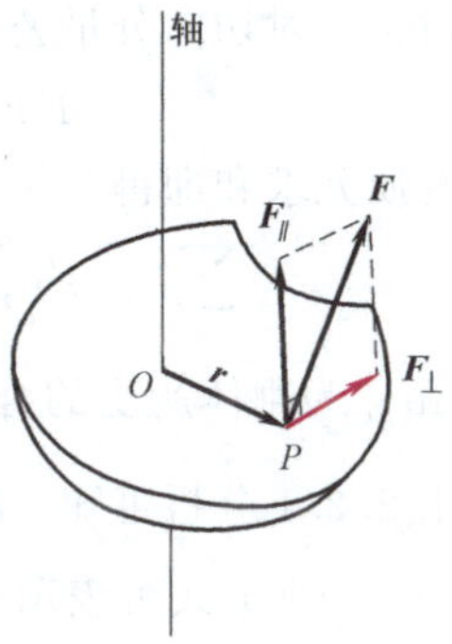

图 2-6 力的分解

因此，在描述刚体定轴转动力矩时需要给出确定的转轴，在同样的力的作用下，如果转轴不同，该力对刚体转动的贡献大小亦不相同．

当刚体在沿转动平面的多个力的作用下做定轴转动时，其合力矩等于每个力所产生力矩的代数和，即

$$M=M_1+M_2+\cdots+M_n=\sum_i M_i \tag{2-13}$$

如果刚体内部各质元之间存在相互作用的内力，由于它们总是成对出现且遵守牛顿第三定律，故其合内力矩为零，对刚体的定轴转动没有贡献．因此，合力矩即为合外力矩．

2.2.2 转动定律的推导

在 1.3 节中我们讨论了质点所受的力与加速度之间的关系可由牛顿第二定律来描述．

对于刚体的定轴转动，造成刚体转动状态变化的原因是外力矩，刚体在外力矩的作用下产生角加速度从而引起其转动状态的变化．为了推出外力矩与刚体角加速度之间的关系，我们不妨从对刚体中任一质元的分析开始．

如图 2-7 所示，设某时刻刚体做定轴转动的角速度大小为 ω，角加速度大小为 α，刚体中任一质元 i 的质量为 m_i，质元距转轴的垂直距离为 r_i. 作用于该质元上的作用力包括刚体以外其他物体对其作用的合外力 $\boldsymbol{F}_i$ 和刚体内部其他质元对其作用的内力的合力 $\boldsymbol{f}_i$，在这两种作用力的共同作用下，该质元做半径为 r_i、总加速度为 $\boldsymbol{a}_i$ 的圆周运动．根据牛顿第二定律可知

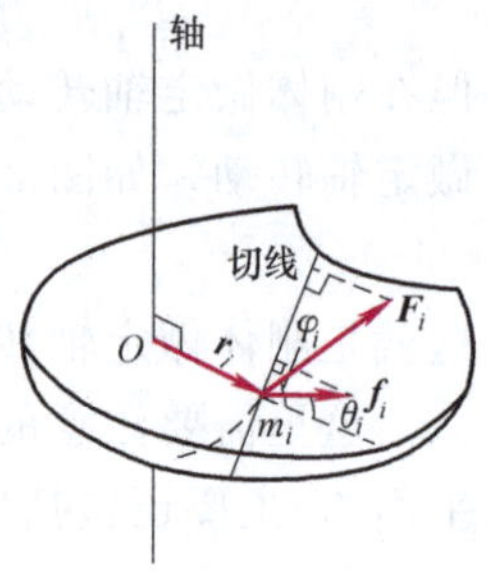

图 2-7　转动定律的推导

$$\boldsymbol{F}_i+\boldsymbol{f}_i=m_i\boldsymbol{a}_i$$

其分量形式可表示为

$$F_{i\tau}+f_{i\tau}=m_ia_{i\tau}=m_ir_i\alpha$$
$$F_{in}+f_{in}=m_ia_{in}=-m_ir_i\omega^2$$

即

$$F_i\sin\varphi_i+f_i\sin\theta_i=m_ir_i\alpha$$
$$F_i\cos\varphi_i+f_i\cos\theta_i=-m_ir_i\omega^2$$

式中，φ_i 和 θ_i 分别为外力 $\boldsymbol{F}_i$ 和内力 $\boldsymbol{f}_i$ 与矢径 $\boldsymbol{r}_i$ 之间的夹角；$a_{i\tau}=r_i\alpha$ 和 $a_{in}=-r_i\omega^2$ 分别是质元的切向加速度和法向加速度．由于法向力的作用线是通过转轴的，其力矩为零，故对此我们不再讨论．对切向分量公式的等号两边同乘以 r_i，则有

$$F_ir_i\sin\varphi_i+f_ir_i\sin\theta_i=m_ir_i^2\alpha$$

再对刚体中所有质元求和即得

$$\sum_i F_ir_i\sin\varphi_i+\sum_i f_ir_i\sin\theta_i=\left(\sum_i m_ir_i^2\right)\alpha$$

式中，$\sum\limits_i F_ir_i\sin\varphi_i$ 为刚体所受的合外力矩，可由 M 来表示；$\sum\limits_i f_ir_i\sin\theta_i$ 为刚体中所有内力矩的总和，由 2.2.1 分析可知，刚体内各质元间相互作用的内力对转轴的合内力矩为零．现令 $I=\sum\limits_i m_ir_i^2$，则上式可表示为

$$M=I\alpha \tag{2-14}$$

式中，I 定义为刚体对转轴的转动惯量．由式（2-14）可见，刚体做定轴转动时，其角加速度与其所受合外力矩成正比，与刚体的转动惯量成反比，此即刚体定轴转动的转动定律.

从刚体定轴转动的转动定律中可直观地看出，外力矩的作用产生刚体转动的角加速度并改变刚体的转动状态．在同样大小的外力矩作用下，刚体的转动惯量越大，其获得的角加速度越小，刚体转动状态（即角速度）改变越慢；反之，刚体的转动惯量越小，其获得的角加速度越大，刚体转动状态改变越快．与牛顿第二定律中质点的质量类似，刚体的转动惯量是刚体转动惯性的量度．

2.2.3　转动惯量

根据前文所述，刚体定轴转动的转动惯量可表示为

$$I = \sum_i m_i r_i^2 \tag{2-15}$$

式（2-15）表明，刚体对于某固定转轴的转动惯量等于刚体上每个质元的质量与其到转轴垂直距离平方的乘积之总和．但实际应用中，常见的刚体均为质量连续分布的整体，在求其转动惯量时可通过积分的方式来求解，即

$$I = \int_m r^2 \mathrm{d}m \tag{2-16}$$

式中，$\mathrm{d}m$ 表示刚体中任意质元的质量；r 为该质元到转轴的垂直距离．为便于计算，在研究刚体力学时常采用以下几类刚体的理想化模型，如图 2-8 所示．

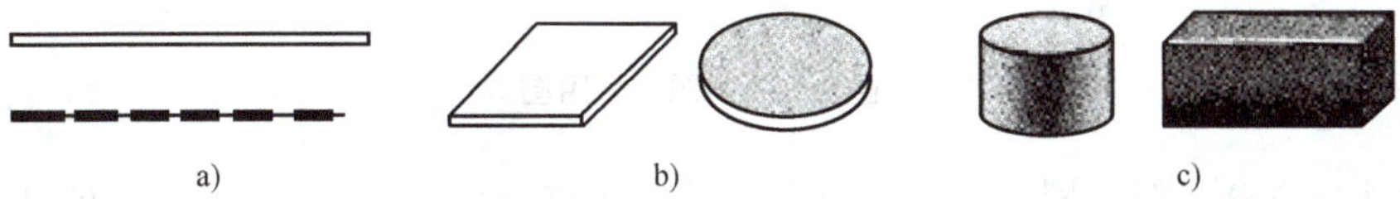

图 2-8　刚体质量的分布

a）线分布　b）面分布　c）体分布

（1）刚体质量分布为连续的线分布（一维形状）．设刚体的质量线密度（即单位长度刚体的质量）为 λ，刚体中任一质元的长度为 $\mathrm{d}l$，则其转动惯量为

$$I = \int_m r^2 \mathrm{d}m = \int_L r^2 \lambda \mathrm{d}l$$

（2）刚体质量分布为连续的面分布(二维形状)，设刚体的质量面密度(即单位面积刚体的质量)为 σ，刚体中任一质元的面积为 $\mathrm{d}S$，则其转动惯量为

$$I = \int_m r^2 \mathrm{d}m = \int_S r^2 \sigma \mathrm{d}S$$

（3）刚体质量分布为连续的体分布(三维形状)，设刚体的质量密度为 ρ，刚体中任一质元的体积为 $\mathrm{d}V$，则其转动惯量为

$$I = \int_m r^2 \mathrm{d}m = \int_V r^2 \rho \mathrm{d}V$$

在国际单位制中，转动惯量的单位为千克二次方米，符号为 $\mathrm{kg \cdot m^2}$．

这里需要注意的是，刚体定轴转动的转动惯量是相对于某一固定转轴来定义的，对于不同的转轴，同一刚体的转动惯量是不同的．转动惯量的大小与刚体的总质量、转轴的位置及刚体的质量分布有关，其他条件相同的情况下，刚体质量越大，转动惯量越大；对于同一刚体，转轴通过刚体质心时转动惯量最小，转轴离质心越远，相应的转动惯量越大；刚体的质量分布离转轴越远，转动惯量越大．

下面通过几个典型的实例来说明转动惯量的主要计算方法．

例题 2-2　如图 2-9 所示，质量为 m、长为 l 的均质细棒 AB，求该细棒对下面两种转轴的转动惯量：

（1）转轴通过棒的中心并与棒垂直；

（2）转轴通过棒的一端并与棒垂直．

解：（1）取如图 2-9a 所示一维坐标轴 Ox，在棒上距原点为 x 处取一质元 $\mathrm{d}x$，设棒的质量线密度为 λ，则该质元的质量为 $\mathrm{d}m = \lambda \mathrm{d}x = \frac{m}{l}\mathrm{d}x$，由转动惯量的定义可知，此时棒的转动惯量为

$$I_C = \int_{-l/2}^{l/2} x^2 \lambda \mathrm{d}x = 2\int_0^{l/2} x^2 \frac{m}{l} \mathrm{d}x = \frac{1}{12} m l^2$$

（2）当转轴通过棒的一端并与棒垂直时，如图 2-9b 所示，棒的转动惯量为

$$I = \int_0^l x^2 \frac{m}{l} \mathrm{d}x = \frac{1}{3} m l^2$$

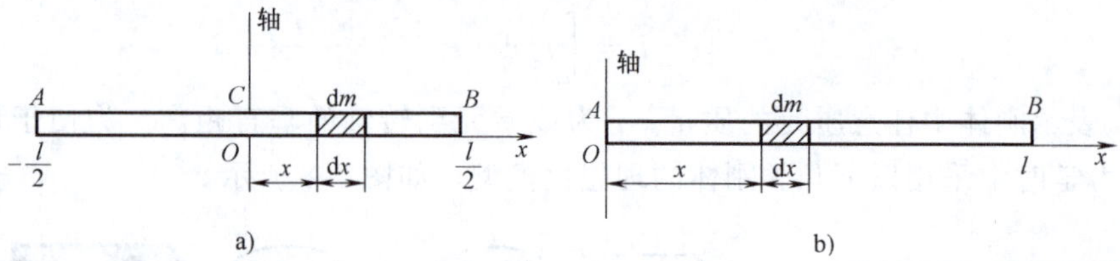

图 2-9　例题 2-2 用图

上述结果充分表明，同一刚体对于不同位置的转轴，转动惯量不同，即转动惯量与转轴位置有关，转轴离质心越远，转动惯量越大．我们还可将以上结果进行如下对比：

$$I - I_C = \frac{1}{3} m l^2 - \frac{1}{12} m l^2 = \frac{1}{4} m l^2 = m\left(\frac{l}{2}\right)^2$$

令 $d = \frac{l}{2}$，则上式可写为

$$I = I_C + m d^2 \tag{2-17}$$

式（2-17）称为平行轴定理，该式可推广至一般刚体．式中，m 为刚体质量；I_C 为刚体对某一通过质心转轴的转动惯量；I 为刚体对另一平行轴的转动惯量；d 为两平行轴间的垂直距离．由此可见，在刚体对各平行轴的不同转动惯量中，对质心轴的转动惯量最小．

如图 2-10 所示，有一厚度无穷小的薄板（刚体），选择刚体平面内任意点 O 为坐标原点建立坐标系 $Oxyz$，其中 x 轴和 y 轴处于刚体平面内，则该刚体对 z 轴的转动惯量可表示为

$$I_z = \sum_i m_i r_i^2 = \sum_i m_i x_i^2 + \sum_i m_i y_i^2$$

式中，$\sum_i m_i x_i^2$ 为刚体对 x 轴的转动惯量，可由 I_x 表示；$\sum_i m_i y_i^2$ 为刚体对 y 轴的转动惯量，可由 I_y 表示．则上式可写为

$$I_z = I_x + I_y \tag{2-18}$$

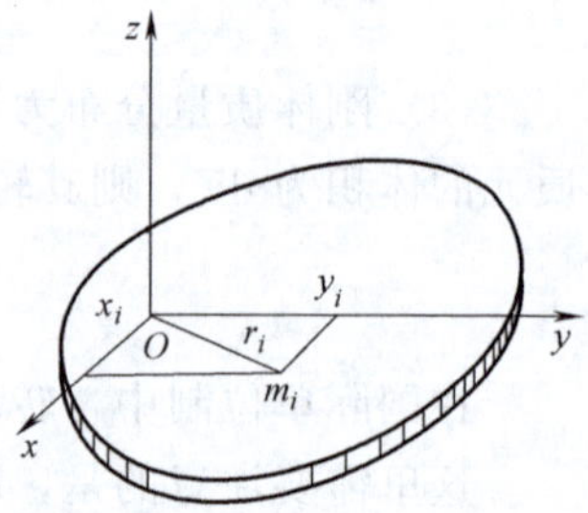

图 2-10　垂直轴定理

即刚体对 z 轴的转动惯量等于其对 x 轴和对 y 轴转动惯量之和，此即垂直轴定理．这里需要注意的是，该定理只适用于厚度可略去的平面型刚体．

此外，在计算刚体转动惯量时，为方便计算，常可将某一刚体切割成几部分分别进行计算，整个刚体对某一固定转轴的转动惯量等于每个切割部分对于该转轴的转动惯量的总和，此即组合定理，可表达为

$$I = \sum_i I_i \tag{2-19}$$

例题 2-3　如图 2-11a 所示为质量为 m、半径为 R 的均质薄圆盘，试求圆盘对通过圆心并垂直于圆盘平面的转轴的转动惯量．

解： 首先，可将圆盘视为由无数同心圆环所组成的系统，并取其中任意半径为 r、宽度为 $\mathrm{d}r$ 的圆

环为质元，如图 2-11b所示，则圆环的面积为

$$dS=2\pi r dr$$

于是，圆环的质量为

$$dm=\sigma dS=\frac{m}{\pi R^2}\cdot 2\pi r dr=\frac{2mr}{R^2}dr$$

由于圆环中所有质元距转轴的距离均相等，即为圆环的半径 r，故该圆环相对于转轴 z 的转动惯量为

$$dI=r^2 dm=\frac{2m}{R^2}r^3 dr$$

对上式积分即得整个圆盘相对于转轴 z 的转动惯量为

$$I=\int r^2 dm=\frac{2m}{R^2}\int_0^R r^3 dr=\frac{1}{2}mR^2$$

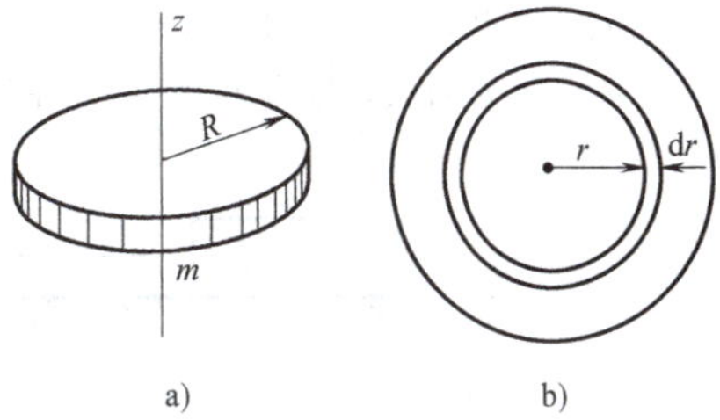

图 2-11　例题 2-3 用图

这里值得一提的是，在计算刚体转动惯量时，首先需要根据转轴的位置选择合适的质元，质元的选取以便于计算为原则，选择不同的质元，计算的难易程度会有明显差异．表 2-1 列出了常见的几种形状规则的刚体相对某一固定转轴的转动惯量大小，其计算方法可因质元选取方法不同而有所差异，读者可尝试通过不同方法加以计算．

表 2-1　常见的几种形状规则的刚体的转动惯量

<table>
<tr><td>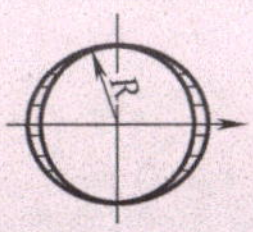 薄圆环对中心轴线
$I=mR^2$</td><td>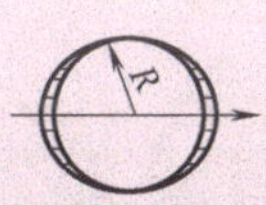 细圆环对任意切线
$I=\frac{3}{2}mR^2$</td></tr>
<tr><td>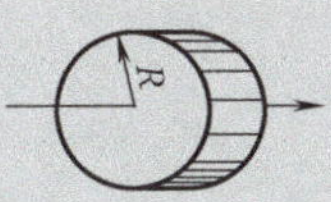 圆柱体对柱体轴线
$I=\frac{1}{2}mR^2$</td><td>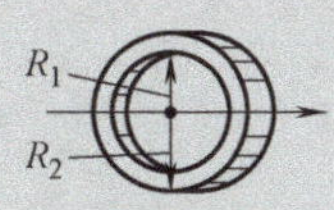 圆柱环对柱体轴线
$I=\frac{1}{2}m(R_1^2+R_2^2)$</td></tr>
<tr><td>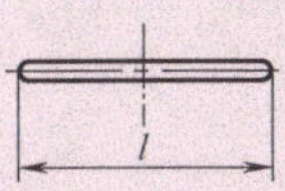 细杆对过中心且与杆垂直的轴线
$I=\frac{1}{12}ml^2$</td><td>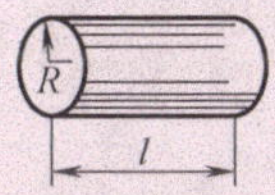 实圆柱体对中心直径
$I=\frac{1}{4}mR^2+\frac{1}{12}ml^2$</td></tr>
<tr><td>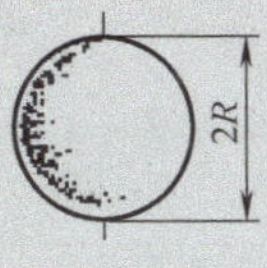 实球体对任意直径
$I=\frac{2}{5}mR^2$</td><td>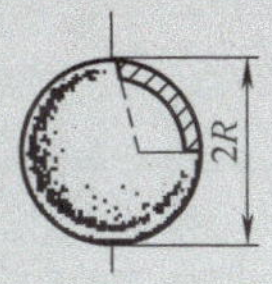 薄球壳对任意直径
$I=\frac{2}{3}mR^2$</td></tr>
</table>

2.2.4　转动定律的应用举例

转动定律在刚体定轴转动中的地位与牛顿第二定律在质点力学中的地位相当，下面通过一些典型例题来讨论其实际应用．

例题 2-4　如图 2-12a 所示，轻绳经过水平光滑桌面上的定滑轮 C 连接两物体 A 和 B，A、B 质量分别为 m_A、m_B. 滑轮视为圆盘，其质量为 m_C，半径为 R. AC 水平并与轴垂直，绳与滑轮无相对滑动，不计轴处摩擦，求 B 的加速度以及 AC、BC 间绳的张力大小．

解： 物体 A、B 做平动，定滑轮做转动，受力与受力矩如图 2-12b 所示．

m_A：重力 $m_A g$，桌面支持力 F_{N1}，绳的拉力 F_{T1}；

m_B：重力 $m_B g$，绳的拉力 F_{T2}；

m_C：重力 $m_C g$，轴作用力 F_{N2}，绳作用力 F'_{T1}、F'_{T2}.

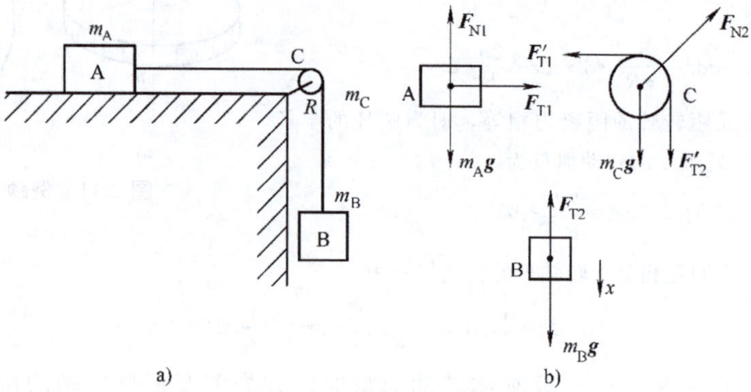

图 2-12 例题 2-4 用图

取物体运动方向为正，由牛顿定律及转动定律得

$$F_{T1}=m_A a$$

$$m_B g-F_{T2}=m_B a$$

$$RF'_{T2}-RF'_{T1}=I\alpha$$

$$F'_{T1}=F_{T1}$$

$$F'_{T2}=F_{T2}$$

以及

$$a=R\alpha$$

$$I=\frac{1}{2}m_C R^2$$

联立以上方程求解得

$$a=\frac{m_B g}{m_A+m_B+\frac{1}{2}m_C}$$

$$F_{T1}=\frac{m_A m_B g}{m_A+m_B+\frac{1}{2}m_C}$$

$$F_{T2}=\frac{\left(m_A+\frac{1}{2}m_C\right)m_B g}{m_A+m_B+\frac{1}{2}m_C}$$

讨论：不计 m_C 时，$a=\frac{m_B g}{m_A+m_B}$，$F_{T1}=F_{T2}=\frac{m_A m_B g}{m_A+m_B}$，此即为质点的情况.

例题 2-5 如图 2-13 所示，一轻绳跨过一定滑轮，绳的两端分别悬挂有质量为 m_1、m_2 的物体，且 $m_1<m_2$. 设滑轮可视为均质圆盘，质量为 m，半径为 r，绳与滑轮之间无相对滑动，转轴对滑轮的摩擦力为零. 试求物体的加速度和绳的张力.

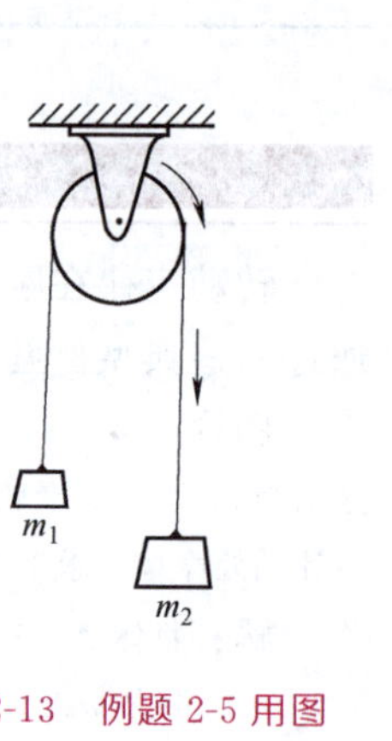

图 2-13 例题 2-5 用图

解：因为 $m_1<m_2$，所以物体 m_2 将下降，物体 m_1 将上升，定滑轮将做顺时针转动. 当整个系统运动时，滑轮的角加速度不为零，所受的合外力矩也不为零，两边绳子张力的大小不再相等. 但滑轮所受转轴的支持

力和重力的作用线都通过转轴，这两个力对转轴的力矩为零，对滑轮的转动没有影响．设物体 m_1 这边绳的张力为 F_{T1}、F'_{T1}，物体 m_2 这边绳的张力为 F_{T2}、F'_{T2}. 分别取运动方向为其参考正方向，按牛顿第二定律和转动定律有（隔离受力分析图请读者自行画出）.

$$F_{T1}-m_1g=m_1a$$

$$m_2g-F_{T2}=m_2a$$

$$F'_{T2}r-F'_{T1}r=I\alpha$$

式中，α 是滑轮的角加速度；a 是物体的加速度；I 为滑轮的转动惯量．因滑轮边缘上的切向加速度相等，即

$$a=r\alpha$$

而

$$I=\frac{1}{2}mr^2$$

又由牛顿第三定律知

$$F_{T1}=F'_{T1}, F_{T2}=F'_{T2}$$

所以，由以上各式可解得

$$a=\frac{(m_2-m_1)g}{m_1+m_2+m/2}$$

$$F_{T1}=m_1(g+a)=\frac{m_1(2m_2+m/2)g}{m_1+m_2+m/2}$$

$$F_{T2}=m_2(g-a)=\frac{m_2(2m_1+m/2)g}{m_1+m_2+m/2}$$

讨论：如果滑轮的质量略去不计，则有

$$a=\frac{m_2-m_1}{m_1+m_2}g$$

$$F_{T1}=m_1(g+a)=\frac{2m_1m_2}{m_1+m_2}g=F_{T2}$$

$$F_{T2}=m_2(g-a)=\frac{2m_2m_1}{m_1+m_2}g=F_{T1}$$

这正是前面例题 1-4 的情况．

由以上例题可以看出，1.3 节中求解力学问题的一般步骤同样适用于求解刚体定轴转动问题．

2.3　机械能守恒

2.3.1　力矩的功

由之前所学内容我们知道，质点在力的作用下发生位移时，我们说该作用力对质点做了功；对于刚体的定轴转动，改变其转动状态的原因是力矩．类似地，当刚体在外力矩作用下发生角位移时，我们就说该力矩对刚体做了功．所不同的是，对于刚体这种特殊的质点系，在转动过程中力矩所做的功需要以不同的方式来描述．

如图 2-14 所示，外力 $\boldsymbol{F}$ 作用于刚体上的 P 点，在其作用下刚体绕固定转轴 O 转过了角位移 $\mathrm{d}\theta$. 这样，根据功的定义，力 $\boldsymbol{F}$ 在该段位移内所做的功可表示为

$$\mathrm{d}A=\boldsymbol{F}\cdot\mathrm{d}\boldsymbol{s}=Fr\mathrm{d}\theta\cos\left(\frac{\pi}{2}-\varphi\right)=Fr\mathrm{d}\theta\sin\varphi$$

由于力 $\boldsymbol{F}$ 对转轴的力矩大小为

$$M=Fr\sin\varphi$$

故力矩所做的元功可表示为

$$dA=Md\theta$$

即力矩对转动刚体所做的元功等于力矩大小与角位移的乘积．如果刚体在该力矩的作用下绕定轴转过 θ 角，则在此过程中力矩对刚体所做的功应为

$$A=\int_0^\theta Md\theta \tag{2-20}$$

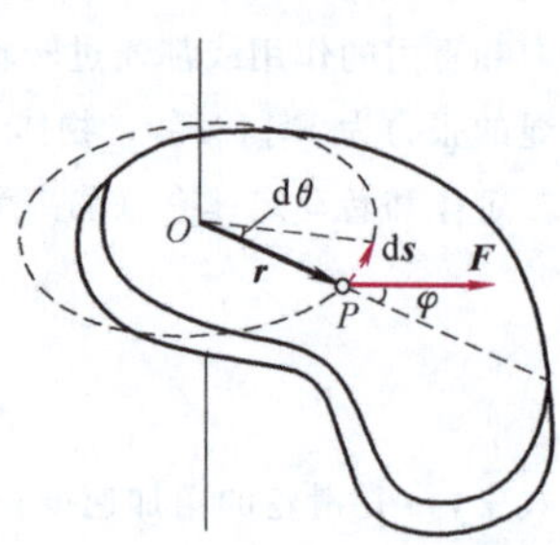

图 2-14 力矩的功

这里，如果力矩的大小和方向在刚体转动过程中始终保持不变，则式(2-20)可写为

$$A=M\int_0^\theta d\theta=M\theta$$

即恒力矩对绕定轴转动的刚体所做的功等于力矩的大小与刚体转过角度的乘积．

从力矩的功的推导过程我们可看出，力矩的功本质上仍然是力的功，并非新概念，而只是力的功在刚体转动时的一种更为方便的表达形式．

根据功率的定义，力矩的瞬时功率应为

$$P=\frac{dA}{dt}=\frac{Md\theta}{dt}=M\omega \tag{2-21}$$

即力矩对定轴转动刚体的瞬时功率等于力矩大小与其角速度大小的乘积．

2.3.2 转动动能 动能定理

刚体在外力矩的作用下绕定轴转动时，在任意时刻，其中各质元间的线速度会有所不同．现设刚体中第 i 个质元的质量为 m_i，其到转轴的距离为 r_i，则此刻它的动能可表示为

$$E_{ki}=\frac{1}{2}m_iv_i^2=\frac{1}{2}m_ir_i^2\omega^2$$

整个刚体的转动动能等于所有质元的动能之和，即

$$E_k=\sum_i E_{ki}=\sum_i\frac{1}{2}m_ir_i^2\omega^2=\frac{1}{2}\left(\sum_i m_ir_i^2\right)\omega^2$$

又由于刚体的转动惯量为 $I=\sum\limits_i m_ir_i^2$，则上式可写为

$$E_k=\frac{1}{2}I\omega^2 \tag{2-22}$$

也就是说，刚体绕定轴转动的转动动能等于刚体绕该转轴的转动惯量与角速度平方之乘积的一半．可见，刚体的转动动能是与刚体的转动状态(这里是角速度)相关的，转动状态发生变化，转动动能会相应变化，而造成转动状态变化的原因是力矩，也就是转动动能必然和力矩存在着关联，更准确地说，应该是转动动能与力矩的功存在着一定的关系，下面我们由转动定律来导出这种关系．

设某刚体在合外力矩 M 的作用下绕定轴转动并产生一个微小的角位移 $d\theta$，则合外力矩所做的功为

$$dA = M d\theta$$

又由转动定律可知，$M = I\alpha$，将其代入上式可得

$$dA = I\alpha d\theta = I\frac{d\omega}{dt}d\theta = I\omega d\omega$$

设在某段时间内，在合外力矩的作用下，刚体的角速度由初始状态的 ω_1 变为末状态的 ω_2，则整个过程中合外力矩所做总功为

$$A = \int dA = \int_{\omega_1}^{\omega_2} I\omega d\omega = \frac{1}{2}I\omega_2^2 - \frac{1}{2}I\omega_1^2$$

很显然，上式等号右边两项对应的分别是刚体末、初状态的转动动能，因此上式可写为

$$A = E_{k2} - E_{k1} \tag{2-23}$$

也就是说，合外力矩对一绕定轴转动的刚体所做的功等于刚体转动过程中转动动能的增量，这一结论即为刚体定轴转动的动能定理．

2.3.3　刚体的势能　机械能守恒

由于刚体本身不会产生形变，故其内部并不会产生弹性势能，这里我们要介绍的刚体的势能主要是其重力势能．刚体的重力势能指的是刚体与地球共有的重力势能，等于其内部各质元与地球共有势能之和．对于一个距地面不太高且不太大的刚体，设其质量为 m，其内部高度为 h_i 的质元质量为 Δm_i，如图 2-15 所示，其重力势能为

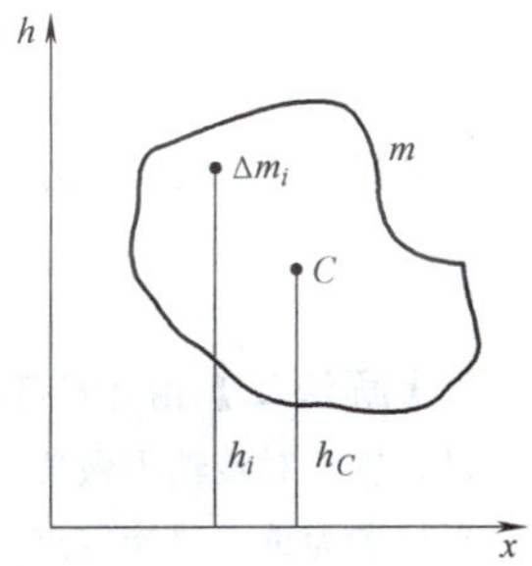

图 2-15　刚体的势能

$$E_p = \sum_i \Delta m_i g h_i = g\sum_i \Delta m_i h_i$$

又由质心(质量中心)的定义可知，刚体质心的高度应为

$$h_C = \frac{\sum_i \Delta m_i h_i}{m}$$

故刚体的重力势能可写为

$$E_p = mgh_C \tag{2-24}$$

由此可见，刚体的重力势能取决于刚体的质量和其质心距离势能零点的高度，相当于刚体的质量全部集中于质心时所具有的势能，与刚体本身的方位无关．

作为一种特殊的质点系，刚体必然要遵从一般质点系所要遵从的机械能定理和机械能守恒定律，所不同的是，其中所涉及的动能和势能在这里应为刚体的转动动能和重力势能，即

$$E_k + E_p = \frac{1}{2}I\omega^2 + mgh_C = \text{恒量} \tag{2-25}$$

此外，刚体的机械能守恒定律与质点系的机械能守恒定律在前提条件上还存在差别．对于质点系，满足机械能守恒的条件为合外力做功为零和非保守内力做功为零；而对于刚体，其满足机械能守恒的条件为合外力矩做功为零，这里我们并不需要考虑内力矩做功，因为内力矩的总和为零，故其做功亦为零．

例题 2-6　如图 2-16 所示，一质量为 m、长度为 l 的均质细杆可绕垂直于杆一端的固定水平轴 O 在铅直平面内无摩擦地转动．现将细杆从水平位置由静止释放，试求细杆转过角度 θ 时的角速度．

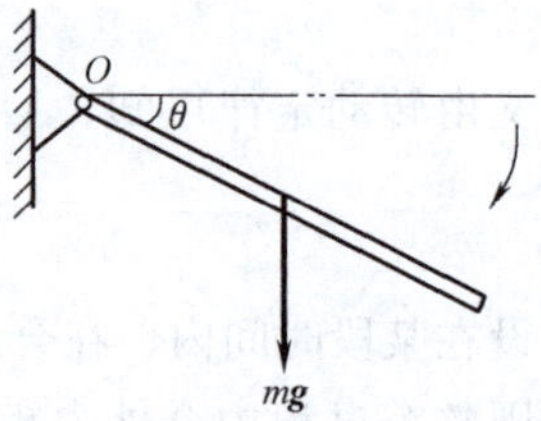

图 2-16 例题 2-6 用图

【解法一】由题意可知，细杆转动过程中受到重力和转轴的作用力，其中转轴对细杆的作用力线经过转轴，力矩为零，故其所受合外力矩等于重力矩．由于均质细杆所受重力可视为作用在其质心上，故细杆所受重力矩可表示为

$$M=mg\frac{l}{2}\cos\theta$$

则重力矩对细杆所做功为

$$A=\int_0^\theta M\mathrm{d}\theta=\int_0^\theta mg\frac{l}{2}\cos\theta\mathrm{d}\theta=mg\frac{l}{2}\sin\theta$$

由于细杆初始位置为静止状态，故其初始转动动能为零．设细杆转过角度为 θ 时的角速度为 ω，该过程中细杆的转动动能增量为

$$E_{k2}-E_{k1}=\frac{1}{2}I\omega^2-0$$

由刚体定轴转动的动能定理可得

$$mg\frac{l}{2}\sin\theta=\frac{1}{2}I\omega^2$$

而细杆的转动惯量为

$$I=\frac{1}{3}ml^2$$

则细杆转过角度为 θ 时的角速度为

$$\omega=\sqrt{\frac{3g\sin\theta}{l}}$$

【解法二】由题意可知，细杆转动过程中受到重力和转轴的作用力，其中转轴对细杆的作用力线经过转轴，对转轴不做功，其所受重力为保守力．选择地球和细杆为研究对象，设细杆转动初始时刻的水平位置为重力势能零点，由于细杆转动过程中所受合外力矩为零，故系统满足机械能守恒定律，即有

$$0=\frac{1}{2}I\omega^2-mg\frac{l}{2}\sin\theta$$

又细杆的转动惯量为

$$I=\frac{1}{3}ml^2$$

则细杆转过角度 θ 时的角速度为

$$\omega=\sqrt{\frac{3g\sin\theta}{l}}$$

例题 2-7 如图 2-17 所示，有一质量为 m_1、半径为 R 的滑轮（可视为均质圆盘），绕在滑轮上的轻绳的一端系一质量为 m_2 的物体．在重力作用下，物体加速下落．设初始时刻系统处于静止状态，试求物体下落距离为 h 时，滑轮的角速度和角加速度．

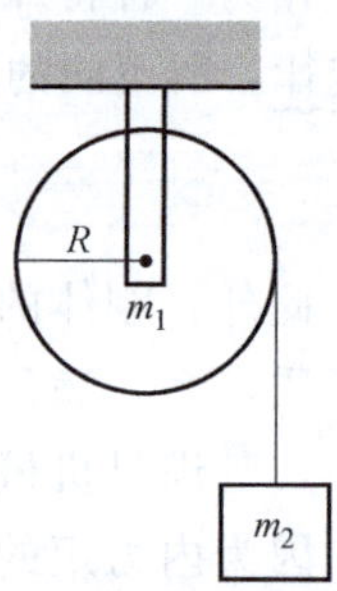

图 2-17 例题 2-7 用图

分析：绳中的张力使滑轮加速转动，作用于物体上的重力克服绳中的张力做功并使物体下落．可对滑轮和物体分别利用动能定理求解．

解：设物体下落距离为 h 时，滑轮的角速度为 ω，绳中的张力所做的功为 A，则此时物体的速度为 $v=\omega R$，重力对物体做功为 m_2gh．对滑轮和物体分别应用动能定理可求解：

对滑轮有

$$A=\frac{1}{2}I\omega^2-0=\frac{1}{2}\left(\frac{1}{2}m_1R^2\right)\omega^2=\frac{1}{4}m_1R^2\omega^2$$

对物体有

$$m_2gh-A=\frac{1}{2}m_2v^2$$

联立两式解得滑轮的角速度为

$$\omega=\frac{2}{R}\sqrt{\frac{m_2gh}{2m_2+m_1}}$$

将上式对时间求导，并利用$\frac{dh}{dt}=\omega R$，可得滑轮的角加速度为

$$\alpha=\frac{d\omega}{dt}=\frac{2m_2g}{(m_1+2m_2)R}$$

此题中，同样也可以将滑轮和物体看作一个系统考虑，则该系统只有重力做功，系统机械能守恒，将物体下落距离为 h 时所处位置设为重力势能零点，由机械能守恒定律可得

$$m_2gh=\frac{1}{2}m_2v^2+\frac{1}{2}I\omega^2=\frac{1}{2}m_2v^2+\frac{1}{4}m_1R^2\omega^2$$

再利用 $v=\omega R$ 与上式联立可依次求得 ω 和 α.

通过以上例题我们可以看出，在解决刚体力学问题时，我们可根据需要选择动能定理或机械能守恒定律（或机械能原理），所用方法不同，解题过程的难易程度也会有明显差异，采用机械能守恒定律来解题的过程相对于利用动能定理来解题的过程要明显简捷，因此，读者在解决问题之前需要选择合适的解题方法.

2.4 角动量守恒

当质点受到合力矩的作用时，其角动量会发生变化；类似地，当刚体做定轴转动时，由于合外力矩的作用，刚体的转动状态会发生改变，其角动量也会发生变化. 有关质点的角动量、角动量定理及角动量守恒定律的内容在上一章中已做讨论，这里，在介绍刚体的角动量、角动量定理及角动量守恒定律时，我们同样可以首先将刚体看作由大量微小的质元(可看作质点)所组成，再由前面所学质点角动量的相关知识推导出刚体定轴转动过程中角动量的变化规律.

2.4.1 角动量

如图 2-18 所示，某刚体绕定轴 z 轴转动，其中质量为 m_i 的任一质元对坐标原点 O 的位置矢量为 $\boldsymbol{R}_i$，其转动的线速度和角速度分别为$\boldsymbol{v}_i$和 $\boldsymbol{\omega}_i$，则根据质点的角动量定义可知该质元对坐标原点 O 的角动量可表示为

$$\boldsymbol{L}_i=\boldsymbol{R}_i\times\boldsymbol{p}_i=\boldsymbol{R}_i\times(m_i\boldsymbol{v}_i)=m_i\boldsymbol{R}_i\times\boldsymbol{v}_i$$

这里很容易证明 $\boldsymbol{R}_i$ 垂直于$\boldsymbol{v}_i$，故 $\boldsymbol{L}_i$ 的大小为

$$L_i=m_iR_iv_i$$

质元对转轴 z 的角动量 L_{iz} 即为 $\boldsymbol{L}_i$ 沿转轴的分量(在转轴上的投影)，由于$\boldsymbol{v}_i$与 $\boldsymbol{R}_i$、z 轴及 $\boldsymbol{L}_i$ 都垂直，故 $\boldsymbol{R}_i$、z 轴及 $\boldsymbol{L}_i$ 三者处于同一平面内，由此可知，$\boldsymbol{L}_i$ 与 z 轴之间的夹角为$\left(\frac{\pi}{2}-\gamma\right)$，则

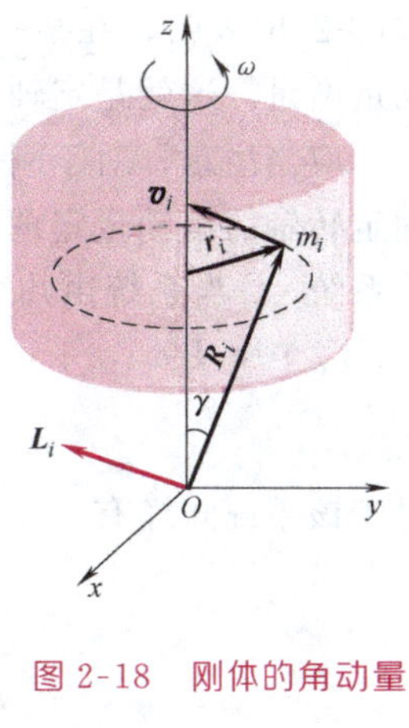

图 2-18　刚体的角动量

L_{iz} 可表示为

$$L_{iz}=L_i\cos\left(\frac{\pi}{2}-\gamma\right)=m_iR_iv_i\sin\gamma=m_ir_iv_i=m_ir_i^2\omega$$

由于刚体定轴转动的角速度等于其中每个质元的角速度，故上式中质元的角速度可用刚体的角速度来表示．整个刚体对转轴 z 的角动量即为所有质元对转轴 z 的角动量之和，故可表示为

$$L_z=\sum_i L_{iz}=\sum_i m_ir_i^2\omega$$

又刚体对转轴 z 的转动惯量为

$$I_z=\sum_i m_ir_i^2$$

则刚体对转轴 z 的角动量又可表示为

$$L_z=I_z\omega \tag{2-26}$$

式(2-26)表明，刚体定轴转动过程中，任意时刻刚体对转轴的角动量等于其对该轴的转动惯量与该时刻刚体角速度的乘积．

2.4.2 角动量定理

将式(2-26)等号两边同时对时间 t 求导则有

$$\frac{\mathrm{d}L_z}{\mathrm{d}t}=\frac{\mathrm{d}(I_z\omega)}{\mathrm{d}t}=I_z\frac{\mathrm{d}\omega}{\mathrm{d}t}=I_z\alpha$$

根据刚体定轴转动的转动定律，上式可写成

$$M=\frac{\mathrm{d}L_z}{\mathrm{d}t} \tag{2-27}$$

式(2-27)表明，刚体定轴转动时，其对转轴的角动量随时间的变化率等于作用于刚体的合外力矩，这就是定轴转动刚体的角动量定理的微分形式．

式(2-27)还可写成

$$M\mathrm{d}t=\mathrm{d}L_z \tag{2-28a}$$

再对上式等号两边进行积分可得

$$\int_{t_1}^{t_2}M\mathrm{d}t=L_{z2}-L_{z1}=I_z\omega_2-I_z\omega_1 \tag{2-28b}$$

式(2-28b)表明，在某一段时间内作用于刚体的外力的冲量矩等于刚体在该段时间内的角动量增量，这就是定轴转动刚体的角动量定理的积分形式．

应当注意，对于刚体，其定轴转动的转动定律只适用于绕定轴转动的刚体，而其对固定转轴的角动量定理的适用范围则更为广泛，包括刚体和非刚体（或由多个刚体组成的系统）．当系统由几个物体组成时，这几个物体对于同一转轴的角动量分别为 $I_{z1}\omega_1$，$I_{z2}\omega_2$，…，$I_{zi}\omega_i$，…，则系统对该转轴的角动量为

$$L_z=\sum_i I_{zi}\omega_i$$

对于该系统同样有

$$M=\frac{\mathrm{d}L_z}{\mathrm{d}t}=\frac{\mathrm{d}\left(\sum_i I_{zi}\omega_i\right)}{\mathrm{d}t}$$

2.4.3 角动量守恒定律

由式(2-27)可知，当 $M=0$ 时，有 $\frac{\mathrm{d}L_z}{\mathrm{d}t}=0$，即 $L_z=I_z\omega=$ 恒量．也就是说，对于做定轴转动的刚体，如果其所受合外力矩为零，则刚体对该转轴的角动量保持不变，这就是刚体定轴转动的角动量守恒定律．同样，这里的角动量守恒定律不仅适用于刚体，对于非刚体（或由多个物体组成的系统）同样适用，常见的情况大致可分为以下几类：

（1）对于定轴转动的刚体，由于转动过程中刚体的转动惯量始终保持不变，故当刚体所受合外力矩为零时刚体以恒定的角速度转动．例如一个正在转动的飞轮，当其所受的摩擦阻力矩可以略去不计时，其转动过程中所受合外力矩为零，则转动过程中其转动惯量和角速度都保持不变．

（2）对于转动过程中转动惯量可变的物体（由于有形变，已不再是刚体了），如果转动惯量发生变化，则物体的角速度也随之改变，但两者的乘积始终保持恒定．这种情况在体育项目中应用较多，例如，花样滑冰运动员常通过收拢或张开他们的双臂或双腿来改变自身旋转的角速度．如果略去冰面对其产生的摩擦力矩，其转动过程中满足角动量守恒．当运动员张开双臂时，因其双臂离转轴较远，故其转动惯量变大，转动角速度变小，如图 2-19a 所示；当运动员收拢双臂后，其转动惯量变小，故其转动角速度变大，如图 2-19b 所示．

图 2-19　角动量守恒

（3）对于由多个物体所组成的系统，转动过程中当系统内某个物体的角动量发生变化时，必然存在另一个物体的角动量（或多个物体的总角动量）发生了与之等值异号的改变，从而使系统总角动量保持不变．

例题 2-8　工程上，常用摩擦啮合器使两飞轮以相同的转速一起转动．如图 2-20 所示，A 和 B 两飞轮的轴杆在同一中心线上，A 轮的转动惯量为 $10\text{kg}\cdot\text{m}^2$，B 轮的转动惯量为 $20\text{kg}\cdot\text{m}^2$．开始时 A 轮的转速为 600r/min，B 轮静止．C 为摩擦啮合器．求两轮啮合后的转速．

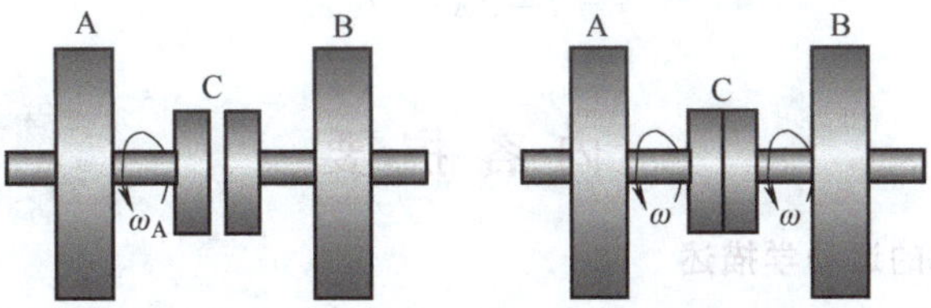

图 2-20　例题 2-8 用图

解： 取飞轮 A、B 和啮合器 C 为研究系统．在啮合过程中，系统受到轴向的正压力和啮合器间的切向摩擦力，前者对转轴的力矩为零，后者对转轴有力矩，但为系统的内力矩．因为系统没有受到其他外力矩的作用，所以系统的角动量守恒．由角动量守恒定律得

$$I_A\omega_A+I_B\omega_B=(I_A+I_B)\omega$$

由题意知，$\omega_A=2\pi n_A$，$\omega_B=0$，$\omega=2\pi n$，于是得两轮啮合后的转速为

$$n=\frac{I_A n_A}{I_A+I_B}=\frac{10\times 600}{10+20}\text{r/min}=200\text{r/min}$$

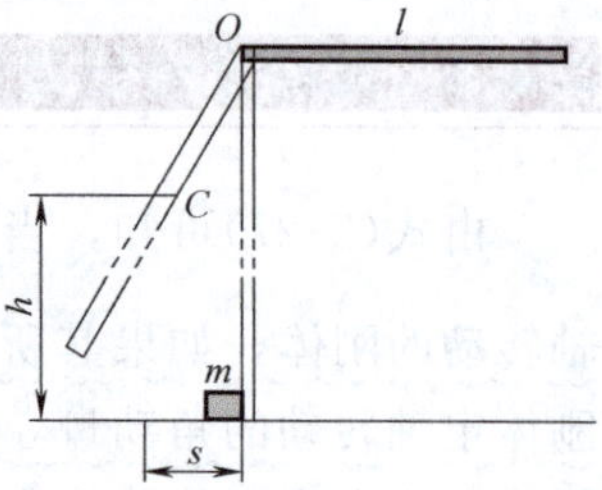

图 2-21　例题 2-9 用图

例题 2-9　如图 2-21 所示，有一长度为 l、质量为 m 的均匀细杆，一端可绕垂直于细杆的水平光滑固定转轴 O 在竖直平面内转动．细杆被拉至水平位置由静止开始释放，当它转至竖直位置时，与放在地面上的一个质量同为 m 的静止小滑块发生碰撞，碰撞时间极短．小滑块与地面间的摩擦因数为 μ，碰撞后小滑块移动距离 s 后停止，而细杆则沿原转动方向继续转动直至达到最大摆角．求：碰撞后细杆中点 C 离地面的最大高度 h．

解：由题意，细杆运动过程中可分为三个阶段：

（1）细杆由水平位置至与滑块碰撞前：该阶段可以细杆和地球组成的系统作为研究对象．在细杆下落过程中，仅有保守内力（重力）做功，系统满足机械能守恒，选地面为重力势能零点，设细杆转至竖直位置时的角速度为 ω，则有

$$mgl=\frac{1}{2}I\omega^2+\frac{1}{2}mgl$$

（2）细杆与滑块碰撞时：该阶段可以细杆与滑块组成的系统作为研究对象，在二者碰撞过程中，系统对 O 轴所受的合外力矩为零，故系统对 O 轴满足角动量守恒．设碰撞后细杆的角速度为 ω'，小滑块获得的速率为 v_0，即有

$$I\omega=I\omega'+mv_0 l$$

（3）细杆与滑块碰撞后：该阶段可分别以细杆与滑块作为研究对象进行分析．

对滑块应用动能定理可得

$$-\mu mgs=0-\frac{1}{2}mv_0^2$$

对细杆：以细杆与地球组成的系统为研究对象，由于细杆上升过程中只有保守力(重力)做功，故系统满足机械能守恒，则有

$$\frac{1}{2}mgl+\frac{1}{2}I\omega'^2=mgh$$

又细杆的转动惯量为

$$I=\frac{1}{3}ml^2$$

将以上各式联立求解可得

$$h=l+3\mu s-\sqrt{6\mu sl}$$

内容提要

1. 刚体定轴转动的运动学描述

① **刚体的五种运动形式**　一般情况下，刚体的运动形式可分为：平动、定轴转动、平面平行运动、定点转动和一般运动．

② **刚体的平动**　在刚体的运动过程中，如果其中任意两质元之间的连线在各个时刻都保持平行，则称这种运动形式为刚体的平动．刚体做平动时，虽然刚体中任意两质元在运动过程中的位置矢量都不相同，但它们之差为一恒矢量，各质元任意时刻的速度和加速度完全相同．因此，可由刚体中任一质元的运动来代表整个刚体的运动，之前所学质点的运动规律均可用来对刚体的平动进行描述．

③ **刚体定轴转动的运动学描述**　若刚体在运动过程中，其内部所有质元均绕同一直线做圆周运动，则称这种运动形式为刚体的定轴转动，该直线称为转轴．刚体做定轴转动时，其内部各质元做半径不同

的圆周运动，虽然其位移和速度均不相同，但它们在相同时间内转过的角度相同，各质元任意时刻的角速度和角加速度也完全相同．因此，可由刚体中任一质元的运动来代表整个刚体的运动．

角坐标(角位置)　$\theta = \theta(t)$

此即刚体定轴转动的运动学方程．

角位移　$\Delta\theta = \theta - \theta_0$

角速度　$\omega = \lim\limits_{\Delta t \to 0} \dfrac{\Delta\theta}{\Delta t} = \dfrac{d\theta}{dt}$

角加速度　$\alpha = \lim\limits_{\Delta t \to 0} \dfrac{\Delta\omega}{\Delta t} = \dfrac{d\omega}{dt} = \dfrac{d^2\theta}{dt^2}$

角量与线量之间的关系　$v = r\omega,\quad \boldsymbol{v} = \boldsymbol{\omega} \times \boldsymbol{r}$

$$a_\tau = r\alpha,\quad a_n = \frac{v^2}{r} = \omega^2 r$$

当刚体做匀变速定轴转动时，角加速度为常量，角速度、角位移的相应公式为

$$\omega = \omega_0 + \alpha t$$

$$\theta = \theta_0 + \omega_0 t + \frac{1}{2}\alpha t^2$$

$$\omega^2 = \omega_0^2 + 2\alpha(\theta - \theta_0)$$

2. 转动定律

① **转动定律**　刚体做定轴转动时，其角加速度与其所受合外力矩成正比，与刚体的转动惯量成反比，此即刚体定轴转动的转动定律，即

$$M = I\alpha$$

转动定律在刚体定轴转动中的地位与牛顿第二定律在质点力学中的地位相当．

② **转动惯量**　刚体对于某固定转轴的转动惯量等于每个质元的质量与其到转轴距离平方的乘积之总和，即

$$I = \sum_i m_i r_i^2$$

对于质量连续分布的刚体，有

$$I = \int_m r^2 dm$$

转动惯量是描述做定轴转动的刚体转动惯性大小的物理量，它是相对于某一固定转轴来定义的，它与刚体的总质量、转轴的位置及刚体的质量分布有关．

反映刚体转动惯量性质的定理有：

平行轴定理　$I = I_C + md^2$

垂直轴定理　$I_z = I_x + I_y$

组合定理　$I = \sum_i I_i$

3. 机械能守恒

力是改变质点运动状态的原因，而力矩是改变刚体转动状态的原因．

① **力矩的功**　$A = \int_0^\theta M d\theta$

② **力矩的功率**　$P = M\omega$

③ **转动动能**　$E_k = \dfrac{1}{2}I\omega^2$

④ **动能定理**　$A = E_{k2} - E_{k1} = \dfrac{1}{2}I\omega_2^2 - \dfrac{1}{2}I\omega_1^2$

⑤ **重力势能**　$E_p = mgh_C$

⑥ **机械能守恒定律** $E_k + E_p = \frac{1}{2}I\omega^2 + mgh_C = $ 恒量

刚体满足机械能守恒的条件为合外力矩做功为零．

4. 角动量守恒

① **刚体对转轴 z 的角动量** $L_z = I_z\omega$

② **角动量定理** $\int_{t_1}^{t_2} M\mathrm{d}t = L_{z2} - L_{z1} = I_z\omega_2 - I_z\omega_1$

③ **角动量守恒定律** 若 $M=0$，则 $\frac{\mathrm{d}L_z}{\mathrm{d}t}=0$，即

$$L_z = I_z\omega = \text{恒量}$$

课外练习2

一、填空题

2-1 刚体的运动形式有平动、______、平面平行运动、定点转动和一般运动．

2-2 描述刚体定轴转动的角量（物理量）有角坐标、角位移、______和角加速度．

2-3 质量为 m、长为 l 的均匀细棒对通过棒的一端并和棒垂直的转轴的转动惯量为______．

2-4 质量为 m、半径为 R 的均匀薄圆盘对通过盘面中心并和盘面垂直的转轴的转动惯量为______．

2-5 刚体定轴转动时的转动定律的数学表达式为______．

2-6 刚体重力势能的数学表达式为______．

二、选择题

2-1 下列哪一个不是刚体的运动形式（ ）．

A. 平动　B. 定轴转动　C. 定点转动　D. 振动

2-2 刚体定轴转动的转动惯量的大小与下列哪一项因素无关（ ）．

A. 刚体的总质量　B. 转轴的位置　C. 刚体的平动　D. 刚体的质量分布

2-3 下列哪一个公式不是反映刚体转动惯量性质的定理（ ）．

A. $I = \int_m r^2 \mathrm{d}m$　B. $I = I_C + md^2$　C. $I_z = I_x + I_y$　D. $I = \sum_i I_i$

2-4 下列哪一个公式是刚体定轴转动时转动动能的数学表达式（ ）．

A. $M = I\alpha$　B. $E_k = \frac{1}{2}I\omega^2$　C. $E_p = mgh_C$　D. $L_z = I_z\omega$

2-5 下列哪一个公式是刚体定轴转动时角动量的数学表达式（ ）．

A. $M = I\alpha$　B. $E_k = \frac{1}{2}I\omega^2$　C. $E_p = mgh_C$　D. $L_z = I_z\omega$

2-6 花样滑冰运动员绕自身的竖直轴转动，开始时两臂伸开，转动惯量为 I，角速度为 ω，然后她将双臂收回，使转动惯量减小到 $I/3$，这时她转动的角速度变为（ ）．

A. $\omega/3$　B. $\omega/\sqrt{3}$　C. 3ω　D. $\sqrt{3}\omega$

三、简答题

2-1 “作用在定轴转动刚体上的力越大，刚体转动的角加速度越大”，这句话对吗？

2-2 “作用在定轴转动刚体上的合力矩越大，刚体转动的角加速度越大”，这句话对吗？

2-3 刚体可以有不止一个转动惯量吗？

2-4 假定时钟的指针是质量均匀的矩形薄片，分针长而细，时针短而粗，两者具有相等的质量．哪个指针有较大的转动惯量？哪个有较大的转动动能和角动量？

2-5 两个半径和质量均相同的轮子，其中一个轮子的质量聚集在轮子的边缘附近，而另一个轮子

的质量分布比较均匀，如果它们的角动量相同，哪个轮子转得较快？

2-6　将一个生鸡蛋和一个熟鸡蛋放在水平桌面上旋转，你能判断出它们的生熟吗？

四、计算题

2-1　一半径 $R=1\text{m}$ 的飞轮以 1500r/min 的转速绕垂直盘面过圆心的定轴转动，受到制动后均匀地减速，经 $t=50\text{s}$ 后静止．求：

（1）角加速度和飞轮从制动开始到静止转过的转数 N.

（2）制动开始后 25s 时飞轮的角速度．

（3）$t=25\text{s}$ 时飞轮边缘上一点的速度．

2-2　如图 2-22 所示，质量为 m、长为 l 的均匀细棒 AB，转轴到中心 O 点的距离为 h 并与棒垂直，试求细棒对于该转轴的转动惯量．

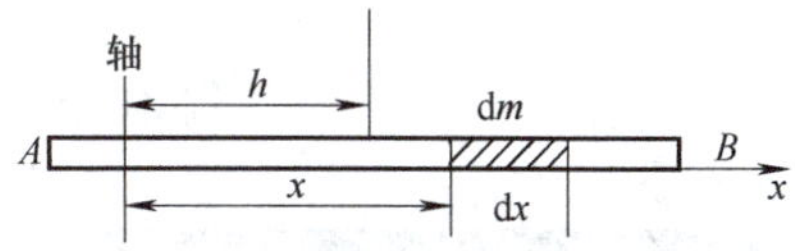

图 2-22　计算题 2-2 用图

2-3　如图 2-23 所示，一轻绳跨过一轴承光滑的定滑轮，滑轮视为薄圆盘，绳的两端分别悬有质量为 $m_1=2.0\text{kg}$ 和 $m_2=2.5\text{kg}$ 的物体．设滑轮的质量为 $m=1\text{kg}$，半径为 r，绳与滑轮之间无相对滑动，试求物体的加速度和绳的张力（取 $g=10\text{m/s}^2$）．

2-4　如图 2-24 所示，一质量为 m 的物体悬于一条轻绳的一端，绳的另一端绕在轮轴的轴上，轴水平且垂直于轮轴面，其半径为 r，整个装置加在光滑的固定轴承之上．当物体从静止释放后，在时间 t 内下降了一段距离 s. 试求整个轮轴的转动惯量（用 m、r、t 和 s 表示）．

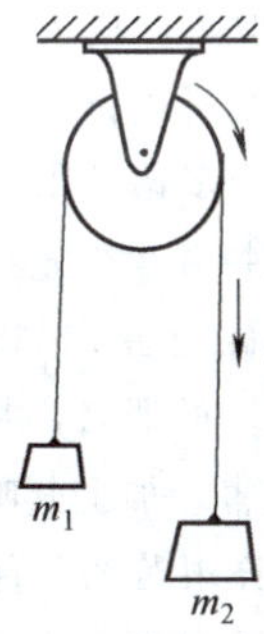

图 2-23　计算题 2-3 用图

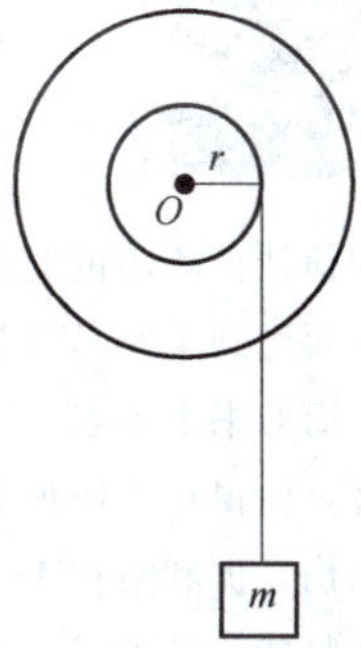

图 2-24　计算题 2-4 用图

2-5　如图 2-25 所示，一质量为 m、长度为 l 的均质细杆 AB 由一摩擦力可略去的铰链悬挂于 A 处．现欲使细杆恰好能自铅垂位置转至水平位置，问需要给细杆的初角速度应为多大？

2-6　均质杆的质量为 m、长为 l，一端为光滑的支点，最初处于水平位置，释放后杆向下摆动，如图 2-26 所示．求杆在铅垂位置时，其下端的线速度 $\boldsymbol{v}$.

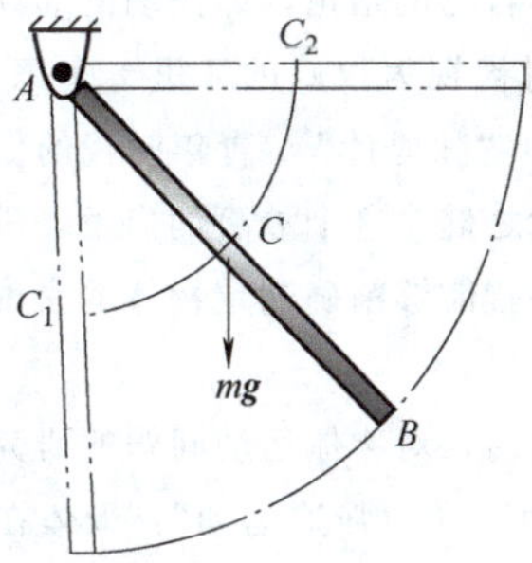

图 2-25　计算题 2-5 用图

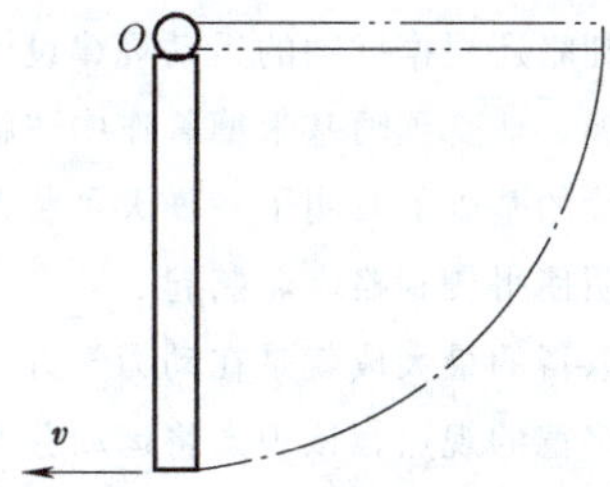

图 2-26　计算题 2-6 用图

2-7　恒星晚期在一定条件下会发生超新星爆发，这时星体中有大量物质喷入星际空间，同时内核向内坍缩，成为体积很小的中子星．中子星是一种异常致密的星体，一汤匙中子星物质就有几亿吨质量．设某恒星绕自转轴每45天转一周，它的内核半径 R_0 约为 2×10^7 m，坍缩成半径仅为 6×10^3 m 的中子星．试求中子星的角速度（坍缩前后的星体内核均看作是均质圆球）．

物理学家简介

伽利略(Galileo Galilei，1564—1642)

伽利略·伽利雷在1564年2月15日出生于意大利古城比萨的一个没落贵族家庭，是家中的长子．11岁时，他随全家移居至佛罗伦萨，并进入当地的一所修道院学习．少年时的伽利略天资聪颖，多才多艺．17岁时，他被父亲送入比萨大学攻读医学，然而这时的伽利略对医学并没有太大的兴趣，而是开始对数学和物理学表现出浓厚的兴趣．在1585年，伽利略辍学回到了佛罗伦萨的家中，并从此开始努力自学的生活．到了1589年的夏天，25岁的伽利略接受了比萨大学的聘请，担任该校的数学教授一职．三年后，他又转到威尼斯的帕多瓦大学任教，并在这里迎来了自己科学研究生涯中的黄金时期．1611年，伽利略来到罗马，成为林嗣科学院的院士，同时继续他的科学研究．由于伽利略所进行的科学研究，以及他的相关著作对当时被视为权威的亚里士多德的很多观点提出了质疑，因此他成为了亚里士多德的信徒们攻击的对象．与此同时，伽利略还支持并大力宣扬哥白尼的日心学说，终于触怒了罗马教廷，从而遭到了罗马宗教裁判所长达二十多年的残酷迫害．1633年2月，罗马宗教裁判所逼迫伽利略在所谓的悔罪书上签名，还以“反对教皇，宣扬邪说”的罪名，判处他终身监禁．由于教会对他的种种残酷迫害，使得年迈的伽利略的身体遭受到了很大伤害，加上其唯一的亲人——爱女玛利亚的去世引起的极度悲伤，伽利略在1637年双目失明．然而在这样艰苦的条件下，伽利略依然没有放弃自己的研究工作，并坚持科学著述．1642年1月8日凌晨，这位为科学和真理奋斗了一生的伟大学者因感染寒热病，在孤独中离开了人世，享年78岁．

伽利略是意大利伟大的哲学家、物理学家和天文学家，并且是近代实验物理学的先驱者，他一生中取得了许多了不起的成就．在比萨大学学习期间，伽利略有一次很偶然地注意到教堂顶部的吊灯在空中的来回摆动，对于这样一件十分平常的事情，年轻的伽利略却进行了仔细的观察和思考，他发现无论吊灯的摆动幅度多大，它每次摆动所需的时间却几乎相同．为了验证这一点，伽利略在自己的宿舍中利用自制的设备进行了反复的试验，并最终根据试验结果得出了自己的结论，即摆动的周期与摆绳所悬挂物体的重量无关，而是与摆绳的长度有关．这一观点是对当时被视为权威的亚里士多德“摆幅小周期小”结论的否定．伽利略还根据摆动的运动规律设计发明了一种“脉搏计”．青年时代的伽利略对阿基米德的著作十分感兴趣，他受到阿基米德著作中“解决国王皇冠之谜”这个故事的启发，进行了大量的实验分析，而且在实验的基础上发明了一种天平装置，通过该装置能够精确测定物体的密度，还可以测定合金成分，这项发明使得伽利略声名鹊起．

伽利略一生取得的最大成就是在动力学方面．16世纪以前，对物体运动问题的研究中居于统治地位的理论是亚里士多德的观点，该观点将运动分为“自然运动”和“强迫运动”：天体在天上的运动是自然运动，物体的下落也是自然运动；而强迫运动则必须依靠外力作用来维持，一旦外力去除，运动就会停止．伽利略对亚里士多德的这些观点产生了怀疑，并通过实验最终否定了这些错误的观点．在比萨大学任教期间，伽利略通过分析，在理论上推翻了亚里士多德关于物体降落速度与该物体的重量成比例的观点．传说中伽利略在比萨斜塔上公开演示的那个著名的落体试验，即在塔顶上同时释放两个重量不同的铁球，其后这两个铁球同时落到地面的试验，就发生在这段时间里．虽然这一传说缺乏有力的证据，然而伽利略通过他的另一著名实验——斜面实验，为加速运动理论的建立提供了有力的支持．伽利略利用一块光滑的木板制作了一个斜面，然后让一个小球从该斜面上滚下．通过对小球在斜面上运动的观察，以及对实验结果所做的计算分析，他发现斜面上从静止开始运动的小球，其移动的距离与所需时间的平方成正比；他同时还明确了加速度的概念，而且认识到斜面运动是一种加速度为常量的运动，即匀加速运动．通过对斜面实验的进一步研究，伽利略还发现小球的加速度与其重量之间并没有关系，而是与斜面的倾斜角度有关，倾斜角度越大，则小球加速度也越大．伽利略的斜面实验在 2002 年被英国的《物理学世界》杂志评选为历史上最美丽的十大物理实验之一．伽利略将斜面实验的结论推广到自由落体运动，提出自由落体的加速度在没有空气阻力的情况下与下落物体的重量无关这一结论，即伽利略落体定律．伽利略还在斜面实验的基础上，设想当小球从斜面滚动至理想水平面上时，将以匀速运动的状态在水平面上做直线运动，从而得出了惯性原理的基本思想，指出不受外力作用的物体将保持匀速运动状态．伽利略的这些研究为其后牛顿力学的建立打下了基础．

从惯性原理出发，伽利略将研究范围推广到平面运动，特别是对抛体运动进行了认真的研究．通过对平抛运动的考察，伽利略提出了运动合成的思想，他认为平抛运动是两个相互独立运动的合成，这两个独立的运动分别是水平方向的匀速直线运动和竖直方向的匀加速直线运动．这两个合成运动、即抛体运动的轨迹是一条抛物线．在这个思想的基础上，伽利略进一步对斜抛运动进行了数学分析，分析结果表明，在斜抛物体以 45°角为出射角度时，其射程最大，这一结果与早期人们的观察事实相吻合．

在对物体运动的描述上，伽利略提出了相对性原理的思想．他通过描述一艘匀速航行的大船上不同个体运动的各种现象，揭示出由船上发生的这些现象，是无法判断出大船本身是否处于运动状态的，这个观点被称为伽利略相对性原理．相对性原理的提出，从理论上否定了亚里士多德的“物体相对唯一的世界中心运动”、“运动只能是绝对的”等错误观点，对哥白尼的地动学说提供了有力支持．爱因斯坦其后将伽利略的相对性原理发展成为狭义相对论的两条基本原理之一．

伽利略在天文学方面同样取得了很多了不起的成就．1609 年 6 月，伽利略得知有人制造出了一种装置，通过该装置可以清楚地看到远处的物体，这种装置就是望远镜．他对此十分感兴趣，结合自己掌握的光学知识，很快自制了一架望远镜，这种望远镜在今天被称为伽利略望远镜．之后经过不断的改进，伽利略所制出的望远镜，其放大率达到了 1000 倍．一天夜里，通过自制的望远镜，伽利略开始了对星空的观察，看到了前所未见的天体世界，从此也开创了天文学研究的新时代．伽利略是利用望远镜观察天体并取得大量研究成果的第一人，他在天文学方面的重要发现包括：月球表面凹凸不平，木星的四颗卫星，太阳黑子的发现和太阳自转，金星、水星的盈亏现象，以及银河是由大量恒星所组成的等．

伽利略一生发表了很多论文和著作，其中最具影响力和代表性的有两本，一本是《关于托勒密和哥白尼的两种世界体系的对话》(后简称《两种世界体系的对话》)，该书于 1632 年 1 月在佛罗伦萨出版；另一本则是《关于力学和局部运动两种新科学的对话和数学证明》(后简称《两种新科学的对话》)，该书于 1638 年在荷兰出版．这两本传世之作都是以三个人之间的对话形式，通过形象而生动的描写来揭示亚里士多德为代表的旧理论的错误，宣传新观点、新理论．在《两种世界体系的对话》一书中，伽利略以两种体系各自的拥护者之间进行辩论的形式，表达了他对当时居于统治地位的地心学说的反对和对哥白尼日心学说的支持，而且该书的很多观点还进一步发展了日心学说．这本著作出版后立即受到了很多人的欢迎，起到了宣传哥白尼日心学说的作用，从而动摇了教会的最高权威．伽利略正是因为这本书而触怒了罗马教皇，该书被教会列为禁书，伽利略本人也遭到了教会的残酷迫害和审讯，并随后被判终身监禁．在被监禁的痛苦岁月中，伽利略也没有放弃对真理和科学的探索，他在 1636 年完成了《两种新科学的对话》一书，这部著作是伽利略对毕生从事的物体运动研究成果的总结，该书从根本上否定了亚里士多德的运动学说，书中的内容涉及了运动学、动力学、材料力学、声学等多个领域．然而，当《两种新科学的对话》一书于1638年最终出版时，伽利略已经双目失明，无法亲眼见到这本凝聚着自己毕生心血的著作，不过有更多的人看到了它．在临终前，伽利略仍怀抱着《两种新科学的对话》一书，说道："我认为这是我一切著作中最有价值的，因为它是我的极端痛苦的果实．"这部著作为近代实验科学的发展开辟了道路，并被一些学者誉为"近代物理学的第一部伟大著作"．

伽利略毕生崇尚科学，为真理而奋斗，他的那些科学成就对整个人类科学的发展都起到了重要作用，给后人留下了诸多宝贵的精神财富，被誉为近代科学之父．恩格斯曾称赞伽利略是"不管有何等障碍，都能不顾一切打破旧说、创立新说的巨人之一"，而爱因斯坦对他做出的评价是"伽利略的发现，以及他所用的科学推理方法，是人类思想史上最伟大的成就之一，而且标志着物理学的真正的开端!"颇具讽刺意味的是，1979年11月10日，罗马教皇约翰·保罗二世正式公开承认教廷对伽利略的审判是不公正的；1980年10月，教皇又提出要重新审理这一冤案．其实，根本无须这种所谓的重新审理，事实早已证明了一切，伽利略这个名字和他对科学所做出的伟大贡献，都将被人类永远铭记．

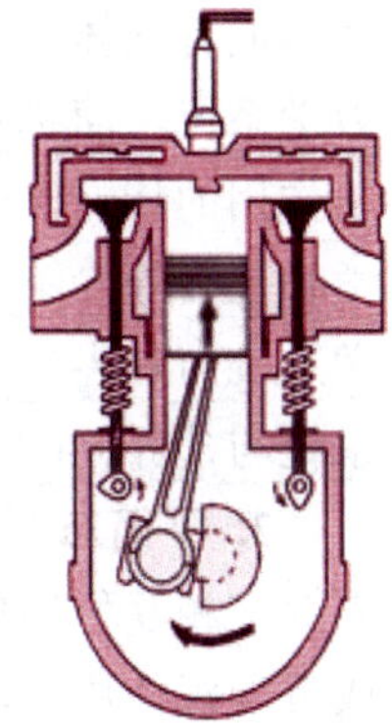

第3章 热　学

概述

物质的运动形式多种多样，前面的力学部分已经针对物质的机械运动及其规律进行了相关研究，本章则将介绍物质的热运动，讨论与热现象有关的性质与规律．从宏观上讲，热现象是与温度有关的现象；而从微观上看，热现象与物体中原子的热运动有关．热学正是研究物质的热运动以及与热相联系的各种规律的科学，它与力学、光学以及电磁学一起被称为经典物理的四大支柱．

研究热现象规律的方法有宏观的热力学和微观的统计物理两种．热力学根据由观察和实验总结出来的热现象的规律，用严密的逻辑推理方法，研究各种宏观物体的热性质，它是一种唯象的、描述性的理论．因为热力学理论建立在大量的观察和实验基础之上，因而具有很强的普适性和较高的准确性，然而它不能解释物体热现象和热性质的微观本质．不考虑物体宏观的机械运动，而从物质的微观结构和粒子的微观运动着手，研究宏观物体的热现象和粒子热运动规律的理论称为统计物理．统计物理认为，单个粒子的运动遵循力学规律，由大量粒子组成的系统的整体行为和性质却遵循统计规律，系统的宏观性质是大量粒子的集体表现．统计物理正是从物质的微观结构和微观运动出发，利用统计的方法，研究物体热现象的相关规律．统计物理是一种深刻的、解释性理论，系统而严谨，具有高度的概括性和普适性，并能揭示物体热现象和热性质的微观本质．但在具体预测或计算某物体的热性质时，依赖于具体物体的微观简化模型，故其结果的精确性稍逊一筹．热力学和统计物理是关于大量粒子系统宏观热现象的基本理论，二者既各具特色，又互相补充，相得益彰，形成了完整的热学理论．

3.1　温度和气体物态方程

温度是热力学系统所特有的参量．对于一个体系，其温度是如何度量的呢？

3.1.1　基本概念

1. 热力学系统　热学研究的是一切与热现象有关的问题，其研究对象可以是固体、液体或者气体．这些由大量微观粒子（原子、分子或其他粒子）组成的宏观物体，称为热力学系统，简称系统．与系统发生相互作用的外部环境物质称为外界．根据系统与外界相互作用的特点，通常可将系统分为孤立系统、封闭系统和开放系统三种：如果一个热力学系统与外界不发生任何物质和能量的交换，则该系统被称为孤立系统；如果一个热力学系统与外界只有能量交换而无物质交换，则该系统被称为封闭系统；如果一个热力学系统与外界同时有能量和物质交换，则称为开放系统．

2. 平衡态 热学主要研究与系统内部状态有关的宏观性质及其关系．对于一个与外界存在相互作用的系统而言，其宏观性质在外界的影响下，会不断发生变化，难以名状；或者宏观性质不均匀，因点而异．这都给系统宏观性质的描述带来了极大困难．人们在实践中发现，一个不受外界影响的系统，最终总会达到宏观性质不随时间变化且处处均匀一致的状态，我们把在不受外界影响的条件下，系统处于宏观性质不随时间变化的状态称为热力学平衡态，简称平衡态，而不满足上述条件的系统状态则称为非平衡态．如图3-1a所示，有一密闭容器，中间用一隔板隔开，将其分成A、B两室，其中A室充满某种气体，B室为真空室．最初A室气体处于平衡态，其宏观性质不随时间变化，之后将隔板抽去，A室气体开始向B室自由膨胀．由于气体在自由膨胀过程中，气体的体积、压强等不断变化，因此过程中的每一中间态都是非平衡态．随着时间推移，气体均匀充满整个容器，膨胀停止，此时系统的宏观性质不再随时间而变化，系统达到了新的平衡态，如图3-1b所示．

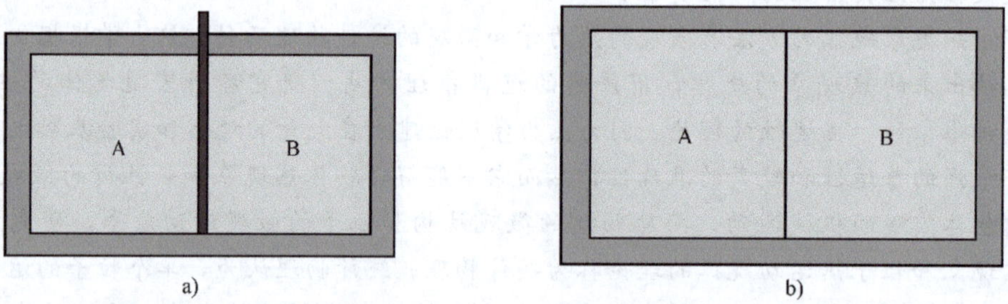

图3-1 平衡态与非平衡态

这里我们必须注意：首先，系统处于平衡态的条件是“不受外界影响”．对于孤立系统，这个条件自然满足，但真正的孤立系统是不存在的．若系统与外界存在相互作用，但系统与外界没有物质交换，且其能量交换可以略去不计，则可以认为系统不受外界影响．其次，平衡态下系统的宏观性质不随时间变化，但从微观的角度看，组成系统的大量粒子的微观运动状态仍处于不停的变化之中，只是大量粒子运动的总效果不变，这在宏观上就表现为系统的宏观性质不变．因此，这种平衡又称为热动平衡，即热力学动态平衡，这与力学中质点或刚体的平衡状态完全不同．另外，在外界的影响下，系统的宏观性质也能处于不随时间变化的状态，但这种状态不叫平衡态，而称为稳定态．

3. 状态参量 怎样描述热力学系统的平衡态呢？既然系统在平衡态下，其宏观性质不随时间而变，那么就可以选择与热现象有关的、表征系统宏观性质的、易于测量的参量来描述系统的平衡态．由于这些参量之间可能存在一定的关系，总可以选择若干个独立的参量来描述系统的平衡态，把选作描述系统平衡态的一组相互独立的宏观参量称为系统的状态参量.

由于热运动能够改变宏观物体的几何形状和大小、影响材料的弹性系数等力学性质和介质的电磁特性及物体所处的聚集态等诸多方面，按态参量的性质可将其分为几何参量（体积、面积、长度）、力学参量（压强、表面张力、弹性系数）、电磁参量（电场强度、磁感应强度）、化学参量（物质的量、摩尔质量）和热学参量（温度）等几类. 用这几类参量的若干个或全体同时描述一个系统的状态是热力学中特有的方法. 它反映了热力学系统的复杂性和热力学研究对象的广泛性.

描述不同的系统所需要的态参量的个数和种类是不同的. 对于由一定量的单种化学成分的物质组成的气体、液体或者固体系统，我们称之为简单均匀系. 当研究对象是气体时，对简单均匀系常用体积、压强和温度来描述系统的宏观状态，这三者称为气体的状态参量.

（1）体积：在略去气体分子大小的前提下，气体体积的意义是指气体分子自由活动的空间大小，即容器的容积，用 V 表示；在国际单位制（SI）中，体积的单位是立方米，其符号为 m^3，其他常用单位还有立方分米，即升（L），换算关系为

$$1\mathrm{m}^3 = 10^3\,\mathrm{L}$$

（2）压强：气体的压强是气体作用在容器器壁单位面积上的指向器壁的垂直作用力，即作用于器壁上单位面积的正压力. 若以 F 表示压力，S 为器壁的表面积，作用于器壁单位面积上的压力称为压强，用 p 表示，则

$$p = \frac{F}{S} \tag{3-1}$$

在国际单位制中，压强的单位是帕斯卡，简称帕，其符号为 Pa. 此外，也曾用毫米汞柱（mmHg）和标准大气压（atm）作为压强的单位，它们之间的换算关系为

$$1\mathrm{atm} = 760\mathrm{mmHg} \approx 1.013\times10^5\,\mathrm{Pa}$$

（3）温度：温度是表征物体冷热程度的物理量，较热的物体具有较高的温度；在本质上，温度的高低反映了物体内部大量分子热运动的剧烈程度. 温度的数值标定方法称为温标. 日常生活中常用的一种温标是摄氏温标，用 t 表示，其单位为摄氏度（℃）. 人们将水的冰点定义为摄氏温标的 0℃，水的沸点定义为摄氏温标的 100℃. 在科学技术领域，常用的是另一种温标，称为热力学温标，也叫开尔文温标，用 T 表示，它在国际单位制中的名称为开尔文，简称开，符号为 K. 热力学温标与摄氏温标之间的换算关系为

$$T = 273.15 + t$$

3.1.2 气体的三条实验定律

在足够宽广的温度、压强变化范围内进行研究发现，气体的温度、体积以及压强三者变化的关系相当复杂. 但是在气体的温度不太低（与室温相比）、压强不太大（与大气压相比）和密度不太高时，不同的气体遵守同样的实验规律，即玻意耳-马略特定律、查理定律和盖·吕萨克定律. 如果气体在压强很大、温度很低，即气体很不稀薄甚至接近液化时，实验结果与上述定律相比会有很大的偏差.

1. 玻意耳-马略特定律　英国科学家玻意耳和法国科学家马略特分别于 1662 年和

1679年通过实验独立发现，一定质量的气体，当温度保持不变时，它的压强与体积的乘积等于恒量，即

$$pV = C$$

并且常数 C 与温度有关，亦即在一定温度下，对一定量的气体，其体积与压强成反比．

2. 查理定律 查理定律认为一定质量的气体，当体积保持不变时，它的压强与热力学温度成正比，即

$$\frac{p}{T}=C$$

3. 盖·吕萨克定律 盖·吕萨克定律认为，一定质量的气体，当压强保持不变时，它的体积与热力学温度成正比，即

$$\frac{V}{T}=C$$

3.1.3 理想气体的物态方程

由3.1.2节内容可知，不同的气体在一定的范围内均遵守三个实验定律，即不同的气体反映出共同的性质，这种情况不是偶然的，而是气体内在规律性的反映．为了概括并研究气体的这一规律，引入理想气体的概念，即严格遵守上述三条实验定律的气体称为理想气体．理想气体是热力学和统计物理中一个基本而又重要的模型．

虽然完全理想的气体并不可能存在，但许多实际气体，特别是那些不容易液化、凝华的气体（如氦气、氢气、氧气、氮气等，由于氦气不但体积小、互相之间作用力小，而且也是所有气体中最难液化的，因此它是所有气体中最接近理想气体的气体．）在常温常压下的性质已经十分接近于理想气体．

当具有某一体积 V 的一定量气体，在无外力场作用的条件下，处于平衡态时，气体内的温度 T、压强 p、密度（或分子数密度）等处处均匀一致．三个状态参量（p，V，T）存在着一定的关系，其中任一个参量是其余两个参量的函数．凡是表示在平衡态下这些状态参量之间关系的数学表达式，都叫作气体的物态方程．

设某一容器内有质量为 m、摩尔质量为 M 的理想气体，其初始的平衡状态为A，经过各种不同的过程，状态发生改变后过渡到新的平衡态B. 由气体的三条实验定律和阿伏加德罗定律可以推得，该理想气体在初、末两个平衡态的六个状态参量之间的关系满足

$$pV = \frac{m}{M}RT \tag{3-2a}$$

式中，p 是压强，单位为Pa；V 是体积，单位为 m^3；m 是分子质量，单位为kg；M 是摩尔质量，单位为kg/mol；T 是温度，单位为K. 如果令 $\nu=m/M$ 表示该理想气体物质的量，上式亦可写为

$$pV = \nu RT \tag{3-2b}$$

式（3-2a）与式（3-2b）表示了一定量的理想气体在任一平衡态下宏观状态参量压强 p、体积 V 以及温度 T 之间的关系，称为理想气体的物态方程．其中的 R 为一常量，称为摩尔气体常数，且 $R=N_{A}k$（其中 $N_{A}=6.022\times10^{23}\,\mathrm{mol}^{-1}$，为阿伏加德罗常数；$k=1.38\times$

10^{-23} J/K，为玻耳兹曼常数），其值为 $R=8.31$ J/(mol·K).

在许多实际问题中，往往遇到包含各种不同化学成分的混合气体，如果混合气体的各个组成部分都看成是理想气体，而且组成部分彼此之间没有化学反应和其他相互作用，其状态参数间的关系也符合理想气体的物态方程，这类气体我们称它为混合理想气体．混合理想气体的物态方程与单一成分的理想气体的物态方程相似，只是其物质的量等于各组成部分物质的量之和，压强亦为各个组成部分的压强之和．

例题 3-1 氧气瓶的容积为 3.2×10^{-2} m³，其中氧气的压强为 1.30×10^{7} Pa，氧气厂规定压强降到 1.00×10^{6} Pa 时，就应重新充气．某小型吹玻璃车间，平均每天用去 0.4m³ 压强为 1.01×10^{5} Pa 的氧气，问一瓶氧气能用多少天？(设使用过程中温度不变)

分析： 由于瓶中氧气不可能完全使用，为此可通过两种办法分析求解：

(1) 从氧气质量的角度来分析．利用理想气体物态方程求出每天使用的氧气质量 m_3 和可供使用的氧气的质量（即原瓶中氧气的总质量 m_1 和需充气时瓶中剩余氧气的质量 m_2 之差），从而可求得使用天数 $n=(m_1-m_2)/m_3$.

(2) 从容积角度来分析．利用等温膨胀条件将原瓶中氧气由初态（$p_1=1.30\times10^{7}$ Pa、$V_1=3.2\times10^{-2}$ m³）膨胀到充气条件下的终态（$p_2=1.00\times10^{6}$ Pa、V_2 待求），比较可得 p_2 状态下实际使用掉的氧气的体积为 V_2-V_1．同样将每天使用的氧气由初态（$p_3=1.01\times10^{5}$ Pa、$V_3=0.4$ m³）等温压缩到压强为 p_2 的终态，并算出此时的体积 V_2'，由此可得使用天数 $n=(V_2-V_1)/V_2'$.

解法一： 根据分析有

$$m_1=\frac{Mp_1V_1}{RT},\quad m_2=\frac{Mp_2V_2}{RT},\quad m_3=\frac{Mp_3V_3}{RT},\quad V_1=V_2$$

则一瓶氧气可用天数

$$n=\frac{m_1-m_2}{m_3}=\frac{(p_1-p_2)V_1}{p_3V_3}=\frac{(1.30\times10^{7}-1.00\times10^{6})\times3.2\times10^{-2}}{1.01\times10^{5}\times0.4}\approx9.5$$

解法二： 根据分析，由理想气体物态方程得等温膨胀后瓶内氧气在压强为 $p_2=1.00\times10^{6}$ Pa 时的体积为

$$V_2=\frac{p_1}{p_2}V_1,\quad V_2'=\frac{p_3V_3}{p_2}$$

每天用去相同状态的氧气容积，则一瓶氧气可用天数为

$$n=\frac{V_2-V_1}{V_2'}=\frac{(p_1-p_2)V_1}{p_3V_3}\approx9.5$$

例题 3-2 设空气可视为各处温度均为 T 的理想气体，试求大气压强随高度的变化规律．

解： 取高度为 h 处、厚度为 $\mathrm{d}h$、底面积为 S 的空气层为研究对象，下表面的压强为 p，上表面的压强为 $p+\mathrm{d}p$，该处的空气密度为 ρ，则研究对象所受重力为

$$\mathrm{d}mg=\rho gS\mathrm{d}h$$

由力学平衡条件可得

$$(p+\mathrm{d}p)S+\rho gS\mathrm{d}h=pS$$

由理想气体物态方程式（3-2）可得

$$\rho=\frac{pM}{RT}$$

结合以上三个方程并积分可得

$$\int_{p_0}^{p}\frac{\mathrm{d}p}{p}=-\int_0^h\frac{Mg}{RT}\mathrm{d}h$$

由此得到大气压强随高度变化的表达式为

$$p = p_0 e^{-\frac{Mgh}{RT}}$$

式中，p_0表示地面压强；M表示气体的摩尔质量．上述结果表明，大气压强随高度按照指数规律减小．实际上大气的温度随高度不同而不同，所以此公式只在高度较低时才能给出比较符合实际的结果．

3.2 气体动理论

宏观物体是由大量不停运动、彼此之间存在相互作用的原子或者分子所组成的．随着科学技术的快速发展，现在有很多仪器，如电子显微镜、扫描隧道显微镜、原子力显微镜等可以用来观察、测量分子或原子的大小及其在物体中的排布．对于一个由大量分子组成的物质——质点系，按照经典力学的一般方法，可以先列出各个质点满足的动力学方程，然后根据初始条件得出每个质点的运动方程，最终确定其运动情况．但实际上这种方法只能处理很小的质点系，对于我们当前研究的含有大量分子的质点系再使用这种方法是不可能的了．从微观上对大量分子组成的热力学系统开展研究时，必须使用对微观量求统计平均值的统计方法，从而建立微观量和宏观量之间的联系．

气体动理论是统计物理的一个组成部分，它是由麦克斯韦、玻耳兹曼等人在19世纪中叶建立起来的．这一理论从气体的微观结构模型出发，根据大量分子运动所表现出来的统计规律，解释气体的宏观热性质，从而揭示气体所表现出来的宏观热现象的本质．

3.2.1 理想气体压强　温度的微观意义

1. 理想气体的微观模型　气体动理论是从物质的微观结构出发来阐明热现象规律的．因此，物质的微观结构、微观粒子的受力和运动特征是这一理论的基础．人们通过大量实验，逐步建立了物质的微观模型，其要点如下：宏观物体都是由大量的微观粒子，即分子或原子所组成，分子或原子具有一定大小（原子线度为10^{-10}m）和质量（氢气分子质量为3.3×10^{-27}kg）；分子或原子处于永不停息的热运动之中，热运动的剧烈程度与物体的温度有关；分子或原子之间存在相互作用力，当其相距较远时表现为引力，相距很近时表现为斥力．

为了从气体动理论的观点出发，探讨理想气体的宏观热现象，需要建立理想气体的微观结构模型．根据物质的微观结构和对实验现象的归纳与总结，并考虑到气体的特点，可以对理想气体的微观模型提出如下假设：

（1）气体分子的大小与气体分子之间的平均距离相比要小得多，因此可以略去不计，可将理想气体分子看作质点．

（2）除分子之间的瞬间碰撞以外，可以略去分子之间的相互作用力，因此分子在相继两次碰撞之间做匀速直线运动．

（3）分子间的相互碰撞及分子与器壁的碰撞可以看作是完全弹性碰撞，分子与器壁的碰撞仅改变分子运动的方向，而不改变它的速率．

为更好地理解上述假设的合理性，我们可以做一个简单的分析．在标准状况下，气体分子数密度约为$n_0=2.69\times10^{25}\text{m}^{-3}$，由此可估算出分子间的平均距离约为$L=\left(\frac{1}{n_0}\right)^{\frac{1}{3}}=3.3\times10^{-9}$m．一般分子的平衡距离$r_0$的数量级约为$10^{-10}$m，故$L>10r_0$，此时分子之间的相互作用可以略去．同时，由于分子之间的距离约为分子自身线度（10^{-10}m）的10倍，气体分子本身的体积与气体所占体积相比要小很多，可以略去理想气体分子大小，把理想气体分子作为质点看待．因此，上述假设中的前两条是合理的．至于第三条假设，不妨这样设想，如果碰撞是非弹性的，那么每一次碰撞分子动能都会有损失，由于分子间碰撞非常频繁，由此造成的分子动能损失会很大，经过足够长时间，最终分子的动能将趋于零，但这显然与事实不符，因此，第三条假设也是合理的．

从上述理想气体的微观模型可知，理想气体可看作由大量本身体积可以略去不计的、彼此间几乎没有任何相互作用的、无规则运动的弹性小球所组成．它是实际气体的一种近似，是一个理想模型．

2. 理想气体压强 气体动理论认为，一切宏观物体的宏观性质都是组成它的大量分子微观运动的结果．气体的压强就是分子因热运动不断对器壁的碰撞产生的．虽然单个分子碰撞器壁的作用是短暂、微弱且间歇性的，但大量分子碰撞的结果就表现为宏观的均匀而持续的压力．下面从理想气体微观模型出发，应用力学规律和统计的方法，导出平衡态下理想气体的压强公式．

如图3-2所示，边长分别为L_1、L_2、L_3的长方体容器中，有N个同种气体分子，每个分子的质量为m. 将气体分子从1到N编号，计算N个分子在垂直于x轴的器壁A_1上的压强．

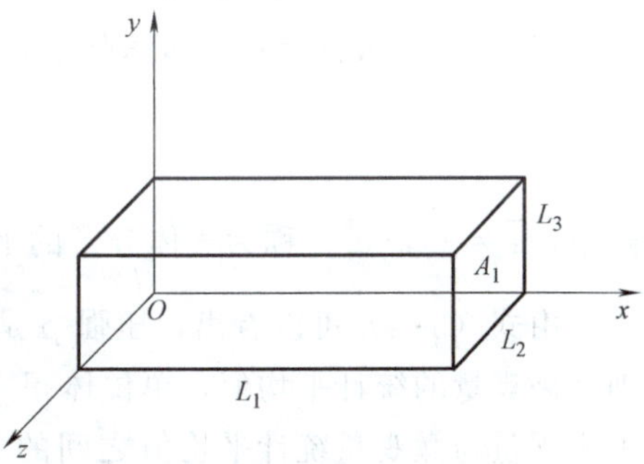

图3-2 压强公式推导示意图

首先，考虑第i个分子每次碰撞过程中施加于器壁A_1的冲量．设第i个分子碰撞前的速度为$\boldsymbol{v}_i=v_{ix}\boldsymbol{i}+v_{iy}\boldsymbol{j}+v_{iz}\boldsymbol{k}$，当它与器壁做完全弹性碰撞时，受到器壁给予的垂直于A_1面的作用力，碰撞后它的速度变为$\boldsymbol{v}_i'=-v_{ix}\boldsymbol{i}+v_{iy}\boldsymbol{j}+v_{iz}\boldsymbol{k}$. 根据动量定理，该气体分子受到器壁的冲量等于

$$m(\boldsymbol{v}_i'-\boldsymbol{v}_i)=m(-v_{ix}\boldsymbol{i}+v_{iy}\boldsymbol{j}+v_{iz}\boldsymbol{k}-v_{ix}\boldsymbol{i}-v_{iy}\boldsymbol{j}-v_{iz}\boldsymbol{k})=-2mv_{ix}\boldsymbol{i}$$

由牛顿第三定律知，每次碰撞过程中器壁A_1受到该气体分子的冲量大小为$2mv_{ix}$，方向指向器壁．

下面计算第i个分子在单位时间内施予器壁A_1的冲量．为简单起见，设分子在运动过程中不与其他气体分子相碰撞．在运动中，分子虽与容器其他侧面的内壁相碰，但并不会改变它在x方向上的运动速度．分子在x方向上的运动就像在相距为L_1的两个平面间做匀速率的折返跑一样．因此，第i个分子在单位时间内与A_1面相碰撞的次数为$\frac{v_{ix}}{2L_1}$，故它在单位时间内施予器壁A_1的冲量等于

$$2mv_{ix}\frac{v_{ix}}{2L_1}=\frac{mv_{ix}^2}{L_1}$$

容器内的所有分子都可能与器壁A_1相碰．设N个气体分子在单位时间内施予器壁A_1的冲量为I，它应等于各个分子在单位时间内施予A_1的冲量之和，即

$$I=\sum_{i=1}^{N}\frac{mv_{ix}^2}{L_1}=\frac{m}{L_1}\sum_{i=1}^{N}v_{ix}^2$$

根据力学中平均冲力的概念，若在 Δt 时间内，力的冲量为 I，则平均冲力 $\overline{F}=\dfrac{I}{\Delta t}$，它在数值上等于单位时间内力的冲量．而压强等于单位面积上的压力，因此，气体分子在单位时间内施予单位面积器壁的冲量即应为压强，由此可得 A_1 面上的压强为

$$p=\frac{m}{L_1L_2L_3}\sum_{i=1}^{N}v_{ix}^2=\frac{m}{V}\sum_{i=1}^{N}v_{ix}^2=\frac{mN}{V}\frac{\sum_{i=1}^{N}v_{ix}^2}{N}=mn\overline{v_x^2} \tag{3-3}$$

式中，$\overline{v_x^2}$ 表示 N 个气体分子在 x 方向上分速度平方的平均值；n 为分子数密度．

处于平衡态的气体，其组成分子向各个方向运动的可能性应当相等，也就是说，没有哪个方向比其他方向更占优势．因此，分子在 x、y、z 三个方向上的速度分量平方的平均值是相等的，即

$$\overline{v_x^2}=\overline{v_y^2}=\overline{v_z^2}$$

考虑到

$$\overline{v^2}=\overline{v_x^2+v_y^2+v_z^2}=\overline{v_x^2}+\overline{v_y^2}+\overline{v_z^2}=3\overline{v_x^2}$$

结合式（3-3）可得理想气体压强公式为

$$p=\frac{1}{3}mn\overline{v^2}=\frac{2}{3}n\overline{\varepsilon_k} \tag{3-4}$$

式中，$\overline{\varepsilon_k}=\dfrac{1}{2}m\overline{v^2}$，称为气体分子的平均平动动能．

由式（3-4）可以看出，压强 p 是描述气体状态的宏观物理量，而分子平均平动动能则是微观量的统计平均值，单位体积内的分子数 n 也是统计平均值．因此，压强公式反映了宏观量与微观量统计平均值之间的关系，压强的微观意义是大量气体分子在单位时间内施于器壁单位面积上的平均冲量，离开了大量和平均的概念，压强就失去了意义．对单个分子来讲，是谈不上压强的．

关于理想气体的压强公式，还有以下两点需要说明：

(1) 压强公式中的 p、$\overline{\varepsilon_k}$ 均为统计平均值，因此，压强公式是一个统计表达式，仅用力学规律是推导不出这个统计关系式的．

(2) 推导过程中没有考虑分子间的碰撞及因碰撞引起的分子运动速度的改变，这种简化处理并不会影响所得的结论，其原因在此不再做具体分析．

3. 温度的微观意义 前面采用气体动理论的观点推导出的理想气体压强公式是无法直接验证的，因为不可能同时测定大量气体分子的速度或动能，并求出其平均值．但是，以上我们关于压强的理解和定义是毋庸置疑的，因而，我们认为这个压强就应该与理想气体物态方程中的压强相等．将理想气体物态方程稍做变化：

$$p=\frac{m}{VM}RT=\frac{N}{V}\frac{R}{N_A}T=nkT \tag{3-5}$$

将该式与理想气体压强公式（3-4）比较后不难得出

$$\overline{\varepsilon_k}=\frac{3}{2}kT \tag{3-6}$$

式（3-6）给出了理想气体分子的平均平动动能与温度的关系．该式表明：处于平衡态的

理想气体，分子的平均平动动能与气体的温度成正比．气体的温度越高，分子的平均平动动能越大，分子热运动的程度越剧烈．由此可见，温度是分子热运动剧烈程度的量度，这正是温度的微观意义．

需要说明的是：

(1) 温度的微观本质是分子热运动剧烈程度的量度，宏观物体的冷热程度就是分子热运动剧烈程度的反映．

(2) 温度是一个统计物理量，与大量分子的平均平动动能相联系，对少数的几个分子谈其温度是毫无意义的．

(3) 两个理想气体系统，当其温度相等时，表明两种气体的分子具有相同的平均平动动能．由此可见，传热实际上是分子热运动能量的传导．

例题 3-3 容积为 $11.2\times10^{-3}\,m^3$ 的真空系统，在室温（20℃）时已被抽到 $1.3158\times10^{-3}\,Pa$ 的真空，为了提高其真空度，将它放在 300℃的烘箱内烘烤，使器壁释放出所吸附的气体分子，若烘烤后压强增为 1.3158Pa，试问从器壁释放出多少个分子？

解： 由式（3-5）可得，烘烤前单位体积内的分子数为

$$n_0=\frac{p_0}{kT_0}=\frac{1.3158\times10^{-3}}{1.38\times10^{-23}\times293}\,m^{-3}\approx3.25\times10^{17}\,m^{-3}$$

同理，烘烤后单位体积内的分子数为

$$n_1=\frac{p_1}{kT_1}=\frac{1.3158}{1.38\times10^{-23}\times573}\,m^{-3}\approx1.66\times10^{20}\,m^{-3}$$

由 $n_1\gg n_0$ 可知，烘烤后分子数大大增加了，因此，烘烤前的分子数可略去不计，则从器壁释放出的分子数为

$$N=n_1V=1.66\times10^{20}\times11.2\times10^{-3}\approx1.86\times10^{18}$$

3.2.2 能量均分定理 理想气体的内能

1. 分子的自由度 根据理想气体的微观模型，理想气体分子是没有内部结构和内部运动的质点．这种理想气体模型在推导理想气体压强公式时有其便利之处，但在讨论理想气体热运动能量时则存在明显的缺陷．因此，我们必须考虑气体分子的内部结构及其运动，分子的这些性质可用分子的自由度来描述．

自由度是物体运动的自由程度．对于固定在空间某点处的质点，完全丧失了运动的自由，其自由度为零；对于约束在空间某一直线或曲线上的质点，物体只能沿定直线或定曲线运动，其自由度为 1，物体的位置用一个位置坐标 x 或 s 即可确定；对于运动限制在一个平面上的质点，可以独立地沿两个相互垂直的方向运动，如沿 x 轴和 y 轴方向的运动，其自由度为 2，物体的位置可由质点的位置坐标 x 和 y 确定．由此可见，物体运动的自由程度与确定物体空间位置的独立坐标数目有密切关系，是可以定量化的．我们把确定物体在空间的位置所必需的独立坐标的数目称为物体的自由度．

对单原子分子，如氦、氖气体分子，可视为在三维空间运动的质点，要确定其空间位置，需要 x、y、z 三个独立的位置坐标，其自由度为 3.

对于氢气、一氧化碳等双原子气体分子，若两原子间距保持不变，称为刚性双原子分子；若两原子间距可变，但变化的范围很小，则称为非刚性双原子分子．

刚性双原子分子的质心可在三维空间运动，要确定质心位置需要三个独立的坐标；同时，双原子分子还可绕过质心、且垂直于两原子间连线的两个相互垂直的转动轴转动，双原子分子相对于这两个转动轴的位置需要两个独立的角坐标确定；实验中并未发现双原子分子存在以两原子间连线为轴的转动．因此，确定刚性双原子的空间位置需要5个独立的坐标，其自由度为5.

非刚性双原子分子除了有刚性双原子所具有的与质心的平动相联系的三个平动自由度及绕过质心轴转动的两个转动自由度外，两原子在其连线方向上还有振动，两原子间距可用一个坐标确定，该自由度称为振动自由度，故确定弹性双原子分子的空间位置需要6个独立的坐标，其自由度为6.

对于刚性的多原子分子（非线型分子），其自由度为6，其中有三个平动自由度和三个转动自由度．而对于非刚性的多原子分子（非线型），若其原子数为N，则其自由度为$3N$，其中有3个平动自由度，3个转动自由度和（$3N-6$）个振动自由度．

2. 能量按自由度均分定理　从揭示温度微观意义的关系式

$$\overline{\varepsilon_{\mathrm{k}}}=\frac{1}{2}m(\overline{v_x^2}+\overline{v_y^2}+\overline{v_z^2})=\frac{3}{2}kT$$

可知，与气体分子任一平动自由度相对应的动能的平均值都相等，且都等于$\frac{1}{2}kT$. 若气体分子有一定内部结构和其他形式的运动，则与分子的任一转动自由度和振动自由度相对应的转动动能与振动动能的平均值应为多少呢？若分子同时存在着平动、转动和振动的运动形式，我们没有任何理由先验性地认定哪种运动更剧烈并具有较大的平均动能，只能认为对应于任一自由度的平均动能都相等．以上分析可归结为能量按自由度均分定理，简称能量均分定理，它表述为：在温度为T的平衡态下，气体分子每个自由度的平均动能都相等，且都等于$\frac{1}{2}kT$.

根据能量均分定理，若一个气体分子的平动自由度为t，转动自由度为r，振动自由度为s，则其平均动能为

$$\overline{\varepsilon_{\mathrm{k}}}=\frac{(t+r+s)}{2}kT \tag{3-7}$$

分子内原子间的相对振动是微振动，可视为简谐振动．在力学中我们知道，简谐振子在一个周期内动能的平均值和势能的平均值相等，把这一结果应用于气体分子，则上述气体分子的平均能量为

$$\bar{\varepsilon}=\frac{(t+r+2s)}{2}kT=\frac{i}{2}kT \tag{3-8}$$

式中，$i=t+r+2s$，也称为分子的自由度．

以上是根据能量均分定理导出的分子平均能量的结果，它同样适用于液体和固体分子的热运动．

根据能量均分定理计算几种气体分子的平均能量如下：

单原子分子：

$$\bar{\varepsilon}=\frac{3}{2}kT$$

刚性双原子分子：

$$\bar{\varepsilon}=\frac{5}{2}kT$$

非刚性双原子分子：

$$\bar{\varepsilon}=\frac{7}{2}kT$$

3. 理想气体的内能　由 N 个分子组成的气体系统，系统的内能包括分子自身的动能和势能及分子间的相互作用能．对于理想气体，分子间的相互作用能可略去不计，则理想气体的内能就是各个分子的能量之和．设气体分子的自由度为 i，系统温度为 T，则 1mol 理想气体的内能 E_0 为

$$E_0=N_A\frac{i}{2}kT=\frac{i}{2}RT \tag{3-9}$$

而质量为 m、摩尔质量为 M 的理想气体的内能是

$$E=\frac{m}{M}\frac{i}{2}RT \tag{3-10}$$

由此可见，理想气体的内能不仅与温度有关，还与分子的自由度有关，但对一定量的给定理想气体，内能仅为温度的函数，即 $E=E(T)$，人们常将此作为理想气体的又一定义．

例题 3-4　一容器内贮有氧气，其压强为 1.01×10^5 Pa，温度为 27.0℃，求：

(1) 气体分子的数密度；

(2) 氧气的密度；

(3) 分子的平均平动动能；

(4) 分子间的平均距离（设分子间均匀等距排列）．

解：(1) 气体分子的数密度

$$n=\frac{p}{kT}=\frac{1.01\times10^5}{1.38\times10^{-23}\times300}\text{m}^{-3}\approx2.44\times10^{25}\text{m}^{-3}$$

(2) 氧气的密度

$$\rho=\frac{m}{V}=\frac{Mp}{RT}=\frac{32\times10^{-3}\times1.01\times10^5}{8.31\times300}\text{kg/m}^3\approx1.30\text{kg/m}^3$$

(3) 氧气分子的平均平动动能

$$\overline{\varepsilon_k}=\frac{3kT}{2}=\frac{3\times1.38\times10^{-23}\times300}{2}\text{J}=6.21\times10^{-21}\text{J}$$

(4) 氧气分子的平均距离

$$\bar{d}=\left(\frac{1}{n}\right)^{1/3}\approx3.45\times10^{-9}\text{m}$$

本题给出了通常状态下气体的分子数密度、平均平动动能、分子间平均距离等物理量．

3.2.3　麦克斯韦速率分布律

1. 速率分布函数　物质的分子原子结构学说是气体动理论的重要基础之一．物质都是由分子或原子构成的．所有物体的原子和分子都处在永不停息的运动之中，热现象是物质中大量分子无规则运动的集中表现，因此人们把大量分子的无规则运动叫作分子热运动．

在气体中，由于分子的分布相当稀疏，气体分子之间距离是其本身线度（10^{-10} m）的10倍左右．分子与分子间的相互作用力，除了在碰撞的瞬间以外，极为微小．在连续两次碰撞之间分子所经历的路程，平均约为 $10^{-7}\sim10^{-8}$ m，而分子的平均速率很大，约为500m/s. 因此，平均大约经过 10^{-10} s，分子与分子之间碰撞一次，即1s内，一个分子将发生 10^{9} 次碰撞．分子碰撞的瞬间，大约等于 10^{-13} s，这一时间远比分子自由运动所经历的平均时间要短．因此，在分子的连续两次碰撞之间，分子的运动可看作由其惯性支配的自由运动．每个分子由于不断地经受碰撞，速度的大小不停地改变，运动的方向也不断地无定向地改变，在连续两次碰撞之间所自由运行的路程也长短不一，呈现在我们面前的是杂乱无章的运动．尽管如此，根据气体分子运动理论，气体的平均动能与热力学温度成正比，即在相同温度下任何气体的平均动能是相同的，由此可知气体分子运动的速率有一定的分布规律．早在1859年，麦克斯韦就运用概率统计的方法导出了，在平衡态下理想气体分子按速率分布的规律，这个规律被称为麦克斯韦速率分布律．

若将分子速率按一定大小分成无限多个小区间，每个区间宽度为 $\mathrm{d}v$，则分子速率在 $v\sim v+\mathrm{d}v$ 间隔内的分子数 $\mathrm{d}N$ 占总分子数 N 的比值为一定值，如用数学表达式描述，即为

$$\frac{\mathrm{d}N}{N}=f(v)\mathrm{d}v \tag{3-11}$$

式中，$f(v)$ 称为速率分布函数，其物理意义是，速率在 v 附近的单位速率间隔内的分子数占总分子数的比率．

速率分布函数也叫速率分布概率密度．气体分子速率在碰撞过程中不断改变，分子速率可以在0到 $+\infty$ 范围内任意取值，一个分子具有各种速率的概率不同．根据概率的归一化条件可知，速率分布函数在所有可能速率范围内的积分，其值为1，即

$$\int_0^N\frac{\mathrm{d}N}{N}=\int_0^\infty f(v)\mathrm{d}v=1 \tag{3-12}$$

式(3-12)称为速率分布函数的归一化条件．

2. 麦克斯韦速率分布律 麦克斯韦速率分布律就是在温度为 T 的平衡态下，由 N 个同种气体分子组成的系统中，速率在 $v\sim v+\mathrm{d}v$ 间隔的分子数 $\mathrm{d}N$ 与总分子数 N 的比值为

$$\frac{\mathrm{d}N}{N}=4\pi\left(\frac{m}{2\pi kT}\right)^{3/2}\mathrm{e}^{-\frac{mv^2}{2kT}}v^2\mathrm{d}v \tag{3-13}$$

与式(3-11)对比，可得麦克斯韦速率分布函数为

$$f(v)=4\pi\left(\frac{m}{2\pi kT}\right)^{3/2}\mathrm{e}^{-\frac{mv^2}{2kT}}v^2 \tag{3-14}$$

式中，T 是气体的热力学温度；k 为玻耳兹曼常数；m 为单个气体分子的质量．由式(3-14)可知，对给定的气体（m、T 一定），根据麦克斯韦速率分布函数，可以做出 $f(v)$-v 关系曲线，称为速率分布曲线，它反映了气体分子按速率分布的情况，如图3-3所示．图中任一速率区间 $v\sim v+\mathrm{d}v$ 内曲线下小窄条的面积

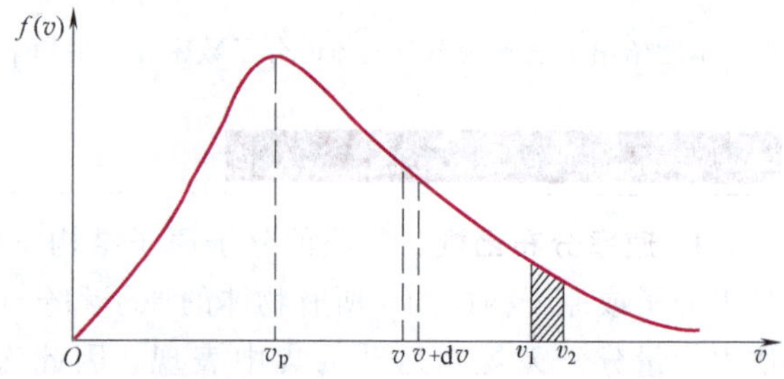

图3-3 麦克斯韦速率分布曲线

等于$\frac{dN}{N}$，阴影面积表示速率介于 $v_1 \sim v_2$ 间隔内的分子数占总分子数的比率；而整个分布函数曲线下的面积应等于 1.

3. 三种统计速率 从速率分布曲线可以直观地看出，气体分子的速率可以取 0 到 $+\infty$之间的任何数值，然而速率很小和非常大的分子所占比率都很小．速率分布曲线 $f(v)$有一极大值，该极大值所对应的速率称为最概然速率，用符号 v_p 表示．要确定 v_p 的值，只需根据函数 $f(v)$的极值条件，令$\frac{df(v)}{dv}=0$，求出相应的 v 值即可，易得

$$V_p = \sqrt{\frac{2kT}{m}} = \sqrt{\frac{2RT}{M}} \tag{3-15}$$

显然，对于某种气体分子，温度越高，v_p 越大；对于相同温度下的不同种类的气体，质量越小的分子，v_p 越大．

对于给定的气体，分布曲线的形状随温度而改变，当温度升高时，v_p 变大，曲线峰值点向速率增大的一侧移动，而整个速率分布曲线将变得较为平缓．在同一温度下，分布曲线的形状会因气体种类的不同而异，对于分子质量较小者，曲线峰值点位于速率较大处，其速率分布曲线则较为平缓．

N 个气体分子速率的平均值称为平均速率，用符号$\overline{v}$表示．平均速率在数值上等于所有分子的速率之和与系统总分子数之比，即

$$\overline{v} = \frac{\int_0^{\infty} v\mathrm{d}N}{N} = \int_0^{\infty} vf(v)\mathrm{d}v = \sqrt{\frac{8kT}{\pi m}} = \sqrt{\frac{8RT}{\pi M}} \tag{3-16}$$

平均速率反映在一定温度下分子无规则热运动的平均快慢．根据式（3-16），我们可以分别计算氢气、氧气和氮气分子在室温（300K）下的平均速率．将 $M_{H_2}=2.00\times10^{-3}$ kg/mol，$M_{N_2}=28.0\times10^{-3}$kg/mol，$M_{O_2}=32.0\times10^{-3}$kg/mol 代入式（3-16），可得其平均速率分别为$\overline{v_{H_2}}=1.79\times10^3$m/s；$\overline{v_{N_2}}=478$m/s；$\overline{v_{O_2}}=445$m/s. 此结果表明，在室温下，除了很轻的元素外，气体分子的平均速率一般均为几百米每秒．

分子速率平方的平均值经开方后所得结果称为方均根速率，用 v_{rms} 表示，其表达式为

$$v_{rms} = \sqrt{\overline{v^2}} = \left[\int_0^{\infty} v^2 f(v)\mathrm{d}v\right]^{1/2} = \sqrt{\frac{3kT}{m}} = \sqrt{\frac{3RT}{M}} \tag{3-17}$$

分子平均平动动能$\overline{\varepsilon_k}=\frac{1}{2}m\overline{v^2}$与速率平方的平均值成正比，因而，方均根速率在一定程度上反映了分子热运动的剧烈程度．

由式(3-15)～式(3-17)可以看出，v_p、$\overline{v}$和 v_{rms} 都与$\sqrt{M}$或者$\sqrt{m}$成反比，而与$\sqrt{T}$成正比．这三种速率，在不同的问题中有着不同的应用．例如，在讨论速率分布时，需要考虑最概然速率；计算分子运动的平均碰撞频率时，就要考虑平均速率；而计算分子的平均动能时，则要考虑方均根速率．

例题 3-5 某气体系统速率分布规律为

$$\frac{\mathrm{d}N}{N} = \begin{cases} Av^2\mathrm{d}v & (0 \leqslant v \leqslant v_F) \\ 0 & (v > v_F) \end{cases}$$

式中，A 为常量．

（1）画出速率分布曲线；

（2）用 v_F 表出常量 A；

（3）求气体的最概然速率、平均速率和方均根速率．

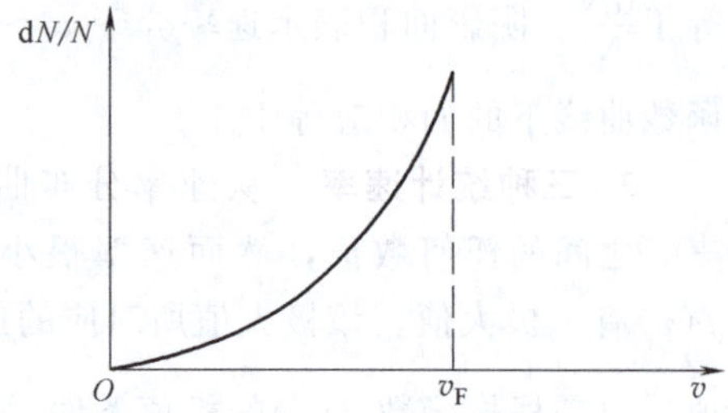

图 3-4　例题 3-5 用图

解：（1）速率分布曲线如图 3-4 所示．

（2）根据归一化条件应有

$$\int_0^{\infty} f(v)\mathrm{d}v = \int_0^{v_F} Av^2 \mathrm{d}v = \frac{Av_F^3}{3} = 1$$

则

$$A = \frac{3}{v_F^3}$$

（3）$f(v) = \dfrac{\mathrm{d}N}{N} = Av^2$ 的最大值所对应的速率为 v_F．则 $v_p = v_F$．

而

$$\bar{v} = \int_0^{v_F} f(v) v \mathrm{d}v = \frac{A}{4} v_F^4 = \frac{3}{4} v_F$$

$$\overline{v^2} = \int_0^{v_F} f(v) v^2 \mathrm{d}v = \frac{A}{5} v_F^5 = \frac{3}{5} v_F^2$$

则

$$v_{rms} = \sqrt{\frac{3}{5}} v_F$$

3.3　热力学第一定律

热力学是关于热现象的宏观理论．它从对热现象大量的直接观察和实验研究所总结出来的基本规律出发，经过严密的逻辑推理，建立了系统的、科学的热力学理论．它能够揭示物质各种宏观性质之间的联系，确定热力学过程进行的方向和限度．热力学基本定律是自然界中的普适规律．

3.3.1　热力学第一定律的推导

1. 准静态过程　当各种热现象发生时，都伴随着系统状态的变化．系统的状态随时间的变化称为热力学过程，简称过程．根据过程的特点可将热力学过程分为准静态过程和非静态过程两类．设过程由系统的某一平衡态开始，平衡态被破坏后需要经过一段时间后才能达到新的平衡态，这段时间称为弛豫时间．如果过程进行得较快，在系统还未达到新的平衡态前其状态又发生了变化，在这样的热力学过程中系统必然要经历一系列的非平衡状态，这种过程称为非静态过程．真实的过程实际上都是非静态过程．热力学理论中具有重要意义的却是准静态过程，即任意一个中间状态都是平衡态的热力学过程．严格说来，准静态过程是一个进行得无限缓慢，以致系统连续不断地经历着一系列平衡态的过程．对于通常的实际过程，要求准静态过程的状态变化足够缓慢即可，缓慢是否足够的标准是弛豫时间，准静态过程要求状态改变时间远远大于弛豫时间．

对于一定质量的理想气体系统，准静态过程可以用 p-V 图上的曲线表示；曲线上的每一点，对应一组确定的状态参量，代表系统的一个平衡态；一条连续的曲线，代表一个准静态过程，可在过程曲线上用箭头指明过程进行的方向．

2. 功、热量、内能 下面讨论气缸内的气体由初始状态(p_1,V_1)准静态地变化到末了状态(p_2,V_2)的过程中，系统对外界所做的功.

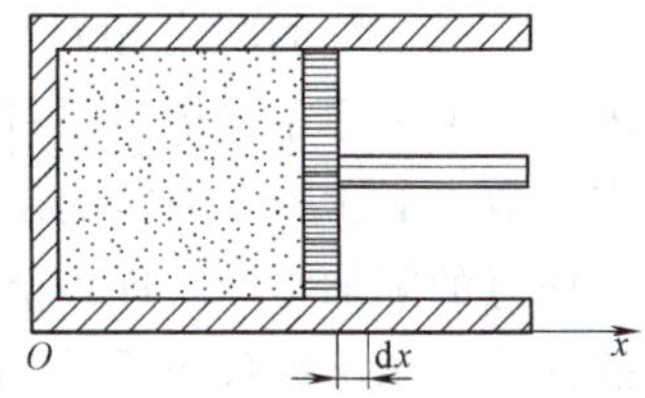

图 3-5 气体膨胀做功示意图

如图 3-5 所示，立方形的气缸内有一无摩擦并且可左右滑动的截面积为 S 的活塞，里边封闭一定质量的气体. 活塞施于气体的压强为 p_e，则在活塞移动距离 dx 的无限小过程中，活塞对气体做的元功 dA' 为

$$dA' = -Fdx = -p_e Sdx = -p_e dV$$

式中，dV 表示体积改变量. 在准静态过程中，系统和外界要始终处于力学平衡，外界施予气体的压强 p_e 等于气体的压强 p. 考虑到力的方向，则在该过程中，气体系统对外界做的功 dA 为

$$dA = pdV \tag{3-18a}$$

当系统从初态(p_1，V_1)变化到末态(p_2，V_2)时，该过程中系统对外界所做的功 A 为

$$A = \int_{V_1}^{V_2} pdV \tag{3-18b}$$

根据该式可知：

(1) 准静态过程中系统对外界所做功，可由系统状态参量 p 对状态参量 V 的积分给出.

(2) 式(3-18a)是无限小的过程中气体对外界所做元功的表达式. 若 $dV>0$，则 $dA>0$；若 $dV<0$，则 $dA<0$. 表明系统膨胀时对外界做正功，被压缩时对外界做负功.

(3) 式(3-18b)的结果依赖于过程中压强与体积的关系，即 $p(V)$的表达式，它表明功是一个和具体过程密切相关的过程量，而不是由系统的状态所确定的状态量.

准静态过程中系统对外界做的功，可以在 p-V 图上直观地表示出来，如图 3-6 所示. 在无限小过程中，式(3-18a)表示的元功 dA 的大小等于 V～$V+dV$ 之间过程曲线下的“面积”，式(3-18b)表示的整个过程中系统所做功等于 A～B 之间曲线下的“面积”的代数和. 对一定的系统，当过程的初态和末态确定时，连接初态和末态的过程曲线可以有无穷多条，不同的过程曲线下的面积不相同，可以直观地表明功是过程量.

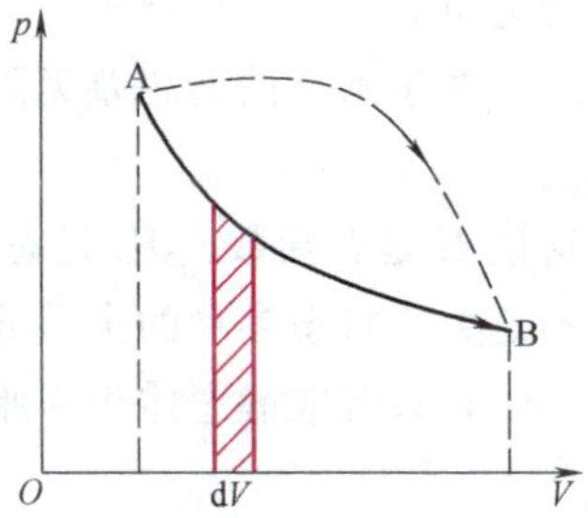

图 3-6 功的示意图

如果状态的改变源于热学平衡条件的破坏，即系统与外界存在温度差，这时系统就与外界存在热学相互作用，作用的结果是有能量从高温物体传递到低温物体，这时传递的能量就是热量. 系统经不同的热力学过程从同一初态过渡到同一末态时，系统从外界吸收的热量是不同的，与具体的热力学过程有关. 热量和功是系统状态变化过程中伴随发生的两种不同的能量传递形式，它们都与中间经历的过程有关，热量和功都是过程量.

大量实验精确地表明，系统从同一初态过渡到同一末态时，在各种不同的绝热过程(与外界没有热量交换的过程) 中，外界对系统所做的功是一个恒量，该功与具体实施的绝热过程无关，仅由始、末状态决定.

绝热过程中外界对系统做功的这种特性与重力做功有相似之处，重力的功只与物体的始、末位置有关而与运动的路径无关，由此引入了重力势能；根据绝热功的特点，引入一个与系统的状态相对应的能量——内能，当系统绝热地从初态过渡到末态时，系统内能的增量等于外界对系统所做的绝热功．内能 E 是一个由系统的状态确定的函数，是态函数．上述关于内能的定义，实际上定义的是始、末两态内能的差，内能的值可以有一个任意的附加常数．即内能与状态之间有一一对应的关系．态函数和过程量具有完全不同的性质，态函数仅由系统的宏观状态决定，在任一平衡态下，态函数都可表达为系统状态参量的函数；当系统状态变化时，态函数亦相应发生变化；当系统的始、末两态确定后，态函数的增量是完全确定的．从微观的角度看，内能是系统内部所有微观粒子的微观无序运动能量以及总的相互作用势能之和．

3. 热力学第一定律 在长期的生产实践和大量的科学实验基础上，人们逐步认识到物体系在运动和变化的过程中存在着一个量，它可以在不同物体之间转移以及在各种运动形式之间转化，在数量上是守恒的．热力学第一定律实际上就是能量转化和守恒定律：自然界一切物质都具有能量．能量有各种不同的形式，它能够从一种形式转化为另一种形式，从一个物体传递给另一个物体，在转化和传递中能量的总数量不变．

把讨论内能时所引入的绝热过程推广为一般的过程，系统状态的改变可以通过做功和传热两种方式来实现．设系统从状态A经历一个热力学过程达到状态B，在该过程中，系统从外界吸热 Q，系统对外界做功 A，系统内能增量为 $\Delta E=E_B-E_A$，根据能量转化与守恒定律有

$$\Delta E=E_B-E_A=Q-A \tag{3-19a}$$

式(3-19a)为热力学第一定律的数学表达式．它表明，热力学系统无论经历什么过程从状态A变到状态B，它从外界吸收的热量与外界对它做功之和必等于系统内能的增量．这里应当注意各个物理量符号的规定：系统从外界吸入热量为正，系统向外界放出热量为负；系统的内能增加为正，系统的内能减少为负；系统对外界做功为正，外界对系统做功为负．

对于始末两态相差无限小的过程，式(3-19a)可写成微分形式

$$\mathrm{d}E=đQ-đA \tag{3-19b}$$

这里 E 是态函数，$\mathrm{d}E$ 是态函数 E 关于状态参量的全微分，而 Q、A 是过程量，$đQ$ 和 $đA$ 不是关于状态参量的全微分，而只是表示无限小量．

若只有准静态体积膨胀功，则式(3-19b)可以改写为

$$\mathrm{d}E=đQ-p\mathrm{d}V \tag{3-19c}$$

式(3-19a)～式(3-19c)都是热力学第一定律的表达式，具有非常重要的地位．

4. 摩尔热容 在一定过程中，当系统的温度升高（或降低）1K时所吸收（或放出）的热量称为系统在该过程中的物质的热容，单位为焦每开，符号表示为J/K. 如果在过程中系统的体积不变，则此热容为定容热容，如果压强不变则为定压热容．

在一定的过程中，1mol物质的温度升高1K时所吸收的热量称为系统在该过程中的摩尔热容，单位为焦每摩尔开，符号为J/(mol·K).

由定义可知，1mol物质在一定的过程中温度升高 ΔT 时，系统从外界吸收热量为 ΔQ，则其摩尔热容为

$$C_m=\lim_{\Delta T\to 0}\frac{\Delta Q}{\Delta T}=\frac{đQ}{\mathrm{d}T} \tag{3-20}$$

3.3.2 几个典型的热力学过程

1. 等体过程与摩尔定容热容 不同的热力学过程系统状态参量之间的函数关系是不同的，准静态过程中系统状态参量之间的函数关系称为过程方程．理想气体在平衡态下都遵守理想气体物态方程，不同过程的过程方程很容易根据过程特点从理想气体物态方程推导出来．

在等体过程中，体积 V 是恒量，过程方程 $p/T=$恒量．在 p-V 图上，等体过程曲线是一条平行于 p 轴的线段．

等体过程中理想气体的体积保持不变，$\mathrm{d}V=0$，系统不做功；根据热力学第一定律，由无限小热力学过程关系式(3-19c)可得

$$\mathrm{d}E = \text{đ}Q$$

对有限的等体过程，对上式积分可得

$$Q=\Delta E$$

在等体过程中系统不做功，系统吸收的热量全部用来增加系统的内能，或者系统减少的内能以热量的形式全部放出．这就是等体过程系统能量转化的特点．

下面讨论等体过程的摩尔定容热容．设有 1mol 理想气体在等体过程中所吸收的热量为 ΔQ_V，使气体的温度由 T 升高到 $T+\Delta T$，则气体的摩尔定容热容为

$$C_{V,\mathrm{m}}=\lim_{\Delta T\to 0}\frac{\Delta Q_V}{\Delta T}=\frac{\text{đ}Q_V}{\mathrm{d}T} \tag{3-21}$$

摩尔定容热容的单位为焦每摩尔开，符号为 J/(mol·K)．1mol 理想气体当其温度有微小增量 $\mathrm{d}T$ 时系统所吸收的热量为

$$\text{đ}Q_V=\mathrm{d}E=C_{V,\mathrm{m}}\mathrm{d}T \tag{3-22a}$$

在等体过程中，质量为 m、摩尔质量为 M、摩尔定容热容 $C_{V,\mathrm{m}}$ 恒定的理想气体，当其温度由 T_1 变为 T_2 的过程中，系统所吸收的热量可通过积分求得：

$$Q=\int_{T_1}^{T_2}\frac{m}{M}C_{V,\mathrm{m}}\mathrm{d}T=\frac{m}{M}C_{V,\mathrm{m}}(T_2-T_1)=\Delta E \tag{3-22b}$$

由式(3-22b)可以看出，对一定量的理想气体，内能的增量仅与系统温度的变化有关，即反与初末状态有关，所以计算内能变化的式(3-22b)不仅对等体过程成立，对 $C_{V,\mathrm{m}}$ 为常数的任意过程都应成立．这也就是说，理想气体内能的改变只与始末状态有关，与改变状态的过程无关，只要起始和终了状态都相同，那么在这两状态之间理想气体内能的增量就应相等．式(3-22b)具有普适意义，若理想气体的摩尔定容热容 $C_{V,\mathrm{m}}$ 已知，即可根据上述公式计算系统内能的变化．

摩尔定容热容 $C_{V,\mathrm{m}}$ 可以根据分子动理论的结果和摩尔定容热容 $C_{V,\mathrm{m}}$ 的定义式 (3-21) 计算得出，也可通过实验测出，表 3-1 给出了几种气体的 $C_{V,\mathrm{m}}$ 的理论值和实验值．

2. 等压过程与摩尔定压热容 在等压过程中，压强 p 保持不变，过程方程 $V/T=$恒量．等压过程曲线在 p-V 图上是一条平行于 V 轴的线段．

根据热力学第一定律，对有限的等压过程应有

$$Q=E_2-E_1+A$$

因为

$$A=\int_{V_1}^{V_2}p\mathrm{d}V=p(V_2-V_1)$$

所以有 $$Q=E_2-E_1+p(V_2-V_1)$$

在等压过程中理想气体吸收的热量一部分用来增加气体的内能，另一部分转化为气体对外界做的功；或者是外界对系统做的功和系统减少的内能全部以热量的形式放出．这就是等压过程系统能量转化的特点．

设有 1mol 的理想气体，在等压过程中吸收热量 ΔQ_p，同时温度升高 ΔT，则气体的摩尔定压热容为

$$C_{p,\mathrm{m}}=\lim_{\Delta T\to 0}\frac{\Delta Q_p}{\Delta T}=\frac{\text{đ}Q_p}{\mathrm{d}T} \tag{3-23}$$

摩尔定压热容的单位为焦每摩尔开，符号为 J/(mol · K)．摩尔定压热容 $C_{p,\mathrm{m}}$ 为常数的 1mol 理想气体在有限等压过程中吸收的热量为

$$Q_p=C_{p,\mathrm{m}}(T_2-T_1)$$

利用热力学第一定律式（3-19c）和式（3-22a）可得

$$C_{p,\mathrm{m}}\mathrm{d}T=C_{V,\mathrm{m}}\mathrm{d}T+p\mathrm{d}V$$

将 1mol 理想气体物态方程 $pV=RT$ 两边取微分并考虑到等压过程中 $\mathrm{d}p=0$，可得 $p\mathrm{d}V=R\mathrm{d}T$，将此结果代入上式，有

$$C_{p,\mathrm{m}}=C_{V,\mathrm{m}}+R \tag{3-24}$$

这就是理想气体摩尔定压热容和摩尔定容热容之间的关系，称为迈耶公式．它表明，理想气体的摩尔定压热容与摩尔定容热容之差为摩尔气体常数 R，也就是说，在等压过程中，1mol 理想气体温度升高 1K 时，要比等体过程多吸收 8.31J 热量，以用于对外做功．

由式（3-10）、式（3-22）和式（3-24）知

$$C_{V,\mathrm{m}}=\frac{i}{2}R,\quad C_{p,\mathrm{m}}=C_{V,\mathrm{m}}+R=\frac{i+2}{2}R$$

在实际应用中，常用比热容比 γ 表示 $C_{p,\mathrm{m}}$ 与 $C_{V,\mathrm{m}}$ 的比值，即

$$\gamma=\frac{C_{p,\mathrm{m}}}{C_{V,\mathrm{m}}} \tag{3-25}$$

表 3-1 给出了几种气体的 $C_{p,\mathrm{m}}$、$C_{V,\mathrm{m}}$ 和 γ 的理论值及实验值．从表 3-1 可以看出，在通常温度及压强下的气体（可视为理想气体），尽管它们的摩尔定压热容 $C_{p,\mathrm{m}}$ 和摩尔定容热容 $C_{V,\mathrm{m}}$ 的实验值与理论值并不完全相同，但两者之差与摩尔气体常数 R 的值非常接近．

表 3-1　几种气体的 $C_{p,\mathrm{m}}$、$C_{V,\mathrm{m}}$ 和 γ 的理论值和实验值

气体类别		实验值				气体类别	理论值		
		$C_{p,\mathrm{m}}$ /[J/(mol·K)]	$C_{V,\mathrm{m}}$ /[J/(mol·K)]	$C_{p,\mathrm{m}}-C_{V,\mathrm{m}}$ /[J/(mol·K)]	γ		$C_{p,\mathrm{m}}$ /[J/(mol·K)]	$C_{V,\mathrm{m}}$ /[J/(mol·K)]	γ
单原子分子	He	20.79	12.52	8.27	1.66	单原子分子	20.78	12.47	1.67
	Ne	20.79	12.68	8.11	1.64				
	Ar	20.79	12.45	8.34	1.67				
双原子分子	H_2	28.82	20.44	8.38	1.41	刚性双原子分子	29.09	20.78	1.40
	N_2	29.12	20.80	8.32	1.40				
	O_2	29.37	20.98	8.39	1.40	弹性双原子分子	37.39	29.09	1.39
	CO	29.04	20.74	8.30	1.40				

（续）

<table>
<tr><th colspan="2" rowspan="2">气体类别</th><th colspan="4">实验值</th><th rowspan="2">气体类别</th><th colspan="3">理论值</th></tr>
<tr><th>$C_{p,m}$ /[J/(mol·K)]</th><th>$C_{V,m}$ /[J/(mol·K)]</th><th>$C_{p,m}-C_{V,m}$ /[J/(mol·K)]</th><th>γ</th><th>$C_{p,m}$ /[J/(mol·K)]</th><th>$C_{V,m}$ /[J/(mol·K)]</th><th>γ</th></tr>
<tr><td rowspan="4">多原子分子</td><td>CO_2</td><td>36.62</td><td>28.17</td><td>8.45</td><td>1.30</td><td rowspan="2">刚性非线型多原子分子</td><td rowspan="2">33.24</td><td rowspan="2">24.93</td><td rowspan="2">1.33</td></tr>
<tr><td>N_2O</td><td>36.90</td><td>28.39</td><td>8.51</td><td>1.31</td></tr>
<tr><td>H_2S</td><td>36.12</td><td>27.36</td><td>8.76</td><td>1.32</td><td rowspan="2">弹性非线型多原子分子</td><td rowspan="2">58.17</td><td rowspan="2">49.86</td><td rowspan="2">1.17</td></tr>
<tr><td>H_2O</td><td>36.21</td><td>27.28</td><td>8.39</td><td>1.30</td></tr>
</table>

3. 等温过程 热力学过程中系统的温度始终保持不变，则称为等温过程，过程方程 pV=恒量．等温线在p-V图上是双曲线的一支．对理想气体来说，内能仅是温度的函数，在等温过程中气体的温度不变，内能也就保持不变，即 $dE=0$. 根据热力学第一定律，在无限小的等温过程中有

$$đQ = đA$$

而在有限的等温过程中有

$$Q = A$$

理想气体吸收的热量全部用来对外界做功，或者是外界对系统做的功全部转化为热量由系统放出．这就是等温过程中能量转化的特点．

物质的量为$\frac{m}{M}$mol 的理想气体在温度保持为 T 的条件下体积由 V_1 变为 V_2，系统对外界所做的功

$$A=\int_{V_1}^{V_2} p\mathrm{d}V=\int_{V_1}^{V_2}\frac{pV}{V}\mathrm{d}V=\frac{m}{M}RT\int_{V_1}^{V_2}\frac{1}{V}\mathrm{d}V=\frac{m}{M}RT\ln\frac{V_2}{V_1} \tag{3-26}$$

系统所做的功在数值上等于 p-V 图上等温曲线下的面积，做功和吸收的热量相等．

在等温过程中无论系统吸收多少热量，系统的温度都保持恒定，$\mathrm{d}T=0$，形式上可以认为等温过程中系统的热容为无穷大．

4. 绝热过程 在气体的状态发生变化的过程中，如果它与外界之间没有热量交换，这种过程叫作绝热过程．实际上，绝对的绝热过程是不存在的，但在有些过程的进行中，虽然系统与外界之间有热量交换，然而所交换的热量很少，可略去不计，这种过程就可近似认为是绝热过程．

根据热力学第一定律，在绝热过程中有

$$\mathrm{d}E=-đA$$

考虑到式（3-22a），有

$$\frac{m}{M}C_{V,m}\mathrm{d}T=-p\mathrm{d}V$$

对理想气体物态方程两边同时微分得

$$p\mathrm{d}V+V\mathrm{d}p=\frac{m}{M}R\mathrm{d}T$$

结合上两式并考虑到式（3-25），可得

$$\gamma\frac{\mathrm{d}V}{V}+\frac{\mathrm{d}p}{p}=0$$

对上式积分，可得绝热过程方程，即

$$pV^{\gamma}=\text{常量} \tag{3-27a}$$

利用理想气体物态方程，可将式（3-27a）化为另两种形式

$$TV^{\gamma-1}=\text{常量} \tag{3-27b}$$

$$p^{\gamma-1}T^{-\gamma}=\text{常量} \tag{3-27c}$$

以上三式都是理想气体的绝热过程方程，只是采用不同的状态参量导致其形式不同而已，三个常量值不同. 设系统从初始状态（p_1，V_1）经绝热过程到末态（p_2，V_2），在该过程中系统做功为

$$A=\int_{V_1}^{V_2}p\mathrm{d}V=\int_{V_1}^{V_2}\frac{pV^{\gamma}}{V^{\gamma}}\mathrm{d}V=\frac{p_1V_1}{\gamma-1}\left[1-\left(\frac{V_1}{V_2}\right)^{\gamma-1}\right]$$

$$=\frac{p_1V_1-p_2V_2}{\gamma-1}=\frac{m}{M}C_{V,\mathrm{m}}(T_1-T_2) \tag{3-28}$$

在绝热过程中系统内能的增加全部由外界对系统做的功转化而来，而系统减少的内能则转化为对外界做的功. 在绝热过程中，系统不需要吸收任何热量就能改变其温度，形式上可认为绝热过程摩尔热容为0.

例题 3-6 一气缸中贮有氮气，质量为1.25kg. 在标准大气压下缓慢地加热，使温度升高1K. 试求气体膨胀时所做的功A、气体内能的增量ΔE以及气体所吸收的热量Q_p(活塞的质量以及它与气缸壁的摩擦均可略去).

解：由题意知过程是等压的，所以

$$A=\int_{V_1}^{V_2}p\mathrm{d}V=p(V_2-V_1)=\nu R(T_2-T_1)=\left(\frac{1.25}{28\times10^{-3}}\times8.31\right)\mathrm{J}\approx370.98\mathrm{J}$$

内能的变化为

$$\Delta E=\nu C_{V,\mathrm{m}}\Delta T=\left(\frac{1.25}{28\times10^{-3}}\times\frac{5}{2}\times8.31\times1\right)\mathrm{J}\approx927.46\mathrm{J}$$

根据热力学第一定律，气体在这一过程中所吸收的热量为

$$Q_p=\Delta E+A=(370.98+927.46)\mathrm{J}=1298.44\mathrm{J}$$

例题 3-7 如图3-7所示，有1mol的氢气最初的压强为1.013×10^5Pa、温度为20℃，求在下列过程中，把氢气压缩为原来体积的1/10需要做的功：(1) 等温过程；(2) 绝热过程；(3) 经这两过程后，气体的压强各为多少?

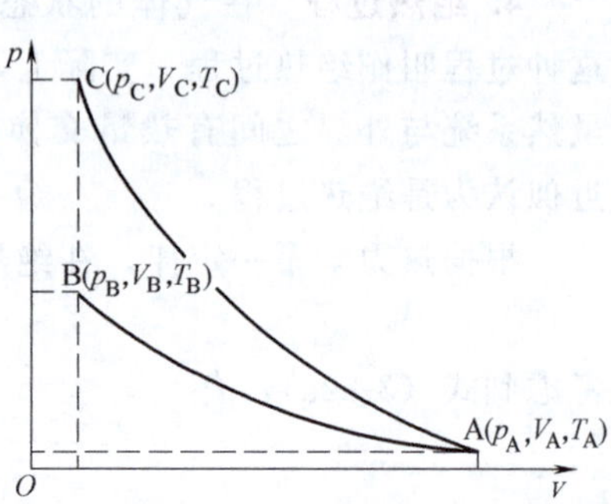

图 3-7 例题 3-7 用图

解：(1) 对于等温过程，由式（3-26）可得氢气由状态A等温压缩到状态B，做的功为

$$A=\int_{V_A}^{V_B}p\mathrm{d}V=\frac{m}{M}RT_A\ln\frac{V_B}{V_A}$$

$$=\left[1\times8.31\times(273.15+20)\times\ln\frac{1}{10}\right]\mathrm{J}$$

$$=(8.31\times293.15\times\ln0.1)\mathrm{J}$$

$$\approx-5.61\times10^3\mathrm{J}$$

负号表示气体对外界做负功，即外界对气体做功.

(2) 因为氢气是双原子气体，故其比热容比$\gamma=1.4$，所以对于绝热过程AC，由式（3-27b），可求得状态C的温度T_C：

$$T_AV_A^{\gamma-1}=T_CV_C^{\gamma-1}$$

$$T_C = T_A\left(\frac{V_A}{V_C}\right)^{\gamma-1} = (293.15\times10^{0.4})\text{K}\approx736.36\text{K}$$

由式(3-28)可知，氢气由状态 A 绝热压缩到状态 C 做的功为

$$A = \int_{V_A}^{V_C} p\mathrm{d}V = \frac{m}{M}C_{V,m}(T_A - T_C) = \left[\frac{5R}{2}\times(736.36-293.15)\right]\text{J}\approx -9.21\times10^3\text{J}$$

负号表示外界对气体做功．

(3) 状态 B 和 C 的压强．对等温过程 AB，由 $p_AV_A = p_BV_B$ 可得

$$p_B = \frac{p_AV_A}{V_B} = 1.013\times10^6\,\text{Pa}$$

对绝热过程，由 $p_AV_A^\gamma = p_BV_B^\gamma$ 可得

$$p_C = p_A\left(\frac{V_A}{V_C}\right)^\gamma = (1.013\times10^5\times10^{1.4})\text{Pa}\approx2.54\times10^6\,\text{Pa}$$

3.3.3 循环过程和卡诺循环*

1. 循环过程 在生产技术上需要将热与功之间的转换持续地进行下去，这就需要利用循环过程．把系统经过一系列状态变化后又回到初始状态的过程叫作循环过程，简称循环．研究循环过程的规律无论在理论上还是实践中都具有非常重要的意义．

2. 热机效率 准静态的循环过程可以在 p-V 图上表示出来．根据循环过程进行的方向可将循环分为两类．在 p-V 图上沿顺时针方向进行的循环过程称为正循环，在 p-V 图上沿逆时针方向进行的循环过程称为逆循环．

考虑以气体为工作物质的循环过程，如图 3-8a 所示．设有一定量的气体，先由起始状态 A(p_A、V_A、T_A) 沿过程 AaB 吸收热量而膨胀到状态 B(p_B、V_B、T_B)，如图 3-8b 所示，在此过程中，气体对外所做的功 A_1 等于 A、B 两点间过程曲线 AaB 下的面积．然后再将气体由状态 B 沿过程 BbA 放出热量并压缩到起始状态 A，如图 3-8c 所示，在压缩过程中，外界对气体所做的功 A_2 等于 A、B 两点间过程曲线 BbA 下的面积．按照图中所选定的过程 AaBbA，A_2 的值小于 A_1 的值．所以气体经历一个循环以后，既从高温热源吸热又向低温热源放热并做功，而对外所做的净功 A 是 A_2 与 A_1 之差，即

$$A = A_1 - A_2$$

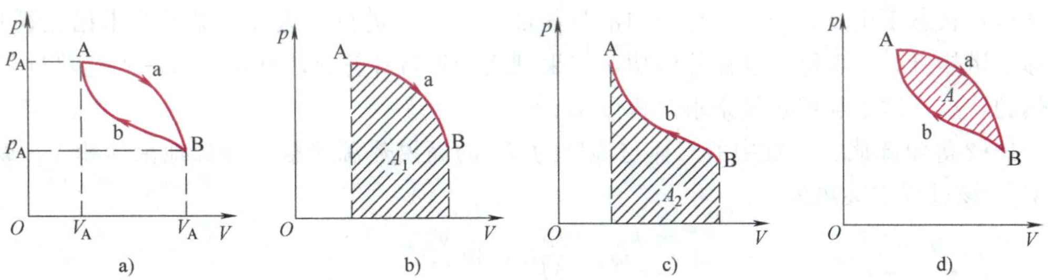

图 3-8 循环过程及做功示意图

显然，在 p-V 图上，气体对外所做的净功 A 等于 AaB 和 BbA 两个过程组成的循环所包围的面积，如图 3-8d 图所示．应当指出，在任何一个循环过程中，系统所做的净功都等于 p-V 图上所示循环包围的面积．因为内能是系统状态的单值函数，所以系统经历

一个循环过程之后，它的内能没有改变．这是循环过程的重要特征．

把热转化为功的机械称为热机．一个热机经过一个正循环后，内能不变化，它从高温热源吸收的热量 Q_1，一部分用于对外做功 A，另一部分向低温热源放出，Q_2 为向低温热源放出的热量的值．在热机经历一个正循环后，吸收的热量 Q_1 不能全部转变为功，转变为功的只是 Q_1-Q_2．热机效率的定义为一个循环中系统对外界所做的功与系统吸收热量的比值，即

$$\eta=\frac{A}{Q_1}=\frac{Q_1-Q_2}{Q_1}=1-\frac{Q_2}{Q_1} \tag{3-29}$$

热机的循环过程不同，热机效率亦不同．

3. 制冷系数 获得低温的装置称为制冷机．逆循环过程反映了制冷机的工作特点．制冷机从低温热源吸取热量，并把热量放给高温热源．为实现这一点，外界必须对制冷机做功．Q_2 为制冷机从低温热源吸收的热量，A 为外界对它做的功，Q_1 为它放给高温热源热量的值．于是，当制冷机完成一个逆循环后有 $A=Q_1-Q_2$．制冷机经历一个逆循环后，由于外界对它做功，可把热量由低温热源传递到高温热源，从而达到制冷的效果．通常把

$$\varepsilon=\frac{Q_2}{A}=\frac{Q_2}{Q_1-Q_2} \tag{3-30}$$

称为制冷机的制冷系数．

4. 卡诺循环 法国工程师卡诺提出了一个理想循环，在他提出的循环过程中，工作物质只和两个恒温热源交换热量，这种循环后人称为卡诺循环，按卡诺循环工作的热机叫卡诺热机．

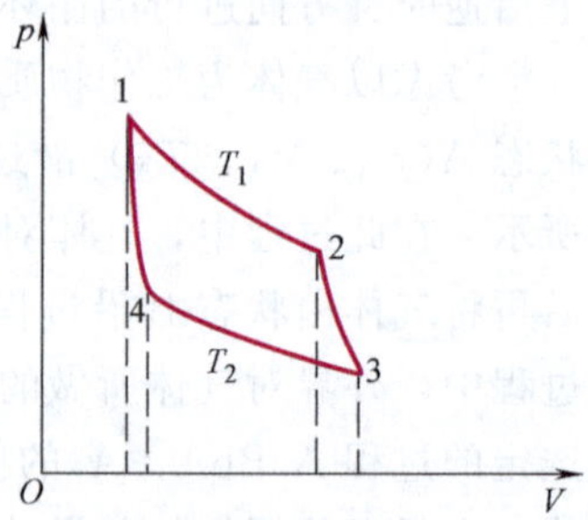

图 3-9 卡诺循环示意图

卡诺循环是由四个准静态过程所组成的，其中有两个是等温过程，两个是绝热过程．卡诺循环对工作物质是没有规定的，为方便讨论，我们以理想气体为工作物质，如图 3-9 所示，曲线 12 和 34 分别是温度为 T_1 和 T_2 的两条等温线，曲线 23 和 41 分别是两条绝热线．作为工作物质的理想气体从状态 1 出发，按顺时针方向沿封闭曲线 12341 进行，这种正循环为卡诺正循环，又称卡诺热机．由于每个过程都做功，如果利用功进行计算比较麻烦，考虑到绝热过程不吸热的特点，这里利用热量来求热机效率．

1→2 等温膨胀：气缸中的气体与温度为 T_1 的高温热源接触，等温地由体积 V_1 膨胀到 V_2，该过程中吸热为

$$Q_1=\frac{m}{M}RT_1\ln\frac{V_2}{V_1}$$

2→3 绝热膨胀：气体绝热膨胀，体积由 V_2 增大为 V_3，温度由 T_1 降为 T_2．

3→4 等温压缩：气体与温度为 T_2 的低温热源接触，体积由 V_3 压缩到 V_4，该过程中气体放热为

$$Q_2=\frac{m}{M}RT_2\ln\frac{V_3}{V_4}$$

4→1 绝热压缩：气体绝热压缩，体积由 V_4 变为 V_1、温度由 T_2 升至 T_1，完成整个循环．

根据热机效率的定义，卡诺热机的效率为

$$\eta=1-\frac{Q_2}{Q_1}=1-\frac{\frac{m}{M}RT_2\ln\frac{V_3}{V_4}}{\frac{m}{M}RT_1\ln\frac{V_2}{V_1}}$$

又由于 2→3、4→1 均为绝热过程，根据绝热过程方程

$$T_1V_2^{\gamma-1}=T_2V_3^{\gamma-1}\text{和}\ T_1V_1^{\gamma-1}=T_2V_4^{\gamma-1}$$

整理可得

$$\left(\frac{V_2}{V_1}\right)^{\gamma-1}=\left(\frac{V_3}{V_4}\right)^{\gamma-1}$$

即

$$\frac{V_2}{V_1}=\frac{V_3}{V_4}$$

于是有

$$\eta=1-\frac{T_2}{T_1} \tag{3-31}$$

此即理想气体准静态卡诺循环的效率．卡诺热机的效率与工作物质无关，只与两个热源的温度有关，高温热源的温度越高，低温热源的温度越低，则卡诺循环的效率越高．

如果理想气体沿相反的方向进行循环过程，在一个循环中，系统从低温热源 T_2 处吸热 Q_2，向高温热源 T_1 放热 Q_1，外界对系统做功 $A=Q_1-Q_2$，则这是一个制冷循环．该循环的制冷系数为

$$\varepsilon=\frac{T_2}{T_1-T_2} \tag{3-32}$$

以理想气体为工作物质的卡诺制冷机，高温热源温度 T_1 越高，低温热源温度 T_2 越低，制冷系数越小，表明从温度较低的热源吸取热量越困难，而当两热源温度越接近时，低温热源温度越高，制冷系数越大．

例题 3-8 一定量的某单原子分子理想气体，经历如图 3-10 所示的循环，其中 AB 为等温线．已知$V_1=3.0\times10^{-3}\,\text{m}^3$，$V_2=6.0\times10^{-3}\,\text{m}^3$，求热机效率．

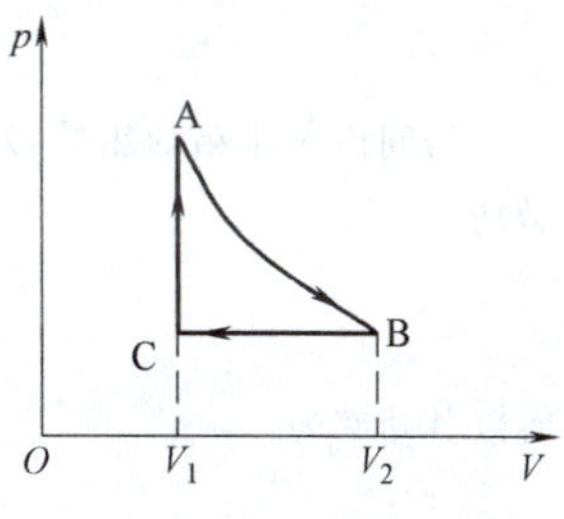

图 3-10 例题 3-8 用图

解： 如图 3-10 所示的循环由 3 个分过程组成：

(1) A→B 为等温膨胀过程，$\Delta E=0$，$A>0$，吸收热量

$$Q_{AB}=\nu RT_A\ln\frac{V_2}{V_1}=\nu RT_A\ln2$$

(2) B→C 为等压压缩降温过程，$\Delta E<0$，$A<0$，放出热量

$$|Q_{BC}|=\nu C_{p,m}(T_B-T_C)$$

(3) C→A 为等体增压升温过程，$\Delta E>0$，$A=0$，吸收热量

$$Q_{CA}=\nu C_{V,m}(T_A-T_C)$$

由 $B\to C$ 的过程方程知

$$\frac{V_2}{T_B}=\frac{V_1}{T_C}$$

且由题意知

$$T_B=T_A$$

所以有

$$T_C=\frac{V_1}{V_2}T_B=\frac{1}{2}T_A$$

又因单原子分子理想气体的摩尔定容热容 $C_{V,m}=\frac{3}{2}R$、$C_{p,m}=\frac{5}{2}R$，故

$$|Q_{BC}|=\frac{1}{2}\nu C_{p,m}T_A=\frac{5}{4}\nu RT_A$$

$$Q_{CA}=\frac{1}{2}\nu C_{V,m}T_A=\frac{3}{4}\nu RT_A$$

于是，在所讨论的循环中，系统从高温热源吸热

$$Q_1=Q_{AB}+Q_{CA}=\nu RT_A\left(\ln2+\frac{3}{4}\right)$$

向低温热源放热

$$Q_2=|Q_{BC}|=\frac{5}{4}\nu RT_A$$

故热机效率为

$$\eta=1-\frac{Q_2}{Q_1}=1-\frac{\frac{5}{4}\nu RT_A}{\nu RT_A(\ln2+\frac{3}{4})}=1-\frac{5}{4\ln2+3}\approx13.4\%$$

例题 3-9 一台电冰箱放在室温为20℃的房间里，冰箱内的温度维持在5℃. 现每天有 2.0×10^7 J 的热量自房间传入冰箱内，若要维持冰箱内温度不变，外界每天需做多少功？其功率为多少？设在5℃至20℃之间运转的冰箱的制冷系数是卡诺制冷机制冷系数的55%.

解： 工作在高温热源 $T_1=293$K 和低温热源 $T_2=278$K 之间的卡诺制冷机的制冷系数

$$\varepsilon_{卡}=\frac{T_2}{T_1-T_2}=\frac{278}{15}\approx18.53$$

该冰箱实际的制冷系数为

$$\varepsilon=\varepsilon_{卡}\times55\%=\frac{T_2}{T_1-T_2}\times\frac{55}{100}=18.53\times0.55\approx10.2$$

由制冷机制冷系数的定义 $\varepsilon=\frac{Q_2}{A}$ 得

$$A=\frac{Q_2}{\varepsilon}$$

房间传入冰箱的热量 $Q'=2.0\times10^7$ J，热平衡时 $Q'=Q_2$，保持冰箱在5℃至20℃之间运转，每天需做功

$$A=\frac{Q_2}{\varepsilon}=\frac{2\times10^7}{10.2}\text{J}\approx1.96\times10^6\text{J}$$

所以其功率为

$$P=\frac{A}{t}=\frac{1.96\times10^6}{24\times3600}\text{W}\approx23\text{W}$$

3.4 热力学第二定律*

在19世纪初期，蒸汽机已在工业、航海等部门得到了广泛的使用，而且随着技术水平的提高，蒸汽机的效率也有较大提高，人们开始考虑能否制造这样一种热机，它可把从单一热源吸取的热量完全用来做功呢？能否制造这样一种制冷机，它可以不需

要外界对系统做功，就能使热量从低温物体传递给高温物体呢？这些问题与热力学第一定律并不矛盾，那么这些设想能否实现呢？在解决这些问题的过程中人们逐渐明白，自然界中不是所有符合热力学第一定律的过程都能发生，也就是说自然界自动进行的过程是有方向性的，为此人们在实践的基础上总结出了一条新的定律，即热力学第二定律.

3.4.1 热力学第二定律概述

热力学第一定律揭示了热力学过程中不同形式的能量相互转化时数量上的守恒规律，其核心在于能量的守恒.对不同形式的能量的相互转化，热力学第一定律只是告诉我们“可以转化”，至于不同形式能量的转化有无条件限制、有无数量限制则均未提及，在能量的转化和传递中是否还蕴藏着其他的规律呢？

历史上曾有人企图制造这样一种循环工作的热机，它只从单一热源吸收热量，并将吸收的热量全部用来做功而不放出热量给低温热源，因而它的效率 η 可达 100%. 假如这种机器制造成功，那就可以从单一热源中吸收热量，并把它全部用来做功，如以海洋作为热源，海洋的内能是取之不尽的，这样人类就不必为能源问题而担心了.这种热机叫作第二类永动机.第二类永动机并不违反热力学第一定律，即不违反能量守恒定律，因而对人们更具有诱惑性.然而人们经过长期的实践认识到，第二类永动机是不可能造成的，并得出了如下的结论：不可能从单一热源吸取热量，使之完全变为功而不产生其他影响.这个规律就是热力学第二定律的开尔文表述.

开尔文表述中所说的热源，是温度均匀恒定的单一热源.若热源不是单一热源，则热机就可以从热源中温度较高的部分吸热而在温度较低的部分放热，这样实际上就相当于两个热源了.其次，表述中所说的“其他影响”就是指除了从单一热源吸热并把吸收的热量做功以外的其他任何变化.当有其他影响产生时，从单一热源吸热完全转化为功是可能的，例如理想气体的等温膨胀过程就是这样，该过程对理想气体系统造成了影响——系统的体积膨胀了.

开尔文表述还可表述为另一种形式：第二类永动机是不可能造成的.

在一个孤立系统中，有一个温度为 T_1 的高温物体和一个温度为 T_2 的低温物体，那么，经过一段时间后，整个系统将达到温度为 T 的热平衡状态.这说明在一孤立系统内，热量是由高温物体向低温物体传递的.但是从未见过在一孤立系统中低温物体的温度会越来越低，高温物体的温度会越来越高，即热量能自动地由低温物体向高温物体传递.显然，这一过程也并不违反热力学第一定律，但在实践中确实无法实现.要使热量由低温物体传递到高温物体，只有依靠外界对它做功才能实现，如制冷机.不可能把热量从低温物体传到高温物体而不引起其他变化，这就是热力学第二定律的克劳修斯表述.

3.4.2 可逆过程与不可逆过程

可逆过程和不可逆过程的定义如下：一个系统，由某一状态出发，经历某一过程达到另一状态，如果存在另一过程，它能使系统和外界完全复原（系统回到原来状态并消除了原来过程对外界的一切影响），则原来的过程称为可逆过程；反之，如果用任何方法都不能使系统和外界完全复原，则称为不可逆过程.

根据上面关于热力学第二定律的克劳修斯表述已经知道，高温物体能自动地把热量传递给低温物体，而低温物体不可能自动地把热量传递给高温物体. 如果把热量由高温物体传递给低温物体作为正过程，而把热量由低温物体传递给高温物体作为逆过程，很显然，逆过程是不能自动地进行的. 也就是说，如要把热量由低温物体传递给高温物体，非要由外界对它做功不可，而由于外界做功的结果，外界的环境就要发生变化. 所以，在外界环境不发生变化的情况下，热量的传递过程是不可逆的.

事实上热与功之间的转换也具有不可逆性. 例如摩擦做功可以把功全部转化为热量，而热量却不能在不引起其他变化的情况下全部转化为功. 如果把功转为热作为正过程，热转化为功作为逆过程，那么在不引起其他变化的情况下，热功之间的转换也是不可逆的.

仔细考察自然界的各种不可逆过程可以看出，它们都包含下列基本特点中的某一个或者几个：耗散不可逆因素、力学不可逆因素（例如对于一般的系统，系统内部的压强差不是无限小）、热学不可逆因素（系统内部的温度差不是无限小）、化学不可逆因素（对于任一化学组成，在系统内部之间的差异不是无限小）.

由上述因素造成的过程，都是我们无法控制的不可逆过程，要使系统所经历的过程可逆，就必须消除上述引起不可逆性的因素，这就要求系统所经历的过程不仅是无摩擦的，而且还必须是准静态过程. 由此可见，可逆过程的实现条件是无摩擦的准静态过程. 可逆过程只是一种理想过程. 虽然如此，在热学问题中，我们常把一些接近可逆过程的实际过程看作可逆过程. 例如，假想气缸内的气体在活塞无限缓慢地移动时经历准静态膨胀过程，它的每一个中间态都是无限接近平衡态的. 考虑气缸与活塞间是没有摩擦的理想情况，当活塞无限缓慢地压缩气体，使系统在逆过程中以相反的顺序重复正过程的每一个中间态，使系统完全复原，对外界也不留下任何影响，这样的过程一定是可逆过程.

3.4.3 热力学第二定律的实质

自然界中的不可逆现象多种多样，但是它们具有共同的特点：一切与热现象有关的实际宏观过程都是不可逆的. 这就是热力学第二定律的实质.

一切的实际过程必然与热相联系，所以自然界中绝大部分的实际宏观过程严格来说都是不可逆的. 例如，水平桌面上两个相同的茶杯A和B，其中A装满水，B为空杯，把A中的水完全倒入B中，这个过程是否可逆？把A中的水倒入B中，需要付出额外的功，这部分功使水从A倒入B中产生流动，而黏滞力又使流动的水静止，人额外的功全部转化为热，因而过程是不可逆的.

3.4.4 卡诺定理

卡诺在充分研究了以他名字命名的理想卡诺循环效率后指出：

（1）在相同的高温热源和低温热源之间工作的一切可逆热机，其效率都相等，与工作物质无关．

（2）在相同的高温热源和低温热源之间工作的一切不可逆热机，其效率总是小于可逆热机的效率．

将上述两条结论结合卡诺循环的结果，可以给出表达式

$$\eta \leqslant 1-\frac{T_2}{T_1} \tag{3-33}$$

上述两条结论称为卡诺定理，式（3-33）为卡诺定理的数学表达式．它确定了在高温热源 T_1 和低温热源 T_2 之间工作的热机效率的最大值，同时指明了提高热机效率的方向．既然可逆机的效率大于不可逆机的效率，那就要使热机的循环尽可能接近可逆循环，即过程要趋近于准静态过程，同时减少各种耗散和摩擦．

内容提要

1. 温度和气体物态方程

① **几个基本概念** 热力学系统、平衡态、状态参量（体积、压强、温度）

② **气体的三条实验定律**

玻意耳-马略特定律 $pV=C_1$

查理定律 $p/T=C_2$

盖·吕萨克定律 $V/T=C_3$

③ **理想气体模型** 严格遵守玻意耳-马略特定律、查理定律和盖·吕萨克定律的气体称为理想气体．理想气体是热力学和统计物理学中一个基本而又重要的模型．

④ **理想气体物态方程** 理想气体处于平衡态时，气体的温度 T、压强 p、密度（或分子数密度）等处处均匀一致；三个状态参量（p，V，T）之间存在着一定的关系

$$pV=\frac{m}{M}RT=\nu RT$$

2. 气体动理论

主要讲述两个宏观量（压强、温度）的微观意义、能量均分定理、麦克斯韦速率分布律与三个特征速率．

① 单个分子碰撞器壁的作用是短暂的、微弱的、间歇性的，但大量分子碰撞的结果就表现为宏观的均匀而持续的压力，从而产生压强

$$p=\frac{1}{3}mn\overline{v^2}=\frac{2}{3}n\overline{\varepsilon_k}$$

② **温度是分子热运动剧烈程度的量度**

$$\overline{\varepsilon_k}=\frac{3}{2}kT$$

③ **能量均分定理** 在温度为 T 的平衡态下，气体分子每个自由度的平均动能都相等，且都等于 $\frac{1}{2}kT$．一定量的给定理想气体，内能仅为温度的函数，即 $E=E(T)$．

④ **麦克斯韦速率分布律** 在温度为 T 的平衡态下，由 N 个同种气体分子组成的系统中，速率在 $v\sim v+\mathrm{d}v$ 区间内的分子数 $\mathrm{d}N$ 与总分子数的比率为

$$\frac{\mathrm{d}N}{N}=f(v)\mathrm{d}v=4\pi\left(\frac{m}{2\pi kT}\right)^{3/2}\mathrm{e}^{-\frac{mv^2}{2kT}}v^2\mathrm{d}v$$

⑤ **三种特征速率** 最概然速率 $v_{\mathrm{p}}=\sqrt{\dfrac{2RT}{M}}$

平均速率 $\bar{v}=\sqrt{\dfrac{8RT}{\pi M}}$

方均根速率 $v_{\mathrm{rms}}=\sqrt{\dfrac{3RT}{M}}$

这三种速率都与$\sqrt{M}$或者$\sqrt{m}$成反比，而与$\sqrt{T}$成正比，且有 $v_{\mathrm{p}}<\bar{v}<v_{\mathrm{rms}}$. 它们就不同的问题有着不同的应用.

3. 热力学第一定律

主要讲述了几个基本概念、热力学第一定律、四个典型的热力学过程和循环过程.

① **几个基本概念** 准静态过程、功、热量和内能.

② **能量守恒定律** 自然界一切物质都具有能量. 能量有各种不同的形式，能够从一种形式转化为另一种形式，从一个物体传递给另一个物体，在转化和传递中能量的数量不变.

③ **热力学第一定律** $\Delta E=E_{\mathrm{B}}-E_{\mathrm{A}}=Q-A$

④ **几个典型的热力学过程及过程方程**

等体过程：在等体过程中，体积 V 是恒量，$p/T=$恒量.

等压过程：在等压过程中，压强保持不变，$V/T=$恒量.

等温过程：在等温过程中，系统的温度始终保持不变，$PV=$恒量.

绝热过程：在绝热过程中，系统与外界没有热量交换，$PV^{\gamma}=$恒量.

⑤ **循环过程** 系统经过一系列状态变化后又回到初始状态的过程. 系统经历一个循环过程之后，它的内能没有改变，这是循环过程的重要特征.

⑥ **卡诺循环** 法国工程师卡诺提出的理想循环，在循环过程中，工作物质只和两个恒温热源交换热量，由四个准静态过程所组成，其中有两个是等温过程，两个是绝热过程. 卡诺热机的效率为

$$\eta=1-\frac{T_2}{T_1}$$

4. 热力学第二定律

① 不可能从单一热源吸取热量，使之完全变为功而不产生其他影响. 或者，不可能把热量从低温物体传到高温物体而不引起其他变化. 其实质表明一切与热现象有关的实际宏观过程都是不可逆的.

② **可逆过程** 一个系统，由某一状态出发，经历某一过程达到另一状态，如果存在另一过程，它能使系统和外界完全复原（系统回到原来状态并消除了原来过程对外界的一切影响），则原来的过程称为可逆过程.

③ **卡诺定理** 在相同的高温热源和低温热源之间工作的一切可逆热机，其效率都相等，与工作物质无关；在相同的高温热源和低温热源之间工作的一切不可逆热机，其效率总是小于可逆热机的效率，即

$$\eta\leqslant 1-\frac{T_2}{T_1}$$

课外练习3

一、填空题

3-1 现在的室温是 17℃，则其热力学温度约是______ K.

3-2 理想气体物态方程的数学表达式为______.

3-3　温度的微观意义是______的量度．

3-4　在温度为 27℃时，1mol 氧气中具有的分子的平均平动动能约是______ J，分子的平均转动动能约是______ J.

3-5　$Nf(v)\mathrm{d}v$ 的物理意义是________________．

3-6　$\frac{i}{2}RT$ 的物理意义是________________．

3-7*　卡诺热机效率的数学表达式为________________．

二、选择题

3-1　下面的哪个表达式反映了温度的微观意义　（　　）．

A. $\frac{1}{2}kT$　　B. $\frac{3}{2}kT$

C. $\frac{i}{2}kT$　　D. $\frac{i}{2}RT$

3-2　下列式子中表示自由度为 i、温度为 T 的气体分子平均能量的是　（　　）．

A. $\frac{3}{2}kT$　　B. $\frac{i}{2}RT$

C. $\frac{i}{2}kT$　　D. $\frac{m}{M}\frac{i}{2}RT$

3-3　若 1mol 氢气和 1mol 氦气的温度相同，则　（　　）．

A. 氢气的内能大　　B. 氦气的内能大

C. 氢气和氦气的内能相同　　D. 不能确定

3-4　下列式子中表示速率在 v_1 到 v_2 之间的分子数的是　（　　）．

A. $f(v)\mathrm{d}v$　　B. $Nf(v)\mathrm{d}v$

C. $\int_{v_1}^{v_2} Nf(v)\mathrm{d}v$　　D. $\int_{v_1}^{v_2} f(v)\mathrm{d}v$

3-5　1mol 的单原子分子理想气体从状态 1 变为状态 2，如果变化过程不知道，但 1 和 2 两态的压强、体积和温度都知道，则可求出　（　　）．

A. 气体所做的功　　B. 气体内能的变化

C. 气体传给外界的热量　　D. 气体的质量

3-6　质量一定的理想气体，从相同状态出发，分别经历等温过程、等压过程和绝热过程，使其体积增加一倍．那么气体温度的改变（绝对值）符合下列哪种情况　（　　）．

A. 绝热过程中最大，等压过程中最小

B. 绝热过程中最大，等温过程中最小

C. 等压过程中最大，绝热过程中最小

D. 等压过程中最大，等温过程中最小

三、简答题

3-1　理想气体物态方程是根据哪些实验定律导出的？

3-2　$\frac{i}{2}\frac{m}{M}RT$ 的物理意义是什么？

3-3　温度的微观意义是什么？

3-4　热力学第一定律的实质是什么？

3-5*　热力学第二定律的实质是什么？

3-6*　在 p-V 图上两条绝热线能否相交？

四、计算题

3-1　一定质量的气体在压强保持不变的情况下，温度由50℃升高到100℃时，体积改变多少？

3-2　一打足气的自行车内胎，若在7.0℃时轮胎中空气的压强为4.0×10^5Pa，则在温度变为37.0℃时，轮胎内空气的压强为多少？(设内胎容积不变)

3-3　真空设备内部的压强可达到1.013×10^{-10}Pa，若系统温度为300K，在如此低的压强下，单位体积内的分子数约为多少？

3-4　一氢气球在20℃充气后，压强为1.2atm，半径为1.5m. 到夜晚时，温度降为10℃，气球半径缩为1.4m，其中氢气压强减为1.1atm. 请问漏掉了多少氢气？

3-5　体积为$V=1.20\times10^{-2}\mathrm{m}^3$的容器中储有氧气，其压强$p=8.31\times10^5$Pa，温度为$T=300$K，试求单位体积内的分子数、分子的平均平动动能和气体的内能.

3-6　容器内储有1mol的某种气体，当从外界输入2.09×10^2J热量后，测得气体温度升高10K，试求该气体分子的自由度.

3-7　体积为$1.0\times10^{-3}\mathrm{m}^3$的容器中含有$1.01\times10^{23}$个氢气分子，如果其中压强为$1.01\times10^5$Pa，求该氢气的温度和方均根速率.

3-8　气缸内贮有2.0mol的空气，温度为27℃，维持压强不变，而使空气的体积膨胀到原体积的3倍，求空气膨胀时所做的功.

3-9　1mol的空气从热源吸收了2.66×10^5J热量，其内能增加了4.18×10^5J，在这一过程中气体做了多少功？是它对外界做功，还是外界对它做功？

3-10　一压强为1.0×10^5Pa，体积为$1.0\times10^{-3}\mathrm{m}^3$的氧气自0℃加热到100℃，问：

(1) 当压强不变时，需要多少热量？当体积不变时，需要多少热量？

(2) 在等压或等体过程中各做了多少功？

3-11*　在标准状况下的0.016kg的氧气（看作理想气体），分别经历下列过程从外界吸收了334.4J的热量：

(1) 等温过程，求终态体积；

(2) 等体过程，求终态压强；

(3) 等压过程，求内能的变化.

3-12*　以理想气体为工作物质的某热机，其循环过程为：从初状态1经等体积加热到状态2，由状态2绝热膨胀到状态3，由状态3经等压压缩返回初状态. 假设该气体为刚性双原子分子，且$V_3=2V_1$，试求其效率. 该循环是卡诺循环吗？

3-13*　一可逆热机使1mol的单原子理想气体经历如图3-11所示的循环过程，其中$T_1=300$K，$T_2=600$K，$T_3=455$K，求该热机的效率. 该循环是卡诺循环吗？

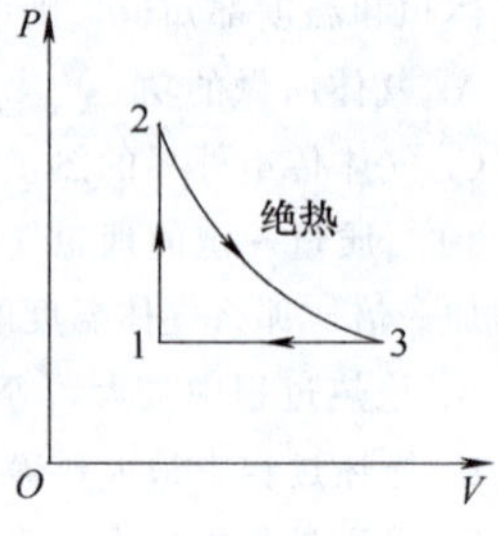

图3-11　习题3-13用图

物理学家简介

焦耳（James Prescott Joule，1818—1889）

1818年12月24日，詹姆斯·普雷斯哥特·焦耳出生于英国曼彻斯特近郊的一户人家，他的父亲是一位富有的酿酒厂主. 焦耳从小就跟随父母在自家的酿酒厂劳动，没有接受过学校的正规教育，只是有时在家中得到家庭教师的指导. 小时候的焦耳天资聪颖，好奇心强. 16岁时，焦耳和兄弟一起，有幸成为著名化学家道尔顿（John Dolton，1766—1844）教授的学生. 道尔顿不仅教导焦耳一些理论科学知识，还传授给他进行科学实验的基本方法. 虽然焦耳跟随道尔顿教授学习的时间并不长，但这段经历使

焦耳受到了很深的影响，他开始对科学，尤其是对物理、化学产生了浓厚兴趣．此后，焦耳利用业余时间自学了不少知识，同时开始在家中独自进行一些实验工作．焦耳最初计划研制一种工作效率更高的电磁机，以取代父亲酿酒厂中的蒸汽机，然而制出的电磁机成本高昂，因而未能实现预期目的．不过在研制电磁机的实验过程中，焦耳发现电流不但可以做机械功，还能产生热，这一发现激发了他进行更为深入研究的兴趣，从1840年起，焦耳一直坚持进行这方面的相关研究．

1840年，焦耳将家里的一个房间改为自己的实验室，开始在这间实验室里研究电流的热效应．焦耳将一个由电阻丝制成的电热器放进一定质量的水中，在电热器通电以后观察水温的变化规律．经过大量实验观察，他总结出一个规律：电流通过导体时产生的热量与电流强度的平方成正比，与导体的电阻和通电时间也成正比．焦耳根据自己的实验发现完成了论文《论伏打电流所生的热》，这篇论文之后发表在1841年的《哲学杂志》上．然而，论文发表后并没有受到学术界的真正重视，直到一年后，俄国科学家楞次（Heinrich Friedrich Emil Lenz，1804—1865）也发现了同样的规律，焦耳的论文才得到应有的重视．焦耳所发现的这一规律后来被以他的名字来命名，这就是著名的焦耳定律（也称焦耳－楞次定律）．在这以后，焦耳继续着自己的实验，他让一个小线圈在电磁体的两极间转动，由此在小线圈内产生感应电流，然后将小线圈放入水中，通过测量水温的升高来测定小线圈释放的热量．通过这样的实验，焦耳发现感应电流的热效应也同样符合焦耳定律，同时他还注意到热与机械功之间存在着联系．为确定做功与热量传递之间的数量关系，焦耳在原来实验的基础上，又对装置进行了改动：他把带动小线圈转动的轴与两个滑轮连接，绕过滑轮的细线两端悬挂不同重量的砝码，这样就可以利用砝码的下落来带动小线圈转动；而砝码在下落过程中所做的机械功，则可根据砝码的重量与下落的距离计算得到．通过这样的装置，焦耳反复进行了多次实验，最后他得出的平均结果是：“使1磅水温度升高1华氏度所需的热量，等于并可转化为把838磅重物举高1英尺所需的机械功．”焦耳将这一实验发现写进了论文《论磁电的热效应和热的机械值》，并且在1843年8月21日的英国学会上宣读了这篇论文，但未能得到积极反响．受到冷遇的焦耳并未气馁，他进一步改进实验装置，力图使实验更加精确．1847年，焦耳通过重物和滑轮等装置带动桨叶轮在水中转动，然后利用非常灵敏和精确的温度计测定水温的升高，经过反复的实验，焦耳得出的热功当量的结果是：“通过摩擦使1磅水温度升高1华氏度所需的热量，等于把890磅的重物升高1英尺所需的机械功．”这以后焦耳还用水银等代替水多次重复了实验过程．

1847年6月，焦耳申请在牛津举行的英国科学会议上宣读自己的论文，但大会主席只允许他对自己的实验作简要介绍．焦耳将桨叶轮实验测定热功当量的过程和取得的成果介绍给与会成员，同时指出：“自然界的活力（能量）是不能消灭的；因此有多少机械力（机械能）被消耗掉，就有多少与之相当的热产生出来．”焦耳的观点依然没能得到学术界的支持，很多科学家都怀疑他提出的各种形式能量可以相互转化的结论．当他的发言结束后，年轻的威廉·汤姆孙（Lord William Thomson Kelvin，1824—1907）（即开尔文勋爵）就立刻站起来表示了质疑，不过这种质疑反而让焦耳的工作受到了更多人的注意，而汤姆孙后来也成为了焦耳的合作者与支持者．1849年6月，焦耳通过法拉第将论文《热功当量》送交到皇家学会，终于被皇家学会接受．1850年，其他的一些科学家采用不同的方法，也得到了与焦耳结论相同的能量守恒和转化定律，直到此时，焦耳的研究成果才终于得到学术界的承认．在这以后，焦耳仍致力于改进实验装置以测得更加精确的热功当量，到1878年时，焦耳得到的热功当量值为423.85千克力·米/千卡，这一数值与我们目前公认的结果已相当接近．

除了在热功当量方面进行的研究外，焦耳还与汤姆孙合作，通过多孔塞实验证明了气体自由膨胀时的冷却效应是由于膨胀气体的分子分离的结果，并由此提出了焦耳－汤姆孙效应，这一效应在低温和气体液化方面有着广泛应用.

1850年，焦耳因其在物理学方面做出的重要贡献被选为英国皇家学会会员，两年后他被授予皇家勋章，此外他还获得过很多外国科学院的多项荣誉. 1878年，由于焦耳在经济上陷入困境，于是政府给他每年200英镑的年金，直至他去世为止. 1886年，焦耳被授予柯普莱金质奖章. 1889年10月11日，焦耳在塞拉去世，终年71岁. 焦耳是一位自学成才的科学家，他是能量守恒定律的发现者之一，他所进行的实验为能量守恒和转化定律的建立做出了不可磨灭的贡献. 为了纪念他对人类所做出的功绩，后人将能量、功和热量的国际制单位命名为“焦耳”.

第 4 章
静 电 场

概述

电磁学是一门研究自然界中电磁相互作用基本规律的学科．电磁相互作用对原子和分子的结构起着关键作用，在很大程度上决定着各种物质的物理性质与化学性质等，理解和掌握电磁运动的规律具有非常重要的意义．

任何电荷周围都存在一种特殊的物质，我们称为电场，相对于观察者是静止的电荷在其周围所激发的电场称为静电场．本章首先研究真空中静电场的基本特性，并从电场对电荷有力的作用以及电荷在电场中移动时电场力将对电荷做功这两个方面引入描述电场的两个物理量：电场强度和电势．同时介绍描述静电场基本性质的高斯定理和静电场的环路定理．然后讨论当电场中存在导体和电介质等物质时，它们对电场的影响．

4.1 电荷守恒定律 库仑定律

4.1.1 电荷 电荷的量子化

1. 电荷 物体经摩擦后具有吸引轻小物体（如羽毛、纸片等）的能力称为带电．处于带电状态的物体称为带电体．带电体所带的电称为电荷，物体所带电荷的多少称为电荷量．电荷量的单位为库仑（是导出单位），符号为 C. 电荷只有两种，分别称为正电荷（用“+”表示）和负电荷（用“−”表示）．电荷之间有相互作用力，同种电荷相斥，异种电荷相吸．这种相互作用力称为电力，根据带电体之间相互作用力的大小，能够确定物体所带电荷的多少．

2. 电荷的量子化 在已知的基本粒子中，不仅电子和质子带有电荷，还有一些粒子也带有正电荷或负电荷，所有基本粒子所带电荷有个重要特点，就是它们总是以一个基本单元的整数倍出现．电荷的基本单元称为基元电荷．它的量值就是一个电子或一个质子所带电荷量的绝对值，常以 e 表示．经测定，$e=1.602\times10^{-19}$ C. 这就是说，微观粒子所带的电荷数都只能是基元电荷的整数倍．电荷的这种离散特性称为电荷的量子化．

4.1.2 电荷守恒定律

任何带电过程，都是电荷从一个物体（或物体的一部分）转移到另一个物体（或同一物体的另一部分）的过程．无数事实证明：电荷既不能被创造也不能被消灭，它们只能从一个物体转移到另一个物体或者从物体的这一部分转移到另一部分．亦即，在一个孤立系统内，无论进行怎样的物理过程，系统内电荷量的代数和总是保持不变，这个规律称为电荷守恒定律．

电荷守恒定律是物理学中最基本的定律之一．它不仅在一切宏观过程中成立，近代科学实验证明，它也是一切微观过程（如核反应，基本粒子的相互作用过程）所普遍遵守的，特别是在分析有基本粒子参与的各种反应过程时，电荷守恒定律具有重要的指导意义．

4.1.3 库仑定律

库仑定律是静电场的理论基础，是静电学的最基本的定律之一．它是由法国科学家库仑在1785年通过扭秤实验总结出来的．正像牛顿在研究物体运动时引入质点一样，库仑在研究电荷间的作用时引入了点电荷，点电荷也是理想化模型．什么是点电荷？所谓点电荷，是指这样的带电体，它本身的几何线度比起它到其他带电体的距离小得多．这种带电体的形状、大小和电荷在其中的分布等因素已经无关紧要，因此我们可以把它抽象成一个几何点，从而使问题的研究大为简化．

库仑定律的文字表述为：真空中两个静止的点电荷之间的相互作用力的大小与这两个电荷所带电荷量 q_1 和 q_2 的乘积成正比，与它们之间距离 r 的平方成反比．作用力的方向沿着两个点电荷的连线，同号电荷相斥，异号电荷相吸．

这一规律可用矢量式表示为

$$\boldsymbol{F}_{12}=k\frac{q_1q_2}{r_{12}^2}\cdot\frac{\boldsymbol{r}_{12}}{r_{12}}=\frac{q_1q_2}{4\pi\varepsilon_0 r_{12}^2}\boldsymbol{e}_{r12} \tag{4-1}$$

式中，$\boldsymbol{F}_{12}$ 表示 q_2 对 q_1 的作用力；$\boldsymbol{r}_{12}$ 是由点电荷 q_2 指向点电荷 q_1 的位置矢量；$\frac{\boldsymbol{r}_{12}}{r_{12}}=\boldsymbol{e}_{r12}$ 是 $\boldsymbol{r}_{12}$ 方向上的单位矢量；场源电荷（产生电场的电荷）是 q_2，受力电荷是 q_1；$\boldsymbol{F}$ 是力，单位为N；q 是电荷，单位为C；k 是比例系数，在国际单位制中，$k=\frac{1}{4\pi\varepsilon_0}\approx9.0\times10^9\text{N}\cdot\text{m}^2/\text{C}^2$；$\varepsilon_0$ 称为真空电容率，单位为F/m，且

$$\varepsilon_0=\frac{1}{4\pi k}\approx8.8538\times10^{-12}\text{F/m}$$

同理

$$\boldsymbol{F}_{21}=\frac{q_2q_1}{4\pi\varepsilon_0 r_{21}^2}e_{r21}$$

图4-1中，$\boldsymbol{F}_{12}$ 表示 q_2 对 q_1 的作用力，$\boldsymbol{F}_{21}$ 表示 q_1 对 q_2 的作用力．从图中不难看出 $\boldsymbol{F}_{12}=-\boldsymbol{F}_{21}$，这符合牛顿第三定律．

应该指出：

(1) 库仑定律只有在真空中，对于两个点电荷成立．亦即只有 q_1、q_2的本身线度与它们之间的距离相比很小时，库仑定律成立．

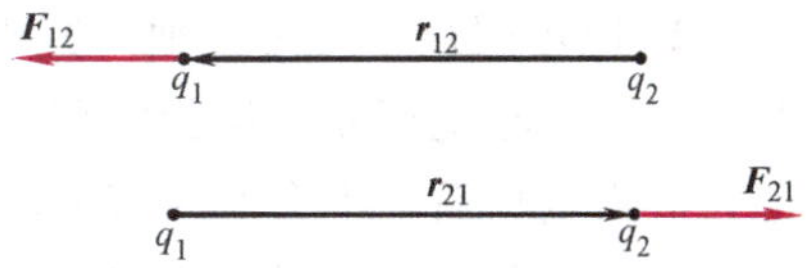

图 4-1 两个点电荷之间的作用力

(2) 静电力的叠加原理．静电力遵守力的叠加原理，即作用在某一点电荷上的力为其他点电荷单独存在时对该点电荷静电力的矢量和：

$$\boldsymbol{F}=\sum_{i=1}^{n}\boldsymbol{F}_i \tag{4-2}$$

(3) 库仑定律仅适用于求相对于观察者静止的两点电荷之间的相互作用力，或者放宽一点，亦适用于求相对于观察者静止的点电荷作用于低速运动的点电荷力的情形．

例题 4-1 按量子理论，在氢原子中，核外电子快速地运动着，并以一定的概率出现在原子核（质子）的周围各处，在基态下，电子在半径 $r=0.529\times10^{-10}\,\text{m}$ 的球面附近出现的概率最大．试计算在基态下，氢原子内电子和质子之间的静电力和万有引力，并比较两者的大小．引力常量为 $G=6.67\times10^{-11}\,\text{N}\cdot\text{m}^2/\text{kg}^2$．

解：按库仑定律计算，电子和质子之间的静电力为

$$F_e=\frac{e^2}{4\pi\varepsilon_0 r^2}=\left[9.0\times10^9\times\frac{(1.60\times10^{-19})^2}{(0.529\times10^{-10})^2}\right]\text{N}\approx8.23\times10^{-8}\,\text{N}$$

应用万有引力定律，电子和质子之间的万有引力为

$$F_g=G\frac{m_1m_2}{r^2}=\left[6.67\times10^{-11}\times\frac{9.11\times10^{-31}\times1.67\times10^{-27}}{(0.529\times10^{-10})^2}\right]\text{N}\approx3.63\times10^{-47}\,\text{N}$$

由此得静电力与万有引力的比值为

$$\frac{F_e}{F_g}\approx2.27\times10^{39}$$

可见在原子中，电子和质子之间的静电力远比万有引力大，由此，在处理电子和质子之间的相互作用时，只需考虑静电力，万有引力可以略去不计．而在原子结合成分子、原子或分子组成液体或固体时，它们的结合力在本质上也都属于电磁力．

4.2 电场强度 高斯定理

4.2.1 电场强度 电场强度叠加原理

1. 电场 对于电荷间的相互作用，历史上有两种观点：一种是不需要传递作用力的媒质，也不需要时间，可以超越空间、直接地、瞬时地相互作用，叫作超距作用；另一种是中间需要有传递作用力的媒质，当两个电荷不直接接触时，其相互作用必须依赖于其间的物质作为传递媒质，叫作近距作用．现在我们知道超距作用是不存在的，任何物体之间的作用力都是靠中间媒质传递的，电荷也不例外．这就说明电荷周围必然存在一种特殊物质，尽管看不到摸不着，但确实存在，是物质存在的一种形态，而且现代科学的理论和实验已经证实，这种物质和一切实物粒子一样，具有质量、能量和动量等属性．这种特殊物质叫作电场．任何电荷在空间都要激发电场，电荷间的相互作用是通过空间的电场传递的，电场对处于其中的其他电荷有力的作用．若电荷相对于惯性参考系是静止的，则在它周围所激发的电场是不随时间变化的电场，称为静电场．

2. 电场强度 为定量地研究电场中各点的性质，从电场对电荷有作用力这种特性出发，引入试验电荷 q_0. 试验电荷 q_0 必须是点电荷，而且所带电荷量也必须足够小，以便把它放入电场后，不会对原有的电场构成影响.

实验表明，在电场中给定点处，试验电荷 q_0 所受到电场力 $\boldsymbol{F}$ 的大小和方向是确定的；但在电场中的不同点，q_0 所受电场力 $\boldsymbol{F}$ 的大小和方向一般不同；而且在电场中同一位置，q_0 所受电场力 $\boldsymbol{F}$ 的大小和方向随 q_0 而变化，但无论 q_0 如何变化，其所受电场力 $\boldsymbol{F}$ 与其电荷量 q_0 的比值始终保持不变. 可见 $\boldsymbol{F}/q_0$ 与试验电荷 q_0 无关，它反映的是电场中某点的性质. 因此，可以把 $\boldsymbol{F}/q_0$ 作为描述电场性质的物理量，称为电场强度，用 $\boldsymbol{E}$ 表示，即

$$\boldsymbol{E}=\frac{\boldsymbol{F}}{q_0} \tag{4-3}$$

如果 $q_0=1\mathrm{C}$，则 $\boldsymbol{E}$ 与 $\boldsymbol{F}$ 数值相等，方向相同. 可见电场中某点的电场强度在量值上等于单位正电荷在该点所受的电场力的大小，电场强度的方向就是正电荷在该点所受的电场力的方向.

在国际单位制中，电场强度的单位是牛每库（N/C）或伏每米（V/m）.

例题 4-2 根据电场强度 $\boldsymbol{E}$ 的定义，计算点电荷 q 所产生的电场中的电场强度分布.

解： 设在真空中有一个点电荷 q，则在其周围电场中，距离 q 为 r 的 P 点处的电场强度可计算如下：假设将试验电荷 q_0 置于该点，则作用于 q_0 的电场力为

$$\boldsymbol{F}=\frac{qq_0}{4\pi\varepsilon_0 r^2}\cdot\frac{\boldsymbol{r}}{r}=\frac{qq_0}{4\pi\varepsilon_0 r^2}\boldsymbol{e}_r$$

式中，$\boldsymbol{r}$ 表示从点电荷 q 到 P 点的位置矢量（矢径）；$\boldsymbol{e}_r=\frac{\boldsymbol{r}}{r}$ 是沿着位置矢量 $\boldsymbol{r}$ 方向的单位矢量. 根据电场强度定义，P 点的电场强度为

$$\boldsymbol{E}=\frac{\boldsymbol{F}}{q_0}=\frac{q}{4\pi\varepsilon_0 r^2}\boldsymbol{e}_r \tag{4-4}$$

如果以 q 为球心，以 r 为半径作一球面，则球面上各点电场强度的大小相等，方向均沿着球的径向. 由此可以看出点电荷电场强度分布的规律性.

3. 电场强度叠加原理 设电场是由 n 个点电荷 q_1、q_2、…、q_n 所产生，如图 4-2 所示. 若在该电场中任一点处放入一试验电荷 q_0，则根据力的叠加原理可得，q_0 所受的电场力应等于各个点电荷各自对 q_0 作用的电场力 $\boldsymbol{F}_1$、$\boldsymbol{F}_2$、…、$\boldsymbol{F}_n$ 的矢量和，即

$$\boldsymbol{F}=\boldsymbol{F}_1+\boldsymbol{F}_2+\cdots+\boldsymbol{F}_n$$

两边同时除以 q_0，可得

$$\frac{\boldsymbol{F}}{q_0}=\frac{\boldsymbol{F}_1}{q_0}+\frac{\boldsymbol{F}_2}{q_0}+\cdots+\frac{\boldsymbol{F}_n}{q_0}$$

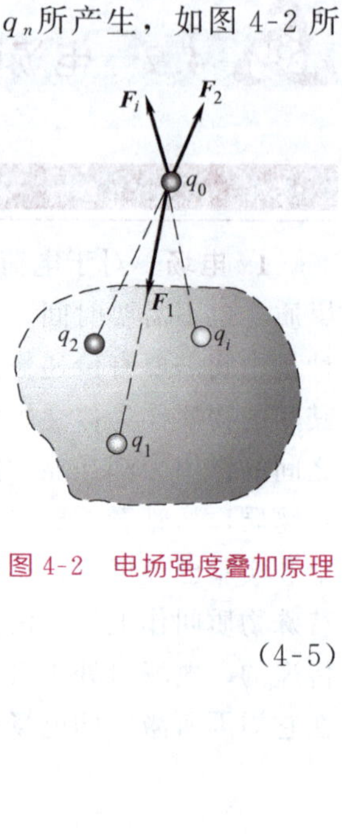

图 4-2 电场强度叠加原理

根据电场强度定义，等式左边是总电场强度，右边各项分别是各个点电荷单独存在时所产生的电场强度，由上式可得在点电荷系的电场中任一点的总电场强度等于各个点电荷单独存在时在该点产生的电场强度的矢量和，即

$$\boldsymbol{E}=\boldsymbol{E}_1+\boldsymbol{E}_2+\cdots+\boldsymbol{E}_n=\sum_{i=1}^{n}\boldsymbol{E}_i \tag{4-5}$$

此即电场强度的叠加原理.

如果带电体上的电荷分布是连续的，则可将其看成是许多极小的电荷元 $\mathrm{d}q$ 的集合．$\mathrm{d}q$ 在考察点处的电场强度可根据点电荷场强公式求得：

$$\mathrm{d}\boldsymbol{E}=\frac{1}{4\pi\varepsilon_0}\frac{\mathrm{d}q}{r^2}\boldsymbol{e}_r$$

式中，r 是从电荷元 $\mathrm{d}q$ 到电场中考察点的距离．对于电荷连续分布的带电体，其电荷按电荷线密度 λ、面密度 σ、体密度 ρ 分布，电荷元 $\mathrm{d}q$ 可分别表示为

$$\mathrm{d}q=\lambda\mathrm{d}l$$

$$\mathrm{d}q=\sigma\mathrm{d}S$$

$$\mathrm{d}q=\rho\mathrm{d}V$$

则电荷连续分布的带电体的电场强度为

$$\boldsymbol{E}=\frac{1}{4\pi\varepsilon_0}\int\frac{\mathrm{d}q}{r^2}\boldsymbol{e}_r \tag{4-6}$$

实际上，在具体运算时，通常把 $\mathrm{d}\boldsymbol{E}$ 在 x、y、z 三坐标轴方向上的分量式分别写出，然后进行积分计算，最后再合成求出 $\boldsymbol{E}$ 矢量．

例题 4-3　等量异号点电荷相距为 l，这样的一对点电荷称为电偶极子．由负电荷指向正电荷的矢量（矢径）作为电偶极子的轴线的正方向，电荷量 q 与矢径 $\boldsymbol{l}$ 的乘积定义为电偶极矩，简称电矩．电矩是矢量，用 $\boldsymbol{p}$ 表示，$\boldsymbol{p}=q\boldsymbol{l}$. 求真空中电偶极子的电场强度．

解：（1）连线延长线上 P 点的电场强度

如图 4-3a 所示，设点电荷 $+q$ 和 $-q$ 轴线的中点到轴线延长线上一点 P 点的距离为 r（假设 $r\gg l$），$+q$ 和 $-q$ 在 P 点产生的电场强度大小分别为

$$E_+=\frac{1}{4\pi\varepsilon_0}\frac{q}{\left(r-\dfrac{l}{2}\right)^2}\quad（方向向右）$$

$$E_-=\frac{1}{4\pi\varepsilon_0}\frac{q}{\left(r+\dfrac{l}{2}\right)^2}\quad（方向向左）$$

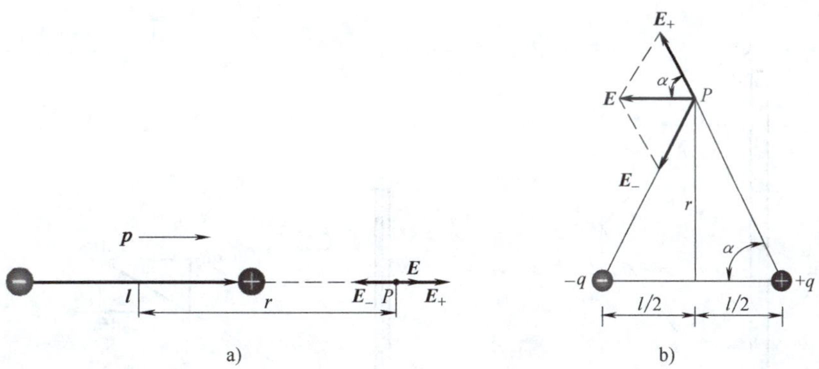

图 4-3　例题 4-3 用图

求 $\boldsymbol{E}_+$ 和 $\boldsymbol{E}_-$ 的矢量和就相当于求代数和，因此 P 点的合电场强度 $\boldsymbol{E}_P$ 的大小为

$$E_P=E_+-E_-=\frac{q}{4\pi\varepsilon_0}\left[\frac{1}{\left(r-\dfrac{l}{2}\right)^2}-\frac{1}{\left(r+\dfrac{l}{2}\right)^2}\right]=\frac{1}{4\pi\varepsilon_0 r^3}\frac{2ql}{\left(1-\dfrac{l}{2r}\right)^2\left(1+\dfrac{l}{2r}\right)^2}$$

因为 $r\gg l$，所以

$$E_P \approx \frac{2ql}{4\pi\varepsilon_0 r^3} = \frac{2p}{4\pi\varepsilon_0 r^3} \quad （方向向右）$$

写成矢量式为

$$\boldsymbol{E}_P = \frac{2\boldsymbol{p}}{4\pi\varepsilon_0 r^3}$$

$\boldsymbol{E}_P$的方向与电矩 $\boldsymbol{p}$ 的方向一致．

（2）中垂线上 P 点的电场强度

如图 4-3b 所示，设点电荷$+q$和$-q$轴线的中点到中垂线上一点 P 的距离为 r（假设 $r \gg l$），$+q$和$-q$在 P 点产生的电场强度大小为

$$E_+ = E_- = \frac{1}{4\pi\varepsilon_0} \frac{q}{(r^2 + l^2/4)}$$

合电场强度的大小为

$$E_P = 2E_+\cos\alpha = 2\frac{1}{4\pi\varepsilon_0} \frac{q}{(r^2+l^2/4)} \frac{l/2}{(r^2+l^2/4)^{1/2}}$$

所以，合电场强度的大小为

$$E_P = \frac{1}{4\pi\varepsilon_0} \frac{ql}{(r^2+l^2/4)^{3/2}}$$

由于 $r \gg l$，所以

$$E_P \approx \frac{ql}{4\pi\varepsilon_0 r^3} = \frac{1}{4\pi\varepsilon_0} \frac{p}{r^3}$$

因为 E_P的方向与电矩的方向相反，写成矢量式为

$$\boldsymbol{E}_P = -\frac{1}{4\pi\varepsilon_0} \frac{\boldsymbol{p}}{r^3}$$

从上面的计算可知，电偶极子的电场强度与 q 和 l 的乘积成正比，这一乘积反映电偶极子的基本性质，它是一个描述电偶极子属性的物理量．电偶极子是一个重要的物理模型，在研究电磁波的发射和吸收、电介质的极化以及中性分子之间的相互作用等问题时，都要用到这一模型．

例题 4-4 在真空中，有一均匀带电的细棒，电荷线密度为 λ，棒外一点 P 和棒两端的连线与棒之间的夹角分别为 θ_1 和 θ_2，P 点到棒的距离为 x，如图 4-4a 所示，求 P 点的电场强度．

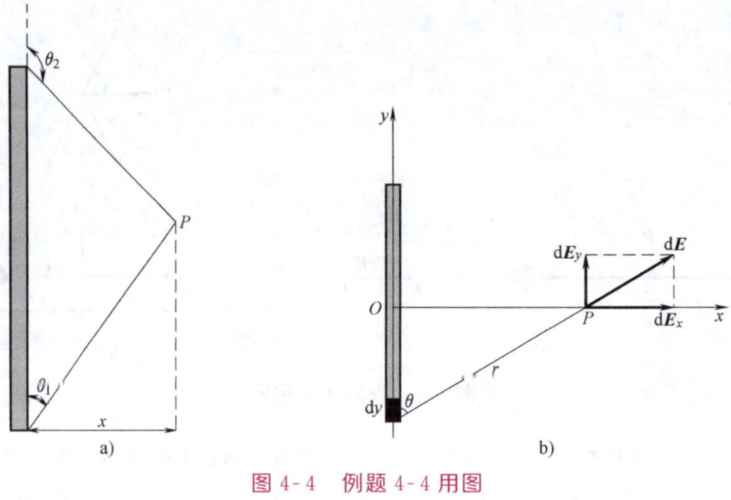

图 4-4 例题 4-4 用图

解： 根据公式 $\boldsymbol{E} = \frac{1}{4\pi\varepsilon_0}\int \frac{\mathrm{d}q}{r^2}\boldsymbol{e}_r$ 求 $\boldsymbol{E}$．建立如图 4-4b 所示的坐标系，$\mathrm{d}E = \frac{\mathrm{d}q}{4\pi\varepsilon_0 r^2}$，有

$$dE_x = dE\sin\theta = \frac{\lambda dy}{4\pi\varepsilon_0 r^2}\sin\theta \quad ①$$

$$dE_y = dE\cos\theta = \frac{\lambda dy}{4\pi\varepsilon_0 r^2}\cos\theta \quad ②$$

为了把两式中的变量 θ、r、y 用单一变量 θ 代替，必须进行变量代换．利用几何和三角知识可得

$$-y = x\cot\theta \qquad dy = x\csc^2\theta d\theta \quad ③$$

$$r = x\csc\theta \quad ④$$

将式③和式④代入式①和式②中整理后得

$$dE_x = \frac{\lambda}{4\pi\varepsilon_0 x}\sin\theta d\theta$$

$$dE_y = \frac{\lambda}{4\pi\varepsilon_0 x}\cos\theta d\theta$$

积分遍及整个带电细棒，θ 从 $\theta_1 \to \theta_2$，于是得

$$E_x = \int_{\theta_1}^{\theta_2} dE_x = \frac{\lambda}{4\pi\varepsilon_0 x}\int_{\theta_1}^{\theta_2}\sin\theta d\theta = \frac{\lambda}{4\pi\varepsilon_0 x}(\cos\theta_1 - \cos\theta_2) \quad ⑤$$

$$E_y = \int_{\theta_1}^{\theta_2} dE_y = \frac{\lambda}{4\pi\varepsilon_0 x}\int_{\theta_1}^{\theta_2}\cos\theta d\theta = \frac{\lambda}{4\pi\varepsilon_0 x}(\sin\theta_2 - \sin\theta_1) \quad ⑥$$

其矢量表达式为

$$\boldsymbol{E} = E_x\boldsymbol{i} + E_y\boldsymbol{j} = \frac{\lambda}{4\pi\varepsilon_0 x}[(\cos\theta_1 - \cos\theta_2)\boldsymbol{i} + (\sin\theta_2 - \sin\theta_1)\boldsymbol{j}]$$

电场强度的大小为

$$E = \sqrt{E_x^2 + E_y^2}$$

电场强度的方向可用 $\boldsymbol{E}$ 与 x 轴的夹角 β 表示，即

$$\beta = \arctan\frac{E_y}{E_x}$$

讨论：

(1) 当 P 点在带电细棒的中垂面上，即 $\theta_1 + \theta_2 = \pi$ 时，则有 $E_x = \dfrac{\lambda}{2\pi\varepsilon_0 x}\cos\theta_1$，$E_y = 0$.

(2) 当带电细棒为“无限长”，即 $\theta_1 = 0$，$\theta_2 = \pi$ 时，则有 $E_x = \dfrac{\lambda}{2\pi\varepsilon_0 x}$，$E_y = 0$，即无限长均匀带电细棒产生的电场强度与场点到棒的距离成反比，方向与棒垂直，$\lambda > 0$ 时，背离棒而去；$\lambda < 0$ 时，指向棒而来．而且，凡是到棒的距离相等的点的电场强度的大小相等，电场强度的这种分布叫作轴对称分布．

例题 4-5 如图 4-5 所示，一半径为 R 的均匀带电圆环，电荷总量为 q. 求轴线上离环中心 O 为 x 处的电场强度 E.

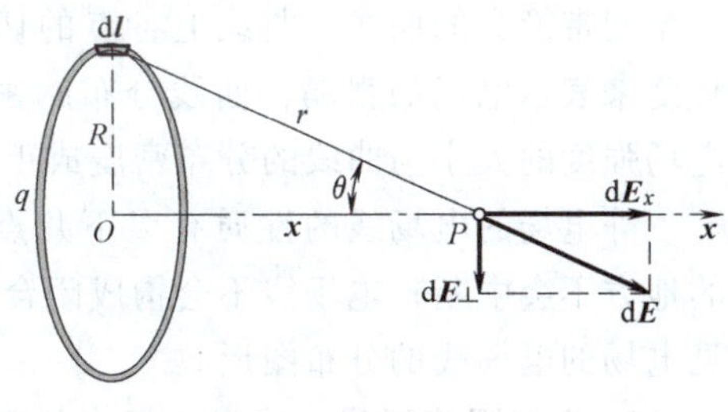

图 4-5 例题 4-5 用图

解： 圆环上任一电荷元 dq 在 P 点产生的电场强度为

$$d\boldsymbol{E} = \frac{dq}{4\pi\varepsilon_0 r^2}\boldsymbol{e}_r$$

根据对称性分析，整个圆环在距圆心 x 处 P 点产生的电场强度方向沿 x 轴，大小为

$$E = \oint dE\cos\theta = \frac{1}{4\pi\varepsilon_0}\oint\frac{dq}{r^2}\frac{x}{r}$$

$$= \frac{x}{4\pi\varepsilon_0 r^3}\oint dq = \frac{xq}{4\pi\varepsilon_0 r^3} = \frac{xq}{4\pi\varepsilon_0(x^2 + R^2)^{\frac{3}{2}}}$$

下面就几种特殊情况进行讨论.

（1）若 $x=0$，则 $\boldsymbol{E}=0$. 表明环心处的电场强度为零.

（2）若 $x\gg R$，则 $(x^2+R^2)^{3/2}\approx x^3$，$E=\frac{q}{4\pi\varepsilon_0 x^2}$，这与环上电荷都集中在环心处的点电荷的电场强度一致，亦即在远离圆环的地方，可以把带电圆环看成点电荷. 由此可以进一步体会到点电荷这一概念的相对性.

例题 4-6 求均匀带电薄圆盘轴线上的电场强度. 设盘的半径为 R_0，电荷面密度为 σ.

解： 如图 4-6 所示，在圆盘轴线上任取一点 P，P 点到盘心的距离为 x. 为了计算圆盘产生的电场强度，我们不妨把圆盘分成许多同心的细圆环带，取一半径为 R，宽度为 $\mathrm{d}R$ 的细圆环带，其面积为 $\mathrm{d}S=2\pi R\mathrm{d}R$，所带的电荷量为 $\mathrm{d}q=\sigma\mathrm{d}S=\sigma\cdot 2\pi R\mathrm{d}R$. 由例题 4-5 可知，此圆环带在 P 点产生的电场强度为

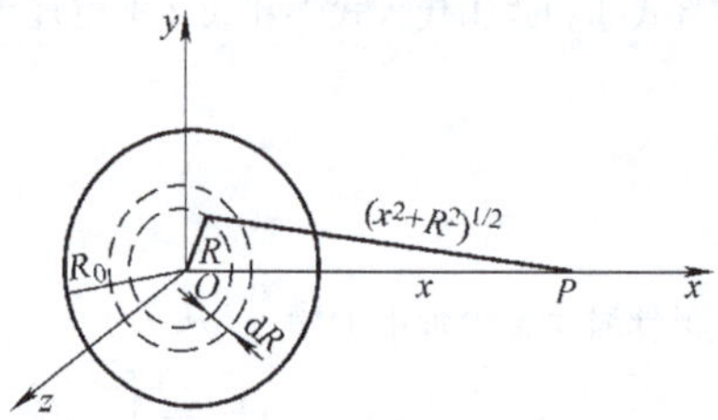

图 4-6 例题 4-6 用图

$$\mathrm{d}E=\frac{\mathrm{d}q}{4\pi\varepsilon_0(x^2+R^2)^{3/2}}=\frac{\sigma}{2\varepsilon_0}\frac{xR\,\mathrm{d}R}{(x^2+R^2)^{3/2}}$$

方向：当 $\sigma>0$ 时，沿 x 轴正向；当 $\sigma<0$ 时，沿 x 轴负向. 由于所有细圆环带在 P 点处产生的电场强度的方向都相同，由上式可得带电薄圆盘在轴线上 P 点产生的电场强度为

$$E=\int\mathrm{d}E=\frac{\sigma x}{2\varepsilon_0}\int_0^{R_0}\frac{R\mathrm{d}R}{(x^2+R^2)^{3/2}}=\frac{\sigma x}{2\varepsilon_0}\left(\frac{1}{\sqrt{x^2}}-\frac{1}{\sqrt{x^2+R_0^2}}\right)$$

讨论：当 $x\ll R_0$ 时，$\left(\frac{1}{\sqrt{x^2}}-\frac{1}{\sqrt{x^2+R_0^2}}\right)\approx\frac{1}{x}$，此时可把带电薄圆盘看成是“无限大”的均匀带电平面，于是有

$$E=\frac{\sigma}{2\varepsilon_0}$$

上式表明，无限大均匀带电平面所产生的电场强度与场点到平面的距离无关，即在平面两侧各点电场强度大小相等，方向相同且与带电面垂直，平面两侧的电场关于带电平面对称，电场的这种分布称为面对称分布.

4.2.2 高斯定理

1. 电场线 为了形象直观地描述电场在空间的分布，我们可以假想在电场中分布着一系列带箭头的曲线，曲线上各点的切线方向表示该点电场强度的方向；用曲线的疏密程度来表示电场的强弱：曲线分布越密的区域电场越强，分布越疏的区域电场越弱，即电场强度的大小与曲线的分布密度成正比. 这些曲线叫作电场线.

静电场的电场线的性质有以下几点：电场线起于正电荷，止于负电荷，在没有电荷的地方不会中断；电场线不会构成闭合曲线；任何两条电场线不会相交. 图 4-7 是几种常见电场的电场线的分布图形.

2. 电场强度通量 通过电场中任一曲面的电场线的条数叫作通过这一曲面的电场强度通量，简称电通量，通常用 Φ_e 表示. 下面讨论电通量的数学表示式. 因为电场强度与电场线密度成正比，不妨在电场中取一面元矢量 $\mathrm{d}\boldsymbol{S}$，其法线方向与电场强度方向平行，垂直穿过面元矢量 $\mathrm{d}\boldsymbol{S}$ 的电场线的条数为 $\mathrm{d}N$，则

$$E=\frac{\mathrm{d}N}{\mathrm{d}S}$$

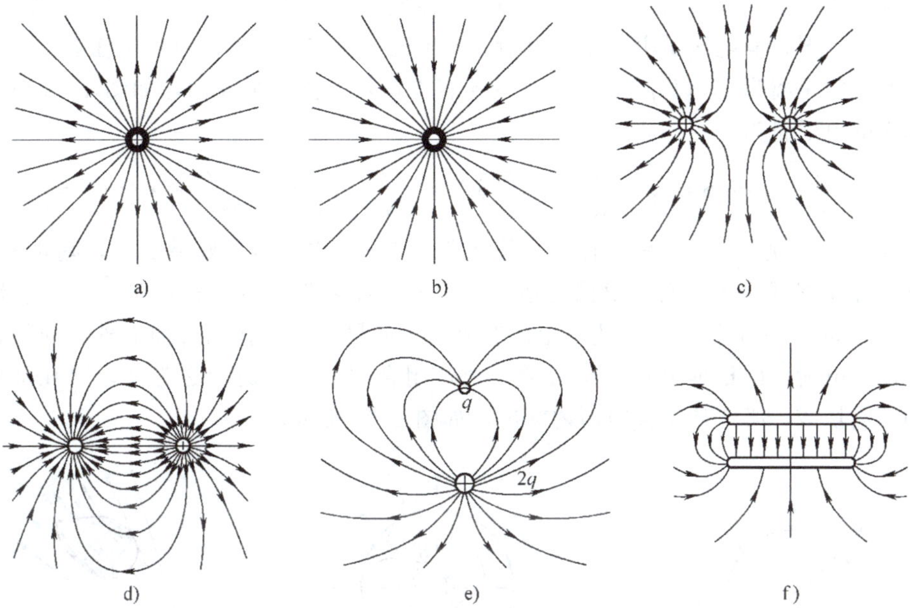

图 4-7　几种常见的电场线

a）正电荷　b）负电荷　c）等值同号电荷　d）等值异号电荷　e）电荷 $2q$ 和 $-q$　f）正负带电板

式中已令比例系数为 1 了．故通过面元矢量 $\mathrm{d}\boldsymbol{S}$ 的电通量为

$$\mathrm{d}\Phi_{\mathrm{e}}=E\mathrm{d}S$$

对于任意面元矢量 $\mathrm{d}\boldsymbol{S}$，其法线方向与电场强度 $\boldsymbol{E}$ 成 θ 角，如图 4-8 所示，这时穿过面元矢量 $\mathrm{d}\boldsymbol{S}$ 的电通量为

$$\mathrm{d}\Phi_{\mathrm{e}}=E\mathrm{d}S\cos\theta=\boldsymbol{E}\cdot\mathrm{d}\boldsymbol{S} \tag{4-7}$$

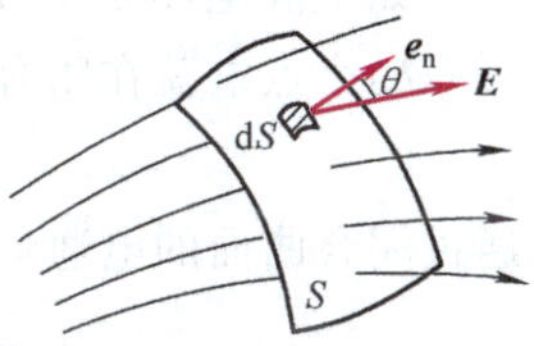

图 4-8　电通量

如果 θ 是锐角，则 $\mathrm{d}\Phi_{\mathrm{e}}>0$；如果 θ 是钝角，则 $\mathrm{d}\Phi_{\mathrm{e}}<0$；如果 $\theta=\pi/2$，则 $\mathrm{d}\Phi_{\mathrm{e}}=0$.

一般情况下，电场是非均匀场，而且所取的几何面是有限的任意曲面 S，曲面上电场强度的大小和方向是逐点变化的，为了求出通过任意曲面的电通量，可将曲面 S 分割成许多小面元 $\mathrm{d}\boldsymbol{S}$. 先将通过每一个小面元的电通量计算出来，然后将所有面元的电通量相加．从数学运算的角度来说，就是对整个曲面 S 积分，即

$$\Phi_{\mathrm{e}}=\int\mathrm{d}\Phi_{\mathrm{e}}=\int_S\boldsymbol{E}\cdot\mathrm{d}\boldsymbol{S} \tag{4-8}$$

如果是闭合曲面时，上式可表示为

$$\Phi_{\mathrm{e}}=\oint_S E\cos\theta\mathrm{d}S=\oint_S\boldsymbol{E}\cdot\mathrm{d}\boldsymbol{S} \tag{4-9}$$

对于曲面的法线方向，如果不是闭合曲面，法线的正方向可以取曲面的任一侧；若是闭合曲面，通常规定从曲面内侧指向曲面外侧为法线方向的正方向．因此，在电场线穿出闭合曲面的地方，即 $\theta<\pi/2$ 时，电通量为正；在电场线进入闭合曲面的地方，即 $\theta>\pi/2$ 时，电通量为负．

3. 静电场的高斯定理　在引入了电通量和电场线两个概念以后，下面我们从库仑定

律和电场强度叠加原理出发，讨论表征静电场性质的一个基本定理——高斯定理．首先讨论最简单的情况，静电场是由一个点电荷 q 产生的．在其所产生的电场中任取一点，该点到点电荷 q 的距离为 r，以 q 为中心、r 为半径在电场中做一个球面，如图 4-9a 所示，通过该球面的电通量为

$$\Phi_e=\oint_S E\cos\theta \mathrm{d}S=\oint_S \frac{q}{4\pi\varepsilon_0 r^2}\cos 0^\circ \mathrm{d}S=\frac{q}{4\pi\varepsilon_0 r^2}\oint_S \mathrm{d}S=\frac{q}{4\pi\varepsilon_0 r^2}\cdot 4\pi r^2=\frac{q}{\varepsilon_0}$$

如果 $q>0$，则 $\Phi_e>0$，表示有 q/ε_0 条电场线从球面内穿出；如果 $q<0$，则 $\Phi_e<0$，表示有 q/ε_0 条电场线穿入球面．根据电通量的定义，如果包围点电荷的是一个任意形状的闭合曲面，如图 4-9b 所示，上述结论仍然成立．如果点电荷在闭合曲面外，即闭合曲面没有包围点电荷，则根据电场线的性质，通过闭合曲面的电通量必为零，即凡是穿入闭合曲面的电场线，必定从闭合曲面内穿出，如图 4-9c 所示．

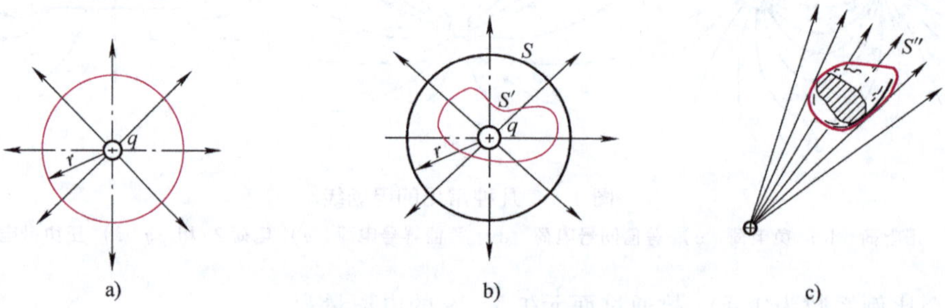

图 4-9　高斯定理推导图

如果静电场是由 n 个点电荷共同产生的，其中前 k 个点电荷在闭合曲面内，而其余 $(n-k)$ 个点电荷在闭合曲面外，闭合曲面上任一点的电场强度为

$$\boldsymbol{E}=\boldsymbol{E}_1+\boldsymbol{E}_2+\cdots+\boldsymbol{E}_k+\boldsymbol{E}_{k+1}+\cdots+\boldsymbol{E}_n$$

通过闭合曲面的电通量为

$$\begin{aligned}\Phi_e&=\oint_S \boldsymbol{E}\cdot \mathrm{d}\boldsymbol{S}=\oint_S(\boldsymbol{E}_1+\boldsymbol{E}_2+\cdots+\boldsymbol{E}_k+\boldsymbol{E}_{k+1}+\cdots+\boldsymbol{E}_n)\cdot \mathrm{d}\boldsymbol{S}\\&=\frac{q_1}{\varepsilon_0}+\frac{q_2}{\varepsilon_0}+\cdots+\frac{q_k}{\varepsilon_0}\end{aligned}$$

即

$$\oint_S \boldsymbol{E}\cdot \mathrm{d}\boldsymbol{S}=\frac{1}{\varepsilon_0}\sum q_{内} \tag{4-10}$$

如果静电场是由一个电荷连续分布的带电体产生的，我们可以把带电体细分成无限多个电荷元，每个电荷元都可以看成点电荷，因此式(4-10)仍然成立．通常把式(4-10)叫作真空中静电场的高斯定理的数学表达式．

高斯定理的文字表述为：电场中通过任意一个闭合曲面 S 的电通量 Φ_e，等于闭合曲面内包围的所有电荷量的代数和 $\sum q_{内}$ 除以 ε_0．

高斯定理具有重要的理论意义，它指出：当 $\sum q_{内}>0$ 时，即总起来看闭合曲面内是正电荷时，$\Phi_e>0$，说明有电场线从闭合曲面内穿出，所以正电荷是静电场的源头；当 $\sum q_{内}<0$ 时，即总起来看闭合曲面内是负电荷时，$\Phi_e<0$，说明有电场线穿入闭合曲面，

而终止于负电荷，所以负电荷是静电场的归宿．说明静电场是有源场，电荷就是它的源．

高斯定理的应用很广泛，其中之一是用来计算电场强度．一般情况下，用高斯定理直接计算电场强度是比较困难的，但是当某一个带电体电荷分布具有对称性，而且它在空间激发的电场也具有某种对称性时，我们就可以根据电场的对称性选取合适的闭合曲面即高斯面，利用高斯定理来计算电场强度．因此分析电场的对称性规律是应用高斯定理求解电场强度的一个十分重要的问题，下面通过几个例子说明利用高斯定理计算电场强度的方法．

例题 4-7 设一块均匀带正电“无限大”平面，电荷面密度为 $\sigma=9.3\times10^{-8}\,\mathrm{C/m^2}$，放置在真空中，求空间任一点的电场强度．

解： 根据电荷的分布情况，可做如下判断：(1) 电荷均匀分布在均匀带电“无限大”平面上，我们知道孤立正的点电荷的电场是以电荷为中心，沿各个方向在空间向外的直线，因此空间任一点的电场强度只在与平面垂直向外的方向上（如果带负电荷，电场方向相反），其他方向上的电场相互抵消；(2) 在平行于带电平面的某一平面上各点的电场强度相等；(3) 带电面右半空间的电场强度与左半空间的电场强度，对带电平面是对称的．

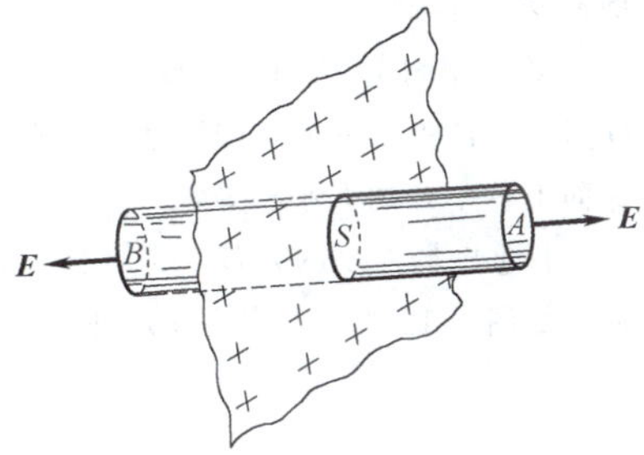

图 4-10 例题 4-7 用图

为了计算右方一点 A 的电场强度，在左方取它的对称点 B，以 AB 为轴线做一圆柱，如图 4-10 所示．

对圆柱表面用高斯定理，有

$$\Phi_e=\oint_S \boldsymbol{E}\cdot d\boldsymbol{S}=\Phi_{e侧面}+\Phi_{e两个底面}=\frac{\sum q}{\varepsilon_0} \qquad ①$$

$$\Phi_{e侧}=0 \qquad ②$$

$$\Phi_{e两个底面}=2ES \qquad ③$$

圆柱内的电荷量为

$$\sum q=\sigma S \qquad ④$$

把式②、式③和式④代入式①得

$$E=\frac{\sigma}{2\varepsilon_0} \qquad (4\text{-}11)$$

代入已知数据得

$$E=\frac{9.3\times10^{-8}}{2\times8.85\times10^{-12}}\,\mathrm{V/m}\approx5.25\times10^3\,\mathrm{V/m}$$

例题 4-8 设有一根“无限长”均匀带正电直线，电荷线密度为 $\lambda=5.0\times10^{-9}\,\mathrm{C/m}$，放置在真空中，求空间距直线 1m 处任一点的电场强度．

解： 根据电荷的分布情况，可做如下判断：(1) 电荷均匀分布在“无限长”直线上，我们知道孤立正的点电荷的电场是以电荷为中心，沿各个方向在空间向外的直线，因此空间任一点的电场强度只在与直线垂直向外的方向上存在（如果带负电荷，电场方向相反），其他方向上的电场相互抵消；(2) 以直线为轴线的圆柱面上各点的电场强度数值相等，方向垂直于柱面（见图 4-11）．

根据电场强度的分布，我们以直线为轴做长为 l、半径为 r 的圆柱体．把圆柱体的表面作为高斯面，对圆柱表面用高斯定理，有

$$\Phi_e=\oint_S \boldsymbol{E}\cdot d\boldsymbol{S}=\Phi_{e侧面}+\Phi_{e两个底面}=\frac{\sum q}{\varepsilon_0} \qquad ①$$

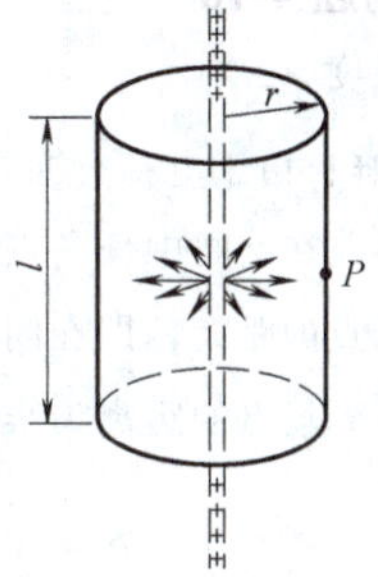

图 4-11 例题 4-8 用图

$$\Phi_{e侧面}=S_{侧面}E=2\pi rlE \qquad ②$$

$$\Phi_{e两个底面}=0 \qquad ③$$

圆柱内的电荷量为

$$\sum q=\lambda l \qquad ④$$

把式②、式③和式④代入式①得

$$E=\frac{\lambda}{2\pi\varepsilon_0 r} \qquad (4\text{-}12)$$

代入已知数据得

$$E=\frac{5.0\times10^{-9}}{2\times3.14\times8.85\times10^{-12}\times1}\text{V/m}\approx89.96\text{V/m}$$

例题 4-9 设有一半径为 R 的均匀带正电球面，电荷为 q，放置在真空中，求空间任一点的电场强度．

解： 由于电荷均匀分布在球面上，因此，空间任一点 P 的电场强度具有球对称性，方向沿由球心 O 到 P 点的矢径方向（如果带负电荷，电场方向相反），在与带电球面同心的球面上各点 $\boldsymbol{E}$ 的大小相等．

根据电场强度的分布，我们取一半径为 r 且与带电球面同心的球面为高斯面，如图 4-12 所示，由高斯定理得

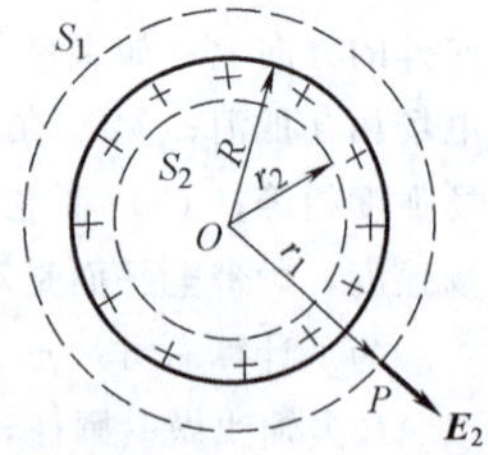

图 4-12 例题 4-9 用图

$$\Phi_e=\oint_S \boldsymbol{E}\cdot d\boldsymbol{S}=E_{球内}\cdot4\pi r^2=\frac{\sum q}{\varepsilon_0}$$

若 $r<R$，高斯面 S_2 在球面内，因为球面内无电荷，$\sum q=0$，所以

$$E_{球内}=0$$

若 $r>R$，高斯面 S_1 在球面外，$\sum q=q$，故有

$$4\pi r^2E=\frac{q}{\varepsilon_0}$$

$$E=\frac{q}{4\pi\varepsilon_0 r^2}$$

由此可知，均匀带电球面内的电场强度为零，球面外的电场强度与电荷集中在球心的点电荷所产生的电场强度相同．

综上所述，可得如下结论：在球面外（$r>R$），点 P 的电场强度为

$$\boldsymbol{E}=\frac{q}{4\pi\varepsilon_0 r^2}\boldsymbol{e}_r$$

在球面内($r<R$)，点 P 的电场强度为

$$\boldsymbol{E}=0$$

例题 4-10 设有一半径为 R、均匀带电为 q 的球体，如图 4-13 所示．求球体内部和外部任一点的电场强度．

解： 由于电荷分布是球对称的，所以电场强度的分布也是球对称的．因此在空间中任一点的电场强度的方向沿矢径，大小则依赖于从球心到场点的距离，即在同一球面上的各点的电场强度的大小是相等的．以球心到场点的距离为半径做一球面，如图 4-13 所示，由高斯定理得

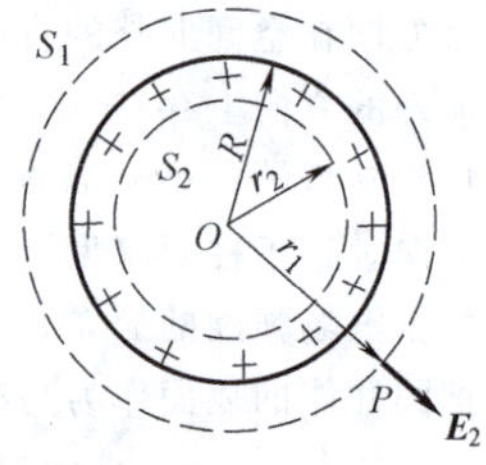

图 4-13 例题 4-10 用图 （1）

$$\Phi_e=\oint_S \boldsymbol{E}\cdot d\boldsymbol{S}=E_{球内}\cdot4\pi r^2=\frac{\sum q}{\varepsilon_0}$$

当场点在球体外时（$r>R$），有

$$\sum q = q$$

电场强度的大小为

$$E = \frac{q}{4\pi\varepsilon_0 r^2}$$

当场点在球体内时（$r<R$），有

$$\sum q = \frac{q}{\frac{4}{3}\pi R^3}\frac{4}{3}\pi r^3 = \frac{qr^3}{R^3}$$

电场强度的大小为

$$E = \frac{qr}{4\pi\varepsilon_0 R^3}$$

写成矢量式为

$$\boldsymbol{E} = \begin{cases} \dfrac{q}{4\pi\varepsilon_0 r^2}\boldsymbol{e}_r & (r > R) \\ \dfrac{qr}{4\pi\varepsilon_0 R^3}\boldsymbol{e}_r & (r < R) \end{cases}$$

其 E-r 关系如图 4-14 所示.

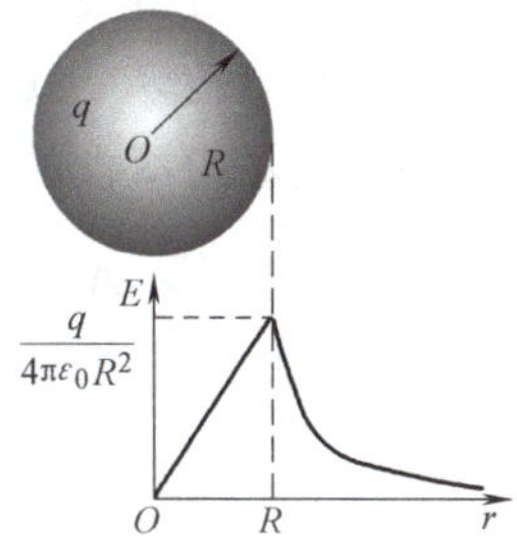

图 4-14　例题 4-10 用图（2）

根据以上几个例子，可以总结出利用高斯定理求解电场强度的一般步骤：

(1) 由电荷分布的对称性(轴、面、球)，判断电场的分布特点；

(2) 合理做出高斯面，使电场在其中对称分布；

(3) 计算通过高斯面的电通量 Φ_e；

(4) 求出高斯面内的电荷量 $\sum q$；

(5) 应用高斯定理并代入已知数据求解.

4.3 静电场的环路定理　电势

前面我们从电荷在电场中受电场力出发引入了描述静电场性质的物理量——电场强度，本节我们将从电场力对电荷做功的特性出发，引入描述静电场性质的另外一个物理量——电势.

4.3.1 电场力做功　静电场的环路定理

1. 电场力做功　当电荷在电场中移动时，作用在电荷上的电场力就会对它做功. 我们先来考察在点电荷 $q(q>0)$ 的静电场中，把试验电荷 q_0 由 a 点沿任意路径移动到 b 点电场力所做的功. 如图 4-15 所示，在 q_0 移动的路径上任意一点 C 附近取线元 $\mathrm{d}\boldsymbol{l}$，设 C 点到 q 的距离为 r，则 C 点的电场强度为

$$\boldsymbol{E} = \frac{\boldsymbol{F}}{q_0} = \frac{q}{4\pi\varepsilon_0 r^2}\boldsymbol{e}_r$$

若 q_0 由 C 点移动了元位移 $\mathrm{d}\boldsymbol{l}$，则电场力所做的元功为

$$\mathrm{d}A = \boldsymbol{F}\cdot\mathrm{d}\boldsymbol{l} = q_0\boldsymbol{E}\cdot\mathrm{d}\boldsymbol{l} = q_0 E\cos\theta\mathrm{d}l$$

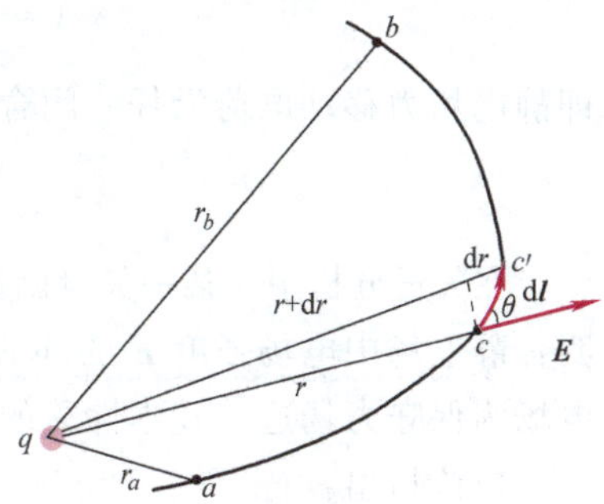

图 4-15　点电荷的电场中电场力做功

式中，$\cos\theta \mathrm{d}l=\mathrm{d}r$ 为 $\mathrm{d}\boldsymbol{l}$ 沿电场强度方向的投影．电场力所做的元功即为

$$\mathrm{d}A = q_0 E \mathrm{d}r$$

把试验电荷 q_0 由 a 点沿任意路径移动到 b 点电场力所做的总功为

$$A = \int_a^b q_0 E \mathrm{d}r = \int_{r_a}^{r_b} \frac{q_0 q}{4\pi\varepsilon_0 r^2}\mathrm{d}r = \frac{q_0 q}{4\pi\varepsilon_0}\left(\frac{1}{r_a}-\frac{1}{r_b}\right)$$

上式表明，在点电荷 q 的静电场中，静电场力对试验电荷 q_0 所做的功与路径无关，只与起点和终点的位置有关．

如果试验电荷 q_0 在点电荷系 q_1、q_2、…、q_n所产生的静电场中运动，根据电场强度叠加原理，电场力所做的功应该等于各个点电荷的电场力做功的代数和，即

$$\begin{aligned} A_{ab} &= \int_a^b \boldsymbol{F}\cdot \mathrm{d}\boldsymbol{l} = \int_a^b q_0(\boldsymbol{E}_1+\boldsymbol{E}_2+\cdots+\boldsymbol{E}_n)\cdot \mathrm{d}\boldsymbol{l} \\ &= \int_a^b q_0\boldsymbol{E}_1\cdot \mathrm{d}\boldsymbol{l} + \int_a^b q_0\boldsymbol{E}_2\cdot \mathrm{d}\boldsymbol{l} + \cdots + \int_a^b q_0\boldsymbol{E}_n\cdot \mathrm{d}\boldsymbol{l} \\ &= A_1 + A_2 + \cdots + A_n = \sum_i \frac{q_0 q_i}{4\pi\varepsilon_0}\left(\frac{1}{r_{ia}}-\frac{1}{r_{ib}}\right) \end{aligned}$$

由于上式最后一个等号的右端每一项都与路径无关，因此各项之和也必然与路径无关．

对于静止的连续带电体，可将其看作无数电荷元的集合，因而也有相同的效果．

由此不难得出以下结论：电场力做功只取决于被移动电荷的起点和终点的位置，与移动的路径无关．这与力学中讨论过的万有引力、弹簧的弹性力等做功的特性类似．在力学中我们已经知道，具有这种性质的力称为保守力，所以静电场力是保守力或者说静电场是保守力场．

2. 静电场的环路定理 在静电场中，如图 4-16 所示，将试验电荷 q_0 沿闭合路径 l（从 a 经 c 点到 b 点，再从 b 点经 d 回到 a 点）绕行一周，则静电场力所做的功为

$$A = \oint q_0 \boldsymbol{E}\cdot \mathrm{d}\boldsymbol{l} = \int_{acb} q_0 \boldsymbol{E}\cdot \mathrm{d}\boldsymbol{l} + \int_{bda} q_0 \boldsymbol{E}\cdot \mathrm{d}\boldsymbol{l}$$

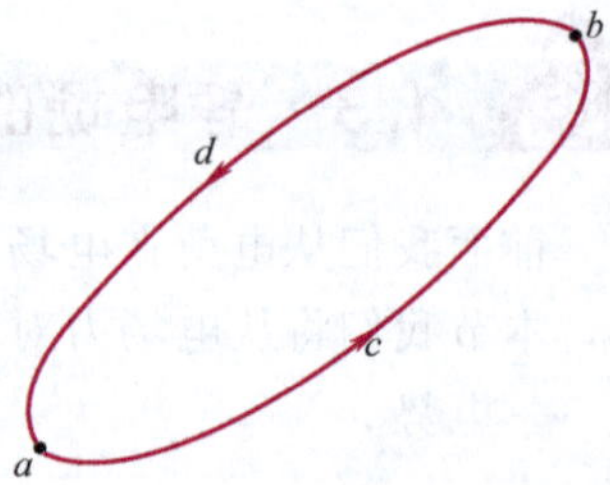

图 4-16 静电场的环路定理

即把闭合路径分为两部分，但从 b 经 d 点到 a 点电场力的功等于从 a 经 d 点到 b 点电场力做功的负值，而从 a 经 d 点到 b 点电场力的功又与从 a 经 c 点到 b 点电场力的功相等，与路径无关，因此有

$$A = \int_{acb} q_0 \boldsymbol{E}\cdot \mathrm{d}\boldsymbol{l} - \int_{adb} q_0 \boldsymbol{E}\cdot \mathrm{d}\boldsymbol{l} = 0$$

即静电场力移动电荷沿任一闭合路径所做的功为零．考虑到 $q_0 \neq 0$，所以

$$\oint \boldsymbol{E}\cdot \mathrm{d}\boldsymbol{l} = 0 \tag{4-13}$$

在矢量分析中，某一矢量函数沿任一闭合路径的线积分称为该矢量的环流．式(4-13)表明：静电场中电场强度 $\boldsymbol{E}$ 的环流恒为零．这一结论称为静电场的环路定理，它是反映静电场为保守力场这一基本性质的重要原理．

应该指出：

(1) 静电场的环路定理反映了静电场性质的另一个侧面，它说明静电场是保守力场（或无旋场），静电场力是保守力，这是我们在静电场中引入“电势”和“电势能”概念的依据．

(2) 静电场的环路定理是静电场中的电场线不会形成闭合曲线这一性质的精确的数学表达形式，因此，静电场也叫作无旋场．同时，静电场的环路定理也是能量守恒定律在静电场中的特殊形式．上述说法均可由反证法得证．

综合静电场的高斯定理和环路定理，可知静电场是有源无旋场．

4.3.2 电势 电势叠加原理

1. 电势能 由于静电场力与重力相似，是保守力，所以，仿照重力势能的建立，在描述静电场的性质时，引入电势能的概念．电荷在静电场中的一定位置所具有的势能即为电势能．依据保守力做功和势能增量的关系可知，静电场力的功就是静电势能改变的量度．

设 W_a、W_b 分别表示试验电荷 q_0 在起点 a 和终点 b 处的电势能，可知 q_0 在电场中 a、b 两点电势能之差等于把 q_0 自 a 点移至 b 点过程中电场力所做的功，故有

$$W_a - W_b = A_{ab} = \int_a^b \boldsymbol{F} \cdot \mathrm{d}\boldsymbol{l} = q_0 \cdot \int_a^b \boldsymbol{E} \cdot \mathrm{d}\boldsymbol{l} \tag{4-14}$$

静电势能也与重力势能相似，是一个相对的量，为了说明电荷在电场中某一点势能的大小，必须有一个作为参考点的“零点”（势能零点）．在式（4-14）中，若取 b 点为势能零点，即 $W_b=0$，则 q_0 在电场中某点 a 的电势能为

$$W_a = q_0 \int_a^b \boldsymbol{E} \cdot \mathrm{d}\boldsymbol{l}$$

即 q_0 自 a 点移到“势能零点 b”的过程中电场力所做的功．

对于有限大小的带电体，通常取无限远处为势能零点，即 $W_\infty=0$，于是有

$$W_a = A_{a\infty} = \int_a^\infty q_0 \boldsymbol{E} \cdot \mathrm{d}\boldsymbol{l}$$

$$W_a = q_0 \int_a^\infty \boldsymbol{E} \cdot \mathrm{d}\boldsymbol{l} \tag{4-15}$$

即 q_0 在 a 点的电势能，等于将 q_0 从 a 点移到无穷远处的过程中，电场力所做的功．式中，$\boldsymbol{E}$ 是电场强度，单位为 N/C；q_0 是电荷，单位为 C；l 是长度，单位为 m；W 为电势能，单位为 J. 电场力所做的功有正（如在斥力场中）有负（如在引力场中），所以电势能也有正有负．与重力势能相似，电势能也应属于 q_0 和产生电场的源电荷系统所共有．

2. 电势 由试验电荷 q_0 在静电场中电势能的定义式（4-15）可知，电荷在静电场中某点 a 处的电势能与 q_0 的大小成正比，而比值 $\frac{W_a}{q_0}$ 却与 q_0 无关，只决定于电场的性质以及场中给定点 a 的位置．所以，这一比值是表征静电场中给定点电场性质的物理量，称为电势，用字母 V 表示．设无限远处的电势为零，即 $V_\infty=0$，则有

$$V_P = \frac{W_{P\infty}}{q_0} = \frac{A_{P\infty}}{q_0} = \int_P^\infty \boldsymbol{E} \cdot \mathrm{d}\boldsymbol{l} \tag{4-16}$$

即静电场中某点 P 的电势 V_P，在数值上等于将单位正电荷从该点经过任意路径移到无限

远处时静电场力所做的功．式中，V 为电势，单位为伏特，简称伏，符号用 V 表示；$\boldsymbol{E}$ 是电场强度，单位为 V/m；l 是长度，单位为 m.

应该指出：

（1）由于静电场是保守场，所以才能引入电势的概念．电势是反映静电场本身性质的物理量，与试验电荷 q_0 的存在与否无关．它只是空间坐标的函数，也与时间 t 无关．

（2）电势是相对的，其值与电势零点的选取有关．电势零点的选取一般应根据问题的性质和研究的方便而定．电势零点的选取通常有两种：在理论上，计算一个有限大小的带电体所产生的电场中各点的电势时，往往选取无限远处的电势为零（对于无限大的带电体则不能如此选取，只能选取有限远点电势为零）；在电工技术或许多实际问题中，常常选取地球的电势为零，其好处在于：一方面便于和地球比较而确定各个带电体的电势，另一方面，地球是一个很大的导体，当地球所带的电荷量变化时，其电势的波动很小．

（3）电势是标量，可正可负，遵从线性函数的运算法则．

（4）电势虽是相对的，但在静电场中任意两点间的电势差则是绝对的，在实用中，它比电势更有用．

（5）在力学中，势能这个概念比势的概念更为常用；在静电学中，则刚好相反，电势这个概念比电势能更为常用．但电势和电势能是两个不同的概念，切记不能混淆．

例题 4-11 点电荷电场中的电势分布．

解： 设空间有一个静止的点电荷 q，在它所产生的电场中任取一点 P，该点到 q 的距离为 r，则 P 点的电场强度为

$$\boldsymbol{E}=\frac{q}{4\pi\varepsilon_0 r^2}\boldsymbol{e}_r$$

取无限远处为势能零点，得 P 点处的电势为

$$V_P=\int_P^{\infty}\boldsymbol{E}\cdot\mathrm{d}\boldsymbol{l}=\int_r^{\infty}\frac{q}{4\pi\varepsilon_0 r^2}\mathrm{d}r=\frac{q}{4\pi\varepsilon_0 r} \tag{4-17}$$

由上式可知，选取无限远处的电势为零，则正电荷 q 产生的电场中的电势是正的，离 q 愈远，电势愈低；如果是负电荷产生的电场，则电场中各点的电势是负的，离点电荷愈远，电势愈高，在无限远处电势为零．

3. 电势叠加原理 设在真空中有若干个点电荷 q_1、q_2、…、q_n，各点电荷到电场中 P 点的矢径分别为 $\boldsymbol{r}_1$、$\boldsymbol{r}_2$、…、$\boldsymbol{r}_n$，根据电场强度叠加原理，得 P 点的电场强度为

$$\boldsymbol{E}=\boldsymbol{E}_1+\boldsymbol{E}_2+\cdots+\boldsymbol{E}_n=\sum_i\frac{q_i}{4\pi\varepsilon_0 r_i^3}\boldsymbol{r}_i$$

根据电势的定义求得 P 点处的电势为

$$\begin{aligned}V_P&=\int_P^{\infty}\boldsymbol{E}\cdot\mathrm{d}\boldsymbol{l}=\int_P^{\infty}\boldsymbol{E}_1\cdot\mathrm{d}\boldsymbol{l}+\int_P^{\infty}\boldsymbol{E}_2\cdot\mathrm{d}\boldsymbol{l}+\cdots+\int_P^{\infty}\boldsymbol{E}_n\cdot\mathrm{d}\boldsymbol{l}\\&=V_{P1}+V_{P2}+\cdots+V_{Pn}=\sum_i V_{Pi}\end{aligned} \tag{4-18}$$

从上式可知，在点电荷系的电场中任一点的电势应等于各个点电荷单独存在时在该点所产生的电势的代数和，这就是真空中静电场的电势叠加原理．

对于电荷连续分布的带电体，可将带电体看成由许多电荷量为 dq 的电荷元（可视为点电荷）组成，根据电势叠加原理，这时电场中某一点的电势等于各电荷元 dq 在该点的电势之和，即

$$V_P = \int \mathrm{d}V = \int \frac{\mathrm{d}q}{4\pi\varepsilon_0 r} \tag{4-19}$$

式中，r 为电场中某一定点到电荷元 $\mathrm{d}q$ 的距离，右端的积分遍及整个带电体．由于电势是标量，这里的积分是标量积分，所以一般情况下电势的计算比电场强度的计算简便．

在处理具体问题时，如果带电体电荷分布分别具有体分布、面分布或线分布，则分别引入电荷体密度 ρ、电荷面密度 σ 和电荷线密度 λ，这时式（4-19）可分别表示为

$$V = \frac{1}{4\pi\varepsilon_0}\int_V \frac{\rho \mathrm{d}V}{r} \tag{4-20a}$$

$$V = \frac{1}{4\pi\varepsilon_0}\int_S \frac{\sigma \mathrm{d}S}{r} \tag{4-20b}$$

$$V = \frac{1}{4\pi\varepsilon_0}\int_l \frac{\lambda \mathrm{d}l}{r} \tag{4-20c}$$

式中，r 为电荷元 $\mathrm{d}q$ 到场点的距离．

当电荷分布已知时，可以利用以上三式计算电势．而当电荷分布具有一定对称性时，我们可以首先根据高斯定理求出电场强度，然后根据电势定义式 $V_P = \int_P^\infty \boldsymbol{E} \cdot \mathrm{d}\boldsymbol{l}$ 求出电势．

4.3.3 电势差

在静电场中，任意两点 a 和 b 的电势之差称为电势差，用字母 U_{ab} 表示，即

$$U_{ab} = V_a - V_b = \int_a^\infty \boldsymbol{E} \cdot \mathrm{d}\boldsymbol{l} - \int_b^\infty \boldsymbol{E} \cdot \mathrm{d}\boldsymbol{l} = \int_a^b \boldsymbol{E} \cdot \mathrm{d}\boldsymbol{l} \tag{4-21}$$

由上式可知，a、b 两点的电势差 U_{ab} 等于单位正电荷自 a 点移动到 b 点的过程中电场力所做的功．利用电势差可以计算电场力所做的功

$$A_{ab} = W_a - W_b = qU_{ab} = q(V_a - V_b) = q\int_a^b \boldsymbol{E} \cdot \mathrm{d}\boldsymbol{l} \tag{4-22}$$

例题 4-12　求电偶极子所产生的静电场中任意一点的电势．

解： 在电偶极子所产生的电场中任取一点 P，该点到正、负电荷的距离分别为 r_+ 和 r_-，P 点到电偶极子中心的距离为 r，正、负电荷之间的距离为 r_0，建立如图 4-17 所示坐标系．$+q$ 和 $-q$ 单独存在时，在 P 点产生的电势分别为

$$V_+ = \frac{q}{4\pi\varepsilon_0 r_+},\quad V_- = \frac{-q}{4\pi\varepsilon_0 r_-}$$

根据电势叠加原理，电偶极子在 P 点产生的电势为

$$V = V_+ + V_- = \frac{q}{4\pi\varepsilon_0}\left(\frac{1}{r_+} - \frac{1}{r_-}\right)$$

而

$$r \gg r_0,\ r_+ \approx r - \frac{r_0}{2}\cos\theta,\ r_- \approx r + \frac{r_0}{2}\cos\theta$$

因此有

$$r_- - r_+ \approx r_0\cos\theta,\ r_+ \cdot r_- \approx r^2$$

则有

$$V = \frac{q}{4\pi\varepsilon_0}\frac{r_- - r_+}{r_+ \cdot r_-} \approx \frac{q}{4\pi\varepsilon_0}\frac{r_0\cos\theta}{r^2} = \frac{\boldsymbol{p} \cdot \boldsymbol{r}}{4\pi\varepsilon_0 r^3}$$

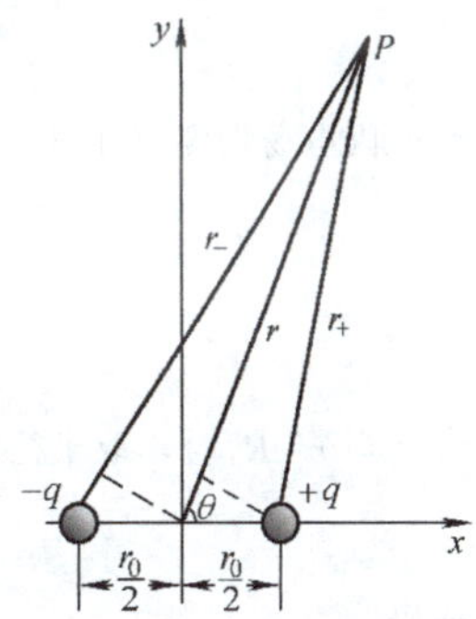

图 4-17　例题 4-12 用图

例题 4-13　求均匀带电细圆环轴线上任意一点的电势．

解：设圆环的半径为 R，所带电荷量为 q，其电荷分布线密度为 $\lambda=\frac{q}{2\pi R}$. 把圆环分成许多线电荷元，任取一线元 $\mathrm{d}l$（见图 4-18），其电荷为 $\mathrm{d}q=\lambda\mathrm{d}l$，此电荷元在 P 点产生的电势为

$$\mathrm{d}V=\frac{\lambda\mathrm{d}l}{4\pi\varepsilon_0 r}$$

根据电势叠加原理，P 点的电势为

$$V=\int\mathrm{d}V=\int_0^{2\pi R}\frac{\lambda\mathrm{d}l}{4\pi\varepsilon_0 r}=\frac{q}{4\pi\varepsilon_0(R^2+x^2)^{\frac{1}{2}}}$$

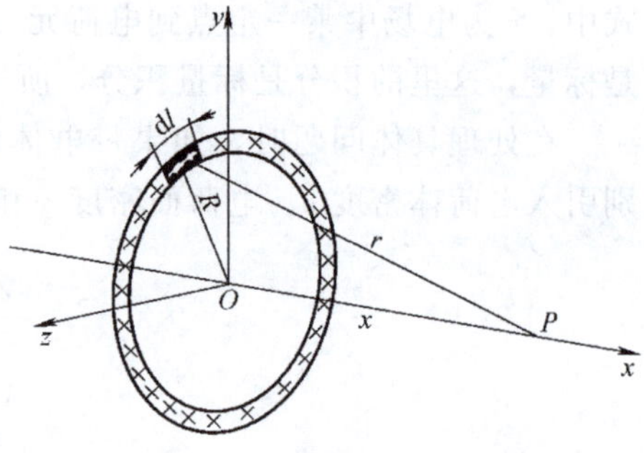

图 4-18 例题 4-13 用图

讨论：（1）当 $x=0$ 时，即在环心处，$V=\frac{q}{4\pi\varepsilon_0 R}$；

（2）当 $x\gg R$ 时，$V=\frac{q}{4\pi\varepsilon_0 x}$.

例题 4-14 如图 4-19 所示，两个均匀带电的同心球面，半径分别为 R_1 和 R_2，所带电荷量分别为 q_1 和 q_2. 求电场强度和电势的分布.

解：（1）对称性分析：①电场强度沿径向；②离球心 O 距离相等处，电场强度的大小相同. 可见电场强度具有球对称性，可以用高斯定理求解.

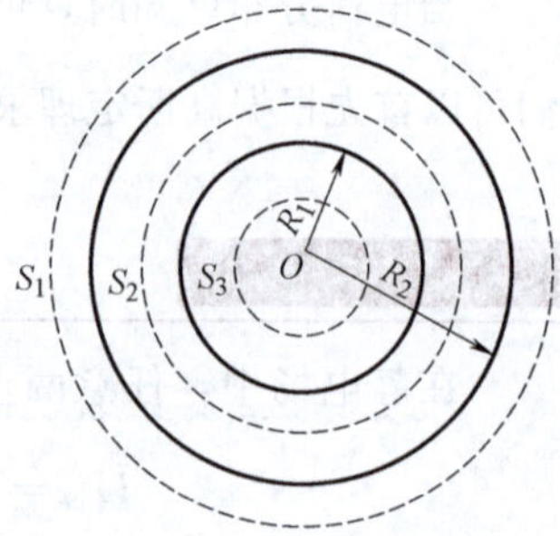

图 4-19 例题 4-14 用图

（2）选择高斯面：选与带电球面同心的球面作为高斯面.

当 $r>R_2$ 时，取半径为 r 的高斯面 S_1，由高斯定理得

$$\oint_{S_1}\boldsymbol{E}\cdot\mathrm{d}\boldsymbol{S}=\frac{q_1+q_2}{\varepsilon_0}$$

因为场有上述的对称性，所以

$$\oint_{S_1}\boldsymbol{E}\cdot\mathrm{d}\boldsymbol{S}=E\cdot 4\pi r^2=\frac{q_1+q_2}{\varepsilon_0}$$

解得

$$E=\frac{q_1+q_2}{4\pi\varepsilon_0 r^2}$$

当 $R_1<r<R_2$ 时，取半径为 r 的高斯面 S_2，由高斯定理得

$$\oint_{S_2}\boldsymbol{E}\cdot\mathrm{d}\boldsymbol{S}=\frac{q_1}{\varepsilon_0}$$

因电场强度有球对称性，故解出

$$\oint_{S_2}\boldsymbol{E}\cdot\mathrm{d}\boldsymbol{S}=E\cdot 4\pi r^2=\frac{q_1}{\varepsilon_0}$$

$$E=\frac{q_1}{4\pi\varepsilon_0 r^2}$$

当 $r<R_1$ 时，取半径为 r 的高斯面 S_3，因 $\sum q=0$，故由高斯定理得

$$\oint_{S_2}\boldsymbol{E}\cdot\mathrm{d}\boldsymbol{S}=0$$

所以

$$E=0$$

从上面计算的结果得到电场强度的分布为

$$\boldsymbol{E}=\begin{cases}\dfrac{q_1+q_2}{4\pi\varepsilon_0 r^2}\boldsymbol{e}_r & (r>R_2)\\[2mm] \dfrac{q_1}{4\pi\varepsilon_0 r^2}\boldsymbol{e}_r & (R_1<r<R_2)\\[2mm] 0 & (r<R_1)\end{cases}$$

知道了电场分布，便可以从电势的定义出发求出空间的电势分布：

当 $r>R_2$ 时

$$V_P=\int_r^{\infty}\boldsymbol{E}\cdot\mathrm{d}\boldsymbol{r}=\int_r^{\infty}\frac{q_1+q_2}{4\pi\varepsilon_0 r^2}\mathrm{d}r=\frac{q_1+q_2}{4\pi\varepsilon_0 r}$$

当 $R_1<r<R_2$ 时

$$V_P=\int_r^{\infty}\boldsymbol{E}\cdot\mathrm{d}\boldsymbol{r}=\int_r^{R_2}\frac{q_1}{4\pi\varepsilon_0 r^2}\mathrm{d}r+\int_{R_2}^{\infty}\frac{q_1+q_2}{4\pi\varepsilon_0 r^2}\mathrm{d}r=\frac{q_1}{4\pi\varepsilon_0}\left(\frac{1}{r}-\frac{1}{R_2}\right)+\frac{q_1+q_2}{4\pi\varepsilon_0 R_2}=\frac{q_1}{4\pi\varepsilon_0 r}+\frac{q_2}{4\pi\varepsilon_0 R_2}$$

当 $r<R_1$ 时

$$V_P=\int_r^{\infty}\boldsymbol{E}\cdot\mathrm{d}\boldsymbol{r}=\int_r^{R_1}0\cdot\mathrm{d}r+\int_{R_1}^{R_2}\frac{q_1}{4\pi\varepsilon_0 r^2}\mathrm{d}r+\int_{R_2}^{\infty}\frac{q_1+q_2}{4\pi\varepsilon_0 r^2}\mathrm{d}r$$

$$=\frac{q_1}{4\pi\varepsilon_0}\left(\frac{1}{R_1}-\frac{1}{R_2}\right)+\frac{q_1+q_2}{4\pi\varepsilon_0 R_2}=\frac{q_1}{4\pi\varepsilon_0 R_1}+\frac{q_2}{4\pi\varepsilon_0 R_2}$$

当然，本题也可以用电势叠加原理来求电势的分布，把空间各点的电势看为两个带电球面在空间产生的电势的叠加，求得的结果和利用高斯定理、从电势定义出发求得的结果相同．（读者可自己计算验证）

4.4 静电场中的导体

以上几节我们讨论的是真空中静电场的性质，本节讨论静电场中导体的性质以及导体对静电场的影响．

4.4.1 导体的静电平衡

1. 静电感应现象 通常的金属导体都是以金属键结合的晶体，处于晶格结点上的原子很容易失去外层的价电子，而成为正离子．脱离原子核束缚的价电子可以在整个金属中自由运动，称为自由电子．在不受外电场作用时，自由电子只做热运动，不发生宏观电荷量的迁移，因而整个金属导体的任何宏观部分都呈电中性状态．

当把金属导体放入电场强度为 $\boldsymbol{E}_0$ 的静电场中时，情况将发生变化．金属导体中的自由电子在外电场 $\boldsymbol{E}_0$ 的作用下，相对于晶格离子做定向运动，如图 4-20a 所示．由于电子的定向运动，并在导体一侧面集结，使该侧面出现负电荷，而相对的另一侧面出现正电荷，如图 4-20b 所示，这就是静电感应现象．由静电感应现象所产生的电荷，称为感应电荷．感应电荷必然在空间激发电场，这个电场与原来的电场相叠加，因而改变了空间各处的电场分布．我们把感应电荷产生的电场，称为附加电场，用 $\boldsymbol{E}'$ 表示．空间任意一点的电场强度应为

$$\boldsymbol{E}=\boldsymbol{E}_0+\boldsymbol{E}' \tag{4-23}$$

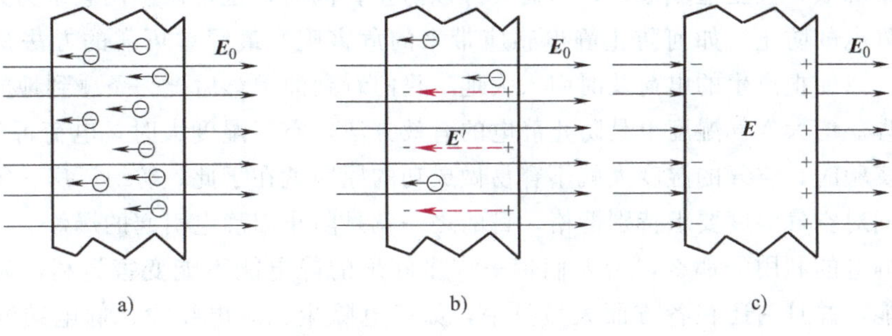

图 4-20 导体的静电平衡

2. 导体的静电平衡条件 在导体内部，附加电场 $\boldsymbol{E}'$ 与外加电场 $\boldsymbol{E}_0$ 方向相反，并且只要 $\boldsymbol{E}'$ 不足以抵消外加电场 $\boldsymbol{E}_0$，导体内部自由电子的定向运动就不会停止，感应电荷就继续增加，附加电场 $\boldsymbol{E}'$ 将相应增大，直至 $\boldsymbol{E}'$ 与 $\boldsymbol{E}_0$ 完全抵消，导体内部的电场为零，如图 4-20c 所示，这时自由电子的定向运动也就停止了．在金属导体中，自由电子没有定向运动的状态，称为静电平衡．导体建立静电平衡的过程就是静电感应发生并达到稳定的过程．实际上，这个过程是在极其短暂的时间内完成的．

感应电荷所激发的附加电场 $\boldsymbol{E}'$，不仅导致导体内部的电场强度为零，而且也改变了导体外部空间各处原来电场的大小和方向，甚至还可能会改变产生原来外加电场 $\boldsymbol{E}_0$ 的带电体上的电荷分布．

根据上面的讨论可知，导体达到静电平衡的条件是：

（1）导体内部任一点的电场强度为零．否则，导体内自由电子的定向运动就会持续下去，那就不会是静电平衡了．

（2）导体表面上任一点的电场强度都与该点表面垂直．因为在静电平衡时，导体表面的电场强度可能不等于零，但它必须和其表面垂直，否则，电场强度将有沿表面的切线分量 $\boldsymbol{E}_\tau$，那么，导体表面层内的自由电子将在 $\boldsymbol{E}_\tau$ 的作用下沿表面运动，从而破坏了静电平衡，所以，只有表面的电场强度 $\boldsymbol{E}$ 垂直于导体表面时，才能达到静电平衡状态．或者从电场线与等势面的关系出发，也可知导体表面的电场强度必与它的表面垂直．

3. 静电平衡时导体的性质 根据静电平衡时金属导体内部不存在电场，自由电子没有定向运动的特点，不难推断处于静电平衡的金属导体还必定具有下列性质：

（1）整个导体是等势体，导体的表面是等势面．

因为对静电平衡时导体上的任意两点 a 和 b，有

$$V_a - V_b = \int_a^b \boldsymbol{E} \cdot \mathrm{d}\boldsymbol{l} = 0$$

即

$$V_a = V_b$$

也就是说：静电平衡时导体内任意两点的电势都相等，所以整个导体为一等势体．又由于 a、b 可以是导体表面的任意两点，所以等势体的表面必然是等势面．

（2）导体表面附近任一点的电场强度的大小与该处导体表面上的电荷面密度成正比．（关于这一性质，本书在此不再具体证明，读者如有兴趣可参考其他资料．）

4. 静电感应的防止和应用 静电感应常简称为静电．静电是一种常见的现象，它会给人们带来麻烦，甚至造成危害，这需要加以防止；同时，也可以利用它来为人类造福．

（1）静电的防止 如何防止静电感应带来的危害呢？最简单可靠的方法是用导线把设备接地，以便把产生的电荷及时引入大地．我们看到油罐车后拖一条碰到地的铁链，就是这个道理．增大空气湿度也是防止静电的有效方法，空气湿度大时，电荷可随时放出．在做静电实验时，空气的湿度大就不容易做成功的原因就在于此．纺织厂房、雷管、炸药等生产车间对空气湿度要求特别严格，目的之一就是防止因静电引起的爆炸．

（2）静电的利用 那么，给人们带来许多麻烦的静电能不能变害为利，为人类服务呢？当然能，并且它还在各方面大显身手，如静电除尘、静电喷涂、静电纺纱、静电植绒、静电复印等．

静电植绒印刷：静电植绒印刷是指将涂有黏合剂的底衬置于静电场中，在静电场的作用下，将经过预处理的绒毛高速直立地植入黏合层，从而形成高高凸起的文字或图像的印刷方法．首先用普通印刷的方法在纸张或其他承印材料上印上胶水等黏合剂，组成图案，作为底衬．在两极板之间施以直流电压形成电场，当经预处理的绒毛进入电场后，就被电场极化为两端带有不同电荷的“电偶极子”．由于静电场的作用，使绒毛在电场内沿其长度方向分极飞散．根据电荷同性相斥、异性相吸的性质，带与底衬异号电荷的绒毛被底衬吸引，将垂直地插入涂有黏合剂的底衬上．最后，经烘干、清刷和后处理，使黏合剂固化形成牢固的绒毛图像，就成为美丽的静电植绒印刷品．喷墨打印机工作的基本原理与静电植绒是相同的，都是利用带电粒子在静电场中受力产生偏转，从而达到控制带电粒子轨迹的目的．

静电复印：静电复印可以迅速、方便地把图书、资料、文件等复印下来．静电复印机的中心部件是一个可以旋转的铝质圆柱体，表面镀一层半导体硒，叫作硒鼓．半导体硒有特殊的光电性质，复印每一页材料都要经过充电、曝光、显影、转印等几个步骤，而这几个步骤是在硒鼓转动一周的过程中一次完成的．

4.4.2　静电平衡时导体上的电荷分布

1. 导体内无空腔时的电荷分布　如图 4-21 所示，有一任意形状的导体，导体所带电荷为 Q，在其内部做一高斯面 S，根据高斯定理有

$$\oint_S \boldsymbol{E} \cdot \mathrm{d}\boldsymbol{S}=\frac{1}{\varepsilon_0} \sum_{S_{内}} q$$

因为导体静电平衡时其内部的电场强度 $\boldsymbol{E}=0$，所以

$$\oint_S \boldsymbol{E} \cdot \mathrm{d}\boldsymbol{S}=0$$

即

$$\sum_{S_{内}} q=0$$

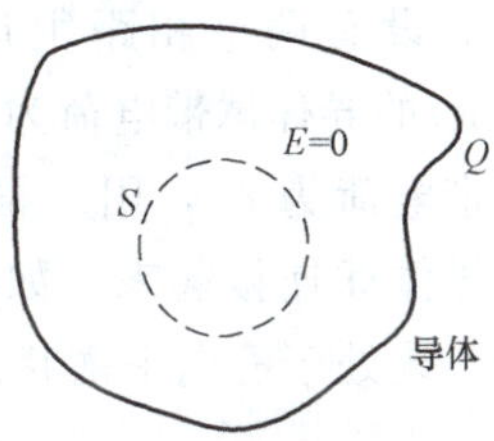

图 4-21　导体内无空腔时的电荷分布

因为 S 面是任意的，所以导体内无净电荷存在．

由此可得出结论：静电平衡时，净电荷都分布在导体外表面上．

2. 导体内有空腔时的电荷分布　当导体内有空腔时，还要看腔内有无其他电荷存在．

（1）空腔内无其他电荷的情况　考虑任意形状的导体，导体所带电荷为 Q，导体内有空腔，腔内无其他电荷．如图 4-22 所示，在其内部做一高斯面 S，高斯定理为

$$\oint_S \boldsymbol{E} \cdot \mathrm{d}\boldsymbol{S}=\frac{1}{\varepsilon_0} \sum_{S_{内}} q$$

因为静电平衡时，导体内的电场强度，$\boldsymbol{E}=0$，所以

$$\sum_{S_{内}} q = 0$$

即 S 内的净电荷为 0.

由于空腔内无其他电荷存在，静电平衡时，导体内又无净电荷，所以空腔内表面上的净电荷为 0.

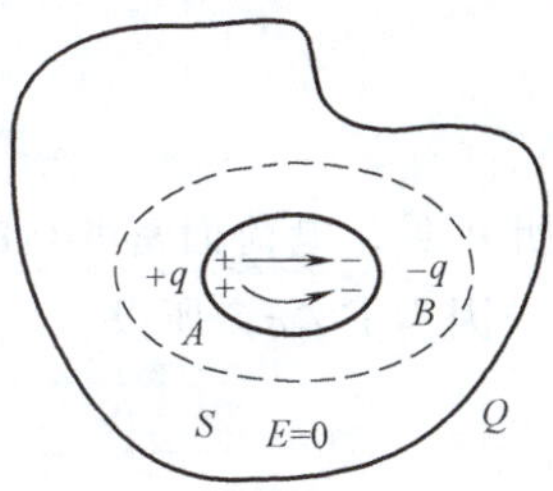

图 4-22　导体空腔内无其他电荷时的电荷分布

但是，在空腔内表面上能否出现符号相反的等量的电荷

呢？我们设想，假如有这种可能，如图4-22所示，在A点附近出现$+q$，B点附近出现$-q$，这样，在腔内就会分布起始于正电荷而终止于负电荷的电场线，此时有$V_A>V_B$，然而静电平衡时，整个导体为等势体，即$V_A=V_B$，因此，该假设不成立.

由此可见：静电平衡时，腔内表面无净电荷分布，净电荷都分布在导体外表面上.

（2）空腔内有点电荷的情况　如图4-23所示，对于任意形状的导体，所带电荷量为Q，其内腔中有点电荷$+q$，在导体内做一高斯面S，高斯定理为

$$\oint_S \boldsymbol{E}\cdot \mathrm{d}\boldsymbol{S}=\frac{1}{\varepsilon_0}\sum_{S_{内}} q$$

因为静电平衡时，$\boldsymbol{E}=0$，所以

$$\sum_{S_{内}} q = 0$$

又因为此时导体内部无净电荷，而腔内有电荷$+q$，所以，腔内表面必有感应电荷$-q$.

因而可得出结论：静电平衡时，空腔内表面有感应电荷$-q$，外表面有感应电荷$+q$，此时外表面电荷总量为$q+Q$.

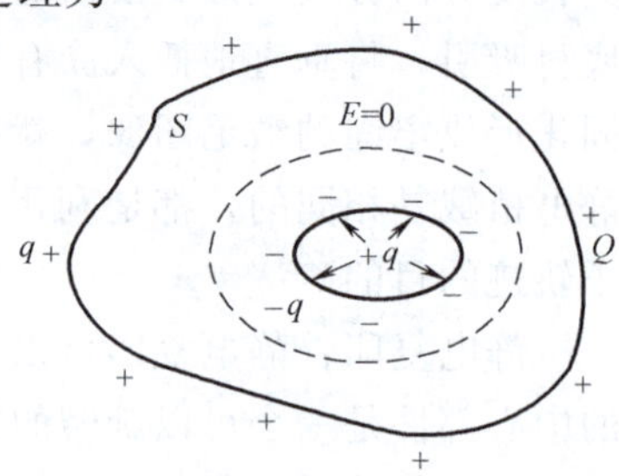

图4-23　导体空腔内有点电荷时的电荷分布

3. 曲率半径与电荷面密度的关系　尖端放电　从上面的分析可知，静电平衡时电荷是分布在导体表面的，那么，导体表面的电荷究竟是怎样分布的呢？要解决这个问题，我们可从带有导线的两个导体球的电荷分布来分析. 设有两个相距很远的孤立导体球，半径为R_1的导体球带电荷为q_1，半径为R_2的导体球带电荷为q_2，用一根很长的细导线将这两个导体球连接起来，如图4-24所示，因为整个系统处于静电平衡状态，所以有

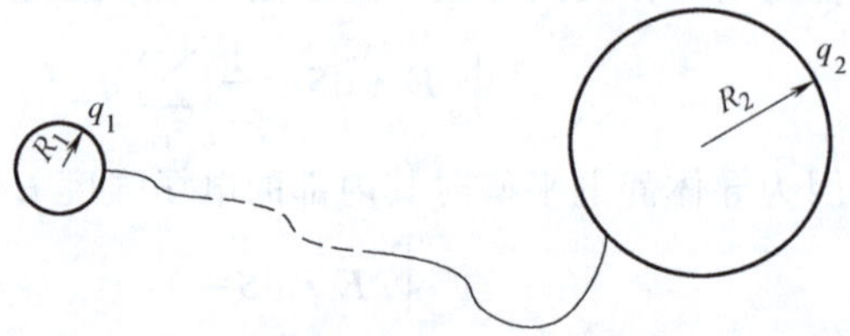

图4-24　曲率半径与电荷面密度的关系

$$V=\frac{1}{4\pi\varepsilon_0}\frac{q_1}{R_1}=\frac{1}{4\pi\varepsilon_0}\frac{q_2}{R_2}$$

而

$$\sigma_1=\frac{q_1}{4\pi R_1^2},\qquad \sigma_2=\frac{q_2}{4\pi R_2^2}$$

于是有

$$V=\frac{1}{\varepsilon_0}\sigma_1 R_1=\frac{1}{\varepsilon_0}\sigma_2 R_2$$

即

$$\sigma \propto \frac{1}{R} \tag{4-24}$$

由此可见，电荷面密度与曲率半径成反比.

因为$E\propto\sigma$，所以

$$E\propto\frac{1}{R}$$

根据上述结论，对一个非球形的不规则的带电体，其电荷分布应为图4-25所示. 并且可以进一步推知尖端部分的电场会特别强.

现实中如果把金属针接在起电机的一个电极上，让它带上足够的电荷，这时在金属针的尖端附近就会产生很强的电场，可使空气分子电离，并使离子急剧运动．在离子运动过程中，由于碰撞可使更多的空气分子电离．与金属针上电荷异号的离子，向着尖端运动，落在金属针上并与那里的电荷中和；与金属针上电荷同号的离子背离尖端运动，形成“电风”，并会把附近的蜡烛火焰吹向一边，如图4-26所示，这就是尖端放电现象．避雷针就是根据尖端放电的原理制造的，用粗铜缆将避雷针通地，通地的一端埋在地下的金属板（或金属管）上，以保持避雷针与大地接触良好．当带电的云层接近时，放电就通过避雷针和通地粗铜导体这条最易于导电的通路局部持续不断地进行，以免损坏建筑物．

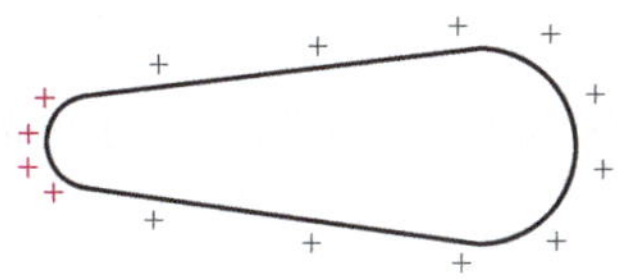

图4-25 不规则导体的表面电荷分布情况

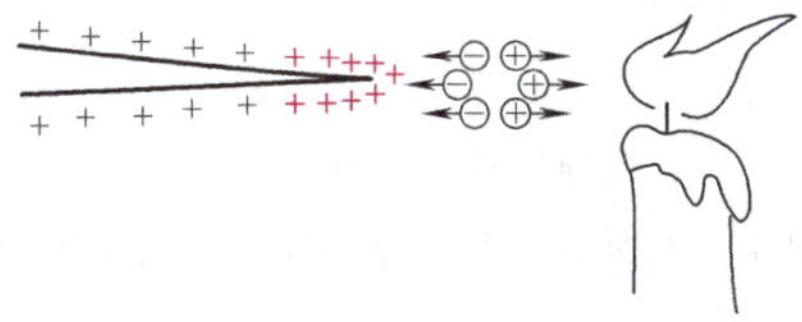

图4-26 尖端放电现象

根据导体空腔的性质我们可以得到这样的结论，在一个导体空腔内部若不存在其他带电体，则无论导体外部电场如何分布，也不管导体空腔自身带电情况如何，只要处于静电平衡，腔内必定不存在电场．另外，如果空腔内部存在电荷量为 q 的带电体，则在空腔内、外表面必将分别产生 $-q$ 和 q 的电荷，外表面的电荷 q 将会在空腔外部空间产生电场，如图4-27a所示．若将导体接地，则由外表面电荷产生的电场将随之消失，于是腔外空间将不再受腔内电荷的影响了，如图4-27b所示．

利用导体静电平衡的性质，使导体空腔内部空间不受腔外电荷和电场的影响，或者将导体空腔接地，使腔外空间免受腔内电荷和电场影响，这类操作都称为静电屏蔽．

静电屏蔽在电磁测量和无线电技术中有广泛应用．例如，常把测量仪器或整个实验室用金属壳或金属网罩起来，使测量免受外部电场的影响．

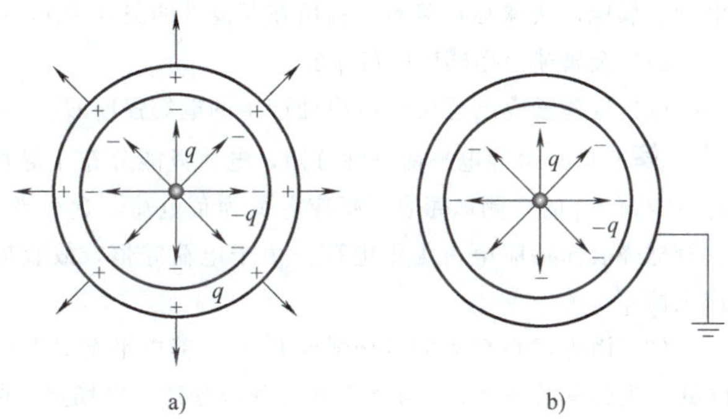

图4-27 腔内有带电体时腔内外的电场分布

例题4-15 一半径为 R_1 的导体球带有电荷 q，球外有一内、外半径分别为 R_2 和 R_3 的同心导体球壳，带电为 Q．(1) 求导体球和球壳的电势；(2) 若用导线连接球和球壳，再求它们的电势；(3) 若不是连接而是使外球接地，再求它们的电势．

解：(1) 由静电平衡条件可知，电荷只能分布于导体表面．在球壳中做一闭合曲面可求得球壳内表面感应电荷为 $-q$．由于电荷守恒，球壳外表面电荷量应为 $q+Q$．由于球和球壳同心放置，满足球对称性，故电荷均匀分布形成三个均匀带电球面，如图4-28a所示，由电势叠加原理可直接求出电势分布．

导体球的电势为

$$V_1=\frac{1}{4\pi\varepsilon_0}\left(\frac{q}{R_1}-\frac{q}{R_2}+\frac{q+Q}{R_3}\right)$$

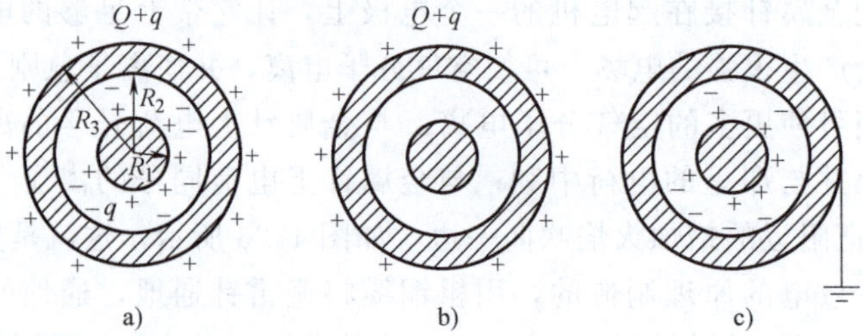

图 4-28　例题 4-15 用图

导体球壳的电势为

$$V_2=\frac{1}{4\pi\varepsilon_0}\ \frac{q+Q}{R_3}$$

（2）若用导线连接球和球壳，球上电荷 q 将和球壳内表面电荷 $-q$ 中合，电荷只分布于球壳外表面，如图 4-28b 所示．此时导体球和球壳的电势相等，为

$$V_1=V_2=\frac{1}{4\pi\varepsilon_0}\ \frac{q+Q}{R_3}$$

（3）若使球壳接地，球壳外表面电荷被中合，这时只有球和球壳的内表面带电，如图 4-28c 所示，此时球壳的电势为零，即

$$V_2=0$$

导体球的电势为

$$V_1=\frac{1}{4\pi\varepsilon_0}\left(\frac{q}{R_1}-\frac{q}{R_2}\right)$$

例题 4-16　如图 4-29 所示，在电荷 $+q$ 的电场中，放一不带电的金属球，从球心 O 到点电荷所在距离处的矢径为 $\boldsymbol{r}$，试求：

（1）金属球上净感应电荷 q'？

（2）这些感应电荷在球心 O 处产生的电场强度 $E_感$．

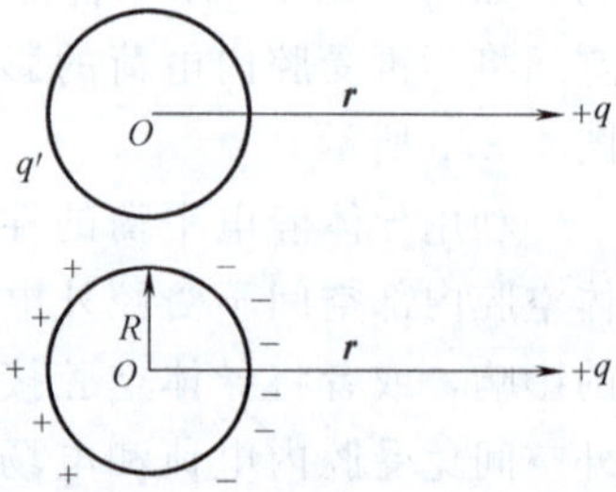

图 4-29　例题 4-16 用图

解：（1）由静电平衡条件可知，电荷只能分布于导体表面．靠近点电荷 $+q$ 的一侧球壳表面感应电荷为负电荷，远离点电荷 $+q$ 的一侧球壳表面感应电荷为正电荷．由于电荷守恒，故金属球上净感应电荷 $q'=0$.

（2）因为球心 O 处的电场强度 $E=0$（静电平衡要求），即 $+q$ 在 O 处产生的电场强度 E_+ 与感应电荷在 O 处产生电场强度的矢量和为零，即

$$\boldsymbol{E}_+ + \boldsymbol{E}_{感}=0$$

所以

$$\boldsymbol{E}_{感}=-\boldsymbol{E}_+=\frac{q}{4\pi\varepsilon_0 r^3}\boldsymbol{r}$$

方向指向 $+q$.

4.5　静电场中的电介质

上一节我们学习了静电场中导体的性质及导体对静电场的影响，本节我们学习静电场中电介质的性质及电介质对静电场的影响．

在电介质的分子中，电子和原子核结合得非常紧密，电子处于束缚状态，因而电介

质内部自由电子数极少，即使受到电场的作用，其分子中的正负电荷也只能做微小位移，所以这类物质导电能力极差，也称为绝缘体，如云母、橡胶、玻璃、陶瓷等．在外电场中，电介质也会受到电场的作用，反过来又会影响电场．

4.5.1 电介质的极化

从分子的电结构区分，有一类电介质的分子，由于负电荷对称地分布在正电荷的周围，因而在无外电场时，正负电荷中心重合，如图 4-30 所示，这类分子叫作无极分子，如氢、氮、甲烷、聚苯乙烯等都是无极分子．而另一类电介质的分子，即使在没有外电场时，正、负电荷的中心也不重合，这类分子叫作有极分子，如图 4-31 所示，如氨、水、甲醇、聚氯乙烯等都是有极分子，这类分子可以等效地看成是一个有着固有电偶极矩的电偶极子．无论是无极分子还是有极分子，在外电场的作用下都会发生变化，这种变化叫作极化．

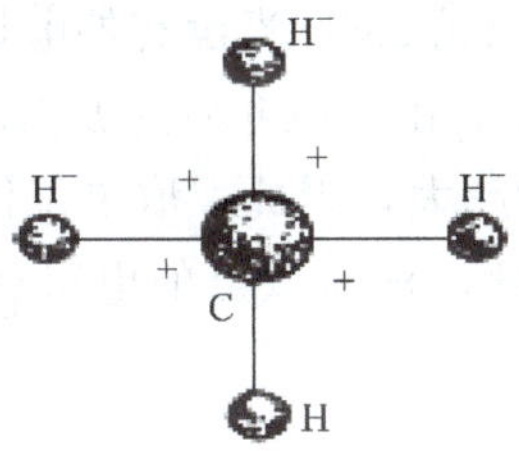

图 4-30 甲烷分子其正负电荷中心重合

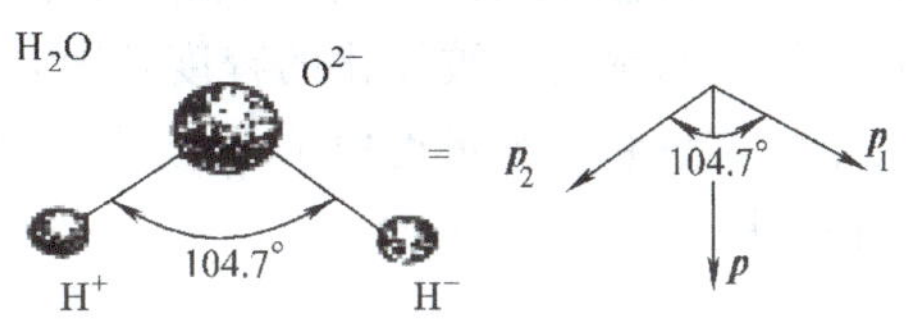

图 4-31 水分子其正负电荷中心不重合

1. 无极分子电介质的位移极化 由于无极分子正、负电荷中心重合，等效电偶极矩为零，在没有外电场时，这类电介质呈电中性．如果把一块方形的由无极分子组成的均质电介质放在一均匀外电场中，每个电介质分子中的正负电荷都要受到电场力的作用，在电场力的作用下正负电荷将沿电场方向产生微小位移，形成一个电偶极子，其等效电偶极矩的方向都与外电场方向一致．在电介质内部，相邻分子正负电荷互相中和，呈电中性，而在电介质与外电场垂直的两个表面上出现了未被抵消的极化电荷，这种极化叫作位移极化，如图 4-32所示．

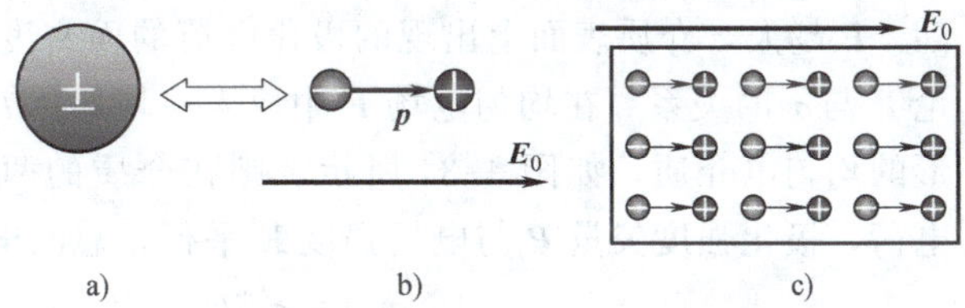

图 4-32 无极分子电介质的位移极化

2. 有极分子电介质的取向极化 对于有极分子电介质，在无外电场时，每个分子都具有固有电偶极矩，但是由于分子的热运动，分子固有极矩的排列杂乱无章，致使所有分子的固有极矩的矢量和为零．有外电场时，每个分子都要受到一个力矩的作用，而使分子固有极矩转向外电场方向整齐排列；同时，分子的热运动又总是使分子的固有极矩的排列趋于混乱．上述两种作用的结果，是使分子固有极矩或多或少地转向外电场方向．外电场越强，分子固有极矩排列得越整齐．因此，对整块电介质来说，分子固有极矩在外电场方向的分量的总和不再为零．于是在与外电场垂直的两个表面上就会出现未被抵消的极化电荷，这种极化叫作取向极化．如图 4-33 所示．需要说明的是，在发生取向极化的同时，也会发生位移极化，但位移极化比取向极化弱得多，取向极化是主要的．

对于两类电介质，虽然其极化的微观机制不同，但宏观效果是相同的，即都表现为

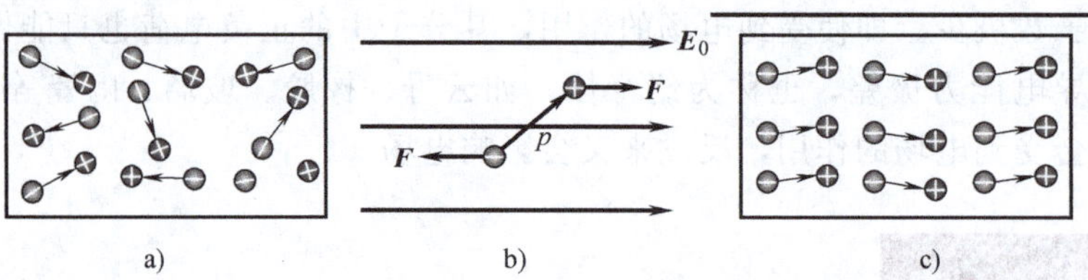

图 4-33　有极分子电介质的取向极化

在电介质的表面上出现了极化电荷，而且外电场越强，电介质表面出现的极化电荷越多．因此，在宏观上定量描述电介质的极化程度时，就不必对两类电介质区别讨论了．

4.5.2　有电介质时的高斯定理和环路定理

1. 电极化强度　电介质极化的程度与外电场的强弱有关，下面讨论描述电介质极化程度的物理量——电极化强度．在电介质内任取一无限小体积元 ΔV，当没有外电场时，体积元中所有分子的电偶极矩的矢量和$\sum \boldsymbol{p}_i$为零．但在外电场中，由于电介质的极化，$\sum \boldsymbol{p}_i$将不等于零．外电场越大，被极化的程度越大，$\sum \boldsymbol{p}_i$的值也就越大，因此，取单位体积内分子电偶极矩的矢量和作为量度电介质极化程度的基本物理量，称为该点的电极化强度矢量（$\boldsymbol{P}$ 矢量），即

$$\boldsymbol{P}=\frac{\sum \boldsymbol{p}_i}{\Delta V} \tag{4-25}$$

式中，$\boldsymbol{p}_i$是第 i 个分子的电偶极矩，单位为 C·m；ΔV 为包含有大量分子的物理小体积，单位为 m^3；$\boldsymbol{P}$ 为电极化强度矢量，单位为 $\mathrm{C/m^2}$.

如果在电介质中各点的电极化强度的大小和方向都相同，电介质的极化就是均匀的，否则极化是不均匀的．

2. 电极化强度与极化电荷的关系　电介质极化时，极化程度越高，$\boldsymbol{P}$ 越大，介质表面上出现的极化电荷的面密度 σ' 也越大．下面讨论 $\boldsymbol{P}$ 与 σ' 的关系．在均匀电场 $\boldsymbol{E}$ 中放入一块厚为 l，截面积为 S 的方形的均匀电介质，如图 4-34 所示，则在介质的两表面上出现了极化电荷，极化强度矢量 $\boldsymbol{P}$ 与电场强度 $\boldsymbol{E}$ 平行，总的电偶极矩的大小为

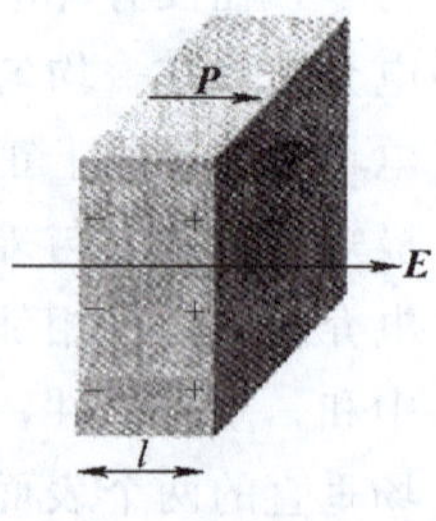

图 4-34　外场中的均匀电介质

$$\left|\sum \boldsymbol{p}_i\right|=\sigma' Sl=q'l$$

因此

$$P=\frac{\left|\sum \boldsymbol{p}_i\right|}{\Delta V}=\frac{\sigma' Sl}{Sl}=\frac{q'}{S}=\sigma' \tag{4-26}$$

3. 电极化强度与电场的关系　电介质极化后，介质表面上出现了极化电荷，极化电荷和自由电荷一样也要产生附加电场，因此介质中的总场 $\boldsymbol{E}$ 应为外场 $\boldsymbol{E}_0$和极化电荷产生的附加电场 $\boldsymbol{E}'$ 的矢量和，即

$$\boldsymbol{E}=\boldsymbol{E}_0+\boldsymbol{E}' \tag{4-27}$$

而在介质内部附加电场与外场的方向相反，因此介质极化后其内部电场削弱了．可以证明，对于各向同性电介质，其电极化强度与内部场强之间的关系可以表示为

$$\boldsymbol{P}=\chi_{\mathrm{e}}\varepsilon_0\boldsymbol{E} \tag{4-28}$$

式中，比例系数 χ_{e} 称为介质的电极化率，它和电介质的性质有关，是一个纯数．

4. 有电介质时的高斯定理 现在我们对真空中静电场的高斯定理进行推广．在静电场中有电介质时，高斯定理依然成立，可以表示为

$$\oint_S \boldsymbol{E}\cdot \mathrm{d}\boldsymbol{S}=\frac{1}{\varepsilon_0}(\sum q_0+\sum q') \tag{4-29}$$

式中，$\sum q_0$为高斯面内的自由电荷的代数和；$\sum q'$为高斯面内极化电荷的代数和，而极化电荷$\sum q'$很难测定．下面以两平行带电平板中充满均匀各向同性电介质为例，来讨论有电介质时高斯定理的形式．

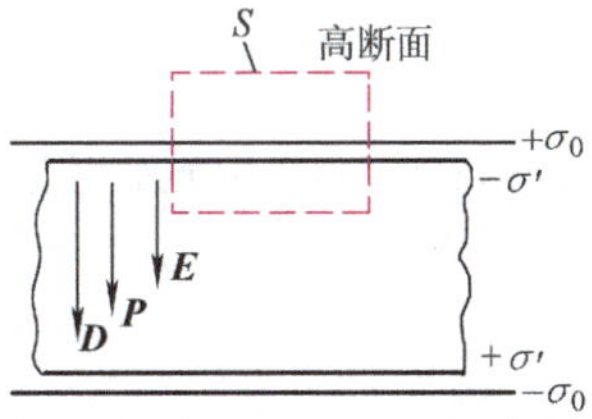

图 4-35 有电介质时的高斯定理

设两平板所带自由电荷面密度分别为$\pm\sigma_0$，电介质极化后，在介质的两表面上分别产生了极化电荷，其面密度分别为$\pm\sigma'$，如图 4-35 所示．做一柱形高斯面，其上下底面与平板平行，上底面在平板外，下底面紧贴着电介质的上表面，于是通过该高斯面的电通量为

$$\oint_S \boldsymbol{E}\cdot \mathrm{d}\boldsymbol{S}=\frac{1}{\varepsilon_0}(\sigma_0 S-\sigma' S)$$

而

$$\sigma'=P,\quad \sigma' S=PS=\int_S \boldsymbol{P}\cdot \mathrm{d}\boldsymbol{S}=\oint_S \boldsymbol{P}\cdot \mathrm{d}\boldsymbol{S}$$

所以有

$$\oint_S \boldsymbol{E}\cdot \mathrm{d}\boldsymbol{S}=\frac{1}{\varepsilon_0}\left(\sigma_0 S-\oint_S \boldsymbol{P}\cdot \mathrm{d}\boldsymbol{S}\right)$$

移项整理后有

$$\oint_S (\varepsilon_0\boldsymbol{E}+\boldsymbol{P})\cdot \mathrm{d}\boldsymbol{S}=\sigma_0 S=q_0 \tag{4-30}$$

式中，$q_0=\sigma_0 S$，表示高斯面内所包围的自由电荷．为方便起见，令

$$\boldsymbol{D}=\varepsilon_0\boldsymbol{E}+\boldsymbol{P} \tag{4-31}$$

称为电位移矢量，对于各向同性电介质

$$\boldsymbol{D}=\varepsilon_0\boldsymbol{E}+\boldsymbol{P}=\varepsilon_0\boldsymbol{E}+\chi_e\varepsilon_0\boldsymbol{E}=\varepsilon_r\varepsilon_0\boldsymbol{E}=\varepsilon\boldsymbol{E} \tag{4-32}$$

式中，$\varepsilon=\varepsilon_r\varepsilon_0$称为电介质的电容率；$\varepsilon_r=1+\chi_e$称为电介质的相对电容率．故式（4-30）可写作

$$\oint_S \boldsymbol{D}\cdot \mathrm{d}\boldsymbol{S}=q_0 \tag{4-33}$$

上述结果是从特殊情况下导出的，但可证明在一般情况下它也是正确的．式（4-33）称为有电介质时的高斯定理，是静电场的基本定理之一．

5. 有电介质时的环路定理 式（4-13）已给出了真空中静电场对任一闭合曲线的环量

$$\oint \boldsymbol{E}\cdot \mathrm{d}\boldsymbol{l}=0 \tag{4-34}$$

当有电介质存在时，只需将上式中的电场强度 $\boldsymbol{E}$ 理解为所有电荷（包括自由电荷和极化电荷）所产生的合电场强度，则上式仍然成立．式（4-34）即为有电介质时的环路定理．

例题 4-17 一导体球，半径为 R，带有电荷 q，处于均匀无限大的电介质中（相对电容率为 ε_r），求电介质中任意一点 P 处的电场强度 $\boldsymbol{E}$.

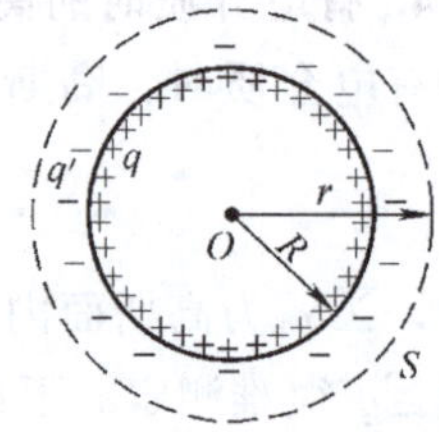

图 4-36 例题 4-17 用图

解：由于电场分布具有球对称性，故可用高斯定理求解．如图 4-36 所示，在电介质中任取一点 P，P 点到球心的距离为 r，以 r 为半径做一个与金属球同心的球面，由有电介质时的高斯定理得

$$\oint_S \boldsymbol{D} \cdot \mathrm{d}\boldsymbol{S} = D \cdot 4\pi r^2 = q$$

因此

$$D = \frac{q}{4\pi r^2}$$

而 $D=\varepsilon_0\varepsilon_r E$，所以 P 点的电场强度为

$$E = \frac{D}{\varepsilon_0\varepsilon_r} = \frac{q}{4\pi\varepsilon_0\varepsilon_r r^2} \quad \text{（方向沿球的径向）}$$

4.6 电容器 静电场的能量

4.6.1 电容器的电容

两个带有等值而异号电荷的导体所组成的带电系统称为电容器，这两个导体常称为电容器的两个极板．电容器可以储存电荷，以后将看到电容器也可以储存能量．如图 4-37 所示，两个导体 A、B 放在真空中，它们所带的电荷量分别为 $+q$、$-q$，如果 A、B 的电势分别为 V_A、V_B，那么 A、B 之间的电势差为 V_A-V_B，电容器的电容定义为

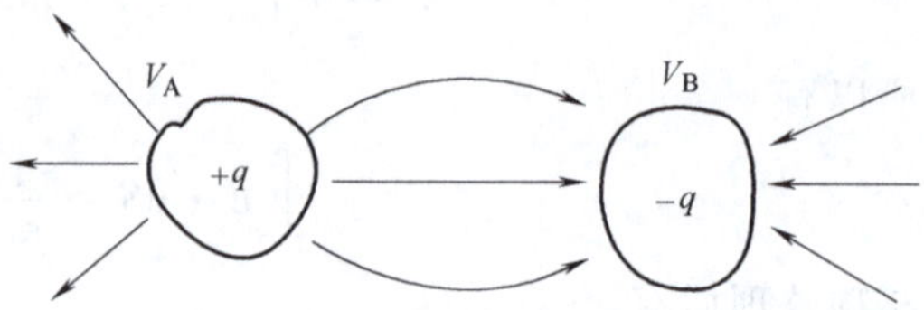

图 4-37 导体 A 和导体 B 组成一电容器

$$C = \frac{q}{V_A - V_B} = \frac{q}{U} \tag{4-35}$$

利用电容的定义式（4-35），我们可以推得孤立导体的电容．如将 B 移至无限远处，则 $V_B=0$. 所以，孤立导体的电荷量 q 与其电势 V 之比称为孤立导体的电容，用 C 表示，记作

$$C = \frac{q}{U} = \frac{q}{V} \tag{4-36}$$

假设在真空中有一半径为 R 的孤立球形导体，它的电荷量为 q，取无限远处的电势为零，那么它的电势为

$$V = \frac{q}{4\pi\varepsilon_0 R}$$

于是得其电容为

$$C = \frac{q}{V} = 4\pi\varepsilon_0 R$$

这就是孤立导体球的电容．由此可知，当 R 一定时，比值 $\frac{q}{V}=4\pi\varepsilon_0 R$ 保持不变．这说明，孤立导体的电容仅与导体的大小、形状和周围的电介质有关，而与其所带电荷量的多少和是否带电无关．此结论虽然是对球形孤立导体而言的，但对一定形状的其他导体也是如此．

电容的单位为法拉，简称法（F），1F=1C/1V. 在实用中法拉这个单位太大，故常用微法（μF）或皮法（pF），它们之间的换算关系为

$$1F = 10^6 \mu F = 10^{12} pF$$

电容器是重要的电路元件，通常用两块靠得很近的、中间充满电介质的金属平板构成．电容器的种类很多，按大小分，有比人还高的巨型电容器，也有肉眼无法看到的微型电容器；根据内部介质不同可分为空气的、蜡纸的、云母的、涤纶薄膜的、陶瓷的等电容器；按形状可分为球形电容器、平行板电容器、圆柱形电容器等．

例题 4-18 计算平行板电容器的电容．

解： 平行板电容器由两块彼此靠得很近的平行金属平板 A、B 构成．设极板面积为 S，板间距离为 d，且 $d \ll \sqrt{S}$；极板所带电荷量分别为 $+Q$、$-Q$，板间充满相对电容率为 ε_r 的电介质，如图 4-38 所示．两极间除边缘区域外可视为匀强电场．做图 4-38 中所示高斯面，由有电介质时的高斯定理

$$\oint_S \boldsymbol{D} \cdot d\boldsymbol{S} = q_0$$

得

$$D = \sigma, \quad E = \frac{D}{\varepsilon_0 \varepsilon_r} = \frac{\sigma}{\varepsilon_0 \varepsilon_r} = \frac{Q}{\varepsilon_0 \varepsilon_r S}$$

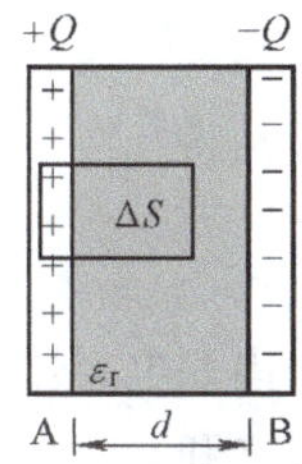

图 4-38 例题 4-18 用图

于是极板间的电压为

$$V_1 - V_2 = \int_A^B \boldsymbol{E} \cdot d\boldsymbol{l} = Ed = \frac{Qd}{\varepsilon_0 \varepsilon_r S}$$

由电容器电容的定义式，可得平行板电容器的电容为

$$C = \frac{Q}{V_1 - V_2} = \frac{\varepsilon_0 \varepsilon_r S}{d} \tag{4-37}$$

由上式看出，平行板电容器的电容与极板面积 S 成正比，与板间距离 d 成反比，与电介质的相对电容率 ε_r 成正比，与极板电荷无关．

例题 4-19 计算球形电容器的电容．

解： 球形电容器是由两个同心的金属导体球壳组成．内球壳半径为 R_A，外球壳半径为 R_B，所带电荷分别为 q 和 $-q$，两球壳间充满相对电容率为 ε_r 的电介质，如图 4-39 所示．由有电介质时的高斯定理，求得两球壳之间的电场强度为

$$\boldsymbol{E} = \frac{q}{4\pi\varepsilon_0 \varepsilon_r r^2} \boldsymbol{e}_r$$

则两球壳之间的电势差为

$$V_1 - V_2 = \int_{R_A}^{R_B} \boldsymbol{E} \cdot d\boldsymbol{l} = \int_{R_A}^{R_B} \frac{q}{4\pi\varepsilon_0 \varepsilon_r r^2} dr = \frac{q}{4\pi\varepsilon_0 \varepsilon_r}\left(\frac{1}{R_A} - \frac{1}{R_B}\right)$$

根据电容器电容的定义式有

$$C = \frac{q}{V_1 - V_2} = \frac{4\pi\varepsilon_0 \varepsilon_r R_A R_B}{R_B - R_A} \tag{4-38}$$

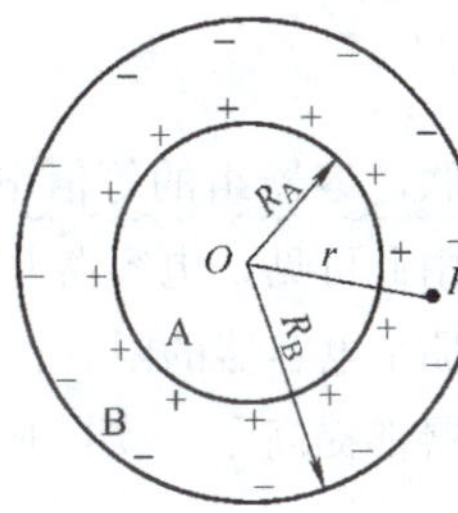

图 4-39 例题 4-19 用图

式（4-38）即为球形电容器电容的公式．

4.6.2 电容器的联接

在实际应用中，现成的电容器不一定能适合实际的要求，如电容的大小不合适或者电容器的耐压程度不合要求有可能被击穿等．因此，有必要根据需要把若干个电容器适当地联接起来构成一电容器组，各电容器组所带的电荷量和两端的电压之比，称为该电容器组的等值电容．电容器的基本联接方式有串联与并联两种，下面分别讨论之．

1. 电容器的串联 把几个电容器极板的首尾相接，其特点是：各电容器所带的电荷量相等，也就是电容器组的总电荷量，总电压等于各个电容器的电压之和．

如图4-40所示，设A、B间的电压为U_{AB}，两端极板所带的电荷量分别为$+q$、$-q$，由于静电感应，其他极板所带的电荷量也分别为$+q$、$-q$，则

$$U_{AB}=U_1+U_2+\cdots+U_n=\frac{q}{C_1}+\frac{q}{C_2}+\cdots+\frac{q}{C_n}$$

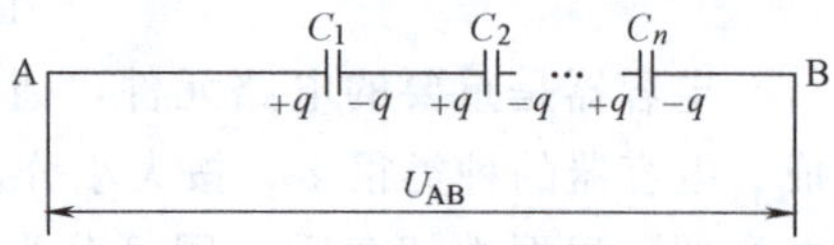

图4-40 电容器的串联

由电容定义有

$$C=\frac{q}{U_{AB}}=\frac{1}{\frac{1}{C_1}+\frac{1}{C_2}+\cdots+\frac{1}{C_n}}$$

于是得

$$\frac{1}{C}=\frac{1}{C_1}+\frac{1}{C_2}+\cdots+\frac{1}{C_n} \tag{4-39}$$

即串联电容器组的等值电容的倒数等于各个电容器电容的倒数之和.

2. 电容器的并联 把每个电容器的一端接在一起，另一端也接在一起，如图4-41所示. 并联的特点是：每个电容器两端的电压相同，即总电压U_{AB}，而总电荷量为每个电容器所带电荷量之和.

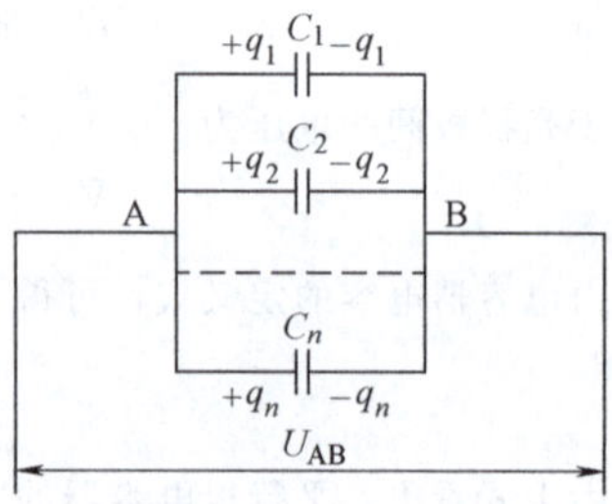

图4-41 电容器的并联

因为总电荷量为

$$q=q_1+q_2+\cdots+q_n$$

由电容定义有

$$C=\frac{q}{U_{AB}}=\frac{q_1+q_2+\cdots+q_n}{U_{AB}}=C_1+C_2+\cdots+C_n$$

即

$$C=C_1+C_2+\cdots+C_n \tag{4-40}$$

即并联电容器组的等值电容等于各个电容器的电容之和.

由此可见，电容器并联时，其等值电容增大了，但电容器组的耐压能力受到耐压能力最低的那个电容器的限制；电容器串联时，其等值电容减小了，但电容器组的耐压能力比每个电容器都提高了. 实际应用时常根据需要采用串联、并联或者是它们的合理组合.

4.6.3 静电场的能量

1. 电容器的静电能 以平行板电容器的充电过程为例，来讨论电容器内部所储存的电能. 如图4-42所示，一电容为C的平行板电容器，正处于充电过程中. 电容器的充电过程可以这样理解：我们不断地把$\mathrm{d}q$的电荷量从负极板经电容器内部移到正极板，最后使两极板分别带上$+Q$和$-Q$的电荷. 设在某时刻两极板之间的电势差为u，极板电荷量为q，此时若继续把$\mathrm{d}q$的电荷量从负极板移到正极板，外力需要克服电场力而做功

$$\mathrm{d}A=u\mathrm{d}q=\frac{q}{C}\mathrm{d}q$$

在移送电荷的整个过程中，外力所做的总功为

$$A = \int dA = \int_0^Q \frac{q}{C} dq = \frac{1}{2C} Q^2 = \frac{1}{2} CU^2 = \frac{1}{2} QU$$

外力做功必然使电容器的能量增加，因而电容器内部储存的电能为

$$W_e = \frac{Q^2}{2C} = \frac{1}{2} QU = \frac{1}{2} CU^2 \qquad (4\text{-}41)$$

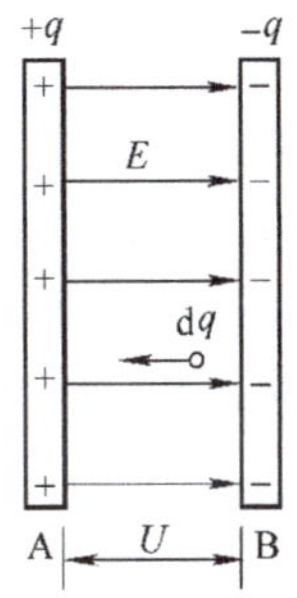

图 4-42 平行板电容器的充电过程

2. 静电场的能量 在物体或电容器的带电过程中，外力所做的功等于带电系统能量的增量，而带电系统的形成过程实际上也就是建立电场的过程，说明带电系统的静电能总是和电场的存在相联系的．

仍以平行板电容器为例，设极板的面积为 S，两极板间的距离为 d，极板间充满相对电容率为 ε_r 的电介质．当电容器极板上的电荷量为 Q 时，极板间的电势差 $U=Ed$，已知 $C=\varepsilon_0\varepsilon_r\dfrac{S}{d}$，代入式（4-41），得

$$W_e = \frac{1}{2} CU^2 = \frac{1}{2} \varepsilon_0 \varepsilon_r \frac{S}{d} E^2 d^2 = \frac{\varepsilon_0 \varepsilon_r}{2} E^2 Sd = \frac{\varepsilon_0 \varepsilon_r}{2} E^2 V$$

由于电场存在于两极板之间，所以 Sd 也就是电容器中电场的体积 V. 可见，静电能可以用表征电场性质的电场强度 $\boldsymbol{E}$ 来表示，而且与电场所占的体积 $V=Sd$ 成正比．这表明电能储藏在电场中．由于平行板电容器中电场是均匀分布的，所储藏的静电场的能量也应该是均匀分布的，因此电场中每单位体积的能量，即静电场能量的体密度为

$$w_e = \frac{W}{V} = \frac{1}{2} \varepsilon_0 \varepsilon_r E^2 = \frac{1}{2} \varepsilon E^2 = \frac{1}{2} \frac{D^2}{\varepsilon} = \frac{1}{2} DE \qquad (4\text{-}42)$$

在国际单位制中，能量的单位是 J，能量密度的单位为 $\mathrm{J/m^3}$. 上述结果虽是在均匀电场中导出的，但可以证明在非均匀电场和变化电场中仍然是正确的，只是此时的能量密度是逐点改变的．在真空中，由于 $\varepsilon_r=1$，上式还原为电场能量密度公式 $w_e=\dfrac{1}{2}\varepsilon_0 E^2$. 比较可知，在电场强度相同的情况下，电介质中的电场能量密度将增大到 ε_r 倍．这是因为在电介质中，不但电场 $\boldsymbol{E}$ 本身具有能量，而且电介质的极化过程也吸收并储存了能量．

要计算任一带电系统整个电场中所储存的总能量，只要将电场所占空间分成许多体积元 dV，然后把这些体积元中的能量累加起来，就可以得到整个电场中储存的总能量

$$W_e = \int_V w_e dV = \int_V \frac{\varepsilon_0 \varepsilon_r E^2}{2} dV = \int_V \frac{1}{2} DE dV \qquad (4\text{-}43)$$

式中，w_e 是与每一个体积元 dV 相应的能量密度，积分区域遍及整个电场空间 V.

在各向异性电介质中，一般说来 $\boldsymbol{D}$ 与 $\boldsymbol{E}$ 的方向不同，这时电场能量密度应表示为

$$w_e = \frac{1}{2} \boldsymbol{D} \cdot \boldsymbol{E} \qquad (4\text{-}44)$$

式（4-43）应由下式代替：

$$W_e = \int_V \frac{1}{2} \boldsymbol{D} \cdot \boldsymbol{E} dV \qquad (4\text{-}45)$$

式（4-45）就是静电场能量的一般表达式．它表明，静电场的能量是存在于静电场中，电场是能量的携带者，同时，它也证明了电场是物质的一种特殊形态．

例题 4-20 试求均匀带电导体球的静电能，设球的半径为 R，带电荷为 Q，球外为真空．

解： 导体球处于静电平衡状态，电荷应均匀分布在球面上，球内各处电场强度为零，球外电场强

度为

$$E = \frac{Q}{4\pi\varepsilon_0 r^2}$$

取半径为 r 和 $r+\mathrm{d}r$ 的两球面之间的球壳层为体积元，有

$$\mathrm{d}V = 4\pi r^2 \mathrm{d}r$$

则静电能为

$$W_e = \int_V \frac{1}{2}\varepsilon_0 E^2 \mathrm{d}V = \int_R^\infty \frac{1}{2}\varepsilon_0 \left(\frac{Q}{4\pi\varepsilon_0 r^2}\right)^2 4\pi r^2 \mathrm{d}r$$

$$= \frac{Q^2}{8\pi\varepsilon_0}\int_R^\infty \frac{\mathrm{d}r}{r^2} = \frac{Q^2}{8\pi\varepsilon_0 R}$$

内容提要

1. 两个基本定律

① **电荷守恒定律** 在一个孤立系统内，无论进行怎样的物理过程，系统内电荷量的代数和总是保持不变，这个规律称为电荷守恒定律．它是物理学中普遍遵守的规律之一．

② **真空中的库仑定律** 真空中两个静止的点电荷之间的相互作用力的大小与这两个电荷所带电荷量 q_1 和 q_2 的乘积成正比，与它们之间距离 r 的平方成反比．作用力的方向沿着两个点电荷的连线，同号电荷相斥，异号电荷相吸，即

$$\boldsymbol{F}_{12} = \frac{q_1 q_2}{4\pi\varepsilon_0 r_{12}^2}\cdot\frac{\boldsymbol{r}_{12}}{r_{12}} = \frac{q_1 q_2}{4\pi\varepsilon_0 r_{12}^2}\boldsymbol{e}_r$$

2. 两个重要物理量

① **电场强度** 单位试验电荷在电场中任一场点处所受的力就是该点的电场强度，即

$$\boldsymbol{E} = \frac{\boldsymbol{F}}{q_0}$$

② **电势** 电场中某点的电势等于把单位正电荷自该点移到“电势零点”过程中电场力做的功．若取“无限远”处为“电势零点”，则

$$V_P = \frac{W_P}{q_0} = \int_P^\infty \boldsymbol{E}\cdot\mathrm{d}\boldsymbol{l}$$

电场强度和电势都是描述电场中各点性质的物理量，二者的积分关系为

$$V_P = \int_P^\infty \boldsymbol{E}\cdot\mathrm{d}\boldsymbol{l}$$

3. 两个重要定理

① **高斯定理** 在真空中的静电场内，通过任意闭合曲面的电场强度通量等于该闭合曲面所包围的电荷量的代数和的 $1/\varepsilon_0$ 倍，即

$$\oint_S \boldsymbol{E}\cdot\mathrm{d}\boldsymbol{S} = \frac{1}{\varepsilon_0}\sum_{S内} q_i$$

② **静电场的环路定理** 在静电场中，电场强度 $\boldsymbol{E}$ 的环流恒为零，即

$$\oint \boldsymbol{E}\cdot\mathrm{d}\boldsymbol{l} = 0$$

高斯定理和静电场的环路定理都是描写静电场性质的重要定理，前者说明静电场是有源场，而后者说明静电场是无旋场，即静电场是有源无旋场．

③ **有电介质时的高斯定理** 通过任意封闭曲面的电位移通量等于该封闭面所包围的自由电荷的代数和，即

$$\oint_S \boldsymbol{D} \cdot \mathrm{d}\boldsymbol{S} = q_0$$

④ **有电介质时的环路定理** 在静电场中，电场强度 $\boldsymbol{E}$ 的环流恒为零，即

$$\oint \boldsymbol{E} \cdot \mathrm{d}\boldsymbol{l} = 0$$

式中，$\boldsymbol{E}$ 为所有电荷（包括自由电荷和极化电荷）所产生的合电场强度．

4. 几个基本概念

① **电场** 电荷周围存在的一种特殊物质，称为电场．它与分子、原子等组成的实物一样，具有质量、能量、动量和角动量，它的特殊性在于能够叠加．相对于观察者静止的电荷在其周围所激发的电场称为静电场．静电场对外的表现主要有：对处于电场中的其他带电体有作用力；在电场中移动其他带电体时，电场力要对它做功．

② **电通量** 通过电场中任一给定面的电场线的条数，称为该面的电通量，即

$$\Phi_e = \int \mathrm{d}\Phi_e = \int_S \boldsymbol{E} \cdot \mathrm{d}\boldsymbol{S}$$

③ **电势能** 电荷在静电场中的一定位置所具有的势能，称为电势能．电场力的功就是电势能改变的量度．若取无限远处为势能零点，则 q_0 在电场中某点 a 的电势能为

$$W_a = q_0 \int_a^{\infty} \boldsymbol{E} \cdot \mathrm{d}\boldsymbol{l}$$

即 q_0 自 a 点移到"势能零点"的过程中电场力做的功．电势能应属于 q_0 和产生电场的源电荷系统共有．

④ **电势差** 在静电场中，任意两点 a 和 b 的电势之差称为电势差（电压），即

$$U_{ab} = V_a - V_b = \int_a^b \boldsymbol{E} \cdot \mathrm{d}\boldsymbol{l}$$

即把单位正电荷自 a 点移动到 b 点的过程中电场力做的功．由此可以计算电场力做的功

$$A_{ab} = qU_{ab} = q(V_a - V_b)$$

⑤ **电容器** 两个带有等值而异号电荷的导体所组成的带电系统称为电容器．电容器的电容定义为电容器所带电荷量与其电压之比，即

$$C = \frac{Q}{V_A - V_B}$$

它仅与两极板的尺寸、几何形状、周围介质及相对位置有关．

5. 电场强度和电势的计算

① **由点电荷公式**

$$\boldsymbol{E} = \frac{1}{4\pi\varepsilon_0} \cdot \frac{q}{r^2} \cdot \boldsymbol{e}_r, \quad V_P = \frac{q}{4\pi\varepsilon_0 r}$$

② **由叠加原理**

$$\boldsymbol{E} = \sum_{i=1}^{n} \boldsymbol{E}_i, \quad V_P = \sum_{i=1}^{n} V_{Pi}$$

$$\boldsymbol{E} = \sum_{i=1}^{n} \frac{q_i}{4\pi\varepsilon_0 r_i^3} \boldsymbol{r}_i, \quad V_P = \sum_{i=1}^{n} \frac{q_i}{4\pi\varepsilon_0 r_i}$$

$$\boldsymbol{E} = \frac{1}{4\pi\varepsilon_0} \int \frac{\mathrm{d}q}{r^2} \boldsymbol{e}_r, \quad V_P = \int \frac{\mathrm{d}q}{4\pi\varepsilon_0 r}$$

③ **由二者关系**

$$V_P = \int_P^{\infty} \boldsymbol{E} \cdot \mathrm{d}\boldsymbol{l}$$

④ **由高斯定理**

$$\oint_S \boldsymbol{E} \cdot \mathrm{d}\boldsymbol{S} = \frac{1}{\varepsilon_0} \sum_{S内} q_i, \quad V_P = \int_P^{P_0} \boldsymbol{E} \cdot \mathrm{d}\boldsymbol{l}$$

对于具有一定对称性分布的带电体，通常先利用高斯定理求 $\boldsymbol{E}$ 而后求 V_P；对于由多个电荷或带电体组成的系统，则常用叠加原理求解．

6. 两个重要物理图像

① **静电平衡** 在金属导体中，自由电子没有定向运动的状态，称为静电平衡．

静电平衡状态 导体内部和表面都没有电荷的宏观移动．

静电平衡条件 导体内部的电场强度为零，导体表面的电场强度与表面垂直．

静电平衡的特点 整个导体是等势体，导体的表面是等势面；导体表面附近任一点的电场强度的大小与该处导体表面上的电荷面密度成正比．

② **电介质的极化** 电介质在外电场作用下，其表面出现净电荷的现象称为电介质的极化．

电极化强度 $\boldsymbol{P}$：单位体积内分子电矩的矢量和，即 $\boldsymbol{P}=\lim\limits_{\Delta V\to 0}\dfrac{\sum \boldsymbol{p}_{分}}{\Delta V}$

电极化强度和电场强度的关系：$\boldsymbol{P}=\varepsilon_0\chi_e\boldsymbol{E}$（各向同性电介质）

电位移矢量 $\boldsymbol{D}$：$\boldsymbol{D}=\varepsilon_0\boldsymbol{E}+\boldsymbol{P}$，对于各向同性电介质有 $\boldsymbol{D}=\varepsilon_0\varepsilon_r\boldsymbol{E}=\varepsilon\boldsymbol{E}$

电介质存在时的电场：$\boldsymbol{E}=\boldsymbol{E}_0+\boldsymbol{E}'$

电极化率 χ_e、相对电容率 ε_r 和电容率的关系：$\varepsilon=\varepsilon_0\varepsilon_r=\varepsilon_0(1+\chi_e)$

7. 三种主要的计算

① **电场强度与电势的计算** 求电场强度时，用有电介质时的高斯定理 $\oint_S \boldsymbol{D}\cdot d\boldsymbol{S}=\sum q_0$，先求 $\boldsymbol{D}$，再用 $\boldsymbol{E}=\dfrac{\boldsymbol{D}}{\varepsilon}$ 求出 $\boldsymbol{E}$，可以不用考虑极化电荷，计算很方便，但只有当电场分布具有前面讲过的三种特殊对称性时，才能应用．求电势时，因为计算极化电荷不方便，所以求电势时一般不用叠加法，而常用电势的定义式 $V_P=\int_P^\infty \boldsymbol{E}\cdot d\boldsymbol{l}$ 来计算．

② **电容器电容的计算** 一般情况下，先设电容器两极板所带电荷量为 $\pm Q$，确定两极板间的电场强度分布，然后由 $U_{AB}=V_A-V_B=\int_A^B \boldsymbol{E}\cdot d\boldsymbol{l}$ 求两极板间的电势差，最后利用电容器电容的定义式计算；对于几种常见的电容器，可以直接利用其结果：平行板电容器 $C=\dfrac{\varepsilon S}{d}$、球形电容器 $C=\dfrac{4\pi\varepsilon R_A R_B}{R_B-R_A}$、圆柱形电容器 $C=\dfrac{2\pi\varepsilon l}{\ln\dfrac{R_B}{R_A}}$；至于电容器串、并联的等值电容，有 $\dfrac{1}{C}=\dfrac{1}{C_1}+\dfrac{1}{C_2}+\dfrac{1}{C_3}+\cdots$（串联）和 $C=C_1+C_2+C_3+\cdots$（并联）；个别情况下，也可利用电容器的储能公式计算．

③ **电场能量的计算** 电容器的储能，可直接利用公式

$$W_e=\frac{Q^2}{2C}=\frac{1}{2}QU=\frac{1}{2}CU^2$$

电场中的能量

$$W_e=\int_V \frac{1}{2}\boldsymbol{D}\cdot\boldsymbol{E}dV$$

其中，$w_e=\dfrac{1}{2}\boldsymbol{D}\cdot\boldsymbol{E}$ 为电场能量密度，即电场单位体积中的能量．对于各向同性电介质，有

$$w_e=\frac{1}{2}DE=\frac{1}{2}\varepsilon E^2$$

课外练习4

一、填空题

4-1 在国际单位制（SI）中，库仑定律的数学表达式为______．

4-2 描述静电场性质的两个重要物理量分别是______和______.

4-3 描述静电场性质的两个重要定理分别是______和______.

4-4 真空中有两个点电荷，它们所带的电荷量分别为 q 和 $-q$，相距 $2l$，则其连线中点处的电场强度为______，电势为______.

4-5 把四个相同的同号点电荷 q 放在一边长为 l 的正方形的四个顶点上，则其中心处的电场强度为______，电势为______.

4-6 导体的静电平衡条件是______________.

4-7 在电容率为 ε 的均匀各向同性电介质中，电位移矢量$\boldsymbol{D}$与电场强度$\boldsymbol{E}$ 的关系为______.

二、选择题

4-1 两个完全相同的均匀带电小球，分别带电 $q_1=2\text{C}$ 正电荷、$q_2=4\text{C}$ 负电荷．在真空中相距为 r 且静止时，其相互作用的静电力的大小为 F. 今将 q_1、q_2、r 都加倍，则其相互作用力改变为（　　）.

A. F　　B. $2F$　　C. $4F$　　D. $8F$

4-2 真空中有一点电荷 q 位于边长为 a 的正立方体的中心，通过此立方体的每一面的电通量均为（　　）.

A. $q/(6\varepsilon_0)$　　B. $q/(8\varepsilon_0)$　　C. $q/(12\varepsilon_0)$　　D. $q/(24\varepsilon_0)$

4-3 已知通过某高斯面的电通量为零，则（　　）.

A. 该高斯面上各点的电场强度一定为零　B. 该高斯面内一定不存在自由电荷

C. 该高斯面内自由电荷的代数和为零　D. 该高斯面内所有电荷的代数和为零

4-4 在半径为 R 的接地导体球外距球心为 $6R$ 处放一点电荷 q，则该导体球上的感应电荷总量为（　　）.

A. $-q/3$　　B. $-q/6$　　C. $-q/9$　　D. $-q/12$

4-5* 当一个平行板电容器两极板间均匀充满相对电容率为 ε_r的电介质后，该电容器的电容将是原来的多少倍（　　）.

A. $1/\varepsilon_r$　　B. ε_r　　C. ε_0　　D. ε

4-6* 平行板电容器充电后切断电源，若改变两极板间的距离，则下述物理量中哪个保持不变（　　）.

A. 电容器的电容量　　B. 两极板间的电场强度

C. 两极板间的电势差　　D. 电容器储存的能量

4-7* 一平行板电容器用电压为 U 的电源充电后切断电源，然后平行插入一块面积与极板相同，厚度较小的不带电的导体板，则此时极板间的电势差将（　　）.

A. 不变　　B. 增大　　C. 减小　　D. 无法确定

三、简答题

4-1 静电场遵守哪两个基本定律?

4-2 在国际单位制中，表示电场强度的两个单位分别是什么?

4-3 静电场的高斯定理和环路定理说明了静电场是什么性质的场?

4-4 在静电场中，电场强度为零的点，电势是否一定为零? 试举例说明.

4-5 在静电场中，电势为零的地方，电场强度是否一定为零? 试举例说明.

4-6 静电平衡时的导体具有哪些特性?

4-7 电介质的俗称是什么?

4-8 电介质的极化分为哪两种?

四、计算题

4-1 两个点电荷 q_1 和 q_2 相距为 l，如果（1）两电荷同号；（2）两电荷异号，求连线上电场强度为零的点的位置.

4-2 长为 l 的直导线 AB 均匀地分布着线密度为 λ 的电荷．求：

(1) 在导线的延长线上与导线一端 B 相距 R 处 P 点的电场强度；

(2) 在导线的垂直平分线上与导线中点相距 R' 处 Q 点的电场强度．

4-3 求“无限长”均匀带电圆柱体的电场分布。设该圆柱的半径为 R，单位长度所带的电荷量为 λ.

4-4 求两个带等量异号电荷的“无限大”平行平面的电场．

4-5 两个均匀带电的同心球面，半径分别为 $R_1=5\text{cm}$ 和 $R_2=7\text{cm}$，带电量分别为 $q_1=0.6\times10^{-8}\text{C}$、$q_2=-2\times10^{-8}\text{C}$. 求距球心分别为 3cm、6cm、8cm 各点处的电场强度．

4-6 两个等量异号电荷的“无限长”同轴圆柱面，半径分别为 R_1 和 $R_2(R_1<R_2)$，单位长度上的电荷为 λ，试求其电场强度的分布．

4-7 电荷量为 q 的三个点电荷排成一直线，相邻电荷间距离为 d，P 点到中央的一个电荷的距离也为 d，如图 4-43 所示，试求 P 点的电势和电场强度．

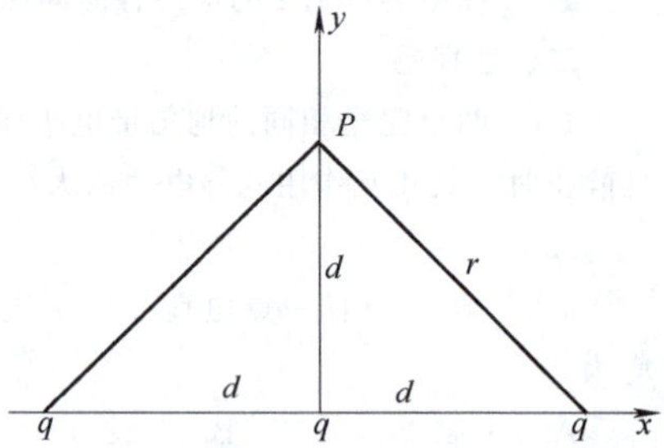

图 4-43 计算题 4-7 用图

4-8 真空中有两个同心球面，半径分别为 10cm 和 30cm，小球均匀带有正电荷 $1\times10^{-8}\text{C}$，大球均匀带有正电荷 $1.5\times10^{-8}\text{C}$. 求离球心分别为 20cm 和 50cm 的各点的电场强度和电势．

4-9 两个带等量异号电荷的均匀带电同心球面，半径分别为 $R_1=0.03\text{m}$ 和 $R_2=0.10\text{m}$. 已知两者的电势差为 450V，求内球面上所带的电荷．

4-10 半径分别为 1.0cm 与 2.0cm 的两个球形导体，各带电荷量 $1.0\times10^{-8}\text{C}$，两球心间相距很远，若用导线将两球相连，求：

(1) 每个球所带电荷量；

(2) 每球的电势．

4-11 在半径为 R 的接地导体球外距球心为 $3R$ 处放一点电荷 q，试求该导体球上的感应电荷总量．

4-12 如图 4-44 所示，一内半径为 a、外半径为 b 的金属球壳，带有电荷 Q，在球壳空腔内距离球心 r 处有一点电荷 q. 设无限远处为电势零点，试求：

(1) 球壳内外表面上的电荷；

(2) 球心 O 点处，由球壳内表面上电荷产生的电势；

(3) 球心 O 点处的总电势．

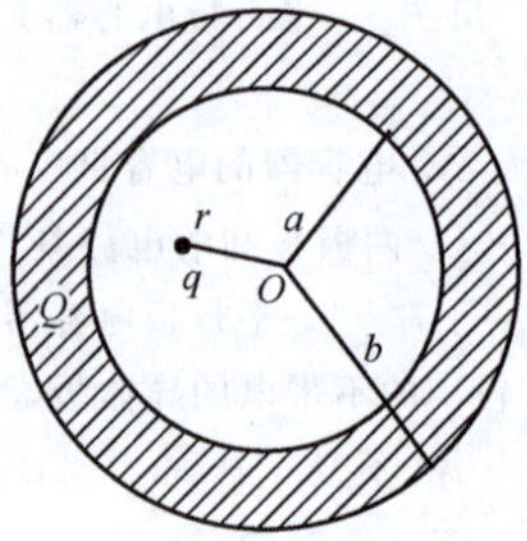

图 4-44 计算 4-12 用图

4-13 在半径为 R' 的金属球之外包有一层均匀电介质层，外半径为 R，如图 4-45 所示，设电介质的电容率为 ε，金属球的电荷量为 Q，求电介质层内、外的电场强度分布。

4-14* 平行板电容器极板面积为 S，间距为 d，中间有两层厚度各为 d_1 和 $d_2(d=d_1+d_2)$、电容率各为 ε_1 和 ε_2 的电介质，计算其电容．

4-15* 三个电容器如图 4-46 所示联接，其中 $C_1=10\times10^{-6}\text{F}$、$C_2=5\times10^{-6}\text{F}$、$C_3=4\times10^{-6}\text{F}$，当 A、B 间电压 $U=100\text{V}$ 时，试求：

(1) A、B 之间的电容；

(2) 当 C_3 被击穿时，在电容 C_1 上的电荷量和电压各变为多少？

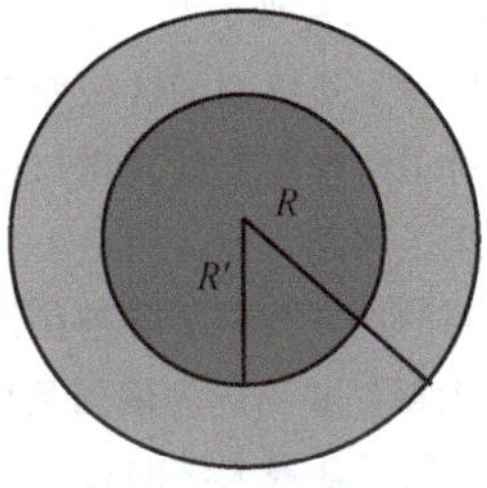

图 4-45 计算题 4-13 用图

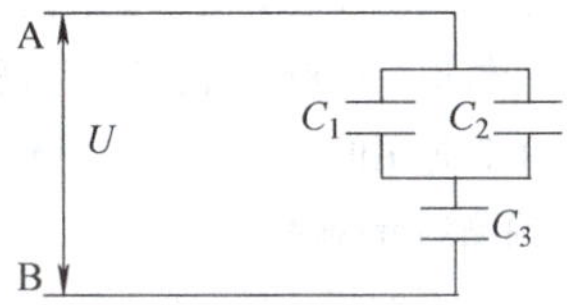

图 4-46 计算题 4-15 用图

物理学家简介

高斯（Johann Carl Friedrich Gauss，1777—1855）

在德国，长久以来都流传着关于一个天才小男孩的故事，故事中年仅 3 岁的小男孩帮助自己的父亲纠正了账册上的错误，而这个小男孩就是后来成为著名数学家、物理学家和天文学家，并享有“数学王子”美誉的高斯．

约翰·卡尔·弗里德里希·高斯在 1777 年 4 月 30 日出生于德国中北部的小城布伦斯维克，他的祖父是农民，父亲是一位工匠．高斯的父母都没有受过教育，只有一位小舅舅偶尔会给年幼的他一些指导，然而高斯从小就天资聪敏，自幼体现出过人的才华，尤其是数学方面的才能很是出众．除了 3 岁时指出父亲账目上的错误外，在他进入小学后，有一次数学老师让学生们计算“1＋2＋3＋…＋100”，小高斯没有像其他同学那样蛮算，而是采用了很灵巧的方法，只用很短的时间就得出了正确的答案．高斯的数学天赋引起了数学老师的注意，这位老师意识到高斯具有的潜质，对他的未来充满期待，于是开始尽力帮助家境贫寒的高斯，不但为他买来很多数学书籍，并将自己掌握的数学知识倾囊相授．在老师的悉心指导下，高斯的进步很快，他的数学知识得到了丰富，眼界也更加开阔．然而，家庭的贫困使高斯的父亲无力也无意让高斯接受更高的教育．幸运的是，高斯作为一名天才少年的名声已引起一些人的注意．1791 年，布伦斯维克的统治者费迪南公爵同意资助高斯的全部学业，高斯由此得以接受全面而系统的高等教育．次年，高斯进入卡罗琳学院（程度介于中学与大学之间），学习语言学和数学．在这期间，高斯研习了牛顿、欧拉和拉格朗日等人的著作，不仅迅速掌握了微积分理论，而且在最小二乘法和二次互反律等问题的研究上取得了重要成果．1795 年，高斯进入著名的哥廷根大学学习，这座德国最高学府学风浓厚，人才荟萃，高斯在这里受到系统而严格的科学教育，为其后的科学研究生涯奠定了坚实基础．

进入哥廷根大学的第二年，年仅 19 岁的高斯不依古法，而是另辟蹊径地运用代数的方法解决了自古希腊以来近二千年悬而未决的一大数学难题——正十七边形的尺规作图法，同时他还对一般正 N 边形能否以尺规作图给出了明确的判别依据．这一重大发现轰动了整个数学界，也成为高斯学术生涯的转折点，他由此充分认识到自己的数学天赋，从而坚定了终身从事数学研究的决心．1798 年，高斯转入黑尔姆施泰特大学，一年后他就成功证明了代数学基本定理，这一成就使他获得了博士学位．从 1796 至 1801 年这段时间，高斯的研究成果极为丰硕，他在数论、复变函数论、代数和统计学等众多领域都做出了重要贡献，高斯自己曾回忆当时的情景说：“新的观念和思想几乎充满了整个头脑，以至于勉强来得及记下的仅是其中简短的一部分．”在这些研究领域中，高斯对数论最为重视，他曾说：“数学是科学的女皇，数论则是数学的女皇．”1801 年，高斯出版了《算术研究》一书，这本书以拉丁文写成，除个别章节外，全书主要内容都与数论有关，其中包括“同余”、“齐式论与剩余论”和“二次互反律”等重要成果．《算术研究》是数学史上一部划时代的著作，它的出版标志着数论研究步入了新的纪元．就在同一年，天文学家在火星与木星之间的区域发现了一颗新星，并命名为谷神星．谷神星的发现引起了天文学家们的广泛关注，然而对于这颗新星的观测却遇到了困难，天文学家们无法确定它的运行轨道．高斯对谷神星运行轨道的问题也产生了兴趣，他运用最小二乘法，仅通过三次观测的资料就计算出了谷神星的轨道．果然，天文学家在高斯预测的地方找到了谷神星，一年后，高斯采用同样的方法再次准确预测到智神星的位置，这一成就使高斯名声大振，并当选为俄国圣彼得堡科学院院士．1807年，高斯接受聘请，开始担任哥廷根天文台首任台长，同时兼任哥廷根大学的数学和天文学教授．高斯此后在天文学方面开展了许多研究工作，1809年他出版了天文学名著《天体运行论》．

1820年左右，应汉诺威公国邀请，高斯开始主持该公国的大地测量工作，由此开始将注意力转向大地测量学方面．高斯在大地测量学方面的研究持续了近十年的时间，他的工作使测量精度得到了极大提升．与此同时，高斯还在分析测量数据的过程中，创立了一种在任意曲面上进行几何学研究的方法，并在1828年出版了《曲面的一般研究》一书，他的这些成果对后来微分几何的建立起到了引导作用．在此期间，高斯并没有放弃数论方面的研究工作，继二次剩余论后，他进一步提出了四次剩余论，并发现一种利用复数对奇数进行因式分解的方法，这对后来的代数数论产生了很深的影响．

1830年以后，高斯的研究越来越多地涉及物理．1831年，年轻的物理学家韦伯来到了哥廷根大学，成为高斯的合作者，同时他们之间也建立了深厚的友谊．1833年，高斯与韦伯合作发明了世界上第一台电磁电报机，并共同创立了电磁学的高斯单位制（在高斯单位制下，磁感应强度的单位就称为“高斯”，不过高斯单位制现在已被国际单位制取代）．1835年，高斯在哥廷根天文台设立了地磁观测站，通过自制的地磁仪观察地球磁场的变化．1840年，高斯根据观测结果和理论研究，出版了《地磁的一般理论》，一年后他又与韦伯合作描绘出了世界上第一份地球磁场图，并定出了地球磁场的南、北极，这些理论结果不久后获得了实验证实．不仅如此，高斯在库仑定律的基础上，通过缜密的数学论证得出了静电场的高斯定理（该定理可以被推广到非静电场，而且磁场中也有相似规律，称为磁场的高斯定理．电场和磁场的高斯定理都是电磁场理论的基本方程之一）．此外，高斯在物理方面的研究成果还包括表面张力理论、变分法和高斯光学等．由于高斯在数学、天文学、大地测量学和物理学等多个领域做出的卓越贡献，他获得了“哥廷根巨人”的称号，并被选为许多科学院和学术团体的成员．

高斯对科学的态度十分严谨、精益求精，有时甚至显得过分拘谨．高斯一生的著作、笔记和手稿很多，但在生前发表的只有155篇．高斯去世后，人们在对他的遗著及文稿进行整理的过程中，发现他有许多未曾发表而有价值的研究成果，例如他早就在非欧几何的研究上取得了很有意义的进展，但他担心世人不能接受，因而没有公布出来．后来，高斯的这些书稿和笔记由哥廷根大学整理出版了高斯全集，共十一卷．

高斯兴趣广泛，会十几种外语，还喜爱音乐和文学，60多岁时，他还通过自学掌握了俄语．生活中的高斯非常俭朴，为人也十分谦虚，面对别人的赞誉，他冷静地回答道：“假如别人和我一样深刻和持久地思考数学真理，他们也会有同样的发现．”

高斯的一生，几乎对当时数学的各个方面都做出了重要贡献，并开拓出许多新的领域，因此有人曾称赞道：“在数学世界里，高斯处处留芳．”除了纯数学研究之外，高斯同样重视数学的应用，他的许多成就都与天文学、物理学等有关，著名数学家克莱因曾评价道：“如果我们把18世纪的数学家们想象为一系列的高山峻岭，那么最后一座使人肃然起敬的峰巅便是高斯．”实际上，高斯已被世人公认为是继阿基米德与牛顿之后，人类历史上最伟大的数学家．

1855年2月23日清晨，高斯在睡梦中安详地离开了人世，享年78岁．为纪念这位杰出的科学家，曾发行专门的纪念币，他的头像也被印在邮票和纸钞上．高斯去世后，哥廷根大学建造了一个台座为正十七边形棱柱的高斯雕像，这座雕像至今仍矗立在这所高斯母校的校园中．

第 5 章 恒定磁场

概述

人们对磁现象的认识已经有了非常悠久的历史．在我国春秋战国时期，就已经知道天然磁石之间相互吸引的磁现象，并发明了用以指引方向的指南针．到了现代文明社会，磁现象更是充满着每一个角落．如人们随身携带的银行卡、家庭中烹饪菜肴的电磁炉、出门乘坐的交通工具——磁悬浮列车、记录和存储信息的载体——电脑硬盘等，这些都与物体磁性有关．

物体磁性的来源与电流或运动电荷有着密切关系．本章着重研究不随时间变化的磁场即恒定磁场，它是由恒定电流激发产生的．本章首先讨论电流的有关知识，接着引入描述磁场的物理量——磁感应强度，其次研究磁场的有关规律即毕奥-萨伐尔定律、恒定磁场的高斯定理和安培环路定理，然后分析磁场中运动电荷和载流导体的受力作用，最后介绍磁介质的性质和有介质时磁场的性质和规律．

5.1 恒定电流

5.1.1 电流 电流密度

通过前面章节的学习我们知道，在静电平衡的条件下，导体内部的电场为零，因此导体内部的电荷并不产生定向运动．如果我们采用某种方法，使导体内部维持一定的电场分布或存在一定的电势差，则在导体内部就会形成大量电荷的定向运动，即形成电流．由此可知，形成电流需要具有两个基本条件：第一、导体内部存在自由电荷；第二、导体中要维持一定的电势差．导体中的自由电荷被称为载流子．载流子可以是金属中的自由电子，电解质中的正、负离子或半导体材料中的空穴等．

按照惯例，我们规定正电荷流动的方向为电流的方向．当导体中只有自由电子运动时，我们假定正电荷的方向就是电子实际流动的相反方向．电流的强弱可以用电流强度（简称电流）这一物理量来描述，它的定义为单位时间内通过某曲面的电荷量．如图 5-1 所示，考虑在 dt 时间内，有一定数量的电荷 dq 流过导体的一个横截面 S，则通过导体中

该截面的电流 I 为

$$I=\frac{\mathrm{d}q}{\mathrm{d}t} \tag{5-1}$$

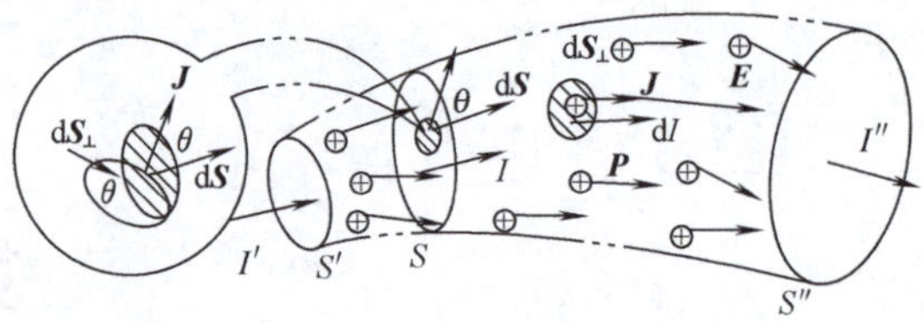

图 5-1　电流与电流密度

电流是一个标量，在国际单位制中，电流是个基本量，它的单位是安培，符号为 A. 一般来说，电流 I 是随时间变化的，如果电流 I 不随时间变化，这种电流称为恒定电流.

当电流流过不均匀导体的时候，导体内部各点的电流分布是不均匀的. 电流 I 只能描述导体中整个横截面的电荷通过率，并不能反映出导体中各个点的电荷流动情况. 因此还需要引入另外一个物理量——电流密度 $\boldsymbol{J}$. 如图 5-1 所示，假设导体中单位体积内平均有 n 个电荷量为 q 的自由电荷，每个电荷的定向迁移速度为 $\boldsymbol{v}$. 设想在导体中选取一个面元 $\mathrm{d}\boldsymbol{S}$，其方向与 $\boldsymbol{v}$ 之间的夹角为 θ，根据电流的定义，通过导体中面元 $\mathrm{d}\boldsymbol{S}$ 的电流为

$$\mathrm{d}I=qnv\mathrm{d}S_{\perp}=qn\boldsymbol{v}\cdot\mathrm{d}\boldsymbol{S}=\boldsymbol{J}\cdot\mathrm{d}\boldsymbol{S} \tag{5-2}$$

式中，矢量 $\boldsymbol{J}=qn\boldsymbol{v}$ 被称为电流密度矢量. 对于自由电荷为正电荷的情况，电流密度的方向与电荷定向运动方向相同；对于负电荷的情况，电流密度的方向与电荷定向运动的方向相反.

由式（5-2）可得

$$J=\frac{\mathrm{d}I}{\mathrm{d}S_{\perp}} \tag{5-3}$$

即电流密度的大小等于该点处垂直于电流方向的单位面积的电流. 在国际单位制中，电流密度的单位是安培每二次方米，符号为 $\mathrm{A/m^2}$.

如果已知导体内部每一点的电流密度，可以求出通过任一截面的电流. 通过任一有限截面的电流等于通过该截面上各个面元的电流的积分，并由式（5-2）可以得到

$$I=\int_S \mathrm{d}I=\int_S \boldsymbol{J}\cdot\mathrm{d}\boldsymbol{S}=\int_S qn\boldsymbol{v}\cdot\mathrm{d}\boldsymbol{S} \tag{5-4}$$

由式（5-4）可以看出，通过某一截面的电流也就是通过该截面的电流密度的通量.

例题 5-1　细铜导线的半径 $r=4\times10^{-4}\,\mathrm{m}$，通过该导线的电流 $I=0.5\mathrm{A}$. 假设导线中传导电子数密度 $n=8.5\times10^{28}/\mathrm{m}^3$. 计算铜导线中电子的定向迁移速度.

解：在这种情况下，电流密度为常量. 由式（5-4）可得到

$$I=JS=nevS$$

式中，$S=\pi r^2$ 为导线横截面积. 则由上式可得

$$v=\frac{I}{ne\pi r^2}=\frac{0.5}{8.5\times10^{28}\times1.6\times10^{-19}\times\pi\times(4\times10^{-4})^2}\mathrm{m/s}\approx7.3\times10^{-5}\,\mathrm{m/s}$$

电子沿着导线的定向迁移速度只有 $7.3\times10^{-5}\,\mathrm{m/s}$，远小于电子热运动的平均速率.

5.1.2 欧姆定律及微分形式*

大量实验表明，在等温条件下，通过一段导体的电流 I 与导体两端的电压 U 成正比，这个结论称为欧姆定律，即

$$I=\frac{U}{R} \tag{5-5}$$

式中，R 的数值与导体的材料、几何形状、大小及温度有关．对于一段特定的导体，R 为常数，在此条件下，I 与 U 成正比．

由式（5-5）可知，当导体两端所加电压一定时，所选导体的 R 值越大，则通过导体的电流 I 越小，所以 R 反映了导体对电流阻碍作用的大小，称为导体的电阻．在国际单位制中，电阻的单位为欧姆，符号为 Ω.

实验表明，导体的电阻 R 与导体的长度 l 成正比，与导体的横截面积 S 成反比，即

$$R=\rho\frac{l}{S} \tag{5-6}$$

式中，常数 ρ 与导体性质和温度有关，称为材料的电阻率，其单位为欧米，符号为 Ω·m.

电阻率的倒数称为电导率，用 γ 表示，即

$$\gamma=\frac{1}{\rho} \tag{5-7}$$

电导率的单位为西每米，符号为 S/m.

式（5-5）是以电压和电流这些宏观量来描述一段导体所遵循的规律，下面从微观角度来分析一段导体中有电流通过时，导体内部所遵从的规律．设想在导体中取一长为 dl、截面积为 dS 的柱体，且 $\boldsymbol{J}$ 与 d$\boldsymbol{S}$ 垂直，如图 5-2 所示．由欧姆定律可知，通过这段柱体的电流为

$$\mathrm{d}I=\mathrm{d}U/R \tag{5-8}$$

式中，dU 为柱体两端的电压．设柱体中电场强度大小为 E，则 $\mathrm{d}U=E\mathrm{d}l$，又 $R=\rho\frac{\mathrm{d}l}{\mathrm{d}S}$，把两式代入式（5-8）得

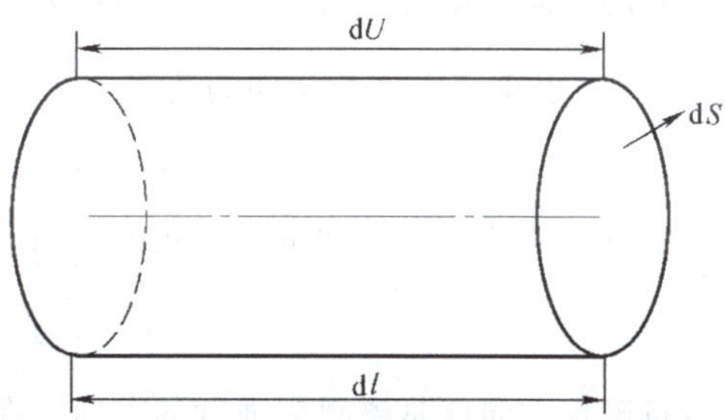

图 5-2 欧姆定律的微分形式

$$\mathrm{d}I=\gamma E\mathrm{d}S,\qquad \frac{\mathrm{d}I}{\mathrm{d}S}=J=\gamma E$$

由于 $\boldsymbol{J}$ 与 $\boldsymbol{E}$ 同向，上式可写成矢量形式

$$\boldsymbol{J}=\gamma\boldsymbol{E} \tag{5-9}$$

即电流密度的大小与电场强度的大小成正比．

由于式（5-9）是将欧姆定律用于导体微元中所得的结论，所以称为欧姆定律的微分形式．它虽然是在恒定电流的条件下推导出来的，但也同样适用于非恒定电流的情况．它表明导体中任一点、任一时刻的电流与电场之间的关系，因此式（5-9）比式（5-5）更细致、更本质，具有更加深刻的含义，是麦克斯韦电磁场理论的方程之一．

5.2 磁感应强度 毕奥-萨伐尔定律

5.2.1 磁感应强度

从静电场的研究可以知道，在静止电荷周围的空间存在着电场，静止电荷之间的相互作用是通过电场传递的．与此类似，运动电荷、电流和磁体之间的相互作用是通过周围

特殊形态的物质——磁场传递的．就其根本而言，运动电荷在其周围激发磁场，通过磁场对另一运动电荷进行作用．

在描述电场时，我们是用电场对试验电荷的电场力来表征电场的特性，并引入电场强度 $\boldsymbol{E}$ 来对电场各点做定量的描述．而磁场对外的重要表现是：对进入场中的运动试验电荷、载流导体或永久磁体有磁力的作用，因此也可用磁场对运动试验电荷（或载流导体和永久磁体）的作用来描述磁场，并由此引入磁感应强度 $\boldsymbol{B}$ 作为定量描述磁场中各点特性的基本物理量．

实验发现：(1) 当运动试验电荷以同一速率 v 沿不同方向通过磁场中某点 P 时，电荷所受磁力的大小是不同的，但磁力的方向却总是与电荷运动方向 $\boldsymbol{v}$ 垂直；(2) 在磁场中的某点处存在着一个特定方向，当电荷沿该特定方向（或其反方面）运动时，磁力为零．显然，这个特定方向与运动试验电荷无关，它反映出磁场本身的性质．我们定义：P 点处磁场的方向是沿着运动试验电荷通过该点时不受磁力的方向（至于磁场的指向是沿两个彼此相反的哪一方，将在下面另行规定）．实验还发现，如果电荷在 P 点沿着与磁场方向垂直的方向运动时，所受到的磁力最大，而且这个最大磁力 F_m 正比于运动试验电荷的电荷量 q，也正比于电荷运动的速率 v，但比值 $\frac{F_m}{qv}$ 却在该点 P 具有确定的量值，而与运动试验电荷 qv 值的大小无关．这样，从运动试验电荷所受磁力的特征，可引入描述磁场中给定点性质的基本物理量——磁感应强度（$\boldsymbol{B}$ 矢量），该点磁感应强度的大小可定义为

$$B=\frac{F_m}{qv} \tag{5-10}$$

该点磁场方向就是磁感应强度的方向．在国际单位制中，磁感应强度 $\boldsymbol{B}$ 的单位为特斯拉，符号为 T，$1\mathrm{T}=1\mathrm{N\cdot s/(C\cdot m)}=1\mathrm{N/(A\cdot m)}$.

地球表面磁场在赤道处约为 3×10^{-3}T，在两极处约为 6×10^{-3}T. 太阳表面的磁场约为 10^{-2}T，超导磁体激发的磁场可达 5～40T，而中子星表面的磁场约为 10^{8}T. 人体内的生物电流也可激发出微弱的磁场，例如心电激发的磁场约为 3×10^{-10}T，测量身体内的磁场分布已成为医学中的一种高级诊断技术．

5.2.2 毕奥-萨伐尔定律 磁场叠加原理

1. 毕奥-萨伐尔定律 1820 年，法国物理学家毕奥和萨伐尔通过大量实验发现，长直载流导线周围的磁感应强度 $\boldsymbol{B}$ 的大小与电流 I 成正比，与到直线的距离 r 的二次方成反比．法国数学家兼物理学家拉普拉斯根据毕奥和萨伐尔的实验结果，运用物理学的思想方法，给出了电流元产生磁感应强度的数学表达式，这就是毕奥-萨伐尔定律．

为了求任意载流导线周围的磁场，我们假设在真空中的载流导线的截面可以略去不计，将导线分成许多小元段 $\mathrm{d}\boldsymbol{l}$. 设 $\mathrm{d}l$ 方向与元段内电流密度方向相同，元段内电流为 I，则将 $I\mathrm{d}\boldsymbol{l}$ 称为电流元．毕奥-萨伐尔定律表述为：电流元 $I\mathrm{d}\boldsymbol{l}$ 在真空中某点 P 处所产生的磁感应强度 $\mathrm{d}\boldsymbol{B}$ 的大小，与电流元 $I\mathrm{d}\boldsymbol{l}$ 的大小成正比，与电流元 $I\mathrm{d}\boldsymbol{l}$ 到点 P 的矢径 $\boldsymbol{r}$ 和电流元方向间的夹角 θ 的正弦成正比，并与电流元 $I\mathrm{d}\boldsymbol{l}$ 到点 P 的距离 r 的二次方成反比，即

$$\mathrm{d}B=\frac{\mu_0}{4\pi}\frac{I\mathrm{d}l\sin\theta}{r^2} \tag{5-11}$$

式中，μ_0称为真空磁导率，在国际单位制中，$\mu_0=4\pi\times10^{-7}\,\mathrm{H/m}$. 写成矢量形式，则有

$$\mathrm{d}\boldsymbol{B}=\frac{\mu_0}{4\pi}\frac{I\mathrm{d}\boldsymbol{l}\times\boldsymbol{r}}{r^3} \tag{5-12}$$

这就是毕奥-萨伐尔定律的数学表达式. $\mathrm{d}\boldsymbol{B}$ 的方向可用右手螺旋法则判断：伸出右手，使大拇指与四指垂直，然后让四指从 $I\mathrm{d}\boldsymbol{l}$ 的方向开始，经小于 π 的夹角 θ 转向 $\boldsymbol{r}$，此时大拇指所指的方向即为 $\mathrm{d}\boldsymbol{B}$ 的方向，如图 5-3 所示.

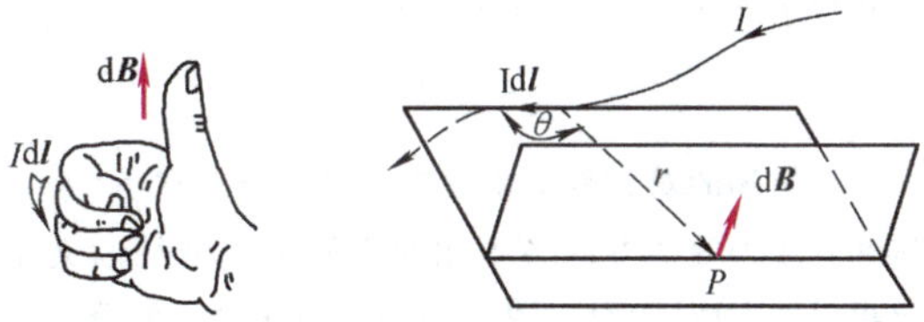

图 5-3 电流元的磁感应强度的方向

2. 磁场叠加原理 磁场和电场一样也具有可叠加性，因而磁场遵从叠加原理，即任意载流导线在 P 点的磁感应强度 $\boldsymbol{B}$，等于所有电流元 $I\mathrm{d}\boldsymbol{l}$ 在 P 点的磁感应强度 $\mathrm{d}\boldsymbol{B}$ 的矢量和，其数学表达式为

$$\boldsymbol{B}=\int\mathrm{d}\boldsymbol{B}=\frac{\mu_0}{4\pi}\int\frac{I\mathrm{d}\boldsymbol{l}\times\boldsymbol{r}}{r^3} \tag{5-13}$$

通常称式（5-13）为磁感应强度叠加原理，简称磁场叠加原理. 然而必须指出，电流元与点电荷不同，它不可能在实验中单独得到，所以毕奥-萨伐尔定律不能由实验直接验证. 但是根据毕奥-萨伐尔定律得到的总磁感应强度都与实验结果符合，从而间接地证明了毕奥-萨伐尔定律的正确性.

例题 5-2 求载流直导线的磁场.

解：在真空中有一长为 L 的载流直导线，其中通有电流 I. 设 P 点到直导线的垂直距离为 a. 在载流直导线上任取一电流元 $I\mathrm{d}\boldsymbol{l}$，它到 P 点矢径为 $\boldsymbol{r}$，如图 5-4 所示.

根据毕奥-萨伐尔定律，任一电流元在 P 点产生的磁感应强度的方向均为垂直纸面向内，大小为

$$\mathrm{d}B=\frac{\mu_0}{4\pi}\frac{I\mathrm{d}l\sin\theta}{r^2}$$

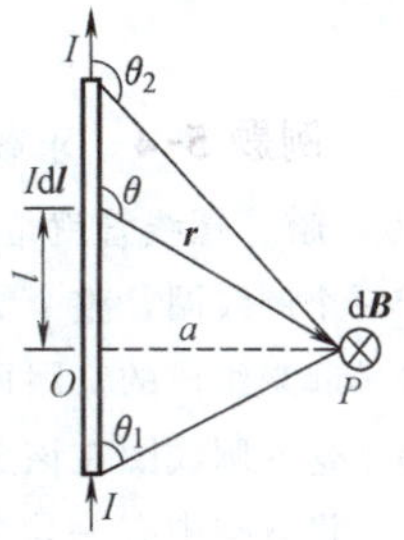

图 5-4 例题 5-2 用图

式中，θ 为 $I\mathrm{d}\boldsymbol{l}$ 与 $\boldsymbol{r}$ 的夹角. 由磁场叠加原理，所有电流元在 P 点产生的磁感应强度的大小为

$$B=\int_L\mathrm{d}B=\frac{\mu_0}{4\pi}\int\frac{I\mathrm{d}l\sin\theta}{r^2}$$

上式中变量 l、r、θ 并不独立，它们满足

$$l=a\cot(\pi-\theta),\quad r=\frac{a}{\sin(\pi-\theta)}=\frac{a}{\sin\theta}$$

对 l 取微分，有

$$\mathrm{d}l=a\csc^2\theta\mathrm{d}\theta$$

将上面的关系式联立后可得

$$B=\frac{\mu_0 I}{4\pi a}\int_{\theta_1}^{\theta_2}\sin\theta\mathrm{d}\theta=\frac{\mu_0 I}{4\pi a}(\cos\theta_1-\cos\theta_2) \tag{5-14}$$

式中，θ_1 和 θ_2 分别为载流直导线起点处和终点处电流元与矢径 $\boldsymbol{r}$ 之间的夹角. 对以上结果进行讨论：

（1）若直导线为无限长，即 $\theta_1=0$，$\theta_2=\pi$，那么 $B=\dfrac{\mu_0 I}{2\pi a}$；

（2）若直导线为半无限长，即 $\theta_1=0$，$\theta_2=\dfrac{\pi}{2}$ 或 $\theta_1=\dfrac{\pi}{2}$，$\theta_2=\pi$，那么 $B=\dfrac{\mu_0 I}{4\pi a}$.

例题 5-3 载流圆环轴线上的磁场. 设真空中有一半径为 R 的细载流圆环，其电流为 I，求轴线

上与圆心 O 相距 a 处的 P 点的磁感应强度 $\boldsymbol{B}$.

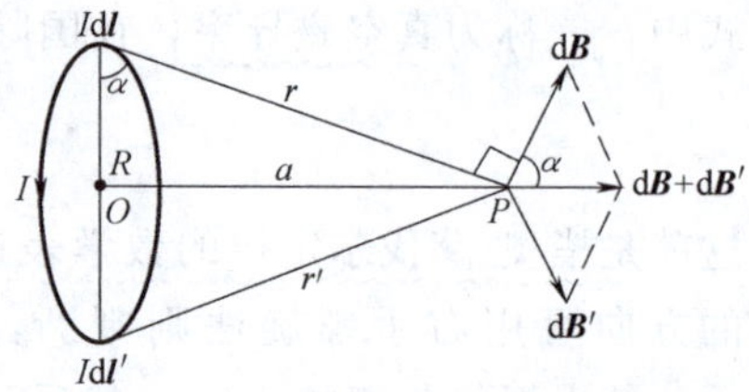

图 5-5　例题 5-3 用图

解：如图 5-5 所示，圆环上任一电流元 $I\mathrm{d}\boldsymbol{l}$ 与到轴线上 P 点的矢径 $\boldsymbol{r}$ 之间的夹角均为 90°，由毕奥-萨伐尔定律知，该电流元在 P 点激发的磁感应强度 $\mathrm{d}\boldsymbol{B}$ 的大小为

$$\mathrm{d}B=\frac{\mu_0}{4\pi}\frac{I\mathrm{d}l}{r^2}$$

由磁场的对称性分析可知，各电流元在 P 点激发的磁感应强度大小相等，方向各不相同，但是与轴线的夹角均为 α. 因此我们把磁感应强度 $\mathrm{d}\boldsymbol{B}$ 分解成平行于轴线的分量 $\mathrm{d}B_{/\!/}$ 和垂直于轴线的分量 $\mathrm{d}B_{\perp}$. 它们在垂直于轴线方向上的分量 $\mathrm{d}B_{\perp}$ 互相抵消，沿轴线方向的分量 $\mathrm{d}B_{/\!/}$ 互相加强. 所以 P 点的磁感应强度 $\boldsymbol{B}$ 沿着轴线方向，大小等于细载流圆环上所有电流元激发的磁感应强度 $\mathrm{d}\boldsymbol{B}$ 沿轴线方向的分量 $\mathrm{d}B_{/\!/}$ 的代数和，即

$$B=\int_l \mathrm{d}B_{/\!/}=\int_l \mathrm{d}B\cos\alpha$$

将 $\cos\alpha=\dfrac{R}{r}$ 和 $\mathrm{d}B$ 代入上式，得

$$B=\int_0^{2\pi R}\frac{\mu_0}{4\pi}\frac{I\mathrm{d}l}{r^2}\frac{R}{r}=\frac{\mu_0 IR^2}{2r^3}=\frac{\mu_0}{2}\frac{IR^2}{(R^2+a^2)^{3/2}} \tag{5-15}$$

磁感应强度 $\boldsymbol{B}$ 的方向与圆环电流环绕方向满足右手螺旋法则.

讨论：

(1) 在圆心 O 点处，$a=0$，由上式得 O 点的磁感应强度的大小为

$$B=\frac{\mu_0 I}{2R}$$

(2) 在远离圆环中心的无限远处，即 $a\gg R$ 处，$r\approx a$，则该处磁感应强度的大小为

$$B=\frac{\mu_0 IR^2}{2a^3}$$

例题 5-4　求载流密绕直螺线管内部轴线上的磁场.

解：螺线管就是绕在圆柱面上的螺旋形线圈. 如果螺线管上各匝线圈绕得很密，每匝线圈就相当于一个圆线圈，整个螺线管就可以看成是由一系列圆线圈并排起来组成的. 因而螺线管在某点产生的磁感应强度就等于这些圆线圈在该点产生的磁感应强度的矢量和.

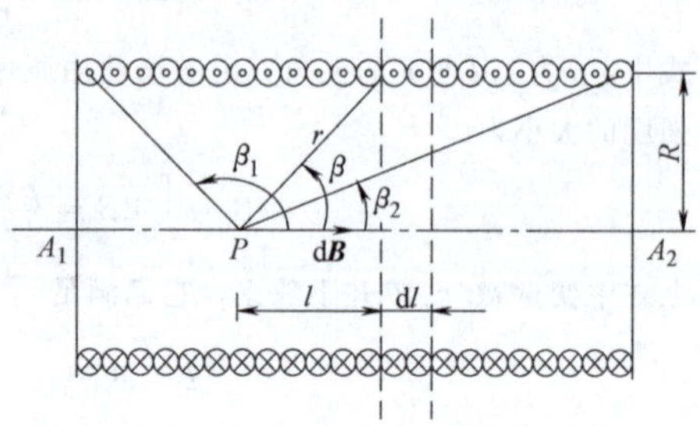

图 5-6　例题 5-4 用图

设真空中有一均匀密绕载流直螺线管，半径为 R，电流为 I，单位长度上绕有 n 匝线圈，如图 5-6 所示. 在螺线管上距 P 点 l 处取一小段 $\mathrm{d}l$，该小段上线圈匝数为 $n\mathrm{d}l$. 由式 (5-15) 可知，该小段上的线圈在轴线上 P 点所激发的磁感应强度的大小为

$$\mathrm{d}B=\frac{\mu_0}{2}\frac{R^2In\mathrm{d}l}{(R^2+l^2)^{3/2}}$$

磁感应强度 $\mathrm{d}\boldsymbol{B}$ 沿轴线方向、与电流成右手螺旋关系. 因为螺线管的各小段在 P 点所产生的磁感应强度方向相同，所以整个螺线管所产生的总磁感应强度

$$B=\int \mathrm{d}B=\int\frac{\mu_0}{2}\frac{R^2In\mathrm{d}l}{(R^2+l^2)^{3/2}} \tag{5-16}$$

根据图 5-6 中的几何关系，有

$$l=R\cot\beta$$

微分后得

$$\mathrm{d}l=-R\,(\csc\beta)^2\,\mathrm{d}\beta$$

将其代入式（5-16）得到该载流直螺线管在轴线上 P 点产生的磁感应强度的大小为

$$B=-\int_{\beta_1}^{\beta_2}\frac{\mu_0 nI}{2}\sin\beta \mathrm{d}\beta=\frac{1}{2}\mu_0 nI(\cos\beta_2-\cos\beta_1) \tag{5-17}$$

讨论：

（1）对于无限长载流直螺线管，$\beta_1\to\pi$，$\beta_2\to 0$，所以 $B=\mu_0 nI$. 这表明，在无限长载流螺线管的轴线上磁场是均匀的，大小只决定于单位长度的匝数 n 和导线中的电流 I，而与场点的位置无关．其方向与电流成右手螺旋关系．

（2）在半无限长螺线管的一端，$\beta_1\to\pi/2$，$\beta_2\to 0$，则 $B=\frac{1}{2}\mu_0 nI$. 这表明，在半无限长螺线管两端的轴线上的磁感应强度的大小只有管内的一半．

3. 运动电荷的磁场　磁矩　毕奥-萨伐尔定律告诉我们电流激发磁场，而电流的产生是大量载流子定向运动的结果．从本质上讲磁场是由运动电荷激发的，一切磁现象都来源于电荷的运动．因此，运动电荷的磁场可以由毕奥-萨伐尔定律推导出来．电流的微观表达式为

$$I=JS=nqvS$$

定向运动速度 $\boldsymbol{v}$ 的方向与电流元 $I\mathrm{d}\boldsymbol{l}$ 方向相同，因此电流元

$$I\mathrm{d}\boldsymbol{l}=nqS\boldsymbol{v}\mathrm{d}l$$

代入毕奥-萨伐尔定律表达式（5-12），得

$$\mathrm{d}\boldsymbol{B}=\frac{\mu_0}{4\pi}\frac{nqS\mathrm{d}l\boldsymbol{v}\times\boldsymbol{r}}{r^3}$$

电流元 $I\mathrm{d}\boldsymbol{l}$ 激发的磁场 $\mathrm{d}\boldsymbol{B}$ 是由电流元 $I\mathrm{d}\boldsymbol{l}$ 中 $\mathrm{d}N=nS\mathrm{d}l$ 个载流子共同产生的．因此平均起来每个载流子所产生的磁感应强度 $\boldsymbol{B}$ 为

$$\boldsymbol{B}=\frac{\mathrm{d}\boldsymbol{B}}{\mathrm{d}N}=\frac{\mu_0}{4\pi}\frac{q\boldsymbol{v}\times\boldsymbol{r}}{r^3} \tag{5-18}$$

磁感应强度 $\boldsymbol{B}$ 垂直于 $\boldsymbol{v}$ 和 $\boldsymbol{r}$ 所组成的平面，其方向由右手螺旋法则确定．

根据玻尔理论，氢原子在基态时，电子绕原子核的轨道半径 $r_0=0.53\times10^{-10}\,\mathrm{m}$，速率为 $v=2.2\times10^6\,\mathrm{m/s}$. 在垂直于轨道的轴线上任意一点 P 的瞬时磁感应强度 $\boldsymbol{B}$ 为

$$\boldsymbol{B}=\frac{\mu_0}{4\pi}\frac{e\boldsymbol{v}\times\boldsymbol{r}}{r^3}$$

电子绕轨道一周，垂直于轴线的分量完全抵消，只剩下平行于轨道的分量，考虑到 $r\gg r_0$，有

$$B=\frac{\mu_0}{4\pi}\frac{ev}{r^2}\frac{r_0}{r}=\frac{\mu_0}{4\pi}\frac{evr_0}{r^3}$$

电子单位时间内绕轨道的周数 $n=\frac{v}{2\pi r_0}$，相当于具有一等效电流 $I=\frac{ev}{2\pi r_0}$，代入上式后有

$$B=\frac{\mu_0}{2}\frac{Ir_0^2}{r^3} \tag{5-19}$$

上式与远离圆环中心的无限远处的载流圆环轴线上的磁场公式相同．

根据安培的假设，分子电流相当于基元磁体，为了更好地描述分子电流的磁性，我们引入磁矩的概念．将式（5-19）改写为

$$B=\frac{\mu_0}{2\pi}\frac{IS}{r^3}$$

式中，$S=\pi r_0^2$ 为等效电流的面积．我们规定面积 S 的正法线方向与等效电流的流向成右

手螺旋关系，其单位矢量用 $\boldsymbol{e}_n$ 表示．由此我们定义圆电流的磁矩为

$$\boldsymbol{m}=IS\boldsymbol{e}_n \tag{5-20}$$

于是我们可将式（5-19）改写成矢量的形式

$$\boldsymbol{B}=\frac{\mu_0}{2\pi r^3}\boldsymbol{m}$$

5.3 恒定磁场的高斯定理和安培环路定理

5.3.1 恒定磁场的高斯定理

1. 磁感应线 在电场中我们曾引入电场线来形象地描述静电场的整体分布，同样，在磁场中我们也引入磁感应线（又称磁感线或磁力线）来描述磁场的整体分布：磁感应线上任一点的切线方向与该点的磁感应强度方向相同；通过磁场中某点垂直于磁感应强度方向单位面积上的磁感应线的条数等于该点磁感应强度的大小．

磁感应线可以很容易通过实验的方法显示出来．将一块玻璃板放在有磁场的空间中，上面均匀地撒上铁屑，轻轻敲动玻璃板，铁屑就会沿着磁感应线的方向排列起来．图5-7显示了几种不同载流导线激发的磁感应线．

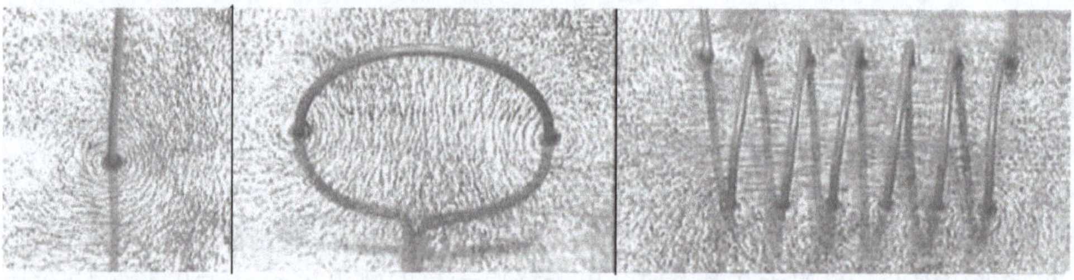

图5-7 磁感应线

不难看出磁感应线具有如下特性：

（1）在任何磁场中每一条磁感应线都是环绕电流的无头无尾的闭合线，即没有起点也没有终点，而且这些闭合线都与闭合电路互相套连．

（2）在任何磁场中，每一条闭合的磁感应线的方向与该闭合磁感应线所包围的电流流向服从右手螺旋法则．

2. 磁通量 在磁场中通过某一曲面的磁感应线的条数称为通过该面的磁通量，用 Φ_m 表示．在磁场中任取一个面元 $\mathrm{d}\boldsymbol{S}$，设该面元处的磁感应强度为 $\boldsymbol{B}$，则通过面元 $\mathrm{d}\boldsymbol{S}$ 的磁通量 $\mathrm{d}\Phi_m$ 定义为

$$\mathrm{d}\Phi_m=\boldsymbol{B}\cdot\mathrm{d}\boldsymbol{S}=B\mathrm{d}S\cos\theta \tag{5-21a}$$

式中，θ 为 $\boldsymbol{B}$ 与 $\mathrm{d}\boldsymbol{S}$ 的夹角．而通过有限曲面 S 的磁通量 Φ_m 为

$$\Phi_m=\int_S\boldsymbol{B}\cdot\mathrm{d}\boldsymbol{S}=\int_S B\mathrm{d}S\cos\theta \tag{5-21b}$$

在国际单位制中，磁通量的单位是韦伯，符号为Wb，$1\mathrm{Wb}=1\mathrm{T}\cdot\mathrm{m}^2$．

例题5-5 如图5-8所示，长直导线载有电流 I，试求穿过矩形平面的磁通量 Φ_m．

解：由例题 5-2 已知载流导线周围的磁感应强度大小为 $B=\frac{\mu_0 I}{2\pi a}$，故矩形平面处于非均匀磁场内，而磁感应强度 $\boldsymbol{B}$ 的方向相同，均垂直纸面向里．在距导线为 r 处取一长为 l、宽为 $\mathrm{d}r$ 的面元 $\mathrm{d}S=l\mathrm{d}r$，有

$$\mathrm{d}\Phi_{\mathrm{m}}=\boldsymbol{B}\cdot\mathrm{d}\boldsymbol{S}=\frac{\mu_0 I}{2\pi r}l\,\mathrm{d}r$$

将上式代入式（5-21b），得到整个矩形的磁通量为

$$\Phi_{\mathrm{m}}=\int_S \boldsymbol{B}\cdot\mathrm{d}\boldsymbol{S}=\int_d^{d+b}\frac{\mu_0 I}{2\pi r}l\,\mathrm{d}r=\frac{\mu_0 Il}{2\pi}\ln\frac{d+b}{d}$$

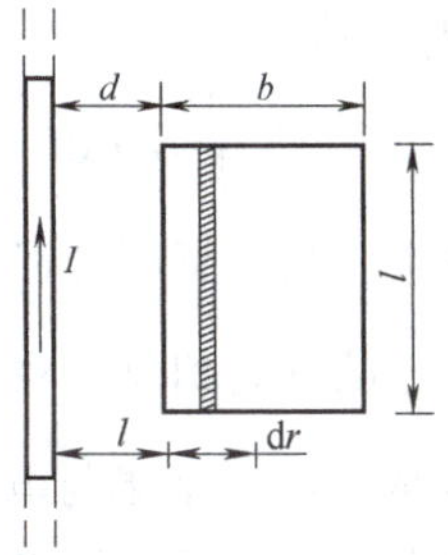

图 5-8　例题 5-5 用图

3. 恒定磁场的高斯定理　仿照静电场的高斯定理我们可以给出恒定磁场的高斯定理．由于磁感应线都是无头无尾的闭合线，所以对于任意闭合曲面，有多少条磁感应线进入就有多少条穿出．也就是说，在磁场中通过任意闭合曲面的总磁通量为零，即

$$\oint_S \boldsymbol{B}\cdot\mathrm{d}\boldsymbol{S}=0 \tag{5-22}$$

这就是磁场的高斯定理．它是反映磁场规律的一个重要定理，即磁场是无源场．由它不难推得：在磁场中以任一闭合曲线为边线的所有曲面的磁通量均相等，因此通常所说的穿过某闭合曲线的磁通量实际上是指以该曲线为边线的任意曲面的磁通量．

5.3.2　安培环路定理

在静电场的环路定理中曾指出，电场强度 $\boldsymbol{E}$ 沿任意闭合路径的线积分等于零，即 $\oint \boldsymbol{E}\cdot\mathrm{d}\boldsymbol{l}=0$，这是静电场的一个重要性质，说明静电场是保守场、有势场．而对磁场来说，磁感应强度 $\boldsymbol{B}$ 沿任意闭合路径的线积分却不一定等于零．由毕奥-萨伐尔定律可以推导出磁场的一个重要定理，表述为：在真空中，恒定电流的磁场内，磁感应强度 $\boldsymbol{B}$ 沿任意闭合路径 L 的线积分（即 $\boldsymbol{B}$ 的环流）等于被这个闭合回路所包围并穿过的电流的代数和的 μ_0 倍，而与路径的形状和大小无关，即

$$\oint_L \boldsymbol{B}\cdot\mathrm{d}\boldsymbol{l}=\mu_0\sum_i I_i \tag{5-23}$$

这就是恒定磁场的安培环路定理．其中，电流的正负由环路所选取的绕行方向与电流的方向共同决定：当穿过环路的电流方向与环路的绕行方向符合右手螺旋关系时，电流取正值；反之取为负值．如果电流不穿过环路，则它不包括在上式右端的求和中．安培环路定理反映了磁场的一个重要性质，它说明磁场是个有旋场．

下面我们仅通过真空中无限长直载流导线激发的磁场这一特例来验证安培环路定理．

如图 5-9 所示，在垂直于导线的平面内任取一包围电流的闭合曲线 L，线上任意一点 P 的磁感应强度的大小为

$$B=\frac{\mu_0}{2\pi}\frac{I}{r}$$

式中，I 为导线中的电流；r 为 P 点离开导线的距离．由图 5-9b 可知，$\mathrm{d}l\cos\theta=$

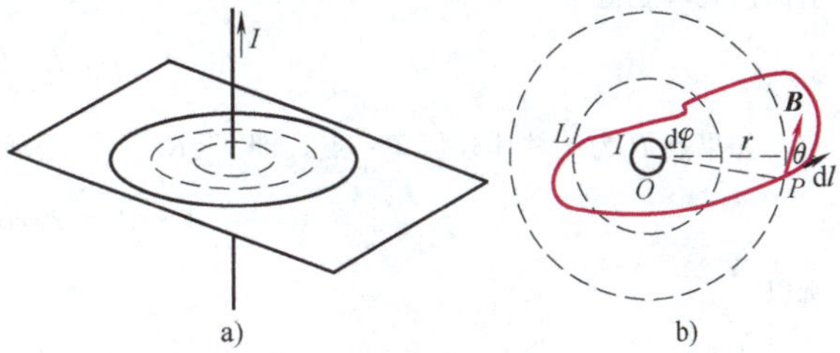

图 5-9　无限长直载流导线磁场的环流

$r\mathrm{d}\varphi$，所以

$$\oint_L \boldsymbol{B}\cdot\mathrm{d}\boldsymbol{l}=\oint_L B\cos\theta\mathrm{d}l=\oint_L Br\mathrm{d}\varphi=\int_0^{2\pi}\frac{\mu_0}{2\pi}\frac{I}{r}r\mathrm{d}\varphi=\frac{\mu_0 I}{2\pi}\int_0^{2\pi}\mathrm{d}\varphi=\mu_0 I$$

真空中当任意闭合回路 L 包围电流 I 时，磁感应强度 $\boldsymbol{B}$ 沿闭合路径 L 的环流为 $\mu_0 I$. 如果电流的方向相反，磁感应强度 $\boldsymbol{B}$ 方向相反，则线积分变为 $\oint_L \boldsymbol{B}\cdot\mathrm{d}\boldsymbol{l}=-\mu_0 I$. 由于对闭合回路 L 积分结果与电流方向有关，我们规定：电流方向与积分回路方向成右手螺旋关系时电流取正值，反之取负值. 另外，式（5-23）只适用于真空中恒定电流产生的磁场，如果磁场是由变化的电流产生的或者空间存在其他介质，则需要对安培环路定理进行修正.

安培环路定理说明磁场不是势场，不是势场的矢量场称为涡旋场，所以磁场是涡旋场. 高斯定理和安培环路定理是恒定磁场理论的两个重要定理.

在静电学中，当电荷分布有某些对称性时，单从高斯定理就可求得静电场. 类似地，在静磁学中，当电流分布有某些对称性时，单从安培环路定理就可求得恒定磁场.

例题 5-6 求无限长载流圆柱导体的磁场.

解：设圆柱半径为 R，电流 I 沿轴线方向均匀流过横截面. 由电流分布沿轴线的平移对称性可知磁感应强度 $\boldsymbol{B}$ 也有这种对称性. 因此只需讨论任一与轴垂直的平面内的情况. 磁场对圆柱轴线具有旋转对称性，所以磁感应线应该是在垂直轴线的平面内、以轴线为中心的一系列同心圆，方向与其内部的电流成右手螺旋关系，而且在同一圆周上磁感应强度的大小相等，如图 5-10 所示.

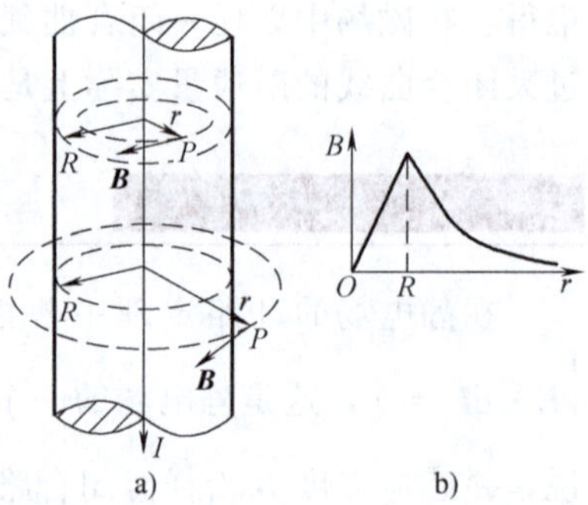

图 5-10 例题 5-6 用图

过任一场点 P，在垂直轴线的平面内取中心在轴线上、半径为 r 的圆周为积分路径 L，积分方向与磁感应线的方向相同. 由于 L 上磁感应强度的量值处处相等，且磁感应强度 $\boldsymbol{B}$ 的方向与积分路径 $\mathrm{d}\boldsymbol{l}$ 的方向一致，所以，磁感应强度 $\boldsymbol{B}$ 沿路径 L 的环流为

$$\oint_L \boldsymbol{B}\cdot\mathrm{d}\boldsymbol{l}=2\pi rB$$

如果点 P 为圆柱体内任意一点，即 $r<R$，因为圆柱体内的电流只有一部分 I' 通过环路. 由安培环路定理得

$$\oint_L \boldsymbol{B}\cdot\mathrm{d}\boldsymbol{l}=2\pi rB=\mu_0 I'$$

由于电流 I 均匀分布，所以

$$I'=\frac{I}{\pi R^2}\pi r^2=\frac{Ir^2}{R^2}$$

上面两式联立得

$$B=\frac{\mu_0 Ir}{2\pi R^2}$$

如果点 P 为圆柱体外任意一点，即 $r>R$. 由安培环路定理得

$$\oint_L \boldsymbol{B}\cdot\mathrm{d}\boldsymbol{l}=2\pi rB=\mu_0 I$$

所以

$$B=\frac{\mu_0 I}{2\pi r}$$

这与无限长载流直导线的磁场分布完全相同．

例题 5-7　求无限长直载流螺线管的磁场．

解：如图 5-11 所示，设无限长载流螺线管单位长度上绕有 n 匝线圈，现通有电流 I. 每匝线圈都会在其周围产生载流圆环磁场，当线圈彼此挨近形成无限长螺线管时，在螺线管外，磁场倾向于抵消；在螺线管内，磁场得到加强．进一步根据电流分布的对称性分析，可确定螺线管内的磁感应线是一系列与轴线平行的直线，而且在同一磁感应线上各点的磁感应强度大小相同．在螺线管的外侧，磁场为零．

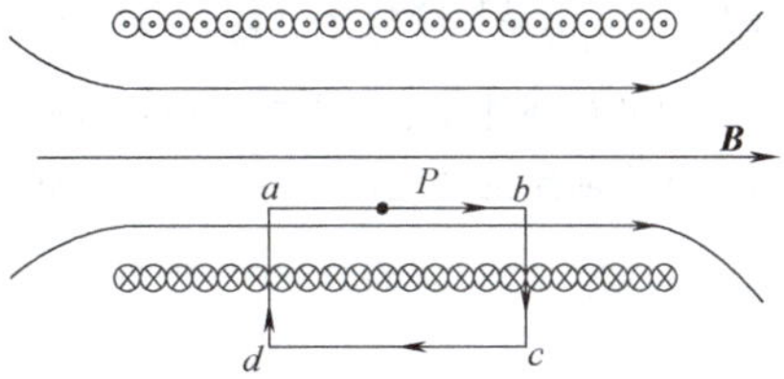

图 5-11　例题 5-7 用图

首先计算管内中间部分的一点 P 的磁感应强度．通过 P 点做一矩形的闭合回路 $abcd$. 磁感应强度 $\boldsymbol{B}$ 沿路径 $abcd$ 的环流为

$$\oint_{abcd} \boldsymbol{B} \cdot \mathrm{d}\boldsymbol{l} = \int_{ab} \boldsymbol{B} \cdot \mathrm{d}\boldsymbol{l} + \int_{bc} \boldsymbol{B} \cdot \mathrm{d}\boldsymbol{l} + \int_{cd} \boldsymbol{B} \cdot \mathrm{d}\boldsymbol{l} + \int_{da} \boldsymbol{B} \cdot \mathrm{d}\boldsymbol{l}$$

因为螺线管外磁场为零，螺线管内磁场平行于路径 ab（设 ab 段长度为 l），与路径 bc、da 垂直，所以上式的积分只有 $\oint_{ab} \boldsymbol{B} \cdot \mathrm{d}\boldsymbol{l}$ 不为零．又因为路径 ab 上磁感应强度 $\boldsymbol{B}$ 大小相同，所以

$$\oint_{abcd} \boldsymbol{B} \cdot \mathrm{d}\boldsymbol{l} = \int_{ab} \boldsymbol{B} \cdot \mathrm{d}\boldsymbol{l} = Bl$$

因螺线管单位长度上有 n 匝线圈，通过每匝线圈的电流为 I，所以回路 $abcd$ 所包围的电流总和为 nIl，根据右手螺旋法则该电流为正值．于是，由安培环路定理得

$$\oint_{abcd} \boldsymbol{B} \cdot \mathrm{d}\boldsymbol{l} = Bl = \mu_0 nIl$$

所以

$$B = \mu_0 nI \tag{5-24}$$

由于矩形回路是任取的，不论 ab 段在管内任何位置，式（5-24）都成立．因此，无限长直螺线管内任意一点的磁感应强度 $\boldsymbol{B}$ 的大小相同，方向平行于轴线，即细螺线管内中间部分是均匀磁场，细螺线管外磁感应强度为零．

例题 5-8　求载流螺绕环的磁场．

解：如图 5-12a 所示的环状螺线管称为螺绕环．设真空中有一螺绕环，环的平均半径为 R，环上均匀地密绕 N 匝线圈，线圈通有电流 I，求载流螺绕环的磁场．由电流的对称性可知，环内的磁感应线是一系列同心圆，圆心在通过环心垂直于环面的直线上．在同一条磁感应线上各点磁感应强度的大小相等，方向沿圆周的切线方向，与圆内电流成右手螺旋关系．

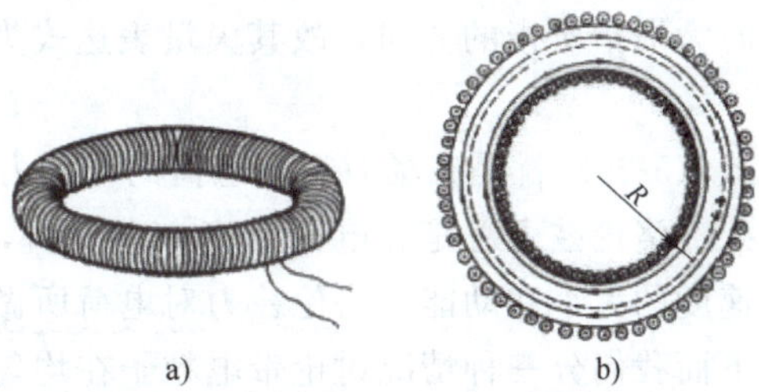

图 5-12　例题 5-8 用图

先分析螺绕环内任意一点 P 的磁场，以环心为圆心、过 P 点做一闭合环路 L，半径为 r，绕行方向与所包围电流成右手螺旋关系，如图 5-12b 所示．则由安培环路定理得

$$\oint_L \boldsymbol{B} \cdot \mathrm{d}\boldsymbol{l} = 2\pi rB = \mu_0 NI$$

计算出 P 点磁感应强度为

$$B = \frac{\mu_0 NI}{2\pi r}$$

如果环管截面半径比环半径小得多，可以认为 $r \approx R$，则上式可以写成

$$B=\frac{\mu_0 NI}{2\pi R}=\mu_0 nI$$

这里 $n=\frac{N}{2\pi R}$ 是螺绕环单位长度内的线圈匝数．上述结果与无限长直载流螺线管的磁场类似．

对螺绕环外任意一点的磁场：过所求场点做一圆形闭合环路，并使它与螺绕环共轴．很容易看出，穿过闭合回路的总电流为零，因此根据安培环路定理

$$\oint_L \boldsymbol{B}\cdot \mathrm{d}\boldsymbol{l}=2\pi rB=0$$

得

$$B=0$$

所以，对于密绕细螺绕环来说，它的磁场几乎全部集中在螺绕环的内部，外部无磁场；环内的磁场可视为均匀的，方向由右手螺旋法则确定．从物理实质上来说，这样的螺绕环等同于无限长直螺线管．

5.4 磁场对运动电荷和载流导体的作用

5.4.1 磁场对运动电荷的作用

在5.2节介绍磁感应强度的定义时，已经给出了带电粒子沿特殊磁场方向运动时它的受力情况：带电粒子运动方向平行（反平行）磁场方向时，它受到的磁场力为零；当带电粒子运动方向垂直于磁场方向时，这时它受到的磁场力最强，其值为

$$F_{\mathrm{m}}=qvB$$

且 $\boldsymbol{F}_{\mathrm{m}}$ 与粒子运动速度 $\boldsymbol{v}$ 和磁感应强度 $\boldsymbol{B}$ 相互垂直．

一般情况下，若带电粒子的运动方向与磁场方向夹角为 θ，则所受磁场力 $\boldsymbol{F}$ 的大小为

$$F=qvB\sin\theta$$

而 $\boldsymbol{F}$ 的方向垂直于 $\boldsymbol{v}$ 和 $\boldsymbol{B}$ 决定的平面，并与 $q\boldsymbol{v}$ 和 $\boldsymbol{B}$ 的方向成右手螺旋关系，即右手四指由 $q\boldsymbol{v}$ 的方向（$q>0$ 时即 $\boldsymbol{v}$ 的方向；$q<0$ 时为 $\boldsymbol{v}$ 的反方向）经小于 π 的角度转向 $\boldsymbol{B}$ 的方向时大拇指所指的方向，故其矢量表达式为

$$\boldsymbol{F}=q\boldsymbol{v}\times\boldsymbol{B} \tag{5-25}$$

式（5-25）就是磁场对运动电荷的作用力．

洛伦兹力总是和电荷速度方向垂直，因此磁力只改变电荷的运动方向，而不改变其速度的大小和动能．洛伦兹力对电荷所做的功恒等于零，这是洛伦兹力的一个重要特征．下面我们分三种情况讨论带电粒子在均匀磁场中的运动：

（1）带电粒子 q 以速率 v_0 沿磁场 $\boldsymbol{B}$ 方向进入均匀磁场　由式（5-25）可知，粒子不受磁场力的作用，它将沿着磁场 $\boldsymbol{B}$ 方向做匀速直线运动．

（2）带电粒子 q 以速率 v_0 沿垂直于磁场 $\boldsymbol{B}$ 方向进入均匀磁场　由式（5-25）可知，粒子受到洛伦兹力的作用，大小为 $F=qv_0B$. 因为洛伦兹力始终与速度方向垂直，所以带电粒子的速度大小不变，只改变方向．带电粒子将做半径为 R 的匀速圆周运动，洛伦兹力提供向心力，因此有

$$qv_0B=m\frac{v_0^2}{R}$$

由此得带电粒子的轨道半径为

$$R=\frac{mv_0}{qB} \tag{5-26}$$

从上式可知，对于一定的带电粒子（即$\frac{q}{m}$一定），其轨道半径与带电粒子的运动速度成正比，而与磁感应强度成反比；速度越小，洛伦兹力和轨道半径也越小．

带电粒子运动一周所需的时间（即周期）为

$$T=\frac{2\pi R}{v_0}=2\pi\frac{m}{qB} \tag{5-27}$$

单位时间内带电粒子的绕行圈数称为回旋频率，它是周期的倒数．

（3）带电粒子 q 以速度$\boldsymbol{v}_0$与磁场 $\boldsymbol{B}$ 成 θ 夹角进入均匀磁场　我们将速度$\boldsymbol{v}_0$分解成平行于磁场 $\boldsymbol{B}$ 的分量$\boldsymbol{v}_{/\!/}$和垂直于磁场 $\boldsymbol{B}$ 的分量$\boldsymbol{v}_{\perp}$，有

$$v_{/\!/}=v_0\cos\theta$$

$$v_{\perp}=v_0\sin\theta$$

带电粒子同时参与两种运动，一种是平行于磁场的匀速直线运动，速度为$\boldsymbol{v}_{/\!/}$，另一种是在垂直于磁场方向以速率为 $v_{\perp}$ 做匀速圆周运动，轨道半径 R 为

$$R=\frac{mv_{\perp}}{qB}=\frac{mv\sin\theta}{qB}$$

周期 T 为

$$T=\frac{2\pi R}{v_{\perp}}=2\pi\frac{m}{qB}$$

一个周期内，带电粒子沿着磁场方向前进的距离，即螺距 h 为

$$h=Tv_{/\!/}=\frac{2\pi mv_0\cos\theta}{qB} \tag{5-28}$$

综上所述，带电粒子的合运动是以磁场方向为轴的等螺距的螺旋运动．如图 5-13 所示，一束发散角不大的带电粒子束，当它们在磁场 $\boldsymbol{B}$ 的方向上具有大致相同的速度分量时，它们有相同的螺距 h. 经过一个周期它们将重新会聚在另一点，这种发散粒子束会聚到一点的现象与透镜将光束聚焦现象十分相似，因此叫磁聚焦．带电粒子在磁场中做螺旋线运动的轨道半径 R 与磁感应强度成反比，磁场越强，轨道半径 R 越小．在很强的磁场中，每个带电粒子的活动便被约束在一根磁感应线附近的很小范围内做螺旋线运动，运动的中心只能沿磁感应线做纵向移动，一般不能横越它．因此强磁场可以使带电粒子的横向运动受到很大的限制，这种能约束带电粒子运动的磁作用效应称为磁约束．

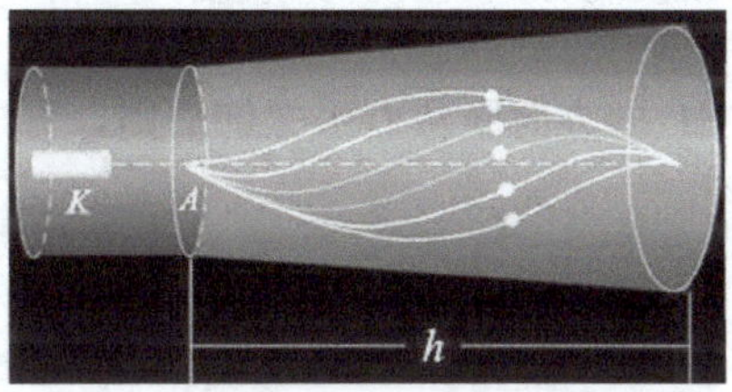

图 5-13　磁聚焦

在既有电场又有磁场的情况下，运动的带电粒子 q 在此区域内所受到的作用力应是电场力与磁场力的矢量和，即作用在带电粒子上的力应为

$$\boldsymbol{F}=\boldsymbol{F}_{\mathrm{E}}+\boldsymbol{F}_{\mathrm{M}}=q\boldsymbol{E}+q\boldsymbol{v}\times\boldsymbol{B} \tag{5-29}$$

式（5-29）通常也被称为洛伦兹力公式．利用外加的电场和磁场来控制带电粒子流的运动，这在近代科学技术中的应用是极为重要的．

加速器是提供高能粒子的主要实验装置，加速器输出粒子的能量称为加速器的能量，劳伦斯率先于1930年提出了回旋加速器方案．回旋加速器的基本思想是用磁场把带电粒子的运动限制在某一空间范围，再用较小的电场使之多次加速．如图5-14所示，将两个空心的半圆形铜盒 D_1、D_2 留有间隙地放在电磁铁的两个磁极之间，盒内空间便充满与盒面垂直的均匀恒定磁场．将两盒分别连接电源两极，间隙处便有电场．由于屏蔽作用，两盒内部电场均为零．带电粒子以某一初速垂直进入第一个半圆形铜盒后，在磁场力作用下做匀速圆周运动，转过半圈后进入间隙，受到间隙处的电场加速然后进入第二个半圆形铜盒．由式（5-26）可知，带电粒子以较大半径做匀速圆周运动．转过半圈后再次进入间隙．如果此时电场反向，则带电粒子会再次受到电场加速后返回第一个半圆形铜盒．如此反复，则带电粒子多次受到电场的加速，能量越来越高，直至从铜盒边缘引出．由式（5-27）还可知，在不考虑相对论效应的情况下，带电粒子在铜盒中做半个圆周运动所需要的时间只与带电粒子的电荷 q、质量 m 以及磁感应强度 $\boldsymbol{B}$ 有关，与带电粒子的速度或能量没有关系．

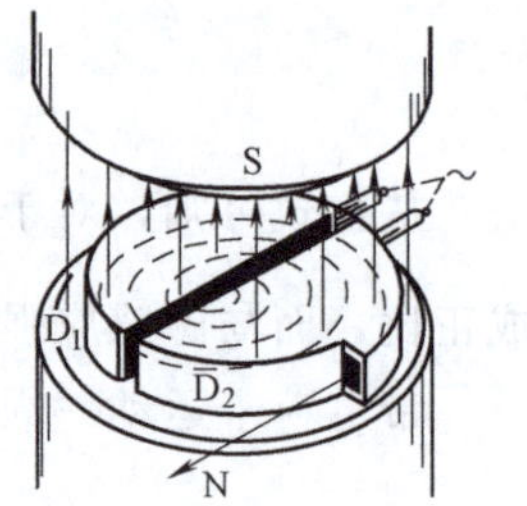

图5-14 回旋加速器

5.4.2 磁场对载流导体的作用

安培最早发现两条静止载流导线之间存在相互作用力，并把每一导线所受的力解释为另一导线对它的磁力．人们把磁场对载流导体的磁力作用称为安培力．安培总结出了载流回路中一段电流元在磁场中受力的基本规律：磁场对电流元 $I\mathrm{d}\boldsymbol{l}$ 的作用力，在数值上等于电流元的大小、电流元所在处磁感应强度 $\boldsymbol{B}$ 的大小、以及电流元与磁感应强度两者方向间夹角 θ 的正弦之乘积，其数学表达式为

$$\mathrm{d}F = I\mathrm{d}lB\sin\theta \tag{5-30a}$$

$\mathrm{d}\boldsymbol{F}$ 的方向服从右手螺旋法则，写成矢量的形式

$$\mathrm{d}\boldsymbol{F} = I\mathrm{d}\boldsymbol{l}\times\boldsymbol{B} \tag{5-30b}$$

式（5-30）称为安培定律．

对任意形状的载流导线 L，其在磁场中所受的安培力 $\boldsymbol{F}$ 等于各个电流元所受安培力 $\mathrm{d}\boldsymbol{F}$ 的矢量和，即

$$\boldsymbol{F} = \int_L \mathrm{d}\boldsymbol{F} = \int_L I\mathrm{d}\boldsymbol{l}\times\boldsymbol{B} \tag{5-31}$$

一般情况下，在计算一段载流导线的安培力时，如果各电流元所受磁场力的方向是一致的，则上式积分就转化成标量积分．特别地，对匀强磁场中的一条通有电流 I、长为 L 的直导线，电流方向与磁场 $\boldsymbol{B}$ 方向的夹角为 θ，导线受到的安培力为

$$F = ILB\sin\theta$$

当 $\theta=0°$ 或 $180°$ 时，$F=0$；当 $\theta=90°$ 时，$F=F_{\max}=ILB$.

后来人们认识到导线中的电流是带电粒子的定向运动，而运动的带电粒子在磁场中要受洛伦兹力，这两者的结合给出了载流导线在磁场中所受磁力（安培力）的本质：在洛伦兹力 $\boldsymbol{F}_{\mathrm{m}}=q\boldsymbol{v}\times\boldsymbol{B}$ 的作用下，导体内做定向运动的电子和导体中晶格处的正离子不断碰撞，从而将动量传给了导体，进而使整个载流导体在磁场中受到磁力的作用，这就是安培力．由此可见，安培力是洛伦兹力的一种宏观表现，因此可以从洛伦兹力公式出发得到静止载流导线的安培力公式（5-30），不过此处不再做相关介绍，读者不妨自行推导之．

例题 5-9　如图 5-15 所示，在均匀磁场中放置一任意形状的导线，电流为 I，求此段载流导线所受的安培力．

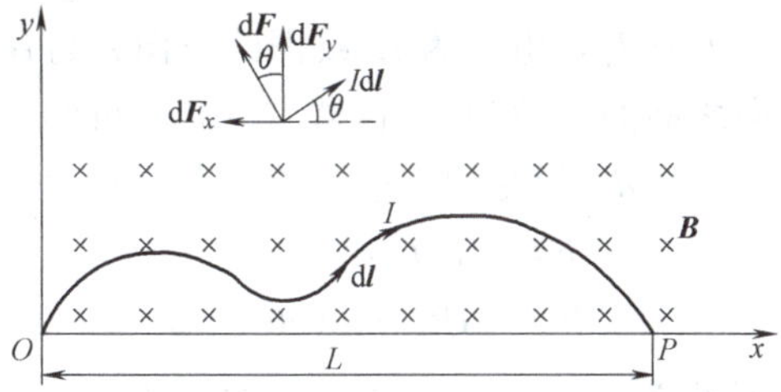

图 5-15　例题 5-9 用图

解：在电流上任取电流元 $I\mathrm{d}\boldsymbol{l}$，它受到的磁场力为

$$\mathrm{d}\boldsymbol{F}=I\mathrm{d}\boldsymbol{l}\times\boldsymbol{B}$$

写成分量的形式

$$\begin{cases}\mathrm{d}F_x=IB\mathrm{d}l\sin\theta=IB\mathrm{d}y\\ \mathrm{d}F_y=IB\mathrm{d}l\cos\theta=IB\mathrm{d}x\end{cases}$$

因此，整个导线受力为

$$\begin{cases}F_x=\int\mathrm{d}F_x=\int_0^0 IB\,\mathrm{d}y=0\\ F_y=\int\mathrm{d}F_y=\int_0^L IB\,\mathrm{d}x=IBL\end{cases}$$

相当于载流直导线 OP 在匀强磁场中受的力，方向沿 y 方向．

如图 5-16 所示，两平行无限长直导线 AB、CD 相距为 a，分别通有电流 I_1、I_2，它们之间会有相互作用力．导线 CD 的任一电流元 $I_2\mathrm{d}\boldsymbol{l}_2$ 处于电流 I_1 激发的磁场

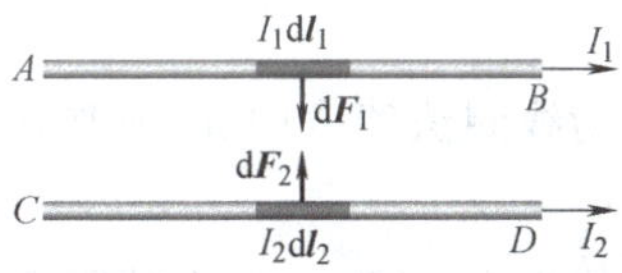

图 5-16　电流单位“安培”的定义

$$B_1=\frac{\mu_0 I_1}{2\pi a}$$

中，电流元 $I_2\mathrm{d}\boldsymbol{l}_2$ 所受的安培力为

$$\mathrm{d}F_2=I_2B_1\mathrm{d}l=\frac{\mu_0 I_1 I_2}{2\pi a}\mathrm{d}l_2$$

方向垂直于 CD 指向 AB. 所以导线 CD 上单位长度所受的安培力为

$$\frac{\mathrm{d}F_2}{\mathrm{d}l_2}=\frac{\mu_0 I_1 I_2}{2\pi a}$$

同理，导线 AB 上单位长度所受的安培力为

$$\frac{\mathrm{d}F_1}{\mathrm{d}l_1}=\frac{\mu_0 I_1 I_2}{2\pi a}$$

方向垂直于 AB 指向 CD. 容易看出两导线 AB、CD 之间的作用力是相互吸引力．不难证明，当两导线中通以电流方向相反时，两导线之间的作用力是相互排斥力．由于两导线间的相互作用力比较容易测量，所以在国际单位制中正是通过两平行载流直导线的作用力来定义电流的，具体如下：在真空中两根截面积可略去的平行长直导线，二者之间相距 1m，通以流向相同、大小等量的电流时，调节导线中电流的大小，使得两导线间每单位长度的相互吸引力为 2×10^{-7} N/m，则规定此时每根导线中的电流为 1A，称为 1 安培．根据“安培”的定义，还可以计算出真空磁导率的数值为 $\mu_0=4\pi\times10^{-7}\mathrm{N/A^2}$.

5.4.3　磁场对载流线圈的作用

了解了载流导线在磁场中的受力规律后，接着讨论平面载流线圈在磁场中的受力规律．通常载流线圈所在平面有两个可能的法向方向，我们取与电流满足右手螺旋关系的那

个方向为线圈的法向方向．

如图5-17所示，在均匀磁场$\boldsymbol{B}$中，有一刚性矩形载流线圈$abcd$，它的边长分别为l_1和l_2，电流为I．线圈的方向$\boldsymbol{n}$与$\boldsymbol{B}$方向之间的夹角为φ．由式（5-31）可知，导线bc、da所受的安培力的大小分别为

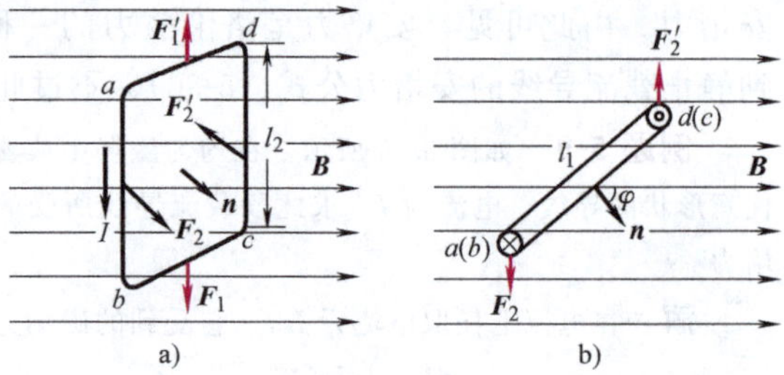

图5-17　磁场对载流线圈的作用

$$F_1 = IBl_1\sin(90° - \varphi)$$
$$F'_1 = IBl_1\sin(90° - \varphi)$$

可见$F_1 = F'_1$，方向相反，并且在同一条直线上，所以它们的合力及合力矩都为零．而导线ab段和cd段所受磁场作用力的大小则分别为

$$F_2 = IBl_2, \quad F'_2 = IBl_2$$

可见$F_2 = F'_2$，方向相反，不过它们不在同一直线上，所以它们的合力为零但合力矩不为零，磁场作用在线圈上的磁力矩的大小为

$$M = F_2 l_1 \sin\varphi = IBl_1 l_2 \sin\varphi = IBS\sin\varphi \tag{5-32}$$

式中，$S = l_1 l_2$为线圈面积．从磁矩的定义式（5-20）可知线圈的磁矩大小为

$$m = IS$$

方向为线圈法线方向$\boldsymbol{n}$．则作用在线圈上的磁力矩的矢量形式为

$$\boldsymbol{M} = \boldsymbol{m} \times \boldsymbol{B} \tag{5-33}$$

如果线圈有N匝，那么其所受的磁力矩应为

$$\boldsymbol{M} = N\boldsymbol{m} \times \boldsymbol{B} \tag{5-34}$$

由式（5-33）或式（5-34）可知：

（1）当$\varphi = 0°$时，线圈平面与磁场$\boldsymbol{B}$垂直，$\boldsymbol{M} = 0$，线圈不受磁力矩的作用，此时线圈处于稳定平衡状态；

（2）当$\varphi = 90°$时，线圈平面与磁场$\boldsymbol{B}$平行，$M = M_{\max} = IBS$，此时线圈受到的磁力矩最大；

（3）当$\varphi = 180°$时，线圈平面与磁场$\boldsymbol{B}$垂直，但载流线圈的法线方向$\boldsymbol{n}$与磁场$\boldsymbol{B}$的方向相反，$\boldsymbol{M} = 0$，线圈不受磁力矩的作用．但如果此时稍有外力干扰，线圈就会向$\varphi = 0°$处转动，此时线圈处于不稳定平衡状态．

总之，磁场对载流线圈作用的磁力矩，总是使磁矩$\boldsymbol{m}$转到磁场$\boldsymbol{B}$的方向上．以上结论虽然是从矩形线圈这一特例得到的，但可以证明对均匀磁场中任意形状的平面载流线圈均适用．

5.5　磁介质

前面讨论了运动电荷及载流导线在真空中所激发磁场的性质和规律．而在实际应用中，例如变压器、电动机、发电机等的线圈周围总会存在一些其他介质或磁性材料．那么，当有介质存在时，周围的磁场存在哪些规律？这些介质在磁场中的规律和性质又如何呢？

5.5.1　磁介质　磁化强度

通过前面的学习，我们已经知道电流或运动电荷在真空中可以激发磁场，而磁场对处于其中的电流或运动电荷有力的作用．如果将实物物质放在磁场中，组成实物物质的原子核和电子的运动状态会因为磁场的作用而发生或多或少的改变，这些改变或多或少会激发出一个附加磁场，从而改变原来的磁场分布．实物物质在磁场的作用下内部运动状态的变化称为磁化，而处在磁场作用下能被磁化并反过来影响磁场的物质称为磁介质．任何实物在磁场作用下都或多或少地发生着磁化并反过来影响原来的磁场，因此，任何实物都是磁介质．

1. 磁介质的分类　上一章中曾介绍过，处于外电场中的电介质会被电场极化，而极化后的电介质会产生附加电场对原电场施加影响．与此类似，当磁场中存在磁介质时，磁场对磁介质也会产生作用，使其磁化．磁化后的磁介质会激发附加磁场，从而对原磁场产生影响．此时，介质内部任何一点处的磁感应强度 $\boldsymbol{B}$ 应该是外磁场 $\boldsymbol{B}_0$ 和附加磁场 $\boldsymbol{B}'$ 的矢量和，即

$$\boldsymbol{B}=\boldsymbol{B}_0+\boldsymbol{B}' \tag{5-35}$$

两者大小的比值

$$\mu_r=\frac{B}{B_0} \tag{5-36}$$

称为磁介质的相对磁导率．由于磁介质具有不同的磁化特性，所以相对磁导率具有不同的取值．根据相对磁导率 μ_r 的大小，可将磁介质分为四类：

(1) 抗磁质：$\mu_r<1$，即 $B<B_0$．附加磁场 $\boldsymbol{B}'$ 与外磁场 $\boldsymbol{B}_0$ 方向相反，磁介质内部的磁场被削弱．铋、金、银、铜、硫、氢、氮等物质都属于抗磁质．

(2) 顺磁质：$\mu_r>1$，即 $B>B_0$．附加磁场 $\boldsymbol{B}'$ 与外磁场 $\boldsymbol{B}_0$ 方向相同，磁介质内部的磁场被加强．铝、铬、铀、锰、钛、氧等物质都属于顺磁质．

顺磁质和抗磁质对磁场的影响都极其微弱，它们磁化后的附加磁场 $\boldsymbol{B}'$ 非常弱，通常只有外磁场 $\boldsymbol{B}_0$ 的几万分之一或几十万分之一．$\mu_r\approx1$，即 $B\approx B_0$．因此，常把它们称为弱磁性物质．

(3) 铁磁质：$\mu_r\gg1$，即 $B\gg B_0$．磁介质内部的磁场被大大加强．铁、钴、镍等物质都属于铁磁质．铁磁质的附加磁场 $\boldsymbol{B}'$ 一般是外磁场 $\boldsymbol{B}_0$ 的几百或几万倍，常把它们称为强磁性物质．

(4) 完全抗磁体：$\mu_r=0$，即 $B=0$．磁介质内的磁场等于零．超导体都属于完全抗磁体．

常见物质的相对磁导率和磁化率如表 5-1 所示．

表 5-1　常见物质的相对磁导率和磁化率

物　质	温度 (20℃)	相对磁导率	磁化率 ($\times10^{-5}$)	物　质	温度 (20℃)	相对磁导率	磁化率 ($\times10^{-5}$)
真空		1	0	汞	20℃	0.999971	−2.9
空气	标准状态	1.00000004	0.04	银	20℃	0.999974	−2.6
铂	20℃	1.00026	26	铜	20℃	0.99990	−1.0
铝	20℃	1.000022	2.2	碳(金刚石)	20℃	0.999979	−2.1
钠	20℃	1.0000072	0.72	铅	20℃	0.999982	−1.8
氧	标准状态	1.0000019	0.19	岩盐	20℃	0.999986	−1.4

2. 顺磁质与抗磁质的磁化机理 要想了解顺磁质和抗磁质的磁化规律，我们只有从物质的微观结构入手．宏观实物物质是由原子分子构成的，原子分子中每一个电子都同时参与两种运动，即绕原子核的轨道运动和电子自身的自旋运动．轨道运动会使之具有一定的轨道磁矩，而电子自旋运动则相应地具有自旋磁矩．原子核也具有磁矩，但是比电子磁矩要小很多，所以计算原子分子磁矩时通常不考虑原子核的磁矩．一个分子中全部电子的轨道磁矩和自旋磁矩的矢量和叫作分子的固有磁矩，简称分子磁矩，用符号 $\boldsymbol{m}$ 表示．分子磁矩可等效于一个圆电流的磁矩，这个圆电流称为分子电流．

抗磁质在没有磁场 $\boldsymbol{B}_0$ 作用时，其分子磁矩 $\boldsymbol{m}$ 为零；顺磁质在没有磁场 $\boldsymbol{B}_0$ 作用时，虽然分子磁矩 $\boldsymbol{m}$ 不为零，但是由于分子的热运动，使各分子磁矩的取向杂乱无章．因此，在无磁场 $\boldsymbol{B}_0$ 时，无论是顺磁质还是抗磁质，宏观上对外都不显现磁性．

当磁介质放入到磁场 $\boldsymbol{B}_0$ 中去，磁介质的分子将受到两种作用：

（1）磁场 $\boldsymbol{B}_0$ 将使分子磁矩 $\boldsymbol{m}$ 发生变化，每个分子产生一个与 $\boldsymbol{B}_0$ 反向的附加分子磁矩 $\Delta\boldsymbol{m}$.

（2）分子固有磁矩 $\boldsymbol{m}$ 将受到磁场 $\boldsymbol{B}_0$ 的力矩作用，使各分子磁矩要克服热运动的影响而转向磁场 $\boldsymbol{B}_0$ 的方向排列，这样各分子磁矩将沿磁场 $\boldsymbol{B}_0$ 方向产生一个附加磁场 $\boldsymbol{B}'$.

抗磁质分子中所有电子的轨道磁矩和自旋磁矩的矢量和为零，即分子的固有磁矩 $\boldsymbol{m}$ 为零，加上磁场 $\boldsymbol{B}_0$ 后，分子磁矩的转向效应不存在，所以，磁场引起的附加分子磁矩 $\Delta\boldsymbol{m}$ 是抗磁质磁化的唯一原因．因此，抗磁质产生的附加磁场 $\boldsymbol{B}'$ 总是与磁场 $\boldsymbol{B}_0$ 方向相反，使得原来磁场减弱．这就是产生抗磁性的微观机理．

然而顺磁质的分子磁矩 $\boldsymbol{m}$ 不为零，没有外磁场时，由于分子的热运动使顺磁质的各分子固有磁矩的取向杂乱无章，它们相互抵消，因而宏观上不显现磁性．加上磁场 $\boldsymbol{B}_0$ 后，各个分子磁矩要转向与磁场 $\boldsymbol{B}_0$ 同向，同时还要产生与抗磁质类似的、与磁场 $\boldsymbol{B}_0$ 反向的附加分子磁矩 $\Delta\boldsymbol{m}$. 但由于顺磁质的分子磁矩 $\boldsymbol{m}$ 一般要比附加分子磁矩 $\Delta\boldsymbol{m}$ 大得多，所以，顺磁质产生的附加磁场 $\boldsymbol{B}'$ 主要以所有分子的磁矩转向与磁场 $\boldsymbol{B}_0$ 同向为主．因此，顺磁质产生的附加磁场 $\boldsymbol{B}'$ 使得原来磁场加强．这就是产生顺磁性的微观机理．

铁磁质是顺磁质的一种特殊情况，其特殊性质在此不做介绍，如有必要可参阅相关资料．

3. 磁化强度 由之前的讨论可知，无论顺磁质还是抗磁质，在没有外磁场 $\boldsymbol{B}_0$ 时，磁介质宏观上的任一小体积内，各分子磁矩的矢量和等于零，因此磁介质在宏观上不产生磁效应．为了表征磁介质磁化的程度，我们引入一个宏观物理量——磁化强度矢量，定义为磁介质中某点附近单位体积内分子磁矩的矢量和，用 $\boldsymbol{M}$ 表示：

$$\boldsymbol{M}=\frac{\sum \boldsymbol{m}_i}{\Delta V} \tag{5-37}$$

式中，ΔV 为磁介质内某点处的一个小体积；$\boldsymbol{m}_i$ 为 ΔV 内第 i 个分子的分子磁矩；$\sum \boldsymbol{m}_i$ 为 ΔV 内分子磁矩的矢量和．在实际应用中 ΔV 的选取要远大于分子间距并且要远小于磁化强度 $\boldsymbol{M}$ 的非均匀尺度．在国际单位制中，磁化强度的单位为安每米，符号为 A/m.

在非磁化的状态下，对于抗磁质，其分子磁矩 $\boldsymbol{m}$ 为零，磁化强度 $\boldsymbol{M}=0$；对于顺磁质，虽然分子磁矩 $\boldsymbol{m}$ 不为零，但是方向却是随机取向的，以致其矢量和 $\sum \boldsymbol{m}_i=0$，所以磁化强度 $\boldsymbol{M}=0$.

在磁化的状态下，ΔV 内分子磁矩的矢量和不再等于零．抗磁质中分子附加磁矩越大，其磁化强度也越大；顺磁质中分子的固有磁矩排列得越整齐，其磁化强度也越大．$\boldsymbol{M}$ 反映介质内某点的磁化强度，其值越大，则与外磁场的相互作用越强，相应物质的磁性越强．同时抗磁质磁化强度 $\boldsymbol{M}$ 与外加磁场 $\boldsymbol{B}_0$ 反向，顺磁质磁化强度 $\boldsymbol{M}$ 与外加磁场 $\boldsymbol{B}_0$ 同向．由此可知，磁化强度矢量是定量描述磁介质磁化强弱和方向的物理量．一般情况下，它是空间坐标的函数．当磁介质被均匀磁化时，磁化强度矢量为恒矢量．

5.5.2　有磁介质时的高斯定理和安培环路定理

1. 磁化电流　在磁化状态下，由于分子电流的有序排列，磁介质中将出现宏观电流．以顺磁质为例，如图 5-18 所示，当介质磁化后，各分子磁矩沿外磁场方向排列，分子电流与分子磁矩的方向成右手螺旋关系．在介质内部，相邻分子电流的方向彼此相反，相互抵消；在介质表面附近的薄层内，分子电流靠近介质内部的部分被抵消，只有在介质截面边缘各点上分子电流的效应未被抵消，它们在宏观上形成了与截面边缘重合的一种看似由一段段分子电流连续接成的等效大圆形电流，这一等效电流称为磁化电流，又称束缚电流．

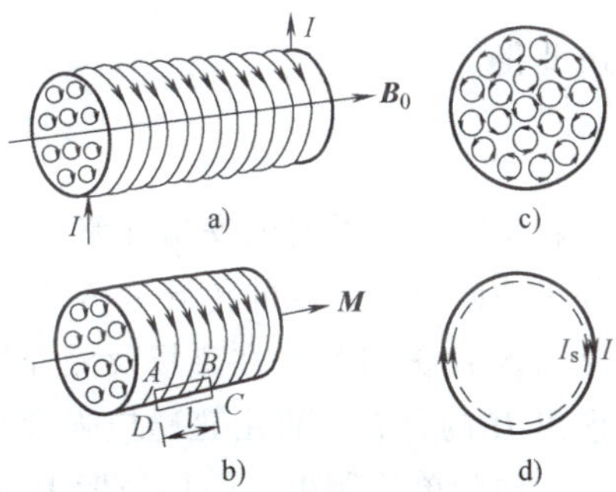

图 5-18　磁化电流

磁化电流不同于我们前面学过的传导电流，它实质上是分子电流，受到每个分子的约束，它的产生不伴随电荷的宏观位移．尽管两种电流在产生机制和热效应方面存在区别，但在激发磁场和受磁场作用方面却是完全等效的．

2. 有磁介质时的高斯定理　磁介质在外磁场中会发生磁化，同时产生磁化电流 I_s，因此磁介质内部的磁场 $\boldsymbol{B}$ 是外磁场 $\boldsymbol{B}_0$ 和磁化电流 I_s 所激发的磁场 $\boldsymbol{B}'$ 的矢量和．由于磁化电流在激发磁场方面与传导电流相同，它们所激发的磁场均由真空中的毕奥-萨伐尔定律决定，均为涡旋场，因此在有磁介质时磁场中的高斯定理仍然成立，即

$$\oint_S \boldsymbol{B} \cdot \mathrm{d}\boldsymbol{S} = 0 \tag{5-38}$$

上式是普遍情况下的高斯定理．在真空中，磁场 $\boldsymbol{B}$ 即为外磁场；在磁介质中，磁场 $\boldsymbol{B}$ 是外磁场 $\boldsymbol{B}_0$ 和磁化电流 I_s 所激发的磁场 $\boldsymbol{B}'$ 的矢量和．

3. 有磁介质时的安培环路定理　把圆柱体磁介质表面上沿柱体母线方向单位长度的磁化电流，称为磁化电流面密度 J_s．在长为 L、横截面为 S 的磁介质里，由于被磁化而具有的磁矩值为 $\sum m = J_s LS$，于是由式（5-37）可得磁化电流面密度和磁化强度之间的关系为

$$J_s = M \tag{5-39}$$

若在如图 5-18b 所示的圆柱体磁介质内外横跨边缘处选择 $ABCDA$ 矩形环路，并设 $AB = l$，那么磁化强度 $\boldsymbol{M}$ 沿此环路的积分为

$$\oint_l \boldsymbol{M} \cdot \mathrm{d}\boldsymbol{l} = M \cdot AB = J_s l \tag{5-40}$$

同时，对 $ABCDA$ 环路来说，由安培环路定理可有

$$\oint_l \boldsymbol{B}\cdot \mathrm{d}\boldsymbol{l}=\mu_0\sum I_l$$

式中，$\sum I_l$既包含传导电流$\sum I$，又包含磁化电流$\sum I_s=J_s l$. 于是可将上式改写为

$$\oint_l \boldsymbol{B}\cdot \mathrm{d}\boldsymbol{l}=\mu_0\sum I+\mu_0 J_s l$$

将式（5-40）与上式结合，有

$$\oint_l \boldsymbol{B}\cdot \mathrm{d}\boldsymbol{l}=\mu_0\sum I+\mu_0\int_l \boldsymbol{M}\cdot \mathrm{d}\boldsymbol{l}$$

整理后即

$$\oint_l\left(\frac{\boldsymbol{B}}{\mu_0}-\boldsymbol{M}\right)\cdot \mathrm{d}\boldsymbol{l}=\sum I \tag{5-41}$$

引入辅助矢量 $\boldsymbol{H}$，$\boldsymbol{H}$ 称为磁场强度，其定义为

$$\boldsymbol{H}=\frac{\boldsymbol{B}}{\mu_0}-\boldsymbol{M} \tag{5-42}$$

由此得

$$\oint_l \boldsymbol{H}\cdot \mathrm{d}\boldsymbol{l}=\sum I \tag{5-43}$$

这就是有磁介质时的安培环路定理：磁场强度沿任意闭合回路的线积分（即 $\boldsymbol{H}$ 的环流），等于该回路所包围的传导电流的代数和．由该定理可知，$\boldsymbol{H}$ 的环流与磁化电流无关，因此引入 $\boldsymbol{H}$ 矢量后，在磁场及磁介质的分布具有某些对称性时，可以根据传导电流的分布求出 $\boldsymbol{H}$ 的分布，再由磁感应强度与磁场强度的关系求出 $\boldsymbol{B}$ 的分布．

国际单位制中，磁场强度 $\boldsymbol{H}$ 的单位是安每米，符号是 A/m.

对于均匀线性磁介质，$\boldsymbol{B}=\mu_0\mu_r\boldsymbol{H}$，$\mu_r$为磁介质的相对磁导率．可令 $\mu=\mu_0\mu_r$，称为磁介质的磁导率．对于真空或空气，$\mu_r=1$，故 $\mu=\mu_0$.

例题 5-10 如图 5-19 所示，半径为 R_1的无限长圆柱体导线外有一层同轴圆筒状均匀磁介质，其相对磁导率为 μ_r，圆筒外半径为 R_2，设电流 I 在导线中均匀流过．试求：

（1）导线内的磁场分布；

（2）磁介质中的磁场分布；

（3）磁介质外面的磁场分布．

取导线的磁导率为 μ_0.

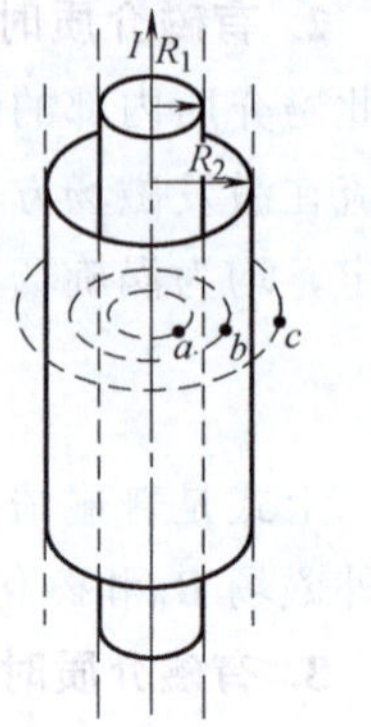

图 5-19 例题 5-10 用图

解：圆柱体电流所产生的磁感应强度 $\boldsymbol{B}$ 和磁场强度 $\boldsymbol{H}$ 的分布均具有轴对称性．设 a、b、c 分别为导线内、磁介质中及磁介质外的任一点，它们到圆柱体轴线的垂直距离用 r 表示，取以 r 为半径的圆周的闭合回路，如图 5-19 所示．

（1）对过 a 点的闭合回路，应用磁介质中的安培环路定理，得

$$\oint_L \boldsymbol{H}\cdot \mathrm{d}\boldsymbol{l}=H\oint_L \mathrm{d}l=2\pi rH=I\frac{\pi r^2}{\pi R_1^2}=I\frac{r^2}{R_1^2}$$

式中，$I\dfrac{\pi r^2}{\pi R_1^2}$是该环路所包围的传导电流，于是

$$H=\frac{Ir}{2\pi R_1^2}$$

再由 $\boldsymbol{B}=\mu\boldsymbol{H}$（导线内的磁导率 $\mu=\mu_0$），得导线内的磁感应强度为

$$B=\frac{\mu_0 Ir}{2\pi R_1^2}\qquad(0<r<R_1)$$

（2）对过 b 点的闭合回路，应用磁介质中的安培环路定理得

$$\oint_L \boldsymbol{H}\cdot\mathrm{d}\boldsymbol{l}=H\oint_L \mathrm{d}l=2\pi rH=I$$

$$H=\frac{I}{2\pi r}$$

由此得磁介质中的磁感应强度为

$$B=\mu_0\mu_r H=\frac{\mu_0\mu_r I}{2\pi r}\qquad(R_1<r<R_2)$$

（3）将磁介质中的安培环路定理应用于过 c 点的闭合回路，仍然有

$$H=\frac{I}{2\pi r}$$

于是得磁介质外面的磁感应强度为

$$B=\mu_0 H=\frac{\mu_0 I}{2\pi r}\qquad(r>R_2)$$

磁感应强度 $\boldsymbol{B}$ 和磁场强度 $\boldsymbol{H}$ 的方向均与电流成右手螺旋关系．

根据以上讨论可见，整个磁场中，磁场强度 $\boldsymbol{H}$ 是连续的；而在不同介质的界面处，磁感应强度 $\boldsymbol{B}$ 是不连续的，存在着突变．

例题 5-11　如图 5-20 所示，在密绕螺绕环内充满均匀磁介质，已知螺绕环上线圈总匝数为 N，通有电流 I，环的横截面半径远小于环的平均半径，磁介质的相对磁导率为 μ_r．求磁介质中的磁感应强度．

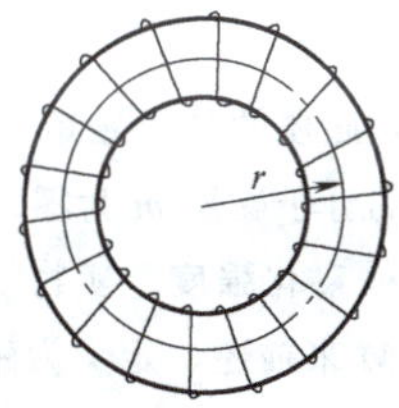

图 5-20　例题 5-11 用图

解：由于电流和磁介质的分布对环的中心具有轴对称性，所以与螺绕环共轴的圆周上各点的磁场强度 $\boldsymbol{H}$ 大小相等，方向沿圆周的切线．在环管内取与环共轴的半径为 r 的圆周为安培环路 L，应用磁介质中的安培环路定理得

$$\oint_L \boldsymbol{H}\cdot\mathrm{d}\boldsymbol{l}=H\oint_L \mathrm{d}l=2\pi rH=NI$$

$$H=\frac{NI}{2\pi r}$$

再由 $\boldsymbol{B}=\mu\boldsymbol{H}$，得环管内的磁感应强度为

$$B=\frac{\mu_0\mu_r NI}{2\pi r}$$

磁感应强度 $\boldsymbol{B}$ 和磁场强度 $\boldsymbol{H}$ 的方向均与电流成右手螺旋关系．

内 容 提 要

1. 恒定电流

① **电流 I**　它是单位时间内通过某曲面的电荷量：

$$I=\frac{\mathrm{d}q}{\mathrm{d}t}$$

② **电流密度 $\boldsymbol{J}$**　它的大小等于该点处垂直于电流方向的单位面积的电流：

$$J=\frac{\mathrm{d}I}{\mathrm{d}S_\perp}$$

③ **电流和电流密度之间的关系**：

$$I=\int_S \boldsymbol{J}\cdot\mathrm{d}\boldsymbol{S}$$

2. 恒定磁场的几个基本概念

① **恒定磁场** 恒定电流所激发的磁场．磁场和电场一样也是一种特殊物质，具有物质的基本属性．

② **磁感应强度** 是描述磁场性质的物理量．磁场中某点的磁感应强度的大小等于电荷量为 q、速度为 $\boldsymbol{v}$ 的运动试验电荷通过该点时所受到的最大作用力 F_m 与乘积 qv 之比，即

$$B=\frac{F_m}{qv}$$

③ **磁感应线** 为形象地描述磁场，可在磁场中画出磁感应线．磁感应线的画法规定为：磁感应线上任一点的切线方向与该点的磁感应强度的方向相同；通过磁场中某点垂直于磁感应强度方向单位面积上的磁感应线的条数等于该点磁感应强度的大小．

④ **磁通量** 在磁场中通过某一曲面的磁感应线的条数称为通过该面的磁通量．在磁场中任取一个面元 $\mathrm{d}\boldsymbol{S}$，设该面元处的磁感应强度为 $\boldsymbol{B}$，则通过面元 $\mathrm{d}\boldsymbol{S}$ 的磁通量 $\mathrm{d}\Phi_m$ 定义为

$$\mathrm{d}\Phi_m=\boldsymbol{B}\cdot\mathrm{d}\boldsymbol{S}=B\mathrm{d}S\cos\theta$$

式中，θ 为 $\boldsymbol{B}$ 与 $\mathrm{d}\boldsymbol{S}$ 的夹角．

通过有限曲面 S 的磁通量 Φ_m 为

$$\Phi_m=\int_S\boldsymbol{B}\cdot\mathrm{d}\boldsymbol{S}=\int_S B\mathrm{d}S\cos\theta$$

⑤ **磁介质** 处在磁场作用下能被磁化并反过来影响磁场的物质．有四种磁介质：抗磁质（$\mu_r<1$），顺磁质（$\mu_r>1$），铁磁质（$\mu_r\gg1$），完全抗磁体（$\mu_r=0$）．前两种是弱磁性材料，铁磁质是强磁性材料．

顺磁质的分子磁矩 $\boldsymbol{m}$ 不为零，在外磁场中分子磁矩沿外磁场取向排列，磁介质中的磁场被加强；抗磁质的分子磁矩 $\boldsymbol{m}$ 为零，在外磁场中分子出现附加分子磁矩 $\Delta\boldsymbol{m}$，磁介质中的磁场被削弱．

⑥ **磁化强度** 实物物质在磁场的作用下内部运动状态的变化称为磁化．磁介质被磁化的程度用磁化强度 $\boldsymbol{M}$ 来描述，定义为磁介质中某点附近单位体积内分子磁矩的矢量和，即

$$\boldsymbol{M}=\frac{\sum\boldsymbol{m}_i}{\Delta V}$$

⑦ **磁场强度** 为了能够方便地计算磁场分布而引入磁场的辅助物理量，以 $\boldsymbol{H}$ 表示：

$$\boldsymbol{H}=\frac{\boldsymbol{B}}{\mu_0}-\boldsymbol{M}$$

3. 恒定磁场的两个基本规律

① **毕奥-萨伐尔定律** 电流元所激发的磁场为

$$\mathrm{d}\boldsymbol{B}=\frac{\mu_0}{4\pi}\frac{I\mathrm{d}\boldsymbol{l}\times\boldsymbol{r}}{r^3}$$

② **磁场叠加原理**

$$\boldsymbol{B}=\int\mathrm{d}\boldsymbol{B}=\frac{\mu_0}{4\pi}\int\frac{I\mathrm{d}\boldsymbol{l}\times\boldsymbol{r}}{r^3}$$

$$\boldsymbol{B}=\sum_{i=1}^{n}\boldsymbol{B}_i$$

4. 恒定磁场的两个重要定理

① **恒定磁场的高斯定理**

$$\oint_S\boldsymbol{B}\cdot\mathrm{d}\boldsymbol{S}=0$$

说明磁场是“无源”场，即磁感应线是无头无尾的闭合线，通过任一闭合曲面的总磁通量为零．

② **恒定磁场的安培环路定理**

$$\oint_L\boldsymbol{B}\cdot\mathrm{d}\boldsymbol{l}=\mu_0\sum_i I_i$$

说明磁场是个涡旋场，即磁场是非保守力场．

③ **有磁介质时的高斯定理**

$$\oint_S \boldsymbol{B} \cdot \mathrm{d}\boldsymbol{S} = 0$$

④ **有磁介质时的安培环路定理** 磁场强度 $\boldsymbol{H}$ 沿着任一闭合回路的环路积分等于该闭合回路中穿过的传导电流的代数和，即

$$\oint_L \boldsymbol{H} \cdot \mathrm{d}\boldsymbol{l} = \sum_i I_i$$

$$\boldsymbol{B} = \mu_0 \mu_r \boldsymbol{H} = \mu \boldsymbol{H}$$

利用安培环路定理可以计算出具有对称分布电流的磁场．

5. 磁场对运动电荷或载流导体的作用

① **磁场对运动电荷的作用**

$$\boldsymbol{F} = q\boldsymbol{v} \times \boldsymbol{B}$$

② **磁场对载流导线的作用**

$$\mathrm{d}\boldsymbol{F} = I\mathrm{d}\boldsymbol{l} \times \boldsymbol{B}$$

电流的单位——安培的定义：在真空中通以流向相同、大小等量电流的两根截面积可略去的平行长直导线，若二者之间相距 1m 时，两导线间每单位长度的相互吸引力为 2×10^{-7} N/m，则每根导线中的电流为 1 安培．

③ **磁场对载流线圈的作用**

$$\boldsymbol{M} = \boldsymbol{m} \times \boldsymbol{B}$$

课外练习5

一、填空题

5-1 在国际单位制（SI）中，电流的单位是______，符号为______．

5-2 通过导体任一有限截面 S 的恒定电流 I 与电流密度 $\boldsymbol{J}$ 的关系为______．

5-3 描述恒定磁场性质的两个重要定理是______和______．

5-4 用金属丝做的直径为 a 的圆形回路中通有电流 I，则它在圆心处所产生的磁感应强度的大小为______．

5-5 真空中有一圆形载流导线，直径是 0.4m，当导线中通有电流 2.5A 时，在导线中心处所产生的磁感应强度的大小约为______ T.

5-6 真空中有一密绕的圆形线圈，直径是 0.4m，线圈中通有电流 2.5A 时，在线圈中心处所产生的磁感应强度的大小为 $B=3.14\times10^{-4}$ T，则线圈有______匝．

5-7 装指南针的盒子通常是用______（填铁或胶木）等材料做成的．

5-8 在磁导率为 μ 的磁介质中，磁感应强度$\boldsymbol{B}$与磁场强度$\boldsymbol{H}$ 的关系为______．

5-9 在均匀磁场中，电子以速率 $v=8\times10^5$ m/s 做半径为 $R=0.5$cm 的圆周运动，则磁场的磁感应强度大小为______ T（电子的质量为 $m_e=9.1\times10^{-31}$ kg）．

二、选择题

5-1 毕奥-萨伐尔定律的数学表达式为 （ ）．

A. $\mathrm{d}\boldsymbol{B}=\frac{\mu_0}{4\pi}\frac{I\mathrm{d}\boldsymbol{l}\times\boldsymbol{r}}{r^3}$　　B. $\boldsymbol{F}=q\boldsymbol{v}\times\boldsymbol{B}$　　C. $\mathrm{d}\boldsymbol{F}=I\mathrm{d}\boldsymbol{l}\times\boldsymbol{B}$　　D. $\boldsymbol{M}=\boldsymbol{m}\times\boldsymbol{B}$

5-2 恒定磁场的高斯定理说明了恒定磁场是一个 （ ）．

A. 有源场　　B. 无源场　　C. 有旋场　　D. 无旋场

5-3　取一闭合积分回路，使三根载流导线穿过它所围成的面，现改变三根导线之间的距离，但不越出积分回路，则　　　　　　　　　　　　　　（　　）.

A. $\oint_L \boldsymbol{B}\cdot \mathrm{d}\boldsymbol{l}$ 不变，回路上各点的 $\boldsymbol{B}$ 不变　　　　B. $\oint_L \boldsymbol{B}\cdot \mathrm{d}\boldsymbol{l}$ 不变，回路上各点的 $\boldsymbol{B}$ 改变

C. $\oint_L \boldsymbol{B}\cdot \mathrm{d}\boldsymbol{l}$ 改变，回路上各点的 $\boldsymbol{B}$ 不变　　　　D. $\oint_L \boldsymbol{B}\cdot \mathrm{d}\boldsymbol{l}$ 改变，回路上各点的 $\boldsymbol{B}$ 改变

5-4　一运动电荷，质量为 m，以初速度 $\boldsymbol{v}_0$ 进入均匀磁场中，若 $\boldsymbol{v}_0$ 与磁场方向成 α 角，则（　　）.

A. 其动能不变，动量改变　　　　B. 其动能和动量都改变

C. 其动能改变，动量不变　　　　D. 其动能和动量都不变

5-5　北京正负电子对撞机中电子在周长为 240m 的储存环中做轨道运动，已知电子的动量是 $1.49\times10^{-18}\mathrm{kg\cdot m/s}$，该偏转磁场的磁感应强度的大小约为　　　　（　　）.

A. 2.44T　　B. 0.244T　　C. 4.88T　　D. 不能确定

5-6　安培定律的数学表达式为　　　　（　　）.

A. $\mathrm{d}\boldsymbol{B}=\frac{\mu_0}{4\pi}\frac{I\mathrm{d}\boldsymbol{l}\times\boldsymbol{r}}{r^3}$　　B. $\boldsymbol{F}=q\boldsymbol{v}\times\boldsymbol{B}$　　C. $\mathrm{d}\boldsymbol{F}=I\mathrm{d}\boldsymbol{l}\times\boldsymbol{B}$　　D. $\boldsymbol{M}=\boldsymbol{m}\times\boldsymbol{B}$

三、简答题

5-1　在国际单位制（SI）中，磁感应强度的单位是什么？用什么符号表示？

5-2　恒定磁场的高斯定理和安培环路定理说明了恒定磁场是什么性质的场？

5-3　对于圆电流产生的磁场能否用安培环路定理来求磁感应强度？

5-4　一电子以速度 $\boldsymbol{v}$ 射入磁感应强度为 $\boldsymbol{B}$ 的均匀磁场中，电子沿什么方向射入受到的磁场力最大？沿什么方向射入不受磁场力的作用？

5-5　在均匀磁场中，载流线圈的取向在什么情况下所受磁力矩最大？什么情况下磁力矩最小？

5-6　在一均匀磁场中，有两个面积相等、通有相同电流的线圈，一个是三角形，一个是圆形，这两个线圈的磁矩是否相等？

5-7　磁介质通常分为哪几类？

四、计算题

5-1　一铜棒的横截面积为 $20\times80\mathrm{mm}^2$，长为 2.0m，两端的电势差为 50mV. 已知铜的电导率 $\gamma=5.7\times10^7\mathrm{S/m}$，铜内自由电子的电荷体密度为 $1.36\times10^{10}\mathrm{C/m^3}$. 求：

（1）它的电阻；

（2）电流；

（3）电流密度；

（4）棒内的电场强度；

（5）所消耗的功率；

（6）棒内电子的迁移速度.

5-2　用X射线使空气电离时，在平衡情况下，每立方厘米有 1.0×10^7 对离子，已知每个正负离子的电荷量大小都是 1.6×10^{-19}C. 正离子的平均定向速率为 1.27cm/s、负离子的平均定向速率为 1.84cm/s. 求这时空气中电流密度的大小.

5-3　两根长直导线相互平行地放置在真空中，如图 5-21 所示，其中通以同向的电流 $I_1=I_2=10\mathrm{A}$，试求 P 点的磁感应强度. 已知 P 点到两导线的垂直距离均为 $a=0.5\mathrm{m}$.

5-4　如图 5-22 所示，在内外半径分别为 R_1 和 R_2 的长直圆柱筒形导体轴线上有一长直导线. 若长直导线上的电流与导体圆柱筒内的电流等值反向，大小为 I，且电流在圆柱筒截面上均匀分布. 求圆柱筒导体内部区域中的磁感应强度.

5-5　在一脉冲星（中子星）的表面，磁感应强度为 10^8T，考虑一个在中子星表面的氢原子中的电子，电子距质子中心的距离为 0.53×10^{-10}m，假设电子以速率 2.2×10^6m/s 绕原子核做匀速率圆周运

动，求电子所受中子星磁场的最大作用力，并与质子对电子的静电作用力进行比较 .

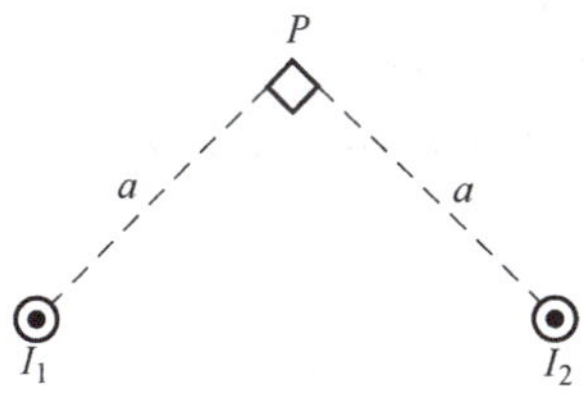

图 5-21　计算题 5-3 用图

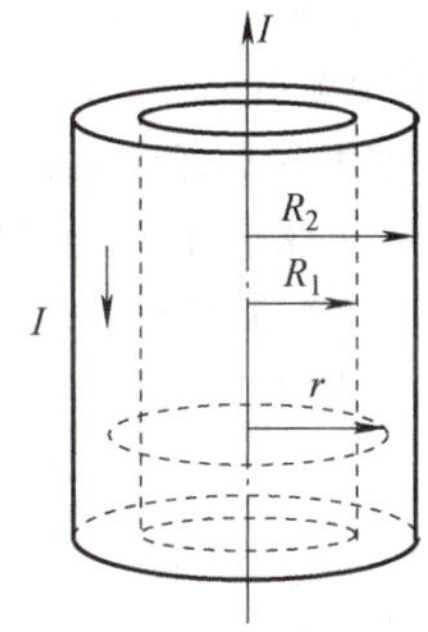

图 5-22　计算题 5-4 用图

5-6　一个电子射入 $\boldsymbol{B}=(0.2\boldsymbol{i}+0.5\boldsymbol{j})$T 的均匀磁场中，当电子速度为$\boldsymbol{v}=5\times10^6\boldsymbol{j}$m/s 时，求电子所受的磁场力 .

5-7　如图 5-23 所示，一根长直导线载有电流 $I_1=30$A，矩形回路载有电流 $I_2=20$A. 已知 $d=1.0$cm，$b=8.0$cm，$l=0.12$m，试计算作用在回路上的合力 .

5-8　一半圆形回路，半径 $R=10$cm，通有电流 $I=10$A，放在均匀磁场中，磁场方向与线圈平面平行，如图 5-24 所示，若磁感应强度大小 $B=5\times10^{-2}$T，求线圈所受力矩的大小及方向 .

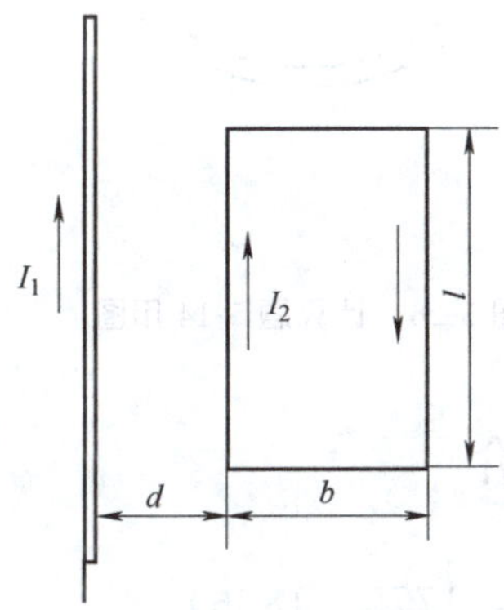

图 5-23　计算题 5-7 用图

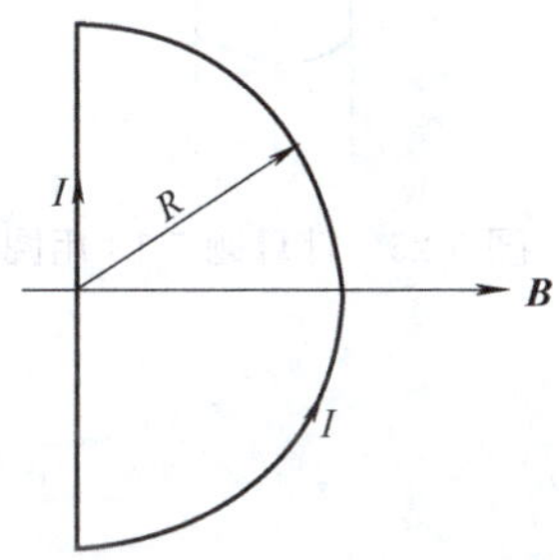

图 5-24　计算题 5-8 用图

5-9　在均匀密绕的螺绕环内充满均匀的顺磁介质，已知螺绕环中的传导电流为 I，单位长度内匝数为 n，环的横截面半径比环的平均半径小得多，磁介质的相对磁导率为 μ_r，求环内的磁场强度和磁感应强度 .

5-10　螺绕环中心周长 $L=10$cm，环上线圈匝数 $N=20$，线圈中通有电流 $I=0.1$A.

(1) 求管内的磁感应强度 $\boldsymbol{B}_0$ 和磁场强度 $\boldsymbol{H}_0$；

(2) 若管内充满相对磁导率 $\mu_r=4200$ 的磁介质，那么管内的 $\boldsymbol{B}$ 和 $\boldsymbol{H}$ 分别是多少？

5-11　一螺绕环的平均半径为 $R=0.08$m，其上绕有 $N=240$ 匝线圈，电流 $I=0.30$A 时充满管内的铁磁质的相对磁导率 $\mu_r=5000$，问管内的磁场强度和磁感应强度各为多少？

5-12　环形螺线管共包含 500 匝线圈，平均周长为 50cm，当线圈中的电流为 2.0A 时，用冲击电流计测得介质内的磁感应强度为 2.0T，求待测材料的相对磁导率 μ_r.

5-13　如图 5-25 所示，半径为 R_1的无限长圆柱体导线外有一层同轴圆筒状均匀磁介质，其相对磁导率为 μ_r，圆筒外半径为 R_2，设电流 I 在导线中均匀流过，取导线的磁导率为 μ_0. 试求：

(1) 导线内的磁场分布；

（2）磁介质中的磁场分布；

（3）磁介质外面的磁场分布.

5-14* 一同轴电缆由半径为R_1的铜线和一内半径为R_2的铜管构成，铜线与铜管之间填以相对电容率为ε_r、相对磁导率为μ_r的橡胶.电缆的横截面如图5-26所示.如果该电缆传输电能时电流为I，铜线与铜管间电压为U，求橡胶内距轴线为r的P点处的$\boldsymbol{H}$、$\boldsymbol{B}$、$\boldsymbol{D}$和$\boldsymbol{E}$.

5-15* 在均匀密绕的螺绕环内充满均匀磁介质，且环上线圈的半径远小于环的平均半径.已知环内磁场的磁感应强度为$\boldsymbol{B}_0$，介质内的磁化强度为$\boldsymbol{M}$，求螺绕环内的磁感应强度$\boldsymbol{B}$.

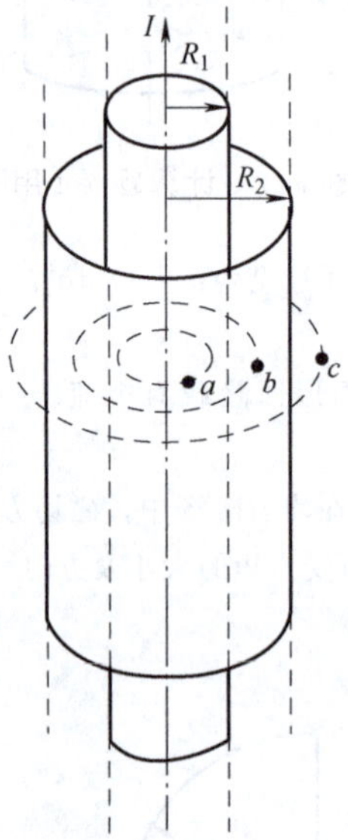

图5-25 计算题5-13用图

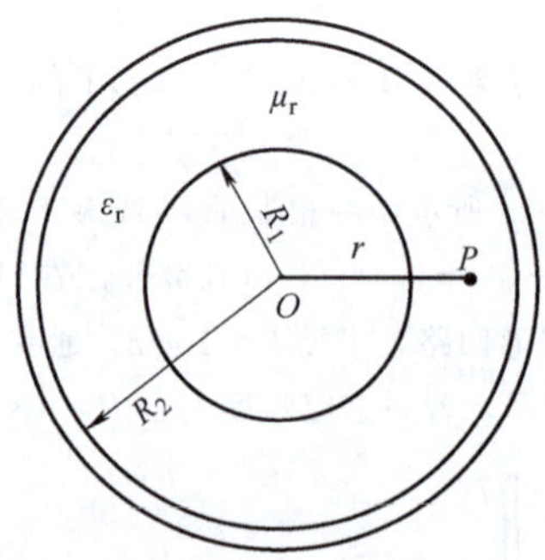

图5-26 计算题5-14用图

物理学家简介

安培（AndréMarieAmpère，1775—1836）

1775年1月22日，安德烈·玛丽·安培出生于法国里昂的一个富商家庭.安培的父亲遵循法国资产阶级思想家卢梭的教育理念，从小就鼓励安培走自学成才的道路，并且还专门为安培建立了一间藏书颇丰的图书室.安培在父亲的帮助下，阅读了大量书籍，其中尤以布丰的《自然史》和狄德罗主编的《大百科全书》对他的影响较深.安培自幼就对数学表现出浓厚兴趣，而且在数学方面也显示出过人天赋，他先后自学了欧几里得、欧拉和伯努利等数学家的重要著作，还曾为此专门自学了拉丁文.12岁时，安培开始学习微积分基础，随后又自学了分析力学.尽管没有上过学校，但安培通过自学掌握了比较丰富的知识.然而，正当安培专注于自己的学习时，法国大革命于1789年爆发了，他的父亲不幸被以雅各宾分子的罪名逮捕，并被送上了断头台.父亲的离世对安培来说是一次沉重的打击，他一度陷入极度的悲痛之中，同时在经济上也逐渐陷入困境.为谋生计，安培开始承担学校的教学任务，此后又在里昂开设私人课堂，教授数学和化学.1802年，安培来到布尔让中央学校教授物理、化学和天文学，在此期间，他所撰写的一篇有关概率论的论文在社会上引起了广泛关注.

不过，不幸再次降临到安培身上，他的爱妻在产下儿子后不久就离开了人世．1804 年，经历了丧妻之痛的安培转到巴黎工业大学任教，之后于 1809 年任该校的数学教授，此外他还在 1808 年被委任为法兰西帝国中央大学的总学监．

安培一生中在科学上取得了很多成就，并涉及物理、数学和化学等多个学科领域．不过，安培最主要的成就是他在电磁学理论的发展上做出的卓越贡献．1820 年，丹麦物理学家奥斯特在实验中发现了电流的磁效应，引起了欧洲物理学界的广泛关注．同年 9 月 11 日，法国物理学家阿喇戈在法国科学院介绍并重复了奥斯特的实验发现，立刻引起安培的极大兴趣，他立即做出反应，迅速着手重复奥斯特的实验．经过实验，安培发现不仅直流导线的附近会产生磁效应，圆电流或矩形回路电流的附近同样也会产生类似的磁效应．一周后的 9 月 18 日，安培在法国科学院的会议上报告了自己的论文，论文中提出电流附近小磁针的偏转方向与电流流向之间的关系应服从右手定则（即安培定则）．之后，安培又分别于 9 月 25 日和其后的几个星期连续发表多篇电磁学方面的论文，报告他的研究成果，内容包括：两根平行导线中若通以同向电流，则两条导线间相互吸引，若通以反向电流，则两条导线间相互排斥；通电线圈的磁性与条形磁铁的磁性相似（在该发现的基础上，安培最早制作出螺线管，后来由此发明了电流计）．此外，安培还对地磁场做出了解释：地球的磁性是由赤道附近自东向西运动的环形电流所引起的，其原理正如通电的螺线管．这样，在将近一个月的时间内，安培就得到了一系列重要的实验发现．与此同时，安培通过一系列的实验发现逐渐形成了一种想法，那就是磁的本质是运动的电荷，即电流．在此基础上，安培提出了著名的分子电流假说．在分子电流假说中，安培认为任何物质的分子内部都存在一种环形电流，即分子电流；每个分子电流形成一个小磁体，其两侧相当于两个磁极；当这些分子电流有秩序地排列起来时，就将在宏观上显现出磁性．应用分子电流假说，不但可以很好地解释磁体为何具有磁性，也能说明磁极总是成对出现的原因．需要指出的是，安培是在对物质结构所知甚少的背景下提出分子电流假说的，但后来近代物理学的发展为分子电流假说提供了微观根据——分子、原子等微观粒子内电子绕核运动以及电子自旋等构成了等效的分子电流．安培的分子电流假说与近代关于物质微观结构的理论是相符合的，这一假说已成为认识物质磁性的重要理论依据．安培从分子电流出发，参考牛顿力学的理论体系，试图得到电流之间相互作用的动力学关系，为此他开展了一系列的实验和理论研究，而在这些实验中尤其以四个精巧的零值实验最为突出．通过对这些实验结果进行数学归纳，安培终于得出了两电流元之间相互作用力的基本规律．1827 年，安培出版了电磁学经典著作《电动力学现象的数学理论》，书中对他在电磁学领域取得的研究成果进行了总结，并给出了电流元间相互作用的动力学数学公式，即安培定律．《电动力学现象的数学理论》一书不但对电磁学的发展产生了深远影响，同时也为电动力学的创立奠定了基础，再加上“电动力学”这一称谓也是由安培最早提出的，他由此也成为电动力学创始人．为纪念他在电磁学上做出的杰出贡献，电流的国际制单位以他的名字“安培”（A）来命名．

除了在电磁学方面取得的成就外，安培还在其他领域获得过很多成果．在数学上，安培曾研究过概率论以及偏微分方程的各种积分方法，此外他还将数学方法应用到电动力学和分子物理的研究上．在化学方面，安培几乎与汉弗莱·戴维同时认识基本元素氯和碘，并独自导出了阿伏加德罗定律．此外，安培还研究过科学分类法，即“四分法”．

安培在科学研究上取得的成功，除了得益于他渊博丰富的知识与创新性的思维外，还因为他在追求科学真理时的勤奋刻苦与忘我精神．关于安培在思考问题时的专心致志，有许多至今仍为人津津乐道的轶事．相传，安培在一次散步时想到了一个问题，正为没有地方演算而发愁的他偶然见到面前有一块“黑板”，于是拿出粉笔开始了运算．不料那“黑板”原是一驾马车车厢的背面，随着马车的走动，安培也跟着边走边写，后来马车越走越快，专心于演算的安培竟跟着跑了起来，直到追不上时才停下脚步，而看到这一情景的路人们早已笑得前仰后合．还有一次，正在回家路上的安培又开始凝神思考一个问题，当他看到自家门上贴有一张写着“安培先生不在家”的纸条时，居然转身离开了，同时还自言自语道：“噢！安培先生不在家，那我回去吧．”事实上，这张纸条是他自己为避免别人打扰而贴上去的．

安培一生中取得过许多荣誉，他在1814年被选为巴黎科学院院士，1827年当选为英国皇家学会会员，此外他还是德国、瑞士、瑞典、比利时和葡萄牙等国的科学院院士或学会会员．麦克斯韦称赞安培“为建立电流间的力学作用定律而进行的实验研究在科学上是最光辉的成就”，并将他誉为是“电学中的牛顿”．然而，安培的一生却诸多坎坷，除了父亲与第一位妻子的不幸去世外，他的第二位妻子又贪慕虚荣，安培被迫与她分手．在晚年时，对子女的失望和忧虑给安培增添了许多烦恼，这也使他的健康受到了影响．1836年，在一次巡视各中央学校的路途中，安培不幸患上急性肺炎，因医治无效于当年的6月10日在马赛逝世，终年61岁．

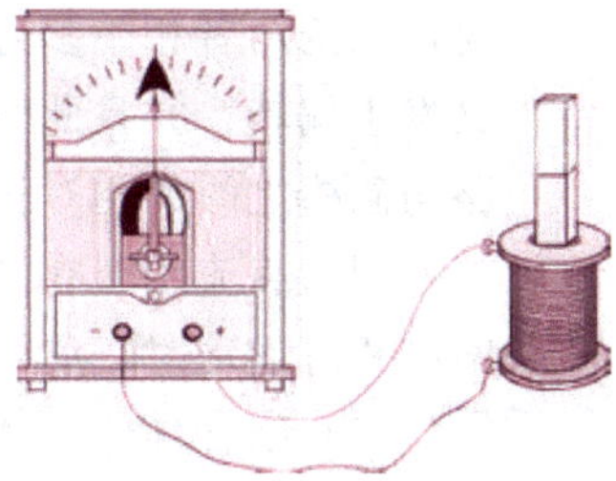

第 6 章 电磁感应 电磁场

概述

1820 年，丹麦物理学家奥斯特发现电流的磁效应，从一个侧面揭示了电现象和磁现象的联系——运动电荷产生磁场．人们不禁开始思考“磁场是否也能够产生电场?”虽然之后多年的探索都归于失败，但是不少科学家仍然继续努力，终于在 1831 年，由法拉第发现了磁场产生电流的电磁感应现象．这是电磁学的重大发现，它进一步揭示了电与磁之间的联系．

法拉第电磁感应定律的重要意义在于：一方面，依据电磁感应的原理，人们制造出了发电机、变压器等电气设备，电能的大规模生产和远距离输送成为可能；另一方面，电磁感应现象在电工技术、电子技术以及电磁测量等方面都有广泛的应用．人类社会从此迈进了电气化时代．电磁感应现象的发现不仅改变了人类对自然界的认识，而且还通过新技术推进了人类的文明．从此之后电与磁相互融合成一个新的学科——电磁学．在此基础上麦克斯韦建立了完整的电磁理论．

6.1 电磁感应定律

6.1.1 电磁感应现象

1831 年 8 月 29 日，M. 法拉第在实验中发现，处于随时间变化的电流附近的闭合回路中出现了感应电流．法拉第立即意识到，这是一种非恒定的暂态效应．紧接着他做了一系列实验进行验证并寻找其内在规律，最后得到了电磁感应定律．下面通过几个典型的电磁感应演示实验来说明什么是电磁感应现象，以及产生电磁感应的条件．

图 6-1 闭合回路与磁棒之间的相对运动

(1) 闭合导体回路与磁铁棒之间有相对运动时．如图 6-1 所示，一个线圈与电流计的两端连接成闭合回路，电路内没有电源，所以电流计的指针不会偏转．然而当一个条形磁铁棒的任一极（N 极或 S 极）插入线圈时，可以观察到指针发生偏转，即回路中有电流通过．当磁铁棒与线圈相对静止时，无论两者相距多近，电流计指针均不动．当把磁铁棒从线圈中抽出时，电流计的指针又发生偏转，并且此时的偏转方向与插入时相反．进一步的实验表明，起作用的是闭合回路与磁棒之间的相对运动．

因为载流线圈在空间激发出与条形磁铁类似的磁场，所以载流线圈与闭合导体回路间有相对运动时，亦可引起电磁感应现象．

（2）闭合导体回路与载流线圈无相对运动，但载流线圈中电流改变时，同样可引起电磁感应现象．如图 6-2 所示，两个彼此靠得较近但相对静止的线圈 1 和线圈 2，线圈 1 与电流计 G 相连接，线圈 2 与一个电源和变阻器 R 相连接．当线圈 2 中的电路接通、断开的瞬间或改变电阻 R 时，都可以观察到电流计指针发生偏转，即在线圈 1 中出现感应电流．实验表明，只有在线圈 2 中的电流发生变化时，才能在线圈 1 中出现感应电流．

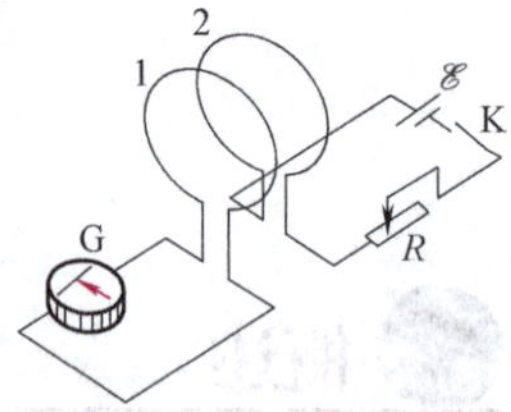

图 6-2　载流线圈中电流改变

如果在图 6-2 的线圈 2 中加一铁磁性材料做芯子，重复上述实验过程，将会发现线圈 1 中的电流大大增加，说明上述现象还受到介质的影响．

（3）闭合导体回路在均匀磁场中运动，也能够引起电磁感应现象．如图 6-3 所示，接有电流计的平行导体滑轨放于均匀磁场中，磁感应强度 $\boldsymbol{B}$ 垂直于滑轨平面．当导体棒横跨平行滑轨并向右滑动时，电流计指针发生偏转，且速度越高则偏转越厉害；当导体棒反向运动时，电流计指针反向偏转．此实验中，磁感应强度 $\boldsymbol{B}$ 没有变化，但由于导体棒向右或向左运动，导体框的面积在随时间变化，于是通过导体框的磁通量随时间变化，所以在导体回路中产生了感应电流，导体棒的速度越高，单位时间内通过导体框的磁通量变化越大．从另一个角度来看，感应电流的产生是由于闭合导体的一段导体棒切割磁感应线所产生的．

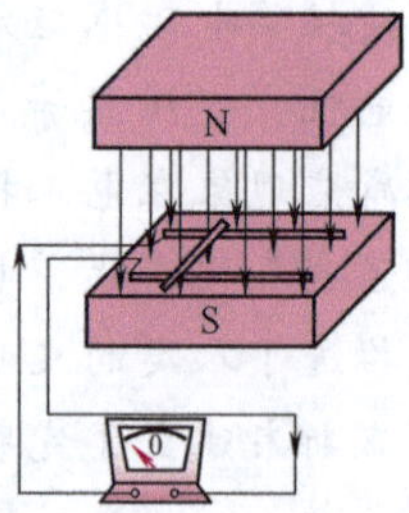

图 6-3　闭合导体回路在均匀磁场中运动

总结以上几个典型现象，可得出如下结论：不管什么原因使穿过闭合导体回路所包围面积的磁通量发生变化（增加或减少），回路中都会出现电流，这种电流称为感应电流．在磁通量增加和减少的两种情况下，回路中感应电流的流向相反．感应电流的大小取决于穿过回路所围面积的磁通量的变化快慢．变化越快，感应电流越大；反之，就越小．由于在线圈中插入芯子后，线圈中的感应电流大大增加，这又说明感应电流的产生是因为磁感应强度 $\boldsymbol{B}$ 通量的变化，而不是由于磁场强度 $\boldsymbol{H}$ 通量的变化．

6.1.2　法拉第电磁感应定律

法拉第对电磁感应现象进行了定量研究，总结得出了电磁感应的基本定律．感应电流的存在说明回路中存在电动势，这种电动势称为感应电动势，用 $\mathscr{E}_i$ 表示．由闭合回路中磁通量的变化直接产生的结果应是感应电动势．当通过导体回路的磁通量随时间发生变化时，回路中就有感应电动势产生，从而产生感应电流．这个磁通量的变化可以是由磁场变化引起的，也可以是由于导体在磁场中运动或导体回路中的一部分切割磁感应线的运动而产生的．感应电动势比感应电流更能反映电磁感应现象的本质——如果导体回路不闭合就不会有感应电流，但感应电动势仍然存在．所以法拉第用感应电动势来表述电磁感应定律，叙述如下：

当穿过回路的磁通量（$\boldsymbol{B}$ 通量）Φ_m 发生变化时，回路中产生的感应电动势 $\mathscr{E}_i$ 与磁通量随时间变化率的负值成正比．如果采用国际单位制，则此定律可表示为

$$\mathscr{E}_i=-\frac{d\Phi_m}{dt} \tag{6-1}$$

式中的负号反映了感应电动势的方向与磁通量 Φ_m 变化之间的关系．在判断感应电动势的方向时，可以通过符号法则来确定．符号法则规定：任意确定一个导体回路 L 的绕行方向，当回路中的磁感应线方向与回路绕行方向成右手螺旋关系时，Φ_m 为正．具体步骤是：先规定回路绕行的正方向，然后按右手螺旋法则确定回路所包围面积法线 $\boldsymbol{n}$ 的正方向，即右手四指弯曲方向沿绕行正方向，伸直拇指的方向就是 $\boldsymbol{n}$ 的正方向．当磁感应强度 $\boldsymbol{B}$ 与 $\boldsymbol{n}$ 的夹角小于 90°时，穿过回路面积的磁通量 Φ_m 为正，反之为负．再根据 Φ_m 的变化情况，确定 $d\Phi_m$ 和 $d\Phi_m/dt$ 的正负：正的 Φ_m 增加或负的 Φ_m 减少则 $d\Phi_m$ 为正；正的 Φ_m 减少或负的 Φ_m 增加则 $d\Phi_m$ 为负．而 $d\Phi_m/dt$ 的正负与 $d\Phi_m$ 的正负相同（因为 dt 总是正的）．最后，若 $d\Phi_m/dt>0$，则由式（6-1）可得 $\mathscr{E}_i<0$，即感应电动势 $\mathscr{E}_i$ 的方向与所规定的回路正方向相反；若 $d\Phi_m/dt<0$，则 $\mathscr{E}_i>0$，即感应电动势 $\mathscr{E}_i$ 的方向与所规定的回路正方向一致．

关于法拉第电磁感应定律我们强调以下几点：

(1)导体回路中产生感应电流的原因，是由于电磁感应在回路中建立了感应电动势，它比感应电流更本质，即使由于回路中的电阻无限大而使电流为零，感应电动势依然存在．

(2)在回路中产生感应电动势的原因是由于通过回路平面的磁通量的变化，而不是磁通量本身，即使通过回路的磁通量很大，但只要它不随时间变化，回路中依然不会产生感应电动势．

(3)法拉第电磁感应中，负号的物理意义在于指明了感应电动势的方向，即为之后将要介绍的楞次定律的体现．

当导体回路是由 N 匝线圈构成时，在整个线圈中产生的感应电动势应是每匝线圈中产生的感应电动势之和．设穿过各匝线圈的磁通量分别为 Φ_{m1}、Φ_{m2}、…、Φ_{mN}，则线圈中总的感应电动势为

$$\begin{aligned}\mathscr{E}_i&=-\frac{d}{dt}(\Phi_{m1}+\Phi_{m2}+\cdots+\Phi_{mN})\\&=-\frac{d}{dt}\left(\sum_{i=1}^{N}\Phi_{mi}\right)=-\frac{d\Psi}{dt}\end{aligned} \tag{6-2}$$

式中，$\Psi=\sum_{i=1}^{N}\Phi_{mi}$ 是穿过各匝线圈的磁通量的总和，称为穿过线圈的全磁通．当穿过各

匝线圈的磁通量相等时，N 匝线圈的全磁通 $\Psi=N\Phi_m$，称为磁通链数，简称磁链．这时

$$\mathscr{E}_i=-N\frac{d\Phi_m}{dt} \tag{6-3}$$

在国际单位制中，磁通量 Φ_m的单位为韦伯，感应电动势 $\mathscr{E}_i$的单位是伏特（V），因此有 1V=1Wb/s.

如果闭合回路的电阻为 R，则通过线圈的感应电流为

$$I_i=\frac{\mathscr{E}_i}{R}=-\frac{1}{R}\frac{d\Psi}{dt} \tag{6-4}$$

利用电流的定义式 $I=dq/dt$，可由上式计算出从 t_1到 t_2这段时间内，通过导线任一横截面的感应电荷量为

$$q=\int_{t_1}^{t_2}I_i dt=-\frac{1}{R}\int_{\Psi_1}^{\Psi_2}d\Psi=\frac{1}{R}(\Psi_1-\Psi_2) \tag{6-5}$$

式中，Ψ_1和 Ψ_2分别是 t_1和 t_2时刻穿过导体回路的全磁通．式（6-5）表明：从 t_1到 t_2这段时间内，感应电荷量只与导体回路中全磁通的变化量成正比，而与全磁通变化的快慢无关．实验中通过测量感应电荷量和回路电阻就可以得到相应的全磁通的变化．常用的磁通计就是利用这个原理设计的．

例题 6-1 一长直螺线管，半径 $r_1=0.020$m，单位长度的线圈匝数为 $n=10\ 000$. 另一绕向与螺线管绕向相同，半径为 $r_2=0.030$m，匝数 $N=100$ 的圆线圈 A 套在螺线管外，如图 6-4 所示．如果螺线管中的电流按 0.100A/s 的变化率增加，求：

（1）圆线圈 A 内感应电动势的大小和方向；

（2）在圆线圈 A 的 a、b 两端接入一个可测量电荷量的冲击电流计．若测得感应电荷量 $q=20.0\times10^{-7}$C，求穿过圆线圈 A 的磁通量的变化值．已知圆线圈 A 的总电阻为 10Ω.

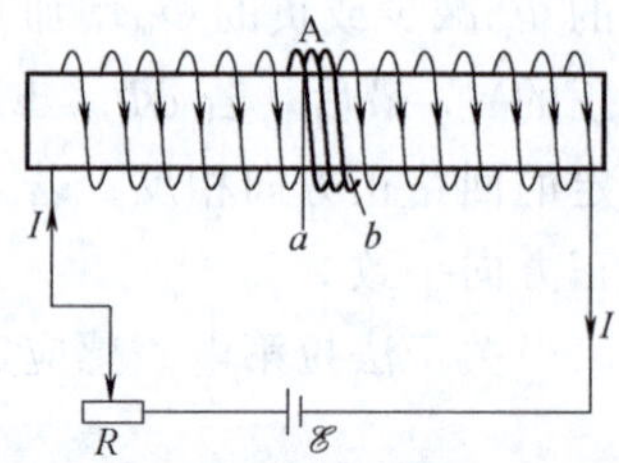

图 6-4 例题 6-1 用图

解：（1）取圆线圈 A 回路的绕行正方向与长直螺线管内电流的方向相同，则回路 A 的法线 $\boldsymbol{n}$ 的方向与长螺线管中电流所产生的磁感应强度 $\boldsymbol{B}$ 的方向相同．通过圆线圈 A 每匝的磁通量为

$$\Phi_m=B\cdot S=\mu_0 nI\pi r_1^2$$

根据式（6-3），圆线圈 A 中的感应电动势为

$$\mathscr{E}_i=-\frac{d\Psi}{dt}=-N\frac{d\Phi_m}{dt}=-\mu_0 nN\pi r_1^2\frac{dI}{dt}$$

将 $\mu_0=4\pi\times10^{-7}$H/m 和已知条件代入上式得

$$\mathscr{E}_i=[-4\pi\times10^{-7}\times10^4\times100\times3.14\times(0.020)^2\times0.100]\text{V}\approx-1.58\times10^{-4}\text{V}$$

负号说明感应电动势 $\mathscr{E}_i$的方向与 A 回路绕行的正方向即长直螺线管中电流的方向相反．

（2）圆线圈 A 的两端 a、b 接入冲击电流计，形成闭合回路．由式（6-5）得感应电荷量为

$$q=\frac{1}{R}(\Psi_1-\Psi_2)=\frac{N}{R}(\Phi_{m1}-\Phi_{m2})$$

式中，Φ_{m1}和 Φ_{m2}分别为 t_1和 t_2时刻通过圆线圈 A 每匝的磁通量．由上式可得

$$\Phi_{m1}-\Phi_{m2}=\frac{qR}{N}=\frac{20.0\times10^{-7}\times10}{100}\text{Wb}=2.0\times10^{-7}\text{Wb}$$

如果时刻 t_1为刚接通长直螺线管电流的时刻，则 $\Phi_{m1}=0$；t_2为长直螺线管中电流达到稳定值 I 的时刻，则 t_2时刻 $\Phi_{m2}=B\pi r_1^2$. 利用以上关系式可得 $B=qR/N\pi r_1^2$. 因此，用本题中的装置可以测量电流为 I

时，长直螺线管中均匀磁场的磁感应强度．

6.1.3　楞次定律

1834 年，俄国科学家 E. 楞次获悉法拉第发现电磁感应现象后，做了许多实验，在进一步概括了大量实验结果的基础上，得出了确定感应电流方向的法则，称为楞次定律，其具体表述为：在发生电磁感应时，导体闭合回路中产生的感应电流具有确定的方向，总是使感应电流所产生的磁场穿过回路面积的磁通量，去补偿或者反抗引起感应电流的磁通量的变化．

在图 6-1 所示的实验中，当磁铁棒以 N 极插向线圈或线圈向磁棒的 N 极运动时，通过线圈的磁通量增加，感应电流所激发的磁场方向则要使通过线圈面积的磁通量反抗线圈内磁通量的增加，所以线圈中感应电流所产生的磁感应线的方向与磁铁棒的磁感应线的方向相反．再根据右手螺旋法则，可确定线圈中感应电流的方向如图 6-5a 中的箭头所示，当磁铁棒拉离线圈或线圈背离 N 极运动时，通过线圈面积的磁通量减少，感应电流的磁场则要使通过线圈面积的磁通量去补偿线圈内磁通量的减少，因而，它所产生的磁感应线的方向与磁铁棒的磁感应线的方向相同，感应电流的方向应如图 6-5b中箭头所示．

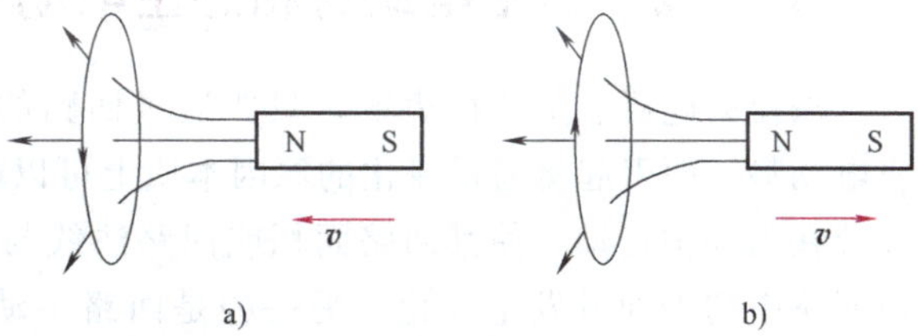

图 6-5　楞次定律

楞次定律实质上是能量守恒定律的一种体现．在上述例子中可以看到，当磁铁棒的 N 极向线圈运动时，线圈中感应电流所激发的磁场分布相当于在线圈朝向磁铁棒一面出现 N 极，它阻碍磁铁棒的相对运动，因此，在磁铁棒向前运动过程中，外力必须克服斥力做功；当磁铁棒背离线圈运动时，则外力必须克服引力做功，在这个过程中，线圈中感应电流的电能将转化为电路中的焦耳-楞次热．反过来，如果设想感应电流的方向不是这样，它的出现不是阻碍磁铁棒的运动而是促使它加速运动，那么只要我们把磁铁棒稍稍推动一下，线圈中出现的感应电流将使它动得更快，于是又增长了感应电流，这个增长又促进相对运动更快，如此不断地相互反复加强，于是只要在最初使磁铁棒的微小移动中做出很小的功，就能获得极大的机械能和电能，这显然是违背能量守恒定律的．所以，感应电流的方向遵从楞次定律的事实表明，楞次定律本质上就是能量守恒定律在电磁感应现象中的具体表现．因此楞次定律还有另外一种表述方式，即：在闭合导体回路中，感应电流总是企图产生一个磁场去阻碍穿过该回路所围面积的磁通的变化．

例题 6-2　如图 6-6 所示，一长直电流 I 旁距离 r 处有一与电流共面的圆线圈，线圈的半径为 R，且$R \ll r$. 就下列两种情况求线圈中的感应电动势．

（1）若电流以速率$\frac{\mathrm{d}I}{\mathrm{d}t}$增加；

（2）若线圈以速率 v 向右平移．

解：因为 $R \ll r$，所以线圈所在处磁场可看作均匀，有

$$B=\frac{\mu_0 I}{2\pi r}$$

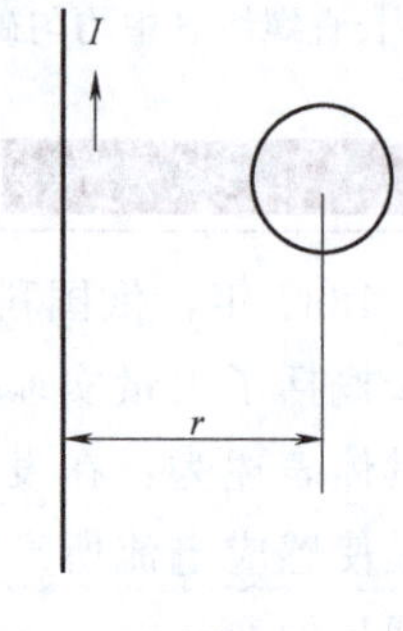

图 6-6　例题 6-2 用图

且方向垂直线圈平面向里，故穿过线圈平面的磁通量为

$$\Phi_m=BS=\frac{\mu_0 I}{2\pi r}\cdot\pi R^2=\frac{\mu_0 IR^2}{2r}$$

(1) 按法拉第电磁感应定律，线圈中的感应电动势大小为

$$\mathscr{E}_i=\left|\frac{d\Phi_m}{dt}\right|=\frac{d}{dt}\left(\frac{\mu_0 IR^2}{2r}\right)=\frac{\mu_0 R^2}{2r}\frac{dI}{dt}$$

由楞次定律可知，感应电动势为逆时针方向．

(2) 按法拉第电磁感应定律

$$\mathscr{E}_i=\left|\frac{d\Phi_m}{dt}\right|=\left|\frac{d}{dt}\left(\frac{\mu_0 IR^2}{2r}\right)\right|=\frac{1}{2}\mu_0 IR^2\left|\frac{d}{dt}\left(\frac{1}{r}\right)\right|=\frac{1}{2}\mu_0 IR^2\cdot\frac{1}{r^2}\frac{dr}{dt}$$

由于$\frac{dr}{dt}=v$，故

$$\mathscr{E}_i=\frac{\mu_0 IR^2 v}{2r^2}$$

由楞次定律可知，感应电动势为顺时针方向．

6.2 动生电动势和感生电动势

法拉第电磁感应定律表明，只要通过回路的磁通量随时间变化就会在回路中产生感应电动势．而引起磁通量变化的原因本质上可以归纳为两种情况，一种是导体回路或其一部分在磁场中运动，使其回路面积或回路法线与磁感应强度 **B** 的夹角随时间变化，从而使回路中的磁通量发生变化；另一种是回路不动，而磁感应强度随时间变化，从而使通过回路的磁通量发生变化．我们把因第一种原因而在回路中产生的感应电动势称为动生电动势，把因第二种原因而在回路中建立的感应电动势称为感生电动势．下面分别讨论两类感应电动势产生的物理机制以及并由电磁感应定律导出相应电动势的表达式．

6.2.1 动生电动势

如图 6-7 所示，一个导体回路 $ABCD$ 中长为 l 的导线 AB 在磁感应强度为 **B** 的磁场中以速度 $\boldsymbol{v}$ 向右做匀速直线运动．假定导线 AB、磁场 **B** 以及速度 $\boldsymbol{v}$ 互相垂直，在 dt 时间内，导线 AB 移动的距离 $dx=vdt$，则回路面积增加量为$dS=ldx=lvdt$. 若选取回路绕行方向为顺时针方向，则回路的磁通量增量为

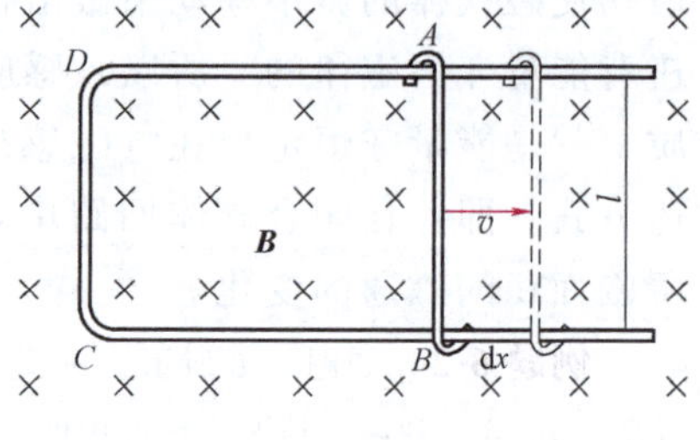

图 6-7　动生电动势

$$d\Phi_m=\boldsymbol{B}\cdot d\boldsymbol{S}=Blv\,dt$$

根据法拉第电磁感应定律，在导线 AB 上产生的动生电动势为

$$\mathscr{E}_i=-\frac{d\Phi_m}{dt}=-Blv \qquad (6-6)$$

由于 lv 可以看成导线 AB 单位时间内扫过的面积，因此动生电动势也等于导体在单位时间内切割的磁感应线的条数．由楞次定律，可以确定动生电动势的方向是从 B 指向 A

的．电动势是由于导线运动产生的，只存在于导线 AB 段内，即运动着的导线 AB 相当于一个电源．在电源内部，电动势方向是由低电势指向高电势的，因此 A 点的电势比 B 点的高，这就是说，A 端相当于电源的正极，B 端相当于负极．

动生电动势形成的物理机制以及所服从的规律，完全可以用洛伦兹力的理论来推出．导线 AB 以速度$\boldsymbol{v}$ 向右做匀速直线运动，导线内部的电子也获得了向右的定向速度$\boldsymbol{v}$．每个电子受到的洛伦兹力为

$$\boldsymbol{f}=-e\boldsymbol{v}\times\boldsymbol{B}$$

其方向由 A 指向 B．电子在洛伦兹力的作用下沿着导线向 B 端运动．于是在 B 端出现负电荷的积累，A 端由于缺少负电荷而出现正电荷的积累．随着导线 AB 两端正、负电荷的积累，在导线中要激发电场，其方向由 A 指向 B．这时电子还要受到一个指向 A 端的电场力的作用，电场力为

$$\boldsymbol{F}_{\mathrm{e}}=-e\boldsymbol{E}$$

当导线 AB 两端的电荷积累到一定程度时，电场力与洛伦兹力达到平衡．此时，导体内的自由电子不再有宏观定向迁移，导线 AB 两端出现确定的电势差，可见导线 AB 相当于一个电源，其电动势就是动生电动势．作用在自由电子上的洛伦兹力，就是提供动生电动势的非静电力．该非静电力所对应的非静电场强为

$$\boldsymbol{E}_{\mathrm{k}}=\frac{\boldsymbol{f}}{-e}=\boldsymbol{v}\times\boldsymbol{B}$$

根据电动势的定义式

$$\mathscr{E}_{\mathrm{i}}=\int_{(\text{经电源})}\boldsymbol{E}_{\mathrm{k}}\cdot\mathrm{d}\boldsymbol{l}$$

导线 AB 上的动生电动势为

$$\mathscr{E}_{AB}=\int_A^B\boldsymbol{E}_{\mathrm{k}}\cdot\mathrm{d}\boldsymbol{l}=\int_A^B(\boldsymbol{v}\times\boldsymbol{B})\cdot\mathrm{d}\boldsymbol{l}\tag{6-7}$$

根据图 6-7 的情况，由于$\boldsymbol{v}$ 与 $\boldsymbol{B}$ 垂直，且$\boldsymbol{v}\times\boldsymbol{B}$ 与 $\mathrm{d}\boldsymbol{l}$ 方向相反，所以可得

$$\mathscr{E}_{AB}=-\int_A^B vB\,\mathrm{d}l=Blv$$

我们知道，由于洛伦兹力始终与带电粒子的运动方向垂直，所以它对电荷是不做功的．但在上面讨论动生电动势的时候，又认为一段导体在磁场中运动时，由于导体中的载流子获得了一个定向的宏观的运动速度，于是它在磁场中受到洛伦兹力，所以动生电动势是非静电力——洛伦兹力移动单位正电荷所做的功．那么这和洛伦兹力不做功的观点是否矛盾呢？

在讨论动生电动势时，我们只考虑了电荷随导体运动的速度$\boldsymbol{v}$，而没有考虑电荷受到洛伦兹力 $\boldsymbol{f}$ 而在导体内部的运动速度 $\boldsymbol{u}$，实际上，载流子的运动速度应为$\boldsymbol{v}'=\boldsymbol{v}+\boldsymbol{u}$，因此电子所受到的洛伦兹力为

$$\begin{aligned}\boldsymbol{F}&=-e\boldsymbol{v}'\times\boldsymbol{B}=-e(\boldsymbol{v}+\boldsymbol{u})\times\boldsymbol{B}\\&=-e\boldsymbol{v}\times\boldsymbol{B}-e\boldsymbol{u}\times\boldsymbol{B}\end{aligned}$$

$$=\boldsymbol{f}+\boldsymbol{f}'$$

上式中第一项 $\boldsymbol{f}$ 即是我们在讨论动生电动势时的非静电力，而第二项 $\boldsymbol{f}'=-e\boldsymbol{u}\times\boldsymbol{B}$ 与 $\boldsymbol{f}$ 垂直，与导体棒的运动速度 $\boldsymbol{v}$ 反向，即 $\boldsymbol{f}'$ 阻碍导体棒的向右运动，欲使导体棒保持速度 $\boldsymbol{v}$ 运动，则外力必须克服 $\boldsymbol{f}'$ 对棒做功．电子定向移动时，力 $\boldsymbol{f}$ 的功率为

$$P_1=-e(\boldsymbol{v}\times\boldsymbol{B})\cdot\boldsymbol{u}$$

而力 $\boldsymbol{f}'$ 的功率为

$$P_2=-e(\boldsymbol{u}\times\boldsymbol{B})\cdot\boldsymbol{v}$$

又因为 $(\boldsymbol{v}\times\boldsymbol{B})\cdot\boldsymbol{u}=-(\boldsymbol{u}\times\boldsymbol{B})\cdot\boldsymbol{v}$，所以洛伦兹力的总功率

$$P=P_1+P_2=-e(\boldsymbol{v}\times\boldsymbol{B})\cdot\boldsymbol{u}-e(\boldsymbol{u}\times\boldsymbol{B})\cdot\boldsymbol{v}=-e(\boldsymbol{v}\times\boldsymbol{B})\cdot\boldsymbol{u}+e(\boldsymbol{v}\times\boldsymbol{B})\cdot\boldsymbol{u}=0$$

这就证明了洛伦兹力不做功，$\boldsymbol{f}$ 所做的功正好等于 $\boldsymbol{f}'$ 对导体棒所做的负功，即为外力克服 $\boldsymbol{f}'$ 所做的功．洛伦兹力所做总功为零，实质上表示了能量的转换与守恒，洛伦兹力在这里起了一个能量转换的作用：一方面接受外力的功，同时驱动电荷运动做功．简单地讲就是回路的电能来自外界的机械能，而不是来自磁场的能量，这就是发电机的能量原理．

例题 6-3 如图 6-8 所示，长为 L 的铜棒在磁感应强度为 $\boldsymbol{B}$ 的均匀磁场中，以角速度 ω 在与磁场方向垂直的平面上绕棒的一端转动，求铜棒两端的感应电动势．

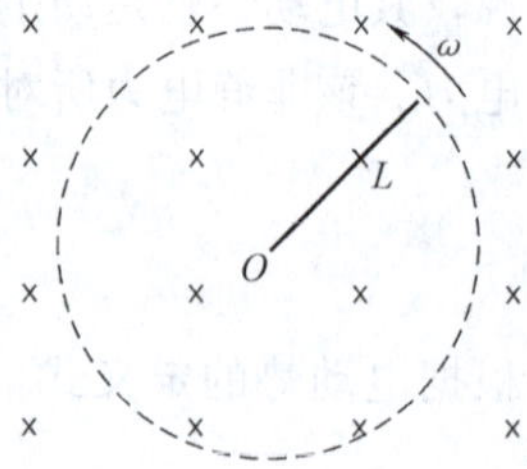

图 6-8 例题 6-3 用图

解： 在铜棒上离轴为 l 处取一线元 $\mathrm{d}\boldsymbol{l}$，其速度为 $\boldsymbol{v}$，且 $\boldsymbol{v}$、$\boldsymbol{B}$、$\mathrm{d}\boldsymbol{l}$ 三者互相垂直，因此 $\mathrm{d}\boldsymbol{l}$ 上的动生电动势为

$$\mathrm{d}\mathscr{E}_{\mathrm{i}}=(\boldsymbol{v}\times\boldsymbol{B})\cdot\mathrm{d}\boldsymbol{l}=-vB\mathrm{d}l$$

又因为 $v=l\omega$，则整个铜棒上的动生电动势为

$$\mathscr{E}_{\mathrm{i}}=\int_L\mathrm{d}\mathscr{E}_{\mathrm{i}}=-\int_0^L vB\,\mathrm{d}l=-\int_0^L B\omega l\,\mathrm{d}l=-\frac{1}{2}B\omega l^2$$

6.2.2 感生电动势 感生电场

现在我们讨论当导体回路固定不动，而由于磁场变化引起磁通量的变化，以致在导体回路中产生感生电动势的问题．

先来看一个例子，如图 6-9 所示，一长直螺线管，截面积为 S，单位长度的线圈匝数为 n. 螺线管外套一个闭合线圈，线圈连接一个检流计，当螺线管通以电流 I 时，在螺线管内的磁感应强度为 $B=\mu_0 nI$，因此通过线圈的磁通量为

$$\Phi_{\mathrm{m}}=\int\boldsymbol{B}\cdot\mathrm{d}\boldsymbol{S}=BS=\mu_0 nIS$$

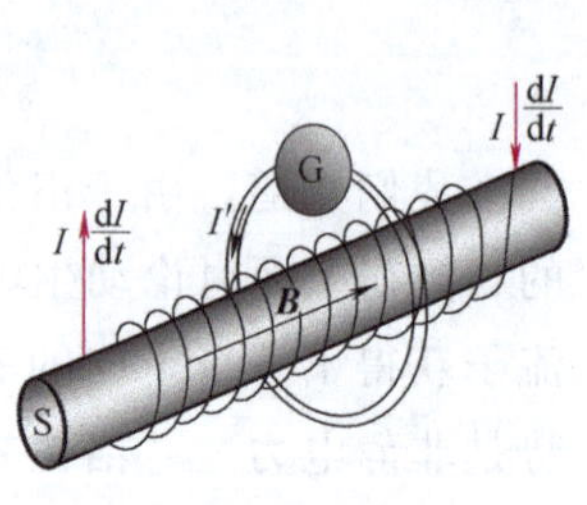

图 6-9 感生电动势

如果螺线管内的电流发生变化，那么在线圈中产生的感生电动势大小为

$$\mathscr{E}_{\mathrm{i}}=\frac{\mathrm{d}\Phi_{\mathrm{m}}}{\mathrm{d}t}=\mu_0 nS\frac{\mathrm{d}I}{\mathrm{d}t}$$

如果闭合线圈的电阻为 R，那么闭合线圈的感应电流 $I_{\mathrm{i}}=\dfrac{\mathscr{E}_{\mathrm{i}}}{R}$.

我们知道一个电动势的产生，必须以非静电力 $\boldsymbol{F}_k$ 或非静电场 $\boldsymbol{E}_k$ 的存在作为前提条件．动生电动势的非静电力是洛伦兹力，但因为回路不动，感生电动势的非静电力显然不是洛伦兹力．那么，与感生电动势相应的非静电力是什么呢？

既然导体不动而磁场 $\boldsymbol{B}$ 变化时出现感生电动势，可见导体中的电子必然由于 $\boldsymbol{B}$ 的变化而受到一个力．迄今为止，关于电荷所受的力，我们已经认识了两种：① 电荷受到其他静电荷激发的电场对它的库仑力——静电场力；② 运动电荷受到磁场对它的洛伦兹力——磁场力．现在又看到，静止电荷在变化磁场中也要受到一个力的作用，但这个力既不是洛伦兹力，也不是库仑力（因为库仑力与磁场无关），而是一种我们尚未认识的力．既然一个任意形状的、由任意金属材料制成的静止线圈内的电子在变化磁场中都要受到这种力，可以推想，取走线圈而在变化的磁场中放一个静止电子（或其他带电粒子），也会受到这样一种力．1861 年，麦克斯韦深入分析和研究了这类电磁感应现象，提出了以下假说：不论有无导体或导体回路，变化的磁场都将在其周围空间产生具有闭合电场线的电场，并称此电场为感生电场或涡旋电场．大量实验都证实了麦克斯韦这一假说的正确性．

当导体回路 L 处在变化的磁场中时，感生电动势就会作用于导体内的载流子，从而在导体中引起感生电动势和感应电流．由电动势的定义，闭合回路的感生电动势为

$$\mathscr{E}_i = \oint_L \boldsymbol{E}_k \cdot d\boldsymbol{l} \tag{6-8}$$

根据法拉第电磁感应定律，有

$$\mathscr{E}_i = -\frac{d\Phi_m}{dt} = -\frac{d}{dt}\int_S \boldsymbol{B} \cdot d\boldsymbol{S} \tag{6-9}$$

由式（6-8）和式（6-9）可得

$$\oint_L \boldsymbol{E}_k \cdot d\boldsymbol{l} = -\int_S \frac{\partial \boldsymbol{B}}{\partial t} \cdot d\boldsymbol{S} \tag{6-10}$$

这里 S 表示以回路 L 为边界的曲面面积，而右侧的积分式中改用偏导数是因为磁感应强度 $\boldsymbol{B}$ 同时还是空间坐标的函数．式（6-10）表明，感生电场 $\boldsymbol{E}_k$ 沿回路 L 的线积分等于磁感应强度 $\boldsymbol{B}$ 穿过该回路所包围面积的磁通量随时间变化率的负值．当选定积分回路的绕行方向后，面积的法线方向与绕行方向成右手螺旋关系．

从场的观点来看，场的存在并不取决于空间有无导体回路的存在，变化的磁场总是在空间激发电场，因此，不管闭合回路是否是由导体构成，也不管闭合回路是处在真空或介质中，式（6-10）都是适用的．也就是说，如果有导体回路存在时，感生电场的作用是驱使导体中的自由电荷做定向运动，从而显示出感应电流；如果不存在导体回路，就没有感应电流，但是变化的磁场所激发的电场还是客观存在的．这个假说现已被近代的科学实验所证实，例如，电子感应加速器的基本原理就是用变化的磁场所激发的电场来加速电子的，它的出现无疑是为感生电场的客观存在提供了一个令人信服的证据．

从以上讨论知道，自然界存在两种不同形式的电场，即感生电场和静电场．它们有相同点也有不同点，相同点是两者都对带电粒子有力的作用；不同点主要表现在以下几个方面：

（1）感生电场是由变化的磁场激发的；而静电场是由静止的电荷激发的．

（2）感生电场不是保守力场，其环路积分不等于零，因而电场线是环绕变化磁场的一组闭合曲线；而静电场是保守力场，其环路积分为零，电场线起始于正电荷，终止于负电荷．

（3）感生电场是无源电场，感生电场 $\boldsymbol{E}_k$ 对任意闭合曲面的通量必然为零，即

$$\oint_S \boldsymbol{E}_k \cdot d\boldsymbol{S} = 0 \tag{6-11}$$

式（6-11）称为感生电场的高斯定理；而静电场是有源场，它对任意闭合曲面的通量可以不为零．

例题 6-4　一半径为 R 的无限长直螺线管中载有变化电流，且磁感应强度以 $\partial B/\partial t$ 恒速增加．图 6-10a上部所示为在管内产生的均匀磁场的一个横截面．求：

（1）管内外的涡旋电场 $\boldsymbol{E}_k$，并计算图 6-10a 中同心圆形回路中的感生电动势；

（2）将长为 l 的金属棒垂直于磁场放置在螺线管内，如图 6-10b 所示，求棒两端的感生电动势的大小及方向．

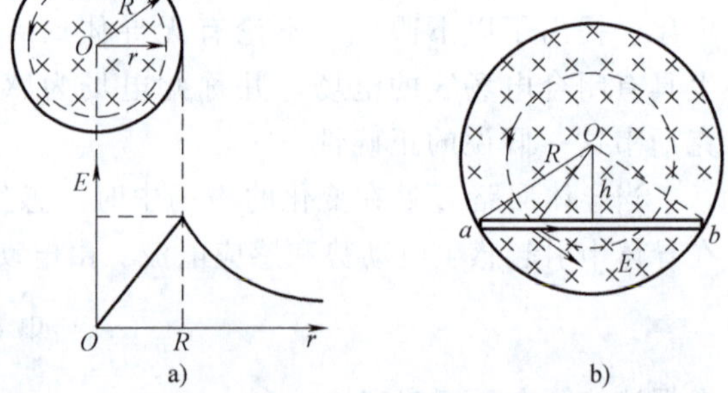

图 6-10　例题 6-4 用图

解：由于 $\partial B/\partial t \neq 0$，在空间将激发涡旋电场，根据磁场分布的轴对称性及涡旋电场的场线是闭合曲线这两个特点，可以断定涡旋电场的场线是在垂直轴线的平面内、以轴为圆心的一系列同心圆．

（1）在管内，即 $r<R$ 的区域，取以 r 为半径的圆形闭合路径，按逆时针方向进行积分（因 $\boldsymbol{B}$ 增加，$\mathscr{E}_i$ 沿逆时针），则由式（6-10）经计算得

$$\mathscr{E}_i = E_k \cdot 2\pi r = \frac{\partial B}{\partial t}\pi r^2$$

故管内感生电场 E_k 的大小及同心圆形回路中的感应电动势 $\mathscr{E}_i$ 分别为

$$E_k = \frac{r}{2}\frac{\partial B}{\partial t}$$

$$\mathscr{E}_i = \frac{\partial B}{\partial t}\pi r^2$$

任一点 $\boldsymbol{E}_k$ 的方向沿圆周的切线，指向为逆时针．

在管外，即 $r>R$ 的区域，各处 $B=0$，$\frac{\partial B}{\partial t}=0$，故

$$\mathscr{E}_i = E_k \cdot 2\pi r = \frac{\partial B}{\partial t}\pi R^2$$

因此有

$$E_k = \frac{1}{2}\frac{R^2}{r}\frac{\partial B}{\partial t}$$

$\boldsymbol{E}_k$ 的方向与 $\mathscr{E}_i$ 的方向也都沿逆时针方向．E_k 随 r 的变化规律，由图 6-10a 中的 E_k-r 曲线给出．

（2）【解法一】：用 $\mathscr{E}_{ab} = \int_a^b \boldsymbol{E}_k \cdot d\boldsymbol{l}$ 求解

$\boldsymbol{E}_k$ 线是一簇沿逆时针方向的同心圆．沿金属棒 ab 取线元 $d\boldsymbol{l}$，$\boldsymbol{E}_k$ 与 $d\boldsymbol{l}$ 的夹角为 α，则有

$$\mathscr{E}_{ab} = \int_a^b \boldsymbol{E}_k \cdot d\boldsymbol{l} = \int_a^b E_k \cos\alpha dl$$

在 $r<R$ 区域内，$E_k = \frac{r}{2}\frac{\partial B}{\partial t}$，又因 $\cos\alpha = \frac{h}{r}$，所以有

$$\mathscr{E}_{ab}=\frac{h}{2}\frac{\partial B}{\partial t}\int_a^b \mathrm{d}l=\frac{1}{2}hl\frac{\partial B}{\partial t}=\frac{l}{2}\left[R^2-\left(\frac{l}{2}\right)^2\right]^{1/2}\frac{\partial B}{\partial t}$$

因为 $\mathscr{E}_{ab}>0$，所以感生电动势的方向由 a 指向 b，即 b 点的电势比 a 点的高．

【解法二】：用法拉第电磁感应定律求解

做辅助线 aOb，如图 6-10b 所示．因 $\boldsymbol{E}_\mathrm{k}$ 沿同心圆周的切向，故沿 Oa 及 bO 的线积分为零，即 aOb 段的感生电动势为零，所以闭合曲线 $aOba$ 的感生电动势等于 ab 段的感生电动势．$aOba$ 所围面积为

$$S=\frac{1}{2}hl$$

磁通量为

$$\Phi_\mathrm{m}=\frac{1}{2}hlB$$

由法拉第电磁感应定律知 $aOba$ 的感生电动势的大小为

$$|\mathscr{E}_{ab}|=\left|\frac{\mathrm{d}\Phi_\mathrm{m}}{\mathrm{d}t}\right|=\frac{1}{2}hl\frac{\partial B}{\partial t}$$

而这也是 ab 的感生电动势，与解法一的结果相同．

前面我们讨论了法拉第电磁感应定律，随时间变化的磁场可以在其周围空间激发变化的涡旋电场．所以，当把块状的金属置于随时间变化的磁场中时，金属中的载流子将在涡旋电场的作用下运动而形成感应电流，这种感应电流的运动形式与河流中的涡旋相似，自成闭合回路，因此称为涡电流．

6.3　自感和互感　磁场的能量

6.3.1　自感

当一个线圈中的电流发生变化时，它所激发的磁场穿过线圈自身平面的磁通量也随之发生变化，从而使线圈产生感应电动势，这种因线圈中的电流发生变化而在线圈自身引起感应电动势的现象，称为自感，所产生的感应电动势称为自感电动势．

设线圈中通有电流 I，在线圈的形状、大小保持不变，周围没有铁磁物质的情况下，穿过线圈的全磁通与电流 I 成正比，即

$$\Psi=LI \tag{6-12}$$

式中，L 为比例常数，称为自感系数，简称自感．

实验表明，自感 L 与回路的形状、大小、位置、匝数以及周围磁介质及其分布有关，而与回路中的电流无关．

当电流 I 随时间变化时，在线圈中产生的自感电动势为

$$\mathscr{E}_L=-\frac{\mathrm{d}\Psi}{\mathrm{d}t}=-\frac{\mathrm{d}(LI)}{\mathrm{d}t}=-L\frac{\mathrm{d}I}{\mathrm{d}t} \tag{6-13}$$

式（6-13）表明：回路中的自感在量值上等于电流随时间变化率为一个单位时，在回路中产生的自感电动势．式中负号表明自感电动势 $\mathscr{E}_L$ 产生的感应电流的方向总是反抗回路中电流的变化．当线圈中的电流减小，即 $\mathrm{d}I/\mathrm{d}t<0$ 时，根据楞次定律，自感电动势反抗这种变化，与电流同方向；反之，当电流增大时，自感电动势与电流反方向．对于不同的回路，在电流变化率相同的条件下，回路的自感 L 越大，产生的自感电动势越大，电流越不容易变化．换句话说，自感越大的回路，保持其回路中电流不变的

能力越强．自感的这一特性与力学中的质量相似，所以常说自感 L 是回路的“电磁惯性”的量度．

自感的国际制单位是亨利，符号为 H，在某一回路中，当电流的改变为 1A/s，产生的自感电动势为 1V 时，这一回路的自感即为 1H．“亨利”这个单位相当大，所以实用中常用毫亨（mH）和微亨（μH）这两个辅助单位．换算关系如下：

$$1\mathrm{H}=10^3\mathrm{mH}=10^6\mu\mathrm{H}$$

自感是许多电器元件的重要参数之一．自感现象在电工、无线电技术中有十分广泛的应用．荧光灯的镇流器就是一个有铁心的自感线圈，它的作用有二：一是在荧光灯打开时，利用电路中电流的突然变化产生一个很高的电压，使灯管中的气体电离而导电、发光；二是利用自感电动势限制荧光灯电流的变化．在电子电路中广泛使用自感线圈，比如用它与电容器组成谐振电路等各种电路来完成特定的任务．

自感现象有时也会带来危害．大型电动机、发电机、电磁铁等，它们的绕组都具有很大的自感，在电路接通和断开时，开关处可出现强烈的电弧，甚至烧毁开关、造成火灾并危及人身安全．为了避免事故，必须使用特殊开关．

例题 6-5 设一空心密绕长直螺线管，单位长度的匝数为 n、长为 l、半径为 R，且 $l \gg R$. 求螺线管的自感 L.

解： 设螺线管中通有电流 I，对于长直螺线管，管内各处的磁场可近似地看作是均匀的，且磁感应强度的大小为

$$B=\mu_0 nI$$

每匝线圈的磁通量 Φ_m 为

$$\Phi_m = BS = \mu_0 n\pi R^2 I$$

螺线管的磁通链数为

$$\Psi = N\Phi_m = \mu_0 n^2 l\pi R^2 I$$

结合式（6-12），得

$$L=\frac{\Psi}{I}=\mu_0 n^2 l\pi R^2=\mu_0 n^2 V$$

式中，$V=\pi R^2 l$ 是螺线管的体积．可见 L 与 I 无关，仅由 n、V 决定．若采用较细的导线绕制螺线管，可增大单位长度的匝数 n，使自感 L 变大．另外，若在螺线管中加入磁介质，可使 L 值增大 μ_r 倍．若用铁磁质作为铁心时，由于铁磁质的磁导率 μ 与 I 有关，此时 L 值与 I 有关．

例题 6-6 图 6-11 所示为一段同轴电缆，它由两个半径分别为 R_1 和 R_2 的无限长同轴导体圆柱面组成，两圆柱面上的电流大小相等，方向相反．求电缆单位长度上的自感．

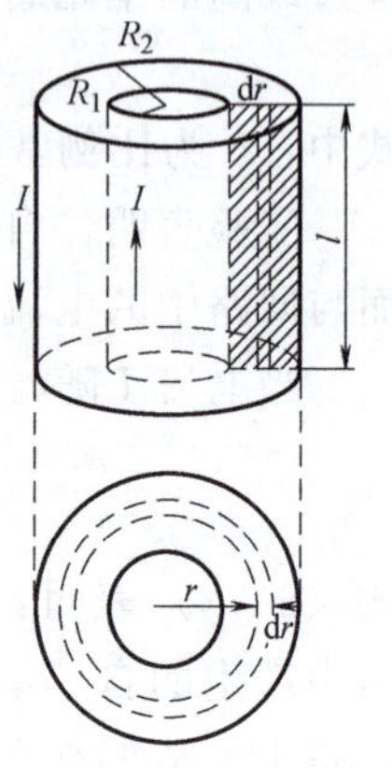

图 6-11 例题 6-6 用图

解： 由安培环路定理可求出内柱面内部和外柱面外部的磁场均为零，两导体面间的磁感应强度为

$$B=\frac{\mu I}{2\pi r}$$

式中，μ 为两导体面间介质的磁导率．为求得自感，需先计算穿过两柱面间横截面的磁通量．由于本例为非均匀磁场，B 为 r 的函数，故取面元 $\mathrm{d}S=l\mathrm{d}r$，由于 $\mathrm{d}r$ 很小，在 $\mathrm{d}S$ 内 B 可认为是均匀的，所以

$$\mathrm{d}\Phi_m = B\mathrm{d}S = Bl\,\mathrm{d}r$$

$$\Phi_{\mathrm{m}}=\int B\mathrm{d}S=\int_{R_1}^{R_2}\frac{\mu I}{2\pi r}l\,\mathrm{d}r=\frac{\mu l I}{2\pi}\ln\frac{R_2}{R_1}$$

所以长为 l 的一段电缆的自感为

$$L=\frac{\Phi_{\mathrm{m}}}{I}=\frac{\mu l}{2\pi}\ln\frac{R_2}{R_1}$$

单位长度上的自感为

$$\frac{L}{l}=\frac{\mu}{2\pi}\ln\frac{R_2}{R_1}$$

6.3.2　互感

当一个线圈中的电流发生变化时，将在周围空间产生变化的磁场，从而在它附近的另一个线圈中产生感应电动势和感应电流，这种现象称为互感，所产生的感应电动势称为互感电动势.

一个线圈中的互感电动势的大小不仅与另一个线圈中电流改变的快慢有关，而且与两个线圈的结构及它们之间的相对位置有关.

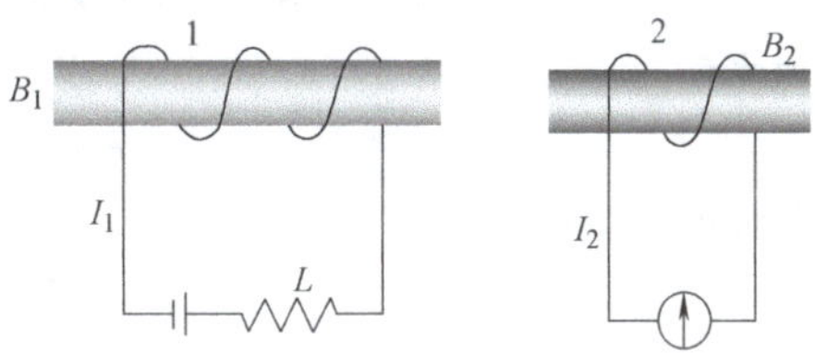

图 6-12　两个线圈的互感

如图 6-12 所示，两个相邻的线圈回路 1 和回路 2，分别通有电流 I_1 和 I_2. 根据毕奥-萨伐尔定律，电流 I_1 产生的磁场 B 正比于 I_1，而它穿过线圈 2 的全磁通 Ψ_{21} 也正比于 I_1，即

$$\Psi_{21}=M_{21}I_1 \tag{6-14a}$$

同理，电流 I_2 产生的磁场通过线圈 1 的全磁通 Ψ_{12} 为

$$\Psi_{12}=M_{12}I_2 \tag{6-14b}$$

式中，M_{12} 和 M_{21} 为比例系数. 它们与两个耦合回路的形状、大小、匝数、相对位置以及周围的磁介质情况有关. 理论和实验都可以证明，对于给定的一对导体回路，有

$$M_{12}=M_{21}=M \tag{6-15}$$

M 值称为两个回路之间的互感系数，简称互感. 在国际单位制中，M 的单位也是亨利 (H)、毫亨 (mH) 和微亨 (μH). 互感一般用实验测得，对一些比较简单的情况也可以计算得到.

根据法拉第电磁感应定律，在互感 M 一定的条件下，回路中的互感电动势为

$$\begin{aligned}\mathscr{E}_{21}&=-\frac{\mathrm{d}\Psi_{21}}{\mathrm{d}t}=-\frac{\mathrm{d}(MI_1)}{\mathrm{d}t}=-M\frac{\mathrm{d}I_1}{\mathrm{d}t}\\ \mathscr{E}_{12}&=-\frac{\mathrm{d}\Psi_{12}}{\mathrm{d}t}=-\frac{\mathrm{d}(MI_2)}{\mathrm{d}t}=-M\frac{\mathrm{d}I_2}{\mathrm{d}t}\end{aligned} \tag{6-16}$$

式中，负号表示在一个回路中引起的互感电动势，要反抗另一个回路中的电流变化. 当一个回路中的电流随时间变化率一定时，互感越大，则在另一个回路中引起的互感电动势也越大. 反之，互感电动势则越小. 所以互感是反映两个线圈耦合强弱的物理量.

利用互感可以将一个回路中的电能转换到另一个回路，变压器和互感器都是以此为工作原理的. 变压器中有两个匝数不同的线圈，由于互感，当一个线圈两端加上交流电压时，另一个线圈两端将感应出数值不同的电压. 互感现象在某些情况下也会带来不利的影

响．在电子仪器中，元件之间不希望存在的互感耦合会使仪器工作质量下降甚至无法工作．在这种情况下就要设法减少互感耦合，例如把容易产生不利影响的互感耦合元件远离或调整方向以及采用“磁场屏蔽”措施等．

例 6-7 如图 6-13 所示，为两个同轴螺线管 1 和螺线管 2，同绕在一个半径为 R 的长磁介质棒上．它们的绕向相同，螺线管 1 和螺线管 2 的长分别为 l_1 和 l_2，单位长度上的匝数分别为 n_1 和 n_2，且 $l_1 \gg R$，$l_2 \gg R$.

(1) 试由此特例证明 $M_{12}=M_{21}=M$；

(2) 求两个线圈的自感 L_1 和 L_2 与互感 M 之间的关系．

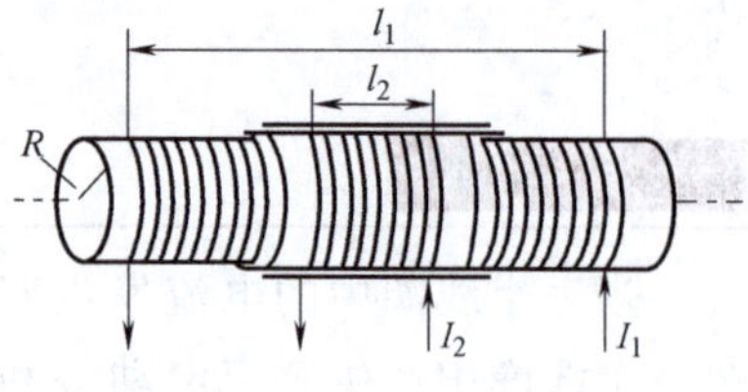

图 6-13 例题 6-7 用图

解：(1) 设螺线管 1 中通有电流 I_1，它产生的磁场的磁感应强度大小为

$$B_1=\mu n_1 I_1$$

电流 I_1 产生的磁场穿过螺线管 2 每一匝的磁通量为

$$\Phi_{21}=B_1 S_2=\mu n_1 I_1 \pi R^2$$

因此有

$$\Psi_{21}=n_2 l_2 \Phi_{21}=\mu n_1 n_2 l_2 \pi R^2 I_1$$

结合式 (6-14a) 可得

$$M_{21}=\frac{\Psi_{21}}{I_1}=\mu n_1 n_2 l_2 \pi R^2=\mu n_1 n_2 V_2$$

式中，$V_2=l_2 \pi R^2$ 是螺线管 2 的体积．

设螺线管 2 中通有电流 I_2，它产生的磁感应强度大小为

$$B_2=\mu n_2 I_2$$

电流 I_2 产生的磁场穿过螺线管 1 每一匝的磁通量为

$$\Phi_{12}=B_2 S_1=\mu n_2 I_2 \pi R^2$$

我们知道在长直螺线管的端口以外，B 很快衰减到零，因此螺线管 1 中只有 $n_1 l_2$ 匝线圈穿过 Φ_{12} 的磁通量，故 I_2 的磁场在螺线管 1 中产生的总磁通为

$$\Psi_{12}=n_1 l_2 \Phi_{12}=\mu n_1 n_2 l_2 \pi R^2 I_2$$

由式 (6-14b) 可得

$$M_{12}=\frac{\Psi_{12}}{I_2}=\mu n_1 n_2 l_2 \pi R^2=\mu n_1 n_2 V_2$$

两次计算的互感相等，即证明了

$$M_{12}=M_{21}=M$$

(2) 已计算出长螺线管的自感为 $L=\mu n^2 V$，所以

$$L_1=\mu n_1^2 V_1=\mu n_1^2 l_1 \pi R^2, \quad L_2=\mu n_2^2 V_2=\mu n_2^2 l_2 \pi R^2$$

由此可见

$$M=(l_2/l_1)^{1/2}(L_1 L_2)^{1/2}$$

更普遍的形式为

$$M=k(L_1 L_2)^{1/2}$$

式中，k 称为耦合系数，由两个线圈的相对位置决定，它的取值为 $0 \leqslant k \leqslant 1$. $k \ll 1$ 时，称为松耦合．当两个线圈垂直放置时，$k \approx 0$.

例题 6-8 一矩形线圈 $ABCD$，长为 l，宽为 a，匝数为 N，放在一长直导线旁边与之共面，如

图 6-14所示．这长直导线是一闭合回路的一部分，其他部分离线圈很远，未在图中画出．当矩形线圈中通有电流 $i=I_0\cos\omega t$ 时，求长直导线中的互感电动势．

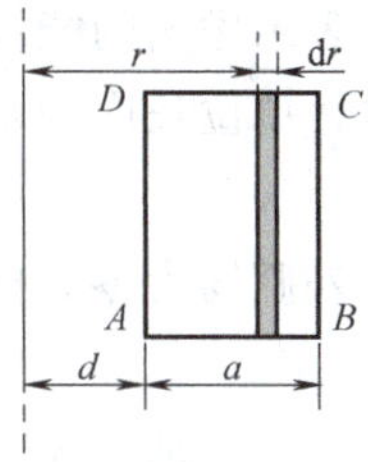

图 6-14　例题 6-8 用图

解： 因互感电动势 $\mathscr{E}_M=-M\dfrac{\mathrm{d}I}{\mathrm{d}t}$，欲求长直导线中的互感电动势 $\mathscr{E}_M$，需先求矩形线圈对长直导线的互感 M，但此值难以直接计算．由于 $M_{12}=M_{21}=M$，故可计算长直导线对矩形线圈的互感．

假设在长直导线中通有一电流 I，此电流的磁场在矩形线圈中产生的全磁通为

$$\Psi = N\int \boldsymbol{B}\cdot \mathrm{d}\boldsymbol{S} = N\int_d^{d+a}\frac{\mu_0 I}{2\pi r}l\,\mathrm{d}r = \frac{\mu_0 NIl}{2\pi}\ln\frac{d+a}{d}$$

长直导线与矩形线圈之间的互感为

$$M = \frac{\Psi}{I} = \frac{\mu_0 Nl}{2\pi}\ln\frac{d+a}{d}$$

矩形线圈中的电流 $i=I_0\cos\omega t$ 在长直导线中产生的互感电动势则为

$$\begin{aligned}\mathscr{E}_M &= -\frac{\mu_0 Nl}{2\pi}\ln\frac{d+a}{d}\frac{\mathrm{d}}{\mathrm{d}t}(I_0\cos\omega t)\\ &= \frac{\mu_0 NlI_0\omega}{2\pi}\ln\frac{d+a}{d}\sin\omega t\end{aligned}$$

6.3.3　磁场的能量*

1. 自感磁能　如图 6-15 所示，是一个含有自感为 L 的线圈的电路．当电源接通后，线圈中的电流将从零开始增加．这一电流的变化在线圈中要产生自感电动势，自感电动势与电流的方向相反，起着阻碍电流增大的作用．因此回路中电流不能立即达到稳定值，而需要一个逐步增大的过程．在整个过程中，电源提供的能量不仅消耗在电阻 R 上产生焦耳热，而且还要克服自感电动势做功转化为磁场的能量，在线圈中建立起磁场．

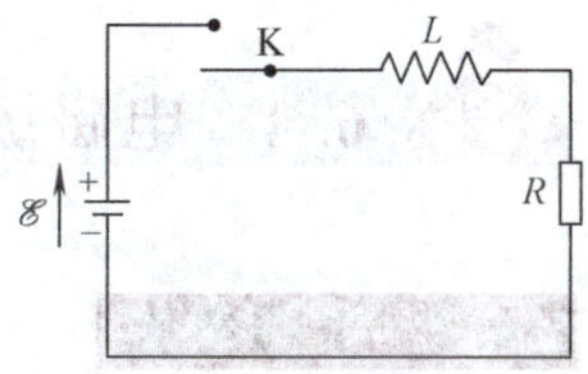

图 6-15　含有自感的电路

当某一时刻回路中的电流强度为 i 时，线圈中的自感电动势为

$$\mathscr{E}_L = -L\frac{\mathrm{d}i}{\mathrm{d}t}$$

在 $\mathrm{d}t$ 时间内电源电动势反抗自感电动势所做的功为

$$\mathrm{d}A = -\mathscr{E}_L i\,\mathrm{d}t = Li\,\mathrm{d}i$$

当电流从零增加到稳定值 I 时，电源反抗自感电动势所做的功为

$$A = \int_0^I Li\,\mathrm{d}i = \frac{1}{2}LI^2$$

这部分功就转化为储存在线圈中的能量 W_{m}，即

$$W_{\mathrm{m}} = \frac{1}{2}LI^2 \tag{6-17}$$

自感为 L 的载流线圈所具有的磁场能量，称为自感磁能．当撤去电源后，这部分能量又全部被释放出来，转换成其他形式的能量．

2. 磁场的能量　与电场能量一样，磁场的能量也是定域在磁场中．因此可以用磁场

来表示磁场的能量．为简单起见，假设一无限长密绕螺线管内充满磁导率为 μ 的均匀介质，单位长度的匝数为 n，电流为 I_0，则管内的磁感应强度为

$$B = \mu n I_0$$

管外磁场为零．根据例题 6-5 已知螺线管的自感为

$$L = \mu n^2 V$$

式中，V 是螺线管的体积，也是磁场的体积．因此，式（6-17）又可写成

$$W_m = \frac{1}{2}LI_0^2 = \frac{1}{2}\mu n^2 V I_0^2 = \frac{1}{2}\frac{B^2}{\mu}V \tag{6-18}$$

由于长直螺线管内为均匀磁场，所以上式两边除以磁场体积 V，便可得单位体积内磁场的能量，称为磁能密度，用 w_m 表示，即

$$w_m = \frac{W_m}{V} = \frac{1}{2}\frac{B^2}{\mu}$$

由于 $B=\mu H$，磁能密度也可以写成

$$w_m = \frac{1}{2}\mu H^2 = \frac{1}{2}BH = \frac{1}{2}\boldsymbol{B}\cdot\boldsymbol{H} \tag{6-19}$$

式（6-19）虽然是由长直螺线管这一特例推导出来的，但可以证明它适用于各种磁场．对磁场中的任一体积元 $\mathrm{d}V$，其包含的磁能为

$$\mathrm{d}W = w_m \mathrm{d}V$$

对磁场占据的整个空间积分，便得到该磁场的总能量

$$W_m = \int \mathrm{d}w = \int w_m \mathrm{d}V = \frac{1}{2}\int \boldsymbol{B}\cdot\boldsymbol{H}\mathrm{d}V \tag{6-20}$$

6.4 电磁场*

6.4.1 位移电流

在稳恒电路中传导电流是处处连续的，在这种电流产生的稳恒磁场中，安培环路定理可以写成

$$\oint_L \boldsymbol{H}\cdot\mathrm{d}\boldsymbol{l} = \sum_i I_i = \int_S \boldsymbol{J}\cdot\mathrm{d}\boldsymbol{S}$$

式中，$\sum_i I_i$ 是穿过以 L 回路为边界的任意曲面 S 的传导电流．

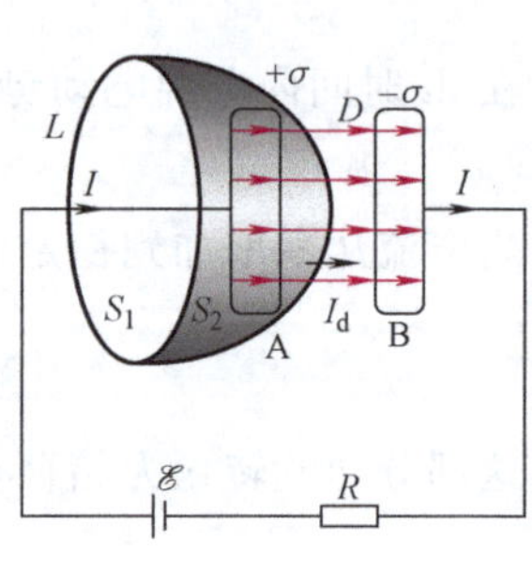

图 6-16 位移电流

然而，如图 6-16 所示，在接有电容器的电路中，情况就不同了．对于以 L 为周界的曲面 S_1，由于穿过它的电流为 I，所以有

$$\oint_L \boldsymbol{H}\cdot\mathrm{d}\boldsymbol{l} = I$$

而对于仍然以 L 为周界的曲面 S_2，它延展到了电容器两极板之间，又不与导线相交，由于不论是充电还是放电，穿过该曲面的传导电流都为零，所以有

$$\oint_L \boldsymbol{H} \cdot \mathrm{d}\boldsymbol{l} = 0$$

显然，这两个结论是相互矛盾的．在电容器充放电的过程中，对整个电路来说，传导电流是不连续的．安培环路定理在非稳恒磁场中出现了矛盾的情况，必须加以修正．可以选择的修正方案有两种：①放弃传导电流连续性；②放弃电荷守恒定律．电荷守恒定律是普适的规律，而传导电流的连续性是在稳恒条件下实验总结出来的特殊规律．因此，麦克斯韦选择放弃传导电流的连续性，而提出位移电流假设来解决这一矛盾．

通过对电容器充放电过程的分析可以发现，虽然传导电流在电容器两个极板之间中断了，但与此同时，两个极板之间却出现了变化的电场．电容器极板上自由电荷 q 随时间变化形成传导电流的同时，极板间的电场 E、电位移矢量 D 也在随时间变化着．由于

$$\oint_S \boldsymbol{J} \cdot \mathrm{d}\boldsymbol{S} = -\frac{\mathrm{d}q}{\mathrm{d}t}$$

式中，积分曲面 S 是由 S_1 和 S_2 构成的闭合曲面；$\mathrm{d}\boldsymbol{S}$ 指向曲面外法线方向；$\oint_S \boldsymbol{J} \cdot \mathrm{d}\boldsymbol{S}$ 是流经闭合曲面的传导电流；$\frac{\mathrm{d}q}{\mathrm{d}t}$是 S 中单位时间内电荷量的增量．由高斯定理可知

$$q = \oint_S \boldsymbol{D} \cdot \mathrm{d}\boldsymbol{S}$$

将上式对时间求导

$$\frac{\mathrm{d}q}{\mathrm{d}t} = \frac{\mathrm{d}}{\mathrm{d}t}\oint_S \boldsymbol{D} \cdot \mathrm{d}\boldsymbol{S} = \oint_S \frac{\partial \boldsymbol{D}}{\partial t} \cdot \mathrm{d}\boldsymbol{S}$$

于是得

$$\oint_S \boldsymbol{J} \cdot \mathrm{d}\boldsymbol{S} = -\oint_S \frac{\partial \boldsymbol{D}}{\partial t} \cdot \mathrm{d}\boldsymbol{S} \tag{6-21}$$

$\oint_S \frac{\partial \boldsymbol{D}}{\partial t} \cdot \mathrm{d}\boldsymbol{S}$ 是穿过闭合曲面 S 的电位移通量的时间变化率，其地位与传导电流相当．对式 (6-21)整理后得

$$\oint_S \left(\boldsymbol{J} + \frac{\partial \boldsymbol{D}}{\partial t}\right) \cdot \mathrm{d}\boldsymbol{S} = 0 \tag{6-22}$$

由于$\frac{\partial \boldsymbol{D}}{\partial t}$和 $\boldsymbol{J}$ 具有相同的量纲，据此，麦克斯韦提出：变化的电场可以等效成一种电流，称为位移电流．定义

$$\boldsymbol{J}_{\mathrm{d}} = \frac{\partial \boldsymbol{D}}{\partial t} \tag{6-23}$$

为位移电流密度，即电场中某点的位移电流密度等于该点电位移矢量随时间的变化率，而

$$I_{\mathrm{d}} = \int \boldsymbol{J}_{\mathrm{d}} \cdot \mathrm{d}\boldsymbol{S} = \int \frac{\partial \boldsymbol{D}}{\partial t} \cdot \mathrm{d}\boldsymbol{S} \tag{6-24}$$

为位移电流，即通过电场中某截面的位移电流等于位移电流密度在该截面上的通量，或者说，位移电流在数值上等于穿过任一曲面的电位移通量的时间变化率．

按照麦克斯韦的假设，在含有电容器的电路中，电容器极板表面中断的传导电流 I，

可以由位移电流 I_d 替代，二者合在一起维持了电路中电流的连续性．麦克斯韦认为，传导电流 I 和位移电流 I_d 可以共存，两者之和称为全电流，即

$$I_{全}=I+I_d \tag{6-25}$$

而 $\boldsymbol{J}_{全}=\boldsymbol{J}+\frac{\partial \boldsymbol{D}}{\partial t}$ 称为全电流密度．

引入了位移电流后，麦克斯韦把从恒定电流的磁场中总结出来的安培环路定理推广到非恒定电流情况下更一般的形式，即

$$\oint_L \boldsymbol{H}\cdot d\boldsymbol{l}=I+I_d=I+\int \frac{\partial \boldsymbol{D}}{\partial t}\cdot d\boldsymbol{S} \tag{6-26}$$

式（6-26）表明，磁场强度 $\boldsymbol{H}$ 沿任意闭合回路的线积分等于穿过此闭合回路所包围曲面的全电流，这就是全电流的安培环路定理．

虽然位移电流和传导电流在激发磁场方面是等效的，但它们却是两个不同的概念．传导电流是大量自由电荷的宏观定向运动，而位移电流的实质却是关于电场的变化率．传导电流通过电阻时会产生焦耳热，而位移电流没有热效应．

位移电流的引入深刻揭示了电场和磁场的内在联系和依存关系，反映了自然现象的对称性．法拉第电磁感应定律说明变化的磁场能激发涡旋电场，位移电流的论点说明变化的电场能激发涡旋磁场，两种变化的场永远互相联系着，形成了统一的电磁场．麦克斯韦提出的位移电流的概念，已为无线电波的发现和它在实际中的广泛应用所证实，它和变化磁场激发电场的概念都是麦克斯韦电磁场理论中很重要的基本概念．根据位移电流的定义，在电场中每一点只要有电位移的变化，就有相应的位移电流密度存在，因此不仅在电介质中，就是在导体中，甚至在真空中也可以产生位移电流．但在通常情况下，电介质中的电流主要是位移电流，传导电流可以略去不计；而在导体中的电流，主要是传导电流，位移电流可以略去不计．至于在高频电流的场合，导体内的位移电流和传导电流同样起作用，这时就不可略去其中任何一个了．

例题 6-9 如图6-17所示，半径为 R 的两块圆板，构成平板电容器．现均匀充电，使电容器两极板间的电场变化率为 dE/dt（常量），求极板间的位移电流以及距轴线 r 处的磁感应强度．

解： 穿过两极板间任一曲面的电位移通量为

$$\Phi_D=SD=\pi R^2\varepsilon_0 E$$

电容器两极板间的位移电流为

$$I_d=\frac{d\Phi_D}{dt}=\pi R^2\varepsilon_0\frac{dE}{dt}$$

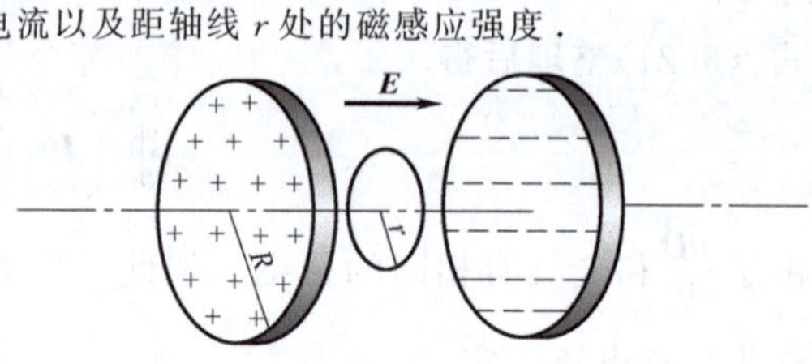

图6-17 例题6-9用图

选半径为 r 同轴圆周为闭合路径 L，由全电流安培环路定理式（6-26）得

$$\oint_L \boldsymbol{H}\cdot d\boldsymbol{l}=2\pi rH=\int\frac{\partial \boldsymbol{D}}{\partial t}\cdot d\boldsymbol{S}$$

又因为

$$H=\frac{B}{\mu_0},\quad \boldsymbol{D}=\varepsilon_0\boldsymbol{E}$$

当 $r<R$ 时，$\frac{B}{\mu_0}\cdot 2\pi r=\varepsilon_0\int_S\frac{\partial \boldsymbol{E}}{\partial t}\cdot d\boldsymbol{S}=\varepsilon_0\frac{dE}{dt}\pi r^2$，磁场感应强度 $B_r=\frac{\mu_0\varepsilon_0}{2}r\frac{dE}{dt}$；

当 $r>R$ 时，$\frac{B}{\mu_0}\cdot 2\pi r=\varepsilon_0\int_S\frac{\partial \boldsymbol{E}}{\partial t}\cdot d\boldsymbol{S}=\varepsilon_0\frac{dE}{dt}\pi R^2$，磁场感应强度 $B_r=\frac{\mu_0\varepsilon_0}{2r}R^2\frac{dE}{dt}$.

需要注意的是，上述计算得到的磁感应强度都是由传导电流和位移电流共同产生的.

6.4.2 麦克斯韦方程组

在前面的章节中，我们分别研究了静电场和恒定磁场的基本性质以及它们所遵循的规律，也研究过电磁感应的宏观表现.在 19 世纪中期，麦克斯韦在这些已有规律的基础上，提出了“感生电场“和“位移电流”的假设，确立了电荷、电流和电场、磁场之间的普遍关系，建立了统一的电磁场理论.

麦克斯韦通过总结发现：①除静止电荷激发无旋电场外，变化的磁场还将激发涡旋电场；②变化的电场和传导电流一样激发涡旋磁场，这就是说，变化的电场和磁场不是彼此孤立的，它们相互联系、相互激发组成一个统一的电磁场.下面我们根据麦克斯韦的这些基本概念，首先介绍由他总结出来的麦克斯韦电磁场方程组的积分形式：

$$\oint_S \boldsymbol{D} \cdot \mathrm{d}\boldsymbol{S} = \sum q = \int_V \rho \mathrm{d}V \tag{6-27a}$$

$$\oint_S \boldsymbol{B} \cdot \mathrm{d}\boldsymbol{S} = 0 \tag{6-27b}$$

$$\oint_L \boldsymbol{E} \cdot \mathrm{d}\boldsymbol{l} = -\int_S \frac{\partial \boldsymbol{B}}{\partial t} \cdot \mathrm{d}\boldsymbol{S} \tag{6-27c}$$

$$\oint_L \boldsymbol{H} \cdot \mathrm{d}\boldsymbol{l} = I + I_\mathrm{d} = I + \int_S \frac{\partial \boldsymbol{D}}{\partial t} \cdot \mathrm{d}\boldsymbol{S} \tag{6-27d}$$

式 (6-27a) 是电场中的高斯定理.式中的 $\boldsymbol{D}$ 是由电荷和变化磁场共同激发的电场的电位移矢量.由于感生电场的电位移线为闭合曲线，因此总的电位移通量只与自由电荷有关.

式 (6-27b) 是磁场中的高斯定理.式中的 $\boldsymbol{B}$ 是由传导电流和位移电流共同激发的磁场.因为两者激发的磁场均是涡旋场，所以闭合曲面的磁通量为零.

式 (6-27c) 是推广后的电场的环路定理.式中的 E 是静电场和感应电场的矢量和.由于静电场是保守场，其环路积分为零，因此电场强度的环路积分只与变化的磁场有关.

式 (6-27d) 是全电流安培环路定理，它表明传导电流和位移电流均能激发磁场.

上述麦克斯韦方程组描述的是在某有限区域内以积分形式联系各点的电磁场量和电荷、电流之间的依存关系，而不能直接表示某一点上各电磁场量和该点电荷、电流之间的相互联系.但在实际应用中，更重要的是要知道场中某些点的场量.因此麦克斯韦方程组的微分形式应用范围更加广泛.经过数学变换后可以得到麦克斯韦方程组的微分形式：

$$\nabla \cdot \boldsymbol{D} = \rho \tag{6-28a}$$

$$\nabla \cdot \boldsymbol{B} = 0 \tag{6-28b}$$

$$\nabla \times \boldsymbol{E} = -\frac{\partial \boldsymbol{B}}{\partial t} \tag{6-28c}$$

$$\nabla \times \boldsymbol{H} = \boldsymbol{J} + \frac{\partial \boldsymbol{D}}{\partial t} \tag{6-28d}$$

麦克斯韦方程组是一个完整统一且普遍适用的电磁学理论体系.麦克斯韦方程组的建立对于物理学与整个科学是一个具有里程碑意义的贡献.这个方程组内也蕴含着狭义相对

论，为狭义相对论的产生奠定了理论基础，成为狭义相对论产生的必要前提．

在有介质时，麦克斯韦方程组尚不够完备，还需要补充三个描述介质性质的方程，称为介质性能方程．对各向同性的介质来说，这三个方程是

$$\boldsymbol{D}=\varepsilon\boldsymbol{E} \tag{6-29}$$

$$\boldsymbol{B}=\mu\boldsymbol{H} \tag{6-30}$$

$$\boldsymbol{J}=\gamma\boldsymbol{E} \tag{6-31}$$

上面三式中的 ε、μ、γ 分别是介质的电容率、磁导率和电导率．

6.4.3 电磁场的物质性

在前面讨论静电场和恒定磁场时，总是把电磁场和场源（电荷和电流）合在一起研究，因为在这些情况中电磁场和场源是有机地联系在一起的，没有场源时电磁场也就不存在．但在场随时间变化的情况中，电磁场一经产生，即使场源消失，它也可以继续存在，这时变化的电场和变化的磁场相互转化，并以一定的速度按照一定的规律在空间传播，说明电磁场具有完全独立存在的性质，反映了电磁场具有一切物质的基本特性．

我们在前面的章节中已分别介绍电场的能量密度 $\frac{1}{2}\boldsymbol{D}\cdot\boldsymbol{E}$ 和磁场的能量密度 $\frac{1}{2}\boldsymbol{B}\cdot\boldsymbol{H}$，对于一般情况下的电磁场来说，既有电场能量，又有磁场能量，其电磁场能量密度为

$$w=w_{\mathrm{e}}+w_{\mathrm{m}}=\frac{1}{2}(\boldsymbol{D}\cdot\boldsymbol{E}+\boldsymbol{B}\cdot\boldsymbol{H}) \tag{6-32}$$

根据相对论质能关系，可以得到单位体积内电磁场的质量为

$$m=\frac{w}{c^2}=\frac{1}{2c^2}(\boldsymbol{D}\cdot\boldsymbol{E}+\boldsymbol{B}\cdot\boldsymbol{H}) \tag{6-33}$$

根据相对论能量与动量的关系式，单位体积内电磁场的动量称为动量密度 g，即

$$g=\frac{w}{c}=\frac{1}{2c}(\boldsymbol{D}\cdot\boldsymbol{E}+\boldsymbol{B}\cdot\boldsymbol{H}) \tag{6-34}$$

大量实验证明，场有质量和动量，是一种物质的表现形态．另外，场与实物之间可以相互转化，例如同步辐射光源、正负电子对湮没等，这些都说明了电磁场的物质性．

但电磁场这种物质形态，和由分子、原子组成的实物又有一些区别：实物有不可入性，而在同一空间内却可以有多种电磁场同时存在；实物可有不同的运动速度，速度又与参考系的选择有关，而电磁波在真空中传播的速度都是光速 c，且与参考系无关；实物由离散的粒子组成，电磁场则是连续的，并以波的形式传播．总之，电磁场和实物一样都是物质存在的形态，它们从不同的方面反映了客观世界．

随时间变化的电场和磁场互相激发，互相依存，构成统一的电磁场，并以波的形式传播，那么如果在不同参考系里去观察同一电磁场，会发生什么情形呢？下面举两个简单的并且极为常见的例子．

（1）一个运动电荷的周围，既有电场，也有磁场，但如果观察者随着运动电荷一起运动，那么在他看来，电荷仍然是静止的，因而只存在静电场．

（2）前面我们把电磁感应现象分成了感生和动生两种，然而在不同的参考系中的观

察者，对电磁感应现象的产生，可能给予不同的解释，而且由于磁场的磁感应强度与参考系有关，感应电动势的值在不同参考系中也可能不同，只有在低速运动时，不同参考系中的观察者测得的感应电动势的值才是一样的，因此上述分法在一定程度上只具有相对意义．例如将磁铁插入线圈，一个相对于线圈静止的观察者看来，线圈中的感生电动势完全是由于（磁铁运动引起了）穿过线圈的磁通量变化产生的，线圈中的电动势是感生的，线圈中存在有感应电场，感生电动势的值 $\mathscr{E}_{\mathrm{i}}=\oint_L \boldsymbol{E}\cdot \mathrm{d}\boldsymbol{l}=-\dfrac{\mathrm{d}\Phi_{\mathrm{m}}}{\mathrm{d}t}$．但一个和磁铁一起运动的观察者认为磁场没有变，电磁感应现象是线圈在磁场中运动引起的，因此并不存在什么电场，电动势是动生电动势，其值为 $\mathscr{E}_{\mathrm{i}}=\oint(\boldsymbol{v}\times\boldsymbol{B})\cdot \mathrm{d}\boldsymbol{l}=-\dfrac{\mathrm{d}\Phi_{\mathrm{m}}}{\mathrm{d}t}$．这样就出现了这样一种情况，同一个电磁感应现象，由于运动的相对性，在不同的参考系中的观察者做出了不同的解释，虽然感应电动势的值可能不变，但 $\boldsymbol{B}$、$\boldsymbol{v}$、$\boldsymbol{E}$ 却有了不同的量值．

出现以上情况并不奇怪，它恰恰反映了电磁场的统一性和相对性．电场和磁场是同一电磁场的两个不同方面，同一电磁场在不同参考系中，电场和磁场的量值会有所不同，在给定参考系内，电场和磁场反映出各自不同的性质，当参考系改变时，电场和磁场可以互相转化．根据爱因斯坦狭义相对论的相对性原理，所有的惯性参考系都是等价的．对同一物理规律的表述，在不同参考系中都应具有相同的形式．研究表明，麦克斯韦方程在任何惯性系中都具有相同的形式，因此描述电磁场的物理规律，必须是洛伦兹变换下不变的．这就是电磁场的统一性和相对性．

1864 年 12 月 8 日，麦克斯韦在英国皇家学会报告了他的论文《电磁场的动力学原理》，从麦克斯韦方程组出发，导出了电磁场的波动方程，预言了电场和磁场相互激发并以波的形式在空间传播，从而形成电磁波，并且得到电磁波的传播速度与当时已知的真空中的光速相等．于是麦克斯韦预言：光是按照电磁定律经过场传播的电磁扰动——光就是电磁波．他的预言完全凭借理论推断，当时并没有得到实验的支持．直到 1887 年，才由俄国物理学家赫兹从实验上证实了电磁波的存在．麦克斯韦把光现象与电磁现象联系起来，使人们对光的本质有了更加深入的认识．

自由空间传播的电磁波如图 6-18 所示，具有下列主要性质：

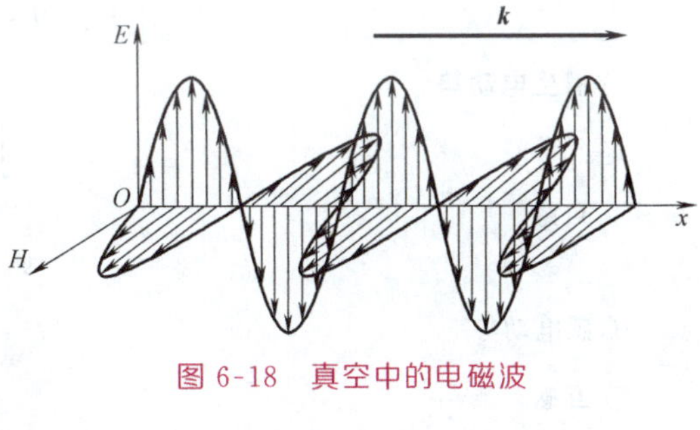

图 6-18　真空中的电磁波

（1）电磁波是横波．电场 $\boldsymbol{E}$、磁场 $\boldsymbol{B}$ 和传播方向 $\boldsymbol{k}$（$\boldsymbol{k}$ 称为波矢量，$k=\omega/c$）三者相互垂直，构成右手系；传播速率为常量 $u=\dfrac{1}{\sqrt{\varepsilon_0\mu_0}}$，$u$ 具有不变性，这就是光速不变性．

（2）电场 $\boldsymbol{E}$ 和磁场 $\boldsymbol{B}$ 的相位相同，它们的变化完全同步，同时变大同时变小，它们的大小符合关系式

$$\boldsymbol{E}=u\boldsymbol{B} \tag{6-35}$$

（3）电磁场可以脱离场源（电荷与运动电荷）存在和传播，具有独立存在的物质性．

(4) 电磁波的传播伴随着能量的传递，电磁波的能量包含电场能量和磁场能量．因此电磁波的能量密度为

$$w = w_e + w_m = \frac{1}{2}(\boldsymbol{D}\cdot\boldsymbol{E}+\boldsymbol{B}\cdot\boldsymbol{H}) = \frac{1}{2}\varepsilon_0 E^2 + \frac{1}{2}\mu_0 H^2 \tag{6-36}$$

电磁波的能流密度又称为坡印廷矢量，用 $\boldsymbol{S}$ 表示．它的方向沿着电磁波传播的方向，大小为

$$S = wu \tag{6-37}$$

考虑到 $\boldsymbol{S}$ 的方向，坡印廷矢量也可以表示为

$$\boldsymbol{S} = \boldsymbol{E}\times\boldsymbol{H} \tag{6-38}$$

自赫兹从实验上证实了电磁波的存在以后，人们进行了许多实验，不仅进一步证明了光是一种电磁波，光在真空中的传播速度 c 就是电磁波在真空中的传播速度；而且发现了不同频率和波长的电磁波，如无线电波、红外光、可见光、紫外光、X 射线和 γ 射线等，这些电磁波按频率或波长的顺序排列起来构成电磁波谱．真空中的波长 λ 和频率 ν 的关系为

$$c = \lambda\nu \tag{6-39}$$

内容提要

1. 电磁感应的两个重要定律

① **法拉第电磁感应定律**

$$\mathscr{E}_i = -\frac{d\Psi}{dt}$$

② **楞次定律** 闭合回路中，感应电流的方向总是使它自身所产生的磁通量，去补偿或者反抗引起感应电流的磁通量的变化．

2. 几个基本概念

① **动生电动势**

$$\mathscr{E}_{AB} = \int_A^B \boldsymbol{E}_k\cdot d\boldsymbol{l} = \int_A^B (\boldsymbol{v}\times\boldsymbol{B})\cdot d\boldsymbol{l}$$

② **感生电场**

$$\int_L \boldsymbol{E}_k\cdot d\boldsymbol{l} = -\int_S \frac{\partial\boldsymbol{B}}{\partial t}\cdot d\boldsymbol{S}$$

③ **感生电动势**

$$\mathscr{E}_i = \int_L \boldsymbol{E}_k\cdot d\boldsymbol{l}$$

④ **自感**

$$\Psi = LI$$

自感电动势

$$\mathscr{E}_L = -L\frac{dI}{dt}$$

⑤ **互感**

$$\Psi_{21} = M_{21}I_1,\quad \Psi_{12} = M_{12}I_2$$

$$M_{12} = M_{21} = M$$

互感电动势

$$\begin{cases}\mathscr{E}_{21} = -M\dfrac{dI_1}{dt}\\[2ex] \mathscr{E}_{12} = -M\dfrac{dI_2}{dt}\end{cases}$$

⑥ **磁场的能量密度**

$$w_m = \frac{1}{2}\boldsymbol{B} \cdot \boldsymbol{H}$$

⑦ **位移电流**

$$I_d = \int \boldsymbol{J}_d \cdot d\boldsymbol{S} = \int \frac{\partial \boldsymbol{D}}{\partial t} \cdot d\boldsymbol{S}$$

3. 全电流的安培环路定理

磁场强度 $\boldsymbol{H}$ 沿任意闭合回路的线积分等于穿过此闭合回路所包围曲面的全电流：

$$\oint_L \boldsymbol{H} \cdot d\boldsymbol{l} = I + I_d = I + \int \frac{\partial \boldsymbol{D}}{\partial t} \cdot d\boldsymbol{S}$$

4. 麦克斯韦方程组

① **积分形式**

$$\begin{cases} \oint_S \boldsymbol{D} \cdot d\boldsymbol{S} = \sum q = \int_V \rho dV \\ \oint_S \boldsymbol{B} \cdot d\boldsymbol{S} = 0 \\ \oint_L \boldsymbol{E} \cdot d\boldsymbol{l} = -\int_S \frac{\partial \boldsymbol{B}}{\partial t} \cdot d\boldsymbol{S} \\ \oint_L \boldsymbol{H} \cdot d\boldsymbol{l} = I + I_d = I + \int_S \frac{\partial \boldsymbol{D}}{\partial t} \cdot d\boldsymbol{S} \end{cases}$$

② **微分形式**

$$\begin{cases} \nabla \cdot \boldsymbol{D} = \rho \\ \nabla \cdot \boldsymbol{B} = 0 \\ \nabla \times \boldsymbol{E} = -\frac{\partial \boldsymbol{B}}{\partial t} \\ \nabla \times \boldsymbol{H} = \boldsymbol{J} + \frac{\partial \boldsymbol{D}}{\partial t} \end{cases}$$

课外练习6

一、填空题

6-1 在国际单位制（SI）中，感应电动势的单位是________，符号为________.

6-2 自感与回路的形状、大小、位置、________以及周围磁介质及其分布有关.

6-3 有一载流长直密绕螺线管，长度为 l，横截面面积为 S，线圈的总匝数为 N，管中充满磁导率为 μ 的均匀磁介质时，其自感系数为________.

6-4 有两个半径接近的线圈，将它们________（填平行或垂直）放置时可使其互感最小.

6-5* 麦克斯韦方程组积分形式中表示电生磁的方程是________.

二、选择题

6-1 感生电场的高斯定理说明了感生电场是一个 （ ）.

A. 有源场　B. 无源场　C. 有旋场　D. 无旋场

6-2 下列哪一个单位不是国际单位制（SI）中的自感或互感的单位 （ ）.

A. H　B. mH　C. μH　D. Wb

6-3 下列哪一个公式表示的是自感线圈的全磁通 （ ）.

A. $\Psi = LI$　B. $\Psi_{21} = M_{21} I_1$　C. $\Psi_{12} = M_{12} I_2$　D. $M_{12} = M_{21} = M$

6-4* 下面的麦克斯韦方程组中，哪一个方程反映了变化磁场和电场的联系 （ ）.

A. $\oint_S \boldsymbol{D}\cdot \mathrm{d}\boldsymbol{S}=q$　　B. $\oint_S \boldsymbol{B}\cdot \mathrm{d}\boldsymbol{S}=0$

C. $\oint_L \boldsymbol{E}\cdot \mathrm{d}\boldsymbol{l}=-\int_S \frac{\partial \boldsymbol{B}}{\partial t}\cdot \mathrm{d}\boldsymbol{S}$　　D. $\oint_L \boldsymbol{H}\cdot \mathrm{d}\boldsymbol{l}=\int_S\left(\boldsymbol{J}+\frac{\partial \boldsymbol{D}}{\partial t}\right)\cdot \mathrm{d}\boldsymbol{S}$

三、简答题

6-1　感应电动势的大小由什么因素决定？

6-2　法拉第电磁感应定律中的负号表示的是什么意思？它反映了什么问题？其实质是什么？

6-3　一个线圈自感的大小由哪些因素决定？怎样绕制一个自感为零的线圈？

6-4　两个线圈之间的互感大小由哪些因素决定？怎样放置可使两线圈间的互感最大？

6-5*　什么是坡印亭矢量？它与电场和磁场有什么关系？

6-6*　为什么说电磁波是横波？

四、计算题

6-1　如图6-19所示，通过回路的磁感应线与线圈平面垂直，若磁通量按如下规律变化：

$$\Phi_{\mathrm{m}}=6t^2+9t+8$$

式中，Φ_{m}的单位是mWb，t以s为单位．则当$t=2\mathrm{s}$时，试求：

(1) 回路中的感应电动势是多少？

(2) 电阻R上的电流大小和方向如何？设$R=2\Omega$.

6-2　如图6-20所示，金属杆AB以匀速率$v=2.0\mathrm{m/s}$平行于一长直导线运动，此导线通有电流$I=40\mathrm{A}$，试求杆中的动生电动势．

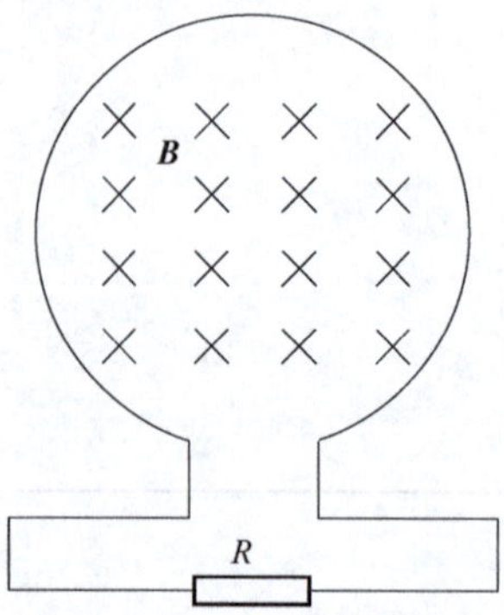

图6-19　计算题6-1用图

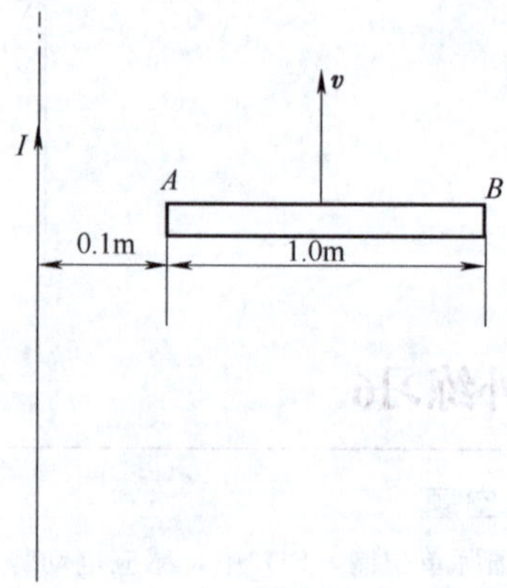

图6-20　计算题6-2用图

6-3　一长直导线载有5.0A直流电流，旁边有一个与它共面的矩形线圈，长$l=20\mathrm{cm}$，如图6-21所示；$a=10\mathrm{cm}$，$b=20\mathrm{cm}$；线圈共有$N=1000$匝，以$v=3.0\mathrm{m/s}$的速度离开直导线．求线圈里的感应电动势的大小和方向．

6-4　如图6-22所示，一很长的直导线通有交变电流$i=10\sin\omega t$，它旁边有一长方形线圈$ABCD$，长为l，宽为$(b-a)$，线圈和导线在一平面内．求：

(1) 穿过回路$ABCD$的磁通量Φ_{m}；

(2) 回路$ABCD$的感应电动势$\mathscr{E}_{\mathrm{i}}$.

6-5　在与均匀恒定磁场$\boldsymbol{B}$垂直的平面内有一长为L的导线PQ，设导线绕P点以匀角速度ω转动，转轴与$\boldsymbol{B}$平行，如图6-23所示，求PQ导线上的动生电动势．

6-6　设一螺线管长$l=0.5\mathrm{m}$，线圈的面积为$S=10\ \mathrm{cm}^2$，总匝数为$N=3000$，试求这一螺线管的自感值（线圈内是空气）．

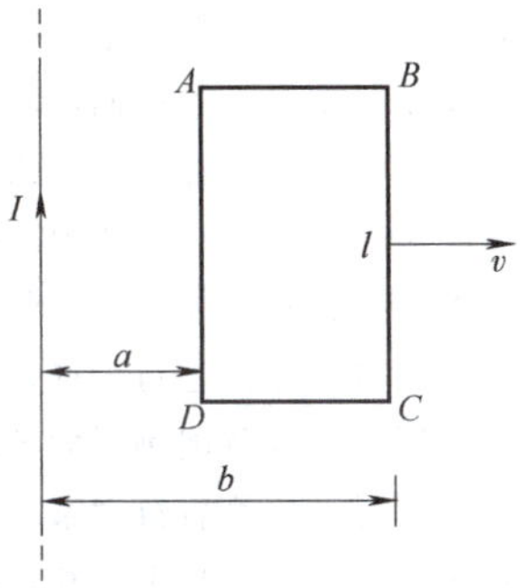

图 6-21　计算题 6-3 用图

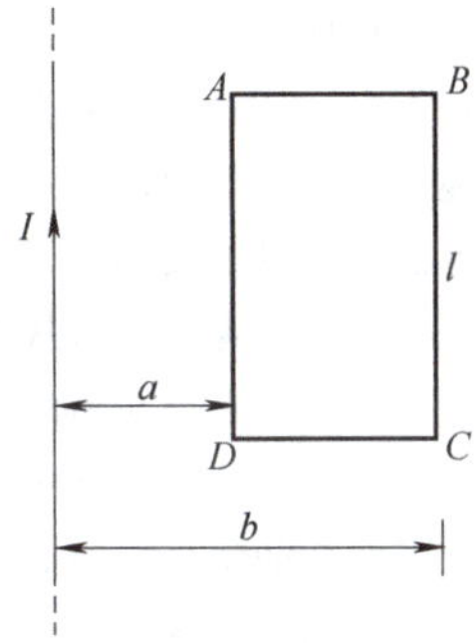

图 6-22　计算题 6-4 用图

6-7　在长为 0.2m、直径为 0.5cm 的硬纸筒上，需绕多少匝线圈，才能使绕成的螺线管的自感约为 2.0×10^{-3}H.

6-8　一螺绕环横截面的半径为 a，中心线的半径为 $R(R\gg a)$，其上由表面绝缘的导线均匀地密绕两个线圈，各为 N_1 匝和 N_2 匝，求两线圈的互感 M.

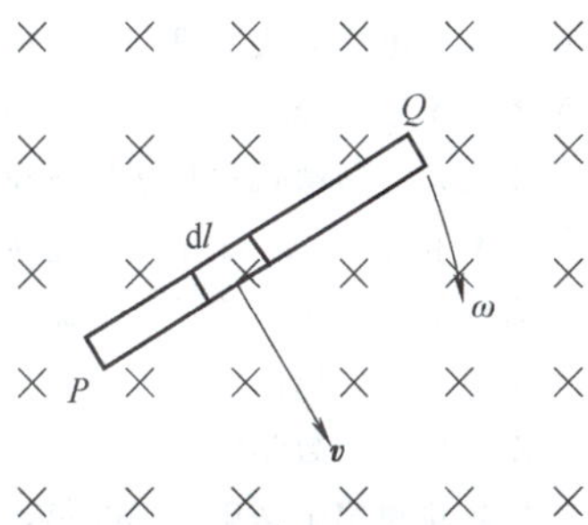

图 6-23　计算题 6-5 用图

6-9　两共轴螺线管，长 $l=1.0$m，截面积 $S=10\text{cm}^2$，匝数 $N_1=1000$，$N_2=200$. 计算这两线圈的互感．若线圈 1 内的电流变化率为 10A/s，求线圈 2 内的感应电动势的大小（设管内充满空气）．

6-10* 　实验室中一般可获得的强磁场约为 2T，强电场约为 10^6V/m. 试求相应的磁场能量密度和电场能量密度，并分析哪种场更有利于储存能量？

6-11* 　已知一列平面电磁波在空气中通过某点时，该点上某一时刻的电场强度 $E=100$V/m，求该时刻该点的磁场强度 $\boldsymbol{H}$.

6-12* 　一平面电磁波在真空中传播，电场强度振幅为 $E_0=100\times10^{-6}$V/m，求磁场强度振幅及电磁波的强度（即平均能流密度）．

物理学家简介

麦克斯韦（James Clerk Maxwell，1831—1879）

在法拉第发现电磁感应现象的同一年（即 1831 年）的 6 月 13 日，詹姆斯·克拉克·麦克斯韦出生在苏格兰爱丁堡的一个名门望族家庭里．在他的祖辈中，曾经有不少知名人士．麦克斯韦的父亲是一位思想开明、知识渊博的律师，同时也十分热衷于科学技术与建筑设计．小时候的麦克斯韦十分聪颖，具有很强烈的好奇心，经常会提出各种各样的问题．父亲对麦克斯韦的提问往往给予有意识的引导，从而培养了麦克斯韦喜欢思考的习惯．麦克斯韦的父亲还常常带着他去听爱丁堡皇家学会举办的各种科学讲座．从小就受到父亲科学思想的熏陶，这对麦克斯韦日后的成长产生了深刻的影响，可以说父亲成为了麦克斯韦科学生涯的启蒙者．1839 年，麦克斯韦的母亲不幸感染肺结核去世，此后他的性格开始变得内向．10

岁时，麦克斯韦的父亲将他送进爱丁堡中学就读，刚开始时，他并不突出，但后来在学校举办的一次比赛中，麦克斯韦表现出众，从此逐渐成为了该校的优等生．在爱丁堡中学学习期间，麦克斯韦对数学和物理产生了浓厚兴趣，并开始显示出在这些方面的才能．还不满15岁时，麦克斯韦就发明了一种绘制椭圆形曲线的独特方法，并以论文的形式发表在《爱丁堡皇家学会学报》上，他还为此获得了一枚爱丁堡皇家学会的奖章．1847年，麦克斯韦从中学毕业，并考进了苏格兰的最高学府——爱丁堡大学，攻读数学和物理学．在这所大学，麦克斯韦的老师，詹姆斯·福布斯教授指导他进行了许多实验，使他在理论和实验两个方面都得到了培养．1850年，为进一步深造，麦克斯韦转入英国剑桥大学，并成为了著名数学家威廉·霍普金斯教授的学生．与此同时，麦克斯韦还得到了另一位著名数学家斯托克斯教授的悉心指点．在这些优秀学者的指导下，麦克斯韦在数学方面取得了长足进步，打下了扎实的数学功底，这为他日后的研究工作奠定了良好基础．

1854年，麦克斯韦以优异的成绩从剑桥大学毕业，并留校任教，还成为了该校著名的三一学院的一名研究员．在此期间，麦克斯韦第一次读到了法拉第的《电学的实验研究》一书，很快便被书中介绍的精彩实验和新颖见解深深吸引．在当时的欧洲学术界，“超距作用”这一传统观点的影响仍很深，而法拉第在《电学的实验研究》一书中虽然提出了场和力线等概念，但却缺乏系统而严格的数学证明，在理论上还不够严谨，这些原因使得学术界对法拉第的学说表现出比较冷淡、甚至是非议的态度．然而年轻的麦克斯韦却敏锐地觉察到法拉第引入的场这一概念的重要意义，并开始在数学方面对法拉第的理论进行补充和完善．1855年，麦克斯韦发表了论文《论法拉第的力线》．在这篇论文中，麦克斯韦将法拉第的力线概念类比于不可压缩流体中的流线，用精确的数学形式对法拉第引入的电磁场进行了描述，还给出了电流与磁场的微分关系式．《论法拉第的力线》是第一篇对电磁场进行定量描述和分析的文章，也是麦克斯韦用数学语言“翻译”法拉第关于电磁场观点的第一次尝试，这为麦克斯韦日后创立完整的电磁场理论奠定了基础．1856年，正当麦克斯韦准备在电磁学领域进行更深入研究时，却得知自己父亲病重的消息，他只好离开剑桥大学，来到离家较近的阿伯丁的一所学院担任自然哲学教授一职．在阿伯丁的这段时间，麦克斯韦对土星光环的运动进行了研究，并在论文中提出“土星光环是由许多微小的卫星聚集而成”的观点，他因此而获得了亚当斯奖金．

1860年，麦克斯韦转到伦敦皇家学院，担任该院的自然哲学教授一职．在皇家学院工作的5年中，麦克斯韦在电磁学和气体动理论方面取得了一系列重要的研究成果，这段时间是他一生中创造力最丰富的时光．在麦克斯韦来到伦敦后不久，他就带着《论法拉第的力线》这篇论文拜访了法拉第．此时的法拉第已年近七旬，但他和麦克斯韦却在很多方面有着共同的看法．法拉第对论文大加赞扬，他还对麦克斯韦说：“我不认为自己的学说一定是真理，但你是真正理解它的人．”当麦克斯韦希望得到法拉第更多指点时，法拉第告诉他“这是一篇出色的论文，但你不应该停留在用数学来解释我的观点，而应该突破它！”法拉第的话使麦克斯韦大受鼓舞，他开始在电磁场理论方面进行更深入的研究．

1861年，麦克斯韦在研究中提出了“位移电流”的概念．在此之前，人们普遍认为只有传导电流才能产生磁场，而麦克斯韦对此却产生了怀疑，并提出位移电流这一概念．麦克斯韦认为位移电流可以在真空或电介质中传播，其实质是反映变化着的电场．在变化的电场周围，会产生感应磁场，而变化的磁场周围又会产生新的感应电场，由此电场与磁场之间相互交替着向前传播，充满整个电磁场空间．麦克斯韦的位移电流假说从理论上大胆突破了传统观点的束缚，对电磁相互作用的规律做出了解释，并揭示了变化的电场与磁场之间的内在联系，对电磁场理论的发展具有重大的意义．1862年，麦克斯韦发表了论文《论物理的力线》，相比于之前的《论法拉第的力线》，这篇论文已不再仅仅局限于对法拉第观点的数学翻译，而是做了更进一步的发展，他在这篇论文中对位移电流的假设进行了更为详细的阐述．1864年，麦克斯韦又发表了论文《电磁场的动力学理论》．在这篇论文中，麦克斯韦从场论的观点出发，运用自己的数学才能，对电磁场理论做了进一步阐述．他在论文中提出了一套完整的方程组（这套方程组其后经过改进，发展成为后来的麦克斯韦方程组），以数学的形式对电荷、电流、电场和磁场之间的联系进行了论述．根据这套方程组，麦克斯韦还提出了电磁波的概念，并对电磁波在真空中的传播速度进行了计算，得到的结果与实验测得的光在真空中的传播速度正好相等．这样的结果使麦克斯韦预见到光是一种电磁波，由此将光现象与电磁现象联系在一起，揭示出光的电磁本质．

1865 年，麦克斯韦因身体原因辞去了皇家学院的工作，回到家乡的庄园，开始对前人和自己在电磁理论方面的研究成果进行系统的总结，并编撰成书．1873 年，由他编写的《电磁学通论》一书正式出版．这本凝聚着麦克斯韦心血的著作，既对前人在电磁领域所取得的成果进行了全面的介绍，又对其本人的创新做了系统地阐述和论证．这本著作观点新颖，论证严格，是一部具有划时代意义的科学巨著，同时也是一部可以与牛顿的《自然哲学的数学原理》和达尔文的《物种起源》相媲美的里程碑式的著作．《电磁学通论》的出版，标志着经典电磁理论已发展成熟，并成为经典物理学的重要分支．

当《电磁学通论》正式出版的时候，麦克斯韦已经回到剑桥大学任教．从 1871 年开始，他将大量精力投入到整理卡文迪什遗著的工作中，并致力于筹建卡文迪什实验室．次年，卡文迪什实验室建成，麦克斯韦担任了实验室的第一任负责人，该实验室其后发展成为世界上最优秀的实验室之一，培养了大量杰出人才．

除了在电磁学领域外，麦克斯韦还在统计物理学方面做出了卓越的贡献．作为气体动理论的奠基人之一，麦克斯韦创造性地在分子动理论中引入了统计思想，运用概率等数学手段计算得到了气体分子速率分布律，值得一提的是，我国物理学家葛正权于 1934 年也通过实验验证了这条定律．此外，麦克斯韦还对气体分子的输运过程进行了仔细研究，并定量计算和测定了不同温度和压强条件下的气体黏度，这些工作对统计物理学的发展起到了促进作用．

1879 年，因患癌症，年仅 48 岁的麦克斯韦过早地离开了人世．麦克斯韦生前由于在电磁理论的论述中运用了深奥的数学手段，而他提出的电磁波在实验上也一直未被发现，因此他的理论在当时受到了许多人的怀疑．直到 1888 年，即麦克斯韦去世 9 年以后，赫兹在实验上证实了电磁波的存在，由此麦克斯韦的电磁理论开始被普遍接受，人们才真正认识到他的电磁理论所具有的价值．此后，在其基础上发展起来的电子技术，深刻地改变了人类的生活，麦克斯韦也因此被公认为是牛顿以后“世界上最伟大的数学物理学家”．1931 年，爱因斯坦在麦克斯韦诞辰一百周年纪念会上指出，麦克斯韦的工作“是牛顿以来，物理学最深刻和最富有成果的工作”；而另一位著名物理学家、量子理论的创立者普朗克对他的评价是，“麦克斯韦的光辉名字将永远镌刻在经典物理学家的门扉上，永放光芒．从出生地来说，他属于爱丁堡；从个性来说，他属于剑桥大学；从功绩来说，他则属于全世界．”

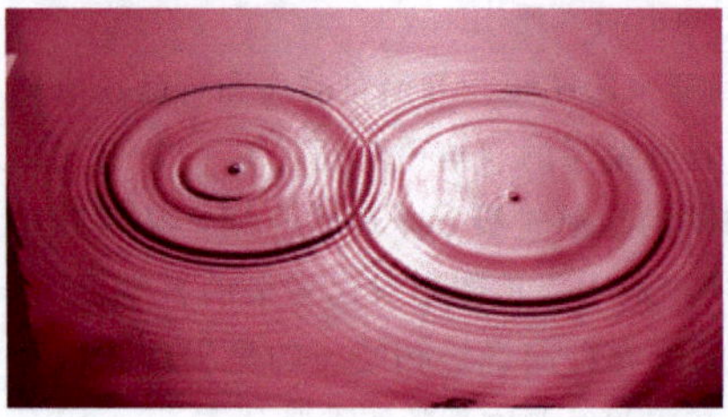

第7章 振动和波

概述

物体在一定位置附近做来回往复的运动，称为机械振动，简称振动．它是物体的一种运动形式，在自然界中广泛存在．例如心脏的跳动，声带、琴弦、锣鼓的颤动，摆的运动等．振动并不局限在机械运动范围内，广义来说，任何一个物理量随时间做周期性的变化都可以称为振动．例如，交流电路中的电流、电压，电磁波中的电场强度和磁感应强度等随时间做周期性的变化，也是一种振动形式．虽然这种振动形式与机械振动有着本质的区别，但它们都具有振动的共性，都可以用同样的数学形式来表示其运动规律．可见，了解机械振动的性质有助于研究其他各种振动．

波动是振动在空间的传播，它也是自然界中一种常见而又非常重要的物质运动形式．机械振动在弹性介质中的传播过程，称为机械波；变化的电场和变化的磁场在空间的传播过程，称为电磁波．虽然各类波产生的机制以及物理本质都不尽相同，但它们所遵循的规律却有很多相似之处，如都具有一定的传播速度，都伴随着能量的传播，都能产生反射、折射和衍射等现象，都可以用类似的数学方程来描述等．

本章主要研究简谐振动的运动学和动力学性质以及几种简谐振动的合成，并以平面简谐波为重点，讨论机械波的产生、分类以及机械波的一些基本规律和描述方法，此外还将介绍波在传播过程中的一些重要现象，如波的衍射、干涉等．

7.1 简谐振动

7.1.1 简谐振动的运动学描述

1. 简谐振动的运动学方程、速度、加速度 如果物体离开平衡位置的位移按余弦函数（或正弦函数）的规律随时间变化，那么这种运动称为简谐振动．简谐振动是一种最简单、最基本的振动，一切复杂的振动都可以看作是若干个简谐振动的合成．

简谐振动用数学形式可表示为（本书用余弦函数表示）

$$x = A\cos(\omega t + \varphi) \tag{7-1}$$

式中，x 是物体在 t 时刻的位移；A 为振幅；ω 为物体的角频率；φ 是初相位．式（7-1）表示做简谐振动的物体的位移随时间变化的关系，称为简谐振动的运动学方程．

由于简谐振动是简单的直线运动，因此可以采用标量形式来描述物体运动的位移、速度和加速度．x 为正时表示与规定正方向同向，x 为负时表示与规定正方向反向．物体速度、加速度正负号的规定方法与位移的规定相同．

对运动学方程即式（7-1）求导，得物体的速度为

$$v = \frac{\mathrm{d}x}{\mathrm{d}t} = -A\omega\sin(\omega t + \varphi) \tag{7-2}$$

对速度求导得物体的加速度为

$$a = \frac{\mathrm{d}v}{\mathrm{d}t} = \frac{\mathrm{d}^2 x}{\mathrm{d}t^2} = -A\omega^2\cos(\omega t + \varphi) = -\omega^2 x \tag{7-3}$$

从式（7-1）～式（7-3）可以看出，做简谐振动的物体的位移、速度和加速度都是时间的周期函数，且加速度与位移成正比但方向相反，比例系数为 $-\omega^2$.

2. 简谐振动的特征物理量　由简谐振动的运动学方程式（7-1）可知，只要确定 A、ω 和 φ，该简谐振动就可以确定，因此，我们把这三个量称为简谐振动的特征物理量．

（1）振幅　做简谐振动的物体离开平衡位置的最大距离称为振幅，用 A 表示．振幅反映了振动的强弱．对于式（7-1），因为 $\cos(\omega t+\varphi)$ 的值在 -1 和 1 之间，所以物体的振动范围在 $-A$ 和 A 之间．设 $t=0$ 时刻，物体的初始位置为 x_0，初速度为 v_0，二者称为振动的初始条件．由式（7-1）和式（7-2）可知

$$x_0 = A\cos\varphi \tag{7-4}$$

$$v_0 = -A\omega\sin\varphi \tag{7-5}$$

振幅 A 的值可由振动的初始条件来确定．将式（7-4）和式（7-5）联立可解得

$$A = \sqrt{x_0^2 + \frac{v_0^2}{\omega^2}} \tag{7-6}$$

（2）周期、频率　物体做一次完全振动所需的时间，称为振动的周期，用 T 表示．则有

$$x(t + T) = x(t)$$

将式（7-1）代入上式得

$$x(t + T) = A\cos[\omega(t + T) + \varphi] = A\cos(\omega t + \varphi)$$

由于余弦函数的周期性，物体做一次完全振动后应有 $\omega T = 2\pi$，所以

$$T = \frac{2\pi}{\omega} \tag{7-7}$$

单位时间内物体完成振动的次数，称为该振动的频率，用 ν 表示．因此频率等于周期的倒数，即

$$\nu = \frac{1}{T} = \frac{\omega}{2\pi} \tag{7-8}$$

由式（7-8）又可得到

$$\omega = 2\pi\nu \tag{7-9}$$

即 ω 等于物体在 2π 时间内完成振动的次数，称为角频率或圆频率．

在国际单位制中，周期的单位是秒，符号为 s；频率的单位是赫兹，符号为 Hz，1Hz=1/s. 物体的周期和频率反映了振动的快慢，做简谐振动的物体，其周期和频率是由该系统自身性质决定的，与初始条件和运动状态无关，这个周期和频率，称为系统的固有周期和固有频率.

（3）相位、初相　由式（7-1）和式（7-2）可以看出，对于角频率和振幅已知的简谐振动，振动物体在任一时刻 t 相对平衡位置的位移和速度都取决于 $(\omega t+\varphi)$，这个决定简谐振动状态的物理量称为振动的相位. 相位的单位是弧度，用 rad 表示. $t=0$ 时刻的相位 φ 称为振动的初相位，简称初相，它决定了初始时刻振动物体的运动状态.

由式（7-4）和式（7-5）联立可解得初相

$$\varphi=\arctan\left(-\frac{v_0}{\omega x_0}\right) \tag{7-10}$$

利用式（7-4）、式（7-5）和式（7-10）中的任意两式都可决定初相.

对于一个确定的简谐振动，某时刻的运动状态既可以用该时刻的位移和速度来表示，也可以用该时刻的相位来表示. 由于相位在简谐振动中是一个非常重要的物理量，而且用它可以很方便地比较两个简谐振动的步调，因此我们通常采用相位来描述振动状态.

当比较两个振动时，一般做这样的规定：相位大的振动为超前，相位小的振动为落后. 若设这两个简谐振动的运动学方程分别为

$$x_1=A_1\cos(\omega t+\varphi_1)$$
$$x_2=A_2\cos(\omega t+\varphi_2)$$

它们的相位之差称为相位差，用 $\Delta\varphi$ 来表示，则有

$$\Delta\varphi=(\omega t+\varphi_2)-(\omega t+\varphi_1)=\varphi_2-\varphi_1 \tag{7-11}$$

从式（7-11）可以看出，两个同频率简谐振动在任意时刻的相位差都等于其初相位之差，而与时间无关. 由于一个振动在时间上每超前一个周期 T，则它的相位就会超前 2π，因此对于两个同频率的简谐振动的相位差 $\Delta\varphi$ 和时间差 Δt 的关系，可以表示为

$$\Delta\varphi=\frac{2\pi}{T}\Delta t=\omega\Delta t \tag{7-12}$$

3. 简谐振动的曲线表示法和旋转矢量表示法*

（1）简谐振动的曲线表示法　简谐振动的曲线表示形式也就是简谐振动的 x-t 曲线图，又称为振动曲线图，如图 7-1 所示. 它清楚地反映了简谐振动的位移随时间的变化情况. 曲线的高低反映了振幅的大小；曲线的“密集”或“疏散”反映了频率的大小. 图 7-1 中，如果振动方程表示为式（7-1）的形式，那么从图中可以看出用实线表示的振动的振幅 A 为 0.03m，周期 T 为一次完全振动所需的时间即 $T=0.2\text{s}$，频率 ν 为周期 T 的倒数即 $\nu=5\text{Hz}$，初相 $\varphi=0$；显然 $t=0$ 时振动位移最大. 如果沿 t 轴平移振动曲线到某一位置（如到图中的虚线位置），那么初相的值不再是 $\varphi=0$，$t=0$ 时振动位移也不再是最大. 可见初相决定

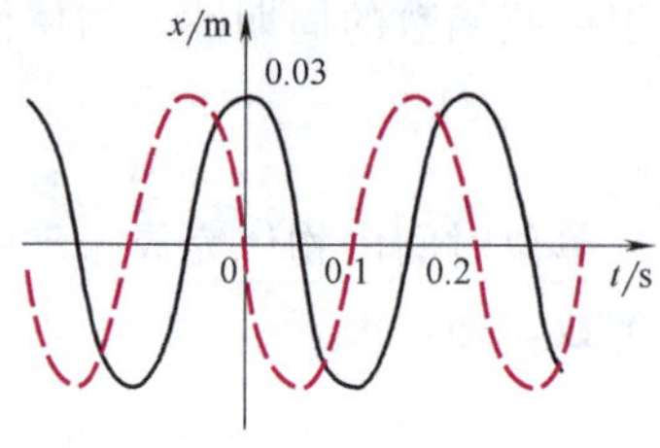

图 7-1　简谐振动的曲线图

了曲线在 t 轴上的位置．另外从图中我们还可以比较出用实线表示的振动和用虚线表示的振动的步调，即虚线表示的振动比实线表示的振动相位超前 0.05s，即 1/4 个周期．

简谐振动的曲线表示法也同样可以描述速度和加速度．例如按照 7.1.1 节中简谐振动的运动学方程、速度方程、加速度的方程，即式（7-1）～式（7-3）可以画出物体位移、速度、加速度随时间的变化关系曲线．图 7-2 画出了 $\varphi=0$ 时的振动曲线（x-t 图）、速度曲线（v-t 图）和加速度曲线（a-t 图）．从图 7-2 可以看出，位移、速度、加速度的幅度各不相同，位移的幅度为 A，速度的幅度为 $A\omega$，加速度的幅度为 $A\omega^2$；并且三者出现最大值的时刻也不相同，但振动周期却相同．

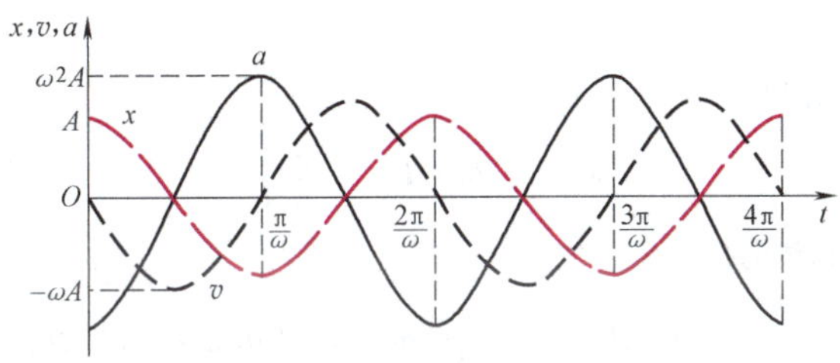

图 7-2 简谐振动图像（$\phi=0$）

（2）简谐振动旋转矢量表示法 简谐振动除了用数学公式和曲线表示法来描述以外，还有一种更简便、直观的几何描述方法，即用旋转矢量的投影来表示简谐振动，称为旋转矢量表示法．

如图 7-3 所示，**A** 为长度等于简谐振动振幅 A 的矢量，其始点在 x 轴的原点 O 处，$t=0$时刻，矢量 **A** 与 x 轴的夹角为 φ，末端点为 M_0，并且该矢量以角速度 ω 逆时针绕原点做匀速圆周运动，因此 **A** 在任一时刻 t 与 x 轴夹角为（$\omega t+\varphi$），M_0 在 x 轴上投影点的坐标为

$$x = A\cos(\omega t + \varphi)$$

可见，匀速旋转的矢量的末端点在坐标轴上的投影的运动就表示简谐振动．这种几何图示法可以让我们很容易地理解简谐振动中的几个特征物理量．因此可以用一个旋转矢量来描述简谐振动：旋转矢量的长度 A 等于简谐振动的振幅，故旋转矢量又称为振幅矢量；矢量转动的角速度 ω 等于简谐振动的角频率；任一时刻 t 旋转矢量与 x 轴的夹角 $\omega t+\varphi$ 等于简谐振动的相位；相应的矢量旋转的周期 T 和频率 ν 等于简谐振动的周期和频率．

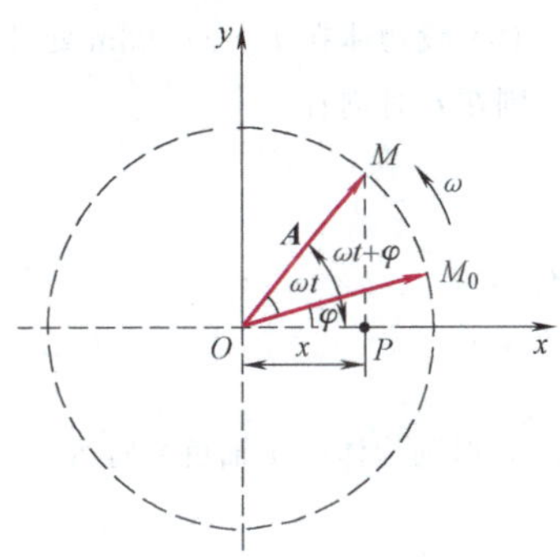

图 7-3 旋转矢量表示法

例题 7-1 一物体沿 x 轴做简谐振动，平衡位置在坐标原点 O，振幅 $A=0.06$m，周期 $T=2$s. 当 $t=0$时，物体的位移 $x=0.03$m，且向 x 轴正方向运动．求：

（1）此简谐振动的运动学方程；

（2）$t=0.5$s 时物体的位移、速度和加速度；

（3）物体从 $x=-0.03$m 处向 x 轴负方向运动，到第一次回到平衡位置所需的时间．

解：（1）设该简谐振动的运动学方程为

$$x = A\cos(\omega t + \varphi)$$

则速度为 $$v=-A\omega\sin(\omega t+\varphi)$$

其中 $A=0.06\text{m}$，$\omega=\frac{2\pi}{T}=\pi\ \text{rad/s}$. 将二者与初始条件 $t=0$，$x=0.03\text{m}$ 代入振动的运动学方程得

$$0.03=0.06\cos\varphi$$

解得

$$\cos\varphi=\frac{1}{2},\ \varphi=\pm\frac{\pi}{3}$$

又因 $t=0$ 时，物体向 x 轴正方向运动．即

$$v=-A\omega\sin\varphi>0$$

因此初相位应取 $\varphi=-\frac{\pi}{3}$.

所以该振动的运动学方程为

$$x=0.06\cos\left(\pi t-\frac{\pi}{3}\right)\text{m}$$

（2）当 $t=0.5\text{s}$ 时，物体的位移为

$$x=0.06\cos\left(0.5\pi-\frac{\pi}{3}\right)\text{m}=0.03\sqrt{3}\text{m}\approx 0.052\text{m}$$

物体的速度为

$$v=-0.06\pi\sin\left(0.5\pi-\frac{\pi}{3}\right)\text{m/s}=-0.03\pi\ \text{m/s}\approx-0.094\text{m/s}$$

物体的加速度为

$$a=-0.06\pi^2\cos\left(0.5\pi-\frac{\pi}{3}\right)\text{m/s}^2=-0.03\sqrt{3}\pi^2\,\text{m/s}^2\approx-0.51\text{m/s}^2$$

（3）设物体在 $x=-0.03\text{m}$ 处且向 x 轴负方向运动时的时间为 t_1，第一次回到平衡位置时的时间为 t_2，则在 t_1 时刻有

$$-0.03=0.06\cos\left(\pi t_1-\frac{\pi}{3}\right)$$

解得

$$\pi t_1-\frac{\pi}{3}=\frac{2\pi}{3}\ \text{或}\ \frac{4\pi}{3}$$

又因 t_1 时刻物体向 x 轴负方向运动，所以

$$v=-0.06\pi\sin\left(\pi t_1-\frac{\pi}{3}\right)<0$$

则，$\pi t_1-\frac{\pi}{3}$ 应取 $\frac{2\pi}{3}$，即 $t_1=1\text{s}$.

第一次回到平衡位置时，物体应向 x 轴正方向运动，则物体位移和速度应分别满足

$$0.06\cos\left(\pi t_2-\frac{\pi}{3}\right)=0$$

$$v=-0.06\pi\sin\left(\pi t_2-\frac{\pi}{3}\right)>0$$

由此可解得

$$t_2=\frac{11}{6}\text{s}$$

物体从 $x=-0.03\text{m}$ 处向 x 轴负方向运动，到第一次回到平衡位置所需的时间为

$$t_2-t_1=\left(\frac{11}{6}-1\right)\text{s}\approx 0.83\text{s}$$

7.1.2　简谐振动的动力学方程和能量

1. 简谐振动的动力学方程　如图 7-4 所示，把轻弹簧（质量可以略去）的左端固定，右端连接一质量为 m 的物体，放在光滑的水平面上，若拉伸或压紧弹簧使物体离开平衡位置后释放，物体将在 O 点两侧做来回往复的运动，该系统称为弹簧振子．下面将以弹簧振子为例，来说明简谐振动的动力学特征．

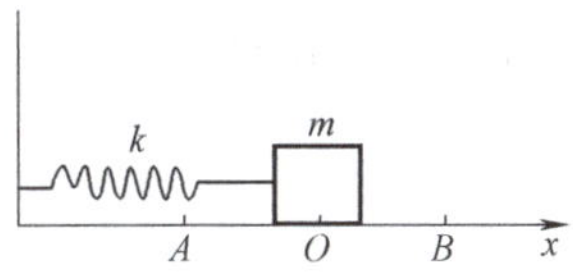

图 7-4　水平弹簧振子的振动

根据胡克定律可知，物体所受力的大小总是与物体对其平衡位置的位移成正比而方向相反，这种性质的力称为线性回复力．这里的“线性”是指力的大小与位移的大小成正比，“回复”是指力的方向与位移方向相反并始终指向平衡位置，因此这种力的作用就是促使物体回到平衡位置，可以表示为

$$F=-kx$$

式中，k 为弹簧的劲度系数，它由弹簧本身的性质（如材料、形状、大小等）决定；负号表示力与位移的方向始终相反．

根据牛顿第二定律可知

$$F=-kx=ma=m\frac{\mathrm{d}^2x}{\mathrm{d}t^2}$$

即

$$\frac{\mathrm{d}^2x}{\mathrm{d}t^2}+\frac{k}{m}x=0$$

对于一个给定的弹簧振子，k 和 m 都是正值常量，故可令 $\omega^2=\dfrac{k}{m}$，则上式可改写为

$$\frac{\mathrm{d}^2x}{\mathrm{d}t^2}+\omega^2x=0 \tag{7-13}$$

对微分方程式（7-13）求解可得

$$x=A\cos(\omega t+\varphi)$$

式中，A 为振幅，ω 为角频率，φ 为初相位．上式即为简谐振动的运动学方程，所以弹簧振子所做的运动是简谐振动，微分方程式（7-13）即为简谐振动的动力学方程．

弹簧振子的振动周期为

$$T=\frac{2\pi}{\omega}=2\pi\sqrt{\frac{m}{k}} \tag{7-14}$$

从上面的讨论可知，当一个物体所受的合外力是线性回复力时，物体做简谐振动；反过来说，一个物体若做简谐振动，它受到的合外力应是线性回复力，这就是简谐振动的动力学特征．

2. 简谐振动的能量　从机械运动的观点来看，在振动过程中若振动系统不受外力和非保守内力的作用，其机械能守恒．简谐振动的线性回复力是保守力，因此简谐振动系统总机械能守恒．下面以弹簧振子为例来说明系统的动能和势能随时间的变化规律以及其总机械能守恒．

对于弹簧振子系统，振子具有动能，弹簧因形变具有弹性势能．将简谐振动的速度公式（7-2）代入质点的动能公式 $E_{\mathrm{k}}=\dfrac{1}{2}mv^2$，得

$$E_k=\frac{1}{2}m\omega^2A^2\sin^2(\omega t+\varphi) \tag{7-15a}$$

又因 $\omega^2=\dfrac{k}{m}$，则式（7-15a）又可表示为

$$E_k=\frac{1}{2}kA^2\sin^2(\omega t+\varphi) \tag{7-15b}$$

将简谐振动的运动学方程式（7-1）代入弹簧弹性势能公式 $E_p=\dfrac{1}{2}kx^2$，得

$$E_p=\frac{1}{2}kA^2\cos^2(\omega t+\varphi) \tag{7-16}$$

由式（7-15）和式（7-16）可以看出，弹簧振子做简谐振动时，动能和势能分别按余弦和正弦的平方关系随时间做周期性变化．当位移最大时，势能也最大，而速度为零，因此动能也为零；当物体在平衡位置时，势能为零，而速度达到最大值，因此动能也达到最大值，即$E_k=\dfrac{1}{2}m\omega^2A^2$（或表示为 $E_k=\dfrac{1}{2}kA^2$）．将式（7-15b）和式（7-16）相加得弹簧振子的机械能即系统总能量为

$$E=\frac{1}{2}kA^2 \tag{7-17}$$

可见，弹簧振子的总能量取决于弹簧的劲度系数和振动的振幅，与时间、速度等物理量无关，所以机械能守恒．式（7-17）也说明，弹簧振子的总能量和振幅的平方成正比，这一结论对其他简谐振动系统同样成立．

图7-5给出了简谐振动动能、势能及总能量随时间的变化曲线，从图中可以看出，在任一时刻，动能与势能之和不变，恒等于$\dfrac{1}{2}kA^2$，即总能量守恒．由势能的表达式 $E_p=\dfrac{1}{2}kx^2$ 可画出势能随位移的变化曲线，如图7-6所示，势能曲线是抛物线，且势能随物体位置 x 改变而改变，在任一位置 x，总能量与势能之差就是动能．

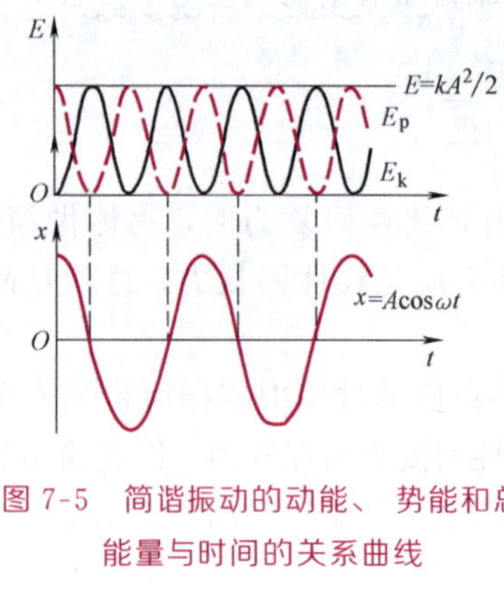

图7-5 简谐振动的动能、势能和总能量与时间的关系曲线

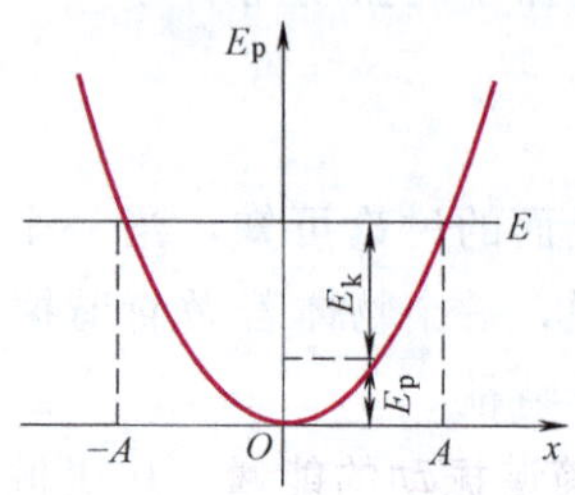

图7-6 简谐振动的势能曲线

例题7-2 质量为0.2kg的物体，以振幅 $A=5$cm 做简谐振动，其最大加速度 $a_{max}=0.2\text{m/s}^2$，求：

（1）振动的周期；

(2) 通过平衡位置时的动能;

(3) 总能量;

(4) 物体在何处动能和势能相等?

解: (1) 因为 $a_{max}=A\omega^2$,所以

$$\omega=\sqrt{\frac{a_{max}}{A}}=\sqrt{\frac{0.2}{0.05}}\text{rad/s}=2\text{rad/s}$$

于是求得振动的周期为

$$T=\frac{2\pi}{\omega}=\frac{2\pi}{2}\text{s}\approx 3.14\text{s}$$

(2) 因为物体通过平衡位置时速度最大,则动能也最大,所以

$$E_{k,max}=\frac{1}{2}m\omega^2A^2=\left[\frac{1}{2}\times 0.2\times 2^2\times(0.05)^2\right]\text{J}=10^{-3}\text{J}$$

(3) 总能量为

$$E=E_{k,max}=10^{-3}\text{J}$$

(4) 当 $E_k=E_p$时,则有

$$E_k=E_p=\frac{1}{2}E=0.5\times 10^{-3}\text{J}$$

而

$$E_p=\frac{1}{2}kx^2=\frac{1}{2}m\omega^2x^2$$

故

$$x=\sqrt{\frac{2E_p}{m\omega^2}}=\sqrt{\frac{2\times 0.5\times 10^{-3}}{0.2\times 2^2}}\text{m}=\frac{\sqrt{2}}{4}\times 10^{-1}\text{m}\approx 0.035\text{m}$$

7.1.3 简谐振动的合成

在实际问题中,经常出现一个物体同时参与几个振动的情况. 例如管弦等乐器所发出的悦耳声音,实际上就是管或弦上几种频率的声波振动合成的结果. 一般的振动合成问题都比较复杂,我们仅研究下面几种简单情况.

1. 两个同方向同频率简谐振动的合成 若一质点同时参与同方向同频率的两个简谐振动,设在任一时刻,这两个振动的位移分别为

$$x_1=A_1\cos(\omega t+\varphi_1)$$

$$x_2=A_2\cos(\omega t+\varphi_2)$$

式中,x_1、x_2、A_1、A_2、φ_1、φ_2分别表示两个振动的位移、振幅和初相位;ω 表示它们共同的角频率. 由于两分振动在同一直线方向上,因此质点的合位移就为上面两个分位移的代数和,即

$$x=x_1+x_2=A_1\cos(\omega t+\varphi_1)+A_2\cos(\omega t+\varphi_2)$$

应用三角函数关系将上式展开、合并、化简,得

$$x=A\cos(\omega t+\varphi)$$

式中

$$A=\sqrt{A_1^2+A_2^2+2A_1A_2\cos(\varphi_2-\varphi_1)} \tag{7-18}$$

$$\varphi=\arctan\left(\frac{A_1\sin\varphi_1+A_2\sin\varphi_2}{A_1\cos\varphi_1+A_2\cos\varphi_2}\right) \tag{7-19}$$

用旋转矢量法可以更简洁地得到上述两简谐振动的合振动. 如图 7-7 所示,取坐标轴 Ox 轴,两旋转矢量 $\boldsymbol{A}_1$、$\boldsymbol{A}_2$分别绕原点 O 以相同的角速度 ω 逆时针做匀速圆周

运动，$t=0$ 时刻，两矢量与 Ox 轴夹角分别为 φ_1、φ_2，由矢量叠加的平行四边形法则，可求得合矢量 $\boldsymbol{A}=\boldsymbol{A}_1+\boldsymbol{A}_2$. 由于两旋转矢量长度不变，且都以相同的角速度 ω 做匀速圆周运动，所以平行四边形形状保持不变，于是合矢量 $\boldsymbol{A}$ 也以与 $\boldsymbol{A}_1$、$\boldsymbol{A}_2$ 相同的角速度 ω 旋转，它的长度在旋转过程中保持不变，并且在任意时刻 t 它与 Ox 轴的夹角为 $\omega t+\varphi$.

可见，两个同方向同频率的简谐振动合成后还是一简谐振动，其频率与分振动频率相同，振幅 A 和初相位 φ 由分振动的振幅 A_1、A_2 和初相位 φ_1、φ_2 决定．下面分三种情况进行讨论．

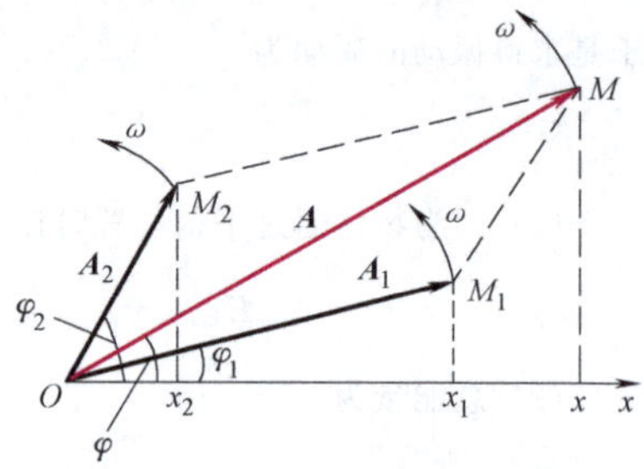

图 7-7　两个同方向同频率简谐振动合成的旋转矢量图

1）当两振动同相位，或表示为相位差 $\varphi_2-\varphi_1=2k\pi$（$k=0, \pm1, \pm2, \pm3, \cdots$）时，将该相位差代入式（7-18）得合振幅为

$$A=A_1+A_2$$

即当两个分振动同相位，或者说相位差为 π 的偶数倍时，合振动相互加强，合振幅最大，为两分振动振幅之和．

2）当两个分振动相位相反，或表示为 $\varphi_2-\varphi_1=(2k+1)\pi$（$k=0, \pm1, \pm2, \pm3, \cdots$）时，合振幅为

$$A=|A_2-A_1|$$

即当两个分振动相位相反，或者说相位差为 π 的奇数倍时，合振动相互削弱，合振幅最小，为两分振动振幅之差．在这种情况下，如果 $A_1=A_2$，则 $A=0$，也就是说两个等振幅而相位差为 π 的奇数倍的简谐振动合成后将使质点处于静止状态．

3）一般情况下，相位差（$\varphi_2-\varphi_1$）不一定是 π 的整数倍，那么合振幅将是介于 $|A_2-A_1|$ 与（A_1+A_2）之间的某一确定值．

上述讨论结果表明，两个分振动的相位差对合振动有着重要影响．

2. 两个同方向不同频率简谐振动的合成　若一质点同时参与同方向，频率分别为 ω_1、ω_2（设 $\omega_2>\omega_1$）的两个简谐振动，为了突出因频率不同而出现的效果，设两分振动的振幅相同，初相位均为零，于是这两个分振动运动学方程可分别表示为

$$x_1=A\cos\omega_1 t$$
$$x_2=A\cos\omega_2 t$$

其合振动方程为

$$x=x_1+x_2=A(\cos\omega_1 t+\cos\omega_2 t)$$

利用三角函数公式，上式可化为

$$x=2A\cos\left(\frac{\omega_2-\omega_1}{2}t\right)\cos\left(\frac{\omega_2+\omega_1}{2}t\right) \tag{7-20}$$

一般情况下，合振动并没有明显的周期性，但如果两分振动的频率相差不大，或者说两振动的频率之和远大于频率之差，即 $\omega_2+\omega_1\gg\omega_2-\omega_1$ 时，就会出现明显的周期性．这是因为对于式（7-20）中的两个因子 $\cos[(\omega_2-\omega_1)t/2]$ 和 $\cos[(\omega_2+\omega_1)t/2]$ 而言，分别是两个周期性变化的量，第一个量的周期要比第二个量的周期长得多，也就是说，第一

个量的变化比第二个量的变化慢得多，以至于在短时间内第二个量反复变化多次，而第一个量却几乎没有变化，因此我们可以将式（7-20）表示的运动看作是角频率等于 $(\omega_2+\omega_1)/2$，而振幅按 $\left|2A\cos\left(\frac{\omega_2-\omega_1}{2}t\right)\right|$ 缓慢变化的近似简谐振动．由于该振动的振幅是周期性缓慢变化的，因此振动会出现时强时弱的现象．图 7-8 画出了两个分振动以及合振动的图形．

有时为了更清楚地表示这一近似简谐振动，常取 $\bar{\omega}=(\omega_2+\omega_1)/2$ 为平均角频率，$\Delta\omega=|\omega_2-\omega_1|/2$ 为调制角频率，那么有 $\bar{\omega}\gg\Delta\omega$，而式（7-20）则可简写为

$$x=2A\cos\Delta\omega t\cos\bar{\omega}t \tag{7-21}$$

由式（7-21）可以更清楚地说明该振动是振幅按照 $2A\cos\Delta\omega t$ 缓慢变化、角频率等于 $\bar{\omega}$ 的近似简谐振动．

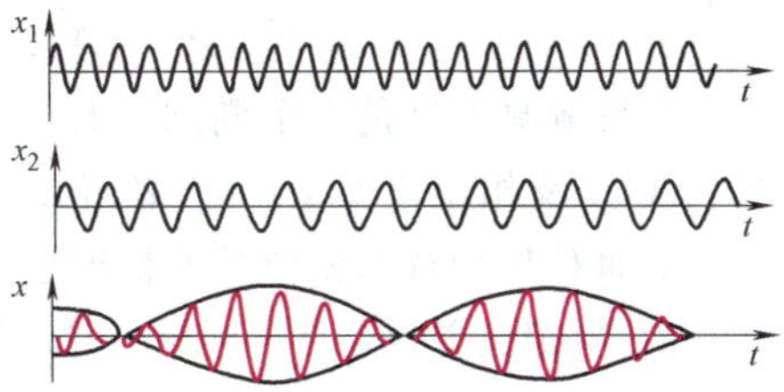

图 7-8　拍的形成

振动方向相同、频率之和远大于频率之差的两个简谐振动合成时，合振动振幅周期变化的现象称为拍，如图 7-8 所示．合振幅每变化一个周期称为一拍，单位时间内拍出现的次数称为拍频，它是振幅变化的频率．拍频的值可由振幅公式 $\left|2A\cos\left(\frac{\omega_2-\omega_1}{2}t\right)\right|$ 求出．由于余弦函数绝对值的变化周期为 π，因此振幅的变化周期

$$\tau=\frac{\pi}{|\omega_2-\omega_1|/2}=\frac{2\pi}{|\omega_2-\omega_1|}$$

于是拍频为

$$\nu_{拍}=\frac{1}{\tau}=\frac{|\omega_2-\omega_1|}{2\pi}=|\nu_2-\nu_1| \tag{7-22}$$

式（7-22）表明，拍频为两个分振动频率之差．

常用式（7-22）来测量某一振动的频率．让该振动与另一个频率已知且值与它相近的振动合成，测量合振动的拍频，就可以求出该振动的频率．

可以用音叉来显示拍现象．取两支完全相同的音叉（固有频率相同），在其中一支音叉上加上一个小物体，使两支音叉的固有频率有所差别．用小锤同时敲击两支音叉，当二者频率相差不大时，我们会听到时高时低的嗡嗡声，该声音称为“拍音”，它是合振动振幅周期性变化所发出的声音，此时已经分辨不出两支音叉各自的音调了．

拍现象在生活中和科学研究中有着广泛的应用．例如用标准音叉来校准钢琴，让标准音叉与要调整的钢琴某一键同时发音，若出现拍音，表明该键与音叉的频率有差异，调整琴键一直到拍音消失，该键被校准．警察的雷达测速器也是利用了拍的原理，由于多普勒效应，从汽车反射回来的电磁波频率与入射波频率略有差别，测量入射波与反射波合成后振动的拍频，测速器就可以较准确地推算出汽车的速度．

3. 两个相互垂直同频率简谐振动的合成*　当一个质点同时参与两个不同方向的振动时，质点的合位移是这两个分振动位移的矢量和．一般情况下，该质点将在两个分振动位移所确定的平面内做曲线运动，质点的运动轨迹由这两个分振动的振幅、频率以及相位差来决定．我们下面讨论其中一种较简单的振动合成．

设质点同时参与两个相互垂直且同频率的简谐振动．若这两个简谐振动分别在 x 轴和 y 轴上进行，其运动学方程分别为

$$x = A_1\cos(\omega t + \varphi_1)$$
$$y = A_2\cos(\omega t + \varphi_2)$$

从两式中消去时间参数，得到质点在 Oxy 平面上的合振动的轨迹方程为

$$\frac{x^2}{A_1^2} + \frac{y^2}{A_2^2} - \frac{2xy}{A_1A_2}\cos(\varphi_2 - \varphi_1) = \sin^2(\varphi_2 - \varphi_1) \tag{7-23}$$

一般情况下这是一个椭圆方程．椭圆的具体形状和大小以及长、短轴的方位由振幅 A_1、A_2 以及相位差 $(\varphi_2 - \varphi_1)$ 决定．

下面对几种特殊相位差的情况进行简单讨论．

1）当相位差 $(\varphi_2 - \varphi_1) = 0$ 时，即两振动同相位时，式（7-23）可简化为

$$y = \frac{A_2}{A_1}x$$

合振动轨迹为通过坐标原点且在第一、三象限的直线，斜率为 A_2/A_1，如图 7-9a 所示．

当相位差 $(\varphi_2 - \varphi_1) = \pi$ 时，即两振动反相时，式（7-23）可简化为

$$y = -\frac{A_2}{A_1}x$$

合振动轨迹为通过坐标原点且在第二、四象限的直线，斜率为 $-A_2/A_1$，如图 7-9e 所示．

以上两种情况下，直线斜率的绝对值都等于两个分振动振幅之比．任一时刻，质点离开平衡位置的位移

$$r = \sqrt{x^2 + y^2} = \sqrt{A_1^2 + A_2^2}\cos(\omega t + \varphi_1)$$

所以合振动也是简谐振动，合振动的频率与分振动相同，振幅为

$$A = \sqrt{A_1^2 + A_2^2}$$

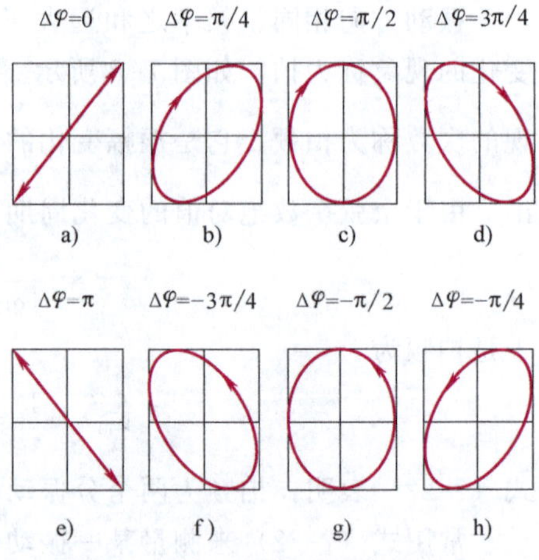

图 7-9 两个相互垂直的同频率简谐振动的合成

2）若相位差 $(\varphi_2 - \varphi_1) = \pm\frac{\pi}{2}$，式（7-23）简化为

$$\frac{x^2}{A_1^2} + \frac{y^2}{A_2^2} = 1$$

即合振动的轨迹是以坐标轴为主轴的椭圆．其中，当 $(\varphi_2 - \varphi_1) = \pi/2$ 时，沿 x 轴方向的振动落后于沿 y 轴方向振动 $\pi/2$，因此质点将沿椭圆轨道按顺时针方向运动，如图 7-9c 所示；当相位差 $(\varphi_2 - \varphi_1) = -\pi/2$ 时，沿 x 轴方向的振动超前于沿 y 轴方向振动 $\pi/2$，因此质点将沿椭圆轨道按逆时针方向运动，如图 7-9g 所示．可以看出，在这两种情况下，虽然质点的运动轨道相同，但质点的运动方向却有顺时针和逆时针之分；若分振幅 $A_1 = A_2$，椭圆将变成圆，即两个振动方向垂直、振幅相等、频率相同而相位差等于 $\pm\pi/2$ 的振动合成的结果是圆周运动．反过来说，圆周运动也可分解成两个相互垂直的同振幅、同频率而相位差等于 $\pm\pi/2$ 的简谐振动．圆周运动与简

谐振动的这种关系，为用旋转矢量法来表示简谐振动提供了理论依据．

3）一般情况下（即相位差取其他任意值时），合振动的轨迹是斜椭圆，椭圆的倾斜程度和质点的运动方向完全取决于相位差的大小．如图 7-9b、d、f、h 所示，画出了当相位差取$\pm\pi/4$、$\pm3\pi/4$时的合振动轨迹，分析方法同上．

例题 7-3　有两个振动方向相同的简谐振动，振动方程分别为

$$x_1 = 0.03\cos\pi t$$

$$x_2 = 0.04\cos\left(\pi t - \frac{\pi}{2}\right)$$

（1）求它们的合振动方程；

（2）若另有一个同方向的简谐振动 $x_3 = 0.06\cos(\pi t + \varphi_3)$，则：当 φ_3 为何值时，$(x_1 + x_3)$ 的振幅为最大值？当 φ_3 为何值时，$(x_1 + x_3)$ 的振幅为最小值？

解：（1）由题意可知，x_1、x_2 是两个同方向同频率的简谐振动，因此其合振动也是简谐振动，且频率与两个分振动频率相同，角频率均为 π rad/s，所以可设合振动方程为

$$x = A\cos(\pi t + \varphi)$$

合振动振幅为

$$\begin{aligned} A &= \sqrt{A_1^2 + A_2^2 + 2A_1A_2\cos(\varphi_2 - \varphi_1)} \\ &= \sqrt{(0.03)^2 + (0.04)^2 + 2\times0.03\times0.04\cos\left(-\frac{\pi}{2}\right)}\ \mathrm{m} \\ &= 0.05\mathrm{m} \end{aligned}$$

合振动初相 φ 的正切值为

$$\tan\varphi = \frac{A_1\sin\varphi_1 + A_2\sin\varphi_2}{A_1\cos\varphi_1 + A_2\cos\varphi_2} = \frac{0.03\sin0 + 0.04\sin\left(-\frac{\pi}{2}\right)}{0.03\cos0 + 0.04\cos\left(-\frac{\pi}{2}\right)} = -\frac{4}{3}$$

由旋转矢量法可知，合振动的初相位应在第四象限，因此 $\varphi = -\frac{3}{10}\pi$. 所以所求的合振动方程为

$$x = 0.05\cos\left(\pi t - \frac{3}{10}\pi\right)$$

（2）当相位差

$$\varphi_3 - \varphi_1 = 2k\pi \quad (k = 0, \pm1, \pm2, \pm3, \cdots)$$

时，合振动的振幅最大．因 $\varphi_1 = 0$，所以

$$\varphi_3 = 2k\pi \quad (k = 0, \pm1, \pm2, \pm3, \cdots)$$

当相位差

$$\varphi_3 - \varphi_1 = (2k+1)\pi \quad (k = 0, \pm1, \pm2, \pm3, \cdots)$$

时，合振动振幅最小，因此

$$\varphi_3 = (2k+1)\pi \quad (k = 0, \pm1, \pm2, \pm3, \cdots)$$

7.2　简谐波

7.2.1　机械波的产生条件和分类*

1. 机械波的产生条件　传播机械波的介质可以看成是由大量质元组成，每个质元都有一个平衡位置，并且各质元之间有相互作用的弹性力．当介质中某一质元 A 受到外界

的作用而偏离平衡位置时，邻近的质元就会对它作用一个弹性回复力，使质元 A 在平衡位置附近产生振动．同时当 A 偏离平衡位置时，A 周围的质元也受到 A 作用的弹性力，迫使这些质元偏离平衡位置振动，这些偏离平衡位置的质元又会对更远处与它们邻近的质元施加弹性力，使那些质元也偏离平衡位置振动，从而由近及远地使 A 周围质元以及更外围的质元都在弹性力的作用下依次振动起来，这样，振动就以一定的速度由近及远地传播出去，形成机械波．由此可见，形成机械波首先要有作机械振动的物体，即波源．在上述分析中，质元 A 即为波源．其次，形成机械波还要有能够传播机械振动的弹性介质．

2. 横波和纵波 根据振动方向与波的传播方向之间的关系，可以将机械波分为横波和纵波．振动方向与传播方向相互垂直的波称为横波；振动方向与传播方向平行的波称为纵波．如图 7-10a 所示，绳子的一端固定，另一端握在手中并上下振动，于是绳子上的各点会依次上下振动起来，形成机械波，其振动方向与波的传播方向垂直，所以是横波，横波的外形特征表现为横向具有突出的“波峰”和凹下的“波谷”．如图 7-10b 所示，将一根水平放置的长弹簧一端固定，在另一端沿水平方向压缩或拉伸一下，使该端在水平方向做振动．由于弹簧各部分之间弹性力的作用，弹簧的各个部分也相继水平振动起来，表现为弹簧圈的“稠密”和“稀疏”，可见弹簧的振动方向与波的传播方向相同，都沿水平方向，所以是纵波，纵波的外形特征表现为沿振动方向有介质的“稠密”和“稀疏”．另外，空气中传播的声波也是我们最常见的纵波．当波源即发声体振动时，在传播方向上就会引起空气“稠密”和“稀疏”的振动．

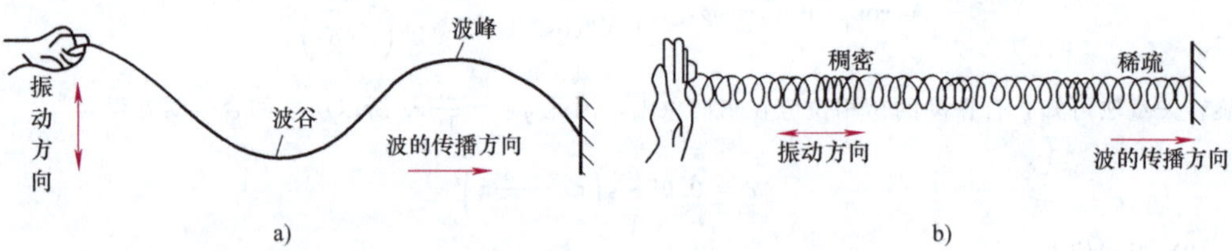

图 7-10 横波与纵波

a）横波 b）纵波

横波和纵波是机械波中两种最基本、最简单的波动形式，任何复杂的机械波都可以看作是若干个横波或纵波的合成．

3. 平面波和球面波

（1）波面、波前和波线 为了更形象地描述波动在介质中的传播情况，我们引入波面、波前和波线的概念．在波动过程中，某一时刻介质中各振动相位相同的点连成的曲面称为波面．波传播到达的最前面的那个波面称为波前或波阵面．由于波面上各点的相位相等，所以波面是等相面．沿波的传播方向做一些带箭头的线称为波射线，简称波线．在各向同性介质中波线与波面总是处处正交．

（2）平面波和球面波 按波面的形状可将波分为平面波、球面波和柱面波等．平面波的波面是一组平行平面，波线是垂直于波面的平行直线，如图 7-11a 所示；球面波的波面是以点波源为中心的一系列同心球面，波线是沿半径方向的直线，如图 7-11b 所示；柱面波的波面是以线状波源为轴线的圆柱面，波线是垂直于轴线且以轴线上各点为圆心的、沿圆的半径方向的直线，如图 7-11c 所示．

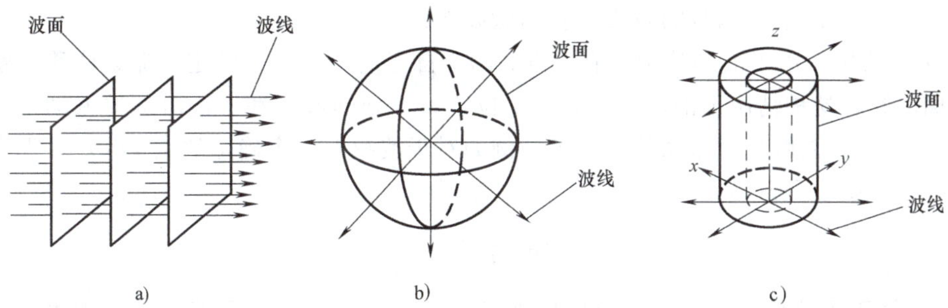

图 7-11　平面波、球面波和柱面波

a）平面波　b）球面波　c）柱面波

在各向同性介质中，点波源产生球面波，线波源产生柱面波．但当研究的位置远离波源时，无论波源是什么形状，研究点附近的波面都可以近似地看成是平面波波面．例如太阳发出的光波是球面波，但在地球上研究时，就可以将其看成是平面波．

7.2.2　平面简谐波的描述

一般情况下的机械波都是很复杂的．在均匀各向同性的弹性介质中，如果波源做简谐振动，则介质中各点也都相继做简谐振动，于是这种简谐振动的传播在介质中形成了简谐波．波面为平面的简谐波称为平面简谐波．平面简谐波是一个理想模型，是最简单、最基本的波动形式．一切复杂的波都可以看作是一些频率不同、振幅不同的平面简谐波的合成．本节主要讨论在无吸收（即不吸收所传播的振动能量）、各向同性、均匀无限大介质中传播的平面简谐波．

1. 平面简谐波的波函数　假设在均匀的各向同性介质中沿 x 轴方向无吸收地传播着一列速度为 u 的平面简谐波．如果介质中各点的简谐振动的位移用 y 表示，那么 t 时刻处于原点 O 处的质元的振动位移可以表示为

$$y_0 = A\cos(\omega t + \varphi)$$

由于波动是沿着 x 轴正方向以速度 u 传播，因此波动从原点 O 传播到 x 轴上位置为 x 处的 P 点所需的时间为

$$\Delta t = \frac{x}{u}$$

所以 P 点质元的振动比 O 点的振动在时间上落后 Δt，即 P 点质元在 t 时刻的位移与 O 点在$t-\Delta t$时刻的位移相同．所以有

$$y_P(t) = y_O(t-\Delta t) = A\cos[\omega(t-\Delta t)+\varphi] = A\cos\left[\omega\left(t-\frac{x}{u}\right)+\varphi\right]$$

由于 P 点的位置是任意的，因此可以将 y_P的下标 P 省略，又因 y 是自变量 x 和 t 的函数，所以上式可表示为

$$y(x,t) = A\cos\left[\omega\left(t-\frac{x}{u}\right)+\varphi\right] \tag{7-24}$$

这样就得到 t 时刻 x 处质元的振动位移，也就是平面简谐波的波函数，亦即平面简谐波的运动学方程．

为了进一步理解波函数的意义，我们做如下讨论．

（1）x 给定　由于波函数中含有 x 和 t 两个自变量，如果 x 给定，那么位移 y 就只是 t 的周期函数，这种情况下的波函数就表示位置为 x 处的质元在不同时刻的振动位移，也就简化成该质元在做简谐振动的情形了．例如对于波线上一个确定的点 $x=x_0$，那么波函数式（7-24）就改写为

$$y(t)=A\cos\left[\omega\left(t-\frac{x_0}{u}\right)+\varphi\right]$$

它表示 x_0 处质元的位移随时间 t 的变化规律，也就是该质元的简谐振动方程表示式，如图 7-12a所示．

（2）t 给定　这种情况下，位移 y 就只是 x 的周期函数．此时的波函数就表示在给定时刻 t，x 轴线（即波线方向）上各质元的振动位移，也就是在给定时刻 t 的波形．例如对于某一确定时刻 $t=t_0$，波函数式（7-24）就改写为

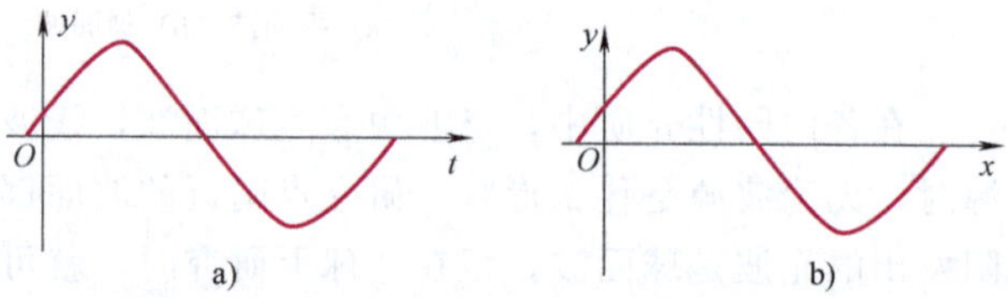

图 7-12　振动曲线和波形图

$$y(x)=A\cos\left[\omega\left(t_0-\frac{x}{u}\right)+\varphi\right]$$

该式表示在给定时刻 t_0，波线上各质元的位移 y 随 x 的分布情况，也即是 t_0 时刻的波形表达式，如图 7-12b 所示．

（3）x 和 t 都在变化　这种情况下，波函数就表示波线上不同质元在不同时刻的位移，更形象地说，就是波形的传播．如图 7-13 所示，实线代表 t_1 时刻的波形，虚线代表（$t_1+\Delta t$）时刻的波形．从图中可以看出，t_1 时刻 x_1 处质元的振动状态与（$t_1+\Delta t$）时刻（$x_1+\Delta x$）处质元的振动状态相同，则相位也相同．于是有

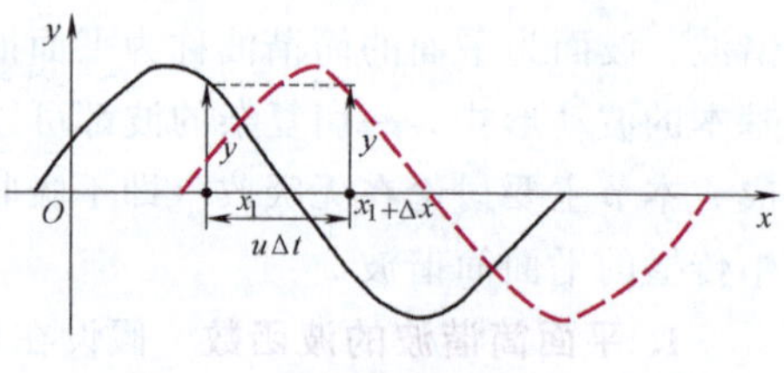

图 7-13　不同时刻的波形图

$$\omega\left(t_1-\frac{x_1}{u}\right)+\varphi=\omega\left[(t_1+\Delta t)-\frac{(x_1+\Delta x)}{u}\right]+\varphi$$

化简得

$$\Delta x=u\Delta t \tag{7-25}$$

因此，t_1 时刻 x_1 处质元的振动相位在（$t_1+\Delta t$）时刻传播到（$x_1+\Delta x$）即（$x_1+u\Delta t$）处．或者说，在时间 Δt 内，整个波形向前移动了 $u\Delta t$ 的距离．这种在空间行进的波称为行波．

2. 平面简谐波的基本特征物理量

（1）波的周期和频率　波动向前传播一个完整波形所需的时间称为波的周期，用 T 表示，它在数值上等于波源振动的周期．在波传播过程中，单位时间内向前传播的完整波形的数目称为波的频率，简称波频，用 ν 表示．由于介质中的质元都相继重复波源的振动，所以

波的频率在数值上也等于波源的振动频率．从周期和频率的定义可以看出二者互为倒数，即

$$\nu=\frac{1}{T}$$

波的周期和频率是波源振动的周期和频率，与介质无关．

（2）波长 简谐振动传播过程中，同一波线上两个相邻相位差为 2π 的振动质元之间的距离，即一个完整波形的长度称为波长，用 λ 表示．介质中振动的相位差为 2π 及其整数倍的所有质元，它们的振动状态都相同，所以这些质元间的距离为一个波长或波长的整数倍．从波的形成过程来看，波长是波在一个周期内传播的距离，即

$$\lambda=uT \tag{7-26}$$

对于横波，其波长就是相邻两个波峰之间或者相邻两个波谷之间的距离，如图 7-14a 所示；对于纵波，其波长指相邻两个密部或相邻两个疏部对应点之间的距离，如图 7-14b 所示．

图 7-14 简谐波的波长

a） 横波波长 b） 纵波波长

3. 平面简谐波波函数的其他形式 利用 7.2.2 中平面简谐波的几个基本特征物理量的关系

$$\nu=\frac{1}{T},\quad \omega=\frac{2\pi}{T}=2\pi\nu,\quad \lambda=uT$$

可以将简谐波的波函数即式（7-24）改写为用波长 λ、周期 T 或频率 ν 等物理量表示的函数形式：

$$y(x,t)=A\cos\left(\omega t-\frac{2\pi x}{\lambda}+\varphi\right) \tag{7-27a}$$

$$y(x,t)=A\cos\left[2\pi\left(\frac{t}{T}-\frac{x}{\lambda}\right)+\varphi\right] \tag{7-27b}$$

$$y(x,t)=A\cos\left[2\pi\left(\nu t-\frac{x}{\lambda}\right)+\varphi\right] \tag{7-27c}$$

$$y(x,t)=A\cos\left[\frac{2\pi}{\lambda}(ut-x)+\varphi\right] \tag{7-27d}$$

将式（7-27）与原点 O 处质元的振动表达式相比较可以看出，坐标为 x 的质元的振动相位比原点处质元的振动相位落后 $\frac{2\pi x}{\lambda}$. 当 $x=k\lambda$（$k=\pm1$，±2，±3，…）时，在这些坐标处质元的振动状态与原点处质元的振动状态完全相同．可见波长 λ 反映了波的空间周期性．

如果平面简谐波沿 x 轴负方向传播，那么在 t 时刻位于 x 处的质元的位移应该等于原点在这之后 x/u，即（$t+x/u$）时刻的位移．因此，应将式（7-24）和式（7-27）中的减

号改为加号，就可以得到相应的波函数了．

例题 7-4 一平面简谐波沿 x 轴的正方向传播，已知其波动表达式为

$$y = 0.02\cos\pi(5x - 200t) \quad (\mathrm{SI})$$

求：

（1）波的振幅、波长、周期、波速；

（2）介质中质元振动的最大速度；

（3）画出 $t_1=0.0025\mathrm{s}$ 及 $t_2=0.005\mathrm{s}$ 时的波形曲线．

解：（1）将已知波动表达式写成标准形式

$$y = 0.02\cos 2\pi\left(100t - \frac{5}{2}x\right)$$

将上式与 $y=A\cos 2\pi\left(\frac{t}{T}-\frac{x}{\lambda}\right)$ 比较，可得

$$A = 0.02\mathrm{m},\quad \lambda = \frac{2}{5}\mathrm{m} = 0.4\mathrm{m},\quad T = \frac{1}{100}\mathrm{s} = 0.01\mathrm{s},\quad u = \frac{\lambda}{T} = 40\mathrm{m/s}$$

（2）介质中质元的振动速度为

$$v = \frac{\mathrm{d}y}{\mathrm{d}t} = 0.02 \times 200\pi\sin\pi(5x - 200t)$$

其最大值为 $v_{\max}=4\pi\ \mathrm{m/s}\approx 12.6\mathrm{m/s}$

（3）当 $t_1=0.0025\mathrm{s}$ 时，波形表达式为

$$y = 0.02\cos\pi(5x - 0.5) = 0.02\sin 5\pi x$$

当 $t_2=0.005\mathrm{s}$ 时，波形表达式为

$$y = 0.02\cos\pi(5x - 1) = -0.02\cos 5\pi x$$

于是，便可画出两条波形曲线，如图7-15所示．

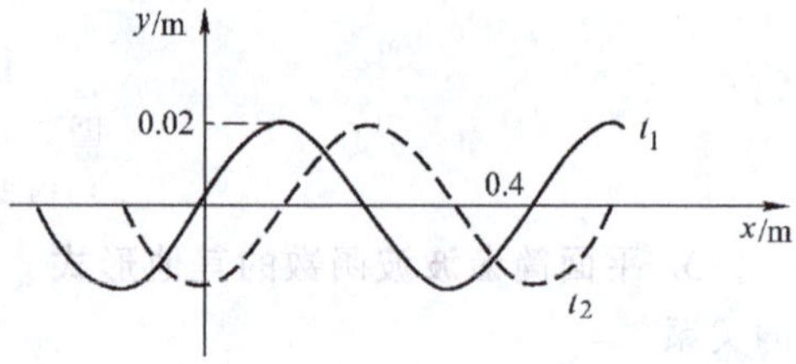

图 7-15　例题 7-4 用图

例题 7-5 一根长线用水平力张紧，在上面产生一列向左传播的简谐波，波速为 20m/s. 在 $t=0$ 时它的波形曲线如图7-16所示，求该简谐波的波函数．

解：由图7-16可以看出，振幅 $A=4\mathrm{cm}=0.04\mathrm{m}$，波长 $\lambda=0.4\mathrm{m}$. 则周期

$$T=\frac{\lambda}{u}=\frac{0.4}{20}\mathrm{s}=0.02\mathrm{s}$$

角频率

$$\omega=\frac{2\pi}{T}=100\pi\ \mathrm{rad/s}$$

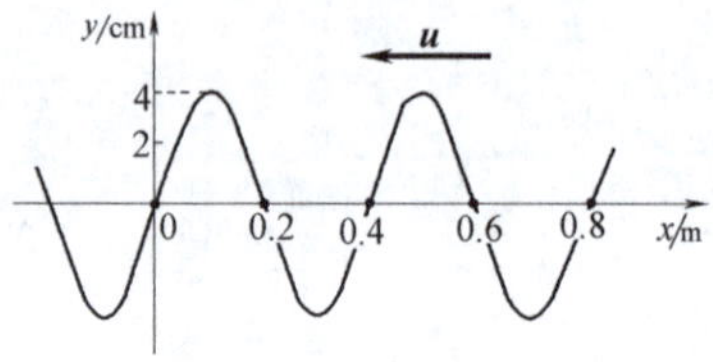

图 7-16　例题 7-5 用图

若设波源处的振动方程为 $y(0,t)=A\cos(\omega t+\varphi)$，则由图7-16可以看出，波源的振动初相位为 $-\frac{\pi}{2}$，原点处质元的振动方程为

$$y(0,t)= 0.04\cos\left(100\pi t - \frac{\pi}{2}\right)\ \mathrm{m}$$

由于在波的传播过程中，整个波形向左平移，所以波函数为

$$y(x,t)= A\cos\left[\omega\left(t+\frac{x}{u}\right)+\varphi\right] = 0.04\cos\left[100\pi\left(t+\frac{x}{20}\right)-\frac{\pi}{2}\right]\ \mathrm{m}$$

7.2.3 波的能量和波的强度*

1. 波的能量和能量密度 对于弹性介质中的任一质元，当没有波传播到该处时，它

处于静止状态，动能和势能都等于零．当一列波传播到介质中的该质元上时，该质元将产生振动，因而具有动能；同时由于该处介质发生弹性形变，所以又具有势能．可见，由于波的传播，导致该质元具有了动能和势能．

下面将以简谐纵波在直棒中的传播为例，来说明波在介质中传播能量的情况．如图7-17所示，有一密度为ρ，横截面积为S的细长直棒沿x轴放置．在棒上任取一长度为$\mathrm{d}x$的质元，则该质元的体积为$\mathrm{d}V=S\mathrm{d}x$，质量为$\mathrm{d}m=\rho\mathrm{d}V$．设质元的左右截面分别为$a$和$b$，当波还未到达时，该质元处于平衡位置，两个截面$a$和$b$的坐标分别为$x$和$x+\mathrm{d}x$.

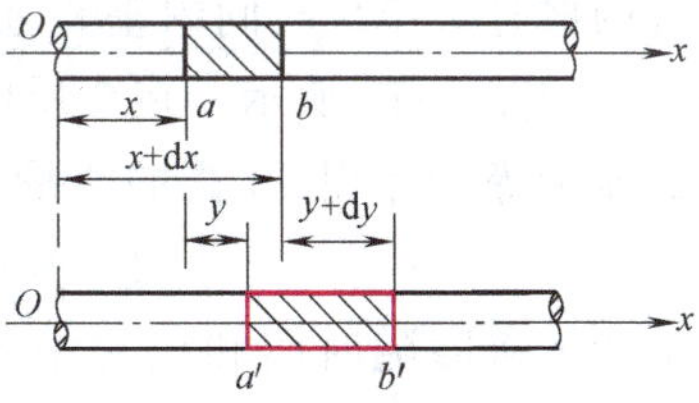

图7-17 简谐纵波在棒中传播时发生的形变

设一列波函数为$y(x,t)=A\cos\omega\left(t-\dfrac{x}{u}\right)$的波通过介质，当波到达该质元时，质元开始振动．质元由于不断受到相邻质元的挤压和拉伸而产生弹性形变，因而具有弹性势能．设t时刻截面a的位移为y，截面b的位移为$(y+\mathrm{d}y)$，因而分别到达图7-17中的a'和b'处．该质元的振动速度为

$$v=\frac{\partial y}{\partial t}=-A\omega\sin\omega\left(t-\frac{x}{u}\right)$$

振动动能为

$$\mathrm{d}E_{\mathrm{k}}=\frac{1}{2}(\mathrm{d}m)v^2=\frac{1}{2}\rho A^2\omega^2\sin^2\omega\left(t-\frac{x}{u}\right)\mathrm{d}V \tag{7-28}$$

质元由于形变而具有的形变势能为

$$\mathrm{d}E_{\mathrm{p}}=\frac{1}{2}\rho A^2\omega^2\sin^2\omega\left(t-\frac{x}{u}\right)\mathrm{d}V \tag{7-29}$$

质元的动能和势能具有完全相同的表达式．质元的总能量等于其动能和势能之和，即

$$\mathrm{d}E=\mathrm{d}E_{\mathrm{k}}+\mathrm{d}E_{\mathrm{p}}=\rho A^2\omega^2\sin^2\omega\left(t-\frac{x}{u}\right)\mathrm{d}V \tag{7-30}$$

由式（7-28）～式（7-30）可以看出，在波传播过程中，介质中参与波动的质元的动能、势能和总能量都随时间呈周期性变化，这与简谐振动系统是完全不同的．对于简谐振动系统，总能量是恒定的，动能和势能有相位差$\pi/2$，动能达到最大时势能为零，势能达到最大时动能为零，二者相互转化，使总的机械能守恒．但在波动中，参与振动的介质质元的动能和势能的变化是同相位的，它们的变化完全是同步的，同时到达最大值，又同时到达最小值零．因此对于任一参与振动的质元而言，机械能不守恒，而是沿着波的传播方向，不断从波源接收能量，又不断把能量释放出去．这样，能量就随波的传播，从介质的一部分传向另一部分．

为了精确描述波动中的能量分布，人们引入波的能量密度的概念．定义为介质中单位体积内的能量，用w表示．所以有

$$w=\frac{\mathrm{d}E}{\mathrm{d}V}=\rho A^2\omega^2\sin^2\omega\left(t-\frac{x}{u}\right) \tag{7-31}$$

可见，波在空间任一处的能量密度也是随时间变化的．通常取其在一个周期内的平均值，

称为平均能量密度，记作$\overline{w}$. 于是有

$$\overline{w}=\frac{1}{T}\int_0^T w\mathrm{d}t=\frac{1}{T}\int_0^T \rho A^2\omega^2\sin^2\omega\left(t-\frac{x}{u}\right)\mathrm{d}t=\frac{1}{2}\rho A^2\omega^2 \tag{7-32}$$

式（7-32）表明，波的平均能量密度与振幅的平方、频率的平方和介质密度成正比.

2. 能流和波的强度 为了描述波动过程中能量在介质中的传播特点，人们又引入了能流的概念．单位时间内垂直通过介质中某一面积的能量称为通过该面积的能流，用 P 表示．如图 7-18 所示，在介质中做一垂直于传播方向的面积 S，则在单位时间内通过 S 面的能量等于体积 uS 内的能量，表示为

$$P=wuS$$

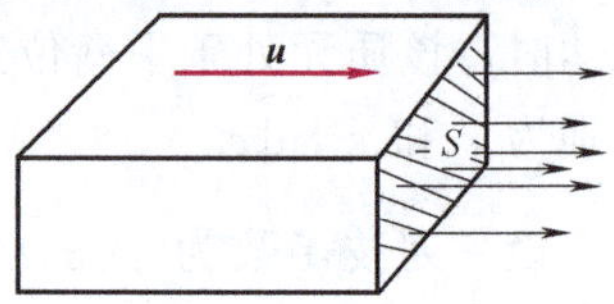

图 7-18 波的能流

由于能量密度随时间和位置做周期性变化，所以通过该面的能流一般情况下也是随时间变化的，因此通常取其在一个周期内的平均值，称为通过该面的平均能流，并表示为

$$\overline{P}=\overline{w}uS=\frac{1}{2}\rho A^2\omega^2 uS$$

平均能流的单位是瓦特（W），因此也把波的平均能流称为波的功率．

单位时间内垂直通过单位面积的平均能流，称为平均能流密度或波的强度，用 I 表示．则有

$$I=\frac{\overline{P}}{S}=\overline{w}u=\frac{1}{2}\rho A^2\omega^2 u \tag{7-33}$$

对于声波和光波，分别称它为声强和光强．在国际单位制中，波的强度的单位是瓦每二次方米，符号为 W/m².

例题 7-6 为了保持波源的振动不变，需要消耗 4.0W 的功率．若波源发出的是球面波（设介质不吸收波的能量），求距离波源 5.0m 和 10.0m 处波的强度．

解： 因介质不吸收波的能量，所以对球面波而言，单位时间内通过任意半径球面的能量（平均能流）相同，都等于波源消耗的功率，而同一个球面上各处的平均能流密度即波的强度相等．所以在距波源 $r_1=5.0\text{m}$ 处波的强度为

$$I_1=\frac{\overline{P}}{S}=\frac{\overline{P}}{4\pi r_1^2}=\frac{4.0}{4\times3.14\times5.0^2}\text{W/m}^2\approx1.27\times10^{-2}\text{W/m}^2$$

在距波源 $r_2=10.0\text{m}$ 处波的强度为

$$I_2=\frac{\overline{P}}{4\pi r_2^2}=\frac{4.0}{4\times3.14\times10.0^2}\text{W/m}^2\approx3.18\times10^{-3}\text{W/m}^2$$

7.2.4 波的叠加 驻波*

1. 惠更斯原理 水面波在传播过程中，如果没有遇到障碍物，波前的形状将保持不变．但是若用一块有小孔的挡板挡在波的前面，如图 7-19 所示，不论原来的波面是什么形状，只要小孔的线度小于水面波的波长，通过小孔后的波面就会变成以小孔为中心的圆形弧，好像这个小孔是点波源，水面波是由其发出的一样．

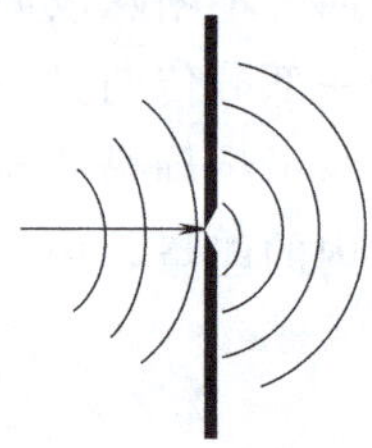
图 7-19 水波通过小孔

荷兰物理学家惠更斯在总结以上这类现象的基础上，于 1690 年首次提出：在波传播过程中，介质中任一波面上的各点，都可

以看作是发射子波的波源，各自发出球面子波；在以后的任一时刻，这些子波波面的包络面形成整个波在该时刻的新波面．这就是惠更斯原理．无论是机械波还是电磁波，无论传播波的是均匀介质还是非均匀介质，是各向同性介质还是各向异性介质，惠更斯原理都成立．

根据惠更斯原理，可以从某一时刻已知的波面位置求出另一时刻波面的位置，在很大程度上解决了波的传播问题．下面就以球面波为例来说明惠更斯原理的应用．如图 7-20a所示，以 O 为球心的球面波以速度 u 在介质中传播，在 t 时刻的波前是半径为 R_1 的球面 S_1，根据惠更斯原理，S_1 面上的各点都可以看作是发射子波的波源，以 $r=u\Delta t$ 为半径画出许多半球形子波，那么这些子波的包络面 S_2 就是 $(t+\Delta t)$ 时刻的新波面．显然 S_2 是以 O 为球心，以 $R_2=R_1+u\Delta t$ 为半径的球面．同样，对于平面波，如图 7-20b 所示，若 t 时刻的波面是平面 S_1，根据惠更斯原理，可以很容易地得到 $(t+\Delta t)$ 时刻的新波面是平面 S_2.

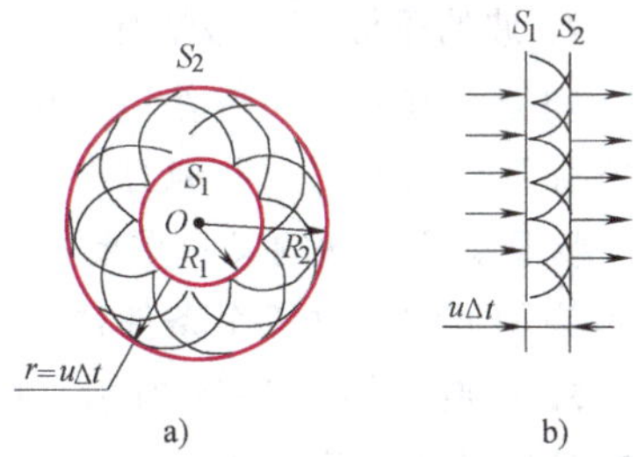

图 7-20　用惠更斯原理求波面

2. 波的衍射　门内外的人，虽然彼此看不见，但却能听到对方的说话声．水波也能绕过水面上的障碍物继续向前传播，这说明机械波能绕过障碍物边缘传播．波在前进中能绕过障碍物继续向前传播的现象称为波的衍射．衍射现象是波的重要特性之一．

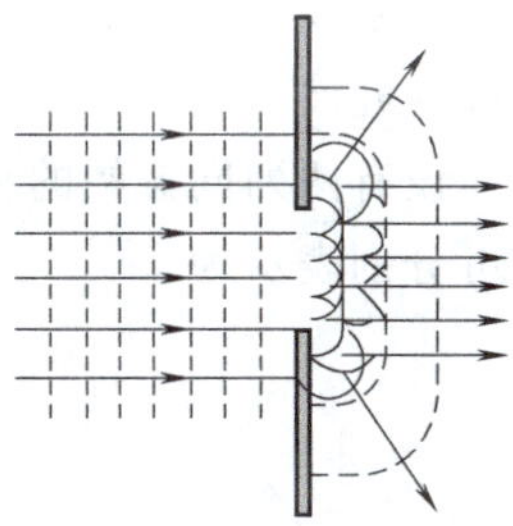
图 7-21　波的衍射

用惠更斯原理可以定性地说明衍射现象．如图 7-21 所示，当一平面波到达一条宽度与波长相近的狭缝时，缝上各点都可以看作是发射球面子波的波源，做这些子波的包络面，就得到新的波面．此时的波面与原来的波面形状略有不同，在靠近障碍物的边缘处，波面发生了弯曲，即波绕过了障碍物向前传播．

衍射现象是否显著，与障碍物的尺寸有关．如果障碍物的宽度远大于波长，衍射现象不明显；如果障碍物的宽度与波长相差不多，衍射现象较明显；如果障碍物的宽度小于波长，衍射现象更加明显．声波的波长比较长，当声波传到门缝或窗缝时，衍射现象很明显，因而室外的声音可以传到室内，室内的声音也可以传到室外．

3. 波的叠加原理　如图 7-22 所示，将两块石子扔入水中，水面就会产生两列水波，虽然在两列水波相遇的区域将由于两列波的叠加而出现特殊的波纹，然而一旦这两列波分开后，将仍然保持原来的特征按原方向继续传播．交响乐团演奏或者几个人同时讲话时，虽然空气中同时传播着许多声波，但我们仍然能够分辨出各个乐器的演奏或各个人的声音，这表明某种乐器或某个人发出的声波并不会因为其他乐器或其他人同时发出的声波而受到影响．这就是波独立传播的例子．通过对诸如以上现象的观察与分析，可以总结出以下规律：

图 7-22　两列水波的叠加

1）几列波相遇后，仍然保持它们原来的特征（如频率、波长、振动方向等）继续沿原来的传播方向前进，好像没有遇到其他的波一样．

2）在相遇区域内任一点的振动，为各列波单独存在时在该点所引起的振动位移的矢量和．

上述规律称为波的叠加原理．

4. 波的干涉 一般情况下，波的叠加问题比较复杂．但在某些条件下，如两列同频率、同振动方向、相位差恒定的波叠加时，其合振幅和合强度将在空间使某些地方振动始终加强，而使另一些地方振动始终减弱，形成一种稳定的分布．这种现象称为波的干涉．干涉现象是波动的又一重要特征．我们把满足频率相同、振动方向相同、相位差恒定的波称为相干波，这三个条件称为相干条件，产生相干波的波源称为相干波源．

5. 驻波 如图 7-23 所示，把弦线一端 A 接一个音叉，另一端系一砝码，砝码通过定滑轮拉紧弦线，音叉由电磁策动力维持恒定的简谐振动，在弦线上就会激发由左向右传播的波，此波传播到劈尖 B 时被反射，因而在弦线上又出现了一列自右向左传播的反射波，反射波与入射波同频率、同振动方向，但传播方向相反．设入射波波长为 λ，调节 B 的位置，使弦线 AB 的长度为半波长的整数倍，在弦线上就会出现如图 7-23 所示的波形，该波称为驻波．

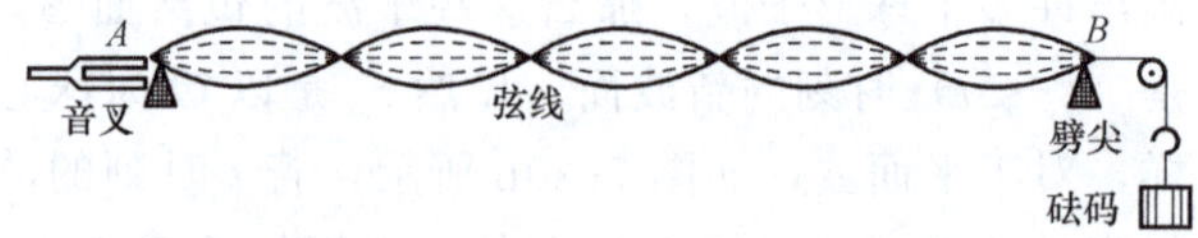

图 7-23 弦线驻波实验示意图

设有两列同振幅的相干简谐波分别沿 x 轴正方向和沿 x 轴负方向传播，它们的表达式可分别表示为

$$y_1 = A\cos\left(\omega t - \frac{2\pi}{\lambda}x\right)$$

$$y_2 = A\cos\left(\omega t + \frac{2\pi}{\lambda}x\right)$$

根据叠加原理以及三角函数知识（或用旋转矢量法），可得其合成波函数为

$$y = y_1 + y_2 = A\cos\left(\omega t - \frac{2\pi}{\lambda}x\right) + A\cos\left(\omega t + \frac{2\pi}{\lambda}x\right) = 2A\cos\frac{2\pi}{\lambda}x\cos\omega t \quad (7\text{-}34)$$

式中，$\cos\omega t$ 表示简谐振动，而 $\left|2A\cos\frac{2\pi}{\lambda}x\right|$ 则表示该简谐振动的振幅，振幅随 x 位置按余弦规律变化，某些地方振幅为零（即不动），某些地方振幅为 $2A$（即最大）．式（7-34）就是驻波的表达式．

驻波是一种特殊的干涉现象．驻波是由两列振幅相同的相干波在同一直线上沿相反的方向传播时叠加而形成的，驻波出现时，弦线上将会出现始终静止不动的点，称为波节，而有些点的振幅始终最大，称为波腹．在每一段介质中，两端波节始终不动，它们之间各点做振幅不同但相位相同的简谐振动，每段中间的点的振幅最大，这些点即为波腹．从波腹到波节，振幅逐渐减小，波节处振幅减小到零．

从式（7-34）可以求出波腹和波节的位置．波腹是振幅最大的位置，应满足

$$\left|\cos\frac{2\pi}{\lambda}x\right| = 1$$

即

$$\frac{2\pi}{\lambda}x=k\pi,\quad k=0,\ \pm1,\ \pm2,\ \pm3,\ \cdots$$

所以波腹的位置在

$$x=k\frac{\lambda}{2},\quad k=0,\ \pm1,\ \pm2,\ \pm3,\ \cdots \tag{7-35}$$

而波节是静止不动的位置，应满足

$$\left|\cos\frac{2\pi}{\lambda}x\right|=0$$

即

$$\frac{2\pi}{\lambda}x=(2k+1)\frac{\pi}{2},\quad k=0,\ \pm1,\ \pm2,\ \pm3,\ \cdots$$

所以波节位于

$$x=(2k+1)\frac{\lambda}{4},\quad k=0,\ \pm1,\ \pm2,\ \pm3,\ \cdots \tag{7-36}$$

由式（7-35）和式（7-36）可以看出，相邻波腹或相邻波节之间的距离都是半个波长．这其实给我们提供一种测定行波波长的方法，只要测出相邻两波节或相邻两波腹之间的距离就可以确定原来两列行波的波长．

下面我们再来分析一下驻波的能量．当驻波形成时，介质中各质元必定同时达到最大位移，或同时通过平衡位置．当各质元达到各自的最大位移时，各质元振动速度为零，所以动能为零，但弦线各段都有了不同程度的形变，越靠近波节处形变就越大，因此，此时驻波的能量具有势能的形式，并且基本上都集中在波节附近．当弦线上各质元同时回到平衡位置时，弦线的形变完全消失，弹性势能为零，但各质元的振动速度却最大，则动能也最大，此时驻波的能量以动能形式集中在波腹附近．由以上分析可以看出，在驻波中，动能和势能相互转换，形成了能量交替地从波腹附近转向波节附近，再由波节附近转回到波腹附近，但在动能和势能的相互转换过程中，却没有能量的定向传播．

内容提要

1. 简谐振动

① 简谐振动的方程

$$x=A\cos(\omega t+\varphi)$$

$$\frac{d^2x}{dt^2}+\omega^2x=0$$

第一个方程为简谐振动的运动学方程，第二个方程为简谐振动的动力学方程．

② 简谐振动的特征量

振幅　做简谐振动的物体离开平衡位置的最大距离．它决定了已知系统的能量，由初始条件决定：

$$A=\sqrt{x_0^2+\frac{v_0^2}{\omega^2}}$$

周期、频率、角频率　物体做一次完全振动所需的时间，称为振动的周期；单位时间内物体完成振动的次数，称为该振动的频率；物体在 2π 时间内完成振动的次数称为振动的角频率．它们之间的关系为

$$T=\frac{2\pi}{\omega},\quad \nu=\frac{1}{T}=\frac{\omega}{2\pi},\quad \omega=2\pi\nu$$

这三个量中只有一个是独立的，其中的任一个都反映简谐振动的周期性，它们由振动系统本身的性质决定．

相位、初相　在简谐振动运动学方程中，$(\omega t+\varphi)$ 这个决定简谐振动状态的物理量称为振动的相位．$t=0$ 时刻的相位 φ 称为振动的初相位，它由初始条件决定：

$$\varphi=\arctan\left(-\frac{v_0}{\omega x_0}\right)$$

$$x_0=A\cos\varphi$$

$$v_0=-A\omega\sin\varphi$$

上述三个中的任意两式都可决定初相．

③ **简谐振动的速度和加速度**

$$v=\frac{\mathrm{d}x}{\mathrm{d}t}=-A\omega\sin(\omega t+\varphi)$$

$$a=\frac{\mathrm{d}v}{\mathrm{d}t}=\frac{\mathrm{d}^2x}{\mathrm{d}t^2}=-A\omega^2\cos(\omega t+\varphi)=-\omega^2x$$

简谐振动的速度、加速度和位移一样也随时间按正弦或余弦规律做周期性变化，并且加速度与位移成正比且反相．

④ **简谐振动的能量**

$$E_k=\frac{1}{2}m\omega^2A^2\sin^2(\omega t+\varphi)$$

$$E_p=\frac{1}{2}kA^2\cos^2(\omega t+\varphi)$$

$$E=E_k+E_p=\frac{1}{2}kA^2=\text{常量}$$

简谐振动的能量守恒，且与振幅的平方成正比．

⑤ **两个简谐振动的合成**

两个同方向同频率简谐振动合成的结果仍为简谐振动．

合振动的振幅　$$A=\sqrt{A_1^2+A_2^2+2A_1A_2\cos(\varphi_2-\varphi_1)}$$

初相位　$$\varphi=\arctan\left(\frac{A_1\sin\varphi_1+A_2\sin\varphi_2}{A_1\cos\varphi_1+A_2\cos\varphi_2}\right)$$

同相时 $A=A_1+A_2$，反相时 $A=|A_1-A_2|$．

两个同方向频率相差不大的简谐振动的合成会产生拍现象，拍频等于两分振动的频率差：

$$\nu_{\text{拍}}=\frac{1}{\tau}=\frac{|\omega_2-\omega_1|}{2\pi}=|\nu_2-\nu_1|$$

两个振动方向相互垂直同频率简谐振动合成的轨迹是一椭圆．当相位差取不同值时，椭圆形状不同．

$$\frac{x^2}{A_1^2}+\frac{y^2}{A_2^2}-\frac{2xy}{A_1A_2}\cos(\varphi_2-\varphi_1)=\sin^2(\varphi_2-\varphi_1)$$

2. 简谐波

① **波的产生**　产生机械波需要两个条件：一是要有做机械振动的物体，即波源；二是要有能够传播机械振动的弹性介质，二者缺一不可．

② **波的分类**　根据振动方向与波的传播方向之间的关系，可以将机械波分为横波和纵波；按波面的形状可将波分为平面波、球面波和柱面波等．

③ **平面简谐波的运动学描述**　t 时刻 x 处质元的振动位移，也就是平面简谐波的波函数亦即平面简

谐波的运动学方程可表示为下列任一函数形式：

$$y(x,t)=A\cos\left[\omega\left(t-\frac{x}{u}\right)+\varphi\right]$$

$$y(x,t)=A\cos\left(\omega t-\frac{2\pi x}{\lambda}+\varphi\right)$$

$$y(x,t)=A\cos\left[2\pi\left(\frac{t}{T}-\frac{x}{\lambda}\right)+\varphi\right]$$

$$y(x,t)=A\cos\left[2\pi\left(\nu t-\frac{x}{\lambda}\right)+\varphi\right]$$

波动向前传播一个完整波形所需的时间称为波的周期，用 T 表示，它在数值上等于波源振动的周期．在波传播过程中，单位时间内向前传播的完整波形的数目称为波的频率，用 ν 表示，波的周期和频率反映了波的时间周期性．同一波线上两个相邻相位差为 2π 的振动质元之间的距离，即一个完整波形的长度称为波长，用 λ 表示，它反映了空间的周期性．振动状态在介质中的传播速度称为波速，用 u 表示，它实质上也是相位传播的速度（相速）．这几个基本特征物理量之间具有如下关系：

$$\nu=\frac{1}{T},\quad \omega=\frac{2\pi}{T}=2\pi\nu,\quad \lambda=uT,\quad u=\lambda\nu$$

④ **波的能量**　介质中参与波动的质元的动能 $\mathrm{d}E_k$、势能 $\mathrm{d}E_p$ 和总能量 $\mathrm{d}E$ 都随时间呈相同的周期性变化，变化形式为

$$\mathrm{d}E=\mathrm{d}E_p+\mathrm{d}E_k=2\mathrm{d}E_k=\rho A^2\omega^2\sin^2\omega\left(t-\frac{x}{u}\right)\mathrm{d}V$$

平均能量密度
$$\overline{w}=\frac{1}{2}\rho A^2\omega^2$$

⑤ **波的强度**
$$I=\frac{\overline{P}}{S}=\overline{w}u=\frac{1}{2}\rho A^2\omega^2 u$$

⑥ **波的衍射**　波在前进中绕过障碍物继续向前传播的现象称为波的衍射．

⑦ **波的干涉**　两列频率相同、振动方向相同、相位差恒定的波叠加时，其合振幅和合强度将在空间形成一种稳定的分布，使某些地方振动始终加强，而使另一些地方振动始终减弱的现象，称为波的干涉．满足频率相同、振动方向相同、相位差恒定的波称为相干波，这三个条件称为相干条件，产生相干波的波源称为相干波源．

⑧ **驻波**　两列振幅相同、传播方向相反的相干简谐波合成后，在波线方向就会出现波形不随时间变化的波，该波称为驻波．

驻波的方程为
$$y=2A\cos\frac{2\pi}{\lambda}x\cos\omega t$$

波腹的位置在
$$x=k\frac{\lambda}{2},\quad k=0,\pm1,\pm2,\pm3,\cdots$$

波节的位置在
$$x=(2k+1)\frac{\lambda}{4},\quad k=0,\pm1,\pm2,\pm3,\cdots$$

在驻波中，动能和势能相互转换，形成了能量交替地从波腹附近转向波节附近，再由波节附近转回到波腹附近，但在动能和势能的相互转换过程中，却没有能量的定向传播．

课外练习7

一、填空题

7-1　一质点按 $x=0.05\cos\left[4\pi\left(t+\frac{1}{6}\right)\right]$ m 的规律沿 x 轴做简谐振动，则此振动的周期为________ s、振幅为________ m.

7-2 一物体做简谐振动的方程为 $x=0.06\cos(5t-\pi/4)$（SI），则其振幅为________ m，初相为________.

7-3 简谐振动的总能量在任一时刻都是________（填守恒或不守恒）的.

7-4 在固体中既可以传播横波也可以传播纵波，但在流体中只能传播________.

7-5 纵波可以在固体、液体和气体中传播，而横波只能在________中传播.

7-6 一波的表达式为 $y=10\sin(0.5\pi+x/10)$，其中 x 与 y 的单位为 cm，t 的单位为 s，则此波的振幅为________ cm、频率为________ Hz、波速为________ cm/s、波长为________ cm.

二、选择题

7-1 下列哪一个是弹簧振子的周期公式（ ）.

A. $T=2\pi\sqrt{\dfrac{l}{g}}$ B. $T=2\pi\sqrt{\dfrac{m}{k}}$ C. $T=2\pi\sqrt{\dfrac{I}{mgl}}$ D. $T=2\pi\sqrt{\dfrac{I}{K}}$

7-2 当一个弹簧振子的振幅增大到2倍时，它的振动能量将增大到（ ）.

A. 1倍 B. 2倍 C. 3倍 D. 4倍

7-3 已知两个同方向同频率的简谐振动的运动学方程分别为

$$x_1=0.05\cos(10t+0.75\pi)\ (\text{SI}),\ x_2=0.06\cos(10t+0.25\pi)\ (\text{SI})$$

则合振动的振幅为（ ）.

A. 0.050m B. 0.060m C. 0.070m D. 0.078m

7-4* 有两个同方向同频率的简谐振动，其合振动的振幅为 0.20m，合振动的相位与第一个振动的相位差 $\pi/6$，第一个振动的振幅为 0.173m，则第二个振动的振幅为（ ）.

A. 0.173m B. 0.30m C. 0.20m D. 0.10m

7-5 波从一种介质进入另一种介质，下列选项中的哪个量不变化？（ ）.

A. 波长 B. 波速 C. 频率 D. 能量

7-6 在室温下，已知空气中的声速 u_1 为 340m/s，水中的声速 u_2 为 1450m/s，则频率为 200Hz 的声波在空气中和在水中的波长各为（ ）.

A. 1.7m、7.25m B. 1.7m、0.725m C. 0.17m、7.25m D. 0.17m、0.725m

三、简答题

7-1 将弹簧振子的弹簧截去一部分，其振动周期如何变化？

7-2 弹簧振子的振幅增大一倍，则振动的最大速度和最大加速度怎样变化？

7-3 振幅为 A 的弹簧振子，当位移是振幅的一半时，它的动能和势能各占总能量的多少？

7-4 简谐波与简谐振动有何区别和联系？

7-5* 波的能量与哪些物理量相关？

四、计算题

7-1 一质点按如下规律沿 x 轴做简谐振动：

$$x=0.05\cos\left[4\pi\left(t+\frac{1}{6}\right)\right]\quad(\text{SI})$$

求此振动的周期、振幅、初相、速度最大值和加速度最大值.

7-2 若交流电压的表达式为

$$V=311\sin100\pi t\quad(\text{SI})$$

求交流电的振幅、周期、频率和初相位.

7-3 一个小球和轻弹簧组成的系统，按 $x=5\times10^{-2}\cos(8\pi t+\pi/3)$（SI）的规律振动，试求此振动的周期、振幅、初相、最大速度和最大加速度.

7-4 质量 $m=100\text{g}$ 的小球与弹簧构成的系统，按 $x=0.05\cos(4\pi t+\pi/3)$（SI）的规律做自由振动，求：

(1) 振动的角频率、周期、振幅和初相;

(2) 振动的速度和加速度表达式;

(3) 振动的能量;

(4) 平均动能和平均势能.

7-5 已知两个同方向同频率的简谐振动的运动学方程分别为

$$x_1=0.05\cos(10t+0.75\pi)\text{m},\ x_2=0.06\cos(10t+0.25\pi)\text{m}$$

求:

(1) 合振动的振幅及初相位;

(2) 若有另一个同方向同频率的简谐振动 $x_3=0.07\cos(10t+\varphi_3)$m, 则 φ_3 为多少时, x_1+x_3 的振幅最大? φ_3 为多少时, x_1+x_3 的振幅最小?

7-6 太平洋上有一次形成的洋波速度为 740km/h, 波长为 300km. 这种洋波的频率是多少? 横渡太平洋 8000km 的距离需要多长时间?

7-7 一横波沿绳子传播时的波函数为

$$y=0.05\cos(10\pi t-4\pi x)\quad \text{(SI)}$$

试求此横波的波长、频率、传播速度和绳上各点振动时的最大速度.

7-8 一横波沿绳传播, 其波函数为

$$y=2\times10^{-2}\sin2\pi(200t-2.0x)\quad \text{(SI)}$$

试求此波的波长、频率、波速和传播方向.

7-9 一列沿 x 轴正向传播的机械波, 波速为 2m/s, 原点的振动方程为 $y_o=0.6\cos\pi t$, 试求:

(1) 此波的波长;

(2) 波函数;

(3) 同一质元在 1s 和 2s 末两个时刻的相位差;

(4) $x_A=1$m、$x_B=1.5$m 处两质元在同一时刻的相位差.

7-10 波源的振动方程为 $y=6\times10^{-2}\cos\left(\frac{\pi t}{5}\right)$m, 它所形成的波以 2m/s 的速度在直线上传播, 求:

(1) 距波源 6m 处一点的振动方程;

(2) 该点与波源的相位差;

(3) 该点的振幅和频率;

(4) 此波的波长.

7-11* 频率 $\nu=12.5$kHz 的平面余弦纵波沿细长的金属杆传播, 杆的弹性模量 $E=1.9\times10^{11}$Pa, 杆的密度 $\rho=7.6\times10^3$ kg/m³. 已知波源的振幅 $A=0.10$mm, 试求:

(1) 波源的振动方程;

(2) 波函数;

(3) 离波源 10cm 处质点的振动方程;

(4) 离波源 20cm 和 30cm 两点处质点振动的相位差;

(5) 在波源振动 0.0021s 时波形的表达式.

7-12* 两波在一根很长的弦线上传播, 其传播方程式分别为

$$y_1=0.04\cos\frac{\pi}{3}(4x-24t)\text{m},\ y_2=0.04\cos\frac{\pi}{3}(4x+24t)\text{m}$$

求:

(1) 两波的频率、波长、波速;

(2) 两波叠加后的节点位置;

(3) 叠加后振幅最大的那些点的位置.

物理学家简介

惠更斯(Christian Huygens，1629—1695)

1629年4月14日，克里斯蒂安·惠更斯出生在荷兰海牙的一个名门望族家庭中，自幼受到良好教育．惠更斯的父亲为王室服务多年，长期在政府中担任要职，学识渊博，尤其在诗歌方面具有很深的造诣，并与当时的许多学术名流交往甚密，其中就包括杰出的数学家R. 笛卡儿．笛卡儿与惠更斯的父亲常有书信往来，也常常在惠更斯的家中受到热情招待，他很关心惠更斯的成长，并经常给予这位老朋友的儿子以有益的指点．在父亲和笛卡儿等人的影响下，惠更斯不仅聪敏好学，而且从小就对自然科学产生了浓厚兴趣，同时还表现出较强的实验能力，曾经在13岁时成功地自制出一台车床．1645年，16岁的惠更斯进入莱顿大学攻读法律和数学，其后又于1647年转入布雷达大学继续深造．1655年，惠更斯获得了法学博士学位．

从1650年起，惠更斯逐渐开始走上科学研究的道路，并在数学、力学、光学和天文学等多个领域均做出了重要贡献．在数学方面，惠更斯深受笛卡儿思想的影响，很早就表现出过人天赋．22岁时，惠更斯发表论文，对圆周长的计算、双曲线和椭圆弧等问题进行了论述．此后，他又对多种平面曲线（如二次曲线、悬链线、曳物线和对数螺线等）展开深入研究，并发表了相关论著．不仅如此，惠更斯还对许多特殊函数进行了研究，分别计算了其面积、体积及曲率半径等．1657年9月，惠更斯的数学著作《论赌博中的计算》正式出版，立即引起学术界的关注，并由此奠定了概率论的基础．该书之后曾多次再版，而且在相当长的一段时期内一直作为概率论的标准教材，对概率论的发展产生了深远影响．当笛卡儿读过惠更斯的一些早期数学论著后，他对惠更斯所具有的数学才华十分欣赏，并且预言惠更斯在这一领域的发展将会前途无量．

不过，惠更斯一生所取得的最主要的学术成就并非是在数学领域，而是在光学领域，尤其是在对光本性的研究方面．光是什么？这一问题长期以来一直困扰着物理学家们．到了17世纪时，人们通过对光学现象的研究，逐渐取得了一些理论上的成果．而对于光的本质问题，当时的大多数物理学家普遍接受的是牛顿提出的光的微粒学说，即认为光是由大量微粒所组成的．但与此同时，也有一些科学家（如笛卡儿和胡克）并不认可光的微粒学说，而是将光视为一种波动，只是他们的观点尚缺乏理论方面的支持．惠更斯在对光的本质进行研究的过程中，没有受到牛顿权威地位的影响，他坚定地站在了笛卡儿和胡克一边．惠更斯认为光是在一种被称为“以太”的特殊物质中传播的振动，而且以太这种物质充满了整个宇宙空间．惠更斯采用了类比的方法，提出光与声音类似，也是以波动的形式进行传播的．不仅如此，惠更斯通过反复地思考研究，最终提出了一种新的理论，即以波动的观点解释光的传播过程．1678年，惠更斯在法国科学院的一次会议中公开反对光的微粒学说，此后，他又将自己关于光的波动理论总结写成了论文《光论》，该论文于1690年发表，并由此正式创立了光的波动学说．在《光论》这篇论文中，惠更斯提出了以他的名字命名的惠更斯原理．运用惠更斯原理，不仅可以成功解释光的直线传播、反射和折射等现象，同时还能预见到光的衍射现象的存在．然而，惠更斯在将光与声音进行类比的过程中，没有充分考虑到二者的不同，而是错误地将光波看成是和声波一样的纵波，这也导致他在解释光通过方解石晶体时产生的双折射现象和光的偏振现象等问题时遇到了困难．此外，惠更斯原理只能从定性的程度对波的衍射现象进行解释，即只能够确定光波的传播方向，而不能确定沿不同方向传播的光的强度，因此惠更斯原理仍是一个不完善的理论，这也是光的波动学说在当时没能战胜光的微粒学说的重要原因．即便如此，惠更斯原理的提出和光的波动学说的创立对光学的发展仍具有极其重要的意义——时至今日，惠更斯原理依然被广泛应用，而光的波动学说的创立，使人类在光的本质的认识上取得了重要突破，爱因斯坦曾经评论惠更斯是“第一个提出一个完全新的光的理论的人”．一个多世纪以后，菲涅耳正是在惠更斯原理的基础上进行了完善和补充，最终提出了惠更斯-菲涅耳原理，从而成功解释了光的衍射现象，使光的波动学说发展成为一套完整的理论．除此以外，在当时的环境下，惠更斯敢于公开反对牛顿的微粒学说，这种探索科学真理时不惧权威、勇于挑战的精神同样令人钦佩．

除了在光学领域取得的成就外，惠更斯在物理学的其他领域内同样取得了丰硕的研究成果．在力学方面，惠更斯早在1656年时就受伽利略利用摆来计时的启发，将摆运用于计时装置中，发明了世界上的第一台摆钟，该发明于次年获得了专利．在研制摆钟的过程中，惠更斯还对单摆展开了深入研究，并得出了单摆的周期公式．1658年，惠更斯发表了《摆钟论》，文中不仅介绍了他发明的摆钟，同时还涉及关于离心力问题的研究成果，并由此导出了离心力公式．此外，惠更斯在伽利略相对性原理的基础上对碰撞问题也进行了研究，并将研究成果写成了论文《论碰撞引起的物体运动》(1703年)．在该论文中，惠更斯指出了动量的方向性，对动量守恒理论进行了完善，另外他还提出了所谓“活力”守恒原理，这实际上是完全弹性碰撞条件下动能守恒的一种体现．在天文学方面，惠更斯同样做出了重大贡献，他通过自制的透镜装置改进了望远镜，并以此先后发现了土星的卫星“泰坦”(即土卫六)、猎户座星云和土星的光环等．1659年，惠更斯根据自己的发现编著出版了《土星系》一书．值得一提的是，1997年10月，美国“卡西尼”号飞船携带“惠更斯”号探测器发射升空，其后历经近7年时间、飞行约35亿公里后进入土星轨道．2004年12月25日，“惠更斯”号探测器与飞船实现分离，在欧洲航天局操控下于2005年1月14日成功登陆土卫六，并经由飞船传输回信号，从而创造了人类探测器登陆其他天体最远距离的新纪录．

惠更斯所取得的一系列研究成果使他在科学界声名鹊起．1663年，惠更斯当选为英国皇家学会的首位外籍会员，1666年当选为荷兰皇家科学院院士．同年，惠更斯协助筹建了法国皇家科学院，并当选为该院的第一位外籍院士，同时，他还应法国皇帝路易十四的邀请，前往巴黎开展研究活动．在巴黎期间，惠更斯结识了著名数学家莱布尼茨，他很欣赏莱布尼茨的才华，并与之成为好友．1681年，由于法、荷两国之间因宗教矛盾产生的敌对，以及健康上的原因，惠更斯离开法国，返回荷兰．惠更斯一直致力于科学研究，晚年时曾长期患病，与笛卡儿、牛顿等人一样，他终身未娶．1695年7月8日，惠更斯在海牙离开了人世，享年66岁．在他逝世后，荷兰皇家科学院将他的论文、著作、通信等汇编成《惠更斯全集》出版，该全集共22卷，编撰工作最终于1950年完成．

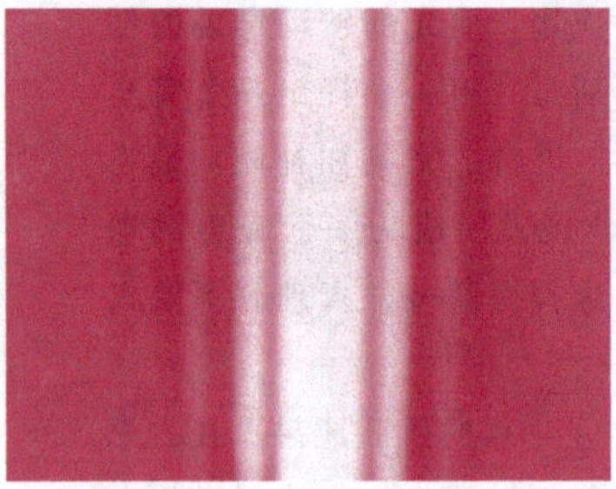

第8章 光　　学

概述

光是一种重要的自然现象．我们之所以能够看到客观世界中色彩斑斓的景象，是因为眼睛接收物体发射、反射或散射的光．光学是研究光的传播以及它和物质相互作用问题的学科．本章仅讨论几何光学和波动光学的基础知识．

8.1　几何光学*

以光的基本实验定律为基础，并借助于几何学的方法，来研究光在透明介质中传播规律的光学称为几何光学．几何光学是研究光的反射、折射及其有关光学系统成像规律的学科．

8.1.1　几何光学的基本定律

任何一个发光体都是一个光源．当发光体本身的尺寸与光的传播距离相比可以略去不计时，该发光体称为发光点或点光源．任何被成像的物体都可以认为是由无数个这样的发光点所组成．用一条表示光的传播方向的几何线来代表光，并称这条线为光线，波阵面的法线就是几何光学中的光线，与波阵面对应的法线束称为光束．平面波对应于平行光束，球面波对应于会聚或发散光束．

1. 光的直线传播定律　在均匀介质中，光沿直线传播，简称光的直线传播．或者说，在均匀介质中，光线为一直线，这就是光的直线传播定律．光在传播过程中与其他光束相遇时，各光束都各自独立传播，不改变其性质和传播方向，这就是光的独立传播定律．

光的直线传播定律是几何光学的重要基础，利用它可以解释很多自然现象，如影子的形成、日食、月食、小孔成像等．当然，该定律只有在光的传播路径上没有限制时，才能成立，否则将因光的衍射现象而遭到破坏．光的衍射现象将在8.3节中介绍．

2. 光的反射定律　光在均匀介质中是沿直线传播的，但遇到两种不同介质的分界面时，光线的方向会发生改变．一部分光返回原介质中传播，称为反射；另一部分光进入另一种介质中传播，称为折射．如图8-1所示，AB、BC和BD分别为入射光线、反射光线和折射光线．入射光线与分界面的法线 BN 构成的平面称为入射面．入射光线、反射光线和折射光线分别与法线所构成的夹角 i、i'和 r 分别称为入射角、反射角和折射角．

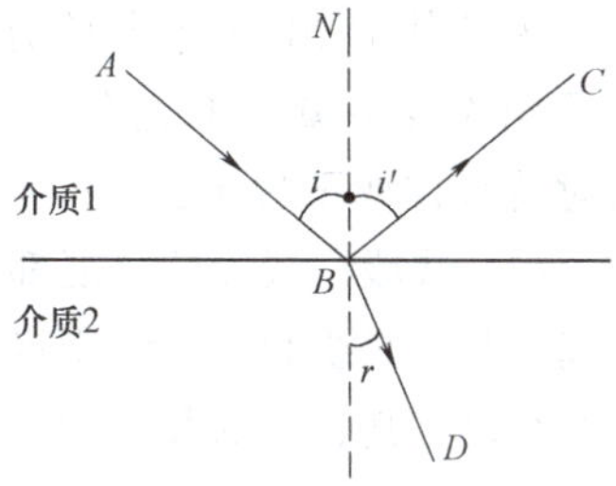

图 8-1 光的反射和折射

实验表明，反射光线与入射光线、法线在同一平面内，且反射光线和入射光线分居在法线的两侧，反射角等于入射角，即

$$i' = i \tag{8-1}$$

这就是光的反射定律．

3. 光的折射定律 人们对光的折射进行研究后总结出一条规律，称为折射定律，表述为：

1）折射光线总是位于入射面内，并且与入射光线分居在法线的两侧，如图 8-1 所示；

2）入射角 i 的正弦与折射角 r 的正弦之比，是一个取决于两种介质光学性质及光的波长的恒量，它与入射角无关，即

$$\frac{\sin i}{\sin r}=n_{21} \tag{8-2}$$

恒量 n_{21} 称为第二种介质相对于第一种介质的折射率，简称相对折射率，其大小是光在两种介质中的传播速率之比，即

$$n_{21}=\frac{v_1}{v_2}$$

如果光从真空中进入某种介质，并设光在真空中和在介质中的光速分别为 c 和 v，则该介质相对于真空的折射率

$$n=\frac{c}{v}$$

称为绝对折射率，简称折射率．

根据折射率的定义 $n=c/v$，可得

$$n_{21}=\frac{v_1}{v_2}=\frac{c/n_1}{c/n_2}=\frac{n_2}{n_1} \tag{8-3}$$

将式（8-3）代入式（8-2）中，则有

$$n_1\sin i=n_2\sin r \tag{8-4}$$

式（8-4）是折射定律的另一种常用形式，称为斯涅耳定律．

光在两种介质的分界面上反射和折射时，如果光线逆着原来的反射光线或折射光线的方向入射到界面上，必然会逆着原来入射方向反射或折射出去，即当光线反向传播时，总是沿原来正向传播的同一路径逆向传播，这种性质称为光路可逆性或光路可逆原理．光路可逆性可用反射定律或折射定律证明，应用光路可逆性可使许多复杂的光学问题简单化．

8.1.2 光的反射和折射成像

1. 符号法则 如图 8-2 所示，发光点位于 S 处，通常把发光点与球面的曲率中心 C 的连线称为主光轴，简称主轴．主轴和球面的交点 O 称为顶点．

为了使导出的公式具有普适性，必须先约定各分量的正负号规则．我们对符号作如下规定：

（1）线段 线段的长度都是从顶点算起，凡是光线和主轴的交点在顶点右方的线段，其长度的数值为正，反之为负．物点或像点到主轴的线段，在主轴上方的其长度的数值为正，反之为负．

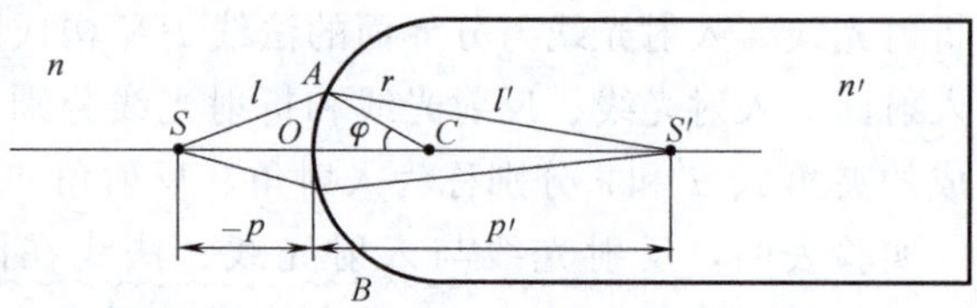

图 8-2 球面折射

（2）角量 一律以锐角来衡量，且规定光轴为起始边，由光轴转向光线时，沿顺时针转动，则该角度为正，反之为负．光线与法线的夹角即入射角 i 和折射角 r，规定以法线为起始边，由法线顺时针转向光线时该角度为正，反之为负．

（3）在图中出现的长度和角度只用正值 如图 8-2 所示，在图中用 p 表示线段 SO 时，则该线段的几何长度应用 $-p$ 表示．

2. 单球面折射成像 如图 8-2 所示，球面 AOB 是折射率分别为 n 和 n' （$n'>n$）的两种介质的分界面，其半径为 r. 若点光源 S 发出的光线，经球面上的 A 点折射后与主轴交于 S'，则光线 SAS' 的光程（光在介质中经历的几何路程与介质折射率的乘积，详见 8.2.1）为

$$\Delta_{SAS'}=nl+n'l'$$

在 $\triangle SAC$ 和 $\triangle ACS'$ 中应用余弦定理可得

$$l=\sqrt{r^2+(r-p)^2-2r(r-p)\cos\varphi}$$

和

$$l'=\sqrt{r^2+(p'-r)^2+2r(p'-r)\cos\varphi}$$

因此，光程 $\Delta_{SAS'}$ 可写为

$$\begin{aligned}\Delta_{SAS'}=&n\sqrt{r^2+(r-p)^2-2r(r-p)\cos\varphi}\\&+n'\sqrt{r^2+(p'-r)^2+2r(p'-r)\cos\varphi}\end{aligned}\tag{8-5}$$

由上式可知，光程 $\Delta_{SAS'}$ 是角度 φ 的函数．将式（8-5）对 φ 求导，并令其导数为零，可得

$$\frac{\mathrm{d}\Delta_{SAS'}}{\mathrm{d}\varphi}=n\frac{1}{2l}[2r(r-p)\sin\varphi]+n'\frac{1}{2l'}[-2r(p'-r)\sin\varphi]=0$$

化简可得

$$\frac{n}{l}+\frac{n'}{l'}=\frac{1}{r}\left(\frac{np}{l}+\frac{n'p'}{l'}\right)\tag{8-6}$$

由此可见，p' 也和 φ 的大小有关．在近轴条件下，φ 很小，可认为 $\cos\varphi\approx1$. 此时有

$$l\approx\sqrt{[r-(r-p)]^2}=-p$$

和

$$l'\approx\sqrt{[r+(p'-r)]^2}=p'$$

式（8-6）可写为

$$\frac{n'}{p'}-\frac{n}{p}=\frac{n'-n}{r}\tag{8-7}$$

这就是球面折射的物像关系公式．

3. 单球面反射成像 将式（8-7）中的 n' 取为 $-n$ 则可得单球面反射成像公式

$$\frac{1}{p'}+\frac{1}{p}=\frac{2}{r} \tag{8-8}$$

式中，p' 为像距；p 为物距；r 为球面反射镜的半径．由式（8-8）可以看出，在近轴条件下，对于一个给定的物点，仅有一个像点与之对应，这个像点是一个理想像点，称为高斯像点．

当 $p=-\infty$ 时，$p'=r/2$．即沿主轴方向的平行光束经球面反射后，成为会聚（或发散）光束，并且会聚光线的交点或发散光线延长线的交点在主轴上，称为反射球面的焦点．焦点到球面顶点的距离称为焦距，用 f' 表示．由式（8-8）可得

$$f'=\frac{r}{2}$$

把它代入式（8-8）可得

$$\frac{1}{p'}+\frac{1}{p}=\frac{1}{f'} \tag{8-9}$$

这就是在近轴区域的球面反射成像公式．球面反射成像公式对凹球面反射镜和凸球面反射镜都是成立的，它是一个普遍适用的物像公式．

4. 平面界面成像

（1）平面界面折射成像 把式（8-7）中的 r 取为无穷大，可得

$$p'=p\frac{n'}{n} \tag{8-10}$$

式（8-10）表明，在小光束范围内所有折射光线的反向延长线近似交于同一点，该点与入射角无关，是一个像点，p' 称为视深度．

（2）平面界面反射成像 将式（8-10）中的 n' 取为 $-n$ 则可得平面界面反射成像公式

$$p'=-p$$

这表明，从任一发光点 S 发出的光束，被平面镜反射后，其反射光线的反向延长线交于 S' 点，S' 点是 S 点的虚像，位于平面后，S' 点和 S 点到反射面的距离相等，或者说二者成镜面对称．若被成像的点是虚发光点，则由平面反射可以产生实像．

8.1.3 薄透镜

透镜是由两个球面或一个球面和一个平面构成的．透镜可以分为两大类：中央比边缘厚，称为凸透镜；中央比边缘薄，称为凹透镜．通过透镜两个球面曲率中心的直线称为透镜的主轴．若透镜的一个面为平面，则垂直于该平面而通过另一个球面中心的直线为透镜的主轴．透镜两曲面在其主轴上的间隔称为透镜的厚度．透镜的直径称为透镜的口径．若透镜的厚度与其焦距相比可以略去不计，则该透镜是薄透镜．在研究薄透镜成像问题时，可令透镜的厚度 $d=0$，即两球面的顶点 O_1 和 O_2 重合在一点 O，称为薄透镜的光心．

1. 薄透镜的物像公式 如图 8-3 所示，设组成薄透镜的材料的折射率为 n，物方和像方的折射率分别为 n_1 和 n_2，透镜两个表面的半径为 r_1 和 r_2，光心为 O.

当物点在主轴上的 S 点时，物距 $-p=OS$，现在来计算像点 S' 的像距 $p'=OS'$．首先考虑第一个球面（球面 1）对 S 点的成像．这时假定第二个球面（球面 2）不存在，S 点的像

成于 S_1'，其像距 $p_1=OS_1'$. 然后 S_1' 再经第二个球面成像. 对于该球面而言，S_1' 便是虚物. 把球面折射成像公式（8-7）相继地应用于透镜的两个表面，即球面1和球面2，可得

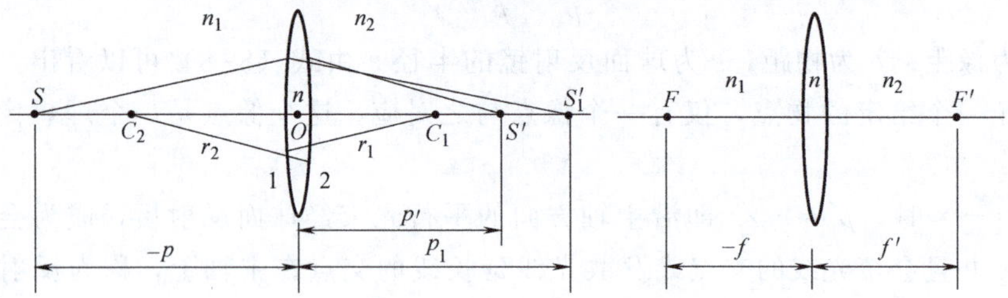

图 8-3 薄透镜的物像关系

$$\frac{n}{p_1}-\frac{n_1}{p}=\frac{n-n_1}{r_1}$$

$$\frac{n_2}{p'}-\frac{n}{p_1}=\frac{n_2-n}{r_2}$$

两式相加得

$$\frac{n_2}{p'}-\frac{n_1}{p}=\frac{n-n_1}{r_1}+\frac{n_2-n}{r_2} \tag{8-11}$$

这就是近轴条件下薄透镜的物像公式.

2. 薄透镜的焦点和焦距 把 $p'=\infty$ 代入式（8-11），可得物方焦距 f 为

$$f=\frac{-n_1}{\dfrac{n-n_1}{r_1}+\dfrac{n_2-n}{r_2}} \tag{8-12a}$$

把 $p=-\infty$ 代入式（8-11），可得像方焦距 f' 为

$$f'=\frac{n_2}{\dfrac{n-n_1}{r_1}+\dfrac{n_2-n}{r_2}} \tag{8-12b}$$

当薄透镜两边的折射率不同时，两个焦点分别在透镜两侧，且不对称. 如果把薄透镜放在同一种介质中，即 $n_1=n_2=n'$，则有

$$f=-f'=\frac{-n'}{(n-n')\left(\dfrac{1}{r_1}-\dfrac{1}{r_2}\right)} \tag{8-13}$$

此时，薄透镜的两个焦距大小相等、符号相反，且对称地分布在透镜的两侧.

通常情况下，薄透镜置于空气中，即 $n'=1$，此时

$$f=-f'=\frac{-1}{(n-1)\left(\dfrac{1}{r_1}-\dfrac{1}{r_2}\right)} \tag{8-14}$$

式（8-11）可以化简为

$$\frac{1}{p'}-\frac{1}{p}=\frac{1}{f'} \tag{8-15}$$

3. 薄透镜的横向放大率 如图8-4所示，利用作图法可以确定薄透镜成像的物像关系. 图8-4中，显然像 $A'B'$ 与物体 AB 分居透镜的两侧，像到透镜的距离为 p'. 由于 $A'B'$ 是穿过透镜的光线的实际交点，眼睛迎着光线看去，它也是实际光线的发出点，所以 A'

B'是 AB 的实像，而且是倒立的.

利用图 8-4 中$\triangle ABO$ 和$\triangle A'B'O$ 相似，可以求得像高度的放大倍数，也就是像的横向放大率 β 为

$$\beta=\frac{A'B'}{AB}=\frac{p'}{p} \tag{8-16}$$

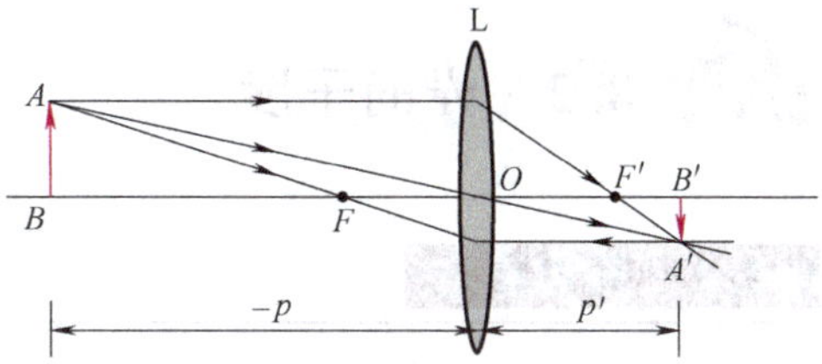

图 8-4 薄透镜成像的物像关系

4. 薄透镜的作图求像法 除了利用物像关系求像的位置和大小之外，还可以利用作图法求像. 在近轴条件下，利用作图法求像时，首先要确定几条特殊的光线：

1）平行于主轴的入射光线，通过凸透镜后，折射光线通过焦点，如图 8-5a 所示；通过凹透镜后折射光线的反向延长线通过焦点，如图 8-5b 所示.

2）过焦点的入射光线，其折射光线与主轴平行，如图 8-5a 所示.

3）过光心的入射光线，按原方向传播不发生偏折，如图 8-5 所示.

对于主轴外的物点，从以上三条光线中任选两条作图，就可以确定像点的位置. 但对于轴上物点 S，就必须利用焦平面（过焦点垂直于主轴的平面）和副轴（倾斜平行光束与光心 O 的连线）的性质，才能确定像点的位置.

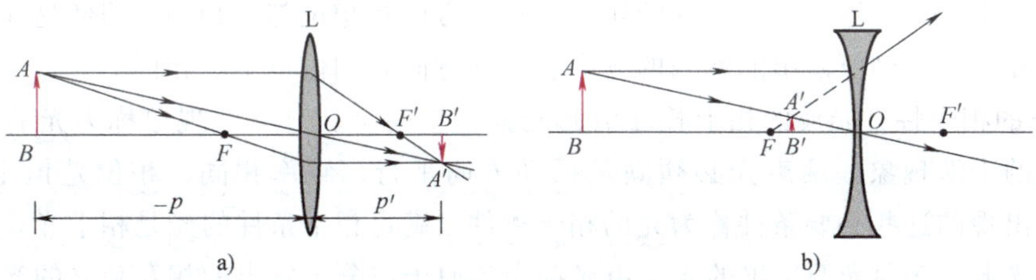

图 8-5 透镜成像光路图

例题 8-1 如图 8-6 所示，一折射率为 1.6 的玻璃棒置于空气中，其一端呈半球形，半球的曲率半径为 2 cm. 若在离球面顶点 5 cm 处的轴上有一物体，试求像的位置及其虚实.

解： 已知 $n=1$，$n'=1.6$，$r=2$ cm，$p=-5$cm.

由单球面折射成像公式，可得

$$\frac{1.6}{p'}-\frac{1}{-5\text{cm}}=\frac{1.6-1}{2\text{cm}}$$

即

$$p'=16\text{cm}$$

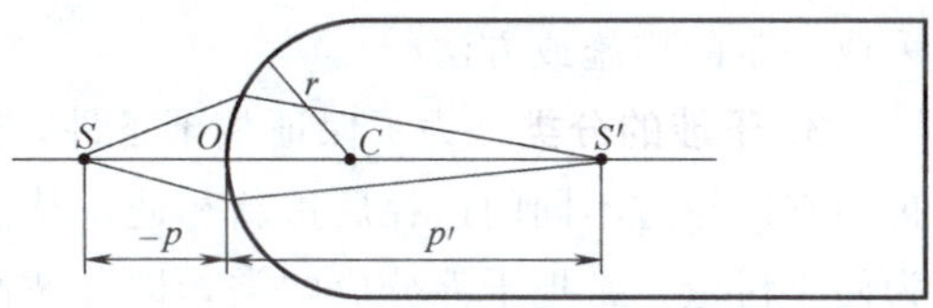

图 8-6 例题 8-1 用图

由于 p'为正值，故所成的像为实像，像到 O 点的距离为 16cm.

例题 8-2 有一等曲率半径的薄双凸透镜，其折射率为 1.5，在空气中的焦距为 15cm. 试求将其置于空气中时，其曲率半径应为多大?

解： 已知 $f'=15$cm、$n=1.5$、$r_1=-r_2$，根据薄透镜的焦距公式

$$\frac{1}{f'}=-\frac{1}{f}=(n-1)\left(\frac{1}{r_1}-\frac{1}{r_2}\right)$$

得

$$\frac{1}{15\text{cm}}=(1.5-1)\left(\frac{1}{r_1}-\frac{1}{-r_1}\right)$$

即

$$r_1=15\text{cm},\quad r_2=-15\text{cm}$$

8.2 光的干涉

8.2.1 基本概念

1. 光源 凡自身能持续辐射光能的物体统称发光体或光源．光源可分为天然光源和人造光源两大类．天然光源包括太阳、恒星、闪电、萤火虫等；人造光源包括点燃的蜡烛、发光的白炽灯、激光束等，人造光源一定是正在发光的物体．

常用的光源有普通光源和激光光源．普通光源的发光机制是处于激发态的原子和分子的自发辐射．大量处于激发态的分子和原子从激发态返回到较低能量状态时，就把多余的能量以光波的形式辐射出来，这便是普通光源的发光．激光光源的发光机制是处于激发态的原子和分子的受激辐射．

分子或原子从高能级到低能级的跃迁过程经历的时间是很短的，约为 10^{-8}s，这也是一个原子一次发光所持续的时间．因而它们发出的光波是在时间上很短、在空间中为有限长的一串串波列．由于各个分子或原子的发光参差不齐，彼此独立，互不相关，因而在同一时刻，各个分子或原子发出波列的频率、振动方向和相位都不相同．即使是同一个分子或原子，在不同时刻所发出的波列的频率、振动方向和相位也不尽相同．

2. 光的相干性 光波的相干叠加引起光强在空间重新分布的现象称为光的干涉．要得到稳定的干涉现象，两束光必须满足振动方向平行、频率相同、相位差恒定的条件，干涉现象出现的这些必要条件称为光的相干条件．满足相干条件的光是相干光，相应的光源叫相干光源．普通光源发出的光是由光源中各原子或分子发出的相互独立的光波波列组成的，它们彼此之间并没有恒定的相位差，不能满足相干条件．因而两个独立的普通光源不能构成相干光源，由它们所发出的光不会产生干涉现象．而即便是同一光源的两个不同部分发出的光，因为类似的原因，它们也不是相干光．因此，要想获得相干光，通常需要采取一定的措施或方法．

3. 干涉的分类 为了保证相干条件，通常的办法是利用光具组将同一束光一分为二，再使它们经过不同的途径后重新相遇，从而获得相干光并产生稳定的可观测的干涉现象．为便于讨论，常把干涉分成两类，即分波面干涉和分振幅干涉．

分波面干涉是将一束光的波面分成两个部分，使之通过不同的途径后再重叠在一起，在一定区域内产生干涉场．分振幅干涉是利用光在两种透明介质分界面上的反射和折射，将入射光的振幅分解成若干部分，然后再使反射光和折射光在继续传播中相遇而发生干涉．

4. 光程、光程差

(1) 光程 干涉现象的产生，决定于两束相干光波的相位差．当两束相干光在同一均匀介质中传播时，它们在叠加区域的相位差，仅取决于两光的几何路程之差．但当两束相干光经过不同的介质时，它们之间的相位差不仅和它们的几何路程之差有关，还和两束光所经介质的折射率相关．光在介质中经历的几何路程 x 与介质折射率 n 的乘积称为光程，即

$$\Delta = nx \tag{8-17}$$

(2) 光程差 设有两束相干光来自于同一个光源 S，在干涉点 P 相遇．它们从光源到

干涉点的光程分别为 Δ_1 和 Δ_2，则它们在 P 点的相位分别比光源处落后 $\varphi_1=\frac{2\pi}{\lambda}\Delta_1$ 和 $\varphi_2=\frac{2\pi}{\lambda}\Delta_2$. 两束相干光在 P 点的相位差为

$$\Delta\varphi=\varphi_2-\varphi_1=\frac{2\pi}{\lambda}(\Delta_2-\Delta_1) \tag{8-18}$$

定义两束相干光在干涉点 P 的光程差为 δ，则

$$\delta=\Delta_2-\Delta_1 \tag{8-19}$$

此时式（8-18）可以写作

$$\Delta\varphi=\frac{2\pi}{\lambda}\delta \tag{8-20}$$

由上式可知，相位差与光程差成正比，因此，通常用光程差的计算代替相位差的计算．

5. 薄透镜的等光程性　平行光通过透镜后会聚于焦平面上，相互加强形成一亮点．这是由于平行光的某一波阵面上的相位相同，达到焦点后其相位仍然相同，因而互相加强．在干涉实验中，用薄透镜将平行光线会聚成一点，不会引起附加的光程差，只会改变光波的传播方向，这称为薄透镜的等光程性，即平行光经薄透镜会聚时各光线的光程相等，如图 8-7 所示．

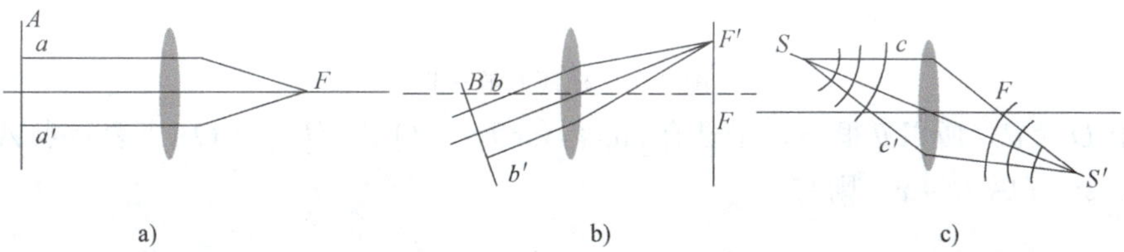

图 8-7　薄透镜的等光程性

6. 反射光的相位突变和附加光程差　光在被反射过程中，如果反射光在离开反射点时的振动方向恰好与入射光到达入射点时的振动方向相反，这种现象叫做半波损失．由波动理论知道，光的振动方向相反相当于光多走（或少走）了半个波长的光程，亦即反射光有 π 的相位突变，或者说附加了半个波长的光程差．入射光在折射率较小的光疏介质中前进，遇到折射率较大的光密介质界面时，在反射过程中会产生半波损失．如果入射光在光密介质中前进，遇到光疏介质的界面时，不产生半波损失．折射光的振动方向相对于入射光的振动方向，永远不发生半波损失．总之，当光从光疏介质射入光密介质时，其反射光有半波损失．

8.2.2　杨氏双缝干涉

图 8-8a 是杨氏双缝干涉的实验装置图．波长为 λ 的单色光入射到单缝 S 上，形成一个缝光源．在缝 S 后放置两个与 S 平行的狭缝 S_1 与 S_2，这两条狭缝与 S 间的距离均相等，且 S_1 与 S_2 之间的距离很小．此时 S_1 与 S_2 形成一对相干光源，从这两条狭缝发出的光频率相同，振动方向平行，相位差恒定，满足相干条件，由它们发出的光在空间相遇时，会产生干涉现象．如果在双缝后放置一个屏幕 P，则在屏幕上会出现一系列明暗相间

的干涉直条纹，这些条纹与狭缝平行，条纹间距相等，如图 8-8b 所示．

下面我们定量分析在屏幕上形成干涉条纹的条件．如图 8-8a 所示，双缝 S_1 与 S_2 之间的距离为 d，双缝所在平面与屏幕 P 平行，双缝到屏幕的距离为 D. 在屏幕上任选一点 A，它与双缝 S_1 与 S_2 之间的距离分别为 r_1 与 r_2. 通常情况下，双缝与屏幕间的距离 D 远大于双缝间的距离 d，即 $D\gg d$，所以从双缝发出的光传播到点 A 时所经历的波程差是

$$\delta=r_2-r_1\approx d\sin\theta$$

式中，θ 是从 S_1 向 S_2A 所做垂线与 S_1S_2 之间的夹角，也即图 8-8a 中所示的 θ.

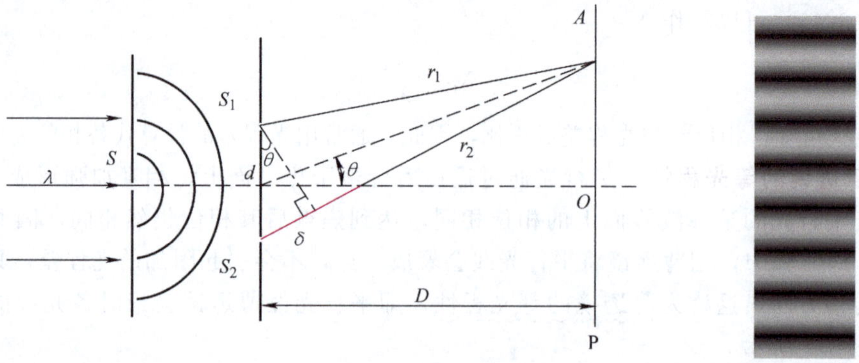

图 8-8 杨氏双缝干涉

由于 $D\gg d$，所以 θ 很小，于是有 $\sin\theta\approx\tan\theta=|OA|/D$，$|OA|$ 表示点 A 到 O 点的距离．令 $|OA|=x$，则有

$$\delta=r_2-r_1\approx d\sin\theta=\frac{d}{D}x$$

因此，当满足条件 $\frac{d}{D}x=\pm k\lambda,\quad k=0,1,2,\cdots$

即点 A 到 O 点的距离满足

$$x=\pm k\frac{D\lambda}{d},\quad k=0,1,2,\cdots \tag{8-21}$$

时，两相干光在 A 点处的光程差恰满足干涉加强的条件，此时 A 点正好对应干涉明条纹的中心．在式（8-21）中，对应于 $k=0$ 的明条纹称为中央明纹，很显然，图 8-8a 中的 O 点即为中央明纹的中心所在；而对应于 $k=1,2,\cdots$ 的明条纹，相应地称为第一级、第二级、…明条纹，而式（8-21）中的"±"表明，这些第一级、第二级、…明条纹将对称地分布在中央明纹两侧．

当满足条件 $\frac{d}{D}x=\pm(2k+1)\frac{\lambda}{2},\quad k=0,1,2,\cdots$

即点 A 到 O 点的距离满足

$$x=\pm(2k+1)\frac{D\lambda}{2d},\quad k=0,1,2,\cdots \tag{8-22}$$

时，两相干光在 A 点处的光程差恰满足干涉减弱的条件，此时 A 点处对应为暗条纹中心．

若点 A 到 O 点的距离既不满足式（8-21），也不满足式（8-22），则点 A 处既不是明

条纹中心，也不是暗条纹中心．

一般认为，两相邻暗条纹（或明条纹）中心之间的距离等于明条纹（或暗条纹）的宽度，因此从式（8-21）和式（8-22）可以看出，杨氏双缝干涉实验中明条纹（或暗条纹）的宽度为

$$\Delta x = x_{k+1} - x_k = \frac{D}{d}\lambda \tag{8-23}$$

由上式可知，当入射光为波长 λ 确定的单色光时，其通过双缝后所形成的干涉明、暗条纹应是等间距分布的；而当入射光中包含几种不同波长的单色光时，对应波长 λ 越小的入射光，其形成的明、暗条纹的间距也越小；若采用白光作为入射光，则在中央明纹处依旧是白光，在中央明纹以外的区域，将以中央明纹为中心，对称分布着不同色彩的条纹．

例题 8-3　在杨氏双缝干涉实验中，采用钠光灯作为入射光源（$\lambda = 589.3\text{nm}$）．若已知屏幕与双缝之间的距离 $D = 1.5\text{m}$，问：

（1）当双缝之间的距离分别为 $d = 2\text{mm}$ 和 $d = 20\text{mm}$ 时，两相邻明条纹中心的间距是多少？

（2）如果人的肉眼能够分辨的最小间距为 0.15mm，则上述两种情况下，两相邻明条纹的间距是否都能由肉眼直接进行观察？

解：（1）当 $d = 2\text{mm}$ 时，由式（8-23）可知，两相邻明条纹中心的间距为

$$\Delta x = \frac{1.5 \times 589.3 \times 10^{-9}}{2 \times 10^{-3}}\text{m} = 4.4 \times 10^{-4}\text{m} = 0.44\text{mm}$$

当 $d = 20\text{mm}$ 时，则

$$\Delta x = \frac{1.5 \times 589.3 \times 10^{-9}}{20 \times 10^{-3}}\text{m} = 4.4 \times 10^{-5}\text{m} = 0.044\text{mm}$$

（2）显然，当 $d = 2\text{mm}$ 时，两相邻明条纹之间的间距 $0.44\text{mm} > 0.15\text{mm}$，此时肉眼可以直接观察到两相邻明条纹之间的间距；而当 $d = 20\text{mm}$ 时，此时两相邻明条纹之间的间距 $0.044\text{mm} < 0.15\text{mm}$，肉眼就难以直接观察到了．由此可见，通常情况下的双缝干涉实验中，双缝之间的距离不宜太大．

8.2.3　薄膜干涉

在日常生活中，我们经常见到阳光照射下的肥皂泡、水面上的油膜及一些昆虫的翅膀呈现出五颜六色的花纹，这是太阳光在膜的上、下表面反射后相互叠加产生的干涉现象，称为薄膜干涉．薄膜干涉可以分为两类，即厚度均匀的薄膜在无穷远处的等倾干涉和厚度不均匀的薄膜表面上的等厚干涉．由于薄膜干涉时反射光和透射光都来自于入射光，所以它属于分振幅干涉．

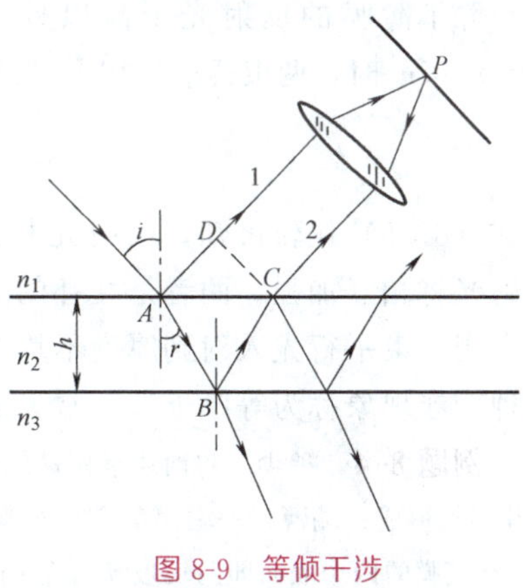

图 8-9　等倾干涉

设有一厚度为 h、折射率为 n_2 的均匀薄膜，其上方和下方介质的折射率分别为 n_1 和 n_3，如图 8-9 所示．当一束光以入射角 i 从介质 1 入射到薄膜的上表面时，在入射点 A 处同时发生反射和折射．反射光为图中的光线 1，而折射的部分在薄膜的下表面反射后又从上表面射出，形成图中的光线 2，它和光线 1 是平行的．由于这两束光来自于同一束光，并经过了不同的光程，且薄膜引起的光程差不是很大，所以它们是相干光．由于这两束相干

光是平行的，所以只能在无穷远处发生干涉．在实验中为了在有限远处观察干涉条纹，常让两束平行的相干光经过一个凸透镜，使它们相交于透镜焦平面上的 P 点，并发生干涉．

从 C 点做光线1的垂线 CD．由于 CD 上任何点到 P 点的光程都相等（薄透镜的等光程性），所以光线1和光线2在 P 点相交时的光程差就是光线分别沿 ABC 和 AD 两条路径传播时的光程差．由图8-11可求得这一光程差 δ 为

$$\delta = n_2(AB + BC) - n_1 AD + \delta' \tag{8-24}$$

式中，δ' 等于 $\lambda/2$ 或0，它由光束在薄膜上下表面反射时有无半波损失附加的光程差决定．当满足 $n_1>n_2>n_3$ 或 $n_1<n_2<n_3$ 时，无附加光程差，即 $\delta'=0$；当满足 $n_1>n_2<n_3$ 或 $n_1<n_2>n_3$ 时，附加光程差为 $\lambda/2$，$\delta'=\lambda/2$．由于

$$AB = BC = h/\cos r$$

$$AD = AC\sin i = 2h\tan r\sin i$$

再利用折射定律 $n_1\sin i=n_2\sin r$，可得

$$\delta = 2n_2\frac{h}{\cos r} - 2n_1 h\tan r\sin i + \delta' = 2n_2 h\cos r + \delta' \tag{8-25a}$$

或

$$\delta = 2h\sqrt{n_2^2 - n_1^2\sin^2 i} + \delta' \tag{8-25b}$$

由式（8-25）可得等倾干涉时产生明纹（也即相干加强）的条件为

$$\delta = 2h\sqrt{n_2^2 - n_1^2\sin^2 i} + \delta' = 2n_2 h\cos r + \delta' = k\lambda,\quad k = 1,2,\cdots \tag{8-26a}$$

产生暗纹（也即相干减弱）的条件为

$$\delta = 2h\sqrt{n_2^2 - n_1^2\sin^2 i} + \delta' = 2n_2 h\cos r + \delta' = (2k+1)\frac{\lambda}{2},\quad k = 0,1,2,\cdots \tag{8-26b}$$

由式（8-26）可以看出，以相同倾角入射的光，经均匀薄膜的上、下表面反射后产生的相干光都有相同的光程差，从而对应于干涉图样中的一条条纹，故将此类干涉称为等倾干涉．

除了薄膜的反射光干涉以外，透射光也可以产生干涉．用同样的方法可以得到 $n_1<n_2<n_3$ 时，两束透射的相干光的光程差为

$$\delta = 2h\sqrt{n_2^2 - n_1^2\sin^2 i} + \frac{\lambda}{2} \tag{8-27}$$

和式（8-25）比较可知，反射光相互加强时，透射光将相互减弱；反射光相互减弱时，透射光将相互加强，两者是互补的．

当一束平行光入射到厚度不均匀的薄膜上时，在薄膜的表面上也可以产生干涉现象，这种干涉现象称为等厚干涉．常见的等厚干涉现象有劈尖和牛顿环．

例题8-4 劈尖 将两块平板玻璃片的一端互相叠合，另一端垫入一薄纸片或一细丝，则在两玻璃片间就形成一端薄、一端厚的空气薄膜，这是一个劈尖形的空气膜，称为空气劈尖，如图8-10a所示．空气膜的两个表面即两块玻璃片的内表面．两玻璃片叠合端的交线称为棱边，其夹角 α 称劈尖楔角．在平行于棱边的直线上各点，空气膜的厚度 h 是相等的．

解： 设空气的折射率为 n，平行单色光垂直入射劈尖，如图8-10b所示，则在劈尖上厚度为 h 处，由上、下表面反射的两相干光的光程差为

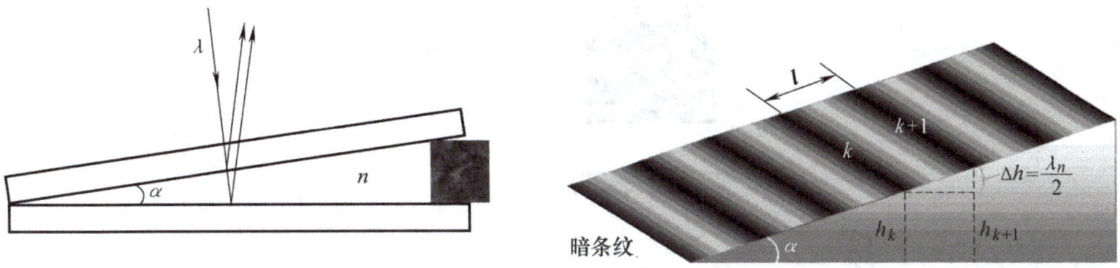

a) b)

图 8-10 劈尖

$$\delta=2nh+\frac{\lambda}{2}$$

式中，$\lambda/2$ 是由于从空气劈尖的上表面和下表面因反射情况不同而附加的半波损失．由此式可得劈尖干涉的明纹和暗纹条件分别为

$$\delta=2nh+\frac{\lambda}{2}=\begin{cases}k\lambda & k=1,2,3,\cdots \quad 明条纹\\(2k+1)\lambda/2 & k=0,1,2,\cdots \quad 暗条纹\end{cases}$$

由上式可以看出，光程差 δ 只与膜厚 h 有关．因此劈尖上厚度相同的地方，两相干光的光程差相同，对应同一级次的明或暗条纹，即劈尖干涉条纹为等厚干涉．h 越大的点干涉条纹的级次越高．由于劈尖的等厚线是一些平行于棱边的直线，所以其干涉条纹是一组明、暗相间的直条纹．由于存在半波损失，在劈尖的棱边处 $h=0$，两相干光的光程差 $\delta=\lambda/2$，故形成暗条纹．相邻两条明纹或暗纹对应的厚度差 Δh 为

$$\Delta h=h_{k+1}-h_k=\frac{\lambda}{2n}$$

若以 l 表示相邻的两条明纹或暗纹在劈尖表面的距离，则由图 8-10b 可得

$$l=\frac{\Delta h}{\sin\alpha}=\frac{\lambda}{2n\sin\alpha}$$

可见，对于一定波长的单色入射光，劈尖干涉的直条纹中，任何两条相邻明纹或暗纹之间的距离都是相同的．

例题 8-5 牛顿环 如图 8-11a 所示，在一块光平的光学玻璃平板 A 上，放置一个曲率半径为 R 的平凸透镜 B，在 A、B 之间形成空气薄层．点光源 S 所发光经凸透镜 L 转化为平行光束，该光束经半透半反镜 M 后垂直地射向平凸透镜 B，平凸透镜下表面的反射光和平板玻璃上表面的反射光发生干涉，形成以接触点 O 为中心的同心圆环，称为牛顿环．由于以接触点 O 为中心、任意值 r 为半径所做的圆周上，各点的空气层厚度 h 相等，所以牛顿环是一种等厚条纹，其干涉条纹为明暗相间的圆环．

解：设空气的折射率为 n，玻璃的折射率为 n_1，则厚度为 h 处的空气膜，其上、下表面反射光的光程差为

$$\delta=2nh+\frac{\lambda}{2}$$

式中，$\lambda/2$ 为空气膜的下表面反射时的半波损失．由此式可得上、下表面的反射光相互干涉形成明条纹和暗条纹的条件为

$$\delta=2nh+\frac{\lambda}{2}=\begin{cases}k\lambda & k=1,2,3,\cdots \quad 明条纹\\(2k+1)\dfrac{\lambda}{2} & k=0,1,2,\cdots \quad 暗条纹\end{cases}$$

可见，在接触点 O 处，空气膜的厚度为零，光程差取决于半波损失．因此，牛顿环的中心是一个暗点．

由图 8-11b 可知，牛顿环的半径 r 与透镜的曲率半径 R 的几何关系为

$$r^2=R^2-(R-h)^2=2Rh-h^2$$

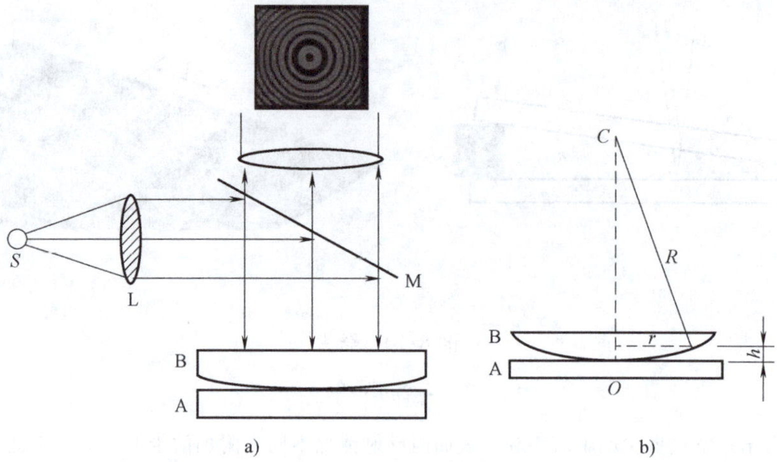

图 8-11 牛顿环

a）牛顿环干涉实验图 b）牛顿环的计算原理图

由于 $R \gg h$，故可将上式中高阶小量 h^2 略去，于是得

$$r^2 = 2Rh$$

进而可以得到明环和暗环的半径分别为

$$r = \begin{cases} \sqrt{\dfrac{(2k-1)R\lambda}{2n}} & k = 1,2,3,\cdots \quad 明环 \\ \sqrt{\dfrac{kR\lambda}{n}} & k = 0,1,2,\cdots \quad 暗环 \end{cases}$$

由上式可以看出，当平凸透镜B上移时，空气薄层的厚度增加，光程差变大，对应的级数 k 增加，牛顿环对应的半径增加，看上去牛顿环向外涌出；当平凸透镜B下移时，空气薄层的厚度减小，光程差变小，对应的级数 k 减小，牛顿环对应的半径变小，牛顿环看上去向内凹陷．

8.3 光的衍射

8.3.1 基本概念

光的衍射是指光波在其传播过程中遇到障碍物时，能够绕过障碍物边缘进入物体的几何阴影，并在屏幕上出现光强不均匀分布的现象．衍射和干涉一样，也是波动的重要特征之一．

1. 光的衍射现象 通常我们见到光是沿直线传播的，遇到不透明的障碍物时，会投射出清晰的影子来．这是因为我们通常遇到的障碍物的尺径都远大于可见光的波长（约在390～760nm之间），衍射现象不显著．一旦遇到与波长可比拟的障碍物或孔隙时，光的衍射现象就变得显著起来．如图8-12所示，图a、b和c是单色光分别通过狭缝、矩形小孔和小圆孔的衍射图样，图d是白光通过细丝时的衍射图样．

由图8-12可以看出，光的衍射现象具有如下特点：

1）光经过障碍物产生衍射后，其传播方向发生变化，使得由几何光学确定的障碍物的几何阴影内光强不为零；

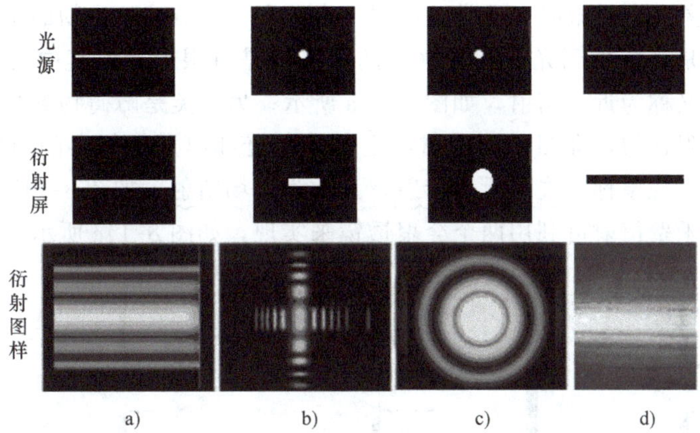

图 8-12　衍射图样

2）光屏上出现明暗相间的条纹，即衍射光场内光的能量将重新分布.

光的衍射现象是光的波动性的另一种表现. 通过对各种衍射现象的研究，可以在光的干涉之外，从另一个侧面深入具体地了解光的波动性.

2. 惠更斯-菲涅耳原理　光的衍射现象可以用惠更斯原理做定性说明，但它不能解释衍射图样中为什么会出现明暗相间的条纹分布. 为了说明光波衍射图样中的光强分布，菲涅耳对惠更斯原理进行了补充. 菲涅耳假定：光在传播过程中，从同一波阵面上各点发出的子波，也可以相互叠加产生干涉现象，空间某一位置光振动的振幅取决于各子波在该点处的叠加结果. 补充后的惠更斯原理称为惠更斯-菲涅耳原理. 惠更斯-菲涅耳原理为光的衍射理论奠定了基础.

若光波在某一时刻的波阵面为 S，$\mathrm{d}S$ 是波阵面上的任一面元，如图 8-13 所示. 菲涅耳指出：波阵面上任一面元 $\mathrm{d}S$ 发出的子波在前方某点 P 引起的光振动的振幅大小与面元的大小成正比，与面元到 P 点的距离 r 成反比，而且还与面元的法线方向 $\boldsymbol{e}_n$ 和位置矢量 $\boldsymbol{r}$ 之间的夹角 θ 有关，θ 越大，振幅越小，当 $\theta \geqslant \frac{\pi}{2}$ 时，振幅为零. 子波在 P 点的相位取决于面元 $\mathrm{d}S$ 到 P 点的光程. P 点光振动的振幅取决于各面元发出的子波在该点处的叠加结果.

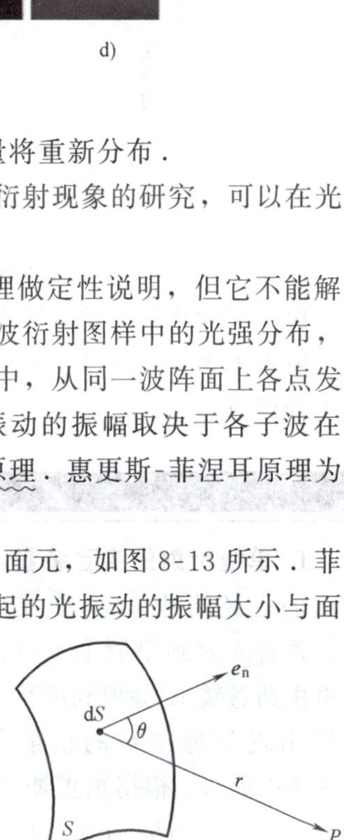

图 8-13　惠更斯-菲涅耳原理说明简图

若取 $t=0$ 时刻，S 面上各子波的初相位为零，则面元 $\mathrm{d}S$ 在 P 点引起的光振动可表示为

$$\mathrm{d}E = CK(\theta)\cos\left(\omega t - \frac{2\pi nr}{\lambda}\right)\frac{\mathrm{d}S}{r}$$

式中，C 为比例系数；n 为介质的折射率；$K(\theta)$ 为随 θ 增大而减小的倾斜因子，当 $\theta=0$ 时，$K(\theta)$ 有最大值，可取作 1. P 点的合振动等于 S 面上各面元发出的子波在该点引起振动的叠加，即

$$E(P) = \int_S \mathrm{d}E = \int_S \frac{CK(\theta)}{r}\cos\left(\omega t - \frac{2\pi nr}{\lambda}\right)\mathrm{d}S \tag{8-28}$$

这就是惠更斯-菲涅耳原理的数学表达式. 利用该原理原则上可以解决一切衍射问题.

3. 衍射的分类　利用惠更斯-菲涅耳原理可以解释和描述光束通过各种形状障碍物时

所产生的衍射现象．在讨论时，通常可以根据光源和考察点到障碍物的距离，把衍射现象分为两类：一类是障碍物到光源和考察点的距离都是有限的，或其中之一是有限的，称为菲涅耳衍射，又称为近场衍射，如图 8-14a 所示；另一类是障碍物到光源和考察点的距离都可认为是无限远的，即照射到衍射屏上的入射光和离开衍射屏的衍射光都是平行光的情况，这种衍射现象称为夫琅禾费衍射，又称为远场衍射，如图 8-14b 所示．在实验室中，实际的夫琅禾费衍射可利用两个会聚透镜来实现，如图 8-14c 所示．

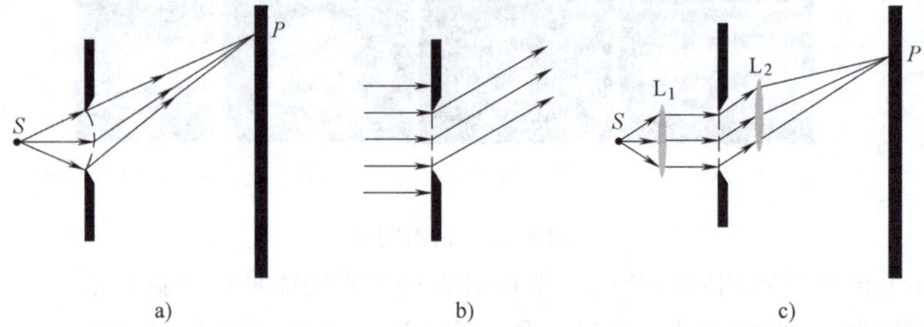

图 8-14 衍射分类

a）菲涅耳衍射 b）夫琅禾费衍射 c）实际的夫琅禾费衍射

由于实验装置中经常使用平行光束，故夫琅禾费衍射在理论和实际应用上都较菲涅耳衍射更为重要，并且这类衍射的分析和计算也比菲涅耳衍射简单．所以，本章只讨论夫琅禾费衍射．

8.3.2 夫琅禾费单缝衍射

1. 单缝衍射的实验装置 单缝夫朗禾费衍射的实验光路如图 8-15a 所示．点光源 S 发出的光经凸透镜 L_1 变成一束平行光，垂直入射到单缝上，单缝的衍射光再由凸透镜 L_2 会聚到屏幕 P 上，屏上将出现与缝平行的衍射条纹，如图 8-15b所示．根据惠更斯-菲涅耳原理，入射光的波阵面到达单缝时，单缝中波阵面上的各点成为新的子波源，发射初相位相同的子波．这些子波沿不同的方向传播，并由透镜 L_2 会聚到屏幕 P 上．例如，图中沿 θ 方向传播的子波将会聚在屏幕上的 P 点．θ 角称为衍射角，它也是考察点 P 对于透镜 L_2 中心的角位置．沿 θ 角传播的各个子波到 P 点的光程并不相同，它们之间有光程差，这些光程差将最终决定 P 点叠加后的光振动矢量的大小．

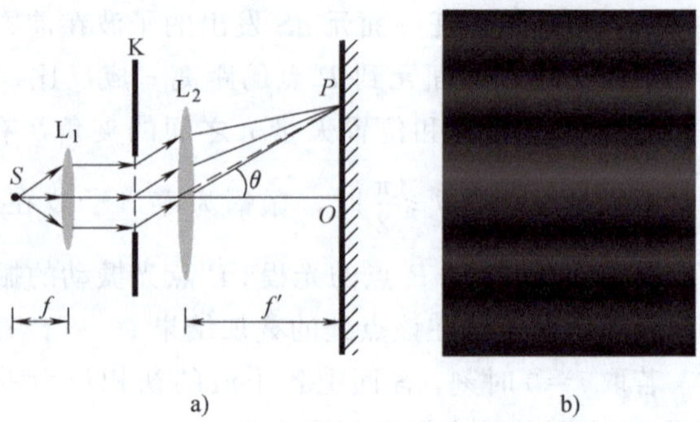

图 8-15 单缝夫朗禾费衍射

a）实验光路图 b）线光源的单缝衍射图样

2. 单缝衍射的光强分布 菲涅耳采用了一个非常直观而简洁的方法来决定屏幕上光强分布的规律，称为菲涅耳半波带法，如图 8-16 所示．从图 8-16 中可以看出，单缝的两端 A 和 B 点发出的子波到 P 点的光程差最大，在图中为线段 AC 的长度，我们称它为缝

端光程差（或最大光程差）．若用 δ 表示缝端光程差，则它等于

$$\delta = AC = a\sin\theta$$

式中，a 为单缝 AB 的宽度．菲涅耳把缝端光程差按入射光的半波长 $\lambda/2$ 分成若干份，并用 N 表示（在图 8-16 中假设正好分成三份），同时把单缝中的波阵面也划分成 N 份．对于图 8-16 所示的单缝，可以这样考虑：从缝端 A 开始，沿着 AC 方向，每过半个波长就做一个垂面，这些垂面就把单缝波阵面分成了 N 份：

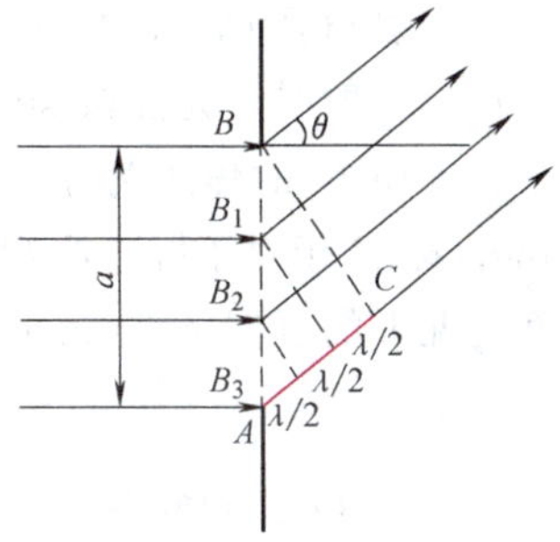

图 8-16　半波带的划分

$$N = \frac{\delta}{\lambda/2} = \frac{2a\sin\theta}{\lambda}$$

每一份是一个狭长的带，由于是按半波长划分的，故称为半波带（或波带），图中有三个波带：BB_1 波带、B_1B_2 波带和 B_2A 波带．从两个相邻波带的对应点处（如 B_1B_2 的 B_2 点处和 B_2A 的 A 点处）同样大小的两个面元发出的子波，到达屏幕上 P 点的光程差正好是 $\lambda/2$，在它们相遇时将发生干涉相消．又由于两个面元的大小相同，对 P 点的倾斜角 θ 也相同，故它们发出子波的振幅近似相等，干涉时将完全抵消．由于相邻两个半波带的对应面元发出的子波都相互抵消，所以我们得到结论：两个相邻半波带的子波在考察点 P 的光振动将完全抵消．

对于 P 点，如果缝端光程差 AC 是半波长的偶数倍时，亦即对于某一给定的衍射角 θ，如果单缝可以分成偶数个半波带，则所有波带的作用成对地相互抵消，即合振幅为零，P 点将成为暗纹中心．如果单缝可以分成奇数个半波带，则相互抵消的结果，还剩余一个波带，它的子波将合成一个较大的光振动振幅，此时 P 点将成为明纹中心．由此，我们得到单缝衍射的明、暗纹条件：如果半波带数 N 满足

$$N = \frac{2a\sin\theta}{\lambda} = \begin{cases} \pm(2k+1) & \text{明纹} \\ \pm 2k & \text{暗纹} \end{cases} \quad k = 1,2,3,\cdots \tag{8-29a}$$

或缝端光程差满足

$$a\sin\theta = \begin{cases} \pm(2k+1)\dfrac{\lambda}{2} & \text{明纹} \\ \pm k\lambda & \text{暗纹} \end{cases} \quad k = 1,2,3,\cdots \tag{8-29b}$$

则屏幕上 P 点将是 k 级明纹或暗纹的中心，k 为衍射级次．上述公式称为单缝夫琅禾费衍射的明纹条件或暗纹条件．

我们应当注意，式（8-29）并不包括 $k=0$ 的情况．因为对于暗纹条件，$k=0$ 时 $\theta=0$，但从图 8-15b 可以看出这是中央明纹的中心，不符合该式的含义．而对于明纹条件来说，$k=0$ 虽然对应于一个半波带形成的明纹，但其仍处在中央明纹的范围内，不会出现单独的明纹．

由式（8-29）可以计算出屏幕上 k 级明纹或暗纹中心所对应的角位置（或衍射角）θ_k．由于通常情况下衍射角很小，故有 $\theta_k \approx \sin\theta_k$．此时

$$\theta_k \approx \sin\theta_k = \begin{cases} \pm(2k+1)\dfrac{\lambda}{2a} & \text{明纹} \\ \pm k\dfrac{\lambda}{a} & \text{暗纹} \end{cases} \quad k = 1,2,3,\cdots \tag{8-30}$$

在衍射角 θ_k 已知的情况下，利用上式很容易确定 k 级衍射条纹在观察屏幕上的角位置．单缝衍射时，光强按 $\sin\theta$ 的分布曲线如图 8-17 所示．

若透镜 L_2 的焦距为 f，由式（8-30）可以得到衍射条纹在观察屏幕上的位置 $x_k=f\tan\theta_k$（即 P 相对于屏中心 O 的位置）．由于屏幕上能分辨的条纹的角度很小，可以用小角度情况下的近似条件 $\tan\theta_k\approx\sin\theta_k$．此时

$$x_k=f\tan\theta_k\approx f\sin\theta_k=\begin{cases}\pm(2k+1)\dfrac{f\lambda}{2a} & \text{明纹}\\ \pm k\dfrac{f\lambda}{a} & \text{暗纹}\end{cases}\quad k=1,2,3,\cdots \tag{8-31}$$

衍射条纹的级次 k 为正值时表示条纹在屏幕的上半平面，为负值时则表示条纹在下半平面．

通常把相邻暗纹中心间的距离定义为明纹宽度．由单缝衍射的暗纹位置公式，可得各次级明条纹的角宽度

$$\Delta\theta=\lambda/a \tag{8-32a}$$

线宽度为

$$\Delta x=x_k-x_{k-1}=\frac{f\lambda}{a} \tag{8-32b}$$

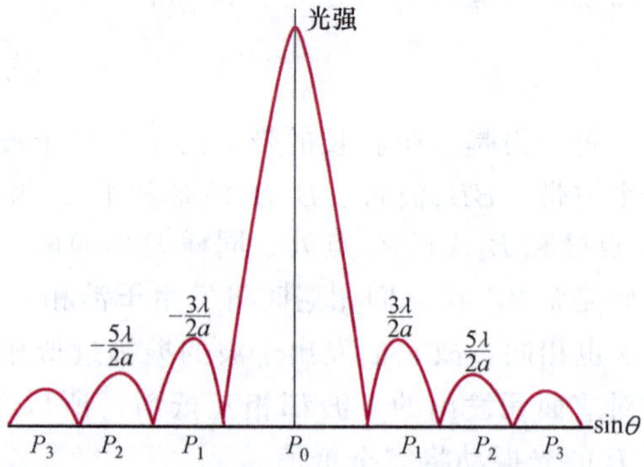

图 8-17 单缝衍射条纹的光强分布

而中央明纹线宽度为 $\Delta x_0=2f\lambda/a=2\Delta x$，$\Delta\theta_0=2\lambda/a=2\Delta\theta$．可见，单缝衍射时衍射条纹的中央明纹宽度是其他各级明纹宽度的两倍．

由条纹的位置公式（8-30）和式（8-31）可知，单缝衍射时，各级衍射条纹的位置和宽度都与狭缝的宽度 a 和入射光的波长 λ 有关．若入射光的波长确定，则缝宽 a 越窄，衍射角越大，条纹位置离中心越远，条纹排列越疏，衍射越显著，观察和测量越清楚、准确；反之，缝越宽，衍射角越小，条纹排列越密，衍射越不明显．当缝宽大到一定的程度（即 $a\gg\lambda$）时，较高级次的条纹因亮度很小，明暗模糊不清，形成很暗的背景，其他级次较低的条纹完全并入衍射角很小的中央明纹附近，形成单一的明纹，这就是几何光学中所说的单缝的像．这时衍射现象消失，成为直线传播的几何光学．所以，可以说几何光学是波动光学在 $\lambda/a\to0$ 时的极限情况．

若用不同波长的复色光入射，例如用白光入射，由于各色衍射明纹按波长逐级分开，除中央明纹中心仍为白色外，其他各级明纹按由紫到红的顺序向两侧对称排列成彩色条纹，称为单缝衍射光谱．在较高的衍射级内，还可以出现前一级光谱区与后一级光谱区的重叠现象．

例题 8-6 用波长为 632.8nm 的单色平行光，垂直入射到缝宽为 0.5mm 的单缝上，在缝后放一焦距 $f=50\text{cm}$ 的凸透镜，求观察屏上中央明纹的宽度及一级明纹的位置．

解：（1）由一级暗纹位置

$$x=f\tan\theta\approx f\sin\theta=\pm\frac{f\lambda}{a}$$

可得中央明纹宽度

$$\Delta x_0=\frac{2f\lambda}{a}=\frac{2\times50\times10^{-2}\times632.8\times10^{-9}}{0.5\times10^{-3}}\text{m}\approx1.3\times10^{-4}\text{m}$$

（2）一级明纹位置为

$$x = f\tan\theta \approx f\sin\theta = \pm\frac{3}{2}\frac{f\lambda}{a} = \pm\frac{3\times50\times10^{-2}\times632.8\times10^{-9}}{2\times0.5\times10^{-3}}\mathrm{m} \approx \pm 9.5\times10^{-5}\mathrm{m}$$

即一级明纹位于中央明纹两侧 $x\approx9.5\times10^{-5}$m 处．

8.3.3 光栅衍射*

1. 衍射光栅　由大量等宽等间距的平行狭缝构成的光学器件称为光栅，如图 8-18 所示．光栅通常分为透射式和反射式．透射式光栅是在玻璃片上刻出大量平行刻痕制成，刻痕处为不透光部分，两刻痕之间的光滑部分可以透光，相当于一条狭缝，如图 8-18a 所示．一般实验室内多采用透射式光栅．反射式光栅是在镀有金属层的表面刻出许多平行刻痕，两刻痕间的光滑金属面可以反射光，相当于狭缝，如图 8-18b 所示．

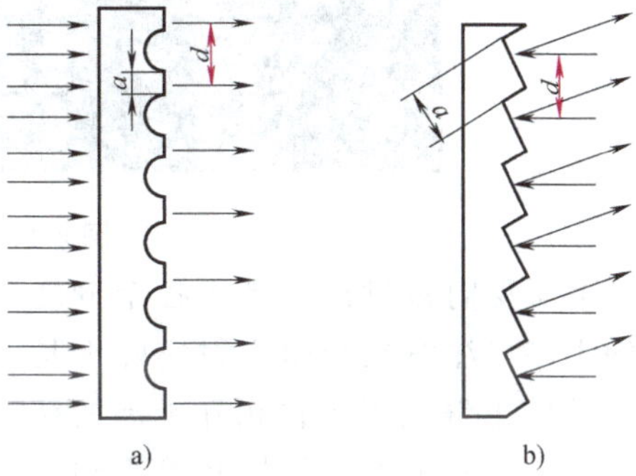

图 8-18　光栅

a）透射光栅　b）反射光栅

光栅中透光部分（缝）的宽度常用 a 表示，不透光部分的宽度用 b 表示，而将它们的和，也就是缝的中心间距叫光栅常量，并用 d 表示，$d=a+b$. 实际使用的光栅，每毫米内有几十条甚至于上千条刻痕，d 可达微米的数量级．一块 $100\times100\mathrm{mm}^2$ 的光栅可有 60 000 至 120 000 条刻痕．光栅可用于光谱分析、测量光的波长和强度分布等．

2. 光栅方程　图 8-19 为光栅衍射的示意图. 当一束平行光垂直入射到光栅上时，各缝将发出各自的单缝衍射光，沿 θ 方向的衍射光通过透镜会聚到位于焦平面的观察屏上的同一点 P. θ 称为衍射角，也是 P 点对透镜中心的角位置．这些衍射光在 P 点实现多光束干涉（每个缝都在此处有衍射光），所以光栅衍射的结果应该是单缝衍射和多缝干涉的总效果．下面我们分别讨论多缝干涉和单缝衍射的效果．

我们先考虑两个相邻的缝发出的衍射光之间的关系．从图 8-19 中容易看出，相邻两缝的衍射光在 P 点的光程差 $\delta=d\sin\theta$. 显然，当相邻两缝的光程差满足

$$d\sin\theta = \pm k\lambda,\quad k = 0,1,2,\cdots \tag{8-33}$$

时，相邻两缝发出的衍射光到达 P 点将发生相长干涉，形成明条纹．由于所有的缝都彼此平行，且等间距排列，类推可知，此时所有缝的衍射光在 P 点发生相长干涉，形成明条纹，称为光栅衍射主极大，对应的明纹称为光栅衍射的主明纹．式（8-33）是计算光栅主极大的公式，称为光栅方程．

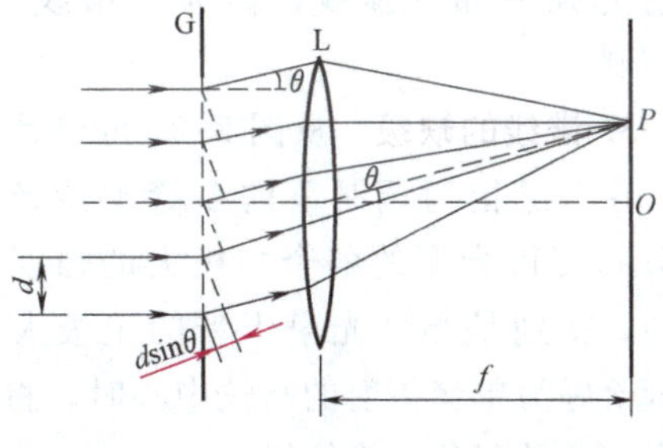

图 8-19　光栅衍射

当光栅常量 d 保持不变时，不同刻痕数的光栅的衍射条纹如图 8-20 所示．从图 8-20可以看出，由于光栅常量不变，所以衍射明条纹的位置不变；但刻痕数越多，衍射条纹越细．从图 8-20 中也可看到单缝衍射暗条纹引起的缺级现象，这是下面我们

要讨论的内容．

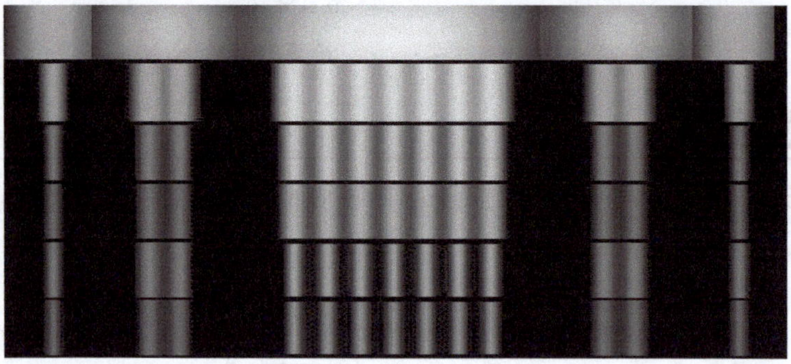

图 8-20　光栅的衍射条纹

上面我们只讨论了光栅各个缝之间的干涉，注意到光栅衍射实际上是每个缝的单缝衍射光再相互干涉的结果，所以多缝干涉的效果必然受到单缝衍射效果的影响．可以证明，最终在屏上形成的光强分布是在单缝衍射调制下的多缝干涉分布，如图 8-21 所示．图中给出的是一个四缝光栅的光强分布曲线，其中图 a 为缝宽 a 的单缝衍射的光强分布曲线，图 b 为多缝干涉的光强分布曲线．多缝干涉和单缝衍射共同决定的光栅衍射的光强分布曲线如图 c 所示．我们看到，多缝干涉条纹的光强分布（实线）受到单缝衍射光强分布（虚线，称为包络线）的调制．

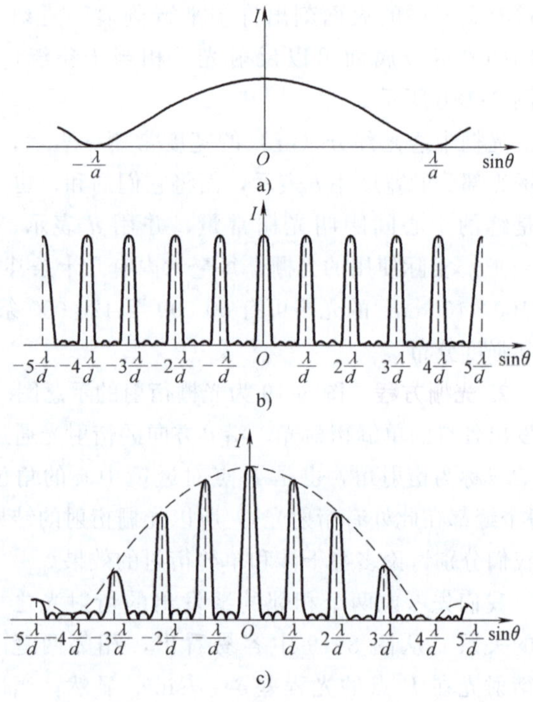

图 8-21　光栅衍射的光强分布

a）单缝衍射　b）多缝干涉　c）光栅衍射

3. 谱线的缺级　从图 8-21 可以看到，在单缝衍射调制下的多缝干涉光强分布使得光栅的各个主极大的强度不同，特别是当多光束干涉的主极大位置恰好为单缝衍射的暗纹中心时，将产生抑制性的调制，这些主极大将在观察屏幕上消失，这种现象称为缺级．

由光栅方程

$$d\sin\theta = k\lambda,\quad k = 0,1,2,\cdots$$

和单缝衍射的暗纹条件

$$a\sin\theta = k'\lambda,\quad k' = \pm 1, \pm 2, \pm 3,\cdots$$

可得缺级条件为

$$k = \frac{d}{a}k', \quad k' = \pm 1, \pm 2, \pm 3, \cdots \tag{8-34}$$

即多缝干涉的 k 级主极大的位置恰好位于单缝衍射的 k'级暗纹的位置时，k 级主极大将消失，发生缺级现象．例如，当 $d=4a$ 时，缺级的级数为 $k=4$，8，12，….图 8-21c 就是这种情况．

例题 8-7 波长为 600nm 的平行单色光垂直入射到一透射光栅上，衍射的第二级谱线的衍射角满足 $\sin\theta_2=0.20$，第四级缺级．试求：

（1）光栅常量为多少？

（2）光栅的缝宽的最小值为多少？

（3）试列出衍射屏上出现的全部级数？

解：（1）由光栅方程

$$d\sin\theta_2 = 2\lambda$$

即可求得光栅常量为

$$d = \frac{2\lambda}{\sin\theta_2} = \frac{2\times 600\times 10^{-9}}{0.2}\text{m} = 6\times 10^{-6}\text{m} = 6\mu\text{m}$$

（2）因谱线第四级缺级，即

$$\frac{d}{a} = 4$$

所以光栅狭缝的最小可能宽度为

$$a = \frac{d}{4} = 1.5\mu\text{m}$$

（3）仍由光栅方程 $d\sin\theta=\pm k\lambda$，知 $\sin\theta\to 1$ 时，有

$$k_{\max} < \frac{d}{\lambda} = \frac{6\times 10^{-6}}{600\times 10^{-9}} = 10$$

考虑到缺级，屏幕上可能呈现的谱线的全部级数为 0，±1，±2，±3，±5，±6，±7，±9.

8.4 光的偏振

光的干涉和衍射现象显示出光具有波动性质，但这些现象还不能表明光是横波或是纵波．光的偏振现象从实验上清楚地显示出光的横波性，这一点与光的电磁理论所预言的一致．可以说，光的偏振现象为光的电磁波本质提供了进一步的证据．

8.4.1 基本概念

1. 光的偏振性与五种偏振态 光波是电磁波，光波的传播方向是电磁波的传播方向，其电矢量 $\boldsymbol{E}$ 的振动方向和磁矢量 $\boldsymbol{H}$ 的振动方向都与传播速度 $\boldsymbol{v}$ 垂直，因此光波是横波．由于在光与物质的相互作用过程中，起主要作用的是电矢量 $\boldsymbol{E}$，而大多数物质的磁性几乎不变，所以，光在这些介质中传播时，只需要考虑其电矢量的振动，并将 $\boldsymbol{E}$ 矢量称为光矢量．

由于横波的振动方向垂直于传播方向，因此只有横波才会出现偏振现象．光的振动方向对于传播方向的不对称性，称为光的偏振．光在传播过程中，光矢量在与传播方向垂直

的平面内可能有不同的振动状态，实际中最常见的光的偏振态大体可分为五种，即自然光、线偏振光、部分偏振光、圆偏振光和椭圆偏振光．

如果光在传播过程中电矢量的振动平均说来对于传播方向形成轴对称分布，哪个方向都不比其他方向更为优越，即在轴对称的各个方向上电矢量的时间平均值是相等的，这种光称为自然光．如果电矢量的振动只限于某一确定的平面内，这种光称为平面偏振光．由于平面偏振光的电矢量在与传播方向垂直的平面上的投影是一条直线，所以又称为线偏振光．电矢量和传播方向所构成的平面称为偏振光的振动面．如果偏振光的电矢量的振幅在不同方向有不同的大小，这种偏振光称为部分偏振光．在一个与光的波矢垂直的平面内观察其电矢量，如果电矢量不是在一个固定的平面内振动，而是绕着传播方向匀速旋转，且旋转中电矢量的大小保持不变，其末端点的轨迹呈圆形螺旋状，并且在垂直于传播方向的平面上的投影是圆，这种偏振光称为圆偏振光．如果光矢量绕传播方向旋转，但其数值做周期性变化，矢量末端点的轨迹呈椭圆形螺旋状，并且在垂直于传播方向的平面上的投影是一个椭圆，这种偏振光称为椭圆偏振光．

2. 自然光与线偏振光 普通光源发出的都是自然光．例如日光、灯光、热辐射发光等．自然光是由轴对称分布、没有固定相位的大量线偏振光集合而成的，如图 8-22a 所示．它可以用两个强度相等、振动方向垂直的线偏振光来表示，如图 8-22b 所示．为方便计，通常以点和带箭头的短线分别表示垂直纸面和在纸面内的光振动，这两个振动方向都与光的传播方向垂直，如图 8-22c 所示．对自然光来说，两个方向振动的强度相等，因此图中点和短线的数目也相等．需要注意的是，由于自然光中各个光矢量的振动都是相互独立的，所以图 8-22b 中所示的两个垂直光矢量分量之间并没有恒定的相位差，不能将它们合成为一个单独的矢量．因此，自然光相当于被分解为两个强度相等、振动方向垂直且相互独立的线偏振光了，这两个线偏振光的强度各占自然光光强的一半．

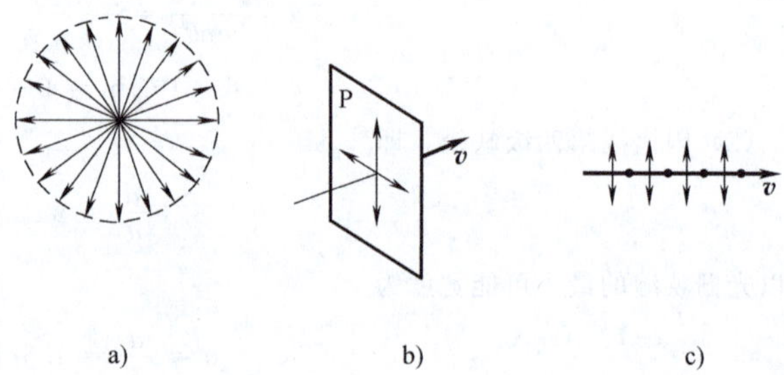

图 8-22 自然光

如前所述，线偏振光也可以用点或带箭头的短线表示．如图 8-23a、b 所示，分别表示振动方向在纸面内和垂直纸面的线偏振光．

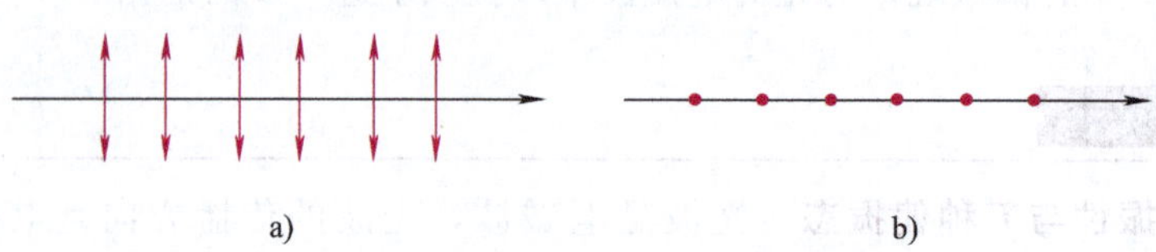

图 8-23 线偏振光

3. 部分偏振光 如果光的偏振性介于自然光和线偏振光之间，则就是部分偏振光，如图 8-24 所示．图 8-24a、b 分别表示在纸面内振动较强和垂直纸面振动较强的部分偏振光．部分偏振光的电矢量的振幅在不同方向有不同的大小，其中在某一个方向上能量具有最大值，表示为 I_{max}，在与其垂直的方向上能量具有最小值，记为 I_{min}，通常用

$$P=\frac{I_{max}-I_{min}}{I_{max}+I_{min}} \tag{8-35}$$

表示偏振的程度，P 称为偏振度．可以看出 $0\leqslant P\leqslant 1$．当 $I_{max}=I_{min}$时，$P=0$，这就是自然光，因此，自然光是偏振度等于 0 的光，也叫非偏振光；当 $I_{min}=0$ 时，$P=1$，就是线偏振光，所以，线偏振光是偏振度最大的光，也叫全偏振光．部分偏振光可以看作是自然光与线偏振光的叠加．

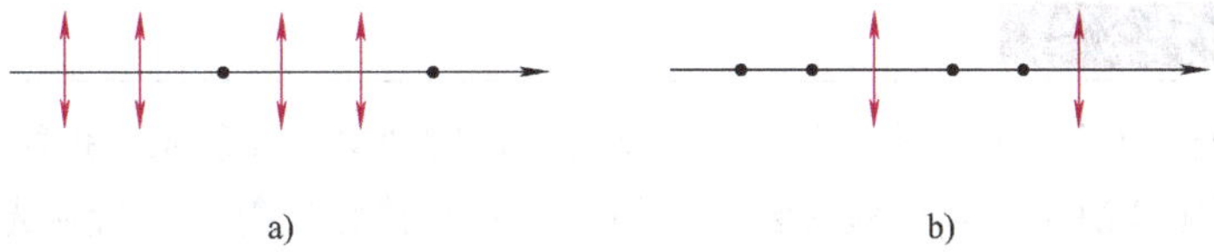

图 8-24　部分偏振光

8.4.2　马吕斯定律

自然光中电矢量的振动在各个不同方向的强度是相同的，当自然光经过某些仪器后可能变为线偏振光，而一束光是否为线偏振光仅凭人眼无法判断，需要借助一定的仪器进行检验．

1. 起偏和检偏　由自然光获得线偏振光的过程称为起偏，实现起偏的光学元件或装置称为起偏器．自然光通过起偏器后可以转变为线偏振光．检验光的偏振特性的过程称为检偏，用来检偏的光学元件或装置称为检偏器．实际上，凡是可以作为起偏器的光学元件或装置，也都必然能用作检偏器．

偏振片就是一种常用的起偏器，对入射的自然光，它只能透过沿某个方向的光矢量或光矢量振动沿该方向的分量．这个透光的方向称为偏振片的透振方向或偏振化方向．偏振片既可以用作起偏器，也可以用作检偏器．如图 8-25 所示，P_1 和 P_2 是两块偏振片，其中 P_1 是起偏器，用来产生线偏振光；P_2 是检偏器，用来检验线偏振光．

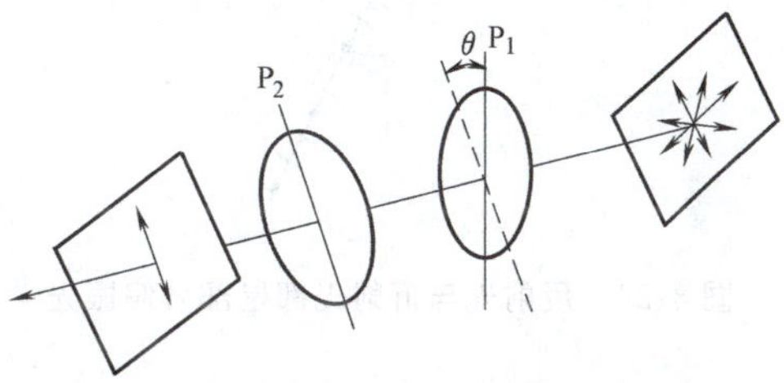

图 8-25　检偏和起偏

2. 马吕斯定律　在图 8-25 中，如果通过 P_1 的电矢量振幅为 A，那么沿第二块偏振片 P_2 的透振方向的振幅分量是 $A\cos\theta$，则透射光强为

$$I_\theta=A^2\cos^2\theta$$

当 $\theta=0$ 时，透射光强最强，为 A^2．若令 $I=A^2$，则上式可改写为

$$I_\theta=I\cos^2\theta \tag{8-36}$$

式（8-36）表示线偏振光通过检偏器后的透射光强度随 θ 角变化的规律，称为马吕斯定律．

偏振片只允许电矢量沿透振方向的光通过，因此，自然光通过无吸收的理想偏振片后，其强度应减为原来的一半．

例题 8-8　一束自然光入射到透振方向成 60°夹角的两偏振片时，透过的光强为 I_1，如果其他条件不变，使夹角变为 45°，透射光强如何变化？

解：入射光为自然光，光强设为 I_0，则

$$I_1=\frac{1}{2}I_0\cos^2 60°=\frac{1}{8}I_0$$

夹角变为45°时，则

$$I_2=\frac{1}{2}I_0\cos^2 45°=\frac{1}{4}I_0=2I_1$$

8.4.3 布儒斯特定律

一束光入射到两种介质的界面上要发生反射和折射现象，反射光和折射光的传播方向由反射定律和折射定律决定．当用检偏装置（如偏振片）检验反射光与折射光的偏振性质时，发现反射光与折射光都是部分偏振光，如图8-26所示．布儒斯特在研究反射光的偏振化程度时发现，随着入射角 i 的改变，反射光的偏振化程度也随之改变，即反射光的偏振化程度与入射角 i 有关．当入射角等于某一特定角度时，反射光中将只有垂直入射面方向的光振动，而没有平行入射面方向的光振动，即此时的反射光是光矢量振动方向垂直于入射面的线偏振光，但折射光仍为平行入射面方向的光振动较强的部分偏振光，如图8-27所示．对于上述的这一特定入射角，通常称为起偏角或布儒斯特角，以 i_B 表示．

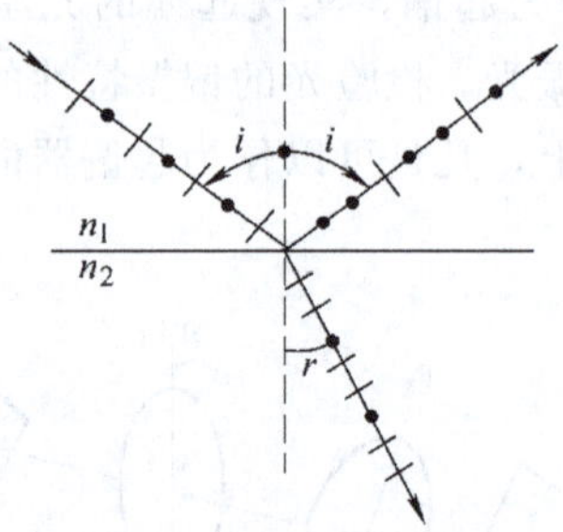

图8-26　反射光与折射光都是部分偏振光

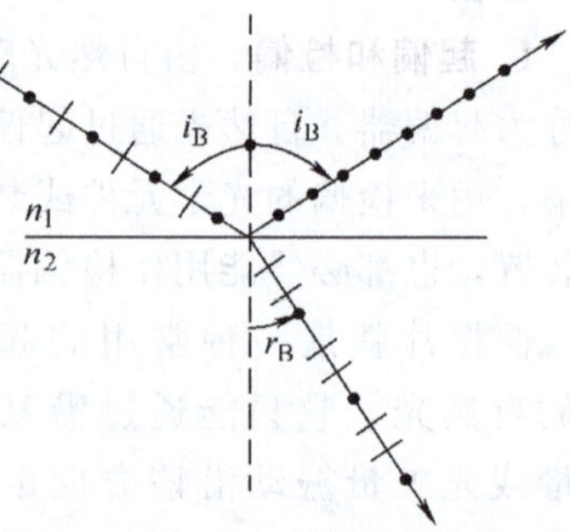

图8-27　反射光是线偏振光

通过实验还可以证明，在图8-27所示的情况下，满足条件的布儒斯特角 i_B 应满足下式：

$$\tan i_B=\frac{n_2}{n_1} \tag{8-37}$$

由式（8-37）所反映的规律称为布儒斯特定律．

考虑到折射定律，有

$$\frac{\sin i_B}{\sin r_B}=\frac{n_2}{n_1}$$

将上式与式（8-37）联立后可得 $\tan i_B=\dfrac{\sin i_B}{\cos i_B}=\dfrac{\sin i_B}{\sin r_B}=\dfrac{n_2}{n_1}$

由此分析得到

$$\sin r_B=\cos i_B$$

即

$$i_B+r_B=\frac{\pi}{2} \tag{8-38}$$

从上式可以看出，当自然光以布儒斯特角 i_B 入射到两种不同介质的界面上时，得到的反射光与折射光将相互垂直．反过来说，如以自然光入射到两种不同介质的界面上，当得到的反

射光与折射光之间互相垂直时，反射光将成为只包含垂直入射面方向光振动的线偏振光．

例题 8-9 在空气中通过实验测得某种透明介质的布儒斯特角为 57°，试求该种介质的折射率 n. 若将这种透明介质放置于水中（设水的折射率为 1.33）时，其布儒斯特角又将是多少？

解： 空气的折射率近似为 1，实验测得该介质的布儒斯特角为 57°，由布儒斯特定律式（8-37）可得

$$\tan 57° = \frac{n}{1}$$

因此可得透明介质的折射率为 $$n = \tan 57° \approx 1.54$$

当把该透明介质放置于水中时，由于水的折射率为 1.33，仍由布儒斯特定律可得

$$\tan i_{\mathrm{B}} = \frac{1.54}{1.33}$$

由此得到对应的布儒斯特角为 $$i_{\mathrm{B}} = \arctan\frac{1.54}{1.33} \approx 49°$$

内容提要

1. 几何光学的基本定律

① **光的直线传播定律** 光在均匀介质中沿直线传播．

② **光的独立传播定律** 光在传播过程中与其他光束相遇时，各光束都各自独立传播，不改变其性质和传播方向．

③ **光的反射定律** 反射光线位于入射平面内，且反射角等于入射角，即 $i' = i$.

④ **光的折射定律** 折射光线位于入射平面内，且入射角 i 的正弦跟折射角 r 的正弦之比，是一个取决于两种介质光学性质及光的波长的恒量，即

$$\frac{\sin i}{\sin r} = n_{21} \text{ 或 } n_1 \sin i = n_2 \sin r$$

2. 光的反射和折射成像

① **球面折射** 在近轴条件下，球面折射满足的物像公式为

$$\frac{n'}{p'} - \frac{n}{p} = \frac{n' - n}{r}$$

式中，n 为物方折射率；n' 为像方折射率；r 为球面半径；p 为物距；p' 为像距．

② **球面反射** 在近轴条件下，球面反射满足成像公式

$$\frac{1}{p'} + \frac{1}{p} = \frac{1}{f'}$$

式中，p' 为像距；p 为物距；$f' = r/2$ 为反射球面的焦距；r 为球面反射镜的半径．

③ **平面折射** 在小光束范围内，可以认为所有折射光线的反向延长线近似交于同一点，称为虚像点．

④ **平面反射** 平面反射成像是一个简单的、能成完善像的光学系统．所成的像与物的大小相等，且像与物对称于反射面．

3. 薄透镜的成像公式

① **薄透镜** 若透镜的厚度与其焦距相比可以略去不计，则该透镜是薄透镜．

② **薄透镜的物像公式**

$$\frac{n_2}{p'} - \frac{n_1}{p} = \frac{n - n_1}{r_1} + \frac{n_2 - n}{r_2}$$

薄透镜置于空气中时有

$$\frac{1}{p'}-\frac{1}{p}=\frac{1}{f'}$$

式中，f'为像方焦距．如 f 为物方焦距，则

$$f=-f'=\frac{-1}{(n-1)\left(\frac{1}{r_1}-\frac{1}{r_2}\right)}$$

③ **薄透镜的横向放大率 β 为**

$$\beta=\frac{p'}{p}$$

④ **作图求像法**　在近轴条件下，利用作图求像法时应遵循：平行于主光轴的入射光线，通过凸透镜后，折射光线通过焦点；通过凹透镜后折射光线的反向延长线通过焦点．过焦点的入射光线，其折射光线与主光轴平行．过光心的入射光线，按原方向传播不发生偏折．

4. 光的干涉及相关概念

① **光的干涉**　两列或几列光波在空间相遇时相互叠加，在某些区域始终加强，而另一些区域则始终减弱，形成稳定的强弱分布的现象．

② **相干条件**　振动方向平行、频率相同、相位差恒定．

③ **干涉的分类**　分波面干涉、分振幅干涉．

④ **光程**　光在介质中经历的几何路程 x 与介质折射率 n 的乘积，即 $\Delta=nx$.

⑤ **光程差**　两束相干光在干涉点的光程之差，即 $\delta=\Delta_2-\Delta_1$.

⑥ **光程差 δ 和相位差 $\Delta\varphi$ 之间的关系**　$\Delta\varphi=\frac{2\pi}{\lambda}\delta$，其中 λ 为真空中的波长．

⑦ **半波损失**　当光从光疏介质入射光密介质时，在掠射或垂直入射的情况下，反射光会有半波损失．

5. 杨氏双缝干涉

杨氏双缝干涉实验是利用分波面法产生两束相干光，其干涉条纹是等间距直条纹．干涉条纹在 x 轴上的位置分别为

明条纹　$$x=\pm k\frac{D\lambda}{d},\quad k=0,1,2,\cdots$$

暗条纹　$$x=\pm(2k+1)\frac{D\lambda}{2d},\quad k=0,1,2,3,\cdots$$

明纹或暗纹之间的距离，即条纹间距为　$\Delta x=\frac{D\lambda}{d}$

6. 薄膜干涉

入射光在薄膜的上、下表面反射后相互叠加产生的干涉现象，称为薄膜干涉．薄膜干涉分为等倾干涉和等厚干涉．

① **等倾干涉**　以相同倾角入射的光，经均匀薄膜的上、下表面反射后产生的干涉现象．其干涉条纹为一组明暗相间的同心圆环．

明纹条件　$\delta=2h\sqrt{n_2^2-n_1^2\sin^2 i}+\delta'=2n_2h\cos r+\delta'=k\lambda,\quad k=1,2,\cdots$

暗纹条件　$\delta=2h\sqrt{n_2^2-n_1^2\sin^2 i}+\delta'=2n_2h\cos r+\delta'=(2k+1)\frac{\lambda}{2},\quad k=0,1,\cdots$

式中，δ'等于$\lambda/2$或0，它由光束在薄膜上下表面反射时有无半波损失附加的光程差决定．当满足 $n_1>n_2>n_3$ 或 $n_1<n_2<n_3$ 时，无附加光程差，即 $\delta'=0$；当满足 $n_1>n_2<n_3$ 或 $n_1<n_2>n_3$ 时，附加光程差为 $\lambda/2$，$\delta'=\lambda/2$.

② **等厚干涉**　光线垂直入射厚度不均匀的薄膜时，薄膜的上、下表面反射光产生的干涉现象．常见

的等厚干涉现象有劈尖和牛顿环．

劈尖：　劈尖的干涉条纹是一组平行于棱边的明、暗相间的直条纹．在劈尖的棱边处形成的是暗条纹．相邻两条明纹或暗纹对应的厚度差 Δh 为

$$\Delta h = h_{k+1} - h_k = \frac{\lambda}{2n}$$

相邻的两条明纹或暗纹在劈尖表面的距离为

$$l = \frac{\Delta h}{\sin\alpha} = \frac{\lambda}{2n\sin\alpha}$$

牛顿环：对于一定波长的单色入射光，牛顿环是内疏外密的一系列同心圆．或者说，随着半径 r 增长，牛顿环越来越密．若用白光照射，除中心暗点颜色不变外，其他条纹呈彩色．其明环和暗环的半径分别为

$$r = \begin{cases} \sqrt{\dfrac{(2k-1)R\lambda}{2n}} & k = 1,2,3,\cdots \quad \text{明环} \\ \sqrt{\dfrac{kR\lambda}{n}} & k = 0,1,2,\cdots \quad \text{暗环} \end{cases}$$

7. 光的衍射及相关概念

① **光的衍射**　光波在其传播过程中遇到障碍物时，能够绕过障碍物边缘进入物体的几何阴影，并在屏幕上出现光强不均匀分布的现象．

② **衍射分类**　菲涅耳衍射（近场衍射）——光源和观察屏至少有一个在有限远处；夫琅禾费衍射（远场衍射）——光源和观察屏都在无限远处或等效为无限远处．

③ **惠更斯-菲涅耳原理**　波阵面上任一面元 $\mathrm{d}S$ 发出的子波在前方某点 P 引起的光振动的振幅大小与面元的大小成正比，与面元到 P 点的距离 r 成反比，而且还与面元的法线方向 $\boldsymbol{e}_n$ 和位置矢量 $\boldsymbol{r}$ 之间的夹角 θ 有关，θ 越大，振幅越小，当 $\theta \geqslant \frac{\pi}{2}$ 时，振幅为零；子波在 P 点的相位取决于面元 $\mathrm{d}S$ 到 P 点的光程．P 点光振动的振幅取决于各面元发出的子波在该点处的叠加结果．其数学表达式为

$$E(P) = \int_S \mathrm{d}E = \int_S \frac{CK(\theta)}{r}\cos\left(\omega t - \frac{2\pi nr}{\lambda}\right)\mathrm{d}S$$

8. 夫琅禾费单缝衍射

① **缝端光程差 δ**　单缝的两端 A 和 B 点发出的子波到观察点 P 的光程差：$\delta = a\sin\theta$

② **半波带数目**　$N = \dfrac{2a\sin\theta}{\lambda}$

③ **明、暗纹条件**　第 k 级明纹或暗纹中心对应的衍射角所满足的条件为

$$a\sin\theta = \begin{cases} \pm(2k+1)\dfrac{\lambda}{2} & \text{明纹} \\ \pm k\lambda & \text{暗纹} \end{cases} \quad k = 1,2,3,\cdots$$

④ **衍射角**　$\theta_k \approx \sin\theta_k = \pm k\dfrac{\lambda}{a}$

⑤ **衍射条纹中心在观察屏幕上的位置**

$$x_k = f\tan\theta_k \approx f\sin\theta_k = \begin{cases} \pm(2k+1)\dfrac{f\lambda}{2a} & \text{明纹} \\ \pm k\dfrac{f\lambda}{a} & \text{暗纹} \end{cases} \quad k = 1,2,3,\cdots$$

⑥ **中央明纹**　角宽度 $\Delta\theta_0 = 2\lambda/a$，线宽度 $\Delta x_0 = 2\dfrac{f\lambda}{a}$

⑦ **其他各级明纹**　角宽度 $\Delta\theta = \lambda/a$，线宽度 $\Delta x = \dfrac{f\lambda}{a}$.

9. 光栅衍射

① **光栅** 由大量等宽等间距的平行狭缝构成的光学器件．

② **光栅常量** 光栅中透光部分的宽度 a 与不透光部分的宽度 b 的和，也就是缝的中心间距，即

$$d=a+b$$

③ **光栅方程** $$d\sin\theta=\pm k\lambda,\quad k=0,1,2,\cdots$$

即相邻缝的光程差为波长的整数倍时，θ 方向出现 k 级主极大．

④ **缺级条件** $$k=\frac{d}{a}k',\quad k'=\pm1,\pm2,\pm3,\cdots$$

10. 光的偏振

① **光的偏振现象** 光的振动方向对于传播方向的不对称性，称为光的偏振．光的偏振现象是光的横波性的体现，因为只有横波才有偏振．

② **光的偏振态** 自然光、线偏振光、部分偏振光、圆偏振光和椭圆偏振光．

③ **光的偏振度**

$$P=\frac{I_{\max}-I_{\min}}{I_{\max}+I_{\min}}$$

并且有 $0\leqslant P\leqslant 1$. 自然光因 $I_{\max}=I_{\min}$，则 $P=0$；线偏振光 $I_{\min}=0$，则 $P=1$；部分偏振光的偏振度 $0<P<1$.

④ **马吕斯定律** 自然光通过起偏器后变为线偏振光，其光强为原来的一半．如果线偏振光的光强为 I，其振动方向与检偏器的透振方向夹角为 θ，则通过检偏器的光强为

$$I_\theta=I\cos^2\theta$$

⑤ **布儒斯特定律** 一束光在两种介质界面反射和折射时，反射光和折射光都变为部分偏振光．欲使反射光成为线偏振光，其入射角必须满足

$$\tan i_{\mathrm{B}}=\frac{n_2}{n_1}$$

其中，入射角 i_{B} 称为布儒斯特角，或起偏角；n_1 和 n_2 分别是入射光束和折射光束所在介质的折射率．

课外练习8

一、填空题

8-1* 半径为 24cm 的凹面镜，浸没在水中，它的焦距是__________ cm.

8-2 光在介质中通过一段几何路程，相应的光程等于________和________的乘积．

8-3 薄膜干涉分为________干涉和________干涉两大类．

8-4 光的衍射可分为________衍射和________衍射两大类．

8-5* 平行光垂直照射时的光栅方程为________．

8-6 光的偏振性进一步揭示了光是________的性质．

二、选择题

8-1* 下列哪一个是置于空气中的薄透镜的物像公式 （ ）．

A. $\frac{n'}{p'}-\frac{n}{p}=\frac{n'-n}{r}$ B. $\frac{1}{p'}+\frac{1}{p}=\frac{1}{f'}$ C. $p'=p\frac{n'}{n}$ D. $\frac{1}{p'}-\frac{1}{p}=\frac{1}{f'}$

8-2 下列哪一个属于分波（阵）面干涉 （ ）．

A. 杨氏双缝干涉 B. 劈尖 C. 牛顿环 D. 迈克耳孙干涉仪

8-3 用单色光观察牛顿环，测得某一亮环直径为 3mm，在它外边第 5 个亮环直径为 4.6mm，所用平凸透镜的凸面曲率半径为 1.0m，则此单色光的波长为 （ ）．

A. 590.3nm B. 608.0nm C. 760.0nm D. 三个数据都不对

8-4* 一个衍射光栅宽为3cm，以波长为600nm的平行光垂直照射，第二级主极大出现于衍射角为30°处．则光栅的总刻度线数为　　（　　）．

A. 1.25×10^4　　B. 2.5×10^4　　C. 6.25×10^3　　D. 9.48×10^3

8-5 光强为I_0的自然光，使其通过两个平行放置的偏振片，若这两个偏振片的透振方向成60°夹角，则最后透射光的光强是　　（　　）．

A. $I_0/2$　　B. $I_0/4$　　C. $I_0/6$　　D. $I_0/8$

8-6 布儒斯特定律的数学表达式为　　（　　）．

A. $I=I_0\cos^2\alpha$　　B. $\sin i_B=\frac{n_2}{n_1}$　　C. $\tan i_B=\frac{n_2}{n_1}$　　D. $\theta_0=1.22\frac{\lambda}{D}$

三、简答题

8-1* 试说明房门的“猫眼”的结构及成像原理？

8-2* 在几何光学系统中，唯一能够完善成像的是什么系统？其成像规律如何？

8-3 光的相干条件有哪些？

8-4 什么是光的衍射？

8-5 夫琅禾费衍射实验中，透镜的作用是什么？

8-6 自然光的偏振度是多少？线偏振光的偏振度是多少？

四、计算题

8-1* 一玻璃球半径为r，折射率为n，若以平行光入射，问当玻璃的折射率为多少时会聚点恰好落在球的后表面上？

8-2* 高6cm的物体距凹面镜顶点12cm，凹面镜的焦距是10cm，试求像的位置及高度．

8-3* 将一发光点放在焦距为20cm的发散透镜的像方焦点上，试求像的位置．

8-4 杨氏双缝干涉实验中，已知双缝间距$d=0.7$mm，双缝屏到观察屏的距离$D=5$m，试计算入射光波波长分别为488nm、532nm和633nm时，观察屏上干涉条纹的间距Δx.

8-5 利用杨氏双缝干涉实验测量单色光波长．已知双缝间距$d=0.4$mm，双缝屏到观察屏的距离$D=1.2$m，用读数显微镜测得10对明暗条纹的总宽度为15mm，求单色光的波长λ.

8-6 用云母片（$n=1.58$）覆盖在杨氏双缝的一条缝上，这时屏上的零级明纹移到原来的第7级明纹处．若光波波长为550nm，求云母片的厚度．

8-7 用波长为500nm的单色平行光，垂直入射到缝宽为1mm的单缝上，在缝后放一焦距$f=50$cm的凸透镜，并使光聚焦在观察屏上，求衍射图样的中央到一级暗纹中心、二级明纹中心的距离各是多少？

8-8 波长$\lambda=600$nm的单色平行光，垂直照射到宽度$a=0.5$mm的单缝上，单缝后透镜的焦距$f=0.5$m，试求第一级明条纹的宽度．

8-9* 波长为600nm的单色光垂直照射到一光栅上，测得光屏上第2级明纹的衍射角为30°，试求该光栅的光栅常量d.

8-10 两偏振片平行放置，它们透振方向之间的夹角为45°. 现以一束自然光垂直入射通过这两个偏振片，若测得最后的出射光的光强为I，试求原入射自然光的光强．

8-11 光强为I_0的自然光，使其通过两个平行放置的偏振片，若这两个偏振片的透振方向成60°夹角，问最后透射光的光强是多少？如果在这两个偏振片之间再平行插入一块偏振片，且使其透振方向与前两个偏振片均成30°夹角，则此时所得的透射光的光强又为多少？

8-12 两个偏振片平行放置，一个用作起偏器，另一个用作检偏器．以一束自然光入射这两个偏振片，当它们透振方向之间的夹角为30°时，观测到最后通过检偏器的光强为I_1；以另一束自然光入射，且当两偏振片的透振方向之间的夹角为60°时，观测到最后通过检偏器的光强为I_2. 若$I_1=I_2$，则原入射的两束自然光之间的光强之比为多少？

物理学家简介

托马斯·杨(Thomas Young，1773—1829)

从17世纪牛顿与惠更斯的争论开始，关于光的本性就形成了两种不同观点，一种是以牛顿为代表的微粒学说，另一种则是惠更斯和胡克等人所主张的波动学说．由于早期的波动理论缺乏严格的数学基础，也没有建立起波动过程的周期性和相位等概念，因而只能定性地分析一些基本的光学问题．此外，惠更斯又错误地认为光是纵波，因此他提出的波动理论并不能解释光的干涉、衍射和偏振等现象，再加上牛顿个人所具有的崇高威望，光的微粒学说逐渐得到了广泛支持．自牛顿《光学》出版后至18世纪末的近百年时间里，光的微粒学说始终占据着统治地位，而光的波动学说一直没能受到物理学家们的重视，几乎是陷入停滞，未能取得实质性进展．直至19世纪初，这一情况才开始发生变化，越来越多的理论和实验为波动学说提供了强有力的证据，此时人们才不得不放弃牛顿的微粒学说，光的波动理论最终在众多科学家的共同努力下建立了起来．在这些科学家中，第一个给微粒学说造成严重困难，使波动学说获得复兴的正是英国物理学家托马斯·杨．

1773年6月13日，托马斯·杨出生于英国萨默塞特郡米菲耳顿城的一个教友会会员的家庭，是家中的长子．杨的父亲是一位成功的商人，母亲则是一位著名医生的侄女．在杨7岁以前，他主要和外祖父一起生活，老人在他的教育问题上倾注了大量心血，而他也没有辜负外祖父的期望．杨是一个早熟的孩子，很早就表现出惊人的才华，并有神童之称．2岁时，杨就能顺利地阅读一些古典名著，4岁便已经两度通读《圣经》．从6岁起，杨开始学习拉丁文，曾先后就读于两所学校，并先后熟练掌握了拉丁语、希腊语、法语、意大利语、希伯来语和阿拉伯语等多种语言和文字．同时，杨还仔细阅读过牛顿的《自然哲学的数学原理》与《光学》等名著，掌握了微积分，并能自制多种物理仪器．从1792年起，19岁的杨先后在伦敦、爱丁堡、哥廷根和剑桥等地学习医学．在此期间，杨曾在英国皇家学会上宣读了一篇医学论文，他在该论文中正确解释了眼睛的调节作用与其肌肉结构之间的关联．由于这篇论文，杨在一年后被选为皇家学会的会员，此时他只有21岁．1796年，杨获得德国哥廷根大学的医学博士学位，次年他进入剑桥的伊曼努尔学院学习（他分别于1803年和1808年获得该学院的医学学士和医学博士学位），就在这一年，杨的一位叔父去世后给他留下一大笔遗产，这使他有条件自由从事自己感兴趣的研究工作．1800年，杨移居至伦敦并开设了一个诊所，从此开始了行医生活．

早在伦敦学习医学期间，杨就对物理学，尤其是光学和声学产生了浓厚兴趣．1798年，杨对光学和声学进行了一些深入研究，并于1800年在《哲学学报》上发表了《关于声和光的实验》．1801年，杨出版了《声和光的实验和探索纲要》一书，在这本书中，杨对光的微粒说提出了怀疑，他在书中写道：“尽管我仰慕牛顿的大名，但我并不因此认为他是万无一失的．我……遗憾地看到，他也会弄错，而他的权威有时甚至可能阻碍了科学的进步．”同年，杨在英国皇家学会贝克莱讲座上宣读了《关于光和颜色的理论》一文，他在声波叠加原理的基础上，首次引入“干涉”的概念，初步建立了干涉原理．杨还专门进行了一次光的干涉实验，这就是著名的杨氏双缝干涉实验（当时杨在实验中采用的并非是双缝，而是两个小孔），实验对杨的干涉原理和光的波动学说提供了强有力的支持，而对牛顿的微粒学说则造成了难以克服的困难．之后，杨对其干涉原理做了进一步完善，并引入了“波长”的概念；他不但利用干涉原理解释了牛顿环现象，而且根据牛顿环的实验数据计算出了白光中各单色光对应的波长，由此成为第一个测定光的波长的人，而他所得到的结果与精确解近似相等．尽管杨的理论和实验很有说服力，但当时却并没有得到人们的重视，他的理论未能得到科学界的理解和承认，反而受到一些人恶意、粗暴的攻击，他的论文被斥为“没有值得称之为是实验或是发现的东西”、“没有任何价值”、“除了阻碍科学的进展以外不会有别的效果”．对此杨曾试图进行辩解，但毫无效果．深感失望的杨决心专注于医学，不过他仍然坚信光的波动学说，并且在1807年将自己在光的理论和实验方面取得的研究成果，包括双缝干涉实验等发表在《自然哲学与机械学讲义》一书中．1814至1815年间，法国科学家菲涅耳重新进行了光的实验研究，在他提出的有关理论中特别突出了杨的干涉原理，这使杨得到了有力支持，此后他重新恢复了对光学的研究工作．随后，杨对光的双折射和偏振现象进行了深入研究，并在1817年根据光的偏振现象提出光是横波的设想，这一设想后来得到了证实．

杨是一个兴趣广泛的人，除了光学外，他还在多个学科领域中取得了成就．他对力学发展做出的贡献包括：首先引入“能量”的概念以替代“活力”一词；对弹性力学进行研究，并定义了“弹性模量”——为纪念他的贡献，纵向弹性模量被命名为杨氏模量；发展了当时最全面的潮汐理论．在生理学领域，杨通过对眼球结构的研究，最早建立了三原色原理，并解释了人眼的色盲现象．杨还是一位语言学大师，他曾成功破译了古埃及罗塞塔石碑上的象形文字，这一考古成就当时轰动了欧洲．此外，杨还为《大英百科全书》撰写过许多文章，题材非常广泛，而且他在艺术方面也具有相当的造诣．

杨曾任英国皇家研究院的自然哲学教授，后因与医生职业冲突而辞去该职位，他从1802年开始担任皇家学会的外事秘书一职直至逝世．1809年，杨入选皇家医师学院，1827年当选为法国科学院院士．1829年5月10日，托马斯·杨在伦敦逝世，终年56岁．托马斯·杨的一生，为波动光学的复兴做出了开创性的工作，以他的名字命名的双缝干涉实验成为了物理学的经典实验，并在后来量子力学的建立过程中发挥了重要作用．杨以他的博学多才和对科学探索的执着精神在人类科学史上写下了光辉一页，令后人铭记与学习．

第 9 章 量子物理学*

概述

至 19 世纪末，经典物理学理论已发展至相当完善的阶段，如牛顿力学、麦克斯韦方程组、热力学和统计物理学等．在这些理论的指导下许多自然现象成功地得到了解释，并创造发明了一些新的应用技术．正当物理学家们为经典物理学理论所取得的辉煌成就感到欢欣鼓舞之际，人们却在实验中陆续发现了一些新的现象，这些现象无法用经典物理理论加以解释，如黑体辐射、光电效应、原子的光谱线系及固体在低温下的比热容等．新的实验事实给经典物理学造成了强有力的冲击．在解决这些实验现象与经典物理学矛盾的过程中，一批思想敏锐的物理学家们重新思考了物理学中的基本概念，他们经过艰苦的探讨，终于建立了量子理论，逐步开始揭示微观世界的基本规律，使人们对自然界的认识产生了一个飞跃，为现代物理的发展提供了基础．本章将介绍量子理论的基本内容，主要包括普朗克的黑体辐射理论、光电效应和康普顿效应、德布罗意假设、玻尔的氢原子理论、不确定关系、波函数与薛定谔方程以及激光原理等．

9.1 热辐射

9.1.1 热辐射的基本概念

物体是由大量原子组成的，热运动会引起原子之间的碰撞使原子激发到较高能级，再跃迁到较低能级时就会辐射电磁波．原子的动能越大，通过碰撞引起原子激发的能量就越高，从而辐射电磁波的波长就越短．原子热运动的动能与温度有关，因此辐射电磁波的波长分布也与温度有关．当加热铁块时，开始看不出它发光，随着温度的不断升高，它经历暗红、赤红、橙红而最后成为黄白色．其他物体加热时也有类似的随温度而发生变化的现象，这说明在不同温度下物体能发出不同频率的电磁波．实验证明，在任何温度下，物体都向外发射各种频率的电磁波，只是在不同温度下发出各种电磁波的能量按频率有不同的分布，表现为不同的颜色．这种能量按频率分布随温度而不同的电磁辐射叫作热辐射．热辐射是稳定的，也就是说物体辐射电磁波同时也吸收照射到该物体上的电磁波．需要注意的是，任何温度的物体都发出一定的热辐射．

为了定量地描述热辐射的性质，引入以下几个物理量．

1. 单色辐出度 如果在单位时间内物体从单位表面积向各个方向所发射的、频率介于 ν 到 $(\nu+\mathrm{d}\nu)$ 范围内的辐射能为 $\mathrm{d}W$，则 $\mathrm{d}W$ 与 $\mathrm{d}\nu$ 之比称为单色辐射出射度，简称单色辐出度，用 M_ν 表示，即

$$M_\nu=\frac{\mathrm{d}W}{\mathrm{d}\nu} \tag{9-1}$$

M_ν 是 ν 和 T 的函数，其物理意义是从物体表面单位面积发出的、频率在 ν 附近的单位频率间隔内的辐射功率，它反映了在不同温度下辐射能量按频率分布的情况．M_ν 的单位为 $\mathrm{W/(m^2 \cdot Hz)}$．实验表明，物体的单色辐出度不仅与温度、频率有关，而且还与物体表面和材料等性质有关．一般来说，物体的表面越黑、越粗糙，则单色辐出度就越大．

2. 辐出度 物体从单位表面积上发射的各种频率的总功率称为辐射出射度，简称辐出度，以 M 表示．在一定温度 T 时，它和 M_ν 的关系为

$$M=\int_0^\infty M_\nu \mathrm{d}\nu \tag{9-2}$$

M 只是温度的函数，它的单位是 $\mathrm{W/m^2}$．

3. 吸收比 照射到温度为 T 的物体单位面积上的辐射能量为 $\mathrm{d}W$，物体单位面积所吸收的辐射能量为 $\mathrm{d}W'$，二者的比值

$$a_\nu=\mathrm{d}W'/\mathrm{d}W \tag{9-3}$$

称为该物体的吸收比．按定义，吸收比总是满足 $0\leqslant a_\nu\leqslant 1$.

9.1.2 黑体辐射

各种物体由于结构不同，对外来辐射的吸收以及它本身对外的辐射都不相同．如果一个物体在任何温度下，都能全部吸收任何波长的入射电磁波，而没有反射，这个物体就叫作绝对黑体，简称为黑体．黑体所发出的热辐射，称为黑体辐射．黑体的吸收比与频率和温度无关，它是等于 1 的常数．处于热平衡时，黑体具有最大的吸收比，因而它也就有最大的单色辐出度．

自然界中并不存在绝对的黑体，即使是最黑的煤烟也只能吸收约 95% 的入射电磁波的能量．黑体是一个理想化的模型，实验上人们通常用空腔来构造黑体，如图 9-1 所示．在腔壁上开一个小孔，光线从小孔 A 进入腔内，经过多次吸收和反射后光强已趋近于零，而从小孔射出的可能性亦趋于零．这样的小孔实际上就可视为完全吸收各种波长入射电磁波而成为一个黑体．加热这个空腔到不同的温度，小孔就成为不同温度下的黑体．利用分光技术测出由它发出的电磁波的能量分布，就可以研究黑体辐射的规律．

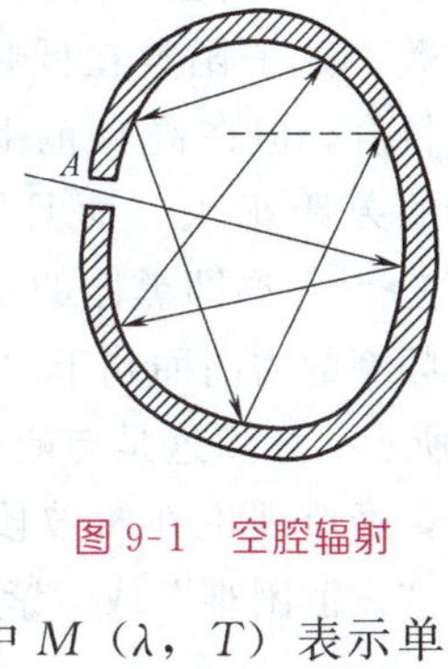

图 9-1 空腔辐射

物理学家从实验和理论两个方面研究黑体辐射，测量了其单色辐出度按波长分布的情况，得出如图 9-2 所示的实验曲线．图中 $M(\lambda, T)$ 表示单色

辐射本领，它表示单位时间内从物体单位面积上发出的波长在 λ 附近单位波长间隔所辐射的能量．从图中可以看出，每一条曲线都有一个峰值；随着温度的升高，黑体的单色辐出度迅速增大，曲线的峰值逐渐向短波方向移动，即峰值波长减小．

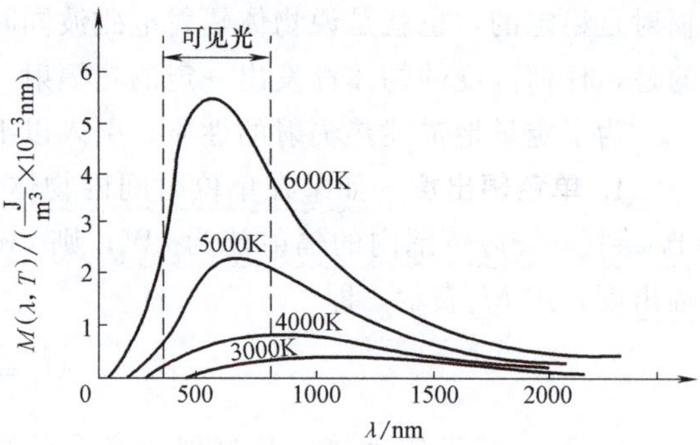

图 9-2　黑体单色辐射本领

出于理论和实验研究的需要，黑体的单色辐出度 M_ν 成为研究热辐射的关键．物理学家们试图找出这个函数的形式，也就是从理论上解释实验所得的黑体辐射能量的分布曲线．1879 年，斯忒藩在实验中发现，黑体的辐出度与绝对温度的四次方成正比，即

$$M=\int_0^\infty M_\nu \mathrm{d}\nu=\sigma T^4 \tag{9-4}$$

式（9-4）称为斯忒藩-玻耳兹曼定律，其中 $\sigma\approx5.67\times10^{-8}$ W/（$m^2\cdot K^4$），称为斯忒藩-玻耳兹曼常量．1893 年，维恩又得到了公式

$$\lambda_m=\frac{b}{T} \tag{9-5}$$

式中，λ_m 是黑体单色辐出度 M_ν 曲线的峰值所对应的波长；而 b 是一个常数，它的取值为 2.8978×10^{-3} m·K，称为维恩位移常量．由式（9-5）可以看出，随着温度的升高，辐射最强的波长 λ_m 向短波方向移动，这称为维恩位移定律．

1896 年，维恩从经典的热力学和麦克斯韦分布律出发，导出了著名的维恩公式

$$M_\nu=\alpha\nu^3 e^{-\frac{\beta\nu}{T}}$$

式中，α 和 β 为常量．这一公式给出的结果，在高频范围内与实验结果符合得很好，但是在低频范围内就有较大的偏差，如图 9-3 所示．

1900 年，瑞利发表了他根据经典电磁学和能量均分定理导出的公式，后来由金斯进行修正，最后就成为瑞利-金斯公式

$$M_\nu=\frac{2\pi\nu^2}{c^2}kT \tag{9-6}$$

式中，c 为真空中的光速；k 为玻耳兹曼常数．这个函数在低频范围和实验很好地符合，但在高频范围，函数结果与实验的差距很大，而且随着频率 $\nu\to\infty$，$M_\nu\to\infty$，亦即黑体的单色辐射本领将随着频率的增高而趋于“无穷大”，如图 9-3 所示．显然这是与能量守恒定律相违背的，经典理论在短波段的这种失败被称为“发散困难”或“紫外灾难”．

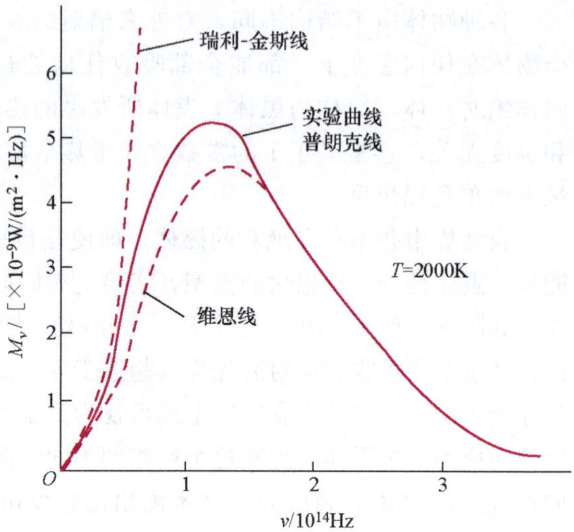

图 9-3　热辐射的经典理论值和实验值比较

9.1.3　普朗克公式

1900 年，普朗克着手研究黑体辐射问题，他尝试为黑体的单色辐出度 M_ν 寻找一个正确的公式，使它能在长波极限下符合瑞利-金斯公式，而在短波极限下符合维恩公式．普朗克分析了瑞利-金斯公式所揭露的矛盾，认为能量均分定理在空腔辐射的情况下可能不再成立，在黑体辐射中必须抛弃能量均分定理．普朗克提出一个假设，器壁振子的能量不能连续变化，而只能够处于某个特殊的状态．这些状态的能量为分立值

$$0,\ E_0,\ 2E_0,\ 3E_0,\ \cdots,\ nE_0$$

其中 n 是整数．后来人们将这些可以允许的能量值称为能级，而能量的不连续变化称为能量的量子化．器壁振子从某一状态过渡到其他的任何一个状态，发射的能量只能是 E_0 的整数倍，$E_0=h\nu$ 则被称为“能量子”，简称量子．

按照普朗克的假定，以 E 表示一个频率为 ν 的振子的能量，则有

$$E=nh\nu,\ n=0,\ 1,\ 2,\ \cdots \tag{9-7}$$

式中，h 叫作普朗克常量，它的值为

$$h=6.6260755\times10^{-34}\,\mathrm{J\cdot s}$$

h 这个量非常小，因此它的不连续性在宏观世界的尺度上很难反映出来，再加上经典概念根深蒂固的影响，使当时的人们受其束缚而难以摆脱，甚至普朗克本人也不例外．不过，量子这一概念的首次提出，在物理学史上仍具有革命性的重大意义，普朗克也因此获得了 1918 年的诺贝尔物理学奖．

9.2　光电效应　康普顿效应

9.2.1　光电效应

1. 光电效应的实验规律　普朗克的能量量子化概念最初并没有被人们接受，甚至连普朗克本人也认为能量量子化只是为了解释黑体辐射的实验规律而提出的一种只有数学意义的概念．为了尽量缩小与经典物理学之间的差距，普朗克把能量子的概念局限于振子辐射能量的过程，认为辐射场本身仍然是连续的电磁波．1886～1887 年，赫兹在实验中发现，被频率较高的紫外光照射时，电极之间更容易放电；之后勒纳德通过实验证实，紫外光使金属电极释放出电子．这种当光照射到金属表面，使电子从金属表面逸出的现象称为光电效应，逸出的电子叫作光电子．

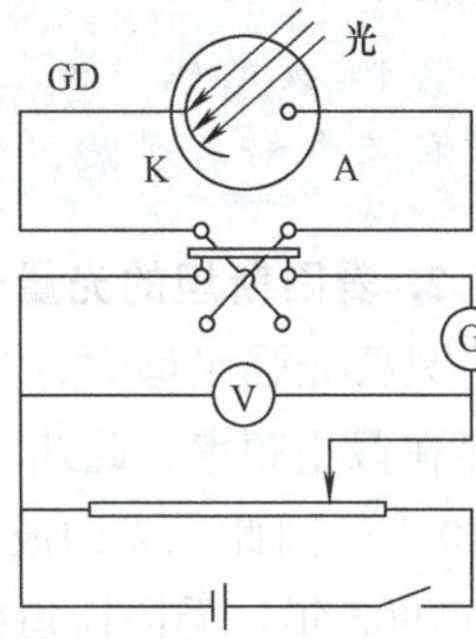

图 9-4　光电效应实验装置图

如图 9-4 所示为研究光电效应实验装置．其中 GD 为光电管，管中抽成真空；K 和 A 分别是阴极和阳极，K 的表面敷有感光金属层．当光照射到阴极 K 后发射出光电子，这些光电子在电极 A、K 间的加速电场作用下形成电流，即光电流．

实验结果发现，入射光与产生的光电流之间存在一定的依存关系．首先，当入射光频率一定时，在不同强度光的照

射下，光电流和两极间电压的关系如图9-5所示．曲线表明，在一定光强照射下，光电流随加速电压的增加而增加，当加速电压增加到一定值时，光电流不再增加，而达到一饱和值．电流饱和意味着由阴极K发射的光电子全部到达阳极A. 实验表明，饱和光电流与光强成正比，这也说明单位时间内从阴极逸出的光电子数和光强成正比．

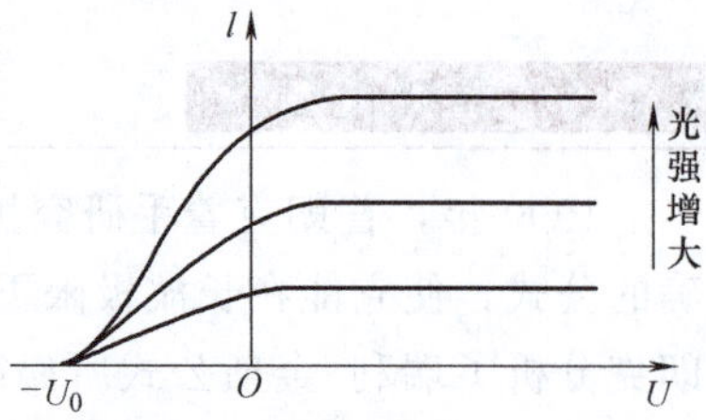

图9-5 光电流与加速电压的关系

另一方面，当电压减小到零，并开始反向时，光电流并没有减小到零，这表明从阴极K逸出的光电子具有初动能．直到反向电压的数值增大到一定值时，光电流才减小到零，该电压称为截止电压U_0. 实验表明U_0与光强无关．根据能量分析可得光电子逸出时的最大动能和截止电压的关系应为

$$\frac{1}{2}mv_m^2=eU_0 \tag{9-8}$$

式中，m和e分别是电子的质量和电荷量；v_m是电子逸出金属表面的最大速率．因U_0与光强无关，则光电子的最大初动能也与入射光强无关．

此外，以不同频率的光照射阴极K时，实验结果显示，频率越高，U_0越大．阴极K表面敷有金属钠时，其截止电压U_0与入射光频率ν之间的关系如图9-6所示，且U_0和ν呈线性关系；当频率低于一定的值ν_0时，无论光的强度多大，都不能产生光电子，频率ν_0称为截止频率或红限频率．对于不同的材料，截止频率是不同的．

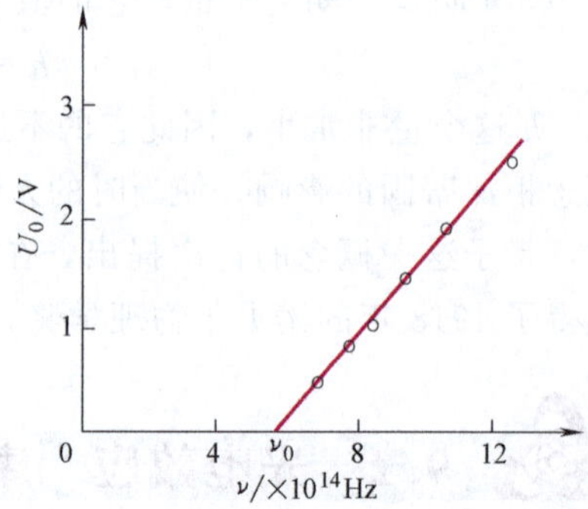

图9-6 钠的截止频率

总结上述实验结果，光电效应的规律可归纳为如下几点：

1）饱和电流的大小与入射光的强度成正比，也就是单位时间内逸出的光电子数目与入射光的强度成正比．

2）光电子的截止电压与入射光的强度无关，而只与入射光的频率有关．频率越高，光电子的能量就越大．

3）频率低于ν_0的入射光，无论光的强度多大，照射时间多长，都不能使光电子逸出．

4）光的照射和光电子的逸出几乎是同时的，在测量的精度范围内观察不出这两者间存在滞后现象．

2. 爱因斯坦的光量子假说 按照经典物理的光的波动理论，无论入射光的频率是多少，只要光强足够大，光照时间足够长，电子就会吸收足够能量，逸出金属表面，而不应存在截止频率．此外，即使入射光很强，电子逸出金属表面前的能量积累时间也应远大于10^{-9}s. 因此，光的波动理论无法解释光电效应．

1905年，爱因斯坦提出了光量子假说：辐射由一个个局限于空间很小体积内、不可分割的光量子（后称为光子）组成，频率为ν的光子，其能量为

$$\varepsilon = h\nu \tag{9-9}$$

按照光量子假说，光子是不可分割的，金属中的电子只能吸收光子的全部能量 $h\nu$，一部分用来使电子从金属表面逸出，逸出时所做的功称为逸出功 A，剩下的为电子逸出时的初动能，即

$$\frac{1}{2}mv_0^2 = h\nu - A \tag{9-10}$$

上式称为爱因斯坦光电效应方程，其中 v_0 为电子的初速度．不难看出，只有当 $h\nu \geqslant A$ 时，才有光电子逸出．因此光电效应的截止频率为

$$\nu_0 = \frac{A}{h} \tag{9-11}$$

按照光量子假说，单位时间内由阴极发射的光电子数与入射光子数成正比，而光强正比于光子数，所以饱和光电流与入射光强成正比．当入射光强度大时，单位时间内入射的光子数较多，因而产生的光电子也多，这就导致饱和电流的增大．对于频率低于 ν_0 的入射光，电子吸收光子的能量小于逸出功 A，在这种情况下，电子是不能逸出金属表面的．只要 $\nu > \nu_0$，电子就会从金属中释放出来而不需要积累能量的时间，光电子的释放和光的照射几乎是同时发生的，没有滞后现象．光子概念的提出，很好地解释了光电效应的实验规律．

例题 9-1　钾的光电效应红限波长为 620nm，求：

(1) 钾电子的逸出功；

(2) 当用波长 $\lambda = 300\text{nm}$ 的紫外光照射时，钾的截止电压．

解： (1) 由爱因斯坦光电效应方程

$$\frac{1}{2}mv_0^2 = h\nu - A$$

当 $\frac{1}{2}mv_0^2 = 0$ 时，有

$$A = h\nu_0 = h\frac{c}{\lambda_0} = \frac{6.63\times10^{-34}\times3\times10^8}{620\times10^{-9}}\text{J} \approx 3.21\times10^{-19}\text{J} \approx 2.01\text{eV}$$

(2) 截止电压

$$U_0 = \frac{hc}{e\lambda} - \frac{A}{e} = \left(\frac{6.63\times10^{-34}\times3\times10^8}{1.6\times10^{-19}\times300\times10^{-9}} - \frac{3.21\times10^{-19}}{1.6\times10^{-19}}\right)\text{eV}$$

$$\approx (4.14 - 2.01)\text{eV} = 2.13\text{eV}$$

9.2.2　康普顿效应

1922 年美国物理学家康普顿发现，当单色 X 射线照射石墨等物质时，在散射 X 射线中除有与入射波长相同的射线外，还有波长比入射波长更长的射线，这种波长变长的散射，称为康普顿效应或康普顿散射．

图 9-7 为康普顿效应的实验示意图．由单色 X 射线源发出的波长为 λ_0 的 X 射线，投射到散射物质（如石墨）上，用摄谱仪可探测到不同方向的 X 射线的波长．图 9-8 是康普顿效应的实验结果．可以看出，散射 X 射线有两个峰值，其中一个对应入射的射线波长 λ_0，另一个对应大于 λ_0 的射线 λ，且 λ 的值与散射角 θ 有关，与散射物质无关．

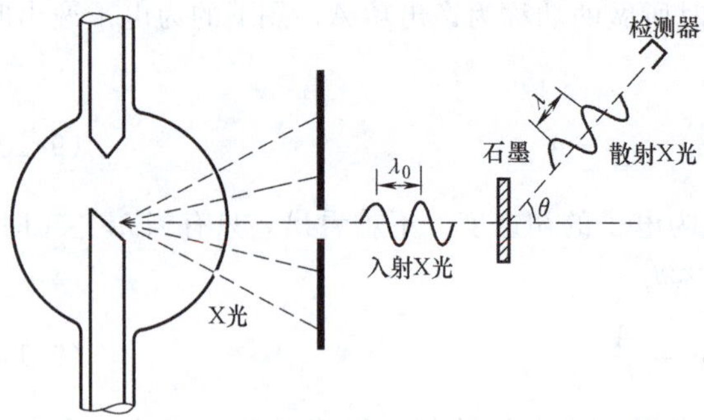

图 9-7 康普顿效应实验示意图

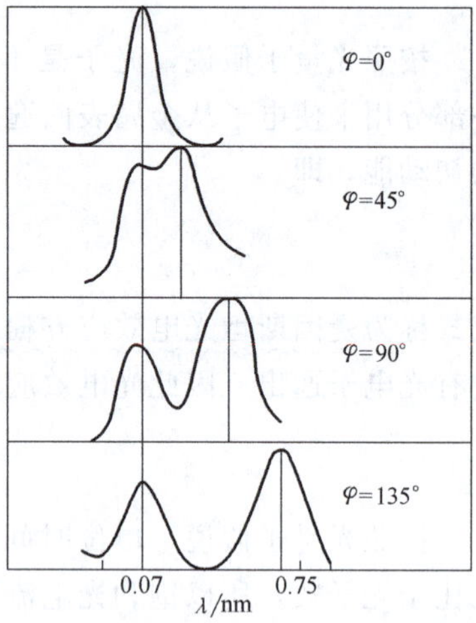

图 9-8 康普顿效应实验曲线

经典电磁理论无法对康普顿效应做出合理解释．经典理论认为，当单色电磁波作用在带电粒子上时，带电粒子将受到变化的电磁场的作用，由于无能量损耗，所以散射光中只应具有和入射光同样波长的光，这与康普顿的实验结果不符．

康普顿采用光子的概念成功解释了波长变长的现象．按光子学说，X射线可看作是由一系列光子组成的，X射线的波长很短，因此X射线对应的光子能量较大（远大于原子中束缚较弱的外层电子的束缚能）．在康普顿散射中，可近似地把这些外层电子看成是静止的自由电子．X射线光子与静止自由电子发生完全弹性碰撞，电子吸收了光子的一部分能量，因此碰撞后光子的能量比入射光子的能量要小，故而散射光的频率比入射光的频率要小，即散射光的波长比入射光的波长要大一些．由此成功解释了散射光中会出现波长大于入射光波长成分的原因．至于散射光中那些与入射光相同的谱线，康普顿认为，当光子与原子中束缚较紧的内层电子相互作用（或不作用）时，相当于和整个原子相撞，由于原子的质量很大，碰撞后光子几乎不损失能量，因而波长几乎不变．康普顿还从理论上定量计算了波长的变化量，其结果与实验结果是一致的．

康普顿效应来源于光子和自由电子的碰撞，它继黑体辐射与光电效应之后，又一次揭示了电磁辐射的粒子性．与此同时，康普顿效应还表明，在微观领域中动量和能量守恒定律依然成立．康普顿效应和光电效应一起成为光具有粒子性的重要依据，为此康普顿获得了1927年诺贝尔物理学奖．值得一提的是，作为康普顿的学生，我国物理学家吴有训参加了康普顿的X射线散射研究的开创工作，并在此过程中做出了重要贡献．

9.3 物质的波粒二象性

9.3.1 光的波粒二象性

19世纪，通过光的干涉、衍射等实验，人们已经认识到光是一种波动——电磁波，并建立了光的电磁理论．进入20世纪，爱因斯坦在前人的基础上，通过对光电效应的仔细分析，使人们又认识到光是粒子流——光子流．综合起来，关于光的本性的全面认识就是，光既具有波动性，又具有粒子性，相辅相成；在有些情况下，光突出地显示出其波动性，而在另一些情况下，则突出显示出其粒子性．光的这种本性被称为波粒二象性．光既不是经典意义上“单纯”的波，也不是“单纯”的粒子．

光的波动性可用其波长 λ 和频率 ν 描述，光的粒子性则用光子的质量、能量和动量描述．根据光量子假说，一个光子的能量为

$$E=h\nu \tag{9-12}$$

联系狭义相对论的质能关系

$$E=mc^2$$

故一个光子的质量为

$$m=\frac{h\nu}{c^2}=\frac{h}{c\lambda}$$

而光子的动量为

$$p=\frac{E}{c}=\frac{h\nu}{c}=\frac{h}{\lambda} \tag{9-13}$$

式（9-12）和式（9-13）是描述光的本性的基本关系式，两式中左边的量描述光的粒子性，右边的量描述光的波动性，光的这两种性质在数量上是通过普朗克常量联系在一起的．

9.3.2 德布罗意波

1. 德布罗意假说　1924 年，法国物理学家德布罗意在光的波粒二象性启发下想到，自然界在许多方面都是明显对称的，如果光具有波粒二象性，则实物粒子（如电子、质子等）也应该具有波粒二象性．他提出了这样的问题：“整个世纪以来，在辐射理论上，比起波动的研究方法来，是过于略去了粒子的研究方法；在实物理论上，是否发生了相反的错误呢？是不是我们关于‘粒子’的图像想得太多，而过分地略去了波的图像呢？”既然作为电磁波的光可视为粒子，实物粒子也可具有波动性，即和光一样，也具有波动、粒子两重性．于是德布罗意大胆假设：实物粒子也具有波动性．而且他将光子的能量-频率和动量-波长的关系借来，认为一个粒子的能量 E 和波长 λ 的定量关系与光子的一样，即有

$$E=h\nu,\ \lambda=\frac{h}{p}=\frac{h}{mv} \tag{9-14}$$

应用于粒子的这些公式称为德布罗意公式或德布罗意假说．与粒子相联系的波称为物质波或德布罗意波，式（9-14）给出了相应的德布罗意波的频率与波长．

德布罗意当时是采用类比方法提出自己的假设，并没有任何直接的证据．但爱因斯坦慧眼有识，当他得知德布罗意的假设后就评论说：“我相信这一假设的意义远远超出了单纯的类比．”事实上，德布罗意的假设不久就得到了实验证实，并引发了一门新理论，即量子力学的建立．

2. 德布罗意波的实验证明　德布罗意的假设是否正确，必须经由实验验证．X 射线的晶体衍射曾作为 X 射线波动本性最直接有力的证据，1927 年，戴维孙和革末用电子射线

代替X射线，实现了电子在镍的单晶表面产生衍射的实验，从而证实了德布罗意的假设，其实验装置如图9-9所示．与X射线通过晶体的衍射图像一样，电子衍射同样也可由布拉格方程确定：

$$2d\sin\theta=k\lambda \qquad (9\text{-}15)$$

式中，d 为晶面间距；θ 为掠射角；λ 为与入射电子相联系的德布罗意波的波长．

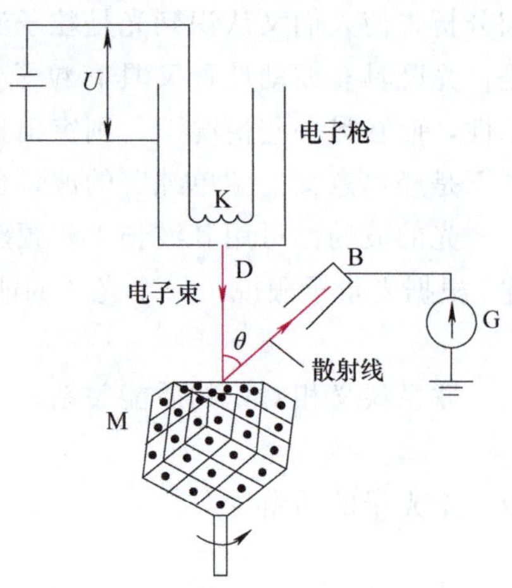

图9-9　戴维孙-革末电子衍射实验装置图

同年，G.P. 汤姆孙完成了电子束穿过多晶薄膜的衍射图样，成功获得了衍射图样，如图9-10所示．这是电子具有波动性的最直观、有力的证据．电子的干涉现象随后也在实验中观察到．除电子外，之后又陆续由实验证实了中子、质子、原子甚至分子等都具有波动性，德布罗意公式对这些粒子同样正确．这些实验表明，一切微观粒子都具有波粒二象性，德布罗意公式确实是描述微观粒子波粒二象性的基本公式．因此，德布罗意于1929年获得了诺贝尔物理学奖．戴维孙与汤姆孙也因各自独立发现电子的衍射现象而共同获得了1937年的诺贝尔物理学奖．

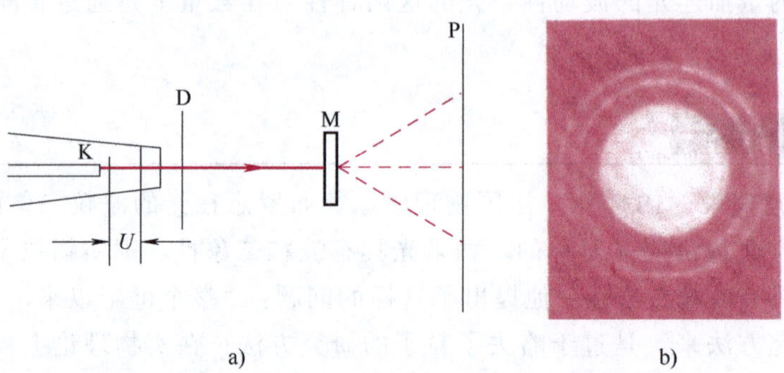

图9-10　电子通过多晶体的衍射

例题9-2　电子分别经过 $U_1=100\text{V}$ 和 $U_2=10\ 000\text{V}$ 的电压加速后，其德布罗意波长 λ_1 和 λ_2 各为多少？

解：经电势差为 U 的电场加速后，电子的动能为

$$\frac{1}{2}mv^2=eU$$

因而电子的速率为

$$v=\sqrt{\frac{2eU}{m}}$$

式中，m 为电子的静止质量．将上式代入德布罗意公式（9-14），可得电子的德布罗意波长为

$$\lambda=\frac{h}{mv}=\frac{h}{\sqrt{2em}}\frac{1}{\sqrt{U}}$$

将已知数据分别代入后计算可得

$$\lambda_1\approx0.123\text{nm},\ \lambda_2\approx0.012\ 3\text{nm}$$

这些波长都与X射线的波长相当．由此可见，一般实验中电子波的波长是很短的，正因为这个缘故，观

察电子衍射时就需要利用晶体．

例题 9-3　计算质量 $m=0.01\text{kg}$、速率 $v=300\text{m/s}$ 的子弹的德布罗意波长．

解： 根据德布罗意公式可得

$$\lambda=\frac{h}{mv}=\frac{6.63\times10^{-34}}{0.01\times300}\text{m}=2.21\times10^{-34}\text{m}$$

可以看出，宏观物体的德布罗意波长小到实验难以测量的程度，由此宏观物体的波动性可以忽略，仅表现出粒子性．

3. 物质的波粒二象性　在经典力学中所谓的“粒子”，意味着该客体既具有一定的质量和电荷等属性，又具有一定的位置和一条确切的运动轨道，即在每一时刻有一定的位置和速度（或动量）；而所谓“波动”，就意味着某种实在的物理量的空间分布在做周期性的变化，并呈现出干涉和衍射等反映相干叠加性的现象．显然，在经典概念下，粒子性和波动性是难以统一到同一客体上的．然而如前所述，近代物理理论和实验已经表明，无论是静止质量为零的光子，还是静止质量不为零的电子、质子、原子等实物粒子，都同时具有波动性和粒子性，也就是波粒二象性．描述粒子特性的物理量——能量 E 和动量 p，与描述波动性的物理量——频率 ν 及波长 λ 之间存在如下的关系：

$$E=h\nu,\quad p=\frac{h}{\lambda}$$

事实上，这种波粒二象性是一切物质（包括实物和场）所共有的特性．

9.4　玻尔的氢原子理论

19 世纪末期，光谱学的研究得到了很大的发展，氢原子的光谱规律的发现使人们意识到光谱的规律与原子的内部结构有关，促使人们进行原子结构的研究，玻尔的氢原子理论逐步建立起来，也使经典物理开始进入量子物理阶段，物理学的发展进入了一个崭新的领域．

9.4.1　玻尔理论的基本假设

1. 氢原子光谱与卢瑟福的原子有核模型　1884 年，瑞士中学教师巴尔末发现氢原子光谱在可见光区域的四条不同波长的谱线，这些谱线可以用一个简单的公式表示：

$$\lambda=B\frac{n^2}{n^2-4}\quad(n=3,4,\cdots)$$

这个公式称为巴尔末公式，其中 $B=364.44\text{nm}$，n 为正整数．1890 年，瑞典物理学家里德伯为解释原子光谱的规律性，对原子结构进行了广泛研究，他发现整个氢原子光谱的谱系可以表示为

$$\tilde{\nu}=\frac{1}{\lambda}=R\left(\frac{1}{m^2}-\frac{1}{n^2}\right)\quad(n>m)\tag{9-16}$$

式中，$\tilde{\nu}$ 为波数；R 称为里德伯常数；n 和 m 都为正整数．

氢原子光谱的规律性与其原子结构的内在规律是有关的，深入研究光谱产生的原因和规律，可以解释原子内部的结构规律．

1897 年，J.J. 汤姆孙发现电子之后，提出了原子的“葡萄干蛋糕”模型，该模型认为

原子中的正电荷以均匀的密度分布在整个原子小球中，电子则均匀地浸浮在这些正电荷中．这一模型可以解释一些实验事实，为进一步验证该理论模型，英国物理学家卢瑟福于1909年进行了α粒子的散射实验．图9-11所示为α粒子散射实验的装置图，其中R是放射源镭，从中释放出α粒子，粒子的质量为电子质量的7 400倍，所带电荷量为+2e. α粒子通过小孔S后投射在金箔F上，被F散射后向各个方向运动．探测器P可以在绕O点的平面内转动，从而测定在不同散射角θ上的α粒子数．

实验结果显示，绝大多数α粒子穿过金箔后沿着原来方向或沿着散射角很小的方向运动，但是有极少数α粒子的散射角θ大于90°，甚至有些α粒子的散射角接近180°，如图9-12所示．这一实验结果与汤姆孙的原子模型不相符．为了解释实验结果，卢瑟福放弃了汤姆孙的模型，提出了自己的理论．他认为只有原子的质量集中于中心，且带正电荷，才能使极少数α粒子发生大角度散射．1911年，卢瑟福提出了一种原子有核模型，该模型的主要观点是，原子的中心有一带正电的原子核，它几乎集中了原子的全部质量，带负电荷的电子围绕这个核旋转，核的体积与整个原子相比是很小的．

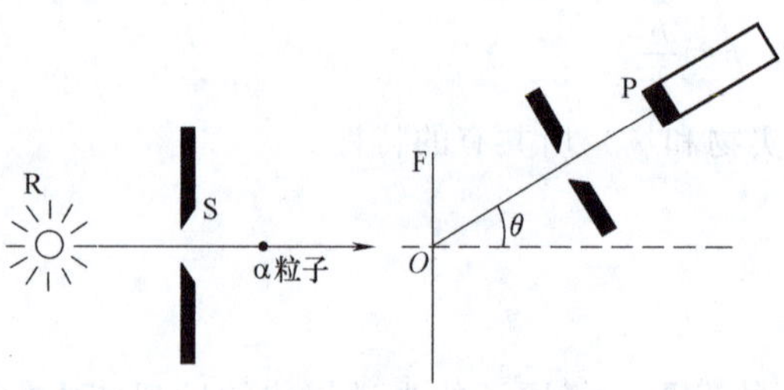

图9-11 α粒子散射实验

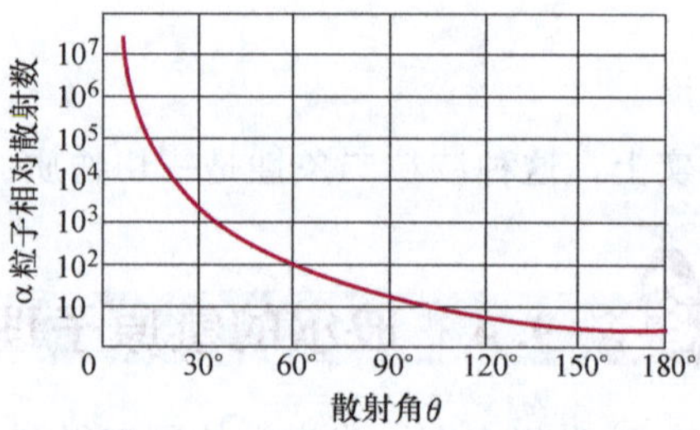

图9-12 α粒子散射数量随角度的变化

由于原子核很小，绝大多数α粒子穿过原子时，因受原子核的作用很小，故它们的散射角θ很小；少数α粒子进入到距原子核很近的地方，这些α粒子受核的作用较大，所以它们的散射角较大；极少数α粒子正对原子核运动，它们的散射角接近180°. 散射角越大，α粒子数越少．

2. 玻尔的氢原子理论 按照原子有核模型，氢原子由原子核与一个核外电子组成，核外电子绕原子核作圆轨道运动．电子的电荷为$-e$，原子核的电荷为$+e$，原子核的质量约为电子质量的1 837倍．

卢瑟福的原子有核模型较好地解释了α粒子散射实验，但这个模型却与经典物理存在着深刻的矛盾．按照经典电磁学理论，核外电子在库仑力作用下所做的匀速圆周运动是加速运动，会不断向外辐射电磁波，电磁波的频率就等于电子绕核旋转的频率．由于原子不断向外辐射能量，其能量会逐渐减少，电子绕核旋转的频率就会连续变化，原子发光光谱应该是连续光谱．同时，随着能量降低，电子轨道半径会逐渐减小，逐渐接近原子核直至最后与核相碰而湮灭．以氢原子为例，开始时电子轨道为10^{-10}m，经过计算，大约经过10^{-10}s的时间，电子就会落到原子核上．这样的原子结构是一种不稳定结构，但事实上氢原子是稳定的．氢原子发出的也不是连续光谱，而是具有一定规律性的线状光谱．

为了解决上述矛盾，丹麦物理学家玻尔于 1913 年提出了三条假设，即玻尔的氢原子理论，这三条假设为

（1）稳定态假设　电子在原子中，只能在一些特定的圆轨道上运动而不辐射电磁波，此时原子处于稳定状态——定态，并具有一定的能量．

（2）角动量量子化假设　电子以速度 v 在半径为 r 的圆轨道上绕核运动时，只有电子的角动量 L 等于 $h/2\pi$ 的整数倍的那些轨道才是稳定的，即

$$L=mvr=n\frac{h}{2\pi} \tag{9-17}$$

式中，h 为普朗克常量；$n=1$，2，3，…叫作主量子数．式（9-17）叫作玻尔的轨道量子化条件，也叫量子条件．

（3）跃迁假设　当原子从较高能量的定态跃迁到较低能量的定态，即电子从较高能量 E_i 的轨道跃迁到较低能量 E_j 的轨道上时，要发射频率为 ν 的光子，且

$$h\nu=E_i-E_j \tag{9-18}$$

式（9-18）叫作频率条件．

9.4.2　氢原子的轨道半径和能量

利用玻尔的三条假设可以推求氢原子的轨道半径和能级公式，并解释氢原子的光谱规律．氢原子中，设电子的质量为 m，电荷为 e，该电子在半径为 r_n 的定态轨道上以速率 v_n 做圆周运动．电子运动的向心力为库仑力，于是有

$$\frac{mv_n^2}{r_n}=\frac{e^2}{4\pi\varepsilon_0 r_n^2}$$

由玻尔的轨道量子化条件式（9-17）可得

$$v_n=\frac{nh}{2\pi m r_n}$$

上两式结合后有

$$r_n=\frac{\varepsilon_0 h^2}{\pi m e^2}n^2=a_0 n^2,\quad n=1,\ 2,\ 3,\ \cdots \tag{9-19}$$

式中，$a_0\approx5.29\times10^{-11}$m，是电子的第一个轨道半径，即玻尔半径．于是氢原子中电子绕核运动的可能轨道为 a_0、$4a_0$、$9a_0$、…．n 越大，轨道半径越大，相邻轨道间的距离也就越大．

电子在第 n 个轨道上的总能量应是动能和势能之和，即

$$E_n=\frac{1}{2}mv_n^2-\frac{e^2}{4\pi\varepsilon_0 r_n}=-\frac{me^4}{8\varepsilon_0^2h^2}\ \frac{1}{n^2}=\frac{E_1}{n^2} \tag{9-20}$$

式中，$E_1\approx-13.6$eV，是将电子从氢原子的第一玻尔轨道移到无穷远处所需的能量值，即电离能．当 n 取 1、2、3、…时，相应的能量为 E_1、$E_1/4$、$E_1/9$、…，原子在定态轨道的总能量与量子数 n 的平方成反比．由于 n 只能取不连续的整数，因此氢原子中电子的能量也不连续，即为量子化的．

氢原子在不同运动状态所具有的能量值称为能级．在正常情况下，电子处于第一轨道，此时氢原子的能量最低，这时的状态称为基态．电子从外界吸收能量可以从基态跃迁到能量较高的能级上，这时的状态称为激发态．

当处于激发态的电子从较高的能级 E_i 跃迁到较低能级 E_j 时，会将多余的能量以光子的形式发射出来，根据频率条件式（9-18），光子的能量为

$$h\nu = E_i - E_j$$

ν 是辐射光子的频率．将上式与式（9-20）结合，可得

$$\nu = \frac{E_i - E_j}{h} = \frac{me^4}{8\varepsilon_0^2 h^2}\left(\frac{1}{n_j^2} - \frac{1}{n_i^2}\right) \quad (n_i > n_j)$$

因此原子辐射光的波数 $\tilde{\nu}$ 为

$$\tilde{\nu} = \frac{1}{\lambda} = \frac{\nu}{c} = \frac{me^4}{8\varepsilon_0^2 h^2 c}\left(\frac{1}{n_j^2} - \frac{1}{n_i^2}\right) \quad (n_i > n_j)$$

根据氢原子的玻尔理论计算所得谱系与实验结果符合得很好，如图 9-13 所示．玻尔的理论不仅可以圆满地解释氢原子光谱的规律性，也能解释只有一个价电子的原子或离子（类氢离子）的光谱规律，这说明玻尔的氢原子理论在解释氢光谱的产生和规律上获得了巨大的成功．但是，对于多电子的原子光谱，即使是只有两个电子的原子光谱，玻尔的理论则显得无能为力．究其原因，这种理论缺陷与其建立的基础有着必然的联系：一方面，玻尔赋予微观粒子量子化的特征，即能量量子化、角动量量子化；另一方面，他又认为微观粒子应遵守经典力学规律．这两方面的矛盾最终导致其理论缺陷的产生．

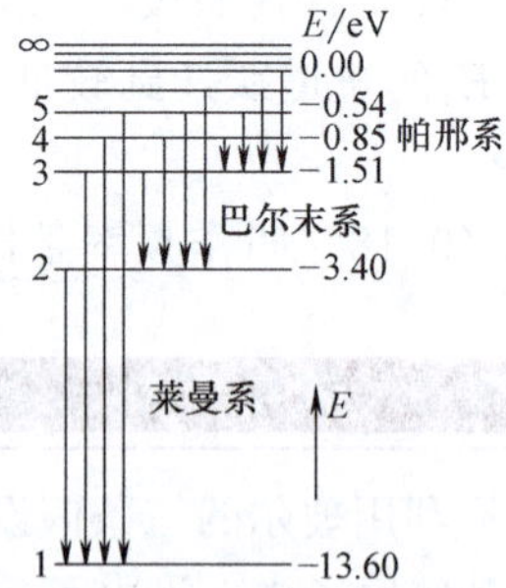

图 9-13 氢原子能级跃迁图

例题 9-4 将电子从基态激发到脱离原子的过程称为电离．要使氢原子电离，可以用入射电子碰撞氢原子的方法，也可以采用光照射的方法．如果分别采用以上两种方法使氢原子电离，试求：

（1）入射电子的动能至少要多大？

（2）入射光的波长最长是多少？

解：（1）氢原子基态能级 $E_1 \approx -13.6\text{eV}$，要使电子电离，即将其从基态激发到能量为 0 的游离态，电离能为

$$\Delta E = -E_1 = 13.6\text{eV}$$

即入射电子的动能至少为 13.6eV.

（2）由之前分析可知，入射光子的能量至少是

$$E = h\nu = 13.6\text{eV}$$

由此得到入射光的最长波长为

$$\lambda_{\max} = \frac{c}{\nu} = \frac{ch}{E} = \frac{3\times10^8\times6.63\times10^{-34}}{13.6\times1.6\times10^{-19}}\text{m} \approx 9.14\times10^{-8}\text{m} = 91.4\text{nm}$$

玻尔的氢原子理论圆满解释了氢原子的光谱规律，并提出了能级的概念．在玻尔理论提出的第二年，即 1914 年，弗兰克和赫兹利用实验验证了原子中确实存在着分离的能级，从实验上证明了玻尔理论．该实验的装置如图 9-14 所示，玻璃管 B 中充满低压水银蒸气，电子从加热的灯丝 F 发射出来，在电压 U_0 的作用下加速，并向栅极 G 运动．在栅极 G 和板极 P 之间有一很小的反向电压 U_r，电子穿过 G 到达 P，于是在电路中观察到板极电流 I_p，图 9-15 给出了板极电流随加速电压变化的结果．从实验结果可以看出，板极电流随电压的增加而振荡变化，开始阶段 I_p 随着 U_0 的增加而增加；当 I_p 达到峰值后，随着 U_0 的增加 I_p 出现急剧下降；然后，I_p 又随着 U_0 增加而增加，出现第

二个峰值．

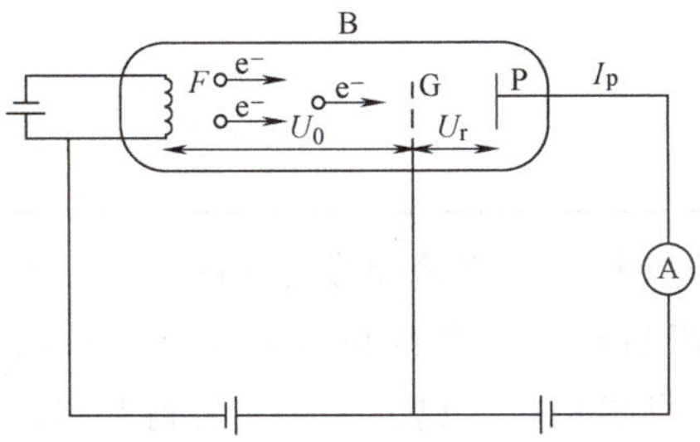

图 9-14　弗兰克-赫兹实验

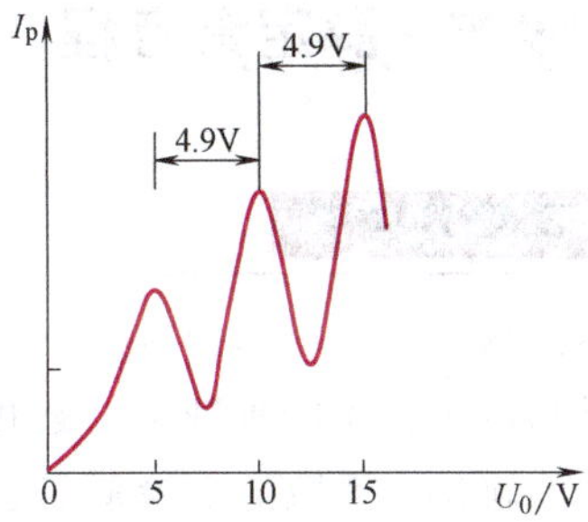

图 9-15　弗兰克-赫兹实验的板极电流与加速电压的关系

设汞原子的基态能量为 E_1，第一激发态能量为 E_2. 电子在加速电压作用下获得动能为 E_k，当电子和汞原子碰撞时，若电子的动能小于汞原子第一激发态能量 E_2与第一激发态能量 E_1的差，即 $E_k<E_2-E_1$时，电子不能使原子激发，电子与原子之间发生完全弹性碰撞，能量没有损失，极板电流随着加速电压的增加而增加．当电子的动能 $E_k\geqslant E_2-E_1$时，汞原子从基态跃迁到激发态，从电子的能量中吸收 E_2-E_1的能量；电子的全部或大部分动能转移给汞原子，故极板电流 I_p急剧减小，出现了图中的第一个波谷．随着电子能量的增加，可以与两个汞原子连续发生非完全弹性碰撞，使两个汞原子由基态跃迁到激发态，出现第二个波谷．实验发现第一个波峰对应的加速电压是 4.9V，第二个波峰对应的电压是 9.8V，因此，汞原子的第一激发电势是 4.9V，随着 U_0 的增加，又出现第三个峰值等，峰-峰（谷-谷）间值不变．

处于激发态的汞原子向基态跃迁时，会放出光子，且光子的能量等于第一激发态与基态的能量差，即

$$h\nu=E_2-E_1$$

于是光子的波长为

$$\lambda=\frac{ch}{E_2-E_1}\approx 2.54\times 10^2\,\mathrm{nm}$$

实验中，确实观测到一条波长为 253nm 的谱线，实验值与理论计算结果符合得很好．

弗兰克-赫兹实验表明原子能级确实存在，将原子激发到激发态需要一定的能量，这些能量是量子化的．

由玻尔的氢原子理论还可以看出，两个相邻能级之间的能级差为

$$\Delta E_n=E_{n+1}-E_n=\frac{me^4}{8\varepsilon_0^2h^2}\left[\frac{1}{n^2}-\frac{1}{(n+1)^2}\right]$$

当 n 的数值较大时，ΔE 的差值减小；当 $n\to\infty$时，$\Delta E\to 0$，这时能量的量子化已不明显了，可以认为能量是连续的，即回到经典物理图像．玻尔在提出氢原子理论后指出，任何一个新理论的极限情况，必须与旧理论一致，这被人们称之为普遍的对应原理．经典物理可以看作量子物理在量子数 $n\to\infty$时的特殊情况；同样，当物体的运动速率 v 远小于光速 c 时，爱因斯坦的相对论力学过渡为牛顿经典力学，也是符合对应原理的．

9.5 薛定谔方程

9.5.1 不确定关系

在经典物理中，可以同时用粒子（质点）的位置和动量来精确描述它的运动．不但如此，如果知道了粒子的加速度，还可以知道它在以后任意时刻的位置和动量，从而描绘出它运动的轨迹．无数的实验事实已证明，在宏观世界里，经典力学对于大到天体，小到一粒灰尘行为的刻画都是非常成功的．然而，大量实验事实也说明了微观粒子具有波粒二象性，这是微观粒子与经典粒子根本不同的属性，因而，许多与微观粒子运动相关的物理现象，明显地表现出具有与经典概念所预期的完全不同的特点．

海森伯在德布罗意关于实物粒子具有波粒二象性这一思想的启发下，于1927年提出一个与玻尔存在明显不同的观点，他认为：微观粒子的运动并不像经典粒子那样有确定的轨道、坐标和动量，在微观领域中关于粒子具有完全确定的坐标和动量的概念必须抛弃；如果人们不顾微观粒子具有波粒二象性的量子特征这一客观事实，仍沿用经典粒子的概念来描述微观粒子的运动状态，那么这种描述在客观上必定要受到限制．海森伯通过一个非常简单的数学公式表达了这一限制，即

$$\Delta x \cdot \Delta p \geqslant \frac{h}{2\pi} \tag{9-21}$$

这就是著名的海森伯不确定关系，它是微观粒子具有波粒二象性的必然表现．这一关系表明，无论测量技术如何高明、精细，都不可能同时精确地测量微观粒子在同一方向上的坐标和动量．当一个粒子的位置完全确定后，即 $\Delta x=0$，则 $\Delta p\to\infty$，即粒子的速度为任意值，完全无法确定；同样，一个速度确定的粒子，其位置不确定性为无穷大，即可以出现于空间任意位置．不确定关系最早是海森伯根据对一些假象的实验分析，并利用德布罗意关系式得出的．后来玻恩根据波函数的统计解释，用量子力学的方法对其进行了严格证明．

例题 9-5 设电子和质量为0.01kg的子弹都沿 x 方向以400m/s的速度运动．若其动量的不确定范围为动量的0.01%，试比较它们位置的不确定量．

解： 由不确定关系 $\Delta x \cdot \Delta p \geqslant \frac{h}{2\pi}$，得

$$\Delta x \geqslant \frac{h}{2\pi \Delta p}$$

对电子

$$\Delta p = (9.11\times10^{-31}\times400\times0.01\%)\text{kg}\cdot\text{m/s} \approx 3.6\times10^{-32}\text{kg}\cdot\text{m/s}$$

故

$$\Delta x \geqslant \frac{h}{2\pi\Delta p} = \frac{6.63\times10^{-34}}{2\times3.14\times3.6\times10^{-32}}\text{m} \approx 2.9\times10^{-3}\text{m}$$

电子位置的不确定度约为3mm，远大于电子自身的线度，因此不能用经典力学方法来处理．

对于子弹

$$\Delta p = (0.01\times400\times0.01\%)\text{kg}\cdot\text{m/s} = 4.0\times10^{-4}\text{kg}\cdot\text{m/s}$$

$$\Delta x \geqslant \frac{h}{2\pi\Delta p} = \frac{6.63\times10^{-34}}{2\times3.14\times4.0\times10^{-4}}\mathrm{m} \approx 2.6\times10^{-31}\mathrm{m}$$

经典物理中，由于 h 很小，宏观粒子位置和动量的不确定度与粒子自身的尺度相比较，常常可以略去．

9.5.2　波函数

物质波的提出，德布罗意将原子的定态与驻波相联系，得到了玻尔的量子化条件，从而能更好地理解微观粒子能量的不连续性，克服了玻尔理论中量子化条件的人为假设．

物质粒子在经典物理中被看作经典粒子而略去其波动性，是由于实物粒子的波长很小，在一般宏观条件下，波动性不易觉察，这时用经典物理来处理是合适的．然而对于微观粒子，则表现出明显的波动性，这些早已得到实验验证．

对实物粒子波的理解与人们的经典概念产生了矛盾，如电子波，电子究竟是波还是粒子？微观结构下，电子既不是经典粒子，也不是经典波；或者说，电子既是粒子，又是波，是粒子和波动二象性矛盾的统一．电子所表现出来的粒子性，只是经典粒子概念中的原子性或颗粒性，即表现出具有一定的质量、电荷等的客体，但不与粒子具有确定的轨道的概念有联系；电子表现的波动性，是与波动性中本质的概念——衍射和干涉相联系的，即波具有叠加性．

玻恩提出了波函数的统计解释，即描述微观粒子的德布罗意波在空间中某一点的强度和在该点找到粒子的概率成比例，德布罗意波是概率波．这种统计的观点，统一了粒子与波动的概念：一方面，光和实物粒子具有集中的能量、质量、动量，也就是具有微粒性；另一方面，它们以一定的概率在各处出现，由这个概率可以计算出它们在空间的分布，这种空间分布又与波动的概念是一致的．

在量子力学中，微观体系的状态用波函数描述，只要知道了体系的波函数，体系的其他量原则上都可以确定．任何一种波的强度都正比于波函数振幅的平方，由玻恩的统计解释可知，空间某处波函数 $\Psi(x,t)$ 模的平方 $|\Psi(x,t)|^2$，应与粒子在 t 时刻出现于该处的概率成正比，因此波函数又称为概率函数．考虑到粒子必定要出现在空间中的某一点，所以粒子在空间出现的概率和等于 1，即应满足

$$\int_{\infty} |\Psi(x,t)|^2 \mathrm{d}x = 1 \tag{9-22}$$

这就是波函数的归一化条件．

粒子在空间各点出现的概率只取决于波函数在空间各点的相对强度，而不取决于强度的绝对大小．因此将波函数乘上一个常数后，所描写的粒子状态并不变化，即 $\Psi(x,t)$ 和 $C\Psi(x,t)$（C 为常数）所描述的相对概率分布是完全相同的，描述的是同一个概率波．概率波的这种性质与经典波是不同的．此外，并非所有的函数都可以作为波函数，通常波函数在变量变化的区域内应满足三个条件：有限性、连续性和单值性，这是波函数的统计解释所要求的，被称为波函数的标准条件．

9.5.3　薛定谔方程的推导

由前面的讨论我们知道，一个微观粒子的量子态用波函数 $\Psi(r,t)$ 来描述，可是波函

数随时间和空间的变化规律是什么？在各种不同情况下，描述微观粒子运动的波函数的具体形式又是什么？这些都是量子力学要研究的问题．1926年，薛定谔提出了一个波动方程，即薛定谔方程，成功解决了上述问题．下面我们对该方程的建立过程作一简要介绍．

动量为 p、能量为 E、沿着 x 轴运动的自由粒子的波函数为

$$\Psi(x,t)=\Psi_0 e^{-\frac{i}{\hbar}(Et-px)}$$

式中，$\hbar=h/2\pi$. 上式可以写成空间和时间两个函数的乘积：

$$\Psi(x,t)=\Psi_0 e^{\frac{i}{\hbar}px} e^{-\frac{i}{\hbar}\cdot Et}=\Psi(x) e^{-\frac{i}{\hbar}Et}$$

其中

$$\Psi(x)=\Psi_0 e^{\frac{i}{\hbar}px} \tag{9-23}$$

仅为 x 的函数，称为振幅函数．分析可知，粒子在空间某处出现的概率密度为

$$|\Psi(x,t)|^2=|\Psi(x)|^2\left|e^{-\frac{i}{\hbar}Et}\right|^2=|\Psi(x)|^2$$

这种波函数的概率密度并不随时间改变，即波函数描述的是定态．在定态问题中，只需求出 $\Psi(x)$就可以求得微观粒子的概率分布，有时也把 $\Psi(x)$称为波函数．

对式（9-23）两边取导数，有

$$\frac{d^2\Psi(x)}{dx^2}=-\frac{p^2}{\hbar^2}\Psi(x)$$

对于自由粒子，因为

$$E_p(x)=0,\quad E=E_k+E_p=\frac{p^2}{2m}$$

于是有

$$\frac{d^2\Psi(x)}{dx^2}+\frac{2m}{\hbar^2}E\Psi(x)=0$$

如果粒子处于势场中运动，因其具有势能，则

$$E=\frac{p^2}{2m}+E_p(x)$$

因而有

$$\frac{d^2\Psi(x)}{dx^2}+\frac{2m}{\hbar^2}[E-E_p(x)]\Psi(x)=0 \tag{9-24}$$

这就是一维空间的定态薛定谔方程．

如果粒子在三维空间运动，则定态薛定谔方程改写为

$$\nabla^2\Psi+\frac{2m}{\hbar^2}(E-E_p)\Psi=0$$

其中，∇^2是拉普拉斯算符，$\nabla^2=\frac{\partial^2}{\partial x^2}+\frac{\partial^2}{\partial y^2}+\frac{\partial^2}{\partial z^2}$.

如果作用在粒子上的势场随时间变化，则粒子不再处于定态，不能利用定态薛定谔方程．在这种情况下，薛定谔方程的一般形式为

$$\left[-\frac{\hbar^2}{2m}\nabla^2+E_p(r)\right]\Psi(\boldsymbol{r},t)=i\hbar\frac{\partial\Psi(\boldsymbol{r},t)}{\partial t} \tag{9-25}$$

薛定谔方程是量子力学的基本方程，它在量子力学中的地位相当于牛顿方程在经典力学中的地位．薛定谔方程是量子力学的一个基本假设，不能由其他任何原理推导出来，

它的正确性只能由实验来检验.

9.6 激光

激光是受激辐射光放大的简称. 激光技术是 20 世纪 60 年代初期逐渐发展起来的一门新兴技术，并因其众多优点而获得广泛应用. 本节将对激光的产生原理、主要特性及应用等方面进行相关介绍.

光与原子的相互作用，实质上是原子吸收或辐射光子、同时改变自身运动状况的表现. 按照量子理论，光与原子的相互作用可能引起自发辐射、受激吸收和受激辐射三种跃迁过程.

原子都有其特有的一套能级，任何时刻，一个原子只能处于与某一能级相对应的状态. 当原子处于激发态时，即便在没有外界激发的情况下亦会自发地由高能级跃迁到低能级，同时发射光子，这个过程称为自发辐射，如图 9-16a 所示. 对于每个激发态原子来说，自发辐射是独立进行的，因此发射的光子也是彼此独立的，自发辐射产生的光，无论是频率、振动方向还是相位，都不一定相同，因此不是相干光. 白炽灯、日光灯等普通光源，它们的发光过程都是自发辐射.

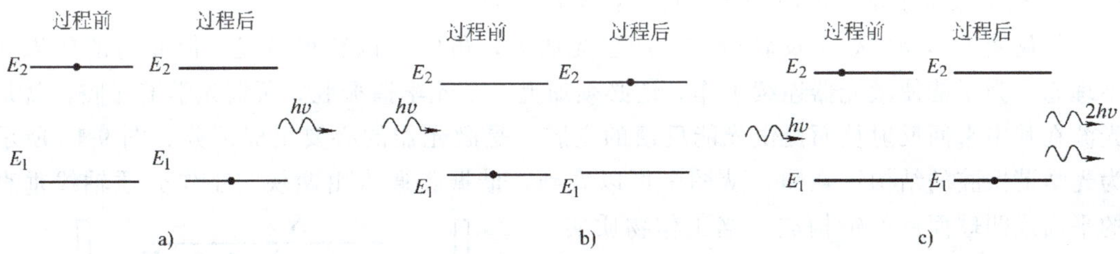

图 9-16 光的辐射与吸收过程

当有外来光子作用于原子体系时，若光子的能量恰好与原子某一对能级的能量之差相等，则处于低能级的原子便可以吸收光子后跃迁到高能级上去，这个过程称为受激吸收，如图 9-16b 所示.

1916 年，爱因斯坦从理论上指出，除自发辐射外，处于高能级上的粒子还可以另一种方式跃迁到较低能级. 当外来光子作用于原子体系时，若光子的能量恰好与原子某一对能级的能量之差相等，且又有原子正好处于高能级上，则处于高能级上的原子可能在外来光子的诱发下向低能级跃迁，同时发射一个和外来光子完全一样的光子，这个过程称为受激辐射，如图 9-16c 所示. 受激辐射的结果，除原子从高能级回到低能级外，光子也由一个变成两个. 如果处于高能级上的原子数量足够多，那么这两个光子还会陆续诱发其他原子发生受激辐射，从而产生大量相同的光子，形成一束频率、相位、偏振状态、发射方向都与入射光子相同的强光，从现象上来看是原来的光信号被放大了. 这种在受激辐射过程中产生并被放大的光就是激光.

受激辐射过程是随机的，一个满足条件的外来光子使哪个原子发生受激辐射、何时受激辐射都有偶然性. 普通光源中的粒子，产生受激辐射的概率极小. 在原子体系中，受激辐射、受激吸收和自发辐射都同时存在，并且在通常状态下，处于低能级的电子数多于处于高能级的电子数，也就是说，绝大多数的原子都处于基态上．从光的放大作用来说，受激吸收和受激辐射是相互矛盾的，吸收过程使光子数减少，而辐射过程则使光子数增加．因此要实现光放大而获得激光输出，必须是受激辐射大于受激吸收，这就要求高能级上的原子数大大超过低能级上的原子数且高能级上的原子不发生自发辐射，即实现所谓的粒子数反转．如何从技术上实现粒子数反转是产生激光的必要条件．

要实现粒子数反转，首先要从外界输入能量（如光照、放电等），把低能级上的原子激发到高能级上去，这个过程叫作激励（也叫泵浦）．但是仅仅从外界进行激励是不够的，还必须选择能实现粒子数反转的工作物质．原子可以长时间处于基态，而处于激发态的时间很短，一般约为10^{-8}s，因此激发态是不稳定的．要实现粒子数反转，介质还必须有合适的能级结构．有些物质，除基态和激发态外，还存在亚稳态，这些亚稳态不如基态稳定，但比激发态的寿命却长得多．如图9-17所示，基态E_1的粒子吸收光能跃迁到激发态E_3，被激发的粒子在能级E_3上停留的时间很短，很快以无辐射方式转移到亚稳态E_2，在亚稳态停留的时间较长，不会立即以自发辐射的方式返回基态．随着外界强光的激励，亚稳态上的粒子数不断积累，最终使得亚稳态E_2上的粒子数多于基态的粒子数，形成粒子数反转．

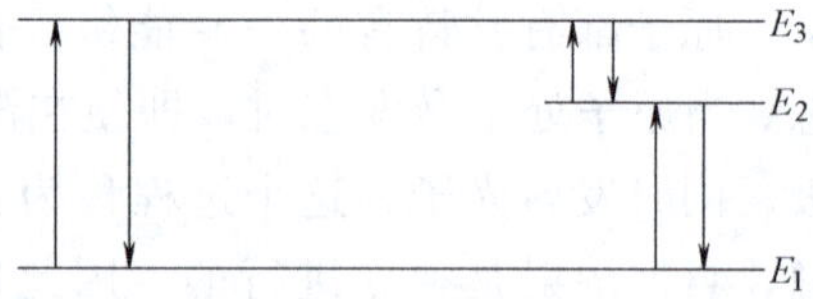

图9-17 实现量子数反转的三能级系统

仅仅使工作物质处于反转分布，产生光放大，虽然可以获得激光，但此时的效果并不理想，为了能使激光器连续工作，还必须加上一个光学谐振腔．所谓光学谐振腔，就是光波在其中来回反射从而提供光能反馈的空腔，是激光器的必要组成部分．图9-18所示为光学谐振腔的结构示意图，从图中可以看到，谐振腔通常由两块与工作介质轴线垂直的平面或凹球面反射镜构成．当工作物质实现了粒子数反转并产生光放大后，谐振腔的作用是可以选择频率一定、方向一致的光作为最优先的放大，而把其他频率和方向的光加以抑制．在光学谐振腔中，凡不沿谐振腔轴线运动的光子均很快逸出腔外，与工作介质不再接触；而沿轴线运动的光子将在腔内继续前进，并经两反射镜的反射不断往返运行产生振荡，运行时不断与粒子相遇而产生受激辐射，沿轴线运行的光子数将不断增加，从而在腔内形成传播方向一致、频率和相位相同的强光束，这就是激光．为把激光引出腔外，可将光学谐振腔的一面反射镜以半透半反镜替代，透射出的部分成为可利用的激光，而反射部分留在腔内继续增加光子数．不仅如此，光学谐振腔还可以起到选频作用，使得输出激光具有很好的方向性和单色性．

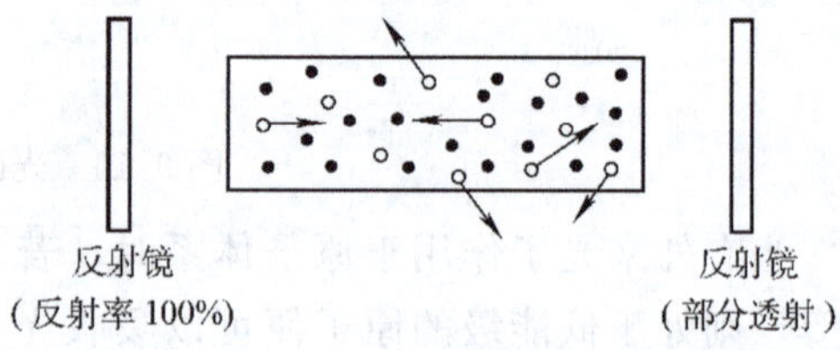

图9-18 光学谐振腔的结构示意图

目前激光器的种类很多，它所产生的激光波长从紫外线到远红外线，范围很广．按照激光器工作物质的不同，可将其分为气体激光器、固体激光器、半导体激光器和液体激光器等．按照激光器的工作方式来分，又可分为连续式激光器和脉冲式激光器等．下面介绍两种常用的激光器．

1）氦氖（He-Ne）气体激光器。氦氖激光器是气体激光器的代表，它以氖为工作物质，氦为辅助物质是一种连续式的激光器，其结构如图9-19所示．激光器的外壳用硬质玻璃制成，中间有一根毛细管作为放电管，制成时先抽去管内空气，然后按 5∶1～10∶1 的比例充入氦、氖混合气体．管的两端面为反射镜，组成光学谐振腔．这种激光器的激励是以气体放电的方式进行的，为使气体放电，在阳极和阴极之间需加上几千伏特的高压，产生的激光波长为 632.8nm，通过部分透光反射镜输出．

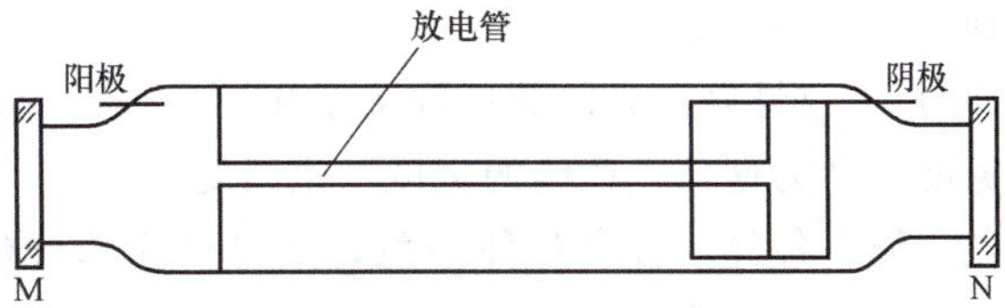

图 9-19　氦氖激光器

氦、氖气体中粒子数的布局反转分布是如何形成的呢？在这两种气体的混合物中，产生受激辐射的是氖原子，氦原子只起传递能量的作用．图 9-20 所示为氦和氖的原子能级示意图，由图可见，通常情况下绝大多数的氦原子和氖原子会处于基态，氦原子的能级中有两个亚稳态，氖原子有两个与氦原子的这两个亚稳态十分接近的能级 1 和 2，并存在一个寿命极短的能级 3. 当激光器两电极间加上几千伏特的电压时，产生气体放电，电子在电场的作用下加速运动，与氦原子发生碰撞，使氦原子激发到两个亚稳态上．这些处于亚稳态的氦原子又与处于基态的氖原子发生碰撞，并使氖原子激发到能级 1 和 2 上．由于处在能级 3 上的氖原子数极少，这样在能级 1、2 和能级 3 之间就形成了粒子数的反转分布．当受激辐射引起氖原子在能级 1 和能级 3 之间跃迁时，便会发射波长为 632.8 nm 的红色激光．能级 2 与能级 3 以及其他能级间的跃迁所产生的辐射都为红外线，采取一定的措施便可将其抑制掉．

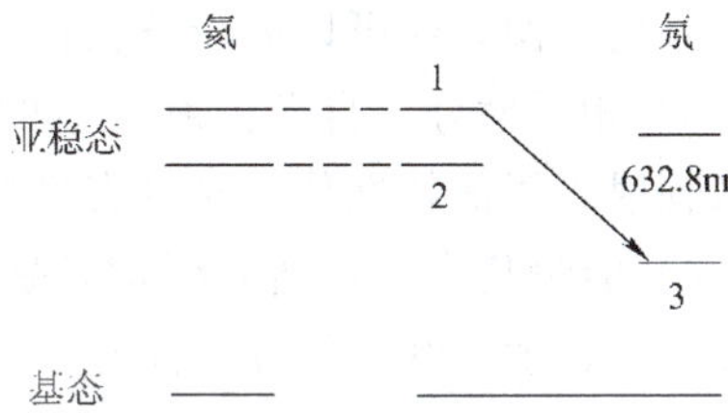

图 9-20　氦、氖原子能级示意图

氦氖激光器结构简单，使用方便，成本低，在常用的激光器中其输出激光的单色性最好，因此常用在精密测量中．不过氦氖激光器输出功率较低，一般只有几毫瓦，其效率也较低．

2）红宝石激光器。红宝石激光器是最早（1960 年）制成的激光器．它的工作物质是棒状红宝石晶体，其主要成分是 Al_2O_3 晶体，其中含有 0.05% 的 Cr^{+3} 离子．这些 Cr^{+3} 离子作为激活剂，起到能量传递的作用．红宝石棒的两端面要求很光洁并严格平行．作为谐振腔的两个反射镜可以单独制成，也可以利用棒的两端面镀上反射膜制成．这种激光器的激励是利用脉冲氙灯发出强烈的光脉冲进行的，为提高激励功率，常装有聚光器．另外，激光器附有一套用于点燃氙灯的电源设备，以及为防止红宝石温度升高而附有的冷却设备．红宝石激光器发出的是脉冲激光，它的波长为 694.3nm. 棒长 10cm、直径 1cm 的红宝石激光器，每次脉冲输出的能量为 10J，脉冲持续时间为 1ms，平均功率为 10kW，激光效率约为 0.2%.

激光具有不同于普通光的一系列性质，主要表现在：

1）方向性好：激光不像普通光源那样向四面八方传播，而是几乎在一条直线上传播，其方向性很好．如氦氖激光器发出的光束每行进 200km，其扩散直径不到 1m，从地球发射一束激光到月球表面，光斑直径不到 2 km. 良好的方向性使激光是射得最远的光，可广泛应用于测距、通信、定位、准直等方面．用激光测定地球与月球的距离，精度可以达到±15m左右．

2）单色性好：光的颜色取决于光的波长，通常把亮度为最大亮度一半的两个波长间的宽度定义为这条光谱线的宽度，谱线宽度越小，光的单色性越好．普通光源发出自然光的光子频率各异，含有各种颜色，如可见光部分的颜色有七种，每种颜色的谱线宽度为40～50nm. 激光则由于受激辐射的原理及光学谐振腔的选频作用，使其具有很好的单色性．例如普通光源中单色性最好的氪灯，其谱线宽度为4.7×10^{-4}nm，而氦氖激光器输出的红色激光的谱线宽度则小于10^{-8}nm，两者相差数万倍．故激光器是目前世界上最好的单色光源，其良好的单色性使激光在测量上优势极为明显，为精密测量和科学实验提供了良好的光源，还可以激光波长作为标准进行精密测量及激光通信等．

3）相干性好：自发辐射产生的普通光是非相干光．而激光的产生原理是受激辐射，受激辐射光子的特性使激光具有良好的相干性．

4）能量集中：普通光源发光是向很大的角度范围内辐射，如电灯泡不加约束时会向四面八方辐射．激光的方向性好，几乎是平行光，经透镜会聚后可以集中在很小的一个范围内，因此其能量可高度集中，激光的亮度也可达到普通光源的上百万倍．激光的这一特性，已在精密机械加工和医学等领域中得到广泛应用．

内容提要

1. 热辐射

① **热辐射**　能量按频率的分布随温度而不同的电磁辐射．

② **黑体**　在任何温度下，都能全部吸收任何波长的入射电磁波，而没有反射的物体．绝对黑体是一种理想化的模型．

③ **黑体辐射的实验规律**

斯忒藩-玻耳兹曼定律　黑体的辐出度与绝对温度T的四次方成正比，即

$$M=\int_0^\infty M_\nu \mathrm{d}\nu=\sigma T^4$$

式中，$\sigma\approx5.67\times10^{-8}$ W/（$\mathrm{m}^2\cdot\mathrm{K}^4$），称为斯忒藩-玻耳兹曼常量；

维恩位移定律　黑体单色辐出度最大值在光谱中的位置由波长λ_m决定，且有

$$\lambda_m=\frac{b}{T}$$

式中，$b=2.8978\times10^{-3}\mathrm{m}\cdot\mathrm{K}$. 该定律指出，随着温度的升高，辐射强度逐渐增大，辐射最强的波长λ_m向短波方向移动．

④ **普朗克的量子假设**　以E表示辐射黑体中分子、原子振动时振子的能量，则有

$$E=nh\nu，n=0，1，2，\cdots$$

即振子的能量不能连续变化，而只能为分立值，或者说，振子的能量是量子化的．$E_0=h\nu$称为“能量子”，简称量子．

2. 光电效应　康普顿效应

① **光电效应**　光照射到金属表面，使电子从金属表面逸出的现象．光电效应方程为

$$\frac{1}{2}mv_0^2=h\nu-A$$

光电效应的理论解释是爱因斯坦的光量子假说．

② **康普顿效应**　X射线被散射后出现波长较入射X射线波长更长成分的散射．康普顿效应可用光

子和静止电子的碰撞解释．

3. 物质的波粒二象性

① **光的波粒二象性**　光既有波动性又有粒子性，光子的能量和动量分别为

$$E=h\nu,\quad p=\frac{h}{\lambda}$$

② **德布罗意波**　德布罗意假设，实物粒子也具有波动性，其波长为

$$\lambda=\frac{h}{p}=\frac{h}{mv}$$

式中，λ 称为德布罗意波长．这种和实物粒子相联系的波称为德布罗意波或物质波．

③ **物质的波粒二象性**　物质也具有波粒二象性．其数学表达式为

$$E=h\nu,\quad p=\frac{h}{\lambda}$$

4. 玻尔的氢原子理论

① **三条基本假设**　稳定态假设、角动量量子化假设和跃迁假设．

② **氢原子轨道半径和能量**

$$r_n=\frac{\varepsilon_0 h}{\pi me^2}n^2=n^2a_0,\quad n=1,\ 2,\ 3,\ \cdots$$

$$E_n=-\frac{me^4}{8\varepsilon_0^2h^2}\ \frac{1}{n^2}=\frac{E_1}{n^2},\quad n=1,\ 2,\ 3,\ \cdots$$

其中，$a_0=\varepsilon_0h^2/(\pi me^2)=0.053\text{nm}$，称为玻尔半径；$E_1=-me^4/(8\varepsilon_0^2h^2)=-13.6\text{eV}$，为氢原子基态能量．

③ **玻尔理论的实验验证**　弗兰克-赫兹实验证明了汞原子具有确定的能级．

5. 薛定谔方程

① **不确定关系**　海森伯在波粒二象性基础上提出，微观粒子的运动不像经典粒子那样有确定的轨道、坐标和动量，并用数学公式表达为

$$\Delta x\cdot\Delta p\geqslant\frac{h}{2\pi}$$

② **波函数**　量子力学中用波函数描述微观粒子的运动状态，由波函数可以得知状态的全部物理性质．波函数在空间某一点的强度正比于在该点找到粒子的概率，描写粒子的波是概率波．

③ **薛定谔方程**　量子力学中对微观粒子运动规律进行描述的方程是薛定谔方程，其地位等价于经典力学中的牛顿力学方程．薛定谔方程的基本形式为

$$\left[-\frac{\hbar^2}{2m}\nabla^2+E_{\text{p}}(r)\right]\Psi(\boldsymbol{r},t)=\text{i}\hbar\frac{\partial\Psi(\boldsymbol{r},t)}{\partial t}$$

6. 激光

① 激光是受激辐射光放大的简称，其产生原理是受激辐射．

② 产生激光的必要条件是粒子数的反转分布与光学谐振腔．

③ 激光具有很好的方向性、单色性、相干性，且能量集中，这些优点使其具有广泛的应用．

课外练习9

一、填空题

9-1　绝对黑体的吸收比为________．

9-2　爱因斯坦的光电效应方程为________．

9-3　光的本性是________，其数学表达式为________、________．

9-4　在氢原子的能级跃迁图中，氢原子处于基态时的能量约为________eV.

9-5 在量子力学中，微观体系的状态用________来描述．

9-6 “激光”是________的简称．

二、选择题

9-1 下列哪一个公式是普朗克关于能量子的假设？ （ ）．

A. $M=\sigma T^4$ B. $\lambda_m=b/T$ C. $\nu_0=A/h$ D. $E_0=h\nu$

9-2 在光电效应中，电子能否从金属板中逸出决定于入射光的 （ ）．

A. 频率 B. 强度 C. 照射时间长短 D. 入射角大小

9-3 根据德布罗意假设，与粒子相联系的波为 （ ）．

A. 机械波 B. 电磁波 C. 物质波 D. 超声波

9-4 下列哪一个实验验证了玻尔的氢原子理论 （ ）．

A. 戴维孙-革末实验 B. 弗兰克-赫兹实验

C. G. P. 汤姆孙实验 D. 迈克耳孙-莫雷实验

9-5 量子力学的基本方程是 （ ）．

A. 牛顿方程 B. 薛定谔方程 C. 爱因斯坦方程 D. 普朗克公式

三、简答题

9-1 人体也会向外发出热辐射，为什么在黑暗中还是看不见人呢？

9-2 玻尔的氢原子理论有哪三条基本假设？

9-3 微观粒子的波动性用什么来描述？其随时间变化的规律遵守什么方程？

9-4 激光与自然光相比有哪些特点？

四、计算题

9-1 测量星体表面温度的方法之一是将其看作黑体，测量它的峰值波长 λ_m，利用维恩位移定律便可求出 T. 已知太阳、北极星和天狼星的 λ_m 分别为 0.50×10^{-6}m、0.43×10^{-6}m 和 0.29×10^{-6}m，试计算它们的表面温度.

9-2 某黑体的表面面积为 10.0cm^2，温度为 5500K. 求该黑体的辐射功率及对应于单色辐出度最长的波长．

9-3 已知铯的逸出功为 1.88eV，现用波长为 300nm 的紫外光照射，试求光电子的初动能和初速．

9-4 从铝中逸出一个电子需要 4.2eV 的能量，若波长为 200nm 的光子射到铝表面，问：

(1) 由此发射出来的电子的最大动能为多少？

(2) 截止电压为多少？

(3) 铝的截止频率和波长各为多少？

9-5 室温（300K）下的中子称为热中子. 求热中子的德布罗意波长.

9-6 当电子在 150V 电压下加速时，求电子的德布罗意波长．

9-7 能量为 15eV 的光子，被氢原子中处于第一玻尔轨道的电子所吸收而形成一光电子，求：

(1) 当此光电子远离质子时的速度为多大？

(2) 它的德布罗意波长是多少？

9-8 在玻尔氢原子理论中，当电子由量子数 $n_i=5$ 的轨道跃迁到 $n_j=2$ 的轨道上时，对外辐射光的波长是多少？若将该电子从 $n_j=2$ 的轨道跃迁到游离状态，外界需要提供多少能量？

9-9 当基态氢原子被 12.5eV 的光子激发后，其电子的轨道半径将增加多少倍？

9-10 电子位置的不确定量为 5.0×10^{-2}nm，其速率的不确定量是多少？

9-11 一质量为 40g 的子弹以 1.0×10^3m/s 的速率飞行，求其德布罗意波长．若测量子弹位置的不确定量为 0.10mm，求其速率的不确定量.

9-12 已知粒子在一维矩形无限深势阱中运动，其波函数为

$$\Psi(x)=\sqrt{\frac{2}{a}}\sin\frac{3\pi}{a}x \qquad (0\leqslant x\leqslant a)$$

那么，该粒子在 $x=a/6$ 处出现的概率密度是多少？

物理学家简介

尼尔斯·玻尔（Niels Bohr，1885—1962）

1885 年 10 月 7 日，尼尔斯·玻尔出生于丹麦首都哥本哈根的一个书香门第家庭，他的父亲是哥本哈根大学的生理学教授．玻尔从小就受到了良好的家庭教育和文化熏陶．在父亲的影响下，青少年时期的玻尔开始对物理学产生兴趣．1903 年，玻尔进入哥本哈根大学，并选中物理学作为自己的专业．在哥本哈根大学学习期间，玻尔对液体表面的张力问题进行了实验和理论研究，并发表了研究论文，该论文获得了丹麦皇家科学院的金质奖章．1909 年，玻尔获得哥本哈根大学的科学硕士学位，1911 年，他又获得了哥本哈根大学的哲学博士学位．玻尔的博士论文是有关金属电子理论的，在写作论文的过程中，他已经注意到经典电动力学在描述微观现象方面存在着严重不足，与此同时，玻尔开始接触到普朗克的量子假说．博士毕业后，玻尔来到了英国，他首先在剑桥大学的卡文迪什实验室工作了一段时间，之后又转到曼彻斯特大学的卢瑟福实验室，在欧内斯特·卢瑟福领导下进行了为期四个月的研究工作．这个时期，卢瑟福已经提出了原子有核模型．玻尔相信卢瑟福的模型是正确的，他开始对原子结构进行研究．在此期间，玻尔还与卢瑟福建立了深厚的友谊．

1913 年，玻尔返回哥本哈根，继续专注于原子结构的研究工作．玻尔试图通过对原子光谱的研究来了解原子内部的结构，他受到巴耳末公式的启发，创造性地将普朗克提出的量子理论、爱因斯坦的光子理论和卢瑟福的原子有核模型结合起来，从而写出了长篇论文《论原子和分子的结构》．经卢瑟福推荐，玻尔的《论原子和分子的结构》一文在 1913 年分三次发表在伦敦皇家学会的《哲学杂志》上，论文发表后，很快引起了物理学界的关注．在这篇论文中，玻尔突破了经典理论的局限，提出了定态、角动量的量子化条件与跃迁法则等三条假设，在理论上克服了原子结构的稳定性难题．玻尔的原子理论在解释氢原子的结构和光谱性质方面获得了巨大的成功．根据这种理论，玻尔准确核实了氢原子光谱中巴耳末系的谱线频率，并预言帕邢系与莱曼系的存在，其后的实验发现与玻尔的预言结果一致．玻尔的原子理论其后被推广到类氢离子（如 He^{+}），同样得到了比较满意的结果．不过，由于玻尔的原子理论中仍保留着一些经典物理的概念，因此这种理论实际上是经典理论与量子理论的混合体，这也造成了玻尔的原子理论在解释那些比氢原子结构更为复杂的原子时遇到了困难．尽管存在着不足，但玻尔的原子理论仍不失为是一种具有开创性和划时代意义的理论．玻尔不但从理论上诠释了原子光谱与原子结构之间的关系，也为光谱学的研究开创了崭新的局面．玻尔将经典理论与量子理论结合起来，引起了原子理论的革命，并对后来量子力学的建立起到了重要的推动作用．此外，玻尔还在理论上解释了元素周期表的形成，对周期表中各种元素的原子结构进行了说明，同时还预言了周期表上第 72 号元素的性质．1922 年，人们在实验上发现了第 72 号元素——铪，从而证实了玻尔预言的正确性．同年，为表彰玻尔在原子理论方面做出的重大贡献，他被授予该年度的诺贝尔物理学奖．

1916 年，玻尔开始担任哥本哈根大学理论物理学教授一职．同年，玻尔提出了著名的“对应原理”，指出量子理论在一定条件下会趋于与经典理论一致．1920 年，在玻尔的倡议下，哥本哈根大学成立了哥本哈根理论物理研究所，由玻尔任所长．玻尔在这个研究所主持工作多年，在他的组织和领导下，研究所吸引了一大批优秀的青年理论物理学家，如海森伯、泡利、狄拉克和朗道等．这些物理学家组成了一个由玻尔领导的研究团队，该团队之后逐渐发展成为有名的哥本哈根学派．在这个研究团队中，人们相互磋商和辩论，形成了一种团结、进取、自由、活泼的风气．在这种学术氛围的影响下，研究所的科学家们取得了许多重大的研究成果，如量子力学的基础理论、原子辐射、化学键等．作为当时世界的原子物理研究的中心和最活跃的学术中心，哥本哈根成为了物理学家们“朝拜的圣地”．有人曾经问玻尔是如何将那么多才华出众的年轻人团结在自己身边的，玻尔对此的回答是：“因为我不怕在年轻人面前承认自己知识的不足，不怕承认自己是傻瓜．”时至今日，哥本哈根精神仍然闪耀着光辉，并在科学界有着广泛而深远的影响．

20世纪30年代的中期，核物理领域的研究已经取得了一系列进展．迈特纳等人在哈恩的实验基础上提出，中子轰击重核时会发生重核裂变现象，并会伴有能量的释放．玻尔得知这一消息后立刻着手进行相关研究，并在1936年提出原子核的液滴模型．根据玻尔提出的这一模型，可以对由中子诱发的重核裂变反应进行很好的解释．1939年，玻尔又进一步提出原子核分裂理论．玻尔的这些研究成果推动了核物理理论的发展，为人类对核能的开发与利用奠定了理论上的基础．

1939年，玻尔开始任丹麦皇家科学院院长．第二次世界大战爆发后，德国法西斯占领了丹麦．为躲避纳粹的迫害，玻尔和家人在1943年逃离丹麦，前往瑞典，一年后又来到美国．在美国，玻尔作为顾问，参与了和制造原子弹有关的理论研究，但他本人反对使用原子弹．第二次世界大战结束后，玻尔于1945年回到了哥本哈根，继续主持研究所的工作．此时的玻尔深感核武器对人类的危害，开始大力倡导核能的和平利用．1952年，在玻尔的倡议下，欧洲核子研究中心成立，玻尔任主席．1955年，由玻尔等人倡导的第一届和平利用原子能会议在日内瓦成功召开．同年，玻尔被任命为新成立的丹麦原子能委员会的主席．1957年，玻尔获得了首届原子能和平利用奖．

玻尔一生中获得过许多荣誉．除诺贝尔物理学奖外，他还获得了许多国家或科学组织颁发的各种学术头衔、名誉学位和奖励等．玻尔还曾于1937年来到中国进行学术访问．玻尔对原子科学的发展做出了巨大贡献，成为了现代物理学的奠基人之一，也是20世纪最伟大的科学家之一．1962年11月18日，这位杰出的理论物理学家因心脏病突发，在哥本哈根的卡尔斯堡寓所离开了人世，享年77岁．

第 10 章 相对论力学*

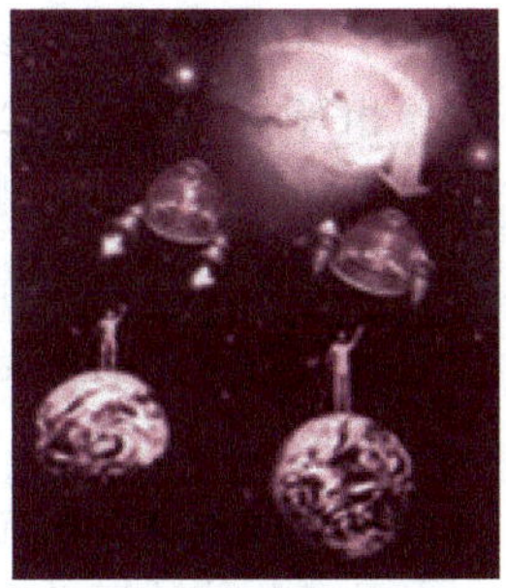

概述

20 世纪初建立起来的相对论是近代物理学的伟大成就之一．该理论涉及力学、电磁学、原子和原子核物理学以及粒子物理学等几乎整个物理学领域．相对论对近代物理学的发展，特别是对核物理和高能物理的发展起着重要作用，导致了物理学发展史上的一次深刻变革．现在，相对论已经成为物理学的主要理论基础之一．该理论主要是关于时空的理论，它使人们对时间、空间的认识有了巨大的飞跃，树立了新的相对时空观．其中限于惯性参考系的理论称为狭义相对论，推广到一般参考系和包括引力场在内的理论称为广义相对论．本章仅限于对相对论力学的基础知识进行简单的介绍．

10.1 经典力学的时空观

10.1.1 伽利略相对性原理

牛顿第一定律定义了一种特殊的参考系——惯性系，即惯性定律成立的参考系，因此牛顿第二定律只能在惯性系中成立．也可以说，牛顿运动定律成立的参考系是惯性系．凡是相对于一个惯性系做匀速直线运动的参考系必定也是惯性系；凡是相对于一个惯性系做加速运动的参考系必是一个非惯性系．由此可见，一旦确认了一个惯性系，就可以将其作为参考，以判定其他参考系是否为惯性系．在一个封闭的惯性系内部，不可能用力学实验来判定该系统做匀速直线运动的速度，这被称为力学相对性原理，它最早由伽利略提出，亦称为伽利略相对性原理，其内容可表述为：力学规律对一切惯性系都是等价的．等价的含义并不是指不同惯性系中所看到的力学现象都相同，而是其中的力学现象服从的规律相同，即不同惯性系的力学规律都有相同的形式．

10.1.2 经典力学的时空观表述

研究物体的运动和受力情况，首先要确定时间和空间的度量问题．如图 10-1 所示，小车以较低的速度$\boldsymbol{v}$沿水平方向先后通过点 A 和点 B，站在地面上的人测得小车通过点 A 和 B 的时间为 $\Delta t=t_B-t_A$；而站在车上的人测得通过 A、B 两点的时间为 $\Delta t'=t'_B-t'_A$，经典力学认为，在某个参考系中发生的两件事情，其时间间隔在不同的参考系中测量得到的结果是相等的，即 $\Delta t=\Delta t'$. 也就是说，时间的测量是绝对的，与参考系无关. 同样，在地面上的人和在车上的人测得 A、B 两点之间的距离相等，都等于 AB，亦即，做相对运动的两个参考系中，长度的测量是绝对的，与参考系无关. 上述关于时间和空间量度的结论，与人们在日常生活中的感觉相符合. 牛顿力学就是建立在这样的时空观基础上的，即承认时间和空间的绝对性. 因此，牛顿力学也称为经典力学，绝对的时间和空间就是经典力学的时空观. 当物体的速度接近光速时，时间和空间的测量将依赖相对运动的速度. 只是由于牛顿力学所涉及的物体的运动速度远小于光速，所以，在牛顿力学范围内，可以将时间和空间的测量视为与参考系的选择无关.

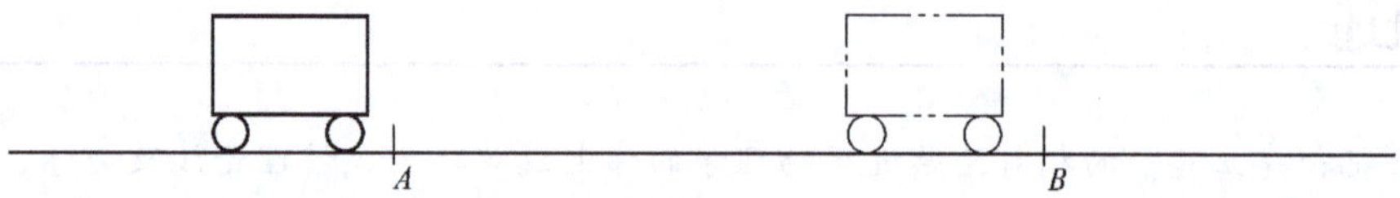

图 10-1　运动的相对性

10.1.3　伽利略变换

绝对时空观是从低速力学现象中抽象出来的，认为空间是绝对静止的，时间和空间都与物质的运动无关，空间只是物质运动的“场所”. 经典力学中的伽利略变换就是建立在绝对时空观基础上的. 假如，在任一惯性参考系 S 中 t 时刻发生在位置 (x, y, z) 处的物理量表示为 (x, y, z, t)，并称之为该事件在S系中的时空坐标. 如图 10-2 所示，在两个惯性参考系 S 和 S′ 中分别建立空间直角坐标系 $O\text{-}xyz$ 和 $O'\text{-}x'y'z'$，其中 x 轴和 x'轴在同一直线上，z 轴和 z'轴、y 轴和 y'轴分别平行. 参考系 S′ 沿着 x 轴正方向以速度 $\boldsymbol{u}$ 运动，并且 $t=t'=0$ 时刻两坐标原点重合.

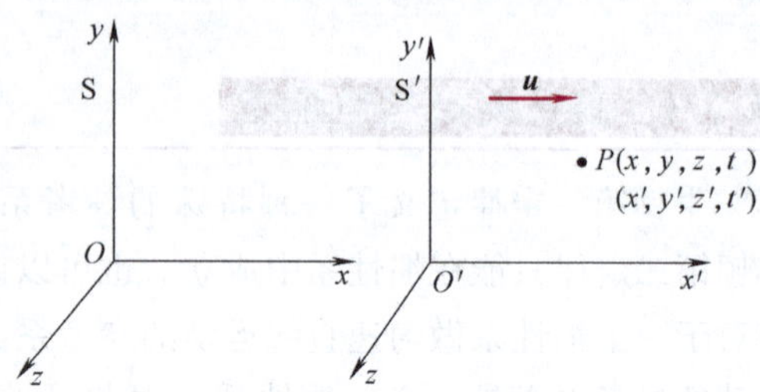

图 10-2　坐标变换

设 P 事件在两个参考系 S 和 S′中的时空坐标分别为(x, y, z, t)和(x', y', z', t')，那么根据绝对时空观以及伽利略坐标变换式可知，该事件在 S′系中的时空坐标(x', y', z', t')与其在 S 系中的时空坐标(x, y, z, t)之间的变换关系为

$$\left.\begin{aligned} x' &= x-ut \\ y' &= y \\ z' &= z \\ t' &= t \end{aligned}\right\} \tag{10-1a}$$

式(10-1a)称为伽利略时空坐标变换式，简称伽利略坐标变换. 它的逆变换为

$$\left.\begin{aligned} x &= x' + ut \\ y &= y' \\ z &= z' \\ t &= t' \end{aligned}\right\} \tag{10-1b}$$

式（10-1a）和式（10-1b）也可表示为

$$\boldsymbol{r}' = \boldsymbol{r} - \boldsymbol{u}t,\ t' = t \tag{10-1c}$$

$$\boldsymbol{r} = \boldsymbol{r}' + \boldsymbol{u}t,\ t = t' \tag{10-1d}$$

将式（10-1c）对 t' 求导并注意到 $t'=t$，得

$$\boldsymbol{v}' = \boldsymbol{v} - \boldsymbol{u} \tag{10-2a}$$

同一质点相对于两个相对做平动的参考系的速度之间的这一关系称为伽利略速度变换．其逆变换是

$$\boldsymbol{v} = \boldsymbol{v}' + \boldsymbol{u} \tag{10-2b}$$

将式（10-2a）对 t' 求导并注意到 $t'=t$，得

$$\boldsymbol{a}' = \boldsymbol{a} - \boldsymbol{a}_0 \tag{10-3a}$$

这就是同一质点相对于两个相对做平动的参考系的加速度之间的变换关系．其逆变换是

$$\boldsymbol{a} = \boldsymbol{a}' + \boldsymbol{a}_0 \tag{10-3b}$$

如果两个参考系相对做匀速直线运动，即 $\boldsymbol{u}$ 为常量，则

$$\boldsymbol{a}_0 = \frac{\mathrm{d}\boldsymbol{u}}{\mathrm{d}t'} = \frac{\mathrm{d}\boldsymbol{u}}{\mathrm{d}t} = 0$$

于是有

$$\boldsymbol{a}' = \boldsymbol{a} \tag{10-3c}$$

或者

$$\boldsymbol{a} = \boldsymbol{a}' \tag{10-3d}$$

由此可见，在相对做匀速直线运动的参考系中观察同一质点的运动时，所测得的加速度是相同的．这就是伽利略加速度变换，亦即伽利略变换下加速度保持不变．

伽利略坐标变换反映的时空观特征是时间和空间是分离的，二者之间没有联系，也与物质运动无关．这在低速现象中是成立的，但在高速现象中该变换与客观实际却存在着矛盾．原因是在经典力学中，由低速现象抽象出来的时空观带有一定的局限性．因此，需要寻找一组新的时空坐标变换关系，该关系应当满足狭义相对论的两条基本原理，并且在低速即物质运动速率远小于真空中的光速时，新的坐标变换应回到伽利略坐标变换的形式．

10.2　狭义相对论的基本原理

1905 年，爱因斯坦发表了具有历史意义的文献《论动体的电动力学》，文中爱因斯坦扬弃了以太假说和绝对参考系的观点，在前人的各种实验基础上，提出两条假设，后来被称为狭义相对论的两条基本原理，它们分别为：相对性原理和光速不变原理．就是在这样两条看似简单的假设基础上，爱因斯坦建立了一套完整的理论——狭义相对论，该理论比经典理论更全面更真实地反映了客观世界的规律性，相对论的发现也将物理学推到了一个新的阶段．

10.2.1 迈克耳孙-莫雷实验

19世纪后期，随着电磁学的发展，电技术和磁技术得到越来越广泛的应用，同时对电磁规律的研究也越来越成熟，从而导致了麦克斯韦电磁理论的建立．麦克斯韦概括了各种电磁现象，并且预言了电磁波的存在．麦克斯韦电磁理论以及后来的实验都表明，电磁波在真空中的传播速度为$c=\dfrac{1}{\sqrt{\varepsilon_0\mu_0}}\approx 2.998\times10^8\text{m/s}$．除了电磁现象，19世纪末人类对物质的研究已深入到微观领域，电子、X射线和放射性的发现推进了微观物理学的发展．在微观领域发现的许多新现象、新规律，使经典物理学的许多基本概念都发生了动摇．当时的物理学家认为一切波动现象都需要在弹性介质中传播，因此对于电磁波（如光波），其传播也是需要弹性介质的，科学家称这种介质为以太，并且赋予以太一系列性质，如以太充满整个宇宙空间、渗透在所有物体之中、以太是绝对静止的等，这样以太就成为了绝对参考系，那么任何物体相对于以太的速度就是绝对速度．当电磁波在空间传播时，其振动会引起以太的形变，这种形变以弹性波的形式传播，形成电磁波，这就是以太假说．经典电磁学理论只有在相对于以太静止的惯性系中才成立．根据这个观点，当时物理学家设计了各种实验去寻找以太参考系．其中最著名的欲证明以太存在的是1887年迈克耳孙和莫雷所做的实验，后来被称为迈克耳孙-莫雷实验．该实验是测量光速沿不同方向差异的主要实验．其实验装置是设计精巧的迈克耳孙干涉仪．实验装置示意图如图10-3所示，由光源S发出的光在半反半透镜G_1上被分成相互垂直的两束，经不同途径（1）和（2）后会聚到目镜T. 途径（1）：从光源S发出的光透过G_1被M_1反射回G_1，再被G_1反射而到达目镜T，其中放入与G_1平行的玻璃板G_2的目的是为了补偿光程；途径（2）：从光源S发出的同一束光被G_1反射至M_2，再反射回G_1并透射直达目镜T.

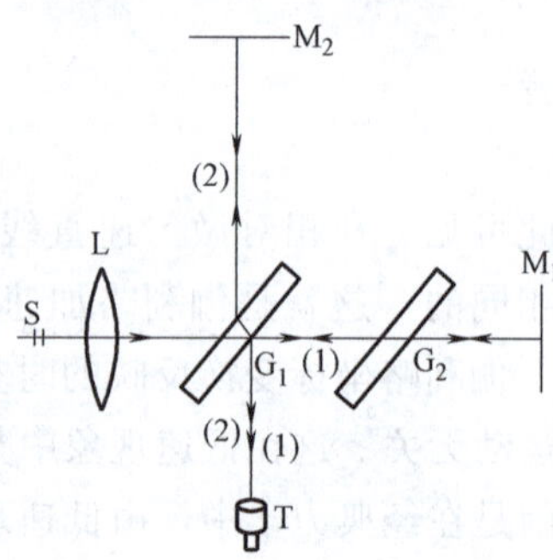

图10-3　迈克耳孙-莫雷实验

如果以太存在，而且又完全不会被地球运动所影响的话，那么地球相对于以太的运动速度就是地球的绝对速度．利用地球的绝对速度和光速在方向上的不同，应该可以从该实验中求出地球相对于以太的绝对速度．按照经典力学时空观，由于光束（1）和光束（2）相对于地球的速度不同，所以当光经过这两个光程相等的途径（1）和途径（2）时，所需的时间却是不一样的，这种时间上的差异在干涉仪中应该能看到某种干涉条纹．如果M_1和M_2之间严格地相互垂直，此时的干涉属于等倾干涉，干涉图像是一系列明暗相间的同心圆环；如果M_1与M_2并不严格垂直，这时观察到的干涉条纹是等间距的等厚条纹. M_2是可以前后移动的，若入射单色光的波长为λ，则每当M_2向前或向后移动$\lambda/2$的距离时，就可看到干涉条纹平移过一条. 所以测出M_2移动的距离d，就可以算出视场中移过的条纹数目N，$N=2d/\lambda$. 如果把仪器旋转，使光束（1）和光束（2）相对于地球的速度发生变化，那么，它们通过两臂的时间差也将随之发生变化，其结果必然会引起干涉条纹的相应移动．但即使在不同地理条件不同季节下进行了多次实验，却始终没有看到干涉条纹的移动，即没有发现光束随运动而变化的迹象，因此并没有验证到以太的存在．

这个实验结果与伽利略变换乃至整个经典力学都不相容，曾使当时的物理学界大为震惊．为了说明这个实验和其他一些实验结果符合以绝对时空观为基础的经典力学，一些物理学家如洛伦兹等，曾提出各种各样的假设，但都未成功．该实验本来是以绝对时空观为基础、为验证以太存在而设计制作的，但在后来却成为验证相对论正确性的主要证据之一．

10.2.2　狭义相对论的基本原理表述

1. 狭义相对论的相对性原理　是指一切物理规律在所有惯性系中都是相同的，即所有的惯性参考系都是等价的．无论是力学现象、电磁现象、光学现象或是其他现象，它们的物理规律对于所有惯性系都可以表示成相同的形式．该原理已被大量实验事实证明是正确的，并且是物理学基本原理之一．

如果知道了一物理现象在某一惯性系中遵从的规律，那么很容易根据相对性原理确定它在其他惯性系中遵从的规律．但这并不是说在任一惯性系中，对同一物理现象的测量结果都具有相同的数值．相反地，一般情况下，测量的数值是不同的，但是联系被测量的各物理量之间的规律对任一惯性系却都是相同的．

狭义相对论的相对性原理与伽利略相对性原理是不同的．伽利略相对性原理说明一切惯性系对于力学规律都是等价的，而狭义相对论的相对性原理却把这种等价性推广到包括力学定律和电磁学定律在内的一切自然规律上去．因此，从这个意义上说，狭义相对论的相对性原理是伽利略相对性原理的推广．

2. 狭义相对论的光速不变原理　是指真空中的光速相对于任何惯性系沿任一方向都恒为 c，而与光源的运动无关．该原理后来被众多的实验事实所验证是正确的．

光速不变原理说明真空中的光速是恒量，它与惯性系的运动状态无关，这从根本上否定了伽利略变换．因为按照伽利略变换，光速应与观察者和光源之间的相对运动有关．

狭义相对论的相对性原理和光速不变原理是相互关联的．对于光的传播规律而言，具有真空各向同性，所有惯性系彼此等价．

10.2.3　洛伦兹变换

1. 洛伦兹坐标变换　沿用上面的惯性参考系 S 和 S′ 的关系，建立新的时空坐标变换关系为

$$\left.\begin{aligned} x' &= \frac{x-ut}{\sqrt{1-\frac{u^2}{c^2}}} = \gamma(x-ut) \\ y' &= y \\ z' &= z \\ t' &= \frac{t-\frac{u}{c^2}x}{\sqrt{1-\frac{u^2}{c^2}}} = \gamma\left(t-\frac{u}{c^2}x\right) \end{aligned}\right\} \tag{10-4a}$$

式中，$\gamma=1/\sqrt{1-\frac{u^2}{c^2}}$. 式(10-4a)称为洛伦兹时空坐标变换式，简称洛伦兹坐标变换．该式的逆变换为

$$\left.\begin{aligned} x &= \frac{x'+ut'}{\sqrt{1-\frac{u^2}{c^2}}}=\gamma(x'+ut') \\ y &= y' \\ z &= z' \\ t &= \frac{t'+\frac{u}{c^2}x'}{\sqrt{1-\frac{u^2}{c^2}}}=\gamma\left(t'+\frac{u}{c^2}x'\right) \end{aligned}\right\} \tag{10-4b}$$

洛伦兹坐标变换和逆变换是由洛伦兹在19世纪末提出的，它们是同一物体（或同一事件）在两个不同惯性参考系中观察的时空坐标之间的关系．但当时洛伦兹提出该变换式的目的是为了弥补经典理论中所暴露的缺陷，并且洛伦兹也没有对该变换式做出科学的解释．后来，爱因斯坦从两条基本原理出发推得了洛伦兹变换，并正确揭示了洛伦兹变换的意义，指出该变换反映了相对论的时空观，并在此基础上建立了狭义相对论，洛伦兹时空坐标变换和逆变换也就成为狭义相对论的时空坐标变换和逆变换，它们在狭义相对论中占据中心地位，从数学形式上反映了相对论与伽利略变换及其力学相对性原理的本质差别，并且相对论的物理定律的数学表达式在洛伦兹变换下保持不变．

从洛伦兹坐标变换式可以看出，时间和空间是相互关联的，彼此不能分开．并且因为坐标必须取实数，所以根式$\sqrt{1-\frac{u^2}{c^2}}$必须取实数，即要求 $u\leqslant c$. 因此，该变换式只适用于两惯性系之间的相对运动速率小于光速的情况．在该变换式的基础上，可以认为任何物体的运动速率都不能超过真空中的光速 c.

由式（10-4）还可以看出，如果 $u\ll c$，则根式$\sqrt{1-\frac{u^2}{c^2}}\approx 1$，在这种情况下，洛伦兹变换就变成了伽利略变换，所以，可以将伽利略变换看成是洛伦兹变换在低速(即 $u\ll c$)时的近似．

2. 洛伦兹速度变换 在10.1.3中，我们曾根据伽利略坐标变换式导出了速度变换式，同样我们也可以根据洛伦兹坐标变换式导出相对论的速度变换式．

设在两个惯性系S和S′中，一运动质点的时空坐标分别为(x, y, z, t)和(x', y', z', t')，速度分别为(v_x, v_y, v_z)和(v'_x, v'_y, v'_z)，根据速度定义，在S系中有

$$v_x=\frac{\mathrm{d}x}{\mathrm{d}t},\quad v_y=\frac{\mathrm{d}y}{\mathrm{d}t},\quad v_z=\frac{\mathrm{d}z}{\mathrm{d}t} \tag{10-5}$$

在S′系中

$$v'_x=\frac{\mathrm{d}x'}{\mathrm{d}t'},\quad v'_y=\frac{\mathrm{d}y'}{\mathrm{d}t'},\quad v'_z=\frac{\mathrm{d}z'}{\mathrm{d}t'} \tag{10-6}$$

由洛伦兹时空坐标变换式(10-4a)可得

$$\left.\begin{aligned}\mathrm{d}x'&=\frac{\mathrm{d}x-u\mathrm{d}t}{\sqrt{1-\frac{u^2}{c^2}}}\\ \mathrm{d}y'&=\mathrm{d}y\\ \mathrm{d}z'&=\mathrm{d}z\\ \mathrm{d}t'&=\frac{\mathrm{d}t-\frac{u}{c^2}\mathrm{d}x}{\sqrt{1-\frac{u^2}{c^2}}}\end{aligned}\right\} \tag{10-7}$$

利用式(10-5)，并将式(10-7)代入式(10-6)可得

$$\left.\begin{aligned}v'_x&=\frac{v_x-u}{1-\frac{u}{c^2}v_x}\\ v'_y&=\frac{\sqrt{1-\frac{u^2}{c^2}}}{1-\frac{u}{c^2}v_x}v_y=\frac{v_y}{\gamma\left(1-\frac{u}{c^2}v_x\right)}\\ v'_z&=\frac{\sqrt{1-\frac{u^2}{c^2}}}{1-\frac{u}{c^2}v_x}v_z=\frac{v_z}{\gamma\left(1-\frac{u}{c^2}v_x\right)}\end{aligned}\right\} \tag{10-8a}$$

式中，仍取 $\gamma=1/\sqrt{1-\frac{u^2}{c^2}}$. 同理可得上述变换的逆变换为

$$\left.\begin{aligned}v_x&=\frac{v'_x+u}{1+\frac{u}{c^2}v'_x}\\ v_y&=\frac{\sqrt{1-\frac{u^2}{c^2}}}{\left(1+\frac{u}{c^2}v'_x\right)}v'_y=\frac{v'_y}{\gamma\left(1+\frac{u}{c^2}v'_x\right)}\\ v_z&=\frac{\sqrt{1-\frac{u^2}{c^2}}}{\left(1+\frac{u}{c^2}v'_x\right)}v'_z=\frac{v'_z}{\gamma\left(1+\frac{u}{c^2}v'_x\right)}\end{aligned}\right\} \tag{10-8b}$$

式 (10-8a) 和式 (10-8b) 是由洛伦兹坐标变换式得到的，所以又称为洛伦兹速度变换式和逆变换式. 但应注意，在垂直于 S 系和 S′系的相对运动方向上，在两系中观察到的坐标不变，即

$$y'=y,\quad z'=z$$

但速度却不相等，即

$$v'_y\neq v_y,\quad v'_z\neq v_z$$

当两惯性系间相对运动速率远小于真空中光速，即 $u\ll c$ 时，根式 $\sqrt{1-\frac{u^2}{c^2}}\approx 1$，洛伦兹速度变换式与伽利略速度变换式相同，因此伽利略速度变换可以看成是洛伦兹速度变换在低速（即 $u\ll c$）时的近似 .

洛伦兹速度变换式与光速不变原理是一致的 . 例如在 S 参考系中，光沿 x 轴正方向传播，光速为 c，那么根据洛伦兹速度变换式可求出光在 S′参考系中的传播速度为

$$v'_x=\frac{v_x-u}{1-\frac{u}{c^2}v_x}=\frac{c-u}{1-\frac{u}{c^2}c}=c$$

可见该光信号在 S′系中的速度也为 c.

例题 10-1 在地面上测得有两个火箭 A、B 分别以 $0.9c$ 的速度沿 x 轴以相反的方向飞行，如图 10-4所示 . 求它们的相对运动速度 .

解： 设地球和火箭 A 分别为惯性参考系 S 和 S′，A 沿 x 轴正方向运动，则 $u=v_A=0.9c$，B 相对于 S 系的速度为 $v_x=v_B=-0.9c$. B 相对于 A 的运动速度就是在以 A 为参考系的 S′中所测得的 B 的速度 v'_x，将以上各量代入式（8-6a）得

$$v'_x=\frac{v_x-u}{1-\frac{u}{c^2}v_x}=\frac{-0.9c-0.9c}{1-\left[\frac{0.9c}{c^2}\times(-0.9c)\right]}\approx -0.995c$$

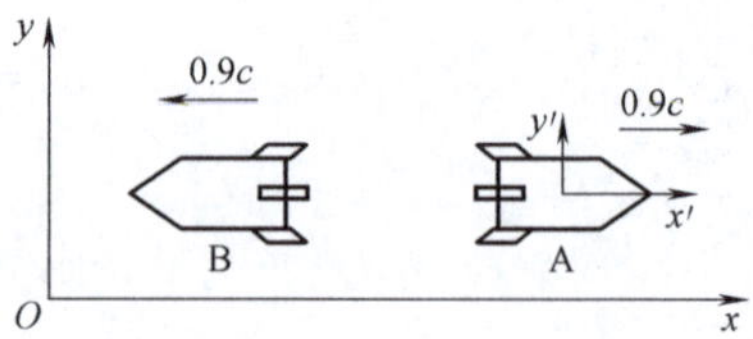

图 10-4 例题 10-1 用图

这就是 B 相对于 A 的速度 . 同样也可得 A 相对于 B 的速度

$$v'_x=0.995c$$

例题 10-2 设在宇宙飞船上的观察者测得脱离他而去的航天器相对于他的速度为 $1.2\times10^8\boldsymbol{i}$ m/s. 同时航天器发射一枚空间火箭，航天器中的观察者测得此火箭相对于他的速度为 $1.0\times10^8\boldsymbol{i}$ m/s. 问：

（1）此火箭相对于宇宙飞船的速度为多少？

（2）如果以激光光束来替代空间火箭，此激光光束相对于宇宙飞船的速率又为多少？

解： 设宇宙飞船为 S 系，航天器为 S′系，由题意可知 S′系相对于 S 系的速度为 $\boldsymbol{u}=1.2\times10^8\boldsymbol{i}$ m/s，空间火箭相对于 S′系的速度为 $\boldsymbol{v}=v'_x\boldsymbol{i}=1.0\times10^8\boldsymbol{i}$ m/s.

（1）火箭相对于 S 系的速度大小为

$$v_x=\frac{v'_x+u}{1+\frac{u}{c^2}v'_x}=\frac{1.0\times10^8+1.2\times10^8}{1+\frac{1.2\times10^8}{(3\times10^8)^2}\times1.0\times10^8}\text{m/s}\approx1.94\times10^8\text{m/s}$$

方向沿 x 轴正向 .

（2）激光光束相对于 S 系的速率为

$$v=v_x=\frac{c+u}{1+\frac{u}{c^2}c}=c$$

可见，激光束无论是相对于航天器，还是相对于宇宙飞船的速率都是 c，这也是光速不变原理的必然结果 . 如果用伽利略变换，则有 $v_x=c+u>c$，表明对伽利略变换而言，运动物体没有极限速度，但对相对论的洛伦兹速度变换来说，在任何惯性系中物体的运动速率都不可能超过光速，也就是说光速是物体运动的极限速度 .

10.3　狭义相对论的时空观

狭义相对论为人们提供了一种不同于经典力学的新的时空观．经典力学认为时空不会因为惯性系的改变而改变，也就是说，时空是绝对的．但相对论认为时空是相对的，会因惯性系的不同而不同，在一个惯性系中同时发生的事件在另一个惯性系中就不一定是同时发生的了；同一个物体，在不同的惯性系中测量的长度也不一定相同，即它们会随着惯性系的不同而有着不同的值．

10.3.1　“同时”的相对性

在经典时空观中，如果在一个惯性系 S 中观察两个事件是同时发生的，即 $t_1=t_2$．按照伽利略坐标变换，在另一个任意惯性系 S′中，由于 $t'_1=t_1$，$t'_2=t_2$，所以 $t'_1=t'_2$．因此，在 S′系看来这两个事件也是同时发生的，即同时性是绝对的，与参考系的选择无关．但在狭义相对论中，如果在 S 系中两事件发生的时刻是相同的，即 $t_1=t_2$，根据洛伦兹坐标变换，在另一个惯性系 S′中，由于

$$t'_1=\frac{t_1-\frac{u}{c^2}x_1}{\sqrt{1-\frac{u^2}{c^2}}},\quad t'_2=\frac{t_2-\frac{u}{c^2}x_2}{\sqrt{1-\frac{u^2}{c^2}}}$$

那么

$$\Delta t'=t'_2-t'_1=-\frac{\frac{u}{c^2}(x_2-x_1)}{\sqrt{1-\frac{u^2}{c^2}}} \tag{10-9}$$

由式（10-9）可知，只有当 $x_1=x_2$ 时才有 $t'_1=t'_2$，也即是如果在 S 系中同时同地发生的事件，在 S′系中才是同时发生的．而一般情况下，$t'_1\neq t'_2$，即在 S 系中同时发生的两个事件，在另一个参考系 S′中就不一定是同时发生的，这就是同时的相对性．

另外，如果在 S 系中事件 1 先于事件 2 发生，即 $\Delta t=t_2-t_1>0$，则 $\Delta t'=t'_2-t'_1$ 可能大于零，也可能小于零，其正负不仅与 Δt 有关，还与两事件在 S 系中的相对坐标（x_2-x_1）及 S′系相对于 S 系的运动状态（即速度 $\boldsymbol{u}$）有关．因此，如果在 S 系中事件 1 先于事件 2 发生，那么在参考系 S′中，事件 1 可能先于事件 2 发生，也可能后于事件 2 发生，即时间的先后顺序也是相对的，与参考系有关，因此时间的先后顺序也无绝对意义．

但应注意，对于有因果关系的事件，它们发生的先后顺序在各个惯性系中都相同，不能颠倒．例如相对论中经常讨论的父子问题，在任何一个惯性参考系中父亲都是先于儿子出生的．这类现象并不与同时的相对性相矛盾．可以通过下面的例题来说明．

例题 10-3　观察者在 S 系中看到位置 x_1 处的警察在 t_1 时刻开了一枪，在 t_2 时刻击中了一位于 x_2 处的匪徒，开枪和击中匪徒这是两个有因果关系的事件，问是否有惯性系，在该惯性系中将看到此有因果关系的两事件时序颠倒，即看到匪徒被击中在前，开枪却在后．

解：设 S′系即为要找的惯性系，则按洛伦兹时空坐标变换式（10-4a）有

$$t_1' = \frac{t_1 - \frac{u}{c^2}x_1}{\sqrt{1-\frac{u^2}{c^2}}},\quad t_2' = \frac{t_2 - \frac{u}{c^2}x_2}{\sqrt{1-\frac{u^2}{c^2}}}$$

从而有

$$t_2' - t_1' = \frac{t_2 - t_1}{\sqrt{1-\frac{u^2}{c^2}}} - \frac{\frac{u}{c^2}(x_2 - x_1)}{\sqrt{1-\frac{u^2}{c^2}}} = \frac{t_2 - t_1}{\sqrt{1-\frac{u^2}{c^2}}}\left[1 - \frac{u}{c^2}\frac{x_2 - x_1}{t_2 - t_1}\right]$$

或写成

$$\Delta t' = \frac{\Delta t}{\sqrt{1-\frac{u^2}{c^2}}}\left[1 - \frac{u}{c^2}\frac{x_2 - x_1}{t_2 - t_1}\right]$$

为确定在S′系能否有可能使因果时序颠倒，即要找满足$\Delta t' < 0$的条件，则必须使

$$\frac{u}{c^2}\frac{x_2 - x_1}{t_2 - t_1} = \frac{u}{c^2}\frac{\Delta x}{\Delta t} > 1$$

由于$\frac{\Delta x}{\Delta t}$在本题中是子弹的速率，按照狭义相对论，任何物体的速率总是小于c的，因此上面的不等式是不可能成立的，也就是说不存在这样的惯性系，在这个惯性系中有因果关系两事件的时序颠倒．

10.3.2 时间延缓

如果在参考系S′中有两个事件发生在同一地点x'处，第1个事件和第2个事件发生的时刻分别为t_1'和t_2'，则在参考系S′中静止的时钟所测得的两个事件发生的时间间隔为$\Delta t_0 = t_2' - t_1'$. Δt_0称为静止时间或固有时间．而在参考系S中这两个事件发生的地点分别为x_1和x_2，对于固定在S系中的时钟来说，两个事件发生的时刻分别为t_1和t_2，它们的时间间隔为$\Delta t = t_2 - t_1$．由式(10-4b)可得

$$t_2 - t_1 = \frac{t_2' - t_1'}{\sqrt{1-\frac{u^2}{c^2}}}$$

即

$$\Delta t = \frac{1}{\sqrt{1-\frac{u^2}{c^2}}}\Delta t_0 = \gamma \Delta t_0 \tag{10-10}$$

由式(10-10)可以看出，两个事件的时间间隔在不同惯性参考系中是不同的．在运动参考系(运动时钟)中测得的两事件经历的时间间隔Δt比在静止参考系(静止时钟)中测得的时间间隔Δt_0大$\gamma = 1/\sqrt{1-\frac{u^2}{c^2}}$倍，这种现象称为时间延缓效应，又称时间膨胀效应．该效应表明，两个事件的时间间隔是相对的，与时钟的运动状态有关，在不同的参考系中有不同的数值，但固有时间是不变的．应该指出，时间延缓效应的来源是光速不变原理，它是时空的一种属性，并不涉及时钟的任何机械原因和原子内部的任何过程．

还应注意，当$u \ll c$时，式(10-10)简化为$\Delta t \approx \Delta t_0$，这表明两事件的时间间隔在不

同的惯性系中相同，即时间间隔的测量与参考系无关，于是回到经典力学的绝对时间观念．因此，经典力学的绝对时间只是狭义相对论的时间在低速时的近似．

有很多实验可以证明相对论的时间延缓效应．其中最著名的实验是通过研究 μ^- 子的寿命来证明．μ^- 子可以在实验室中产生，也可以在高能宇宙射线中获得．在实验室中产生的 μ^- 子运动速率很小，远小于光速；而来自宇宙射线的许多 μ^- 子，它们的能量很高，有的 μ^- 子速率接近于光速 c，例如 1963 年测量到 μ^- 子的速率为 $u=0.9952c$．μ^- 子是一种很不稳定的粒子，它可以衰变为一个电子、一个中微子和一个反中微子．其衰变规律为 $N=N_0 e^{-t/\tau_0}$，其中 τ_0 是运动 μ^- 子的平均寿命(即在相对其运动的参考系中的平均寿命)，又称为“运动寿命”．设 μ^- 子在其自身的静止系中的平均寿命为 τ'_0，又称为“静止寿命”，实验测得 $\tau_0>\tau'_0$，且

$$\frac{\tau_0}{\tau'_0}=\frac{\Delta t}{\Delta t_0}=\frac{1}{\sqrt{1-\frac{u^2}{c^2}}}\approx\frac{1}{\sqrt{1-(0.9952)^2}}\approx 10.22$$

这表明 μ^- 子的“运动寿命”比其“静止寿命”长得多了．

例题 10-4　一飞船以 $u=9\times10^3\,\mathrm{m/s}$ 的速率相对于地面匀速飞行．飞船上的时钟走了 5s 的时间，用地面上的钟测量则经过了多少时间？假设地面为惯性系．

解：以地面为 S 系，飞船为 S′系，在飞船上的时间 $\Delta t_0=5\mathrm{s}$ 为固有时，那么

$$\Delta t=\frac{\Delta t_0}{\sqrt{1-\frac{u^2}{c^2}}}\approx\frac{5}{\sqrt{1-\left(\frac{9\times10^3}{3\times10^8}\right)^2}}\ \mathrm{s}\approx 5.000\,000\,002\ \mathrm{s}$$

可见，即便对于飞船这样高的运动速率来说，在相对飞船运动的惯性系中测得的时间仍与固有时相差不多，因此时间延缓效应实际上是很难测量出来的．

10.3.3　长度收缩

设在惯性参考系 S 和 S′中各有一观察者，对同一刚性棒的长度进行测量．已知棒沿 x 轴和 x' 轴放置，并相对于 S′系静止不动，如图 10-5 所示．若 S′系中的观察者测得棒的两个端点坐标分别为 x'_1 和 x'_2，则棒在 S′系的固有长度为 $L_0=x'_2-x'_1$．S 系中的观察者在同一时刻测得棒的两个端点坐标分别为 x_1 和 x_2，则 S 系中棒的长度为 $L=x_2-x_1$．由洛伦兹坐标变换可得

$$L_0=x'_2-x'_1=\frac{x_2-ut}{\sqrt{1-\frac{u^2}{c^2}}}-\frac{x_1-ut}{\sqrt{1-\frac{u^2}{c^2}}}$$

$$=\frac{L}{\sqrt{1-\frac{u^2}{c^2}}}=\gamma L$$

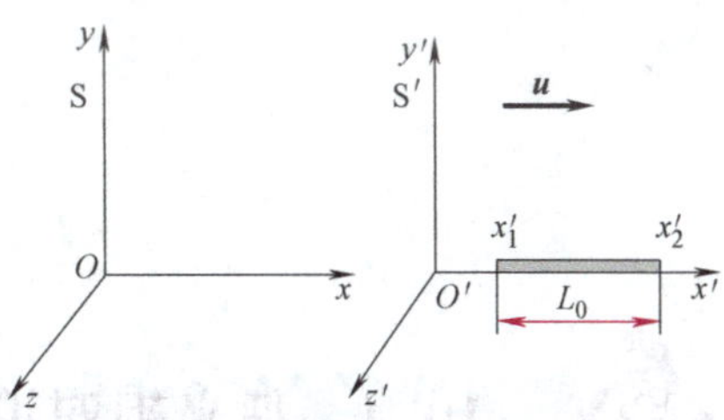

图 10-5　长度收缩

式中，$\gamma=1/\sqrt{1-\frac{u^2}{c^2}}>1$. 因此

$$L=\sqrt{1-\frac{u^2}{c^2}}L_0=\frac{L_0}{\gamma}<L_0 \tag{10-11}$$

式（10-11）表明，在相对论中，棒的长度不是绝对的，它与棒和观察者之间沿棒长方向

的相对运动速率 u 有关，并且在相对于棒运动的惯性系中测得的棒长度要小于棒的固有长度，即运动的棒变短了．

由此可见，在相对物体运动的惯性系中观察，物体在其运动方向上的长度收缩了，是其固有长度的 $1/\gamma$ 倍，这就是长度收缩效应．这种效应是1892年由洛伦兹和斐兹杰惹为解释迈克耳孙-莫雷实验的结果而各自独立提出的假说，所以有时也称为洛伦兹-斐兹杰惹收缩．

当 $u \ll c$ 时，$L \approx L_0$，即长度测量与参考系的选择无关，于是回到经典力学中绝对空间观念．因此绝对空间只不过是狭义相对论空间在低速时的近似．

必须强调：在S系中对同一把尺子两端坐标的测量必须同时进行，并且尺子长度变短是一种测量的相对论效应，它只发生在沿尺子运动的方向上，垂直于运动方向上的长度测量与参考系无关(该结论可由火车过隧道的假想实验得出)．此外，运动尺子变短，只有通过测量才能被发现，用眼睛看并不一定就显得短些．这是因为我们用肉眼看物体时，除了有相对论效应外，还有光学效应．前者是由同时发射的光子决定的，而后者是由同时接收到的光子所决定．通常我们是用眼睛看的方式去“测量”，运动尺子两端发出的光一般不能同时到达我们的瞳孔；并且由于物体射向观察者的光线还要经受多普勒频移的影响，其颜色和亮度也与原来不同．

例题 10-5 一静止长度为 l_0 的火箭以恒定速度 $\boldsymbol{u}$ 相对参考系S运动，如图10-6所示．从火箭头部 A 发出一光信号，问由火箭上的观察者和由S系中的观察者来看，光信号从火箭头部 A 到火箭尾部 B 分别需经多长时间？

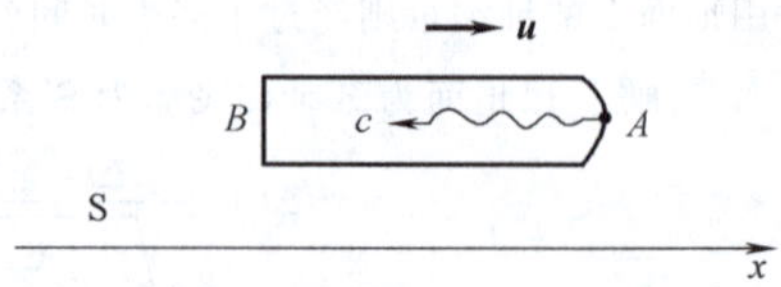

图10-6 例题10-5用图

解：以火箭为参考系S′，在火箭上的观察者来看，A 到 B 的距离等于火箭的静止长度，光信号从 A 到 B 所需的时间为

$$t' = \frac{l_0}{c}$$

在S系中的观察者看来，火箭的长度为 $l=\sqrt{1-\frac{u^2}{c^2}}l_0$，光信号也是以光速 c 传播．设从 A 到 B 的时间为 t，在此时间内，火箭的尾部 B 向前推进了 ut 的距离，所以有

$$t = \frac{l-ut}{c} = \frac{\sqrt{1-\frac{u^2}{c^2}}l_0 - ut}{c}$$

解得

$$t = \frac{\sqrt{1-\frac{u^2}{c^2}}l_0}{c+u} = \sqrt{\frac{c-u}{c+u}}\frac{l_0}{c}$$

10.4 狭义相对论的动力学基础

以上几节介绍了狭义相对论的运动学，它着眼于时间-空间中观察到的现象，本节将讨论狭义相对论的动力学，这将涉及运动规律更本质的原因．相对性原理要求物理定律在所有惯性系中具有相同的形式，描述物理定律的方程式应满足洛伦兹变换．因此，对于描述物体动力学的物理量，如质量、动量、能量等都必须重新定义，并且它们在低速近似下应与经典力学中对应的物理量保持一致．

10.4.1 狭义相对论的质量

在经典力学中，物体的质量是固定不变的，与运动状态无关，也与惯性系的选择无关．但在相对论中，物体的质量应为

$$m=\frac{m_0}{\sqrt{1-\frac{v^2}{c^2}}} \tag{10-12}$$

式（10-12）也称为质速关系．由该式可以看出，物体质量与其运动速率有关，并随运动速率的增大而增大．当物体静止时，质量最小，并称此时的质量为静质量，也即是 m_0．当物体的速率接近光速 c 时，物体的质量变得非常大（$m\to\infty$），在这种情况下，要使物体的速率再增大就非常困难了，这就是一切物体的速率都不可能达到或超过光速的动力学原因．因此，在狭义相对论中光速也就成为物体运动的极限速度．

一般来说，宏观物体的运动速率远小于光速，其质量和静质量很接近，因而可以略去其质量的改变．例如，即使火箭以第二宇宙速度 $v=11.2\text{km/s}$ 运动，这个速率与光速相比还是很小，此时火箭的质量为

$$m=\frac{m_0}{\sqrt{1-\left(\frac{11.2\times10^3}{3\times10^8}\right)^2}}=1.000\ 000\ 000\ 9m_0$$

可见火箭的质量变化非常小，因此可以略去这种变化．但对于微观粒子，如电子、质子、介子等，它们的速率可以很接近光速，此时其质量和静质量已显著不同．例如在加速器中被加速的质子，当其速率达到 $0.90c$ 时，其质量则达到

$$m=\frac{m_0}{\sqrt{1-0.90^2}}\approx 2.3m_0$$

对于光子，可假设它是一具体粒子，其速率为 c，代入式（10-12），又因为质量为有限值，所以可得光子的静质量为零．

10.4.2 狭义相对论的动量

物体的动量定义为质量和速度的乘积 $\boldsymbol{p}=m\boldsymbol{v}$．在没有外力作用下，系统的总动量守恒，其守恒定律可表示为

$$\sum_i \boldsymbol{p}_i=\sum_i m_i\boldsymbol{v}_i=\text{常矢量}$$

动量守恒定律是经过大量实践检验的一个基本规律，它在伽利略变换下对一切惯性系都成立．大量实验和理论计算表明，在狭义相对论中要使动量守恒定律在洛伦兹变换下保持不变，则物体在某一惯性系中的动量应表示为

$$\boldsymbol{p}=\frac{m_0\boldsymbol{v}}{\sqrt{1-\frac{v^2}{c^2}}} \tag{10-13}$$

式中，m_0 是物体静止时的质量；$\boldsymbol{v}$ 为物体相对于该惯性系运动时的速度．式（10-13）称

为相对论力学的动量表达式. 当物体的速率远小于光速，即 $v \ll c$ 时，有 $\boldsymbol{p} \approx m_0 \boldsymbol{v}$，与经典力学的动量表达式相同. 因此，可以认为经典力学中动量表达式是相对论力学动量表达式在低速时的近似.

10.4.3 狭义相对论的能量

设质点的静止质量为 m_0、速率为 v 时，质点的质量为 m、动能为 E_k. 如果用 E_0 和 E 分别表示质点的静止能量和总能量，则

$$E_0 = m_0 c^2 \tag{10-14}$$

$$E = mc^2 \tag{10-15}$$

$$E_k = E - E_0 = mc^2 - m_0 c^2 = m_0 c^2 \left(\frac{1}{\sqrt{1 - \frac{v^2}{c^2}}} - 1 \right) \tag{10-16}$$

式（10-16）就是相对论中质点动能的表达式，显然与经典力学的动能公式不同. 但当 $v \ll c$ 时，将式 $1/\sqrt{1-\frac{v^2}{c^2}}$ 按泰勒级数展开可得

$$\frac{1}{\sqrt{1 - \frac{v^2}{c^2}}} = \left(1 - \frac{v^2}{c^2}\right)^{-1/2} \approx 1 + \frac{v^2}{2c^2}$$

代入式（10-16）可得

$$E_k \approx m_0 c^2 \left(\frac{v^2}{2c^2} \right) = \frac{1}{2} m_0 v^2$$

这正是经典力学的动能表达式. 可见经典力学的动能表达式是相对论力学动能表达式在低速时的近似.

由式（10-14）可知，1g 静止物体蕴藏有 $E_0 = m_0 c^2 = 10^{-3} \times (3 \times 10^8)^2 \mathrm{J} = 9 \times 10^{13} \mathrm{J}$ 的能量，如果 1kg 优质煤燃烧所释放热量约为 2.93×10^7J 的话，那么 1g 物体的静止能量相当于燃烧 3×10^6kg、即 3 000t 优质煤所释放出的热量. 式（10-15）就是 1905 年爱因斯坦提出的具有划时代意义的方程——质能关系式. 由式（10-15）可知，质量和能量仅相差一个常数因子 c^2. 质能关系揭示出质量和能量这两个物质基本属性之间的内在联系，自然界没有脱离质量的能量，也没有无能量的质量. 并且能量是包括机械能、电磁能、原子和分子的动能、势能、核子结合能等物质全部能量的总和，因此解决了经典力学中始终未阐明的如何计算物体全部能量总和的问题.

如果一个物体或物体系统的能量有 ΔE 的变化，那么质量也应有相应的变化 Δm，即

$$\Delta E = (\Delta m) c^2 \tag{10-17}$$

也就是说，物体的能量每增加 ΔE，相应的质量必定增加 $\Delta m = \frac{\Delta E}{c^2}$；反之，每减少 Δm 的质量，就意味着释放 $\Delta E = (\Delta m) c^2$ 的巨大能量. 这是根据狭义相对论中质能关系式所得出的重要结论. 假设在原子核反应中能量保持守恒，则由式（10-17）就可以得出如下结论：一个稳定的原子核的质量必须小于组成它的所有粒子的总质量，这些粒子的总质量和该原子核的质量差与光速平方的乘积就是核的结合能（ΔE）. 反过来说，结合能

(ΔE) 也就等于把核分散为各个核子时所必须供给核的能量，这也是原子能（核能）的理论基础．例如原子弹和氢弹技术就是狭义相对论质能关系的应用，反过来，它们的成功研制也证明了狭义相对论的正确性．

由式（10-12）和式（10-15）可知，静止质量为 m_0，速度为$\boldsymbol{v}$的物体动量和能量分别为

$$\boldsymbol{p}=m\boldsymbol{v}=\frac{m_0\boldsymbol{v}}{\sqrt{1-\frac{v^2}{c^2}}},\quad E=mc^2=\frac{m_0c^2}{\sqrt{1-\frac{v^2}{c^2}}}$$

由此两式可得相对论的动量和能量的关系式为

$$E^2=m_0^2c^4+p^2c^2=E_0^2+p^2c^2 \tag{10-18}$$

因为 m_0 和 c 都是从 S 系到 S′系的不变量，因此静止能量 $E_0=m_0c^2$ 也为不变量．上式对任何惯性系都成立．可以用一个直角三角形的勾股定理形象地表示这一关系，如图 10-7 所示．

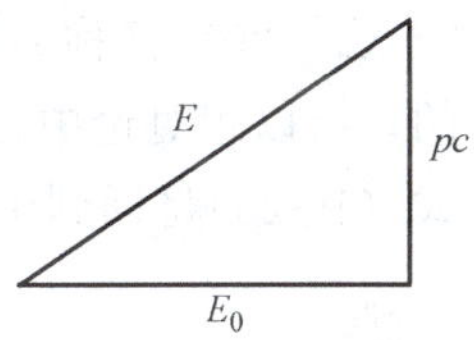

图 10-7　相对论能量与动量的关系

将式（10-18）用于光子，对于光子 $E_0=0$，则有 $p=\frac{E}{c}$. 而光子能量为 $E=h\nu$，其中 ν 为频率，所以

$$p=\frac{h\nu}{c}=\frac{h}{\lambda} \tag{10-19}$$

λ 为光波频率等于 ν 时对应的波长．德布罗意在提出实物粒子也具有波动性的观点时，就应用了相对论，用 $E=h\nu$ 和 $p=\frac{h}{\lambda}$ 把粒子性和波动性联系在一起．

利用式（10-14）～式（10-16）和式（10-18），可得粒子的动能

$$E_k=E-E_0=\frac{p^2c^2}{E+E_0}=\frac{p^2}{m+m_0}$$

在低速情况下，即 $v\ll c$ 时，$m\approx m_0$，因此

$$E_k=\frac{p^2}{2m_0}$$

这就是经典力学的动能和动量的关系式．可见相对论中粒子的动能在低速近似下与经典力学中的动能保持一致．

例题 10-6　孤立核子组成原子核时所放出的能量，就是该原子核的结合能．已知质子和中子的静止质量分别为 $m_p=1.672\,62\times10^{-27}$ kg 和 $m_n=1.674\,93\times10^{-27}$ kg，由它们组成的氘核的静止质量为 $m_D=3.343\,59\times10^{-27}$ kg，求氘核的结合能．

解：质子和中子结合为氘核的过程中质量亏损为

$$\begin{aligned}\Delta m&=m_p+m_n-m_D\\&=(1.672\,62+1.674\,93-3.343\,59)\times10^{-27}\text{ kg}\\&=3.96\times10^{-30}\text{ kg}\end{aligned}$$

质量亏损所对应的静能为

$$\begin{aligned}\Delta E&=\Delta mc^2\approx[3.96\times10^{-30}\times(3\times10^8)^2]\text{J}\\&\approx3.56\times10^{-13}\text{J}\approx2.2\text{MeV}\end{aligned}$$

这部分能量主要以光辐射的形式释放出来．相反的过程，即将氘核分解为孤立的质子和中子的过程，外

界必须施以同样大小的能量才能实现．在这里，与质量亏损对应的能量就是氘核的结合能．

10.4.4 狭义相对论的基本动力学方程

按照经典力学的牛顿第二定律，质点动量的时间变化率等于作用于质点的合外力 $\boldsymbol{F}$，其动力学方程可表示为

$$\boldsymbol{F}=\frac{\mathrm{d}\boldsymbol{p}}{\mathrm{d}t}=\frac{\mathrm{d}}{\mathrm{d}t}(m\boldsymbol{v})$$

在相对论动力学中其动力学方程仍可以写成上述形式，不过其中质量应是随速率变化的量，即

$$\boldsymbol{F}=\frac{\mathrm{d}\boldsymbol{p}}{\mathrm{d}t}=\frac{\mathrm{d}}{\mathrm{d}t}(m\boldsymbol{v})=\frac{\mathrm{d}}{\mathrm{d}t}\left(\frac{m_0\boldsymbol{v}}{\sqrt{1-\frac{v^2}{c^2}}}\right) \tag{10-20}$$

式（10-20）又称为相对论力学的基本方程．由于质量和速度在不同的惯性系下是不同的，所以相对论中力 $\boldsymbol{F}$ 在不同的惯性系中也是不同的．当质点的运动速率 $v\ll c$ 时，式（10-20）将回到牛顿经典力学的动力学方程形式．

10.5 广义相对论简介

相对论是将时间和空间统一起来并研究时空几何结构的理论．经典力学的时空观认为，时间是绝对的，它独立于空间而存在．而相对论时空观认为，时空是一个相互关联的整体，时空的弯曲表现为引力．这两种时空观在处理速度远低于光速物体的运动或引力场时无明显差别；但在处理速度接近光速的运动或较强引力场时，它们的差异就变得非常突出和明显了．

10.5.1 广义相对论的基本原理

1. 广义相对性原理 狭义相对论是由爱因斯坦在洛伦兹和庞加莱等人的工作基础上创立的新的时空理论．爱因斯坦将力学和电磁学统一起来，将时间和空间统一起来，是对经典力学时空观的拓展和修正．在狭义相对论中，所有的惯性系都是平权的，没有哪个惯性系更优越，从而排除了惯性系的绝对运动；另一方面，物理作用传播的极限速度是真空中的光速 c，从而在整个物理学中排除了超距作用观念．然而，也正是在这两方面狭义相对论还存在理论上的疑难，有待于进一步发展．第一，引力现象是物理学研究的广泛课题，而牛顿万有引力定律的表述是超距作用的，它与狭义相对论抵触，狭义相对论不能处理涉及引力的问题，因此，需要将引力问题纳入，从而进一步发展相对论的引力论；第二，自然界中什么参考系才是惯性系，为什么惯性系在描述物理规律中居于特殊的地位．爱因斯坦对于解决第二个疑问的想法是，一切参考系——惯性系和非惯性系，在描述物理规律上都应该是平等的．为了使这个想法能够成立，他发现必须推广引力的概念．于是上面两个问题就联系起来了．沿着这个思路，他建立了广义相对论．这个理论对上述两个问题做了统一协调的解决．因此，广义相对论既是狭义相对论的发展，也是牛顿引力理论的发展．

广义相对论的两个基本原理之一是广义相对性原理：所有的物理定律在任何参考系中都取相同的形式．相对性原理的观念来自牛顿力学．牛顿力学的基本规律 $\boldsymbol{F}=m\boldsymbol{a}$ 只是对惯性系才成立，原来人们认为两个相对做匀速运动的参考系之间，若牛顿力学规律对其中一个参考系成立，那么对另一个参考系也成立．这称为力学的相对性原理．19 世纪末确立了电磁学的基本规律，即麦克斯韦方程组，但这个方程组对伽利略时空变换是不协变的．爱因斯坦从光速不变原理导出了一个新的时空关系——洛伦兹变换．在 $v \ll c$ 时，它还原为伽利略变换．爱因斯坦证明了电磁规律对洛伦兹变换是协变的，之后他修正了牛顿力学，使之对洛伦兹变换也协变．这说明相对性原理对力学和电磁学都是适用的．爱因斯坦在此基础上把它推广为一条普遍原理：所有的基本物理规律都应在任一惯性系中具有相同的形式，这就叫狭义相对性原理．由此也引出一个问题，自然界中哪一个或哪一些参考系是惯性系．但是由于引力的普遍存在，任一物质的参考系总有加速度，因而总不会是真正的惯性系，只不过尺度越大，物质越稀疏，相应的引力越弱，因此能找到更好的近似惯性系．既然现实的参考系都不是惯性系，使爱因斯坦产生了一个想法，任一参考系在表达物理规律上应该是等价的．这就是广义相对性原理．

2. 广义相对论的等效原理 广义相对论是关于引力的几何理论，将引力看成是时空弯曲的表现；爱因斯坦考虑引力问题是从最基本的经验事实出发．以地面物体而论，物体既受到地球的引力，又受到因地球转动而产生的惯性离心力，前者正比于引力质量 m_G，而后者正比于惯性质量 m_I. 本来 m_G 和 m_I 是两个不同的量，但测量表明，它们之间的差异小于 10^{-12}. $m_G=m_I$ 的直接结果是：初始速度相同的质点在某一引力场中具有相同的运动行为，而与其他性质（如质量、电荷、组成等）无关；或者说，所有不同的电粒子在引力场中的给定点均以相同的加速度下落．既然一切物体在引力场中都被同样地加速，那么，“引力场与参考系的相当的加速度在物理上完全等效”，这就是广义相对论的另一个原理——等效原理．

根据等效原理，物体在无引力的非惯性系中的运动与它在存在引力的惯性系中的运动是等效的，惯性系与非惯性系没有原则的区别，它们都同样明确地可用来描述物体的运动，没有哪一个更优越．爱因斯坦将狭义相对论原理推广为广义相对论原理，一切参考系都是平权的，物理定律应该在广义的时空坐标变换下形式不变．

因为引力引起的加速度与运动物体的固有性质无关，它仅依赖于该处引力场的情况，所以引力场的效果可以用空间的几何结构来描述．借助等效原理能论证，有引力场存在时的四维物理时空应当是弯曲的黎曼空间．刻划黎曼空间几何结构的度规张量起着引力势的作用．广义相对论所采用的正是这样的观点．之后的任务就是寻找度规张量（即引力势）对物质分布（即引力源）的依赖关系．爱因斯坦找到了这个关系，它就是相对论性的引力场方程．就这样，广义相对论的基本框架被确定了．尽管广义相对论建立的动机可以说主要出于美学上的考虑，但它却通过了有史以来所有的实验检验．

10.5.2 广义相对论的实验检验

1. 弯曲时空和光线引力偏折 广义相对论的一个最奇特的结论是引力场时空发生弯

曲．麦克斯韦电磁理论认为，带电体之间通过带电体使其周围空间电磁性质变化而产生作用．类似地，广义相对论认为，物质质能的存在将使周围的时空弯曲；只受引力的“自由”粒子沿着测地线（连接两时空点的短程线为测地线）运动，从而表现出受引力作用．可以形象地概括为，时空的弯曲听从于物质的存在，而物质的运动听从于时空的弯曲．在这两个理论中都没有超距作用的概念．

由等效原理我们知道，在牛顿理论中质点的加速度 $\boldsymbol{a}=\boldsymbol{F}/m$，而引力 $\boldsymbol{F}$ 正比于 m，所以质点的加速度与它的固有属性无关，仅取决于引力场．这样将引出一个有趣的问题．光子作为零静质量粒子，它在引力场中是否也会有同样的加速度，从而引起轨道的偏折？在实践上，光子速度很大，这一点偏折很难测到，因而没有明确的回答．在理论上，肯定与否定的回答都不至于与牛顿理论的框架相冲突，从而也没有结论．在广义相对论中情况却不同．由等效原理可以论证，光子轨线必然有引力偏折．

人们开始对这种弯曲时空和光线引力偏折的现象有点儿将信将疑．及至 1919 年，英国的爱丁顿等几位天文学家在日食时摄下遥远星球发射的光线经过太阳附近而偏转的径迹，从而证实了爱因斯坦的预言；虽然偏转甚微（其偏转角度仅为 1.75″），但是毕竟使人们了解到引力场空间确实不是平直的．之后，在各次日食中对四百多颗恒星做了这种测量．观测数据从 1.57″至 2.37″，平均值是 1.89″．这与相对论符合得很好．

2. 引力红移　由广义相对论可推知，处在引力场中的光源发出的光，当从远离引力场的地方观测时，谱线会向红端（长波方向）移动，移动量与光源和观测者两处引力势差的大小成正比．光谱线的这种位移称为引力红移（若是相互接近，频率会变高，称为紫移）．它是等效原理的又一推论．只有在引力场特别强的情况下，引力造成的红移量才能被检测出来．引力红移现象首先在引力场很强的白矮星的研究中得到证实．20 世纪 60 年代，庞德等人采用穆斯堡尔效应的实验方法，测量由地面上高度相差 22.6m 的两点之间引力势的微小差别所造成的谱线频率的移动，定量地验证了引力红移．实验结果与理论预言符合得很好，它被认为是支持广义相对论的重要实验证据之一．

3. 引力辐射　运动的电磁场产生电磁辐射和电磁波．任何物质都有引力，形成引力场，质量越大，引力场越强．引力场是与电磁场本质上相同的物质场，其运动变化理当形成与电磁辐射波类似的引力辐射波．爱因斯坦在 1916 年预言，加速运动的质量（即引力场）会产生引力辐射或引力振荡，也就是会向外发射引力波．不过，引力波一般很微弱，很难探测到．只有大质量天体的激烈活动才产生很强的引力波，如双星系统的公转、中子星的快速自转、超新星爆发、黑洞碰撞和捕获物质等过程．

1974 年，天文学家发现天鹰座一对脉冲星双星，它们距地球 1.7 万光年，由于高速相互绕转，应该发射引力波．而引力波会带走能量，它们的运行轨道会缓慢地衰减，即以螺旋轨道相互靠近．天文学家为此一直在进行测量．1978 年，终于测得它们的轨道衰减率，而且正好与爱因斯坦广义相对论预言的一致．这被认为是对引力波理论的第一个观测证明．

引力辐射的性质与电磁辐射的性质相仿，比如，二者都以光速 c 传播；都携带场的能量、动量和辐射源的有关信息；都是横波，且在辐射源的远处都是平面波．但是二者也有明显的差别，比如引力波非常弱，其强度只有电磁辐射的 10^{37} 分之一．

内容提要

1. 经典力学的时空观

① **伽利略相对性原理**　力学规律对所有的惯性参考系都是等价的.

② **经典力学的时空观**　时间和空间都是绝对的.

③ **伽利略变换**

$$\left.\begin{aligned} x' &= x - ut \\ y' &= y \\ z' &= z \\ t' &= t \end{aligned}\right\}$$

2. 狭义相对论的基本原理

① **狭义相对论的实验基础**　迈克耳孙-莫雷实验.

② **狭义相对论的基本原理**　相对性原理：一切物理规律对所有的惯性参考系都是等价的；光速不变原理：真空中的光速相对于任何惯性系沿任一方向恒为 c，而与光源运动无关.

③ **狭义相对论的数学工具**　洛伦兹变换

$$\left.\begin{aligned} x' &= \frac{x-ut}{\sqrt{1-\frac{u^2}{c^2}}} = \gamma(x-ut) \\ y' &= y \\ z' &= z \\ t' &= \frac{t-\frac{u}{c^2}x}{\sqrt{1-\frac{u^2}{c^2}}} = \gamma\left(t-\frac{u}{c^2}x\right) \end{aligned}\right\}$$

当两惯性系间相对运动速率远小于真空中光速，即 $u \ll c$ 时，洛伦兹变换式与伽利略变换式相同，因此伽利略变换可以看成是洛伦兹变换在低速（即 $u \ll c$）时的近似.

3. 狭义相对论的时空观

① **同时的相对性**　在 S 系中同时发生的两个事件，在另一个参考系 S′中就不一定是同时发生的.

② **时间延缓效应**　两个事件的时间间隔在不同惯性参考系中是不同的. 在运动参考系（运动时钟）中测得的两事件经历的时间间隔 Δt 比在静止参考系（静止时钟）中测得的时间间隔 Δt_0 大 $\gamma = 1/\sqrt{1-\frac{u^2}{c^2}}$ 倍，即

$$\Delta t = \frac{1}{\sqrt{1-\frac{u^2}{c^2}}}\Delta t_0 = \gamma \Delta t_0$$

③ **长度收缩效应**　在相对物体运动的惯性系中观察，物体在其运动方向上的长度收缩了，是其固有长度的 $1/\gamma$ 倍，即

$$L = \sqrt{1-\frac{u^2}{c^2}}L_0 = \frac{L_0}{\gamma} < L_0$$

4. 狭义相对论的动力学基础

① **质量和速度的关系式**

$$m=\frac{m_0}{\sqrt{1-\frac{v^2}{c^2}}}$$

质量随运动速率的增大而增大.

② **动量和速度的关系式**

$$\boldsymbol{p}=m\boldsymbol{v}=\frac{m_0\boldsymbol{v}}{\sqrt{1-\frac{v^2}{c^2}}}$$

动量与速度也不再是简单的线性关系.

③ **质量和能量的关系式**

$$E=mc^2$$

静止能量为

$$E_0=m_0c^2$$

质点的动能为

$$E_k=mc^2-m_0c^2=m_0c^2\left(\frac{1}{\sqrt{1-\frac{v^2}{c^2}}}-1\right)$$

④ **动量和能量的关系式**

$$E^2=m_0^2c^4+p^2c^2=E_0^2+p^2c^2$$

⑤ **狭义相对论力学的基本方程**

$$\boldsymbol{F}=\frac{\mathrm{d}\boldsymbol{p}}{\mathrm{d}t}=\frac{\mathrm{d}}{\mathrm{d}t}(m\boldsymbol{v})=\frac{\mathrm{d}}{\mathrm{d}t}\left(\frac{m_0\boldsymbol{v}}{\sqrt{1-\frac{v^2}{c^2}}}\right)$$

由于质量和速度在不同的惯性系下是不同的，所以相对论中力 $\boldsymbol{F}$ 在不同的惯性系中也是不同的.

当物体的运动速率 $v\ll c$ 时，相对论中各物理量和物理规律将恢复到经典力学中对应物理量和规律的形式.

5. 广义相对论简介

① **广义相对论的基本原理**　广义相对性原理：物理规律对所有的参考系都是等价的；等效原理：引力场与参考系的相当的加速度在物理上完全等效.

② **广义相对论的实验检验**　弯曲时空和光线引力偏折、引力红移和引力辐射等.

课外练习10

一、填空题

10-1　经典力学的数学工具是________变换.

10-2　狭义相对论的数学工具是________变换.

10-3　狭义相对论的基本原理是________和________.

10-4　爱因斯坦的质能关系式为________.

二、选择题

10-1　下列哪一个实验是狭义相对论的实验基础　　(　　).

A. 迈克耳孙-莫雷实验　　B. 弗兰克-赫兹实验

C. G. P. 汤姆孙实验　　　　D. 戴维孙-革末实验

10-2　下列哪一项不属于狭义相对论的时空观　　（　　）.

A. "同时"的相对性　　B. 时间延缓效应　　C. 长度收缩效应　　D. 引力红移

10-3　下列哪一个是狭义相对论的基本动力学方程　　（　　）.

A. $m=\dfrac{m_0}{\sqrt{1-\dfrac{v^2}{c^2}}}$　　B. $\boldsymbol{F}=\dfrac{\mathrm{d}\boldsymbol{p}}{\mathrm{d}t}=\dfrac{\mathrm{d}}{\mathrm{d}t}(m\boldsymbol{v})=\dfrac{\mathrm{d}}{\mathrm{d}t}\left(\dfrac{m_0\boldsymbol{v}}{\sqrt{1-\dfrac{v^2}{c^2}}}\right)$

C. $\boldsymbol{p}=m\boldsymbol{v}=\dfrac{m_0\boldsymbol{v}}{\sqrt{1-\dfrac{v^2}{c^2}}}$　　D. $E=mc^2=\dfrac{m_0c^2}{\sqrt{1-\dfrac{v^2}{c^2}}}$

10-4　下列哪一项不属于广义相对论的实验检验　　（　　）.

A. 弯曲时空和光线引力偏折　　B. 引力辐射　　C. 长度收缩　　D. 引力红移

三、简答题

10-1　经典力学的时空观是什么？

10-2　狭义相对论的时空观为何？

10-3　广义相对论的基本原理是什么？

四、计算题

10-1　静止时边长为 a 的正立方体，当它以速率 u 沿与它的一个边平行的方向相对于 S 系运动时，在 S′系中测得它的体积将是多大？

10-2　在地面上运动员用 10s 跑完了 100m 的路程，问：在以 $0.8c$ 的飞船上观察，运动员跑的时间和长度各是多少？

10-3　一个粒子在参考系 S′中的运动速度沿 x 轴正向，大小为 v_x'，参考系 S′相对于参考系 S 的运动速度也沿 x 轴正向，大小为 $u=c$，求粒子在参考系 S 中的运动速度．

10-4　处于恒星际站上的观察者测得两个宇宙火箭各以 $0.99c$ 的速率沿相反方向离去，问自一火箭测得另一火箭的速率．

10-5　测得高能宇宙射线中 μ 子的平均寿命 $\tau_1\approx2.67\times10^{-5}$s，实验室中产生的 μ 子的平均寿命 $\tau_2\approx2.20\times10^{-6}$s. 已知实验室中产生的 μ 子的运动速率远小于 c，计算宇宙射线中 μ 子的运动速率．

10-6　在 S 系中观察到两个事件同时发生在 x 轴上，它们之间距离为 1m. 在 S′系中观察这两个事件之间的距离是 2m. 求在 S′系中这两个事件的时间间隔．

10-7　飞船经过地球时，相对地球的速率 $u=0.99c$，飞船飞行了 5a（年）后停靠到空间站，随即掉头，以相同的相对速率返回，再次经过地球时又经历了 5a. 若以地球上的观察者来看，飞船来回经历的时间是多少？停靠及掉头过程中的加速度不计．

10-8　一个粒子的动能等于它的静止能量时，它的速率是多少？

物理学家简介

爱因斯坦(Albert Einstein，1879—1955)

1879 年 3 月 14 日，在德国多瑙河畔的乌尔姆市，阿尔伯特·爱因斯坦出生于当地一个具有自由思想的犹太人家庭中．他的父亲是一位工程师，然而家境并不宽裕．后来，爱因斯坦全家迁往慕尼黑，他在慕尼黑度过了自己的童年时代．小时候的爱因斯坦并没有显示出特别的聪慧，反倒有些笨拙，直到 3 岁时才学会说话．在 6 岁时，爱因斯坦开始练习拉小提琴，他很快喜欢上了这项活动，这

成为他一生的爱好．在小学里，爱因斯坦的成绩并不出色．进入中学后，他的功课仍毫无起色，而学校里单调死板的教学方式更是使他感到很不自在．1894年，爱因斯坦的家人都移居到了意大利的米兰，只有他被留在慕尼黑以便完成学业．不过，爱因斯坦没等毕业就主动退学，并到了意大利与家人团聚．此后，爱因斯坦报考了瑞士的苏黎世工业大学，但因考试成绩欠佳，以及没有高中文凭而遭到了拒绝．但爱因斯坦并没有放弃，他在阿劳的一所预科学校就读一年后，再次报考苏黎世工业大学，终于在1896年成功考入该校就读，并在1900年从苏黎世工业大学毕业．在此期间，爱因斯坦取得了瑞士国籍．毕业后，爱因斯坦没能马上找到工作，只好先担任了一段时间的代课老师．1902年，在朋友马塞尔・格罗斯曼的帮助下，爱因斯坦获得了一份在伯尔尼联邦专利局担任审核员的工作．在专利局任职期间，爱因斯坦的工作比较轻松，他拥有充足的时间，可以不受干扰地对很多问题进行独立思考，同时还开始撰写和发表物理学论文．1905年是爱因斯坦一生中成就最辉煌的时光，在这一年里，他在《物理学年鉴》上连续发表了多篇重要的学术论文（其中最重要的有三篇，分别是《关于光的产生和转化的一个试探性观点》、《热的分子运动论所要求的静液体中悬浮粒子的运动》和《论动体的电动力学》），内容涉及物理学的多个领域，论文一经发表立即在物理学界引起了震动，1905年也因此被称为“爱因斯坦奇迹年”．1909年，爱因斯坦离开专利局，相继担任了德国布拉格大学和瑞士苏黎世工业大学的教授一职．1914年，爱因斯坦回到德国，开始任柏林威廉皇家学会物理研究所所长和柏林大学教授，同时还当选为普鲁士科学院院士．从1915到1917年的三年时间，爱因斯坦迎来了自己科学研究上的第二个高峰期，在这一时期，爱因斯坦建立了广义相对论，并提出了受激辐射的思想，此外他还预言了光线在太阳引力场作用下会发生弯曲的现象．1919年，英国皇家学会对日全食进行了实验观测，观测结果最终证实了爱因斯坦做出的这一预言．1921年，爱因斯坦因其在光电效应方面取得的研究成果而被授予诺贝尔物理学奖．1933年，德国国内纳粹的反犹活动日益猖獗，因不堪忍受法西斯迫害，爱因斯坦被迫移居美国，并在新泽西州的普林斯顿高级研究所任研究员，他一生的后22年就是在普林斯顿度过的．1940年，爱因斯坦加入美国籍．1955年4月18日，爱因斯坦在普林斯顿医院安静地离开了人世，享年76岁．

爱因斯坦一生中取得了丰硕的研究成果，对物理学领域的贡献极大．他最主要的成就之一就是创立了相对论——包括狭义相对论和广义相对论．早在伽利略和牛顿的时期，就已经有了关于相对性原理的基本思想，不过按照牛顿的观点看来，运动物体的速度依赖于惯性参考系的选择，对于光速也同样如此．然而在麦克斯韦的电磁理论中，真空中的光速应该是一个恒量．由此出现了一个问题，即牛顿的力学相对性原理能否适用于描述光速？为此人们提出了“以太”参考系的概念，并试图通过实验来证明以太的存在．不过相关的这些实验（其中最著名的包括以太漂移实验和迈克耳孙-莫雷实验）却都得出了否定的结果．其后，一些物理学家，如斐兹杰惹、彭加勒和洛伦兹等试图提出新的理论来解决这一难题，然而由于他们受牛顿绝对时空观理论的影响太深，以至于无法摆脱其束缚，使得他们的种种尝试最终都没能取得真正成功．而爱因斯坦的独到之处正好在于其所具有的独立思考和强烈批判精神，他敢于突破传统思想的束缚，他追求的是普遍性的自然法则．在爱因斯坦16岁时，他就曾经设想过这样一个问题：“如果一个人以光速跟随光波运动，那么他就处于一个不随时间改变的波场之中．但看来不会有这种事情．”经过十年的研究探索，爱因斯坦终于找到了解决问题的关键．1905年，爱因斯坦在《物理学年鉴》上发表了题目为《论动体的电动力学》的论文．在这篇论文中，爱因斯坦提出了两条基本原理，分别是相对性原理和光速不变原理，依据这两条基本原理，爱因斯坦给出了不同惯性参考系之间时空坐标的转换关系，即洛伦兹变换公式．在此基础上可以得出一系列重要结论，包括时间的相对性、运动物体尺度的收缩与时间的延缓等．这篇论文的发表，是爱因斯坦科学研究道路上迈出的突破性的一步，他将自己提出的这种理论称为相对性理论，这就是后来的狭义相对论．不久以后，爱因斯坦又发表了一篇题为《物质的惯性同它们所含的质量有关吗?》的论文，文中分析了质量和能量的关系，并利用洛伦兹变换公式导出了著名的爱因斯坦质能关系式：$E=mc^2$，这一关系式的正确性已为许多实验所证实．这样一来，质量成为了能量的量度，质量与能量之间具有了不可分割的关系．狭义相对论是一种全新的时空理论，它的提出不仅是对经典物理学的重大突破和发展，还为量子理论和原子核物理学的发展提供了支持．之后狄拉克等人将狭义相对论与量子力学结合起来，建立了相对论量子力学，并进一步发展了量子场论．狭义相对论的提出具有划时代的意义，开创了物理学发展的新纪元，同时也对自然科学与哲学的发展产生了重大的影响．

狭义相对论提出以后，爱因斯坦并未满足，他意识到狭义相对论还有很多问题尚待解决，例如狭义相对论仍只能适用于惯性参考系，以及狭义相对论无法处理万有引力问题等．爱因斯坦坚信自然界的和谐与统一，他认为相对论原理应该具有普遍性，为此他开始了新的思考．在研究过程中，爱因斯坦得到了老朋友、数学家马塞尔·格罗斯曼的帮助，利用黎曼几何和张量分析等数学手段建立了引力场的方程．1913 年，二人合作发表了论文《广义相对论和引力理论纲要》．1915 年 11 月，爱因斯坦接连向普鲁士科学院提交了四篇论文，在这四篇论文中，他计算得出了水星的剩余进动，还提出了正确的引力场方程，由此宣告了广义相对论的诞生．1916 年初，爱因斯坦发表了《广义相对论基础》，这是第一篇关于广义相对论的总结性论文，在这篇论文中，爱因斯坦进一步表述了广义相对性原理，即相对性原理对于任何参考系都是成立的．同年，爱因斯坦还写了一本普及性的书——《狭义与广义相对论浅说》，该书出版后多次再版，广为流传．广义相对论发表后，曾受到很多科学家的质疑甚至是嘲笑，但随着爱因斯坦根据广义相对论所预言的三个重要效应，即水星近日点的进动、光线在引力场中的偏转和光谱线的红移，分别在后来的实验中得到了证实，广义相对论开始被科学界广泛关注和接受，爱因斯坦也由此声名鹊起，而相对论也成为人们家喻户晓的名词．广义相对论的建立，进一步拓展了人类的眼界，使人类对空间、时间和运动之间的统一性有了更深刻的认识，并为现代宇宙学的发展奠定了重要基础，为人类探索宇宙奥秘提供了有力的支持，对 20 世纪物理学的发展产生了极大的影响．英国皇家学会会长 J. J. 汤姆孙称爱因斯坦的广义相对论“是人类思想史上最伟大的成就之一”．爱因斯坦本人也一直将广义相对论视为自己一生中最重要的研究成果，他曾说：“要是没有我发现狭义相对论，也会有别人发现的，问题已经成熟．但是我认为，广义相对论的情况不是这样的．”

除了建立狭义相对论和广义相对论的成就外，爱因斯坦还对量子理论的创建与发展做出了重要贡献．爱因斯坦在 1905 年曾发表多篇重要论文，在其中一篇题为《关于光的产生和转化的一个试探性观点》的论文中，爱因斯坦发展了普朗克的能量子假说，首次提出光量子这一概念和爱因斯坦光电方程，从而很好地解释了光电效应的实验现象．爱因斯坦的光量子理论提出后，并没能获得人们的支持和理解，甚至连普朗克也表示了反对．直到 1916 年，美国物理学家密立根的实验最终证实了爱因斯坦的光电方程，由此人们才开始接受光量子的理论．此后，爱因斯坦又进一步提出了光的波粒二象性，即光既有波动性又有粒子性，这一思想由德布罗意推广到微观粒子，从而为量子理论的发展提供了有力的理论支持．1916 年，爱因斯坦提出了受激辐射的思想，为日后激光技术的产生和发展奠定了理论基础．1924 年，爱因斯坦又与印度物理学家玻色合作，提出了玻色-爱因斯坦统计方法，使量子统计理论得到了进一步的发展．

1923 年以后，爱因斯坦开始将主要精力投入到对统一场论的研究之中．他试图寻求一种更一般的理论体系，将电磁场和引力场统一起来．爱因斯坦在这方面的研究持续了 30 多年，却始终未能取得重大突破. 不过，爱因斯坦在统一场论方面的研究得到了继承和发展. 1954年，华裔物理学家杨振宁等人提出了规范场思想；1967年，温伯格和萨拉姆利用规范场的思想实现了弱、电相互作用的统一. 此后，统一场论开始以前所未有的势头迅速发展，并最终成为20世纪后期物理学领域最重要的研究课题之一.

爱因斯坦在科学研究上所取得的空前成就，为他带来了显赫的声誉. 不过他从不贪慕虚荣，在各种荣誉面前，总是表现得非常谦虚. 爱因斯坦曾说过："人只有献身于社会，才能找出那实际上是短暂而又有风险的生命的意义." 他不但这样说，也是这样做的. 爱因斯坦不仅是一位伟大的科学家，还是一位和平主义者，他一生经历了两次世界大战，目睹了战争对人类文明的摧残. 爱因斯坦不畏强暴，反对战争，并曾强烈谴责日本帝国主义对中国的侵略. 1955年4月，处于弥留之际的爱因斯坦还签署了《罗素-爱因斯坦宣言》，主张销毁核武器，并呼吁人们团结起来，防止新的战争. 生活中的爱因斯坦非常简朴，他去世之后，亲人们遵照他的遗愿，将其遗体进行火化，没有发讣告，也没有举行仪式，甚至连一块墓碑也没有留下. 这位当代最伟大的科学家就这样悄悄地离开了人世，却给后人们留下了巨大的财富，他的身影将永远激励后人追随他的脚步，并引导着人类不断进步.

附　　录

附录 A　数学基础

A.1　一元函数微分学

在某一变化过程中取不同数值的量，叫作变量．例如，随着一年四季气温的变化，温度是变量；随着物体的运动，物体位置的坐标是变量；随着时间的流逝，时间为变量．在一个变化过程中，如果有两个互相联系的变量 x 和 y，并且每当给定了一个 x 值后，按照一定的规律就可以确定唯一一个 y 值，那么我们就称 y 是 x 的函数，并记作

$$y=f(x)$$

式中，x 叫作自变量；y 叫作因变量；f 是一个函数记号，它表示 y 与 x 数值的对应关系．

下面是常见的几个函数表达式

$$y=f(x)=2+3x$$

$$y=\frac{1}{2}ax+bx^2$$

$$y=\frac{c}{x}$$

$$y=\cos 3\pi x$$

$$y=2\mathrm{e}^x$$

在这些函数的表达式中，除了变量以外，还有一些不变的量．我们把在变化过程中凡取值保持不变的量或数叫作常量或恒量．如上面出现的 2、3、$\frac{1}{2}$、π、e 和 a、b、c 等都是常量．常量有两类：一类如 2、3、$\frac{1}{2}$、π、e 等，它们在任何问题中均以确定的数值出现，这类常量叫作绝对常量；另一类如 a、b、c 等，它们的数值需要在具体问题中给定，这类常量叫作任意常量或待定常量．

若 y 是 z 的函数，$y=f(z)$；而 z 又是变量 x 的函数，即 $z=g(x)$，则称 y 为 x 的

复合函数，记作

$$y=\varphi(x)=f[g(x)]$$

其中 $z=g(x)$ 则称为中间变量．例如函数 $y=A\sin\omega t$，这里可以将 y 看作 t 的复合函数，将 $z\omega t$ 视为中间变量．

若函数在某一区间内各点均可导，则在该区间内每一点都有函数的导数与之对应，于是导数也成为自变量的函数，称作导函数．今后在不致引起混淆的场合下，导函数也简称导数．对于给定的一元函数 $y=f(x)$，定义其在点 x 处的导数为

$$y'=\lim_{\Delta x\to 0}\frac{\Delta y}{\Delta x}$$

亦记作 $f'(x)$ 或 $\frac{dy}{dx}$

其几何意义是函数曲线在点 x 处切线的斜率，如图A-1所示，即 $\tan\theta=f'(x)$．

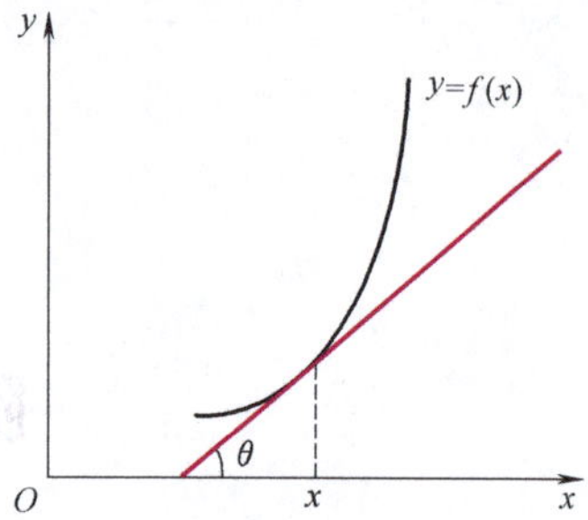

图A-1 导数的定义

如果我们赋予变量 x、y 以物理意义，则导数的普遍意义是 y 对 x 的变化率．例如我们所熟悉的瞬时速度的定义——位矢对时间的变化率，其数学表达式就是 $\boldsymbol{v}=\frac{d\boldsymbol{r}}{dt}$.

基本初等函数的导数公式为

(1) $(c)'=0$（c 为常数）

(2) $(x^\mu)'=\mu x^{\mu-1}$（μ 为实数）

(3) $(a^x)'=a^x\ln a$

$(e^x)'=e^x$

(4) $(\log_a x)'=\frac{1}{x\ln a}$

$(\ln x)'=\frac{1}{x}$

(5) $(\sin x)'=\cos x$

(6) $(\cos x)'=-\sin x$

(7) $(\tan x)'=\sec^2 x$

(8) $(\cot x)'=-\csc^2 x$

(9) $(\arcsin x)'=\frac{1}{\sqrt{1-x^2}}$

(10) $(\arccos x)'=-\frac{1}{\sqrt{1-x^2}}$

(11) $(\arctan x)'=\frac{1}{1+x^2}$

(12) $(\text{arccot}\,x)'=-\frac{1}{1+x^2}$

设函数 u、v 均是对 x 可导的，则导数运算有如下法则：

(1) $(u\pm v)'=u'\pm v'$

(2) $(uv)'=u'v+uv'$

$(cu)'=cu'$，c 为常数

(3) $\left(\frac{u}{v}\right)'=\frac{u'v-uv'}{v^2}$，其中 $v\neq 0$

(4) $x=\varphi(y)$ 为 $y=f(x)$ 的反函数时，$f'(x)=\frac{1}{\varphi'(y)}$，其中 $\varphi'(y)\neq 0$

对于形如 $y=f[g(x)]$ 的复合函数，即如果 $y=f(u)$，$u=g(x)$ 的导数均存在，则有

$$y'_x=y'_u\cdot u'_x \quad 或 \quad \frac{dy}{dx}=\frac{dy}{du}\cdot\frac{du}{dx}$$

如果函数 $y=f(x)$ 的导数 $f'(x)$ 对 x 可导，则 $[f'(x)]'$ 叫作 $f(x)$ 的二阶导数，记作 $f''(x)$、y''或$\frac{d^2y}{dx^2}$. 例如速度是位矢的一阶导数，加速度是位矢的二阶导数．求一个函数二阶导数的方法就是一阶一阶地求，所用公式和法则与一阶函数的相同．

自变量的微分就是它的任意一个无限小的增量 Δx，用 dx 代表 x 的微分，则 $dx=\Delta x$. 函数 $y=f(x)$ 的导数 $f'(x)$ 乘以自变量的微分 dx，叫作这个函数的微分，用 dy 或 $df(x)$ 表示，即 $dy\equiv df(x)=y'dx$ 或 $dy=f'(x)dx$．

对于二元函数或多元函数的求导，我们要像一元函数那样，首先考虑函数关于其中一个自变量的变化率．以二元函数 $z=f(x,y)$为例，如果只有自变量 x 变化，而自变量 y 固定不变(即看作常量)，这时它就成为了 x 的一元函数，如果函数 $z=f(x,y)$ 在某区域内的每一点(x, y)处对 x 的导数都存在，那么这个导数就是 x、y 的函数，它就称为二元函数 $z=f(x, y)$对于自变量 x 的偏导函数，记作

$$\frac{\partial z}{\partial x}、\frac{\partial f}{\partial x}、z_x \quad 或 \quad f_x(x, y)$$

类似地，可以定义函数 $z=f(x,y)$对于自变量 y 的偏导函数，记作

$$\frac{\partial z}{\partial y}、\frac{\partial f}{\partial y}、z_y \quad 或 \quad f_y(x, y)$$

就像一元函数的导函数一样，以后在不至于混淆的情况下也把偏导函数简称为偏导数．

根据一元函数自变量的微分，习惯上，我们将二元函数自变量的增量 Δx、Δy 分别记作 dx、dy，并分别称为自变量 x、y 的微分．这样，函数 $z=f(x, y)$ 的全微分就可以写为

$$dz=\frac{\partial z}{\partial x}dx+\frac{\partial z}{\partial y}dy$$

例题 A-1 求 $y=3x^2+2x-6$ 的导数．

解： 可直接利用基本初等函数的导数公式 (1) 与 (2) 得

$$\begin{aligned} y' &= (3x^2+2x-6)' \\ &= (3x^2)'+(2x)'-(6)' \\ &= 2\cdot 3x+2-0 \\ &= 6x+2 \end{aligned}$$

例题 A-2 求 $y=e^x(\sin x+\cos x)$ 的导数．

解： 利用基本初等函数的导数公式（3）、（5）与（6）可得

$$\begin{aligned} y' &= (e^x)'(\sin x + \cos x) + e^x(\sin x + \cos x)' \\ &= e^x(\sin x + \cos x) + e^x(\cos x - \sin x) \\ &= 2e^x \cos x \end{aligned}$$

例题 A-3 设 $f(x,y) = xy + x^2 + y^3$，求 $\frac{\partial f}{\partial x}$ 及 $\frac{\partial f}{\partial y}$.

解： 求 $\frac{\partial f}{\partial x}$ 时，把 y 看成常数，所以

$$\frac{\partial f}{\partial x} = y + 2x$$

求 $\frac{\partial f}{\partial y}$ 时，把 x 看成常数，所以

$$\frac{\partial f}{\partial y} = x + 3y^2$$

例题 A-4 求 $z = x^2 - y^2$ 的全微分.

解： 因为 $\frac{\partial z}{\partial x} = 2x$，$\frac{\partial z}{\partial y} = -2y$ 均为连续函数，所以

$$dz = 2xdx - 2ydy$$

导数的应用十分广泛，例如：利用导数研究函数的单调性；求曲线的切线斜率和切线方程；求函数的极值和最值等.

A.2 一元函数积分学

A.2.1 原函数

已知函数 $f(x)$ 是一个定义在某区间的函数，如果存在函数 $F(x)$，使得在该区间内的任一点都有

$$F'(x) = f(x) \quad 或 \quad dF(x) = f(x)dx$$

则在该区间内就称函数 $F(x)$ 为函数 $f(x)$ 的原函数.

例如，因为 $(\sin x)' = \cos x$，故 $\sin x$ 是 $\cos x$ 的原函数.

我们可以明显地看出来，若函数 $F(x)$ 为函数 $f(x)$ 的原函数，即

$$F'(x) = f(x)$$

则函数族 $F(x) + C$（C 为任意常数）中的任一个函数一定是 $f(x)$ 的原函数，即有

$$[F(x) + C]' = f(x)$$

因此，若函数 $f(x)$ 有原函数，那么其原函数有无穷多个.

A.2.2 不定积分

若函数 $f(x)$ 有原函数，则其原函数的全体称为不定积分，记作

$$\int f(x)dx = F(x) + C$$

由不定积分的定义可知其性质：

(1) $\left[\int f(x)\mathrm{d}x\right]' = f(x)$

(2) $\int F'(x)\mathrm{d}x = F(x) + C$

以及运算法则：

(1) 被积式的常数因子可以提到积分号前面．若常数 $k\neq0$，有

$$\int kf(x)\mathrm{d}x = k\int f(x)\mathrm{d}x$$

(读者可考虑一下，$k=0$ 时，会发生什么现象)．

(2) 两个函数的和（或差）的不定积分等于这两个函数的不定积分的和（或差)，即

$$\int[f(x)\pm g(x)]\mathrm{d}x = \int f(x)\mathrm{d}x \pm \int g(x)\mathrm{d}x$$

不定积分的基本公式也可由导数的基本公式直接写出：

(1) $\int 0\mathrm{d}x = C$

(2) $\int \mathrm{d}x = x + C$

(3) $\int x^{\mu}\mathrm{d}x = \dfrac{x^{\mu+1}}{\mu+1} + C(\mu\neq-1)$

(4) $\int \dfrac{1}{x}\mathrm{d}x = \ln x + C$

(5) $\int a^{x}\mathrm{d}x = \dfrac{a^{x}}{\ln a} + C$

$\int \mathrm{e}^{x}\mathrm{d}x = \mathrm{e}^{x} + C$

(6) $\int \sin x\mathrm{d}x = -\cos x + C$

(7) $\int \cos x\mathrm{d}x = \sin x + C$

(8) $\int \sec^{2}x\mathrm{d}x = \tan x + C$

(9) $\int \csc^{2}x\mathrm{d}x = -\cot x + C$

(10) $\int \dfrac{1}{\sqrt{1-x^{2}}}\mathrm{d}x = \arcsin x + C$

(11) $\int \dfrac{1}{1+x^{2}}\mathrm{d}x = \arctan x + C$

例题 A-5　求 $\int \sqrt[3]{x}\mathrm{d}x$．

解：利用上面不定积分的基本公式（3)，因 $\mu=\dfrac{1}{3}$，故

$$\int \sqrt[3]{x}\mathrm{d}x = \frac{x^{1+\frac{1}{3}}}{1+\frac{1}{3}} + C = \frac{3}{4}x^{\frac{4}{3}} + C$$

例题 A-6　求 $\int 4^{t}\mathrm{d}t$．

解：利用上面不定积分的基本公式（5）可知

$$\int 4^t \mathrm{d}t = \frac{4^t}{\ln 4} + C$$

例题 A-7　求 $\int (\mathrm{e}^x + 3\cos x)\mathrm{d}x$.

解：$\int (\mathrm{e}^x + 3\cos x)\mathrm{d}x = \int \mathrm{e}^x \mathrm{d}x + 3\int \cos x \mathrm{d}x = \mathrm{e}^x + 3\sin x + C$

仅利用不定积分的基本公式、性质以及运算法则，所能计算的不定积分是非常有限的．对于形如 $\int u(x)v(x)\mathrm{d}x$ 的不定积分，可以利用换元积分法或分部积分法来求，这里不再介绍，需要时大家可查阅相应的数学参考书籍．

A.2.3 定积分

定积分与不定积分尽管仅一字之差，但意义却相差甚远，不定积分是一个函数族，定积分是一个数值．

设函数 $y=f(x)$ 在区间 $[a,b]$ 上连续，其函数曲线如图 A-2 所示．我们将如何求由 $y=f(x)$ 的函数曲线以及 $x=a$、$x=b$ 和 x 轴所围成的曲边梯形的面积呢？将区间 $[a,b]$ 等分为 n 个子区间，每一分割点依次为 $x_0=a$、x_1、…、x_i、…、$x_n=b$. 原曲边梯形被分割成为 n 个小的曲边梯形，每一子区间均对应一小的曲边梯形，这一小的曲边梯形面积近似等于对应的矩形面积．因此第 i 个小的曲边梯形的面积可以近似地表示为 $\Delta S_i \approx f(x_i)(x_i - x_{i-1}) = f(x_i)\Delta x_i$. 可以看出，当区间分割得越小时，这种近似程度越好．当分割得无限小，即 $(\Delta x_i)_{\max} \to 0$ 时，所有无限小曲边梯形的面积之和的极限等于大曲边梯形的面积，即 $S = \lim\limits_{(\Delta x_i)_{\max} \to 0} \sum\limits_i f(x_i)\Delta x_i$，此极限就称为 $f(x)$ 在 $[a, b]$ 上的定积分，记作

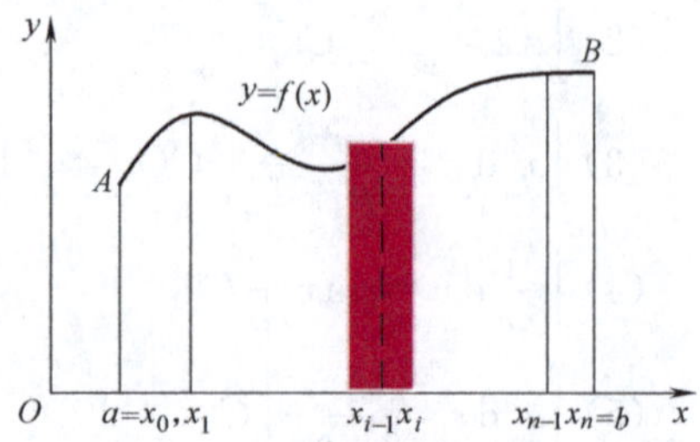

图 A-2　定积分的定义

$$S = \int_a^b f(x)\mathrm{d}x$$

由定积分的几何意义可以看出其具有如下性质：

(1) $\int_a^b f(x)\mathrm{d}x = -\int_b^a f(x)\mathrm{d}x$；

当 $a=b$ 时，$\int_a^b f(x)\mathrm{d}x = 0$

(2) $\int_a^b [f(x) \pm g(x)]\mathrm{d}x = \int_a^b f(x)\mathrm{d}x \pm \int_a^b g(x)\mathrm{d}x$

(3) $\int_a^b kf(x)\mathrm{d}x = k\int_a^b f(x)\mathrm{d}x$（$k$ 为常数）

(4) $\int_a^b f(x)\mathrm{d}x = \int_a^c f(x)\mathrm{d}x + \int_c^b f(x)\mathrm{d}x$

(5) 如果在区间 $[a,b]$ 上，$f(x) \equiv 1$，则 $\int_a^b 1\mathrm{d}x = \int_a^b \mathrm{d}x = b-a$

(6) 如果在区间 $[a,b]$ 上，$f(x)\geqslant 0$，则 $\int_a^b f(x)\mathrm{d}x \geqslant 0\ (a<b)$

(7) 如果在区间 $[a,b]$ 上有 $f(x)\geqslant g(x)$，则 $\int_a^b f(x)\mathrm{d}x \geqslant \int_a^b g(x)\mathrm{d}x\ (a<b)$

如果函数 $F(x)$ 是连续函数 $f(x)$ 在区间 $[a,b]$ 上的一个原函数，则

$$\int_a^b f(x)\mathrm{d}x = F(x)\Big|_a^b = F(b)-F(a)$$

这是著名的牛顿-莱布尼茨公式，它揭示了定积分与被积函数的原函数之间的联系．它表明：一个连续函数在区间 $[a,b]$ 上的定积分等于它的任一个原函数在区间 $[a,b]$ 上的增量．这就给定积分提供了一个有效而简便的计算方法．

下面我们举两个应用牛顿-莱布尼茨公式来计算定积分的简单例子．

例题 A-8　计算 $\int_0^1 x^2\mathrm{d}x$．

解： 因为 $\frac{x^3}{3}$ 是 x^2 的一个原函数，所以按牛顿-莱布尼茨公式，有

$$\int_0^1 x^2\mathrm{d}x = \frac{x^3}{3}\Big|_0^1 = \frac{1^3}{3}-\frac{0^3}{3} = \frac{1}{3}$$

例题 A-9　计算 $\int_1^2 \frac{1}{x}\mathrm{d}x$．

解： 因为 $\frac{1}{x}$ 的一个原函数是 $\ln x$，所以按牛顿-莱布尼茨公式，有

$$\int_1^2 \frac{1}{x}\mathrm{d}x = [\ln x]_1^2 = \ln 2-\ln 1 = \ln 2$$

A. 3　矢量

在研究物理学以及其他应用科学时常常遇到两种不同性质的量：标量和矢量．只有数值大小而没有方向的物理量叫作标量．这里数值的含义包含正负在内．例如：路程、质量、时间、温度、密度、电量、电压、功、能量等物理量都是标量．既具有数值大小又有方向的量叫作矢量(亦称为向量)．例如：位矢、位移、速度、加速度、力、力矩、角动量、电场强度和磁感应强度等均为矢量．实际上，矢量概念正是由于研究物理问题的需要而产生出来的．

A. 3. 1　矢量的运算法则

矢量的表示分为印刷体和手写体两类，例如，某一矢量的印刷体为 $\boldsymbol{A}$，手写体为 $\vec{A}$．矢量的大小称为矢量的模，记作 A，即 $A=|\boldsymbol{A}|$．$\boldsymbol{e}_A=\frac{\boldsymbol{A}}{A}$ 称为矢量 $\boldsymbol{A}$ 的单位矢量，是一个方向与 $\boldsymbol{A}$ 相同、模为 1 的矢量，它还可以记作 $\boldsymbol{A}^0$ 或者 $\hat{\boldsymbol{A}}$．引进了单位矢量之后，矢量 $\boldsymbol{A}$ 可以表示为

$$\boldsymbol{A}=|\boldsymbol{A}|\boldsymbol{e}_A$$

这种表示方法实际上是把矢量 $\boldsymbol{A}$ 的大小和方向这两个特征分别地表示出来．

在数学上，往往用一条有方向的线段，即有向线段来表示矢量．有向线段的长度表示矢量的大小，有向线段的方向表示矢量的方向．

矢量的基本性质是平移不变性．

两矢量间的夹角θ规定为$0\leqslant\theta\leqslant\pi$，当$\theta=0$时称为两矢量平行，$\theta=\pi$时称为两矢量反平行．

矢量的基本运算法则有如下几种：

1. 矢量的加法 设有两个矢量$\boldsymbol{A}$和$\boldsymbol{B}$，则

$$\boldsymbol{C}=\boldsymbol{A}+\boldsymbol{B}$$

$\boldsymbol{C}$称为合矢量，而$\boldsymbol{A}$和$\boldsymbol{B}$则称为$\boldsymbol{C}$矢量的分矢量．两个矢量的和仍是一个矢量，这三个矢量之间满足平行四边形法则或三角形法则，如图A-3所示．

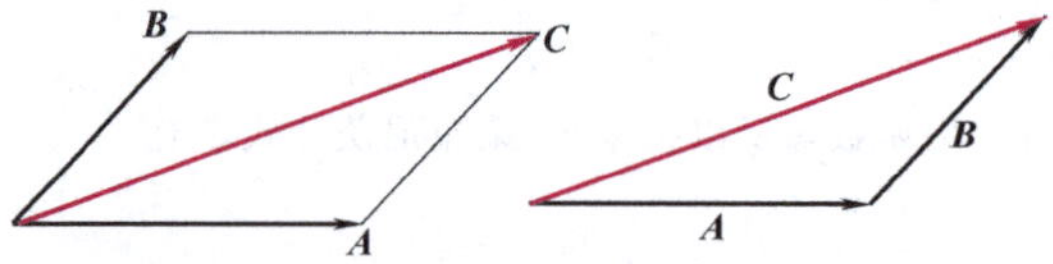

图A-3 矢量的加法

对于两个以上的矢量相加，则可根据三角形法则，先求出其中两个矢量的合矢量，然后将该合矢量与第三个矢量相加，再求出这三个矢量的合矢量，依此类推，就可以求出多个矢量的合矢量．

矢量的加法符合下列运算规律：

(1) 交换律 $\boldsymbol{A}+\boldsymbol{B}=\boldsymbol{B}+\boldsymbol{A}$

(2) 结合律 $(\boldsymbol{A}+\boldsymbol{B})+\boldsymbol{C}=\boldsymbol{A}+(\boldsymbol{B}+\boldsymbol{C})$

2. 矢量的减法 若有矢量$\boldsymbol{A}$与矢量$\boldsymbol{B}$的和为矢量$\boldsymbol{C}$，即$\boldsymbol{A}+\boldsymbol{B}=\boldsymbol{C}$，则矢量$\boldsymbol{B}$可称作矢量$\boldsymbol{C}$与矢量$\boldsymbol{A}$的矢量差，记作

$$\boldsymbol{B}=\boldsymbol{C}-\boldsymbol{A}$$

矢量减法$\boldsymbol{B}=\boldsymbol{C}-\boldsymbol{A}$是矢量加法$\boldsymbol{A}+\boldsymbol{B}=\boldsymbol{C}$的逆运算．

特别地，当$\boldsymbol{C}=\boldsymbol{A}$时，有

$$\boldsymbol{C}-\boldsymbol{A}=\boldsymbol{A}-\boldsymbol{A}=\boldsymbol{A}+(-\boldsymbol{A})=\boldsymbol{0}$$

读者可以用作图法证明

$$\boldsymbol{A}-\boldsymbol{B}=\boldsymbol{A}+(-\boldsymbol{B})$$

3. 矢量的数乘 矢量$\boldsymbol{A}$与实数k的乘积记作

$$k\boldsymbol{A}=\boldsymbol{C}$$

它的模$|k\boldsymbol{A}|=|\boldsymbol{C}|$，它的方向当$k>0$时，$\boldsymbol{C}$的方向与$\boldsymbol{A}$相同，当$k<0$时，$\boldsymbol{C}$的方向与$\boldsymbol{A}$相反．

矢量的数乘符合下列运算规律：

(1) 结合律 $k(\mu\boldsymbol{A})=\mu(k\boldsymbol{A})=(k\mu)\boldsymbol{A}$

(2) 分配律 $(k+\mu)\boldsymbol{A}=k\boldsymbol{A}+\mu\boldsymbol{A}$；$k(\boldsymbol{A}+\boldsymbol{B})=k\boldsymbol{A}+k\boldsymbol{B}$

4. 矢量的标量积（点乘） 矢量$\boldsymbol{A}$和矢量$\boldsymbol{B}$的标量积等于矢量$\boldsymbol{A}$和矢量$\boldsymbol{B}$的模与其夹角余弦的乘积，记作$\boldsymbol{A}\cdot\boldsymbol{B}$. 运算符号用“·”表示．由上面的定义可得

$$\boldsymbol{A} \cdot \boldsymbol{B} = AB\cos\theta$$

其中 A、B 分别是 $\boldsymbol{A}$、$\boldsymbol{B}$ 的模，θ 是 $\boldsymbol{A}$、$\boldsymbol{B}$ 间的夹角，可见两矢量的标量积是一标量．两矢量的标量积也称为一矢量在另一矢量上的投影．

矢量的标量积符合下列运算规律：

(1) 交换律　$\boldsymbol{A} \cdot \boldsymbol{B} = \boldsymbol{B} \cdot \boldsymbol{A}$

$\boldsymbol{A}^2 = \boldsymbol{A} \cdot \boldsymbol{A} = A^2$

(2) 分配律　$\boldsymbol{A} \cdot (\boldsymbol{B} + \boldsymbol{C}) = \boldsymbol{A} \cdot \boldsymbol{B} + \boldsymbol{A} \cdot \boldsymbol{C}$

(3) 结合律　$k(\boldsymbol{A} \cdot \boldsymbol{B}) = (k\boldsymbol{A}) \cdot \boldsymbol{B} = \boldsymbol{A} \cdot (k\boldsymbol{B})$

5. 矢量的矢量积（叉乘）　矢量 $\boldsymbol{A}$ 和矢量 $\boldsymbol{B}$ 的矢量积记作

$$\boldsymbol{A} \times \boldsymbol{B} = \boldsymbol{C}$$

其中，$|\boldsymbol{C}| = AB\sin\theta$，$\theta$ 是 $\boldsymbol{A}$、$\boldsymbol{B}$ 间的夹角．矢量 $\boldsymbol{C}$ 的方向满足右手螺旋法则，即伸出右手，使大拇指与其余四指垂直，并且都跟手掌在一个平面内，令四指方向指向矢量 $\boldsymbol{A}$，并沿 θ 方向(小于 180°)握向矢量 $\boldsymbol{B}$，则大拇指方向即为矢量 $\boldsymbol{C}$ 的方向，如图 A-4 所示．矢量的矢量积为一矢量．

矢量的矢量积符合下列运算规律：

(1) $\boldsymbol{A} \times \boldsymbol{A} = 0$

(2) $\boldsymbol{A} \times \boldsymbol{B} = -\boldsymbol{B} \times \boldsymbol{A}$

这是因为按右手螺旋法则，从 $\boldsymbol{A}$ 握向 $\boldsymbol{B}$ 定出的方向恰好与从 $\boldsymbol{B}$ 握向 $\boldsymbol{A}$ 定出的方向相反．它表明交换律对矢量的矢量积不成立．

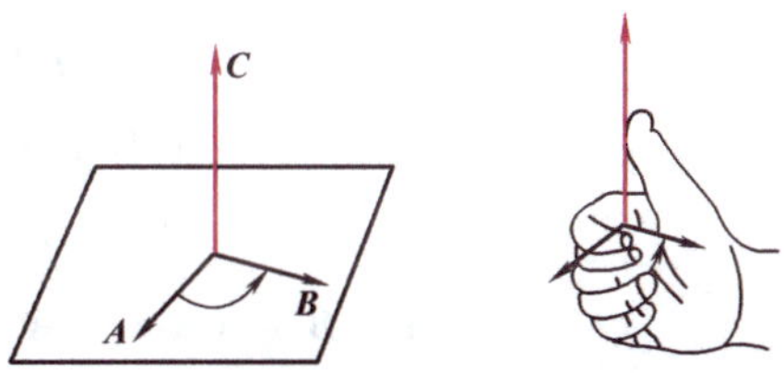

图 A-4　矢量的叉乘

(3) 分配律　$\boldsymbol{A} \times (\boldsymbol{B} + \boldsymbol{C}) = \boldsymbol{A} \times \boldsymbol{B} + \boldsymbol{A} \times \boldsymbol{C}$

(4) 结合律　$k(\boldsymbol{A} \times \boldsymbol{B}) = (k\boldsymbol{A}) \times \boldsymbol{B} = \boldsymbol{A} \times (k\boldsymbol{B})$

A.3.2　矢量的正交分解

对于空间直角坐标系 ($Oxyz$) 来说，对所有矢量构成一完备系，即任一矢量都可以由三个相互垂直的矢量和表示．在空间任意取一点 O，通常用 $\boldsymbol{i}$、$\boldsymbol{j}$、$\boldsymbol{k}$ 分别表示沿 x、y、z 三个坐标轴正方向的单位矢量，则任一矢量 $\boldsymbol{A}$ 可写成

$$\boldsymbol{A} = A_x\boldsymbol{i} + A_y\boldsymbol{j} + A_z\boldsymbol{k}$$

如图 A-5 所示，其中 $A_x\boldsymbol{i}$、$A_y\boldsymbol{j}$、$A_z\boldsymbol{k}$ 分别称为 $\boldsymbol{A}$ 在 x、y、z 方向的分量．

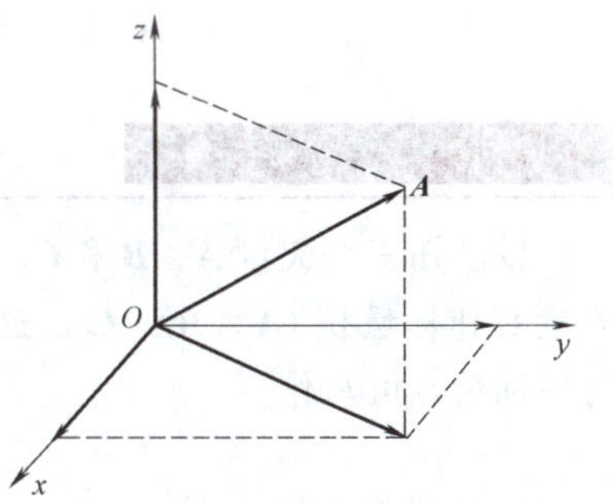

图 A-5　矢量的正交分解

由于

$$A_x = \boldsymbol{A} \cdot \boldsymbol{i}, \quad A_y = \boldsymbol{A} \cdot \boldsymbol{j}, \quad A_z = \boldsymbol{A} \cdot \boldsymbol{k}$$

所以 A_x、A_y、A_z 分别称为 $\boldsymbol{A}$ 在 x、y、z 方向的投影．

对于单位矢量 $\boldsymbol{i}$、$\boldsymbol{j}$ 和 $\boldsymbol{k}$，由于 $\boldsymbol{i}$、$\boldsymbol{j}$、$\boldsymbol{k}$ 互相垂直，所以在矢量的标量积运算中，

$$\boldsymbol{i} \cdot \boldsymbol{j} = \boldsymbol{j} \cdot \boldsymbol{k} = \boldsymbol{k} \cdot \boldsymbol{i} = 0$$

$$\boldsymbol{j} \cdot \boldsymbol{i} = \boldsymbol{k} \cdot \boldsymbol{j} = \boldsymbol{i} \cdot \boldsymbol{k} = 0$$

又由于 $\boldsymbol{i}$、$\boldsymbol{j}$、$\boldsymbol{k}$ 的模均为1，所以

$$\boldsymbol{i}\cdot\boldsymbol{i}=\boldsymbol{j}\cdot\boldsymbol{j}=\boldsymbol{k}\cdot\boldsymbol{k}=1$$

而在矢量的矢量积运算中，

$$\boldsymbol{i}\times\boldsymbol{i}=\boldsymbol{j}\times\boldsymbol{j}=\boldsymbol{k}\times\boldsymbol{k}=0$$

$$\boldsymbol{i}\times\boldsymbol{j}=\boldsymbol{k},\quad \boldsymbol{j}\times\boldsymbol{k}=\boldsymbol{i},\quad \boldsymbol{k}\times\boldsymbol{i}=\boldsymbol{j}$$

$$\boldsymbol{j}\times\boldsymbol{i}=-\boldsymbol{k},\quad \boldsymbol{k}\times\boldsymbol{j}=-\boldsymbol{i},\quad \boldsymbol{i}\times\boldsymbol{k}=-\boldsymbol{j}$$

如果有

$$\boldsymbol{A}=A_x\boldsymbol{i}+A_y\boldsymbol{j}+A_z\boldsymbol{k}$$

$$\boldsymbol{B}=B_x\boldsymbol{i}+B_y\boldsymbol{j}+B_z\boldsymbol{k}$$

则有

$$\boldsymbol{A}\pm\boldsymbol{B}=(A_x\pm B_x)\boldsymbol{i}+(A_y\pm B_y)\boldsymbol{j}+(A_z\pm B_z)\boldsymbol{k}$$

$$\begin{aligned}\boldsymbol{A}\cdot\boldsymbol{B}&=(A_x\boldsymbol{i}+A_y\boldsymbol{j}+A_z\boldsymbol{k})\cdot(B_x\boldsymbol{i}+B_y\boldsymbol{j}+B_z\boldsymbol{k})\\&=A_xB_x\boldsymbol{i}\cdot\boldsymbol{i}+A_xB_y\boldsymbol{i}\cdot\boldsymbol{j}+A_xB_z\boldsymbol{i}\cdot\boldsymbol{k}\\&\quad+A_yB_x\boldsymbol{j}\cdot\boldsymbol{i}+A_yB_y\boldsymbol{j}\cdot\boldsymbol{j}+A_yB_z\boldsymbol{j}\cdot\boldsymbol{k}\\&\quad+A_zB_x\boldsymbol{k}\cdot\boldsymbol{i}+A_zB_y\boldsymbol{k}\cdot\boldsymbol{j}+A_zB_z\boldsymbol{k}\cdot\boldsymbol{k}\\&=A_xB_x+A_yB_y+A_zB_z\end{aligned}$$

$$\begin{aligned}\boldsymbol{A}\times\boldsymbol{B}&=(A_x\boldsymbol{i}+A_y\boldsymbol{j}+A_z\boldsymbol{k})\times(B_x\boldsymbol{i}+B_y\boldsymbol{j}+B_z\boldsymbol{k})\\&=A_xB_x\boldsymbol{i}\times\boldsymbol{i}+A_xB_y\boldsymbol{i}\times\boldsymbol{j}+A_xB_z\boldsymbol{i}\times\boldsymbol{k}\\&\quad+A_yB_x\boldsymbol{j}\times\boldsymbol{i}+A_yB_y\boldsymbol{j}\times\boldsymbol{j}+A_yB_z\boldsymbol{j}\times\boldsymbol{k}\\&\quad+A_zB_x\boldsymbol{k}\times\boldsymbol{i}+A_zB_y\boldsymbol{k}\times\boldsymbol{j}+A_zB_z\boldsymbol{k}\times\boldsymbol{k}\\&=(A_yB_z-A_zB_y)\boldsymbol{i}+(A_zB_x-A_xB_z)\boldsymbol{j}+(A_xB_y-A_yB_x)\boldsymbol{k}\end{aligned}$$

而如果运用行列式表述，就更为简便，即

$$\begin{aligned}\boldsymbol{A}\times\boldsymbol{B}&=\begin{vmatrix}\boldsymbol{i}&\boldsymbol{j}&\boldsymbol{k}\\A_x&A_y&A_z\\B_x&B_y&B_z\end{vmatrix}\\&=(A_yB_z-A_zB_y)\boldsymbol{i}+(A_zB_x-A_xB_z)\boldsymbol{j}+(A_xB_y-A_yB_x)\boldsymbol{k}\end{aligned}$$

A.3.3 矢量的混合积

设已知三个矢量 $\boldsymbol{A}$、$\boldsymbol{B}$ 和 $\boldsymbol{C}$. 如果先对两矢量取矢量积 $\boldsymbol{A}\times\boldsymbol{B}$，再将计算结果与第三个矢量 $\boldsymbol{C}$ 作标量积 $(\boldsymbol{A}\times\boldsymbol{B})\cdot\boldsymbol{C}$，这样得到的数量称作三个矢量 $\boldsymbol{A}$、$\boldsymbol{B}$、$\boldsymbol{C}$ 的混合积，其结果为一标量，可写作

$$V=(\boldsymbol{A}\times\boldsymbol{B})\cdot\boldsymbol{C}$$

如图 A-6 所示，$|\boldsymbol{A}\times\boldsymbol{B}|=AB\sin\theta$（其中 θ 是 $\boldsymbol{A}$、$\boldsymbol{B}$ 间的夹角）等于由 $\boldsymbol{A}$ 和 $\boldsymbol{B}$ 构成的平行四边形面积，也就是以矢量 $\boldsymbol{A}$、$\boldsymbol{B}$、$\boldsymbol{C}$ 为棱的平行六面体的底面积，$\boldsymbol{A}\times\boldsymbol{B}$ 与 $\boldsymbol{C}$ 的标量积 $|(\boldsymbol{A}\times\boldsymbol{B})\cdot\boldsymbol{C}|$ 等于以该底面积乘以平行六面体的高，即等于由这三个矢量构成的平行六面体的体积. 可见上述混合积的绝对值即等于以 $\boldsymbol{A}$、$\boldsymbol{B}$ 和 $\boldsymbol{C}$ 为棱的平行六面体的体积

. 同理，$(\boldsymbol{C}\times\boldsymbol{A})\cdot\boldsymbol{B}$ 和 $(\boldsymbol{B}\times\boldsymbol{C})\cdot\boldsymbol{A}$ 在绝对值上都等于同一个体积. 故有

$$(\boldsymbol{A}\times\boldsymbol{B})\cdot\boldsymbol{C}=(\boldsymbol{C}\times\boldsymbol{A})\cdot\boldsymbol{B}=(\boldsymbol{B}\times\boldsymbol{C})\cdot\boldsymbol{A}$$

另一方面，根据矢量矢量积的性质，$\boldsymbol{A}\times\boldsymbol{B}=-(\boldsymbol{B}\times\boldsymbol{A})$，可得

$$(\boldsymbol{A}\times\boldsymbol{B})\cdot\boldsymbol{C}=-(\boldsymbol{B}\times\boldsymbol{A})\cdot\boldsymbol{C}$$

$$(\boldsymbol{C}\times\boldsymbol{A})\cdot\boldsymbol{B}=-(\boldsymbol{A}\times\boldsymbol{C})\cdot\boldsymbol{B}$$

$$(\boldsymbol{B}\times\boldsymbol{C})\cdot\boldsymbol{A}=-(\boldsymbol{C}\times\boldsymbol{B})\cdot\boldsymbol{A}$$

以上表明，把三个矢量按循环次序轮换，其积不变；如果只把两矢量对换，其积相差一个负号. 显然，$\boldsymbol{A}$、$\boldsymbol{B}$ 和 $\boldsymbol{C}$ 中二矢量相等或三矢量共面均能使混合积等于零.

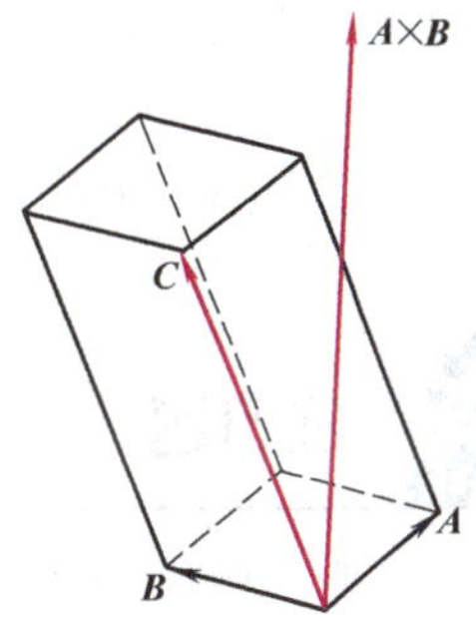

图 A-6　三矢量的混合积

例题 A-10　已知给定矢量 $\boldsymbol{A}=2\boldsymbol{i}+3\boldsymbol{j}-4\boldsymbol{k}$，$\boldsymbol{B}=-6\boldsymbol{i}-4\boldsymbol{j}+\boldsymbol{k}$ 和 $\boldsymbol{C}=\boldsymbol{i}-\boldsymbol{j}+\boldsymbol{k}$. 求 $(\boldsymbol{A}\times\boldsymbol{B})\cdot\boldsymbol{C}$ 的数值.

解： 由已知可得

$$\boldsymbol{A}\times\boldsymbol{B}=\begin{vmatrix}\boldsymbol{i} & \boldsymbol{j} & \boldsymbol{k}\\ 2 & 3 & -4\\ -6 & -4 & 1\end{vmatrix}=-13\boldsymbol{i}+22\boldsymbol{j}+10\boldsymbol{k}$$

则

$$\begin{aligned}(\boldsymbol{A}\times\boldsymbol{B})\cdot\boldsymbol{C}&=(-13\boldsymbol{i}+22\boldsymbol{j}+10\boldsymbol{k})\cdot(\boldsymbol{i}-\boldsymbol{j}+\boldsymbol{k})\\&=-13-22+10\\&=-25\end{aligned}$$

A.3.4　矢量函数的导数

1. 矢量函数的导数定义　设矢量 $\boldsymbol{A}$ 是标量 t 的函数，即矢量函数，记作

$$\boldsymbol{A}=\boldsymbol{A}(t)$$

在直角坐标系 $Oxyz$ 中，矢量函数还可表述为

$$\boldsymbol{A}(t)=A_x(t)\boldsymbol{i}+A_y(t)\boldsymbol{j}+A_z(t)\boldsymbol{k}$$

其中 $A_x(t)$、$A_y(t)$ 和 $A_z(t)$ 是变量 t 的标量函数，则

$$\frac{\mathrm{d}\boldsymbol{A}}{\mathrm{d}t}=\lim_{\Delta t\to 0}\frac{\Delta\boldsymbol{A}}{\Delta t}=\lim_{\Delta t\to 0}\frac{\boldsymbol{A}(t+\Delta t)-\boldsymbol{A}(t)}{\Delta t}$$

如果该极限存在，则称 $\frac{\mathrm{d}\boldsymbol{A}}{\mathrm{d}t}$ 为矢量 $\boldsymbol{A}$ 对变量 t 的导数，仍为一矢量. 显然有

$$\frac{\mathrm{d}\boldsymbol{A}}{\mathrm{d}t}=\frac{\mathrm{d}A_x}{\mathrm{d}t}\boldsymbol{i}+\frac{\mathrm{d}A_y}{\mathrm{d}t}\boldsymbol{j}+\frac{\mathrm{d}A_z}{\mathrm{d}t}\boldsymbol{k}$$

2. 矢量函数求导的法则　设矢量 $\boldsymbol{A}$ 和矢量 $\boldsymbol{B}$ 都是变量 t 的矢量函数，则

(1) $\frac{\mathrm{d}}{\mathrm{d}t}(\boldsymbol{C})=\boldsymbol{0}$（$\boldsymbol{C}$ 是常矢量）

(2) $\frac{\mathrm{d}}{\mathrm{d}t}(\boldsymbol{A}\pm\boldsymbol{B})=\frac{\mathrm{d}}{\mathrm{d}t}\boldsymbol{A}\pm\frac{\mathrm{d}}{\mathrm{d}t}\boldsymbol{B}$

(3) $\frac{\mathrm{d}}{\mathrm{d}t}(f\boldsymbol{A})=f\frac{\mathrm{d}\boldsymbol{A}}{\mathrm{d}t}+\frac{\mathrm{d}f}{\mathrm{d}t}\boldsymbol{A}$（其中 f 是一标量函数）

(4) $\dfrac{\mathrm{d}}{\mathrm{d}t}(\boldsymbol{A}\cdot\boldsymbol{B})=\dfrac{\mathrm{d}\boldsymbol{A}}{\mathrm{d}t}\cdot\boldsymbol{B}+\boldsymbol{A}\cdot\dfrac{\mathrm{d}\boldsymbol{B}}{\mathrm{d}t}$

(5) $\dfrac{\mathrm{d}}{\mathrm{d}t}(\boldsymbol{A}\times\boldsymbol{B})=\dfrac{\mathrm{d}\boldsymbol{A}}{\mathrm{d}t}\times\boldsymbol{B}+\boldsymbol{A}\times\dfrac{\mathrm{d}\boldsymbol{B}}{\mathrm{d}t}$

练习题

1. 求下列函数的导数：

(1) $y=3x^2-4x+10$；
(2) $y=7\sin x+8\cos x-100$；
(3) $y=\mathrm{e}^{\sin x}$；
(4) $y=\mathrm{e}^{-x}+100x$；
(5) $y=(3x^2+1)(2x+1)$；
(6) $y=\dfrac{x^3+2x}{\mathrm{e}^x}$.

2. 求下列不定积分：

(1) $\int(x^3-3x+1)\mathrm{d}x$；
(2) $\int(\sin x-\cos x)\mathrm{d}x$；
(3) $\int(1+\sqrt{x})^2\mathrm{d}x$；
(4) $\int(2-\sec^2 x)\mathrm{d}x$.

3. 求下列定积分：

(1) $\int_1^2\left(\mathrm{e}^x+\dfrac{1}{x}\right)\mathrm{d}x$；
(2) $\int_{\frac{\pi}{6}}^{\frac{\pi}{4}}\cos 2x\mathrm{d}x$；
(3) $\int_0^{\frac{\pi}{2}}\sin x\mathrm{d}x$；
(4) $\int_{-\frac{\pi}{2}}^{0}\sin x\mathrm{d}x$；
(5) $\int_{-\frac{\pi}{2}}^{\frac{\pi}{2}}\sin x\mathrm{d}x$；
(6) $\int_0^{\sqrt{3}a}\dfrac{\mathrm{d}x}{a^2+x^2}$.

4. 化简下列各式：

(1) $(\boldsymbol{A}+\boldsymbol{B}-\boldsymbol{C})\times\boldsymbol{C}+(\boldsymbol{C}+\boldsymbol{A}+\boldsymbol{B})\times\boldsymbol{A}+(\boldsymbol{A}-\boldsymbol{B}+\boldsymbol{C})\times\boldsymbol{B}$；

(2) $\boldsymbol{i}\times(\boldsymbol{j}+\boldsymbol{k})+\boldsymbol{j}\times(\boldsymbol{i}+\boldsymbol{k})+\boldsymbol{k}\times(\boldsymbol{i}+\boldsymbol{j}+\boldsymbol{k})$；

(3) $2\boldsymbol{i}\cdot(\boldsymbol{j}\times\boldsymbol{k})+3\boldsymbol{j}\cdot(\boldsymbol{i}\times\boldsymbol{k})+4\boldsymbol{k}\cdot(\boldsymbol{i}\times\boldsymbol{j})$；

(4) $\boldsymbol{A}\cdot(\boldsymbol{B}\times\boldsymbol{A})$.

5. 已知 $\boldsymbol{A}=(1+2t^2)\boldsymbol{i}+\mathrm{e}^{-t}\boldsymbol{j}-\boldsymbol{k}$，求$\dfrac{\mathrm{d}\boldsymbol{A}}{\mathrm{d}t}$和$\dfrac{\mathrm{d}^2\boldsymbol{A}}{\mathrm{d}t^2}$.

6. 已知 $\boldsymbol{r}=a\cos\omega t\boldsymbol{i}+b\sin\omega t\boldsymbol{j}$，求$\dfrac{\mathrm{d}\boldsymbol{r}}{\mathrm{d}t}$和$\dfrac{\mathrm{d}^2\boldsymbol{r}}{\mathrm{d}t^2}$.

附录 B　一些物理常量的常用值

名　称	符　号	数　值	单位符号
引力常量	G	6.67×10^{-11}	$\mathrm{N\cdot m^2/kg^2}$
重力加速度	g	9.80	$\mathrm{m/s^2}$
真空中的光速	c	3.00×10^{8}	m/s

（续）

名　称	符　号	数　值	单位符号
标准大气压	p_0	1.013×10^{5}	Pa
阿伏加德罗常数	N_A	6.022×10^{23}	1/mol
玻耳兹曼常数	k	1.38×10^{-23}	J/K
摩尔气体常数	R	8.31	J/(mol·K)
摩尔体积	V_m	22.4×10^{-3}	m^3/mol
元电荷	e	1.602×10^{-19}	C
真空电容率	ε_0	8.85×10^{-12}	F/m
真空磁导率	μ_0	$4\pi\times10^{-7}$	N/A^2
电子静质量	m_e	9.11×10^{-31}	kg
质子静质量	m_p	1.67×10^{-27}	kg
中子静质量	m_n	1.67×10^{-27}	kg
普朗克常量	h	6.63×10^{-34}	J·s
康普顿波长	λ_c	2.43×10^{-12}	m
斯忒藩-玻耳兹曼常量	σ	5.67×10^{-8}	$W/(m^2\cdot K^4)$
维恩位移常量	b	2.90×10^{-3}	m·K
玻尔半径	a_0	5.29×10^{-11}	m
氢原子基态能量	E_1	-13.6	eV

附录C　历届诺贝尔物理学奖获得者

年份	获 奖 者	获 奖 原 因
1901	Wilhelm Konrad Rontgen（德国）	发现X射线（1895）
1902	Hendrik Antoon Lorentz（荷兰）	塞曼效应的发现和研究
	Pieter Zeeman（荷兰）	
1903	Antoine Henri Becquerel（法国）	发现天然铀元素的放射性（1896）
	Pierre Curie（法国）	放射性物质的研究，发现放射性元素钋与镭并发现钍也有放射性
	Marie Sklowdowska Curie（法国）	
1904	John William Strutt (Lord Rayleigh)（英国）	在气体密度的研究中发现氩
1905	Phillip Eduard Anton von Lenard（德国）	阴极射线的研究（1899）
1906	Joseph John Thomson（英国）	气体电导研究，发现电子（1897）
1907	Albert Abraham Michelson（美国）	创造精密光学仪器，并精确测出光速（1880）
1908	Gabriel Lippmann（法国）	发明基于干涉的彩色照片（1891）

（续）

年份	获 奖 者	获奖原因
1909	Guglielmo Marconi（意大利）	发明电报及对无线电通信的贡献
	Karl Ferdinand Braun（德国）	
1910	Johannes Diderik van der Waals（荷兰）	气体和液体状态方程的研究（1881）
1911	Wilhelm Wien（德国）	热辐射定律的导出和研究（1893）
1912	Nils Gustaf Dalen（瑞典）	发明点燃航标灯和浮标灯的瓦斯自动调节器
1913	Heike Kamerlingh Onnes（荷兰）	在低温下研究物质的性质并制成液态氦（1908）
1914	Max Theodor Felix von Laue（德国）	晶体的X射线衍射（1912）
1915	William Henry Bragg（英国）	用X射线分析晶体结构（1913）
	William Lawrence Bragg（英国）	
1917	Charles Glover Barkla（英国）	发现标识元素的次级X辐射（1906）
1918	Max Planck（德国）	提出能量子的假设（1900）
1919	Johannes Stark（德国）	发现原子光谱线在电场中的分裂（1913）
1920	Charles Edouard Guillaume（法国）	发现镍钢合金的反常性及在精密仪器中的应用
1921	Albert Einstein（德国）	对物理方面的贡献、光电效应的解释（1905）
1922	Niels Henrik David Bohr（丹麦）	原子结构模型及原子发光（1913）
1923	Robert Andrews Milliken（美国）	油滴实验（1911）、光电效应实验研究（1914）
1924	Karl Manne Georg Siegbahn（瑞典）	X射线光谱学方面的发现和研究
1925	James Frank（德国）	发现电子撞击原子时出现的规律性
	Gustav Hertz（德国）	
1926	Jean Baptiste Perrin（法国）	研究物质分裂结构，并发现沉积作用的平衡
1927	Arthur Holly Compton（法国）	康普顿效应（1922）
	Charles Thomson Rees Wilson（英国）	发明用云雾室观察带电粒子（1906）
1928	Owen Willans Richardson（英国）	热电子发射，并发现里查孙定律（1911）
1929	Prince Louis Victor de Broglie（法国）	电子波动性的理论研究（1923）
1930	Sir Chandrasekhara Venkata Raman（印度）	研究光的散射并发现拉曼效应（1928）
1932	Werner Heisenberg（德国）	创立量子力学（1925）
1933	Erwin Schrodinger（奥地利）	量子力学的广泛发展，波动力学（1925）
	Paul Adrien Maurice Dirac（英国）	相对论量子力学，预言正电子的存在（1927）
1935	James Chadwick（英国）	发现中子
1936	Victor Franz Hess（奥地利）	发现宇宙射线
	Carl David Anderson（美国）	发现正电子
1937	Clinton Joseph Davisson（美国）	实验发现晶体中对电子的衍射现象（1927）
	George Paget Thomson（英国）	
1938	Enrico Fermi（意大利）	发现新放射性元素和慢中子引起的核反应（1934～1937）
1939	Ernest Orlando Lawrence（美国）	研制回旋加速器（1932）

（续）

年份	获 奖 者	获奖原因
1943	Otto Stern（美国）	分子束方法（1923）、质子磁矩（1933）
1944	Isidor Issac Rabi（美国）	用共振方法测量原子核的磁性
1945	Wolfgang Pauli（奥地利）	发现泡利不相容原理（1924）
1946	Percy Williams Bridgman（美国）	研制高压装置并创立了高压物理
1947	Sir Edward Victor Appleton（英国）	发现电离层中反射无线电波的阿普顿层
1948	Patrik Maynard Stuart Blackett（英国）	利用云室研究核物理和宇宙线
1949	Hideki Yukawa（日本）	用数学方法研究核力、预见介子（1935）
1950	Cecil Frank Powell（英国）	研究核过程的摄影法并发现介子
1951	Sir John Douglas Cockcroft（英国） Ernest Thomas Sinton Walton（爱尔兰）	加速器中的核嬗变（1932）
1952	Felix Bloch（美国） Edward Mills Purcell（美国）	液体和气体中的核磁共振（1946）
1953	Frits Zernike（荷兰）	相衬显微镜
1954	Max Born（德国）	量子力学中波函数的统计解释（1926）
	Walther Bothe（德国）	提出符合法及分析宇宙辐射（1930～1931）
1955	Willis Eugene Lamb（美国）	发现氢光谱的精细结构（1947）
	Polykarp Kusch（美国）	精密测定电子磁矩（1947）
1956	William Bradford Skockley（美国） John Bardeen（美国） Walter Houser Brattain（美国）	研究半导体并发明晶体管（1956）
1957	杨振宁（Chen Ning Yang）（美国） 李政道（Tsing Dao Lee）（美国）	否定弱相互作用下宇称守恒定律（1956）
1958	Pavel Alekseyevich Cherenkov（前苏联）	发现切连柯夫效应（1935）
	Ilya Mikhaylovich Frank（前苏联） Igor Yevgenyevich Tamm（前苏联）	解释切连柯夫效应（1937）
1959	Emilio Gino Segre（美国） Owen Chamberlain（美国）	发现反质子（1955）
1960	Donald Arthur Glaser（美国）	发明气泡室（1952）
1961	Robert Hofstadter（美国）	由高能电子散射研究原子核的结构
	Rudolf Ludwig Mossbauer（德国）	发现穆斯堡尔效应（1957）
1962	Lev Davidovich Landau（前苏联）	研究凝聚态物质，特别是液氦的研究
1963	Eugene Paul Wigner（美国）	应用对称性基本原理研究核和粒子
	Maria Goeppert Mayer（美国） J. Hans D. Jensen（德国）	提出原子核结构壳层模型理论（1947）
1964	Charles Hard Townes（美国）	微波激射器（1951～1952）和激光器
	Nikolay Gennadiyevich Basov（前苏联） Alexander Mikhazlovich Prokhorov（前苏联）	产生激光光束的振荡器和放大器

（续）

年份	获 奖 者	获奖原因
1965	Sin-itiro Tomonaga（日本）	量子电动力学的研究（1948）
	Julian S. Schwinger（美国）	
	Richard Pillips Feynman（美国）	
1966	Alfred Kastler（法国）	发现并发展研究原子能级的光学方法
1967	Hans Albrecht Bethe（美国）	恒星能量的产生（1939）
1968	Luis Walter Alvarez（美国）	发现许多粒子的共振态
1969	Murray Gell-Mann（美国）	粒子的分类和相互作用（1963）
1970	Hannes Olof Gosta Alfven（瑞典）	磁流体力学及应用于等离子体物理
	Louis Eugene Felix Neel（法国）	发现和研究反铁电体和铁电体（1930）
1971	Dennis Gabor（英国）	全息照相的发明及发展（1947）
1972	John Bardeen（美国）	提出所谓BCS理论的超导理论（1957）
	Leon Neil Cooper（美国）	
	John Robert Schrieffer（美国）	
1973	Leo Esaki（日本）	发现半导体中的隧道效应
	Ivar Giaever（美国）	发现超导体中的隧道效应
	Brian David Josephson（英国）	发现约瑟夫森效应（1962）
1974	Anthony Hewish（英国）	射电天文学研究、中子星
	Sir Martin Ryle（英国）	无线天文干涉测量学
1975	Aage Bohr（丹麦）	原子核结构理论
	Ben Mottelson（丹麦）	原子核内部结构的研究工作
	Leo James Rainwater（美国）	
1976	Burton Richer（美国）	分别独立地发现了新粒子 J/Ψ
	丁肇中（Samuel Chao Chung Ting）（美国）	
1977	Phillip Warren Anderson（美国）	磁性无序系统的电子结构研究
	Sir Nevill Francis Mott（英国）	
	John Hasbrouck Van Vleck（美国）	
1978	Pyotr Leonidovich Kapitsa（前苏联）	证实亚超流低温物理学
	Arno Allan Penzias（美国）	3K宇宙微波背景的发现（1965）
	Robert Woodrow Wilson（美国）	
1979	Shldon Lee Glashow（美国）	建立弱电统一理论
	Abdus Salam（巴基斯坦）	
	Steven Weinberg（美国）	
1980	James Watson Cronin（美国）	CP不对称性的发现（1964）
	Val L. Fitch（美国）	
1981	Nicolaas Bloembergen（美国）	激光光谱学与非线性光学的研究
	Arthur Leonard Schawlow（美国）	
	Kai M. Siegbahn（瑞典）	高分辨电子能谱的研究
1982	Kenneth Geddes Wilson（美国）	关于相变的临界现象
1983	Subrahmanyan Chandrasekha（美国）	恒星结构和演化的研究（1930）
	William A. Fowler（美国）	宇宙化学元素的形成

（续）

年份	获　奖　者	获奖原因
1984	Carlo Rubbia（意大利） Simon van der Meer（荷兰）	中间玻色子的发现（1982～1983）
1985	Klaus von Klitzing（德国）	量子霍耳效应（1980）
1986	Ernst August Friedrich Ruska（德国）	设计电子显微镜（1931）
	Gerd Binnig（瑞士） Heinrich Rohrer（瑞士）	设计扫描隧道显微镜（1981）
1987	Karl Alex Muller（美国） Johnnes George Bednorz（美国）	高温超导（1986）
1988	Leon Max Lederman（美国） Melvin Schwarz（美国） Jack Steinberger（英国）	中微子束方法和发现 μ 子中微子
1989	Norman Foster Ramsey（美国）	发明原子铯钟
	Hans Georg Dehmelt（美国） Wilhelm Paul（德国）	创造离子捕陷技术
1990	Jerome I. Friedman（美国） Henry W. Kendall（美国） Richard E. Taylor（加拿大）	发现夸克的存在（1967）
1991	Pierri-Gilles de Gennes（法国）	聚合物和液晶的研究
1992	Georges Charpak（法国）	多丝正比室的发明和发展（1968）
1993	R. A. Hulse（美国） J. H. Taylor（美国）	发现了一种脉冲星，为研究引力开辟了新的可能性（1975）
1994	Bertram Niville Brokhouse（加拿大） Clifford Glenwood Shull（美国）	发展中子散射技术
1995	Martin L. Perl（美国）	发现了 τ 轻子（1977）
	Frederick Reines（美国）	发现中微子（1953）
1996	David M. Lee（美国） Douglas D. Osheroff（美国） Robert C. Ricardson（美国）	发现氦-3 中的超流动性
1997	朱棣文（Stephen Chu）（美国） Claude Cohen-Tannoudji（法国） William D. Phillips（美国）	激光冷却和捕陷原子
1998	R. B. Laughli（美国） H. L. Stormer（美国） 崔琦（D. C. Tsui）（美国）	分数量子霍尔效应的发现（1982）
1999	Gerardus't Hooft（荷兰） Martinus J. G. Veltman（荷兰）	提出电弱相互作用的量子结构

（续）

年份	获奖者	获奖原因
2000	Zhores I. Alferov（俄罗斯）	集成电路
	Herbert Kroemer（美国）	
	Jack St. Clair Kilby（美国）	
2001	Eric A. Cornell（美国）	玻色-爱因斯坦凝聚
	Wolfgang Ketterle（德国）	
	Carl E. Wieman（美国）	
2002	Raymond Davis Jr.（美国）	中微子振荡实验
	Riccardo Giacconi（美国）	
	Masatoshi Koshiba（日本）	
2003	Alexei A. Abrikosov（俄罗斯，美国）	超导，超流
	Vitaly L. Ginzburg（俄罗斯）	
	Anthony J. Leggett（英国，美国）	
2004	David J. Gross（美国）	弱相互作用渐进自由
	H. David Politzer（美国）	
	Frank Wilczek（美国）	
2005	Roy J. Glauber（美国）	光相干的量子理论
	John L. Hall（美国）	光频梳技术
	Theoder W. Hansch（德国）	
2006	John Cromwell Mather（美国）	发现宇宙微波背景辐射
	George Fitzgerald Smoot（美国）	
2007	Albert Fert（法国）	发现巨磁电阻效应
	Peter Grünberg（德国）	
2008	Yoichiro Nambu（美国）	发现亚原子自发对称性破缺机制
	Makoto Kobayashi（日本）	发现有关对称性破缺的起源
	Toshihide Maskawa（日本）	
2009	高锟（英国，美国）	光在纤维中的传输以用于光学通信（光纤）
	Willard Boyle（美国）	数码相机图像感应器“感光半导体电荷耦合器件”（CCD）
	George E. Smith（美国）	
2010	Andre Geim（英国）	发明石墨烯材料
	Konstantin Novoselov（英国）	
2011	SaulPerlmutter（美国） BrianPaulSchmidt（美国，澳大利亚） AdamGuyRiess（美国）	透过观测遥远超新星而发现宇宙加速膨胀

（续）

年份	获奖者	获奖原因
2012	Serge Haroche（法国） David Wineland（美国）	测量和操控单个量子系统的方法
2013	Francois Englert（比利时） Peter Higgs（英国）	希格斯玻色子的理论预言
2014	Isamu Akasaki（日本） Hiroshi Amano（日本） Shuji Nakamura（美国）	发明蓝色激光二极管
2015	Takaaki kajita（日本） Arthur Mcdonald（加拿大）	发现中微子振荡，表明中微子有质量

附录 D　21 世纪 100 个科学难题

1. 对深层物质结构的探索
2. 协调相对论和量子论的困难
3. 引力波探测
4. 质子自旋“危机”及其实验探索
5. 力学的世纪难题——湍流
6. 金属微粒中的量子尺寸效应和超导电性
7. 高温超导电性
8. 固体的破坏
9. 宇宙结构的形成与星系的起源
10. 太阳中微子之谜
11. 活动星系核的能源和演化
12. 星际分子云和恒星的形成
13. 宇宙常数问题
14. 太阳活动的起源
15. 磁元的争辩
16. 黑洞的证认
17. 宇宙论中的暗物质问题
18. 地外文明与太空移居
19. 寻找地外理性生命
20. 星系演化的途径
21. 最终解决人类能源问题的课题
22. 未来的空间太阳能发电
23. 太阳风的起源及其加速机制

24. 日冕加热和太阳风加速
25. 表面张力梯度驱动对流
26. 磁层亚暴和磁暴的整体过程
27. 富勒烯化学
28. 单原子识别与分子设计和合成
29. 室温有机超导体
30. 催化的高选择性合成
31. 原子簇物质
32. 非线性光学聚合物实用化的若干问题
33. 分子工程学
34. 分子元件的单原子加工和自组装
35. 可持续发展对化学的挑战
36. 地球科学中的非线性和复杂性
37. 地球构造运动驱动机制的反演
38. 人类对全球环境变化影响的预测
39. 气候系统动力学
40. 自然控制论
41. 地震成因与地球内部流体
42. 地球的自转运动及其与地球各圈层的相互作用
43. 现今岩石圈构造解析中的若干难题
44. 生物多样性保护
45. 细胞凋亡
46. 生物学的理论大综合：遗传、发育和进化的统一
47. 分子识别、化学信息学和化学反应智能化问题
48. 人能否在地球以外长期生存
49. 脑神经系统动力学
50. 生命、人的思维、意识、目的等的物理学基础
51. 探索生命的遗传语言
52. 疯牛病——中心法则——Affinsen 原理
53. 分子进化的驱动力与分子进化理论
54. 脑的计算模型能带我们走多远
55. 如何控制化学反应的方向（反应通道）
56. 未来的认知神经科学能否给意识以新的解释
57. 地球演化的统一理论：“两均论”与“两非论”
58. 有机体信息系统的演化在物种生存、适应过程中的作用
59. 脑的选择性自适应
60. 脑与行为的自组织
61. 思维与智能的本质
62. 人脑如何组织其信息存储

63. 脑与免疫功能
64. 生命起源、细胞的起源和进化研究
65. 生命的起源与蛋白质
66. RNA 与生命起源
67. 注意的脑机制
68. 智力的起源
69. 细胞如何调控基因组的有序活动
70. 人脑是怎样认知外界视觉世界的
71. 重力的植物生理学问题
72. 中心法则的空白——从新生肽到蛋白质
73. “JUNK” DNA 有什么功能
74. 统一医学
75. 意识和思维动力学
76. 人类疾病与基因
77. 生命起源中的对称性破缺
78. 精神与免疫
79. 改善老年性认知功能障碍的心理药物学策略
80. 解析全套细胞蛋白质结构与功能，展现生命活动全景
81. 心思的神经生物学机理
82. 细胞三维生长和组织培养
83. 重返海洋
84. 客观世界的自组织
85. 全信息理论与高等智能
86. 关于“意识”问题
87. 植物光合作用吸、传、转能的分子机理及其调控
88. 系统科学的困惑
89. 复杂经济系统的演化分析
90. 路径积分
91. 朗兰兹纲领
92. 球堆积问题
93. 相变的数学理论
94. P-NP 问题
95. 超级计算理论
96. 庞加莱猜想及低维拓扑
97. 黎曼猜想
98. 中华民族及现代人类的起源
99. 人类基因组研究中的社会学、伦理学和法律问题
100. 物质和精神的关系问题

附录E 国际单位制（SI）中的词头

词头符号	词头英文名称	数量级	词头中文名称
y	yocto	10^{-24}	幺［科托］
z	zepto	10^{-21}	仄［普托］
a	atto	10^{-18}	阿［托］
f	femto	10^{-15}	飞［母托］
p	pico	10^{-12}	皮［可］
n	nano	10^{-9}	纳［诺］
μ	micro	10^{-6}	微
m	milli	10^{-3}	毫
c	centi	10^{-2}	厘
d	deci	10^{-1}	分
da	deka	10^{1}	十
h	hecto	10^{2}	百
k	kilo	10^{3}	千
M	mega	10^{6}	兆
G	giga	10^{9}	吉［咖］
T	tera	10^{12}	太［拉］
P	peta	10^{15}	拍［它］
E	exa	10^{18}	艾［可萨］
Z	zetta	10^{21}	泽［它］
Y	yotta	10^{24}	尧［它］

课外练习参考答案

第1章 质点力学

一、填空题

1-1 位矢、位移、速度、加速度

1-2 -5m/s、-4m/s^2

1-3 时间

1-4 空间

1-5 动量

二、选择题

1-1 D

1-2 B

1-3 A

1-4 A

1-5 C

三、简答题（略）

四、计算题

1-1　(1) $\boldsymbol{r}=R\cos\omega t\,\boldsymbol{i}+R\sin\omega t\,\boldsymbol{j}+\frac{h\omega t}{2\pi}\boldsymbol{k}$

　(2) $\boldsymbol{v}=-R\omega\sin\omega t\,\boldsymbol{i}+R\omega\cos\omega t\,\boldsymbol{j}+\frac{h\omega}{2\pi}\boldsymbol{k}$，　$\boldsymbol{a}=-R\omega^2(\cos\omega t\,\boldsymbol{i}+\sin\omega t\,\boldsymbol{j})$

1-2　(1) $\sqrt{y}=\sqrt{x}-1$

　(2) $3\boldsymbol{i}+\boldsymbol{j}$

　(3) $4\boldsymbol{i}+2\boldsymbol{j}$，　$2\boldsymbol{i}+2\boldsymbol{j}$

1-3　$x=A\cos\omega t$

1-4　$v=\sqrt{\frac{m_2gr}{m_1}}$

1-5　27J，27J，3.0m/s，2.5m/s^2

1-6　528J

1-7　0.414cm

1-8　$m_1\sqrt{\frac{2ghk}{m_1+m_2}}$

1-9　27N·s，27kg·m/s，2.7m/s，1.5m/s^2

1-10　3.03×10^4 m/s

1-11　(1) $\boldsymbol{v}=-a\omega\sin\omega t\boldsymbol{i}+b\omega\cos\omega t\boldsymbol{j}$，　$\boldsymbol{a}=-a\omega^2\cos\omega t\boldsymbol{i}-b\omega^2\sin\omega t\boldsymbol{j}=-\omega^2\boldsymbol{r}$

　(2) 0

　(3) $mab\omega\,\boldsymbol{k}$，角动量守恒

1-12*　$v=\sqrt{\left(\frac{m_2}{m_1+m_2}\right)^2v_0^2-\frac{k(l-l_0)^2}{m_1+m_2}}$，

$$\theta=\arcsin\left\{\frac{mv_0l_0}{(m_1+m_2)l}\left[\left(\frac{m_2}{m_1+m_2}\right)^2\boldsymbol{v}_0^2-\frac{k(l-l_0)^2}{m_1+m_2}\right]^{-\frac{1}{2}}\right\}$$

第2章　刚体的定轴转动

一、填空题

2-1　定轴转动

2-2　角速度

2-3　$I=\frac{1}{3}ml^2$

2-4　$I=\frac{1}{2}mR^2$

2-5　$M=I\alpha$

2-6　$E_p=mgh_C$

二、选择题

2-1　D

2-2　C

2-3　A

2-4　B

2-5　D

2-6　C

三、简答题（略）

四、计算题

2-1　(1) 625r

(2) 25 πrad/s

(3) 25 πm/s

2-2　$I=\frac{1}{12}ml^2+mh^2$

2-3　1m/s^2，22N，22.5N

2-4　$I=mr^2\left(\frac{gt^2}{2s}-1\right)$

2-5　$\omega_0=\sqrt{\frac{3g}{l}}$

2-6　$v=\sqrt{3gl}$，方向向左

2-7　17.94rad/s

第 3 章　热　　学

一、填空题

3-1　290

3-2　$pV=\frac{m}{M}RT$

3-3　分子热运动剧烈程度

3-4　3739.5，2493

3-5　速率在 v 附近 $\mathrm{d}v$ 区间内的分子数

3-6　1mol 自由度为 i、温度为 T 的理想气体分子的内能

3-7*　$\eta=1-\frac{T_2}{T_1}$

二、选择题

3-1　B

3-2　C

3-3　A

3-4　C

3-5　B

3-6　D

三、简答题（略）

四、计算题

3-1　15.5%

3-2　$4.43\times10^5\text{Pa}$

3-3　$2.45\times10^{10}\text{m}^{-3}$

3-4　0.32kg

3-5　$2.01\times10^{26}\,m^{-3}$，$6.21\times10^{-21}\,J$，$2.49\times10^{4}\,J$

3-6　5，应为刚性双原子分子

3-7　$T=72.5K$，$v_{rms}=9.51\times10^{2}\,m/s$

3-8　$9.972\times10^{3}\,J$

3-9　$-1.52\times10^{5}\,J$，负号表示为外界对气体做功

3-10　(1) 128.2J；91.6J

　　(2) 36.6J；0

3-11*　(1) $1.5\times10^{-2}\,m^{3}$

　　(2) $1.13\times10^{5}\,Pa$

　　(3) 239J

3-12*　15%，不是

3-13*　13.9%，不是

第4章　静　电　场

一、填空题

4-1　$\boldsymbol{F}=\frac{1}{4\pi\varepsilon_0}\frac{q_1q_2}{r^2}\boldsymbol{e}_r$

4-2　电场强度、电势

4-3　高斯定理、静电场的环路定理

4-4　$\frac{q}{2\pi\varepsilon_0 l^2}$、0

4-5　0、$\frac{\sqrt{2}q}{\pi\varepsilon_0 l}$

4-6　导体内部任一点的电场强度为零；导体表面上任一点的电场强度都与该点表面垂直

4-7　$\boldsymbol{D}=\varepsilon\boldsymbol{E}$

二、选择题

4-1　A

4-2　A

4-3　D

4-4　B

4-5*　B

4-6*　B

4-7*　C

三、简答题（略）

四、计算题

4-1　(1) $x=\frac{l}{1+\sqrt{\frac{q_2}{q_1}}}$

(2) $x=\frac{l}{1-\sqrt{\frac{q_2}{q_1}}}$，　$x=\frac{l}{\sqrt{\frac{q_2}{q_1}}-1}$

4-2 (1) $E_P=\frac{\lambda}{4\pi\varepsilon_0}\left(\frac{1}{R}-\frac{1}{R+l}\right)$，方向沿 x 轴正方向

(2) $E_Q=\frac{\lambda l}{4\pi\varepsilon_0 R'}\cdot\frac{1}{[R'^2+(l/2)^2]^{1/2}}$，方向沿 y 轴正方向

4-3 $r<R$ 时，$E=\frac{\lambda r}{2\pi\varepsilon_0 R^2}$，方向沿径向

$r>R$ 时，$E=\frac{\lambda}{2\pi\varepsilon_0 r}$，方向沿径向

4-4 在两平面之外 $E=0$

在两平面之间 $E=\frac{\sigma}{\varepsilon_0}$，方向由带正电的平面指向带负电的平面

4-5 0、$1.5\times10^4 V/m$ 和 $-1.97\times10^4 V/m$，方向均沿径向

4-6 $r<R_1$，$\mathbf{E}_1=0$；$R_1<r<R_2$，$\mathbf{E}_2=\frac{\lambda}{2\pi\varepsilon_0 r}\mathbf{e}_r$；$r>R_2$，$\mathbf{E}_3=0$

4-7 $V_P=\frac{q}{4\pi\varepsilon_0 d}(\sqrt{2}+1)$，$\boldsymbol{E}_P=\frac{q}{4\pi\varepsilon_0 d^2}(\frac{1}{\sqrt{2}}+1)\boldsymbol{j}$

4-8 2.25×10^3 V/m，900V/m，方向均沿径向；900V，450V

4-9 2.14×10^{-9}C

4-10 6.67×10^{-9}C，13.33×10^{-9}C；$V_1=V_2=6.0\times10^3$ V

4-11 $q'=-\frac{q}{3}$

4-12 (1) $q+Q$

(2) $-\frac{q}{4\pi\varepsilon_0 a}$

(3) $\frac{q}{4\pi\varepsilon_0}(\frac{1}{r}-\frac{1}{a}+\frac{1}{b})+\frac{Q}{4\pi\varepsilon_0 b}$

4-13 $r<R'$：$E_1=0$；$R'<r<R$：$E_2=\frac{Q}{4\pi\varepsilon r^2}$，$r>R$：$E_3=\frac{Q}{4\pi\varepsilon_0 r^2}$，方向均沿径向

4-14* $\frac{\varepsilon_1\varepsilon_2 S}{d_1\varepsilon_2+d_2\varepsilon_1}$

4-15* (1) 3.16×10^{-6}F

(2) 1×10^{-3}C，100V

第5章 恒定磁场

一、填空题

5-1 安培、A

5-2 $I=\int_S \boldsymbol{J}\cdot d\boldsymbol{S}$

5-3 高斯定理、安培环路定理

5-4 $\mu_0 I/a$

5-5 7.85×10^{-6}

5-6 40

5-7 胶木

5-8 $\boldsymbol{B}=\mu\boldsymbol{H}$

5-9 9.1×10^{-4}

二、选择题

5-1　A

5-2　B

5-3　B

5-4　A

5-5　B

5-6　C

三、简答题（略）

四、计算题

5-1　（1）$2.2\times10^{-5}\Omega$

（2）2.3×10^{3} A

（3）1.4×10^{6} A/m^2

（4）2.5×10^{-2} V/m

（5）115W

（6）1×10^{-4} m

5-2　5.0×10^{-8} A/m^2

5-3　$B=5.66\times10^{-6}$ T，方向沿水平方向向左

5-4　$\dfrac{\mu_0 I(R_2^2-r^2)}{2\pi r(R_2^2-R_1^2)}$

5-5　3.52×10^{-5} N，429.2

5-6　1.6×10^{-13} **k**N

5-7　1.28×10^{-3} N，方向向左

5-8　7.85×10^{-3} N·m，方向在纸面内垂直 $\boldsymbol{B}$ 向上

5-9　$H=\dfrac{NI}{2\pi r}=nI$，$B=\mu_0\mu_r nI$；方向都沿切线

5-10　（1）2.5×10^{-5} T，20A/m；方向都沿切线

（2）0.11T，20A/m；方向都沿切线

5-11　143.2A/m，0.90T；方向都沿切线

5-12　796

5-13　（1）$0<r<R_1$：$H=\dfrac{Ir}{2\pi R_1^2}$，$B=\dfrac{\mu_0 Ir}{2\pi R_1^2}$

（2）$R_1<r<R_2$：$H=\dfrac{I}{2\pi r}$，$B=\mu_0\mu_r H=\dfrac{\mu_0\mu_r I}{2\pi r}$

（3）$r>R_2$：$H=\dfrac{I}{2\pi r}$，$B=\mu_0 H=\dfrac{\mu_0 I}{2\pi r}$

磁感应强度 $\boldsymbol{B}$ 和磁场强度 $\boldsymbol{H}$ 的方向均与电流成右手螺旋关系 .

5-14*　$\boldsymbol{H}=\dfrac{I}{2\pi r}e_\tau$，$\boldsymbol{B}=\dfrac{\mu_0\mu_r I}{2\pi r}e_\tau$，$\boldsymbol{D}=\dfrac{\varepsilon_0\varepsilon_r U}{r\ln\dfrac{R_2}{R_1}}e_r$，$\boldsymbol{E}=\dfrac{U}{r\ln\dfrac{R_2}{R_1}}e_r$

5-15*　$\boldsymbol{B}_0+\mu_0\boldsymbol{M}$

第 6 章　电磁感应　电磁场

一、填空题

6-1　伏特、V

6-2　匝数

6-3　$\mu N^2 S/l$

6-4　垂直

6-5*　$\oint_L \boldsymbol{H} \cdot d\boldsymbol{l} = \int_S \left(\boldsymbol{J}_c + \frac{\partial \boldsymbol{D}}{\partial t}\right) \cdot d\boldsymbol{S}$

二、选择题

6-1　B

6-2　D

6-3　A

6-4*　C

三、简答题（略）

四、计算题

6-1　（1）-33mV

（2）16.5mA，沿逆时针方向

6-2　$-3.84\times10^{-5}\text{V}$

6-3　$3.0\times10^{-3}\text{V}$，顺时针方向

6-4　（1）$\frac{5\mu_0 l}{\pi}\ln\left(\frac{b}{a}\right)\sin\omega t$

（2）$-\frac{5\mu_0 l\omega}{\pi}\ln\left(\frac{b}{a}\right)\cos\omega t$

6-5　$\frac{1}{2}\omega BL^2$

6-6　$2.26\times10^{-2}\text{H}$

6-7　4026 匝

6-8　$\frac{N_1 N_2 \mu_0 a^2}{2R}$

6-9　$2.5\times10^{-4}\text{H}$，$2.5\times10^{-3}\text{V}$

6-10*　$\frac{1}{2\pi}\times10^7\text{J/m}^3$，$4.425\text{J/m}^3$，磁场更有利于储存能量

6-11*　0.265A/m

6-12*　$2.65\times10^{-7}\text{A/m}$，$1.33\times10^{-11}\text{W/m}^2$

第7章　振动和波

一、填空题

7-1　0.5、0.05

7-2　0.06、$-\pi/4$

7-3　守恒

7-4　纵波

7-5　固体

7-6　10、0.25、5π、20π

二、选择题

7-1　B

7-2　D

7-3　D

7-4*　D

7-5　C

7-6　A

三、简答题（略）

四、计算题

7-1　0.05m、0.5s、$2\pi/3$、0.628m/s、7.89m/s^2

7-2　311V、0.02s、50Hz、$-\pi/2$

7-3　0.25s、0.05m、$\pi/3$、1.256m/s、31.55m/s^2

7-4　（1）4πrad/s、0.5s、0.05m、$\pi/3$

（2）$v=-0.2\pi\cos(4\pi t+\pi/3)$m/s、$a=-0.8\pi^2\cos(4\pi t+\pi/3)$m/s^2

（3）$2\pi^2\times10^{-3}$J

（4）$\pi^2\times10^{-3}$J、$\pi^2\times10^{-3}$J

7-5　（1）0.078m、1.48rad

（2）$\varphi_3=2k\pi+0.75\pi$（$k=0$，±1，±2，±3，…），

$\varphi_3=2k\pi+1.75\pi$（$k=0$，±1，±2，±3，…）

7-6　6.9×10^{-4}Hz；10.8h

7-7　0.05m、5Hz、0.5m、2.5m/s、1.57m/s

7-8　0.50m、200Hz、100m/s、沿 x 轴正向传播

7-9　（1）$\lambda=4$m　　（2）$y=0.6\cos\left[\pi\left(t-\frac{x}{2}\right)\right]$m　　（3）$\Delta\varphi=\pi$　　（4）$\Delta\varphi=\frac{\pi}{4}$

7-10　（1）$y=6\times10^{-2}\cos\frac{\pi}{5}(t-3)$m

（2）$-5\pi/3$

（3）0.06m、0.1Hz

（4）20m

7-11*　（1）$y_0=0.1\times10^{-3}\cos(25\pi\times10^3 t)$m

（2）$y=0.1\times10^{-3}\cos25\pi\times10^3\left(t-\frac{x}{5\times10^3}\right)$m

（3）$y=0.1\times10^{-3}\cos\left(25\times10^3\pi t-\frac{\pi}{2}\right)$m

（4）$\pi/2$

（5）$y=0.1\times10^{-3}\sin5\pi x$m

7-12*　（1）4Hz、1.50m、6.00m/s

（2）$x=\frac{3}{4}\left(k+\frac{1}{2}\right)$m，$k=0$，±1，±2，±3，…

（3）$x=\frac{3}{4}k$m，$k=0$，±1，±2，±3，…

第8章　光　　学

一、填空题

8-1*　12

8-2　几何路程、介质折射率

8-3　等倾、等厚

8-4　菲涅耳、夫琅禾费

8-5*　$d\sin\theta = \pm k\lambda$

8-6　横波

二、选择题

8-1*　D

8-2　A

8-3　B

8-4*　A

8-5　D

8-6　C

三、简答题（略）

四、计算题

8-1*　2

8-2*　−60cm、−30cm

8-3*　−10cm

8-4　3.5mm、3.8mm、4.5mm

8-5　500nm

8-6　6.64μm

8-7　0.25mm、0.63mm

8-8　0.6mm

8-9*　2400nm

8-10　$4I$

8-11　$I_0/8$、$9I_0/32$

8-12　1/3

第9章　量子物理学*

一、填空题

9-1　1

9-2　$\frac{1}{2}mv_0^2 = h\nu - A$

9-3　波粒二象性，$E = h\nu$、$p = \frac{h}{\lambda}$

9-4　−13.6

9-5　波函数

9-6　受激辐射光放大

二、选择题

9-1　D

9-2　A

9-3　C

9-4　B

9-5　B

三、简答题（略）

四、计算题

9-1　太阳 5796K、北极星 6740K、天狼星 9993K

9-2　5.19×10^4 W、527nm

9-3　2.26eV、8.9×10^5 m/s

9-4　(1) 2.0eV

(2) 2.0V

(3) 1.014×10^{15} Hz、296nm

9-5　0.15nm

9-6　0.1nm

9-7　(1) 7.02×10^5 m/s

(2) 1.04nm

9-8　3.98×10^{-7} m，3.4eV

9-9　9

9-10　2.32×10^9 m/s

9-11　1.66×10^{-35} m、2.6×10^{-29} m/s

9-12　$2/a$

第 10 章　相对论力学*

一、填空题

10-1　伽利略

10-2　洛伦兹

10-3　相对性原理、光速不变原理

10-4　$E=mc^2$

二、选择题

10-1　A

10-2　D

10-3　B

10-4　C

三、简答题（略）

四、计算题

10-1　$a^3\sqrt{1-\frac{u^2}{c^2}}$

10-2　16.6s、4.0×10^9 m

10-3　c

10-4　$0.99995c$

10-5　$0.997c$

10-6　5.77×10^{-9} s

10-7　70.8a

10-8　$\frac{\sqrt{3}}{2}c$

参考文献

[1] 尹国盛，黄明举．大学物理简明教程：上册［M］.2 版．北京：高等教育出版社，2013.

[2] 尹国盛，顾玉宗．大学物理简明教程：下册［M］.2 版．北京：高等教育出版社，2013.

[3] 尹国盛，张伟风．大学物理学：上册［M］. 武汉：华中科技大学出版社，2012.

[4] 尹国盛，顾玉宗．大学物理学：下册［M］. 武汉：华中科技大学出版社，2012.

[5] 尹国盛，党玉敬，杨毅．大学物理思考题和习题选解［M］. 北京：机械工业出版社，2011.

[6] 尹国盛，张果义．大学物理精要［M］. 郑州：河南科学技术出版社，1997.

[7] 尹国盛，夏晓智．大学物理简明教程：上［M］. 武汉：华中科技大学出版社，2009.

[8] 尹国盛，郑海务．大学物理简明教程：下［M］. 武汉：华中科技大学出版社，2009.

[9] 尹国盛，杨毅．大学物理：上册［M］. 北京：机械工业出版社，2010.

[10] 尹国盛，彭成晓．大学物理：下册［M］. 北京：机械工业出版社，2010.

[11] 张三慧．大学物理学［M］.3 版．北京：清华大学出版社，2008.

[12] 毛骏健，顾牡．大学物理学［M］. 北京：高等教育出版社，2006.

[13] 陆果．基础物理学教程［M］.2 版．北京：高等教育出版社，2006.

[14] 程守洙，江之永．普通物理学［M］.6 版．北京：高等教育出版社，2006.

[15] 马文蔚．物理学［M］.5 版．北京：高等教育出版社，2006.

[16] 漆安慎，杜婵英．力学［M］. 北京：高等教育出版社，1997.

[17] 李椿，章立源，钱尚武．热学［M］.2 版．北京：高等教育出版社，2008.

[18] 梁灿彬，秦光戎，梁竹健．电磁学［M］.2 版．北京：高等教育出版社，2004.

[19] 赵凯华．光学［M］. 北京：高等教育出版社，2004.

[20] 钟锡华．现代光学基础［M］. 北京：北京大学出版社，2003.

[21] 姚启均．光学教程［M］.3 版．北京：高等教育出版社，2002.

[22] 姚启均．光学教程［M］.4 版．北京：高等教育出版社，2008.

[23] 杨福家．原子物理学［M］.2 版．北京：高等教育出版社，2004.

[24] 蔡伯濂．狭义相对论［M］. 北京：高等教育出版社，1991.

[25] 蔡伯濂．大学物理力学教学研究［M］. 北京：北京大学出版社，1982.

[26] 郭奕玲，沈慧君．物理学史［M］.2 版．北京：清华大学出版社，2005.

[27] 曾谨言．量子力学［M］. 北京：科学出版社，1981.

[28] 程守洙，江之永．普通物理学［M］.3 版．北京：人民教育出版社，1979.

[29] 程守洙，江之永．普通物理学［M］.4 版．北京：高等教育出版社，1982.

[30] 程守洙，江之永．普通物理学［M］.5 版．北京：高等教育出版社，1998.

[31] 马文蔚．物理学教程［M］. 北京：高等教育出版社，2002.

[32] 张三慧．大学物理学［M］.2 版．北京：清华大学出版社，1999.

[33] 夏兆阳．大学物理教程［M］. 北京：高等教育出版社，2004.

[34] 姚乾凯，梁富增，贾瑜，等．大学物理教程［M］. 郑州：郑州大学出版社，2007.

[35] 秦允豪．热学［M］.2 版．北京：高等教育出版社，2004.

[36] 周世勋．量子力学［M］. 上海：上海科学技术出版社，1961.

[37] 王莉，徐行可，王祖源，等．大学物理［M］.2 版．北京：机械工业出版社，2007.

[38] 张宇，赵远．大学物理［M］.2 版．北京：机械工业出版社，2008.

[39] Ronld Lane Reese. University Physics [M]. 北京：机械工业出版社，2004.

[40] Hugh D Young，Roger A Freedman. Searsand Zemansky's University Physics [M]. 北京：机械工业出版社，2003.

[41] 21 世纪 100 个科学难题编写组 . 21 世纪 100 个科学难题 [M]. 长春：吉林人民出版社，1998.

[42] 章立源 . 超越自由——神奇的超导体 [M]. 北京：科学出版社，2005.

[43] 尹国盛，顾玉宗，黄明举，等 . 非线性光学及其若干新进展 [J]. 物理，2003 (11)：708-712.

[44] 尹国盛 . 光电效应与康普顿效应的关系 [J]. 河南大学学报：自然科学版，1991 (3)：6.

[45] 俞允强 . 广义相对论引论 [M]. 2 版 . 北京：北京大学出版社，1997.

[46] Hugh D Young，Roger A Freedman. Sears and Zemansky's University Physics with Modern Physics [M]. 12th ed. 北京：机械工业出版社，2010.

[47] Randall D Knight. Physics for Scientists and Engineers：a strategic approach With Modern Physics [M]. 3rd ed. 北京：机械工业出版社，2013.

[48] Larry D Kirkpatrick，Gregory E Francis. Physics：Concepts and Practice [M]. 北京：机械工业出版社，2012.

[49] 杨，弗里德曼 . 西尔斯当代大学物理 [M]. 邓铁如，等改编 . 北京：机械工业出版社，2009.

[50] 哈里德 . 哈里德大学物理学 [M]. 张三慧，等译 . 滕小瑛，等改编 . 北京：机械工业出版社，2009.

[51] 教育部高等学校物理学与天文学教学指导委员会物理基础课程教学指导分委员会 . 理工科类大学物理课程教学基本要求（2010 年版）[M]. 北京：高等教育出版社，2011.

[52] 尹国盛 . 中学物理与大学物理的关系 [J]. 河南大学学报，2001，31 (8)：177.

[53] 尹国盛 . 无外力场和密度梯度情况下的玻尔兹曼 H 定理 [J]. 河南大学学报，2002，32 (1)：24-25.

[54] 尹国盛 . 素质教育与师德建设 [J]. 河南大学学报，2002，32 (4)：66-67.

[55] 尹国盛，李卓，张果义 . 等离子体的准电中性 [J]. 广西物理，2002，23 (2)：4-6.

[56] 尹国盛 . 推导麦克斯韦速度分布函数的一种方法 [J]. 广西物理，2002，23 (4)：18-19.

[57] 尹国盛 . 多普勒效应的研究 [J]. 广西物理，2003，24 (3)：33-34.

[58] 尹国盛 . 理想费米气体的热力学性质 [J]. 商丘师院学报，2002，18 (5)：15-18.

[59] 尹国盛，夏晓智，黄明举 . 光学精品课程建设的探索与实践 [J]. 高等教育研究，2007 (9)：145-149.

[60] 刘广元，尹国盛 . 硕士研究生入学考试普通物理试题研究 [J]. 高等教育研究，2010 (14)：206-219.

[61] 王素莲，尹国盛，等 . 大学物理与中学物理课程静电场部分的衔接研究 [J]. 高等教育研究，2011 (16)：153-158.

[62] 李若平，尹国盛，等 . 大学物理教学中如何加强与中学物理的衔接 [J]. 高等教育研究，2011 (16)：197-202.

[63] 李若平，尹国盛，等 . 将优秀科幻作品融入大学课堂 [J]. 物理与工程，2011，21 (3)：52-54.

[64] 郑海务，尹国盛，等 . 大学物理课程和中学物理课程近代物理部分的衔接研究 [J]. 物理与工程，2011，21 (5)：45-48.

[65] 苗文学，尹国盛，等 . 大学物理课程和中学物理课程振动和波部分的衔接研究 [J]. 物理通报，2011 (8)：19-22.

[66] 夏志广，尹国盛，等 . 大学物理课程和中学物理课程力学部分的衔接研究 [J]. 物理通报，2011 (9)：8-11.

[67] 吕良军，尹国盛，等 . 例析 MATLAB 融入电磁学教学课堂 [J]. 物理通报，2011 (11)：16-19.

[68] 张光彪，尹国盛，等 . 大学物理与中学物理课程衔接个例研究——电磁感应和电磁波部分 [J]. 物理通报，2011 (12)：13-15.

[69] 韩春柏，尹国盛，等. 电磁波谱在印刷行业的实际应用 [J]. 物理通报，2011（12）：114-116.
[70] 吕良军，尹国盛，等. 道路最优照明的研究 [J]. 河南科学，2011，29（2）：141-144.
[71] 刘广生，尹国盛，等. 对理工科类非物理专业大学物理教学的探索 [J]. 广西物理，2010，31（4）：52-54.
[72] 任凤竹，尹国盛，等. 立足学校特色，把握时代脉搏 [J]. 科技创新导报，2011（3）：187.
[73] 赵改换，尹国盛，等. 一种寻找质数分布规律的新方法 [J]. 河南科学，2012，30（3）：31-36.
[74] 刘广生，尹国盛，等. 关于大学物理中熵的教学探讨与思考 [J]. 科技创新导报，2012（4）：132-134.
[75] 高丽珍，尹国盛，等. 大学物理与中学物理课程量子光学部分的衔接研究 [J]. 科技创新导报，2012（4）：182.
[76] 康缈，尹国盛，等. 大学物理课程与高中物理课程的衔接研究——近代物理部分（2）[J]. 科技创新导报，2012（7）：126-128.
[77] 郑斌，尹国盛，等. 大学物理和中学物理课程波动光学部分的衔接研究 [J]. 科技创新导报，2012（7）：129-130.
[78] 苗文学，尹国盛，等. 体育运动中的抛体运动 [J]. 科技创新导报，2012（7）：215-216.
[79] 郝振莉，尹国盛，等. 大学物理与中学物理课程热学部分的衔接研究 [J]. 中国科教创新导刊，2012（2）：47-50.
[80] 韩春柏，尹国盛，等. 静电场理论在印刷行业的实际应用 [J]. 河南科学，2012，30（3）：1-4.
[81] 杨毅，尹国盛，等. 大学物理与中学物理在教学内容与教学方法上的衔接 [J]. 物理通报，2012（4）：31-33.
[82] 郑海务，尹国盛，等. 提高物理及相关专业本科毕业论文质量的研究与实践 [J]. 河南农业，2012（4）：19-20.
[83] 赵慧玲，尹国盛，等. 融合文理　科学发展　发挥文科物理的素质教育功能 [J]. 中国外资，2012（4）：281-282.
[84] 高海燕，尹国盛，等. 大学物理与高中物理课程光学部分的衔接研究 [J]. 物理与工程，2012，22（3）：57-60.
[85] 袁文豪，尹国盛. 硕士研究生入学考试电动力学试题分析 [J]. 高等教育研究，2012（18）：214-224.
[86] 尹国盛，赵慧玲，等. 掌握标准要求搞好课程衔接 [J]. 物理与工程，2012，22（7）：343-345.
[87] 李春柳，尹国盛. 大学物理与中学物理课程电磁学部分的衔接研究 [J]. 高等教育研究，2013（19）：197-206.
[88] 尹国盛，赵高峰，等. 落实基本要求搞好教材建设 [J]. 物理与工程，2013，23（增刊）：51-52.
[89] 姜艳艳，尹国盛，等. 互感系数 $M_{12}=M_{21}$ 的证明 [J]. 物理与工程，2013，23（6）：15-21.
[90] 姜艳艳，尹国盛. 高中物理实验现状的调查与分析 [J]. 高等教育研究，2014（21）：140-147.
[91] 吕良军，尹国盛，等. 城市表层土壤重金属污染分析研究 [J]. 河南科学，2014，32（5）：831-836.
[92] 赵高峰，尹国盛，等. 物理学在现代生活中的应用 [J]. 中国新技术新产品，2014（6下）：183-184.
[93] 赵高峰，尹国盛，等. 大学物理课程的教学内容和教材资源建设 [J]. 物理与工程，2014，24（增刊）：11-13.
[94] 赵高峰，尹国盛，等. 现代生活中的物理学 [J]. 物理与工程，2014，24（增刊2）：102-106.
[95] 赵改换，尹国盛，等. 相邻平方数之间至少存在两个质数的证明 [J]. 河南科学，2014，32（10）：1945-1947.
[96] 尹国盛. 大学物理课程与中学物理课程衔接研究 [J]. 高等教育研究，2014（22）：77-85.